Taschenatlas der Embryologie

Ulrich Drews

176 Farbtafeln von Astried Rothenburger und Rüdiger Gay

1993
Georg Thieme Verlag Stuttgart · New York

Prof. Dr. Ulrich Drews
Anatomisches Institut der Universität
Österbergstraße 3
72074 Tübingen

Gestaltung der Farbtafeln

Gay + Rothenburger
Alexanderstraße 104
70180 Stuttgart

Die Deutsche Bibliothek – CIP-Einheitsaufnahme

Drews, Ulrich:
Taschenatlas der Embryologie / Ulrich Drews. Farbtaf. von
Astried Rothenburger und Rüdiger Gay. – Stuttgart ; New York : Thieme, 1993

Printed in Germany
Satz: Druckhaus Götz GmbH, D-71636 Ludwigsburg, gesetzt auf Linotron 202
Druck: Appl, D-86650 Wemding

ISBN 3-13-109901-1 1 2 3 4 5

Vorwort

Der Taschenatlas der Embryologie ist in einer außergewöhnlich intensiven Interaktion zwischen Autor und Zeichner entstanden. Jede Tafel wurde bei der zeichnerischen Gestaltung von *Astried Rothenburger* und *Rüdiger Gay* reflektiert, durchgearbeitet und mit dem Autor diskutiert. Die für einen Taschenatlas charakteristische Zuordnung von Text und Bild ist dadurch noch enger geworden: zusammengehörende Text- und Bildinformation kann durch den parallelen Aufbau der Text- und der Bildseite sowie über die identischen Überschriften mit einem Blick erfaßt werden.

Die einzelnen Abschnitte beginnen mit leicht verständlichen Übersichtstafeln, denen dann Tafeln mit detaillierter Information folgen. Diese Fenstertechnik ermöglicht es, sich bei der Prüfungsvorbereitung oder beim ersten Lesen zunächst einen Überblick zu verschaffen und erst dann die fachspezifische Information zu berücksichtigen. Die Relevanz der einzelnen Tafeln wird in der Einleitung zum jeweiligen Kapitel kurz erläutert.

Die Embryologie ist als Teilgebiet der Anatomie eine medizinische Disziplin. Gleichzeitig beschäftigt sie sich mit der naturwissenschaftlichen Frage, wie die genetische Information während der Differenzierung umgesetzt wird. Das berechtigte Anliegen einer Straffung des Medizinstudiums hat zu einer Beschränkung der Embryologie auf das medizinische Wissen geführt. Dies ist mit einem Verzicht auf das Verständnis der molekularbiologischen Zusammenhänge verbunden. Im vorliegenden Taschenatlas werden daher die naturwissenschaftlichen Grundlagen wieder berücksichtigt. Sie werden jedoch vom medizinischen Wissen getrennt dargestellt und können so zum Verständnis herangezogen werden, müssen jedoch nicht obligat durchgearbeitet werden. Beim medizinischen Wissen ist wiederum die detaillierte, an Stadien orientierte Beschreibung der menschlichen Entwicklung von der Darstellung der Fortpflanzung (Kapitel 1) und der Entwicklung der Organsysteme getrennt. Die drei großen Abschnitte des Buches, menschliche Entwicklung (Kapitel 2), naturwissenschaftliche Grundlagen (Kapitel 3) und Organsysteme (Kapitel 4–9) sind durch Querverweise miteinander verbunden. Die Fehlbildungen werden bei den Organsystemen und im Kapitel 10 noch einmal im Zusammenhang behandelt.

Das Kapitel 2 „Menschliche Entwicklung" basiert auf dem klassischen Material der Carnegie-Sammlung und auf den Embryonen der Sammlung Blechschmidt. 1983 hatte ich noch die Gelegenheit, den großen Embryologen *Erich Blechschmidt* in seinem Haus im Glottertal bei Freiburg persönlich kennenzulernen. Ich hoffe, daß in der Art der Darstellung seine Begeisterung für die Gestaltbildung zum Ausdruck kommt sowie die Faszination von der Einzigartigkeit, die von ihm in der vorgeburtlichen Entwicklung des Menschen sichtbar gemacht wurde.

Mein besonderer Dank gilt neben *Astried Rothenburger* und *Rüdiger Gay* für die produktive Zusammenarbeit auch *Thomas Bruhns,* auf dessen graphischen Rekonstruktionen folgende Tafeln beruhen: im Kapitel 2 die Tafeln 2.7A, 2.9, 2.11 bis 2.15, 2.19 und 2.39, im Kapitel 3 die Tafel 3.20, im Kapitel 4 die Tafeln 4.5B, 4.7A, 4.9B, 4.11, 4.19, 4.20A und 4.21B sowie im Kapitel 6 die Tafeln 6.2B, 6.3C3, 6.6, 6.8 und 6.10 zur Herzentwicklung. An den Tafeln zur vergleichenden Embryologie hat *Gesine Bachmann* mitgearbeitet. Das Modell zur Darmdrehung (Tafel 7.7) hat *Petr Raikhmann* mit dem Programm Softimage erstellt. Herrn Kollegen *F. Degenhardt* aus Hannover danke ich für die Zuordnung seiner Ultraschallbilder zu den embryologischen Präparaten auf Tafel 2.2, 2.32 und 2.37. *Anna Drews* danke ich für das Test- und Korrekturlesen und *Ute Drews* für die Mitarbeit beim Schreiben und Zusammenstellen der Texte.

Rottenburg, im August 1993

Ulrich Drews

Inhaltsverzeichnis

Kapitel 1: Fortpflanzung

II. Männliche Organe

III. Weibliche Organe

IV. Schwangerschaft und Geburt

KAPITEL 2: **Menschliche Entwicklung**

1. Embryonalperiode

Stadieneinteilung

II. Fetalperiode

2. bis 10. Monat

Kapitel 3: Allgemeine Embryologie

I. Vergleichende Embryologie

Seeigel

Amphibien

Hühnerembryo

Säuger

III. Regulation der Entwicklung

KAPITEL 4: **Nervensystem**

Neuralrohr und Rückenmark

Ventrikel und Kommissuren

Epiphyse und Hypophyse

Zusammenfassung

Kapitel 5: **Sinnesorgane**

Sinneszellen

Schmecken

Riechen

Sehen

Hören

KAPITEL 6: **Herz und Gefäße**

Herzschleife

Bildung der Septen

Gefäße

Lunge

Nabelschleife und Darmdrehung

Leber

Fehlbildungen

KAPITEL 8: **Urogenitalsystem**

I. Entwicklung der Niere

KAPITEL 10: **Ursachen für Fehlbildungen**

Kapitel 1: Fortpflanzung

1.1 Lebenszyklus. Bei Organismen mit sexueller Fortpflanzung vereinigen sich ein mütterlicher und ein väterlicher Chromosomensatz in einer Zelle, so daß ein Austausch von allen Genen stattfinden kann. Für den nächsten Reproduktionszyklus wird der diploide wieder zu einem haploiden Chromosomensatz reduziert.

Der Lebenszyklus des Menschen durchläuft ebenfalls eine haploide und eine diploide Phase. Die haploide Phase ist auf die Keimzellen beschränkt. Das Spermium entspricht dabei einem selbständigen Organismus auf der Stufe eines *Einzellers* (→ 3.0). Bei dieser Betrachtungsweise liegt die Kontinuität der Spezies in den Keimzellen. Das Individuum aus somatischen Zellen dient nur der Weitergabe der sich in den Keimzellen fortpflanzenden DNS der Spezies. Am Beispiel des Sexualfaktors bei den Bakterien wird deutlich, daß die Rekombination und Weitergabe der Gene in den Chromosomen auf molekularbiologischen Grundprinzipien beruht, die bereits bei den Bakterien vorhanden sind.

1.2 Zellzyklus. Der Zellzyklus beschreibt den Lebensweg einer sich teilenden Zelle. Er führt von der G1-Phase über die DNS-Reduplikation (S-Phase) in die G2-Phase mit reduplizierten Chromosomen und dann zur Mitose. Die Reifeteilungen gehören zu einem Zellzyklus mit einer einzigen S-Phase und zwei Mitosen. Dadurch entstehen haploide Gameten. Der diploide Zustand wird bei der Befruchtung durch einen Zellzyklus mit Zellfusion wiederhergestellt.

Die Keimzellen durchlaufen wie andere Zellinien mit *Stammzellen* eine Phase der Proliferation und eine Phase der Differenzierung (→ 3.28). Zwischen der Proliferationsphase in der Embryonalzeit und der Differenzierung der Keimzellen liegt ein Ruhestadium. Vor der Differenzierung laufen die Reifeteilungen ab.

Das Grundschema ist bei den Eizellen abgewandelt. Die Meiose beginnt bereits in der Embryonalzeit und wird in der Prophase der ersten Reifeteilung arretiert. Das „Ruhestadium" (Diktyotän) umfaßt das echte Ruhestadium zwischen Embryonalzeit und Pubertät und eine Phase höchster Aktivität während der Differenzierung der Eizelle im Ovarialzyklus. Durch die Abwandlung der Oogenese wird die Anzahl der reifen Eizellen reduziert, in die sehr viel mehr investiert werden muß als in die Spermien. Die Koppelung der zweiten Reifeteilung an die Befruchtung ist wahrscheinlich ein Schutzmechanismus, der die parthenogenetische Entwicklung der Eizelle verhindert.

1.3 Chromosomen. Das Schema zur Struktur der Chromosomen im mitotischen Zellzyklus soll das Verständnis der Meiose erleichtern. Die Darstellung der Chromosomen als x-förmige Gebilde ist durch die Technik der Chromosomendarstellung bedingt. Die Chromosomen werden in der Metaphase der Mitose durch Kolchizin arretiert. Die Chromatinfäden sind redupliziert und kondensiert. Sie haben sich schon voneinander gelöst und haften nur im Bereich des Zentromers noch aneinander, so daß die X-Struktur entsteht.

1.4 Meiose. Die beiden wesentlichen während der Meiose ablaufenden Vorgänge sind die Paarung der homologen Chromosomen und die Rekombination der Chromatinfäden. Der Genaustausch zwischen den DNS-Fäden der gepaarten Chromatiden findet bereits statt, bevor die „Überkreuzungsstellen" im Lichtmikroskop sichtbar werden. Die „cross over" sind Haftpunkte zwischen den Nukleoproteinen der Chromosomen, die sekundär mit der schon stattgehabten Rekombination der DNS-Fäden zusammenhängen, die jedoch im Zeitalter der Lichtmikroskopie als echte Bruchstellen gedeutet wurden.

Die *„Lampenbürstenchromosomen"* entstehen dadurch, daß die für die bevorstehende Zellteilung bereits kondensierten Chromosomen an den Genorten, die für die Differenzierung der Eizelle notwendig sind (mütterliche Faktoren für die Embryonalentwicklung), wieder entspiralisiert werden, so daß sie für eine Transkription (in der G2-Phase) offenstehen.

1.5 Befruchtung. Die Beobachtung der Vorgänge bei der Befruchtung war für etwa 100 Jahre nur bei marinen Tieren mit äußerer Befruchtung wie dem Seeigel möglich. Inzwischen kann sie auch beim Säuger mit innerer Befruchtung in vitro durchgeführt werden. Der Fortschritt ist durch die Anwendung der richtigen physiologischen Salzlösungen erzielt worden. Die *In-vitro-Fertilisation* ist eine ärztliche Behandlungsmethode der Unfruchtbarkeit, z. B. bei entzündlich verschlossenen Eileitern.

1.6 Keimbahn. Der Begriff der Keimbahn geht auf die alte Beobachtung im Amphibienei zurück, daß bereits in der Eizelle ein Zytoplasmabezirk abgegrenzt werden kann, aus dem später die Keimzellen hervorgehen. Der Zytoplasmabezirk enthält mRNS, die im Anschluß an die Furchungsteilungen in die prospektiven Keimzellen zu liegen kommt. Die mRNS wurde an den Lampenbürstenchromosomen transkribiert und ist damit ein „mütterlicher Faktor“ für die Embryonalentwicklung. In der Entwicklung der Säuger und auch des Menschen werden diese Gene erst in der 3. Woche „angeschaltet“, wenn die Urkeimzellen im Dottersack entstehen. Die Urkeimzellen ähneln damit den Stammzellen des Blutes und nehmen gegenüber anderen determinierten Zelllinien keine Sonderstellung ein.

1.7 Männliche Genitalorgane. Die Beschreibung orientiert sich an dem Weg der Spermien und an der Funktion der männlichen Drüsen bei der Produktion des Ejakulates. Die Darstellung der Prostata soll auf den klinisch wichtigen Unterschied zwischen *Prostatahypertrophie* und *Prostatakarzinom* erinnern. Bei der Prostatahypertrophie vermehren sich die periurethralen Drüsen unter dem Einfluß des im Alter vermehrt gebildeten Östradiols und verdrängen das androgenabhängige eigentliche Drüsengewebe in die Kapsel. Es kommt zur Behinderung des Harnflusses. Das Prostatakarzinom entsteht im eigentlichen androgenabhängigen Drüsengewebe.

1.8 Spermatogenese. Die *Sertoli-Zellen* des Hodens entsprechen den *Follikelepithelzellen* des Ovars. Aus den Follikelepithelzellen werden im Ovarialzyklus Granulosazellen (→ 1.11). Sertoli-Zellen und Granulosazellen sprechen auf FSH an. Die *Leydig-Zellen* des Hodens entsprechen den *Thekazellen* des Ovars. Das stimulierende Hormon ist das LH. Die Sertoli-Zellen wandeln Testosteron, das sie von den Leydig-Zellen erhalten, in Östradiol um. Die Granulosazellen des Ovars wandeln entsprechend Androgene aus den Thekazellen in Östradiol um.

1.9 Spermatogenesewelle. Eine normierte Stadieneinteilung ist für die Beurteilung der Spermatogenese bei genetischen oder endokrin bedingten Störungen notwendig. Die Abfolge der Stadien im Samenepithel ergibt sich aus der Spermatogenesewelle. Die Basis für die Spermatogenesewelle ist die Aufeinanderfolge von synchron die Spermatogenese durchlaufenden Klonen, in denen die Tochterzellen durch synzytiale Brücken miteinander verbunden sind.

1.10 Weibliche Genitalorgane. Die Beschreibung orientiert sich an der Physiologie der Aszension der Spermien und den Voraussetzungen für eine Befruchtung in der Ampulle des Eileiters. Die Bedeutung des Kollagens in der *Portio* für den Verschluß der Zervix während der Schwangerschaft und seine Auflockerung durch Relaxin beim Einsetzen der Geburt wird in der Tafel 1.17 angesprochen. Die physiologischen Reizzustände an der Portio mit der Überwachsungstendenz des vaginalen Plattenepithels sind für die Entstehung des epithelialen *Portiokarzinoms* von Bedeutung.

1.11 Oogenese. Die Größe der Kohorte von etwa 10 bis 15 Primordialfollikeln, die konstitutiv, d.h. ohne hormonale Stimulation mit der Oogenese beginnen, entspricht möglicherweise der ursprünglichen Wurfgröße eines Säugetieres. Beim Menschen gerät der Zyklus ganz unter die Regie des führenden Follikels, der zunächst noch von der Hormonproduktion der übrigen Tertiärfollikel der Kohorte profitiert, sie aber dann zur Degeneration bringt. Bei einer durch den Arzt induzierten Ovulation können neben dem führenden Follikel auch die übrigen Tertiärfollikel ovulieren, so daß es zu *Mehrlingsschwangerschaften* kommen kann.

1.12 Ovulation. Die Eizelle wird aus dem Ovar in die Leibeshöhle entleert und dort von einem ursprünglich als Ausscheidungskanälchen konzipierten Flimmerkanälchen aufgenommen (→ 8.1). Die Konservierung dieses ursprünglichen Mechanismus in der Evolution erklärt sich daraus, daß die Ovulation ein zentraler Schritt in der Reproduktion einer Spezies ist und daher keine prinzipielle Veränderung zuläßt. Um so mehr ist die hormonale Steuerung perfektioniert, bis hin zu den exakten Bewegungen des Eileiters beim Auffangen der Eizelle.

1.13 Menstruationszyklus. Die ursprüngliche Hierarchie bei der Steuerung des *Sexualzyklus* beginnt in der Epiphyse, in der der Rhythmus über Lichtrezeptoren an die Tag- und Nachtlänge gekoppelt war (→4.23). Der über die Tag- und Nachtlänge regulierte jahreszeitliche Rhythmus kann sich von den exogenen Lichtreizen ablösen und zu einem endogenen Rhythmus umwandeln. Die zyklische Aktivität der Rhythmus-Zentren im ZNS werden durch das FSH und LH der Hypophyse umgesetzt und bestimmen das Heranreifen der Follikel und die zyklische Wiederkehr der Paarungsbereitschaft (Östrus). In der Phase des Östrus unterliegt die Ovulation einem weiteren zentralen Regelkreis. Sie ist über den LH-Peak an das Paarungsverhalten gekoppelt. Beim Menschen ist wieder eine Ablösung der Regulation vom äußeren Reiz erfolgt. Die Ovulation wird unabhängig von äußeren Einflüssen durch den führenden Follikel selbst über einen Östrogen-Peak ausgelöst, der seinerseits den LH-Peak induziert. Die Auslösung des LH-Peaks und damit der Ovulation kann durch exogen zugeführte Steroidhormone (*Ovulationshemmer*) unterbunden werden. In einem Zyklus ohne Ovulation fehlt das Corpus luteum. Die Differenzierung der Dezidua in der zweiten Zyklushälfte bleibt aus. Ein Abfall der Hormonspiegel am Ende des Zyklus führt zum Abbruch der Schleimhaut.

1.14 Endometrium. Die Aufgabe der Uterusschleimhaut ist die Ernährung der befruchteten Eizelle und die Aufnahme des Embryos. Die Drüsen produzieren einen nährstoffreichen Schleimfilm, in dem die freie Blastozyste schwimmt. In der Zona compacta wandeln sich die Bindegewebszellen in nährstoffreiche Deziduazellen um, die von den eindringenden Trophoblastzellen phagozytiert werden können. Nach einer Menstruation oder Abrasio regeneriert die Schleimhaut aus der Zona basalis heraus in der die undifferenzierten Endstücke und die sich kontrahierenden Stümpfe der Spiralarterien zwischen den Trabekeln der glatten Muskulatur des Myometriums sitzen.

1.15 Verlauf der Schwangerschaft. Aus klinischer Sicht hat die Entwicklung des Embryos eine andere Gewichtung als bei der embryologischen Betrachtung: Bis zum Abschluß der Implantation macht sich der Keim nicht bemerkbar. Fehlerhafte Implantationen können die Menstruation nicht verhindern. Sie können zu einer verlängerten und verspäteten Menstruation führen. In der Embryonalperiode bis zur 10. Schwangerschaftswoche (SSW) sind die Auswirkungen der Schwangerschaft ebenfalls noch sehr gering. Die eigentliche Schwangerschaft ist die lange Fetalperiode, in der der Fetus heranwächst und die seelische und körperliche Befindlichkeit der Schwangeren wesentlich beeinflußt.

1.16 Gravidarium. Mit dem Gravidarium läßt sich das Alter einer Schwangerschaft und der Geburtstermin auf den Tag genau berechnen. Die Tragezeit unterliegt wie alle biologischen Prozesse einer natürlichen Schwankung. Deshalb ist diese Berechnung trotz der exakten Angaben nur eine Abschätzung. Da mit einer Monatsangabe Lunarmonate oder Kalendermonate gemeint sein können, wird in der Geburtshilfe nur der Begriff der *Schwangerschaftswoche* (SSW) benutzt. Die Schwangerschaftswochen werden ab der letzten Regel gerechnet, so daß gegenüber dem wahren Alter, das in der Embryologie verwendet wird, eine Diskrepanz von zwei Wochen besteht.

1.17 Hormonspiegel. Während der Schwangerschaft wird das gesamte Endokrinium der Mutter umgestellt. Der Steroidhormonstoffwechsel wird von der Plazenta und der kindlichen Nebenniere bestimmt. Die Hormonspiegel sind daher klinisch wichtige Indikatoren für den Verlauf der Schwangerschaft.

1.18 Geburt. Der komplizierte Geburtsvorgang beim Menschen hängt mit der Größe des kindlichen Kopfes zusammen, die durch die Entwicklung des Gehirns hervorgerufen wird. Der schmerzhafte Geburtsvorgang ist einer der Schlüsselreize für die Ausbildung der Mutter-Kind-Bindung.

A. Lebenszyklus

Der sexuellen Fortpflanzung liegt ein Wechsel zwischen einer *haploiden* und einer *diploiden Phase* des Lebenszyklus zugrunde. In der diploiden Phase ist der Chromosomensatz in der Zelle zweifach und in der haploiden Phase nur einfach vorhanden.

Der diploide Organismus entsteht durch die Vereinigung der haploiden Gameten bei der **Befruchtung (A1)**. Die Gameten verschmelzen zu einer diploiden **Zygote (A2)**. Die Zygote wächst durch mitotische Zellteilung zum **Embryo (A3)** und schließlich zum diploiden **Individuum (A4)** heran. Bereits in der frühen Embryonalentwicklung sondern sich die *Urkeimzellen* als eigene Zellinie von den übrigen *somatischen Zellen* ab. Die *Keimzellen* vermehren sich mitotisch in den Gonaden und durchlaufen anschließend die Reifeteilungen (Meiose **A5**).

In der *Mitose* (**A4**) werden alle Chromosomen des diploiden Chromosomensatzes redupliziert und so verteilt, daß zwei identische Tochterzellen entstehen. In der *Meiose* folgt auf die Reduplikation die *Paarung* und *Rekombination* der homologen Chromosomen. Homologe Chromosomen sind die einander entsprechenden Chromosomen, die von den beiden haploiden Gameten zur Zygote beigesteuert wurden. Durch die beiden Reifeteilungen entstehen ohne eingeschaltete DNS-Synthese vier haploide **Gameten (A6)**, deren Chromosomen eine neue Rekombination aus den homologen Chromosomen des diploiden elterlichen Individuums darstellen.

Das eigentliche **Individuum (A7)** besteht aus diploiden somatischen Zellen, die mit dem Tod aus dem Lebenszyklus ausscheiden und sich nicht in die nächste Generation fortpflanzen. Die Weitergabe und Rekombination der genetischen Information ist den Keimzellen vorbehalten. Die von den somatischen Zellen abgesonderte Entwicklung der Keimzellen wird als *Keimbahn* bezeichnet. Die Vermehrung und Differenzierung der Keimzellen läuft vor äußeren Einflüssen geschützt in den Gonaden des diploiden Individuums ab. Beim Säuger wird zusätzlich zur Befruchtung auch die Entwicklung des Kindes in das schützende Innere der weiblichen Sexualorgane verlagert.

B. „Sexualität" bei Bakterien

Der Ursprung der Sexualität kann in einem Mechanismus zur Genrekombination gesehen werden, der sich z. B. bei Bakterien durch Adaptation des Infektionsmodus von Bakteriophagen entwickelt hat.

1. Infektion. Bakterien besitzen ein *Ringchromosom* aus einem DNS-Faden. *Bakteriophagen* sind Parasiten der Bakterien. Sie entsprechen den Viren der eukaryoten Zellen. Bakteriophagen schleusen ihre DNS über einen Infektionspilus in die Bakterienzelle ein. Dort werden die Bestandteile des Phagen bis zum Zerfall des Bakteriums (Lysis) redupliziert.

2. Transfektion. Phagen können von dem Bakterienstamm jedoch auch „gezähmt" werden. Ihre DNS liegt dann als ringförmiges *Plasmid* in der Bakterienzelle vor. Die Plasmide enthalten für einen Bakterienstamm wichtige Informationen wie Resistenzfaktoren gegen Antibiotika. Sie werden durch einen abgewandelten Infektionsmodus (Transfektion) mittels eines vom Plasmid kodierten *Pilus* auf der Zelloberfläche an andere Bakterien weitergegeben.

3. Konjugation. Durch die *Inkorporation eines Plasmids* in das Ringchromosom kann über den Pilus das ganze Ringchromosom in ein Bakterium der gleichen Art hinübergeschleust werden. Die homologen Ringchromosomen paaren sich. Die Rekombination des Genoms durch *Crossover* und *Genaustausch* wird möglich.

Aus einer anschließenden Zellteilung gehen ungleiche Tochterzellen hervor. Eine der beiden trägt die Gene, die für die *„männliche" Determinante* an der Zelloberfläche (Pilus) kodieren und eine erneute Konjugation ermöglichen. Der Mechanismus entspricht dem artspezifischen Haften der Spermien an der Zona pellucida und der Fusion des Spermiums mit der Membran der Eizelle (→ 1.14 A4).

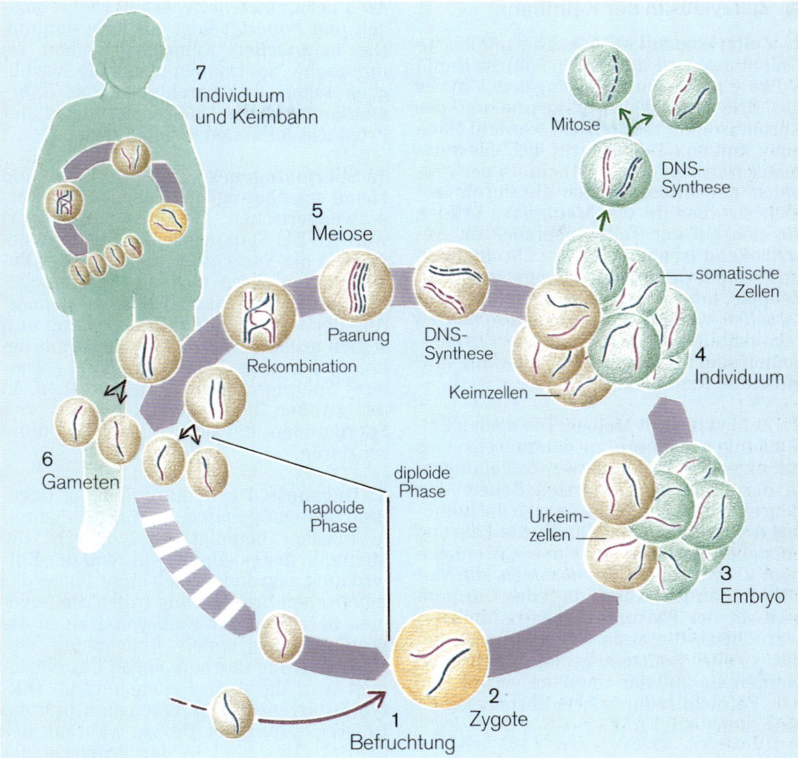

A. Lebenszyklus

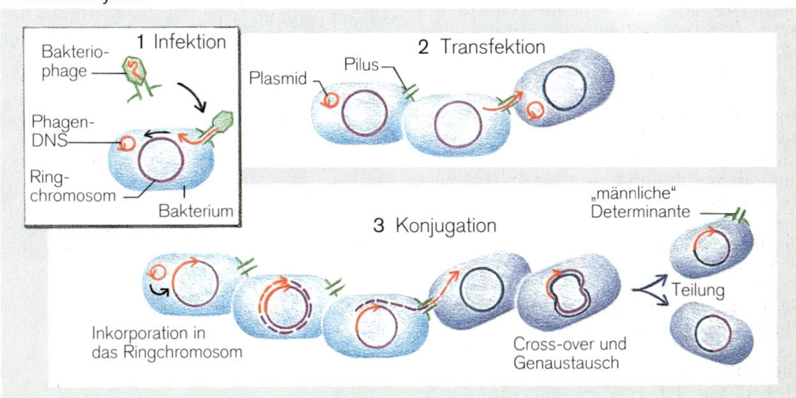

B. „Sexualität" bei Bakterien

A. Zellzyklus in der Keimbahn

1. Zellzyklus mit Mitose. Eine mitotische Zellteilung wird durch den Eintritt in die *S-Phase* (DNS-Synthese) eingeleitet, in der die DNS und die Strukturproteine der Chromosomen redupliziert werden. Nach einer kurzen *G2-Phase* tritt die Zelle automatisch in die Mitose (M) ein. In der *Prophase* der Mitose werden die Chromosomen sichtbar. In der *Metaphase* ordnen sie sich auf der Teilungsspindel an. Anschließend trennen sich die Chromatiden und wandern an die entgegengesetzten Zellpole, um sich in den Kernen der *Tochterzellen* wieder zu *46 Chromosomen* zu rekonstituieren. Die homologen Chromosomen sind im mitotischen Zellzyklus voneinander unabhängig.

2. Zellzyklus mit Meiose. Die beiden Reifeteilungen gehören zu einem Zellzyklus mit einer S-Phase und zwei Zellteilungen. In der Prophase der ersten Reifeteilung paaren und rekombinieren sich die homologen Chromosomen. Durch die Paarung entstehen aus 46 einzelnen Chromosomen *23 gepaarte Chromosomen,* die vier DNS-Fäden enthalten, da jedes Chromosom vor der Paarung bereits redupliziert war. Durch die erste (*Metaphase I*) und die zweite Reifeteilung (*Metaphase II*) werden sie auf vier Gameten verteilt, die jede 23 nicht reduplizierte Chromosomen enthalten (→ 1.1 A5).

3. Zellzyklus mit Zellfusion. Zur Wiederherstellung des diploiden Zustandes muß sich eine Zellfusion anschließen. Nach der Fusion der *haploiden Gameten* (Befruchtung) entstehen zwei *Vorkerne,* in denen in einer S-Phase die 23 Chromosomen des einfachen Chromosomensatzes redupliziert werden. Die reduplizierten Chromosomen ordnen sich auf einer gemeinsamen Spindel an, die damit wieder 46 reduplizierte ungepaarte Chromosomen enthält. Es ist die Spindel der *ersten Furchungsteilung*.

B. Entwicklung männlicher und weiblicher Keimzellen

Die Entwicklung der Keimzellen umfaßt eine Phase der *Proliferation* (mitotische Teilung), die *Meiose* und die *Differenzierung* der Gameten. Zwischen Embryonalzeit und Pubertät liegt ein Ruhestadium. Die männlichen Keimzellen ruhen als mitotische Spermatogonien. Die weiblichen Keimzellen durchlaufen das *Ruhestadium* und die Differenzierung in der Prophase der ersten Reifeteilung.

1. Spermatogenese. Die Spermien sind kleine eigenbewegliche Zellen, die in verschwenderischen Mengen produziert werden. Die Stammzelle der Spermatogenese ist die *Spermatogonie*. Nach der Pubertät vermehren sich die Spermatogonien in den Samenkanälchen des Hodens. Aus der letzten mitotischen Teilung entstehen *primäre Spermatozyten* (I), aus denen in der ersten Reifeteilung zwei *sekundäre Spermatozyten* (II) hervorgehen. In der zweiten Reifeteilung entstehen vier Spermatiden, die sich zu *Spermien* differenzieren.

2. Oogenese. Die Stammzellen der Oogenese heißen *Oogonien*. Da nur wenige reife Eizellen benötigt werden, geht die Mehrzahl der Oogonien während der Entwicklung zugrunde. Nach einer Phase der mitotischen Vermehrung treten die Oogonien bereits in der Embryonalzeit in die Prophase der ersten Reifeteilung ein. Nach Paarung der homologen Chromosomen wird die erste Reifeteilung im **Diktyotän** arretiert. Das Wachstum und die Differenzierung der Oozyte während des Ovarialzyklus läuft in der Prophase der ersten Reifeteilung ab. An den gepaarten Chromosomen wird bei der Synthese der Strukturbestandteile der Eizelle und der mRNS für den jungen Embryo eine maximale Transkriptionsleistung erbracht. Der haploide Zustand wird nachträglich durch die Fortsetzung der Reifeteilungen hergestellt. Es sind ungleiche Teilungen, in denen die Oozyte als ganze erhalten bleibt und jeweils einen Chromosomensatz mit einem minimalen Zytoplasmarest als Polkörperchen ausstößt. Das *erste Polkörperchen* wird kurz vor der Ovulation, das *zweite Polkörperchen* nach der Befruchtung ausgestoßen.

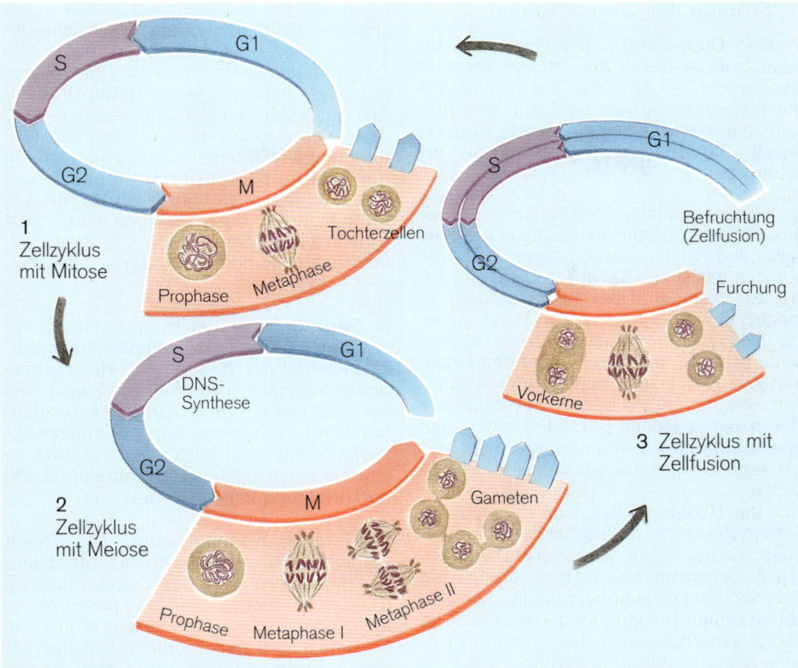

A. Zellzyklus in der Keimbahn

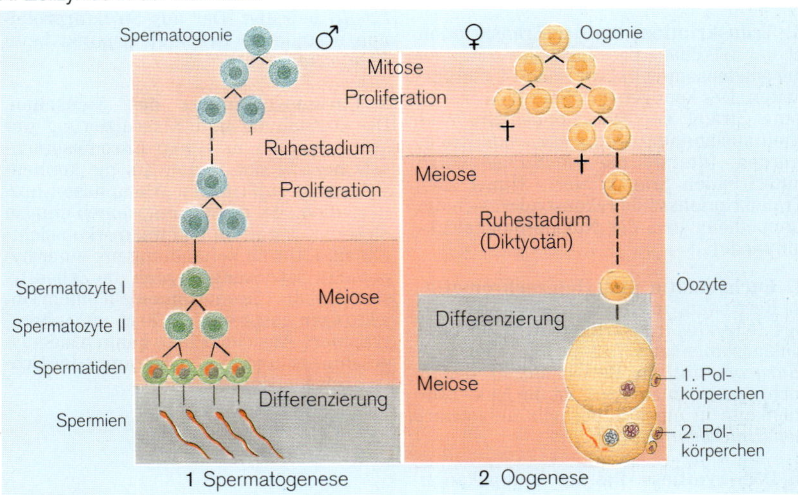

B. Entwicklung männlicher und weiblicher Keimzellen

A. Struktur der Chromosomen

1. DNS-Doppelhelix. Die genetische Information ist durch die Abfolge von vier Nukleotiden in der DNS-Doppelhelix kodiert. Die DNS-Spirale ist 2 nm dick. Ihre morphologische Struktur wurde indirekt durch die Röntgenstrukturanalyse erschlossen.

2. Nukleosom. Der DNS-Faden der Chromosomen ist in Spiralwindungen auf eine Kette von Nukleosomen aufgewickelt, die aus den basischen Kernproteinen, den *Histonen*, bestehen. Über jedem Nukleosom macht der *DNS-Faden* 2½ Windungen. Die Nukleosomen sind durch ein kleines Bindeprotein, das ebenfalls zu den Histonen gehört (H1), eng miteinander verbunden, werden jedoch bei der Spreitung zur elektronenoptischen Darstellung zu einem Chromatinfaden auseinandergezogen, der wie eine Perlenkette aussieht und 10 nm dick ist.

Die Histone haben sich als basische Kernproteine im Verlauf der Evolution der Eukaryonten kaum verändert. Den basischen Kernproteinen werden die sauren Kernproteine gegenübergestellt. Sie enthalten neben Enzymen wie der DNS- und RNS-Polymerase auch die Regulatorproteine, die den Funktionszustand der DNS bestimmen (hier nicht dargestellt).

3. Transkription. Bei der Transkription in der G1-Phase des Zellzyklus zerfallen die Nukleosomen in ihre Histon-Untereinheiten. Der kodogene und der nicht-kodogene Strang der DNS-Doppelhelix weichen auseinander. Am *kodogenen* Strang werden durch die *RNS-Polymerase* mRNS-Fäden transkribiert. Hinter der Transkriptionsstelle rekonstruiert sich die Doppelhelix und die Nukleosomenstruktur wieder.

4. Euchromatin und Heterochromatin. In Bereichen, in denen in der G1-Phase des Zellzyklus transkribiert wird, liegt die Nukleosomenkette frei im Karyoplasma (*Euchromatin*). In Bereichen, in denen nicht transkribiert wird, ist die Nukleosomenkette in einer Superhelix aufgewunden (*Heterochromatin*).

5. DNS-Synthese. Bei der Reduplikation der DNS in der S-Phase des Zellzyklus lösen sich die Nukleosomen wieder in die Histon-Untereinheiten auf. Nach Reduplikation beider DNS-Stränge durch die *DNS-Polymerase* entsteht ein Chromosom mit zwei *Chromatinfäden*, deren DNS-Fäden auf Nukleosomen aufgewunden sind. Aus 46 ungepaarten Chromosomen (2n) mit einer DNS-Menge von 2c entstehen 46 ungepaarte reduplizierte Chromosomen (2n) mit einer DNS-Menge von 4c. An den reduplizierten Chromosomen wird nicht transkribiert (Ausnahme: Lampenbürstenchromosomen in der Oogenese, → 1.4 A4b).

6. Superhelix. In der Prophase der Mitose kondensieren die Chromatinfäden ähnlich wie bei der Bildung von Heterochromatin zu einer *Superhelix* (35 nm). Die *kondensierten Chromatinfäden* verdichten sich in unregelmäßigen Schlingen innerhalb eines Gerüstes aus Strukturproteinen zu den beiden Chromatiden (1000 nm) des Metaphase-Chromosoms.

7. Metaphase-Chromosom. Die freien Arme eines X-förmigen (metazentrischen) Chromosoms sind die bis auf den Bereich des *Zentromers* getrennten *Chromatiden*, aus denen in der Anaphase der Mitose die Chromosomen der Tochterzellen hervorgehen. Im Bereich des Zentromers ist das Chromosom an den Spindelfasern (*Mikrotubuli*) befestigt. Der aus Strukturproteinen bestehende Befestigungspunkt heißt *Kinetochor*.

8. Chromosomensatz des Menschen. Die Darstellung und Klassifizierung der Chromosomen in einem Chromosomensatz bezieht sich immer auf die kondensierten, reduplizierten Metaphase-Chromosomen, da die Chromosomen nur in diesem Zustand im Lichtmikroskop sichtbar sind. Durch Behandlung mit einer hypotonen Salzlösung werden die Zellen lysiert und die Chromosomen auf einem Objektträger gespreitet, gefärbt und photographiert. Aus dem Photo können sie ausgeschnitten und im Karyogramm der Größe nach geordnet werden.

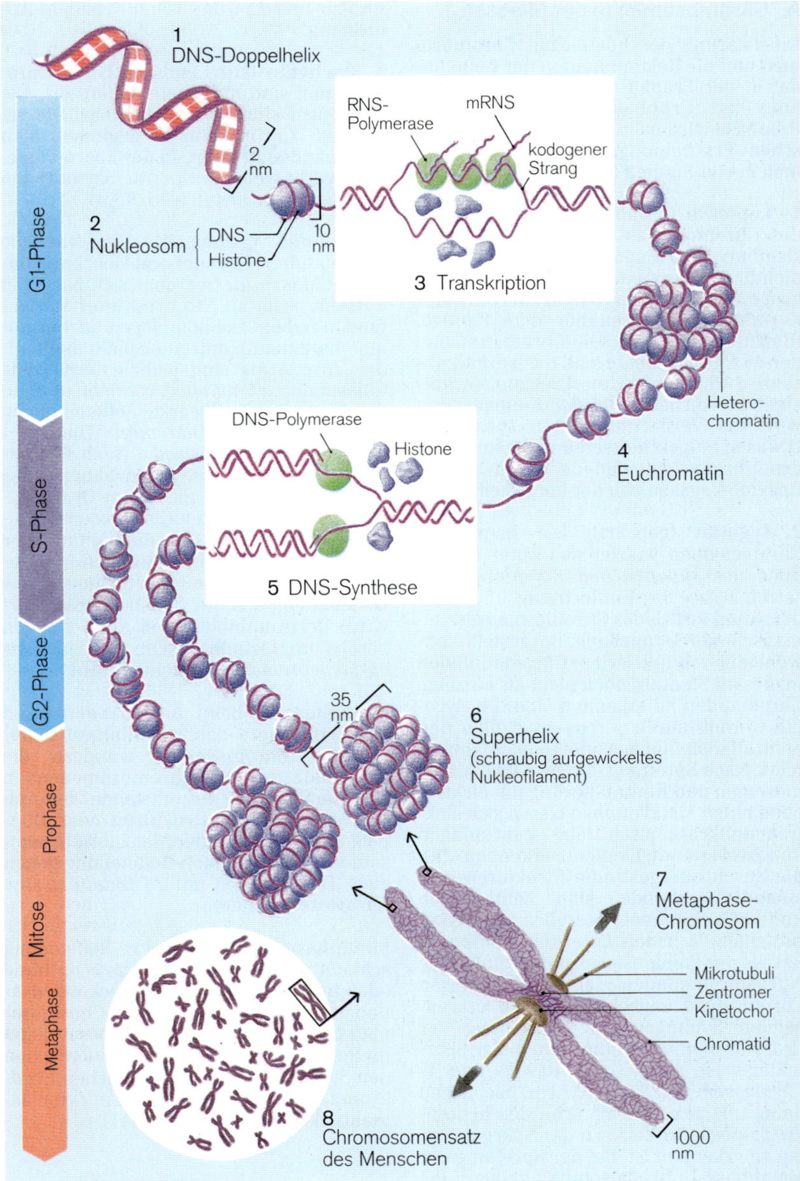

A. Struktur der Chromosomen

A. Chromosomen in der Meiose

Die Paarung der homologen Chromosomen und die Rekombination der Gene findet in der Prophase der ersten Reifeteilung statt (**Prophase I**). Die verlängerte Prophase wird nach dem lichtmikroskopischen Erscheinungsbild der Chromosomen in vier Stadien unterteilt:

1. Leptotän (schlank). Im Kern werden die Chromosomen als schlanke Fäden sichtbar. Ihre Enden sind in der Kernmembran verankert. Die Haftpunkte gruppieren sich in einem Bereich der Kernmembran gegenüber dem *Zentriol* (Bukett-Anordnung). Die Chromatinfäden der *46 Chromosomen* sind noch durch unzählige Über- und Unterkreuzungen miteinander vernetzt. Bei der Kondensation wird die Vernetzung durch spezifische DN-asen aufgeschlossen und die Integrität des Chromosomenfadens durch andere Enzyme (Ligasen) wieder hergestellt.

2. Zygotän (gepaart). Die homologen Chromosomen paaren sich unter Ausbildung des *synaptischen Komplexes* und setzen dabei die Entflechtung und Kondensation fort. Jedes Chromosom ist schematisch als Doppellinie dargestellt, obwohl die reduplizierten Chromatinfäden in diesem Stadium noch nicht als einzelne Chromatiden zu erkennen sind. Im Zygotän werden durch „Cross-over" über den Zentralfaden hinweg die Gene rekombiniert. Nach Spreitung der gepaarten Chromosomen und Kontrastierung mit elektronendichten Metallatomen lassen sich elektronenmikroskopisch ein Zentralfaden und zwei laterale Elemente erkennen (**2a**), die durch quergestreifte Strukturen miteinander verbunden sind. Zentralfaden und Lateralelemente bestehen aus Glykoproteinen. Auf den *Lateralelementen* ist jeweils der kondensierte und reduplizierte Nukleoproteinfaden eines homologen Chromosoms angeordnet. Die überkreuzenden Schlingen zur Darstellung der Cross-over sind hypothetisch. In der Spermatogenese paaren sich das *X- und Y-Chromosom* am kurzen Arm. Sie liegen dabei im *„sex vesicle"* (**2b**), das lichtmikroskopisch im Zellkern der Spermatozyten zu erkennen ist. Bei der Spreitung der Metaphase-I-Chromosomen zeigen die Geschlechtschromosomen aufgrund der End-zu-End-Paarung eine Tandem-Anordnung.

3. Pachytän (kurz und dick). Die Chromosomen sind maximal kondensiert. Die Cross-over sind noch unsichtbar. Die gepaarten Chromosomen beginnen sich voneinander zu lösen. In der Spermatogenese verharren die Spermatozyten I am längsten im Pachytän (→ 1.8 A3).

4. Diplotän (gedoppelt). Vier einzelne Chromatiden (Tetrade) und Überkreuzungen (*Chiasmata*) werden sichtbar. Ein Chiasma zeigt an, wo Cross-over stattgefunden haben. Die homologen Chromosomen haften am Zentromer nicht aneinander. Ihre Arme sind jedoch durch viele Chiasmata miteinander verklebt (**4a**). In den Oozyten wird die erste Reifeteilung im Diplotän arretiert (*Diktyotän*). Die Chromosomen dekondensieren. Nach Beendigung der Ruhephase werden während der Differenzierung der Eizelle im Ovarialzyklus auf den gepaarten Chromosomen Genorte aktiviert, die für die Reifung der Eizelle notwendig sind. Aus den Nukleosomenketten stülpen sich Schlingen des DNS-Fadens aus, an denen transkribiert wird. Bei Amphibien sind die Schlingen bereits im Lichtmikroskop als *Lampenbürstenchromosomen* sichtbar (**4b**).

Metaphase I. Beim Auseinanderrücken der Zentromere der rekombinierten homologen Chromosomen wandern die Chiasmata an die Chromosomenenden (Terminalisation). Es entstehen dadurch die typischen Ringstrukturen oder Doppelkreuzstrukturen der Meiose-I-Chromosomen. Aus der ersten Reifeteilung gehen zwei Tochterzellen mit *23 reduplizierten Chromosomen* hervor.

Metaphase II. Die zweite Reifeteilung schließt sich direkt an die erste an ohne oder nur mit einer kurzen Dekondensation der Chromosomen. Die Chromosomen trennen sich wie in der Mitose zuletzt im Bereich des *Zentromers* auf. Zwischen den Spermatiden (ebenso zwischen Eizelle und Polkörperchen) bleiben Zytoplasmabrücken erhalten (→ 1.8 A1).

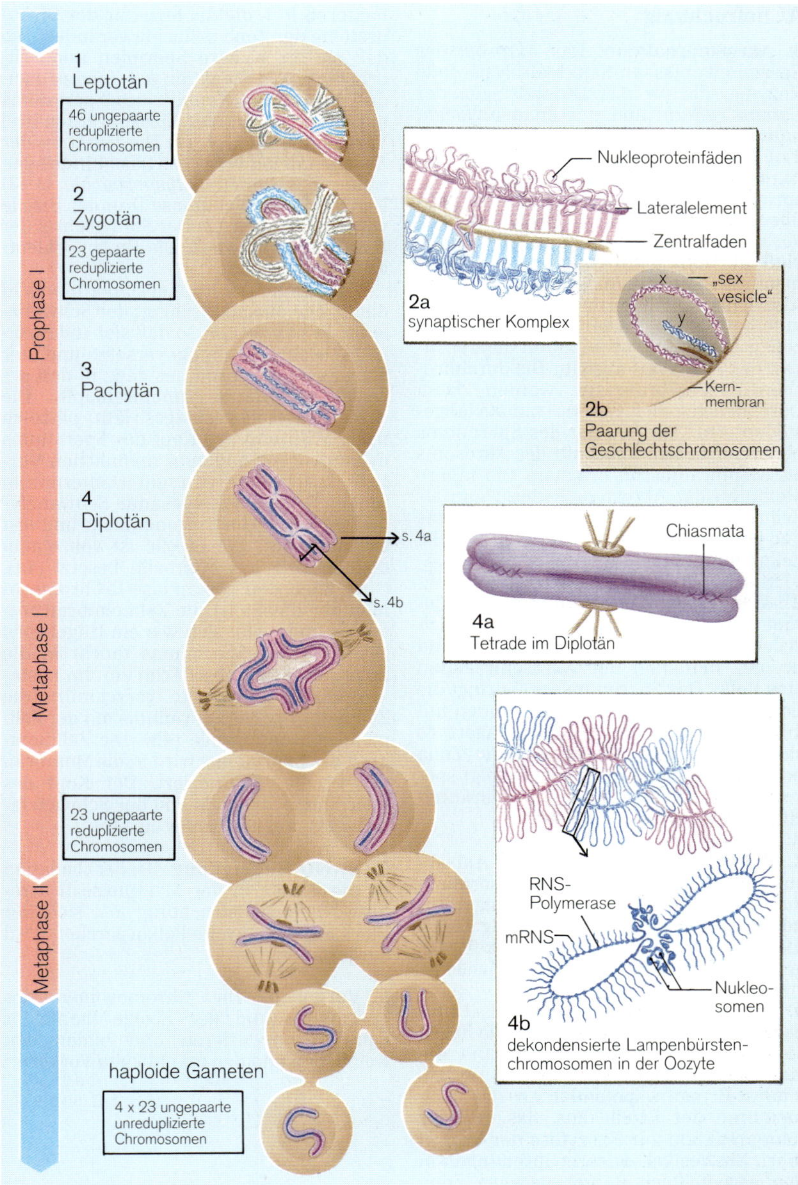

A. Chromosomen in der Meiose

A. Befruchtung

1. Akrosomreaktion. Das *Akrosom* des Spermienkopfes enthält hydrolysierende Enzyme, die für das Durchdringen der *Corona radiata* und der *Zona pellucida* notwendig sind. Die Enzyme sind zum Teil fest mit der inneren Membran des Akrosoms verbunden. Das Akrosom entspricht einem großen Lysosom, das sich über die Spitze des Zellkerns stülpt. Kurz vor dem Zusammentreffen mit der Eizelle läuft die Akrosomreaktion ab. Die Zellmembran und die äußere Membran des Akrosoms verschmelzen an vielen Stellen miteinander (**1a**). In den Verschmelzungszonen entstehen Poren, durch die der Inhalt des Akrosoms austritt. Die durchbrochenen Membranreste werden beim Durchdringen der Corona radiata abgestoßen (**1b**). Am Äquator des Spermiums bleibt der basale Abschnitt des Akrosoms als Membrantasche erhalten. Die innere Membran des Akrosoms bedeckt nun als Zellmembran den Kopf des Spermiums und geht nach hinten in die ursprüngliche Zellmembran über (**1c**).

2. Anlagerung des Spermiums. Die Corona radiata besteht aus Follikelepithelzellen. Sie spielen bei der *Chemotaxis* und bei der Induktion der Akrosomreaktion eine Rolle. Das Spermium durchdringt die Corona radiata in wenigen Sekunden mit kräftigem Geißelschlag. Dann lagert es sich für mehrere Minuten an die Zona pellucida an. Die Anlagerung erfolgt speziesspezifisch über einen rezeptorähnlichen Mechanismus.

3. Zona pellucida. Nach der Anlagerungsphase durchdringt das Spermium die Zona pellucida innerhalb weniger Minuten. Das Spermium tritt schräg durch die Zona pellucida hindurch und trifft tangential auf die Zellmembran der Eizelle.

4. Fusion der Zellmembranen. Unter der Zellmembran der reifen Eizelle liegen kleine Vesikel (*Rindengranula*). Die Berührung des Spermiums löst ein umlaufendes Erregungspotential an der Zellmembran der Eizelle aus, das in einer Kettenreaktion zur Exozytose der Vesikel führt. Die Vesikel entleeren ihren Inhalt in den perivitellinen Raum zwischen Zona pellucida und Eizellmembran. Es werden Faktoren frei, die die Struktur der Glykoproteine der Zona pellucida verändern, so daß sie für weitere Spermien undurchdringlich wird (Reaktion der Zona pellucida). Durch den Kontakt des Spermiums mit der Membran der Eizelle werden drei Vorgänge ausgelöst: (1) Die *Reaktion der Zona pellucida* verhindert das Eindringen weiterer Spermien (*Polyspermieblock*). (2) Der Block der Metaphase II in der Eizelle wird aufgehoben. (3) Der Stoffwechsel der Eizelle wird aktiviert. Die Embryonalentwicklung beginnt.

Während der Kopf des Spermiums in die Eizelle einsinkt, schlägt der Schwanzfaden kräftig weiter, so daß sich die Eizelle in leichte Drehung versetzt und der Schwanz des Spermiums ganz in den perivitellinen Raum hineinschlüpft. Die Kraft des Geißelschlages läßt plötzlich nach. Während der Kopf des Spermiums dekondensiert und zum männlichen Vorkern anschwillt, wird unter intermittierenden Schlägen der gesamte Schwanzfaden in die Eizelle aufgenommen und löst sich dort auf. Die Eizelle ist von einem dichten Pelz aus Mikrovilli besetzt (**4a**). (Nur über den Metaphase-II-Chromosomen der Eizelle ist die Zellmembran zottenfrei und wölbt sich wie ein Hügel vor.) Der Kopf des Spermiums taucht in die Zotten an der Eioberfläche ein. Im postakrosomalen Abschnitt verschmilzt die Zellmembran des Spermiums mit der Zellmembran der Eizelle (**4b**). Die Zellmembran des Spermiums wird in die Membran der Eizelle inkorporiert. Der Kopf des Spermiums, der Hals und der Schwanzfaden sinken in den Dotter ein (**4c**).

5. Zweite Reifeteilung. Bei der Ovulation ist die Eizelle in der Metaphase II arretiert. Mit der Befruchtung löst sich der Block auf. Das zweite Polkörperchen wird ausgestoßen.

6. Vorkerne. Die Chromosomen des Spermiums und der Eizelle (haploider Satz) dekondensieren und bilden den weiblichen und den männlichen Vorkern.

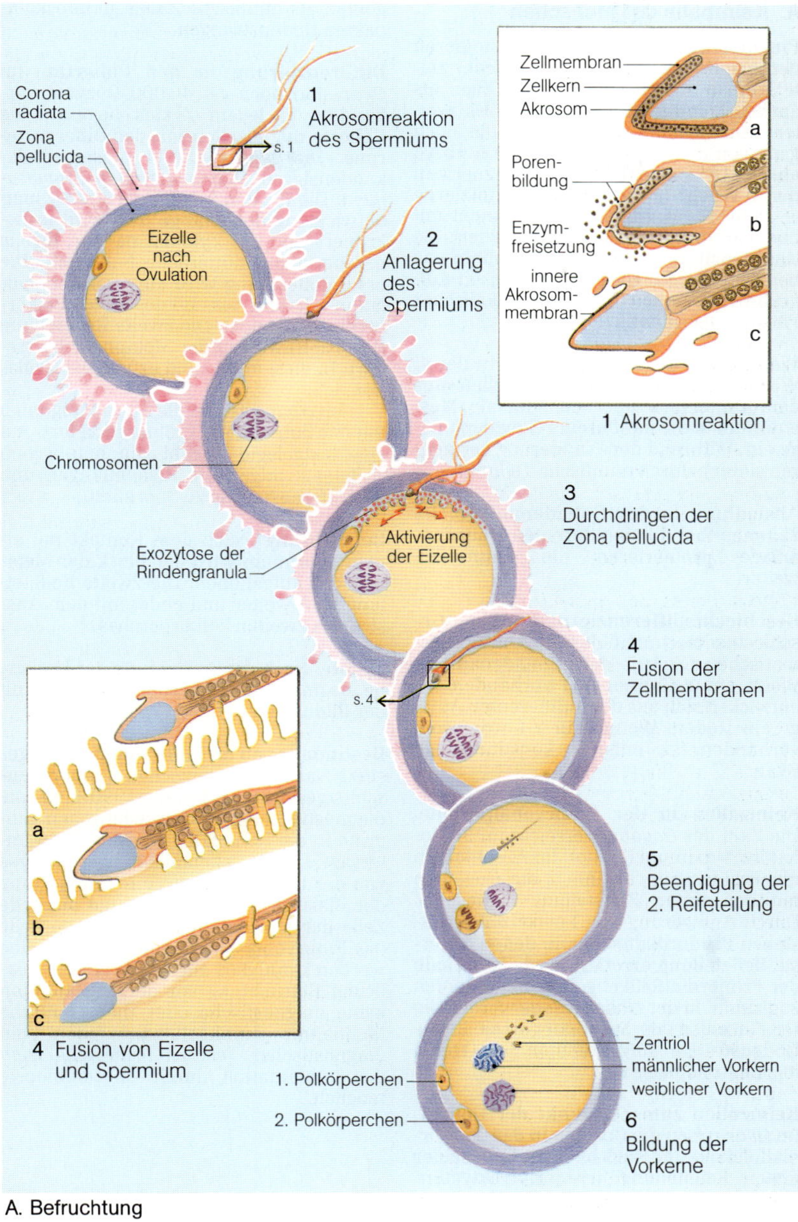

A. Befruchtung

A. Keimbahn des Menschen

Pluripotente Zygote. Die Blastomeren der Zygote sind pluripotent. Aus jeder Zelle können sowohl somatische Zellen als auch Urkeimzellen hervorgehen. Die weitere Entwicklung der Zellen hängt noch ganz von ihrer späteren Lage im Embryo ab. Die Urkeimzellen lassen sich zuerst in der 4. Woche im Dottersack identifizieren (→ 8.6). Sie werden dort zusammen mit den Stammzellen des Blutes induziert. Sie lassen sich im menschlichen Embryo wie bei anderen Säugern histochemisch aufgrund ihres hohen Gehaltes an alkalischer Phosphatase identifizieren.

Wanderung der Urkeimzellen. In der 4. Woche wandern die Urkeimzellen aus dem Dottersack über das dorsale Mesenterium in die indifferente Gonadenanlage ein. Während der Wanderung vermehren sie sich durch mitotische Teilung.

Absiedlung in der Gonadenanlage. Im Zölomepithel der indifferenten Gonadenanlage proliferieren die Keimzellen weiter.

Geschlechtsdifferenzierung. Die Geschlechtsdetermination erfolgt in den somatischen Zellen der Gonadenanlage. Wenn ein Y-Chromosom vorhanden ist, entwickelt sich aus der indifferenten Anlage ein Hoden. Wenn kein Y-Chromosom vorhanden ist, entsteht konstitutiv ein Ovar.

Keimzellen in der Embryonalperiode. Die Zahl der *Oogonien* erreicht im 5. Monat ihr Maximum (7 Mio). Im Anschluß an die Proliferation beginnen die Oogonien mit der ersten Reifeteilung (Meiose I). Durch Anlagerung von Follikelzellen entstehen Primordialfollikel, in denen die erste Reifeteilung arretiert wird. Außerhalb der Primordialfollikel gehen die Oogonien zugrunde. In der *Hodenanlage* werden die Urkeimzellen als Spermatogonien in die Hodenstränge aufgenommen und treten in eine Ruhephase ein.

Keimzellen zum Zeitpunkt der Geburt. Im *Ovar* ruhen die Oozyten in den Primordialfollikeln und sind in der Prophase der ersten Reifeteilung arretiert (Diktyotän-Stadium). Im *Hoden* ruhen die Spermatogonien als mitotische Zellen in den kompakten Hodensträngen.

Differenzierung in der Pubertät. Im *Ovar* sind noch ca. 40 000 Oozyten vorhanden. In jedem Zyklus beginnt eine Kohorte der Eizellen mit der Differenzierung. Die gepaarten Chromosomen dekondensieren (*Lampenbürstenchromosomen*). Die für den Beginn der Embryonalentwicklung notwendige RNS wird transkribiert und im Zytoplasma der Eizelle bereitgestellt (mütterliche Faktoren). Die erste Reifeteilung wird kurz vor der Ovulation mit dem Ausstoß des ersten Polkörperchens beendet. Die zweite Reifeteilung (Meiose II) wird in der Metaphase II arretiert. In diesem Zustand erfolgt die Ovulation.

Im *Hoden* setzen die Spermatogonien mit der Pubertät die Proliferation fort. Auf eine festgelegte Anzahl von mitotischen Teilungen folgen die Reifeteilungen und die Differenzierung zu Spermien.

Befruchtung. Nach dem Kontakt mit einem Spermium wird der Block der Metaphase II aufgehoben. Die zweite Reifeteilung läuft weiter und endet mit dem Ausstoß des zweiten Polkörperches.

Zygote. Nach der Ausbildung der Vorkerne beginnt die Embryonalentwickel mit der Bildung einer neuen Zygote

Bestimmungen im Embryonenschutzgesetz. Nach dem deutschen Embryonenschutzgesetz vom 13. 12. 1990 sind alle diagnostischen und therapeutischen Eingriffe in die Keimbahn des Menschen untersagt. Da die Zellen des Säugerembryos von der Befruchtung bis zur Entwicklung der Blastozyste pluripotent sind und jede Zelle der Morula sowie später jede Zelle des Embryoblasten zu einer Keimscheibe werden kann, darf auch nach einer künstlichen Befruchtung vor der Implantation keine diagnostische oder therapeutische Maßnahme durchgeführt werden. Ein diagnostischer Test ist frühestens nach der Implantation durch Chorionbiopsie möglich.

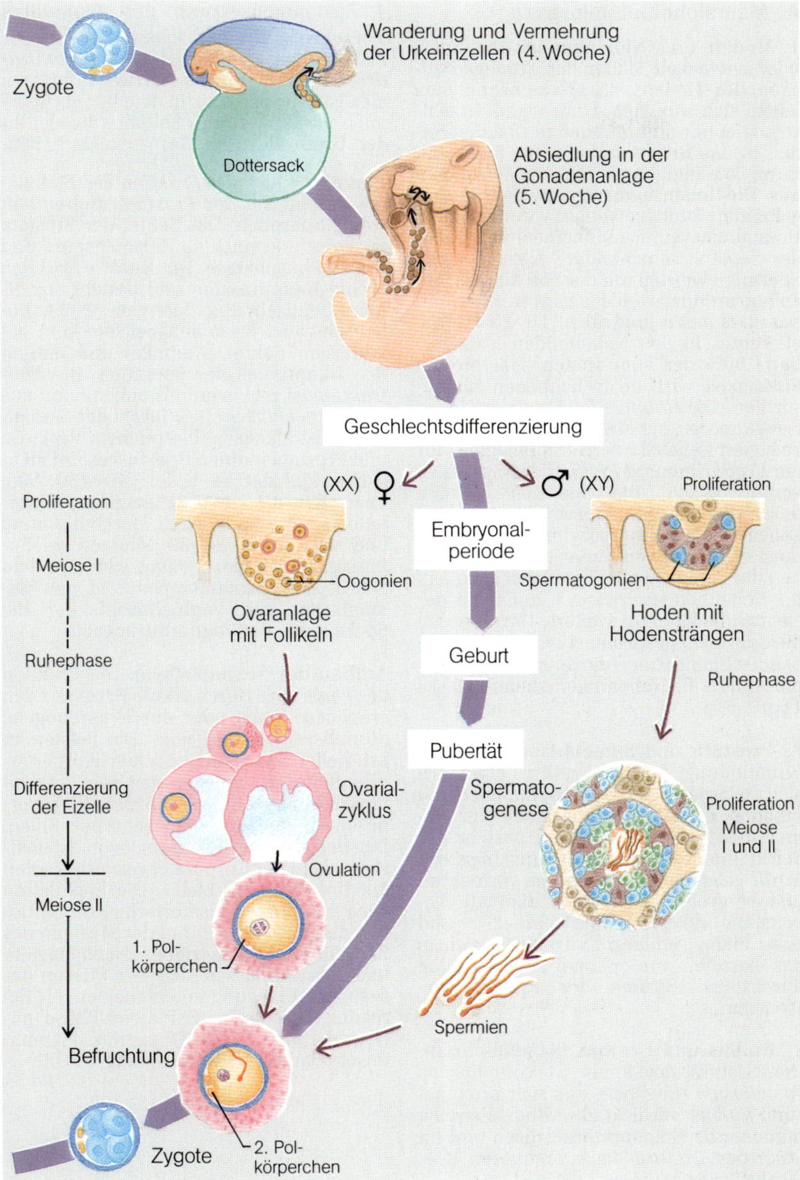

A. Keimbahn des Menschen

A. Männliche Genitalorgane

1. Hoden und Nebenhoden. Die Spermien entwickeln sich in den *Samenkanälchen* des Hodens. Die Samenkanälchen leiten sich von den U-förmigen Hodensträngen her und münden mit beiden Enden in das *Rete testis* ein. Sie füllen mit ihren Windungen je ein Hodensegment aus. Die Hodensegmente sind durch unregelmäßige bindegewebige von der festen Hodenhülle (Tunica albuginea) ausgehende Septen voneinander abgeteilt. Die Spermien werden mit der von den Sertoli-Zellen produzierten Flüssigkeit passiv in das *Rete testis* und über 10–20 Ductuli efferentes in den Nebenhoden transportiert. 90% der vom Hoden sezernierten Flüssigkeit wird im Nebenhoden rückresorbiert. Die *Hauptzellen* im gewundenen Nebenhodengang (**1a**) sind mit ihren verzweigten Zellausläufern (Stereozilien) für die *Ernährung und Reifung* der Spermien verantwortlich. Die Spermien werden durch die Peristaltik der eng dem Epithel anliegenden Fibromyozyten weitertransportiert. Sie erwerben erst im Nebenhoden die Fähigkeit zur Eigenbeweglichkeit. Im Nebenhodenschwanz (*Cauda*) ist der Nebenhodengang erweitert. Dort werden die Spermien gespeichert und bei ausbleibender Ejakulation resorbiert. Der Transport durch die Nebenhoden dauert 10–14 Tage.

2. Prostata und Samenblasen. Vor der Einmündung in die Urethra erweitern sich die *Samenleiter* zu den Ampullen und nehmen die Ausführungsgänge der Samenblasen auf. Die Prostata besteht aus direkt unter dem Urethralepithel (*periurethral*) gelegenen Drüsen – sie vermehren und vergrößern sich nach dem 40. Lebensjahr (Prostatahypertrophie) – und aus tubuloalveolären Drüsen, die sich in das straffe, von glatten Muskelzellen durchsetzte Stroma der Prostata erstrecken.

3. Bulbus und Urethra (Sagittalschnitt). Die Urethra des Penis ist vom *Corpus spongiosum* umgeben, das sich proximal zum *Bulbus* verdickt. Im Bulbusbereich münden die Bulbourethraldrüsen und im Dach der Urethra die submukösen Urethraldrüsen ein (**3a**).

4. Zusammensetzung des Ejakulates

Vorsekret: Vor der Ejakulation (in der Plateauphase) sondern die *Bulbourethraldrüsen* und die *Urethraldrüsen* ein klares alkalisches Sekret ab, in dem bereits Spermien vorhanden sein können, die sich in den Urethraldrüsen (**3a**) versteckt haben.

Ejakulat: Die *erste Fraktion* des Ejakulates stammt aus der *Prostata* und enthält wenig Spermien. Das Sekret der Prostata ist sauer und reich an Zitronensäure und saurer Phosphatase. Die *mittlere Fraktion* ist die Hauptfraktion und besteht aus einem Gemisch aus flüssigem (Nebenhodenschwanz, Spermienspeicher) und gelatinösem Sekret (Ampulle) und enthält den Hauptanteil der Spermien. Die *Endfraktion* ist rein gelatinös und stammt aus den *Samenblasen*. Das Sekret der Samenblasen ist alkalisch und reich an Fruktose und Prostaglandinen. Das insgesamt alkalische Ejakulat (4–6 ml, 40–250 Mio. Spermien, pH 7,2–7,8) koaguliert innerhalb einer Minute nach Durchmischung und wird nach 20–30 Minuten wieder flüssig. (Bei Nagern bildet sich aus dem Sekret der Prostatalappen und den Samenblasen ein Vaginalpfropf, der die Spermien in der Vagina zurückhält).

Aufbau der Sexualreflexe. Die Erektion des Penis wird durch taktile Reize aus den erogenen Zonen oder durch psychogene Stimuli zentral ausgelöst. Die Polster im arteriellen Schenkel der Schwellkörper erschlaffen und die arteriovenösen Anastomosen öffnen sich, so daß sich die kavernösen Räume der Schwellkörper füllen. Der Druck im Corpus spongiosum ist niedriger als in der Corpora cavernosa, so daß die Urethra offen bleibt. Die Ejakulation wird nun durch pulsatorische Kontraktionen der Samenleiter und der Muskeln des Beckenbodens angetrieben. Nach Masters und Johnson lassen sich vier Phasen der sexuellen Erregung unterscheiden: (1) **E**rregung (psychisch), (2) **P**lateau-Phase (parasympathisch), (3) **O**rgasmus (sympathisch) und (4) die **R**ückbildung (EPOR).

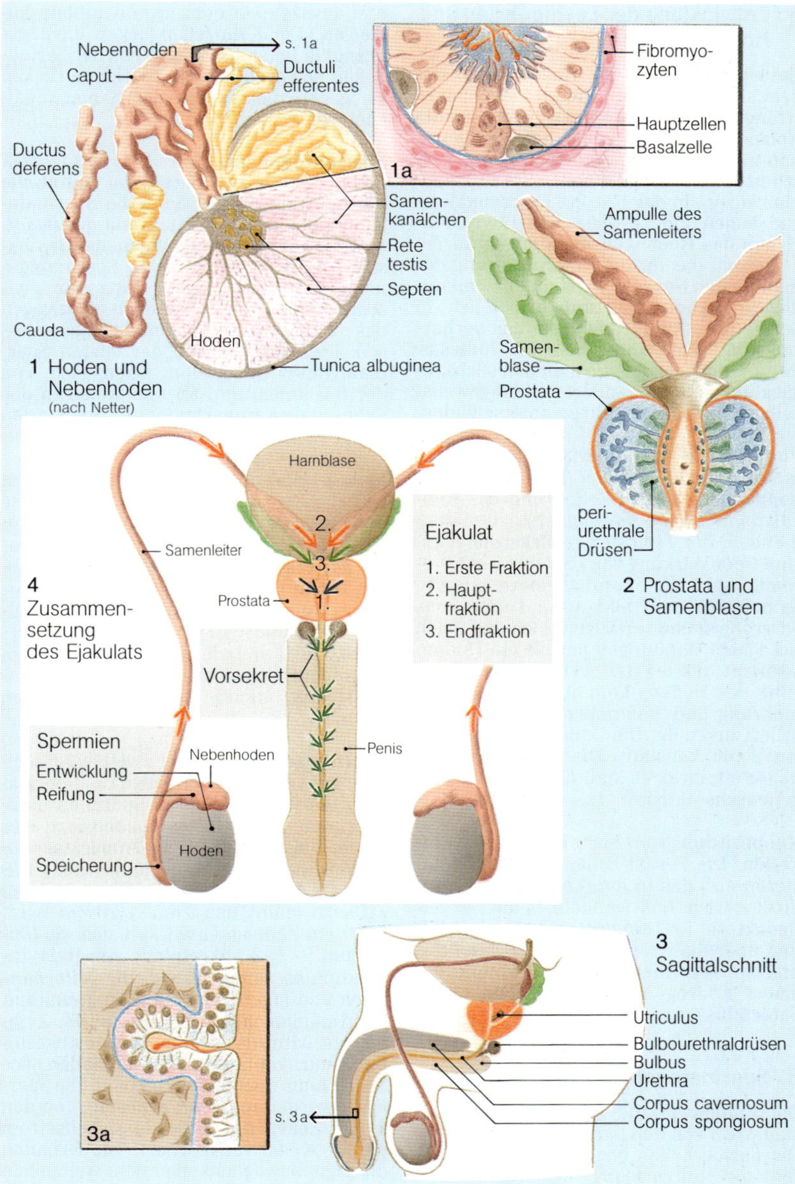

A. Männliche Genitalorgane

A. Entwicklung der Leydig-Zellen und Hodenkanälchen

Embryonalzeit. In der Hodenanlage siedeln sich die Urkeimzellen in den Hodensträngen an. Die Hodenstränge sind die Anlagen der Samenkanälchen. Sie bestehen aus *Sertoli-Zellen* (Stützzellen), zwischen denen basal die hellen Spermatogonien sitzen. In der 12.–20. Embryonalwoche bilden die Leydig-Zellen (Zwischenzellen) des Hodens große Mengen an *Testosteron,* das für die Differenzierung der männlichen Sexualorgane und des männlichen Phänotyps verantwortlich ist. In der Fetalzeit und frühen Kindheit verharren die Samenkanälchen im Ruhestadium. Die *Leydig-Zellen* bilden sich zurück und sind von anderen Bindegewebszellen histologisch nicht zu unterscheiden.

Pubertät. In der Pubertät stimuliert das *luteinisierende Hormon (LH)* aus der Hypophyse die Leydig-Zellen und das *follikelstimulierende Hormon* (*FSH*) die Sertoli-Zellen. Der Testosteronspiegel steigt an. Unter der Wirkung von *FSH* und *Testosteron* (*T*) setzt die Spermatogenese ein. Die Samenkanälchen bilden ein Lumen aus, vergrößern und verlängern sich und füllen mit vielen Windungen jeweils ein Hodensegment aus (→ 1.7 A1). Die Vergrößerung des Hodens kommt durch die Vermehrung und Differenzierung der Keimzellen zustande. Die Zahl der Sertoli-Zellen bleibt konstant. Die Hodengröße ist daher ein direktes Maß für die spermatogenetische Aktivität.

Kooperation von Sertoli- und Leydig-Zellen. Die Sertoli-Zellen nehmen Testosteron auf, das in den Leydig-Zellen produziert wird, und wandeln es mit der 5α-Reduktase in *Dihydrotestosteron (DHT)* und über die Aromatase in *Östradiol* (E_2) um. Sie sezernieren beide Hormone mit einem Androgen-Bindungsprotein in die Samenflüssigkeit.

B. Spermatogenese

Der Epithelverband in den Samenkanälchen wird von den *Sertoli-Zellen* gebildet. Die Sertoli-Zellen ernähren und regulieren die Entwicklung der männlichen Keimzellen. Ihre Zellkerne sind gelappt und besitzen ein oder zwei deutliche Nukleolen. Die Keimzellen liegen dicht gedrängt in tiefen Einstülpungen der Sertoli-Zellen. Während der Entwicklung rücken sie gegen das Lumen der Samenkanälchen vor.

Spermatogonien. Die *Spermatogonien* nehmen in der Pubertät die mitotische Vermehrung wieder auf. Alle Spermatogonien bleiben im Kontakt mit der *Basalmembran* des Samenkanälchens. Das basale Kompartment mit den Spermatogonien ist durch spezielle Kittzonen zwischen den Sertoli-Zellen nach oben gegen das adluminale Kompartment abgeschlossen. Die Tochterzellen der letzten Spermatogonien-Generation lösen sich von der Basalmembran ab und treten in das adluminale Kompartment ein. Sie werden damit zu Spermatozyten I. Ordnung.

Meiose. Im adluminalen Kompartment tritt die Spermatozyte I in die Prophase der ersten Reifeteilung ein. Auf das *Leptotän-* und *Pachytän-Stadium* folgt die Spindel der ersten Reifeteilung (Metaphase I). Die Tochterzellen (Spermatozyten II. Ordnung) treten sofort in die zweite Reifeteilung (Metaphase II) ein, so daß eine Spermatozyte II mit dekondensiertem Chromatin nur selten (bei manchen Spezies überhaupt nicht) beobachtet werden kann.

Spermiogenese. Aus der zweiten Reifeteilung gehen als Tochterzellen die Spermatiden hervor, die sich zu Spermien differenzieren: der *Zellkern kondensiert.* Aus einem Bläschen des Golgi-Apparates entwickelt sich das Akrosombläschen, das sich als Kappe über den kondensierten Zellkern stülpt und zum *Akrosom* wird. Aus dem Zentriol entwickelt sich die *Geißel* mit 9×2+2 Mikrotubuli. Am Hals des Spermiums sammeln sich die *Mitochondrien* und lagern sich ringförmig um den Zentralfaden an. Überschüssiges Zytoplasma wird als Residualkörper abgestoßen und kann am Schwanzfaden des Spermiums noch haften bleiben. Die Spermien werden nach der Ablösung von den Sertoli-Zellen mit dem Flüssigkeitsstrom passiv weitertransportiert. Sie erhalten die Eigenbeweglichkeit erst im weiblichen Genitaltrakt.

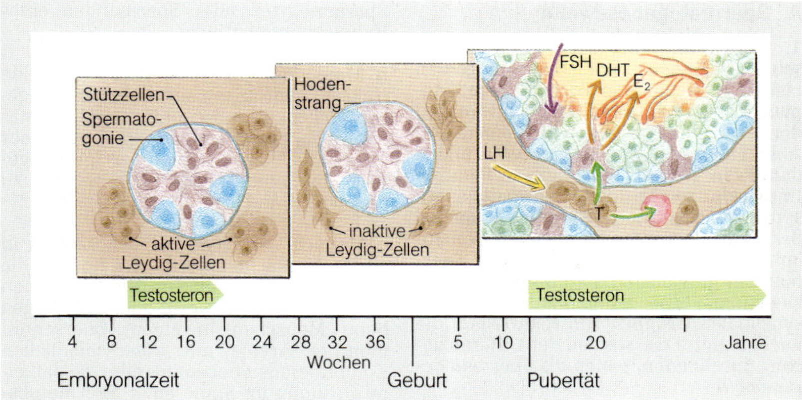

A. Entwicklung der Leydig-Zellen und der Hodenkanälchen

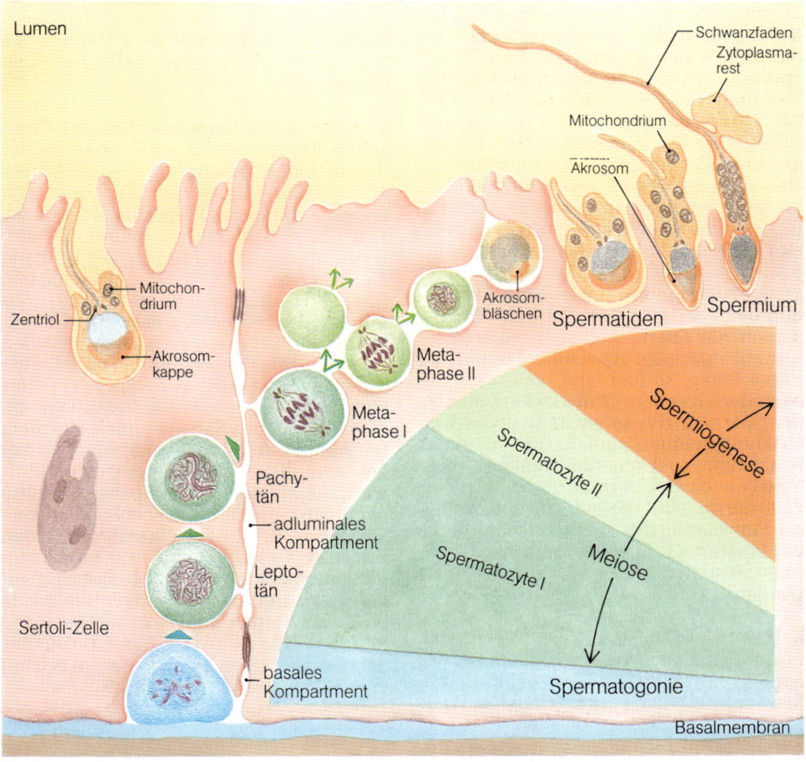

B. Spermatogenese

A. Spermatogenesewelle

1. Synzytiumbildung. Bei den mitotischen Teilungen der Spermatogonien bleiben zwischen den Tochterzellen Zytoplasmabrücken zurück, die auch während der Reifeteilungen erhalten bleiben. Die Abkömmlinge einer Stammzelle bilden daher ein großes Synzytium, in dem die Entwicklungsschritte der Spermatogenese synchron absolviert werden. Aufgrund der Synzytiumbildung liegen im Samenepithel immer Spermatozyten und Spermatiden im gleichen Stadium in Gruppen zusammen. Die aufeinander folgenden synzytialen Gruppen von Keimzellen, die nacheinander die Stadien der Differenzierung durchlaufen, bilden die *Spermatogenesewelle.*

Eine Spermatogonie geht durch sechs vorbestimmte mitotische Teilungen. Die Tochterzellen zeigen Unterschiede in der Kernstruktur und der Anfärbbarkeit, so daß man vier Generationen von *Typ-A-Spermatogonien*, eine vom *intermediären Typ* und eine vom *Typ B* unterscheiden kann. Aus dem Klon der Spermatogonien scheidet eine Tochterzelle (*Typ A4*) aus der Entwicklung aus und wird wieder zu einer ruhenden Spermatogonie. Auf diese Weise ist gewährleistet, daß eine konstante Zahl an Stammzellen erhalten bleibt und das Keimepithel sich nicht erschöpft.

2. Spermatogenesewelle. Nach Stimulation der Spermatogenese durch FSH beginnen die Spermatogonien entlang des Samenkanälchens nacheinander mit der Entwicklung, so daß eine Welle von aufeinanderfolgenden Entwicklungsstadien der Spermatogenese entsteht. Jedes Entwicklungsstadium umfaßt die in einem Synzytium zusammenhängenden Tochterzellen einer Spermatogonie (als eine Zelle dargestellt). Die zeitliche und räumliche Anordnung der Spermatogenesewelle ist funktionell mit der saisonalen Geschlechtsaktivität einer Spezies verbunden.

a Hai: Im einfachsten Fall, z. B. beim Hai, beginnt eine neue Welle an einem Ort des Samenepithels erst wieder, wenn die reifen Spermien der vorhergehenden Welle ins Lumen abgegeben wurden. In einem Kanälchenquerschnitt sitzen daher nur Spermatozyten oder Spermatiden eines Entwicklungsstadiums.

b Maus: Bei anderen Spezies (z. B. den Nagern) überlappen sich die Spermatogenesewellen, so daß zwei Entwicklungsstadien von Spermatozyten und ein oder zwei Entwicklungsstadien der Spermiogenese im Samenepithel übereinander zu liegen kommen.

c Mensch: Während bei den Nagern in einem Kanälchenquerschnitt überall die gleiche Kombination von Spermatozyten und Spermatiden vorhanden ist, liegen beim Menschen in einem Querschnitt mehrere Areale mit unterschiedlichen Kombinationen nebeneinander, so daß eine Ordnung im Sinne einer Spermatogenesewelle nicht zu erkennen ist. Die Rekonstruktion aus Serienschnitten zeigt jedoch, daß sich auch beim Menschen Spermatogenesewellen nachweisen lassen. Sie sind in überlappenden Spiralen angeordnet.

3. Stadien im Samenepithel des Menschen. Zur histologischen Beurteilung der Spermatogenese wurden die im Samenepithel auftretenden Kombinationen von Spermatozyten und Spermatiden durch eine Stadieneinteilung definiert. Bei der Maus werden die Stadien I–XII, beim Menschen die Stadien I–VI unterschieden. Betrachtet man einen bestimmten Abschnitt des Samenepithels im Hodenkanälchen, so werden hier die Stadien zeitlich nacheinander durchlaufen. Eine Abfolge der Stadien wird als Zyklus des Samenepithels bezeichnet. Wenn man die Stadien I–VI des Samenepithels in einem Querschnitt des Samenkanälchens anordnet und die aufeinanderfolgenden Entwicklungsstadien der Spermatogenese mit einer Linie verbindet, so entsteht eine Spirale, die an der Basalmembran mit den Spermatogonien beginnt und im Lumen mit den Spermien endet. Die Spirale stellt die Spermatogenesewelle dar. Ein Zyklus im Samenepithel dauert beim Menschen 32 Tage. Die Entwicklungszeit von der Spermatogonie bis zum Spermium beträgt etwa 90 Tage.

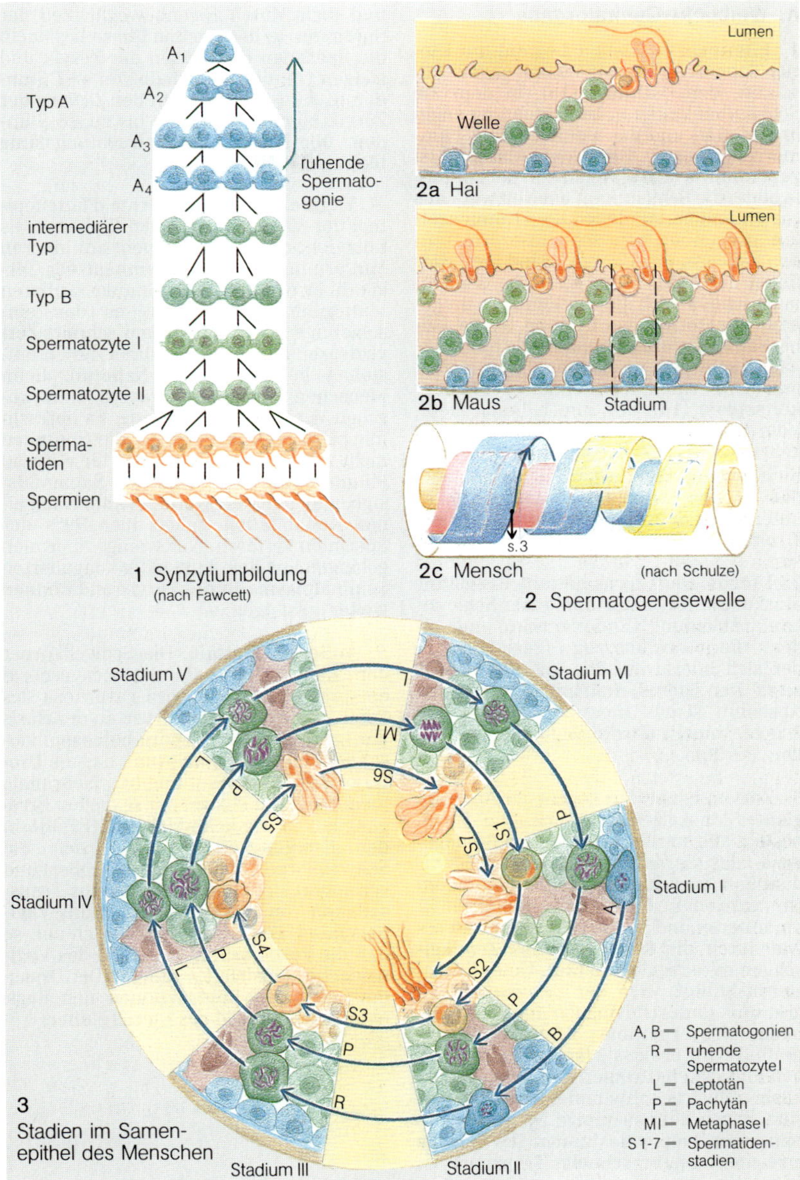

A. Spermatogenesewelle und Stadieneinteilung

A. Weibliche Genitalorgane

1. Eileiter. Der Eileiter beginnt am Uterus-Tuben-Winkel mit einem engen Abschnitt, dem **Isthmus (1a)**, in dem die Schleimhautfalten in Längsrichtung angeordnet sind und das Epithel wenig Flimmerzellen besitzt. Der distale Abschnitt ist zur **Ampulle (1b)** erweitert. In der Ampulle bildet die Schleimhaut ein Netzwerk aus zarten Falten, auf denen die **Flimmerzellen** gegenüber den schleimsezernierenden Zellen in der Überzahl sind (**1c**). Hier findet die Befruchtung statt. An die Ampulle schließt sich die von Fimbrien umgebene trichterförmige Öffnung in die Leibeshöhle an (Infundibulum). Die Flimmerhaare schlagen in Richtung Uterus und erzeugen einen epithelnahen **Flüssigkeitsstrom (1d)**, der zum Isthmus fließt. Vom funktionell verschlossenen Isthmus kehrt die Flüssigkeit als zentraler Strom in Richtung Ampulle zurück. Für den Eitransport ist der epithelnahe Flüssigkeitsfilm und für den Spermientransport der axiale Strom verantwortlich.

2. Uterus. Der Uterus besteht aus glatter Muskulatur (Myometrium), einer Schleimhautauskleidung (Endometrium) und einem Peritonealüberzug (Perimetrium), der sich lateral auf das Lig. latum fortsetzt. Der Uterus ragt mit dem unteren Abschnitt seines Halses (Zervix) in die Scheide hinein (Portio vaginalis cervicis, kurz Portio).

3. Zervix. In der Zervix geht der Anteil an glatten Muskelzellen zurück. Die *Portio* besteht aus straffem kollagenem Bindegewebe, das die Zervix während der Gravidität fest verschließt. Der *Zervikalkanal* ist funktionell durch Schleimhautschluß am inneren und äußeren Muttermund sowie durch die Konsistenz des Zervikalschleimes verschlossen (**3a**). Unter Progesteron-Einfluß wird der *Zervikalschleim* fest und undurchdringlich für die Spermien (nicht spinnbar). Unter Östrogen-Einfluß wird er flüssig (spinnbar). In kleinen Flüssigkeitsströmen können die Spermien aufwärts schwimmen. In einer ersten Phase können einige Spermien bereits nach wenigen Minuten die Eileiter erreichen. Dieser schnelle Transport erfolgt möglicherweise über die Kontraktionen des Uterus während des Orgasmus und nicht durch Eigenbeweglichkeit der Spermien. In der zweiten Phase besiedeln die Spermien die Drüsen der Zervix und steigen von dort innerhalb von 4–7 Stunden in die Eileiter auf. In den *Drüsen* der Zervix können Spermien bis zu 48 Stunden überleben und befruchtungsfähig bleiben (**3b**).

4. Vagina. Das unverhornte Plattenepithel der Vagina enthält viel Glykogen. Es überzieht die Portio und geht am inneren Muttermund in die Schleimhaut der Zervix über (**3b**). Bei klaffendem äußeren Muttermund überwächst es das einschichtige Zervixepithel und schnürt Zervixdrüsen ab, aus denen dann Zysten entstehen können (Ovula Nabothi). Beim Menschen sind in der Vagina die zyklischen Veränderungen gering. Es herrscht mit pH 5,7 ein saures, für die Spermien nicht zuträgliches Milieu, das für etwa 50 Minuten von der alkalischen Samenflüssigkeit abgepuffert werden kann. Nach einer Kohabitation gehen hier 99% der Spermien verloren. Nur wenige Spermien gelangen aus dem kurzzeitig koagulierten Seminalplasma in die Zervix und können weiter aufsteigen.

5. Äußeres Genitale. Die Schwellkörper der Klitoris (Corpora ischiocavernosa) entsprechen den Corpora cavernosa des Penis und die Schwellkörper an der Basis der Labia minora (Corpora bulbospongiosa) dem Corpus spongiosum, das die Urethra des Mannes umgibt. Neuronale Steuerung und Phasen der sexuellen Erregung laufen wie beim Mann ab (EPOR). In der Erregungsphase füllen sich die Schwellkörper. Die Vagina vergrößert und verlängert sich, und es kommt zur Transsudation von Flüssigkeit durch das Vaginalepithel. Der Uterus richtet sich auf, so daß die Portio sich in der Mitte des Vaginaldaches einstellt („tenting"). Der Orgasmus geht mit Kontraktionen der Vaginalmanschette und des Uterus einher.

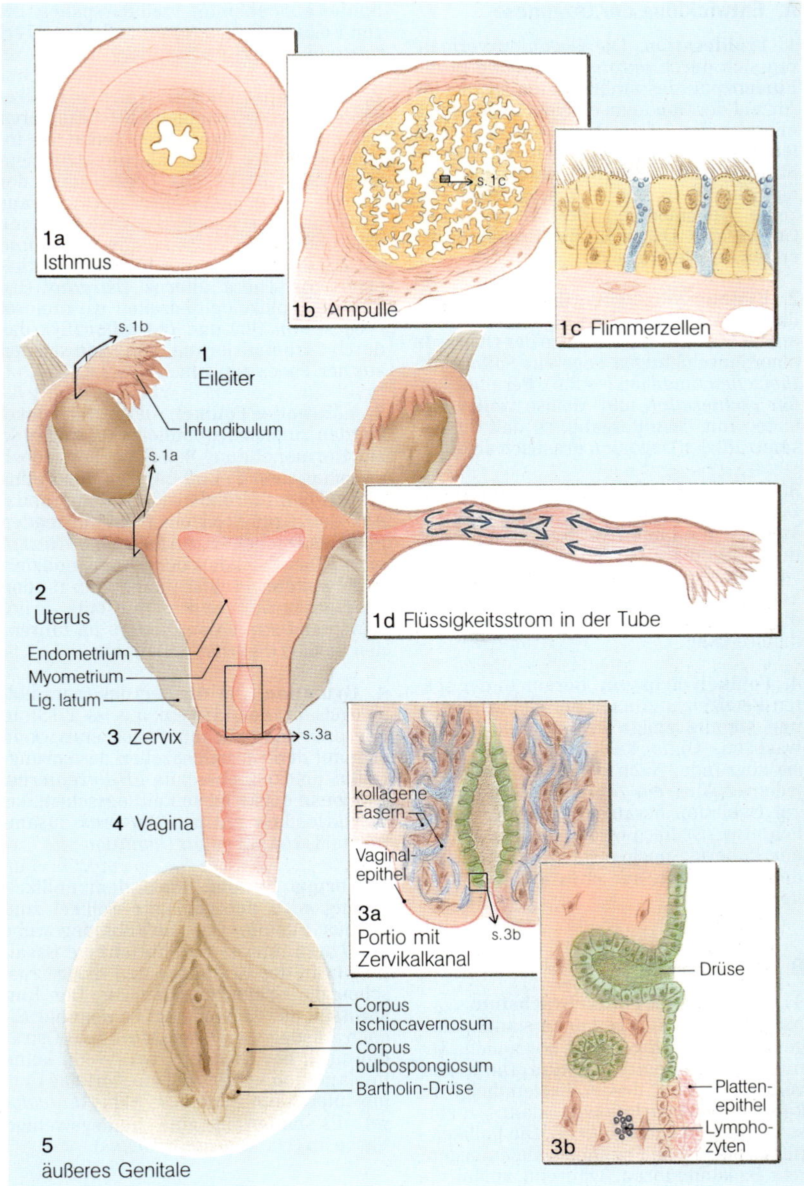

A. Weibliche Genitalorgane

A. Entwicklung der Oogenese

1. Proliferation. Die *Oogonien* vermehren sich durch *mitotische Teilung* in der Rindenzone des embryonalen Ovars. Die Anzahl der Oogonien erreicht im 5. Monat mit etwa 7×10^6 ihr Maximum. Die proliferierenden Oogonien bilden Haufen und Stränge, die als *Eiballen* bezeichnet werden. Bereits in der 15. Woche treten einzelne Oogonien an der Mark-Rinden-Grenze des Ovars in die Prophase der ersten Reifeteilung ein.

2. Bildung von Primordialfollikeln. Ab der 20. Woche werden einzelne Eizellen an der Mark-Rinden-Grenze des Ovars mit einer einschichtigen Lage aus *Follikelepithelzellen* umgeben (→ 8.6). Peripher laufen Proliferation und Meiose weiter und enden mit Zelluntergang, so daß die Gesamtzahl der Oogonien drastisch abfällt.

3. Arretierung der ersten Reifeteilung. Die Follikelepithelzellen bilden eine die **M**eiose **i**nhibierende **S**ubstanz (**MIS**), durch die die erste Reifeteilung arretiert wird. Die gepaarten Chromosomen dekondensieren und treten in ein Ruhestadium ein (*Diktyotän*), das bis zu 40 Jahre dauern kann.

4. Follikelwachstum. Bereits in der späten Fetalzeit und nach der Geburt beginnen ständig einige Primordialfollikel zu wachsen. Ohne FSH-Stimulation gehen sie zugrunde. Nach der Pubertät reift in jedem Zyklus ein *führender Follikel* bis zur Ovulation heran. Von den ursprünglich etwa 7 Mio. Eizellen sind zu Beginn der Pubertät noch etwa 50 000 vorhanden, von denen nur etwa 400–500 ovuliert werden.

B. Ovarialzyklus

1. Konstitutives Follikelwachstum. Nach der Pubertät beginnen ständig einige *Primordialfollikel* ohne hormonelle Stimulation mit dem Wachstum. Die Eizelle vergrößert sich, das Follikelepithel wird kubisch (*Primärfollikel*), dann mehrschichtig (*Sekundärfollikel*). Die Follikelepithelzellen sitzen auf einer außen liegenden Basalmembran, während apikal die Zona pellucida der Eizelle entsteht. Im Epithel entstehen Interzellularspalten, die zur Follikelhöhle zusammenfließen (*Tertiärfollikel*).

2. Hormonproduktion. Auf den Follikelepithelzellen erscheinen FSH-Rezeptoren und auf den angrenzenden Zellen des Interstitiums (der Theca interna) LH-Rezeptoren. Am 7. Tag des Zyklus steigt der Spiegel der gonadotropen Hormone aus der Hypophyse an. Unter der Wirkung von *FSH* (follikelstimulierendes Hormon) und von *LH* (luteinisierendes Hormon) synthetisiert die Theca interna *Östradiol* (E_2) und die Follikelepithelzellen (Granulosa) *Progesteron* (Pr) und *Östradiol* (E_2), das durch Aromatisierung von Androgenen aus der Theca entsteht.

3. Führender Follikel. Alle Tertiärfollikel werden zunächst stimuliert und tragen so zur Hormonbildung bei. Sie gehen jedoch zwischen dem 7. und 14. Tag des Zyklus bis auf den führenden Follikel zugrunde. Aus den Granulosazellen des führenden Follikels erscheinen zusätzliche *E_2-Rezeptoren*. Das Östradiol der Theca induziert eine weitere Proliferationswelle in den Granulosazellen und damit eine Erhöhung der Östradiolproduktion im führenden Follikel (Selbststimulation).

4. Ovulation. Der Anstieg des Östradiolspiegels löst den LH-Peak aus (→ 1.13). In der präovulatorischen Phase entwickeln sich auf den Granulosazellen des sprungreifen Follikels ebenfalls *LH-Rezeptoren*. Nur wenn dieser letzte Reifungsschritt des Tertiärfollikels mit dem *LH-Peak* zusammenfällt, kommt es zur *Ovulation*.

5. Corpus luteum. Nach dem Follikelsprung wird der geplatzte Follikel zum Corpus luteum. Das Gefäßbindegewebe der Theca interna durchbricht die Basalmembran der Granulosa und dringt zwischen die Granulosazellen vor. Das Einsprossen der Gefäße trägt zu dem plötzlichen Anstieg von Progesteron und Östradiol nach der Ovulation bei. Wenn keine Implantation erfolgt, degeneriert das Corpus luteum am Ende des Zyklus (*Luteolyse*). Es hinterläßt eine bindegewebige Narbe im Ovar (*Corpus albicans*).

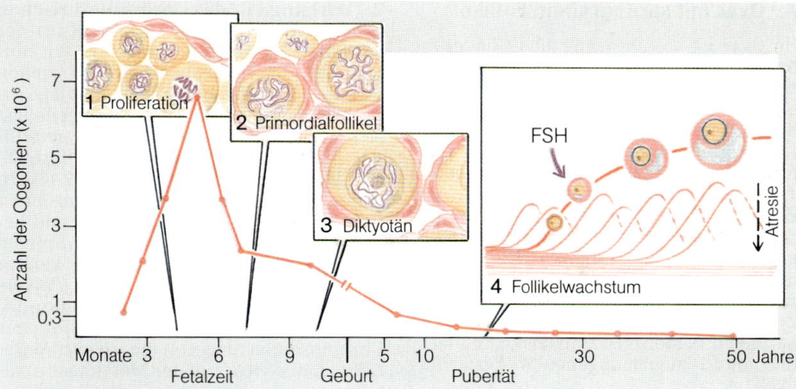

A. Entwicklung der Oogenese

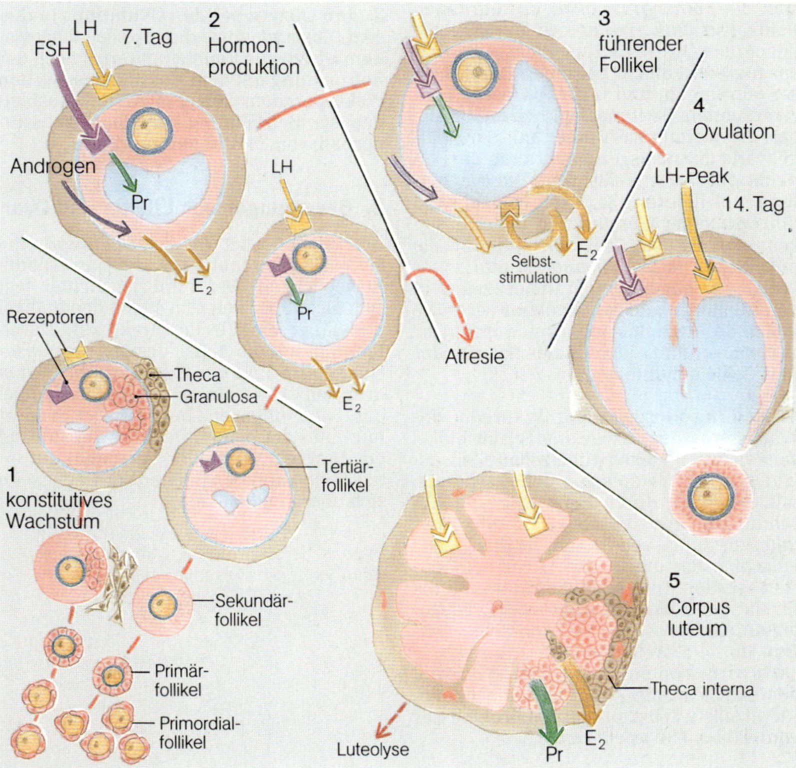

B. Ovarialzyklus

A. Ovar mit sprungreifem Follikel

Im Ovar ist die ursprüngliche Gliederung der embryonalen Gonade in eine *Rinden-* und eine *Markzone* noch zu erkennen. In der an den Hilus gedrängten Markzone liegen Gefäße und Reste der *Rete ovarii*. In der Rindenzone liegen die *Primordialfollikel* und konstitutiv heranwachsende *Primär-, Sekundär-* und *Tertiärfollikel*. Zwischen der Rindenzone des Ovars und dem Peritonealüberzug liegt eine Bindegewebsschicht (*Tunica albuginea ovarii*) die der Tunica albuginea des Hodens entspricht (Vergrößerung). Vom 7. Tag des Zyklus an ist ein führender Follikel vorhanden und mehrere zunächst stimulierte und dann zugrundegehende Tertiärfollikel.

Kurz vor der **Ovulation** vermehrt sich die *Follikelflüssigkeit* im führenden Follikel so stark, daß er sich an der Oberfläche des Ovars als Kugel vorwölbt. Der sprungreife Follikel hat einen Durchmesser von 2,5 cm und ist im Ultraschall gut zu erkennen. Peritonealepithel und Bindegewebe werden zusammen mit der Follikelwand dünn ausgezogen. Durch die Follikelwand sickert Flüssigkeit. Die enzymatische Auflockerung der Follikelwand führt zu einer Verstärkung des Flüssigkeitsstromes, bis schließlich die Eizelle mit dem *Cumulus oophorus* und einer Wolke aus abgelösten Granulosazellen in den Eileiter hinausgeschwemmt wird. Die Zellen des Cumulus oophorus werden zur *Corona radiata*, dem Stahlenkranz, der die Eizelle umgibt.

1. Reifung der Eizelle. Während des Wachstums der Eizelle im Tertiärfollikel senken die Follikelepithelzellen Zellausläufer in das Zytoplasma der Eizelle ein, mit denen sie durch Exozytose und Abschnürung von Vesikeln Eiweißkörper und Vorstufen von Dotter in die Eizelle einschleusen, die in der Leber synthetisiert werden. Gleichzeitig entsteht um die Eizelle die *Zona pellucida* aus Glykoproteinen, die von außen von den Zellfortsätzen der Follikelepithelzellen durchbrochen wird. Von innen ragen die Mikrovilli der Eizelle in die Zona pellucida hinein. Die Eizelle wächst zu einem Durchmesser von 120 bis 150 μm heran.

2. Wirkungen des präovulatorischen LH-Anstiegs. Der Anstieg des LH vor der Ovulation (→ 1.13) hat folgende Wirkungen: (1) Die Follikelepithelzellen ziehen ihre Zellausläufer aus Eizelle und der Zona pellucida zurück. Auch die Eizelle löst sich von der Zona, so daß ein *perivitelliner Raum* entsteht, in den die Mikrovilli der Eizelle hineinragen. (2) Im Zellkern ziehen die Lampenbürstenchromosomen ihre Schlingen ein, kondensieren und beenden die erste Reifeteilung. Die Spindel richtet sich radiär aus, und es kommt eruptiv zum Ausstoß des *ersten Polkörperchens* in den perivitellinen Raum. (3) Nach einer kurzen Dekondensation der Chromosomen beginnt die *zweite Reifeteilung*, die wieder in der Metaphase arretiert wird.

3. Die Oozyte bei der Ovulation. In diesem Zustand wird die Eizelle ausgestoßen. Die zweite Reifeteilung wird nach der Befruchtung mit dem Ausstoß des zweiten Polkörperchens fortgesetzt. Bei Ausbleiben der Befruchtung geht die Eizelle innerhalb von 24 Stunden zugrunde.

B. Bewegungen von Eileiter und Ovar

Der Eileiter zeigt vor der *Ovulation* eine verstärkte Durchblutung und eine erhöhte Beweglichkeit. Der Fimbrientrichter legt sich dicht über den sich stellenden Follikel und fängt die Eizelle direkt auf. Durch Rotation um die Achse des *Lig. suspensorium ovarii* und des *Lig. ovarii proprium* dreht das Ovar den sprungreifen Follikel der Tube entgegen. In der Regel ovuliert nur eines der beiden Ovarien. Bei Störung der Beweglichkeit oder Verschluß auf einer Seite kann der Eileiter der Gegenseite sich über den Follikel legen.

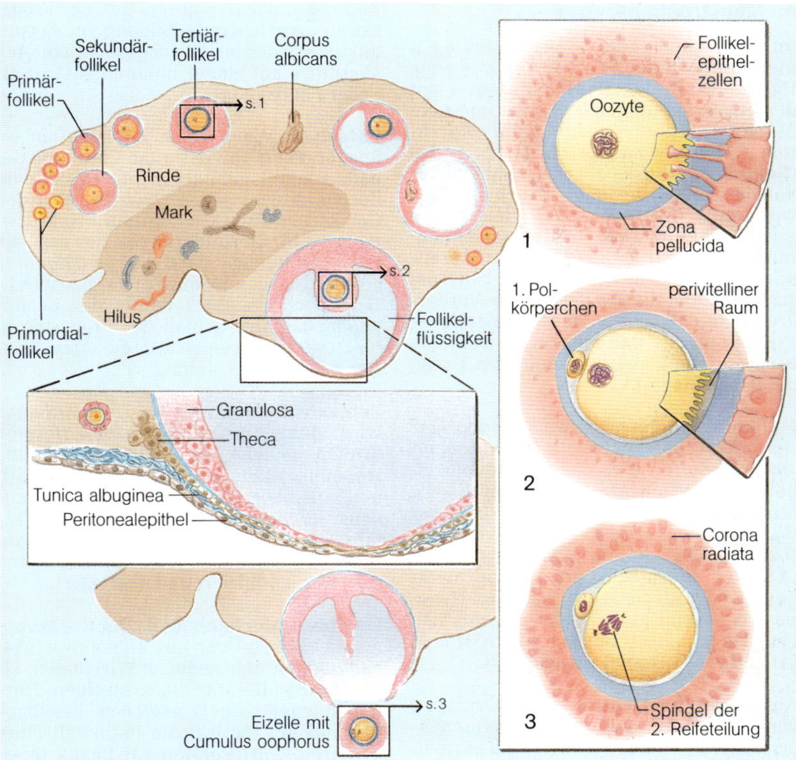

A. Ovar mit sprungreifem Follikel

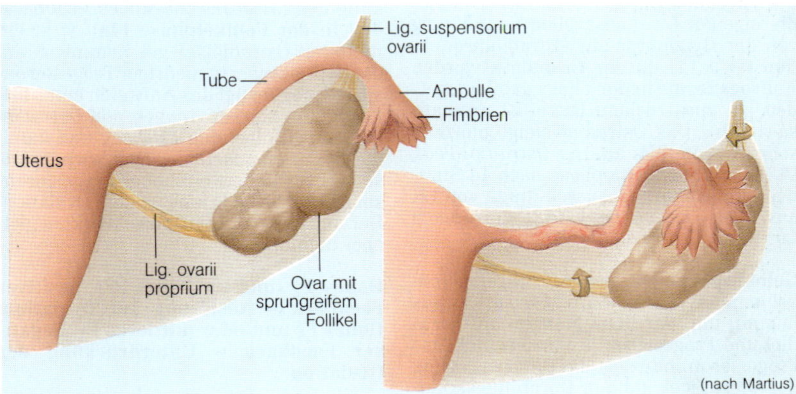

B. Bewegungen von Eileiter und Ovar

A. Menstruationszyklus

Im Zentrum des 28tägigen Zyklus steht die **Ovulation** am Tag 14 (**A3**). Die erste Hälfte des Zyklus (**Follikelphase**) dient der Vorbereitung der Ovulation und dem Aufbau der Uterusschleimhaut (*Proliferation*, **A1**). In der zweiten Hälfte des Zyklus (**Gelbkörperphase**) wird die Schleimhaut auf die Einnistung des befruchteten Eis vorbereitet (*Sekretion*, **A1**). Beim Menschen steht äußerlich nicht wie bei anderen Spezies Östrus- und Ovulationsbereitschaft, sondern die Abstoßung der Uterusschleimhaut (**Menstruation**) im Vordergrund, so daß man vom **Menstruationszyklus** spricht. Der Menstruationszyklus beginnt definitionsgemäß mit dem 1. Tag der letzten Regel (**A1**).

Follikelphase. Im heranwachsenden *Tertiärfollikel* (**3a**) bilden die *Granulosazellen* Progesteron (*Pr*), das in der Follikelhöhle bleibt und die Reifung der Eizelle fördert. Die *Theca interna* bildet *Östradiol* (E_2), das in das Blut abgegeben wird. Das *Östradiol* (**A2**) stimuliert die *Proliferation* (**A1**) der Uterusschleimhaut und wirkt hemmend auf das Hypothalamus-Hypophysen-System zurück (**4a**), so daß sich ein gleichmäßiger Spiegel von FSH und LH und von Östradiol einstellt (**A2**).

Auslösung der Ovulation. Die Ovulation wird vom *sprungreifen Follikel* selbst ausgelöst. Während die übrigen Tertiärfollikel zugrunde gehen, stimuliert das E_2 aus der Theca interna des führenden Follikels die eigenen Granulosazellen unabhängig von der Hypophyse zur Östradiolproduktion (→ 1.11). In der Granulosa werden Androgene, die in der Theka gebildet werden, zu zusätzlichem Östradiol aromatisiert (**3b**). Das Östradiol steigt plötzlich sehr stark im Blut an. Der *Östradiol-Peak* (**A2**) löst in der Hypophyse nach 14 Stunden eine stoßartige Ausschüttung von LH aus (**4b**). Der *LH-Peak* (**A2**) führt nach 10 Stunden zur Ovulation.

Gelbkörperphase. Der gesprungene Follikel wandelt sich zum *Gelbkörper* (Corpus luteum) um, der hohe Mengen an Östradiol und Progesteron produziert (**3c**). Das Progesteron induziert die Differenzierung der Uterusschleimhaut. Durch Rückkopplung stellt sich zwischen der FSH- und LH-Bildung in der Hypophyse und der Progesteron- und Östradiolbildung im Corpus luteum wieder ein Gleichgewicht ein (**4c**), allerdings auf einem höheren Niveau als in der Follikelphase.

Luteolyse. Wenn keine Implantation erfolgt und kein HCG (Human Chorionic Gonadotrophin) gebildet wird, entsteht im Corpus luteum selbst *Oxytozin*, das den Gelbkörper zur Degeneration bringt (*Luteolyse*, **3d**). Bei anderen Spezies wird die Oxytozinbildung durch *Prostaglandine* aus der Uterusschleimhaut ausgelöst (**A1**). Der durch die Rückbildung des Corpus luteum bedingte Abfall der Progesteron- und Östradiolspiegel löst die *Menstruation* aus (Entzugsblutung).

Zentrale Regulation. Im *Hypothalamus* wird gonadotropes *Releasing Hormon* (GnRH) gebildet, das zur Ausscheidung von follikelstimulierendem Hormon (FSH) und luteinisierendem Hormon (LH) aus dem *Hypophysenvorderlappen* (*HVL*) führt (**4a**). Der zentrale endogene Rhythmus wird über die Rückkopplung durch das Ovar modifiziert und überlagert.

Feedback-Mechanismen. Die Rückkopplung zwischen Ovar und Hypophyse (**A4**) hat zwei unterschiedliche Wirkungen: (1) Die Einregulierung eines **stetigen Hormonspiegels** durch negatives Feedback (**4a** und **4c**) und (2) die Induktion eines **ovulationsauslösenden LH-Peaks** (positiver Feedback, **4b**) und die Unterdrükkung des LH-Peaks (negatives Feedback, **4c**). In der **Follikelphase** (**4a**) wirkt ein mittlerer Östradiolspiegel hemmend auf die Hypophyse; ein niedriger Progesteronspiegel begünstigt das Auftreten eines LH-Peaks. Ein starker *Anstieg von Östradiol* (**4b** und **A2**) löst den *LH-Peak* und damit die Ovulation aus. In der **Gelbkörperphase** (**4c**) verhindert ein hoher Progesteronspiegel zuverlässig eine weitere Ovulation. Der mittlere Östradiolspiegel wirkt in gleicher Richtung.

Hohes E_2 (und niedriges Pr): positiver Feedback = Auslösung der Ovulation. Hohes Pr und/oder mittleres E_2: negativer Feedback = Unterdrückung der Ovulation.

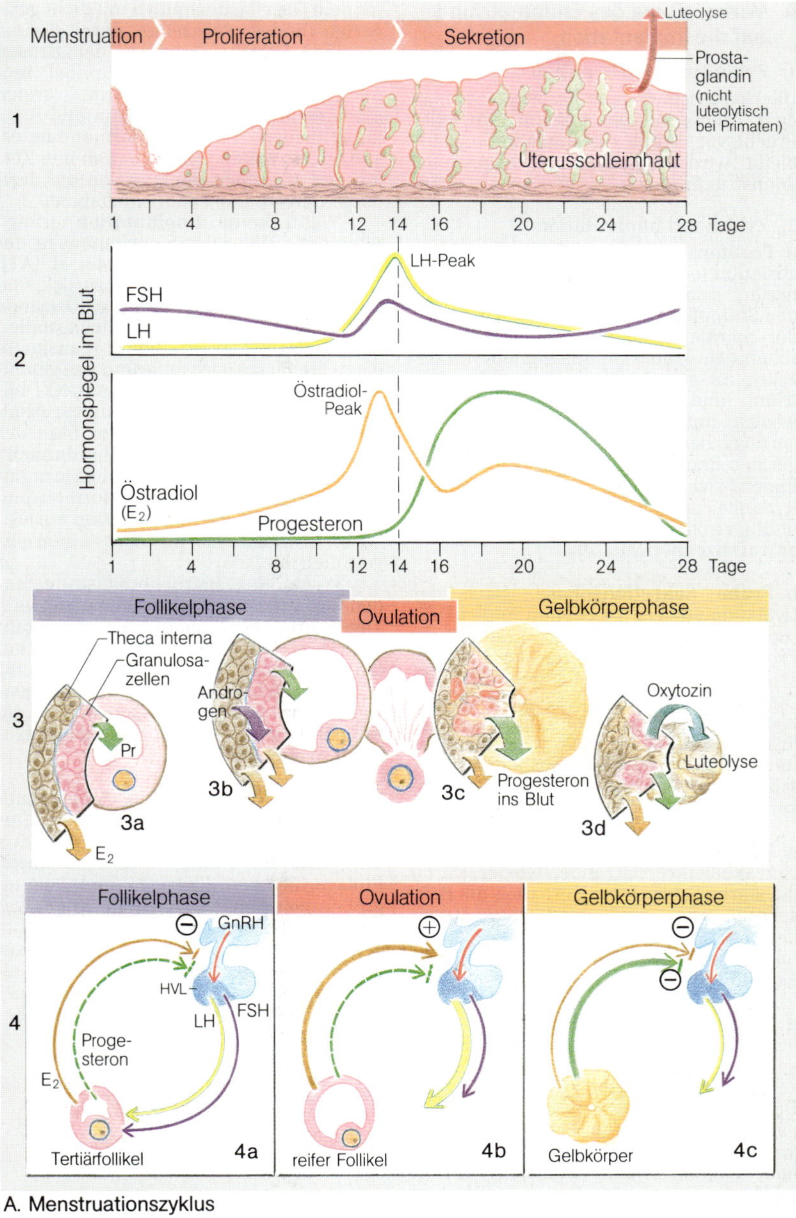

A. Menstruationszyklus

A. Vorbereitung des Endometriums auf die Implantation

1. Zyklus mit Menstruation

Die Uterusschleimhaut bereitet sich in jedem Zyklus auf die Implantation einer Frucht vor. Wenn die Implantation ausbleibt, wird die Schleimhaut abgestoßen (Menstruation).

2. Zyklus mit Implantation

a Proliferationsphase. Nach der Menstruation (oder nach einer Abrasio) regeneriert sich die Uterusschleimhaut aus den Stümpfen der Drüsenschläuche sowie der Spiralarterien und Venen, die zwischen den Trabekeln aus glatten Muskelzellen an der Grenze zwischen Myometrium und Endometrium sitzen. Sie wächst unter Östradioleinfluß zur ursprünglichen Höhe heran. Bei der histologischen Beurteilung von Abrasio-Material finden sich in der Proliferationsphase schlanke, gerade Drüsenschläuche mit undifferenziertem Epithel und reichlich apikal sitzenden Mitosen.

b Frühe Sekretionsphase. Nach der Ovulation am Tag 14 beginnt in den Drüsenschläuchen unter dem Einfluß von Progesteron die Differenzierung. Die Drüsenschläuche schlängeln sich, und die Epithelzellen lagern Glykogen ein. Bei der histologischen Präparation führt die Auslösung des basal gespeicherten Glykogens in den Epithelzellen zur Ausbildung typischer heller *Vakuolen* unter den Zellkernen.

c Mittlere Sekretionsphase. Die Glykogenvakuolen verschwinden wieder. Durch die starke Schlängelung erhalten die Drüsenschläuche ein sägeblattartiges Aussehen. Der Zelleib ist apikal mit Sekret gefüllt, das sich teilweise in das Lumen entleert.

d Späte Sekretionsphase. Die drei Schichten der Schleimhaut sind voll ausgebildet: eine zellreiche *Zona basalis* mit den undifferenzierten Endstücken der Drüsen, aus der heraus der Neuaufbau nach der Menstruation erfolgt, eine *Zona functionalis* mit lockerem Bindegewebe und erweiterten geschlängelten Drüsenschläuchen sowie eine *Zona compacta* unter dem Oberflächenepithel mit dicht gelagerten Bindegewebszellen, durch die die geraden Ausführungsgänge der Drüsen mit niedrigem kubischen Epithel hindurchziehen. Im Endometrium treten *Körnerzellen* auf, die Prolaktin und Relaxin enthalten. Als lokale Hormone unterstützen sie bei der Menstruation den Zerfall und bei einer Implantation die deziduale Umwandlung der Schleimhaut.

Wenn **keine Implantation** erfolgt, nimmt die Höhe der Schleimhaut in der letzten Woche des Zyklus wieder ab (**A1**). Das Corpus luteum bildet sich zurück, und durch den plötzlichen Abfall von Östradiol und Progesteron wird die Menstruation ausgelöst. Die Menstruation tritt auch ein, wenn die Blastozyste aufgrund von genetischen Defekten nicht genügend HCG bilden kann, um das Corpus luteum zu erhalten (möglicher physiologischer Sinn der Menstruation). Bei der **„Pille danach"** wird durch eine einmalige hohe Hormondosis ein relativer Abfall der Hormonspiegel erzeugt, der die Menstruation auslöst, bevor die Blastozyste im Uteruslumen eingetroffen ist.

Wenn eine Befruchtung stattgefunden hat, trifft die Blastozyste nach etwa 5 Tagen im Uteruslumen ein und beginnt nach 6½ Tagen mit der **Implantation (2d)**. Sie implantiert sich in die Zona compacta der Schleimhaut. Die Trophoblastzellen der Blastozyste dringen in die Schleimhaut ein und lysieren und phagozytieren die Deziduazellen.

Deziduale Reaktion. Die Schleimhaut reagiert auf die Implantation mit der Umwandlung zur **Dezidua.** In der Dezidua schwellen die Bindegewebszellen durch Einlagerung von Glykogen und Fett zu großen polygonalen Zellen an. In den venösen Sinusoiden staut sich das Blut. Die deziduale Umwandlung der Schleimhaut erfolgt unter der Wirkung des Progesterons, ansatzweise auch in der Sekretionsphase ohne Implantation, so daß man bereits dort von Dezidua spricht.

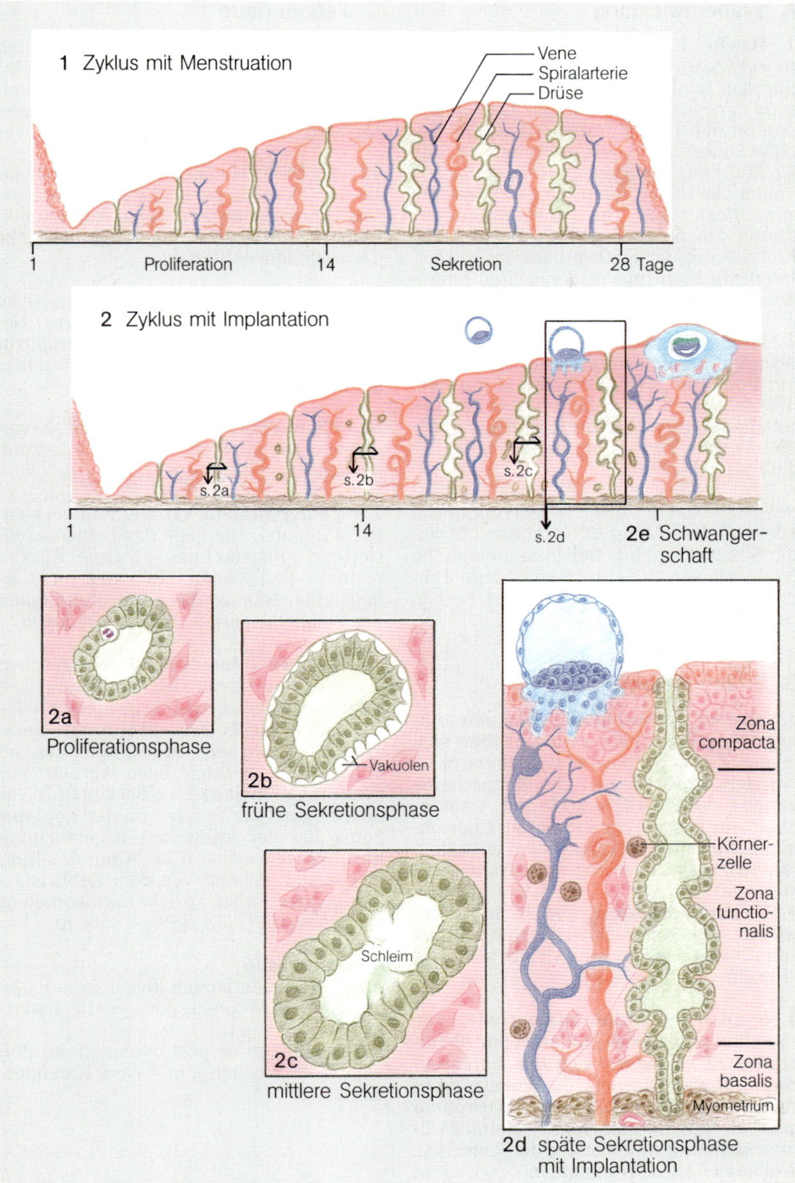

A. Vorbereitung des Endometriums auf die Implantation

A. Frühentwicklung

1. Woche: Eitransport in der Tube. Die *Befruchtung* findet innerhalb von 6–12 Stunden nach der *Ovulation* statt. Während der Furchungsteilungen wird die *Zygote* in den Uterus transportiert. Die Tubenwanderung dauert zwischen 48 und 72 Stunden. Die *Morula* erreicht nach 3 Tagen das Uteruslumen und wandelt sich zur *Blastozyste* um. Die Blastozyste nimmt am 5.–6. Tag ihrer Entwicklung Kontakt mit der Schleimhaut auf (*Anheftung*), die sich nun in der späten Sekretionsphase befindet.

2. Woche: Implantation. Die Blastozyste dringt in die Schleimhaut ein und nimmt am Ende der 2. Woche Kontakt mit dem mütterlichen Kreislauf auf. Dabei kann es zu einer *Implantationsblutung* kommen, die mit dem Termin der ausfallenden Regel zusammenfällt.

Schwangerschaftstest. Der Trophoblast bildet ab dem 7. Tag *HCG* (*H*uman *C*horionic *G*onadotrophin). Der immunologische Nachweis von HCG im Harn ist zum Zeitpunkt der ausgebliebenen Regel bereits positiv.

B. Embryonalperiode

3. Woche: Keimscheibe. Die extraembryonalen Ernährungsorgane bilden sich in der 3. Woche *post ovulationem (p.o.)* vor dem Embryo aus. Die Keimscheibe hängt zwischen Dottersack und Amnionhöhle am Haftstiel in der weiten Chorionhöhle. Im Dottersackmesoderm entstehen Blutinseln. Das Herz beginnt zu schlagen.

4. Woche: Abfaltung. Der Embryo entwickelt seine Körperform durch Abfaltung vom Dottersack und hüllt sich in sein Amnion ein.

5.–8. Woche: Embryonalperiode. Die Plazenta grenzt sich ab, und am abembryonalen Pol bilden sich die Zotten zurück („Chorionglatze"). Im Embryo differenzieren sich die Organsysteme (*Organogenese*). Eine *Chorionbiopsie* ist unter Ultraschallkontrolle zwischen der 7. und 10. Woche (9.–12. SSW) möglich.

C. Fetalperiode

Die Fetalperiode ist durch *Wachstum und Reifung* der Frucht charakterisiert. *Das Alter wird in Wochen post menstruationem (p.m.) oder in Schwangerschaftswochen (SSW) angegeben.*

11.–14. SSW (Mens III). Decidua capsularis und Decidua parietalis verschmelzen. *Das Uteruslumen obliteriert.* Amnion und Chorion verwachsen miteinander. *Die Chorionhöhle obliteriert.*

15.–18. SSW (Mens IV). Der Fetus ist im Fruchtwasser frei beweglich. Das Geschlecht wird erkennbar. Der Uterus tritt über die Symphyse (**C1**). Die *Amniozentese* ist in der 15.–16. SSW möglich.

19.–22. SSW (Mens V). Erste Kindsbewegungen. Die kindlichen Herztöne werden hörbar.

23.–26. SSW (Mens VI). Der Fundus steht in Nabelhöhe. Die Lage des Fetus stabilisiert sich. Rücken links = I. Lage. Rücken rechts = II. Lage. Der Fetus ist nicht lebensfähig, solange die Lungenfunktionen noch nicht ausgereift sind (*Fehlgeburt*).

27.–40. SSW (Mens VII–X). 3–4 Wochen vor der Geburt neigt sich der Uterus nach vorn. Der Scheitel des Uterus kommt tiefer zu liegen. Die *Leibessenkung* (**C1**) kann zur Bestätigung oder Berechnung des Geburtstermins herangezogen werden. Vor dem Eintritt in das kleine Becken (d. h. vor dem Beginn der Geburt) ist der Kopf des Fetus bei der klinischen Untersuchung noch frei beweglich (**C2**). Wenn das Kind lebensfähig ist und vor dem Geburtstermin geboren wird, spricht man von einer *Frühgeburt* (29.–38. SSW; <2500 g).

Geburtstermin
Ab 1. Tag der letzten Regel (p.m.) 280 Tage = 40 Wochen p.m. = 10 Lunarmonate.
Ab Konzeption (= post ovulationem) 266 Tage = 38 Wochen p.o. = ca. 9 Kalendermonate.

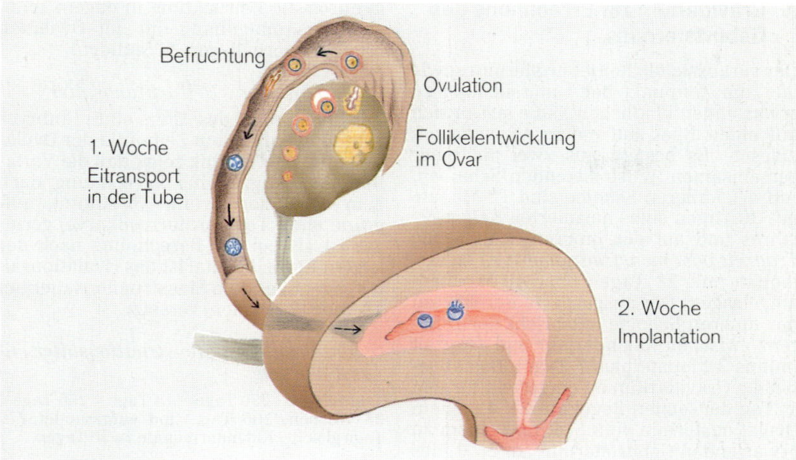

A. Frühentwicklung

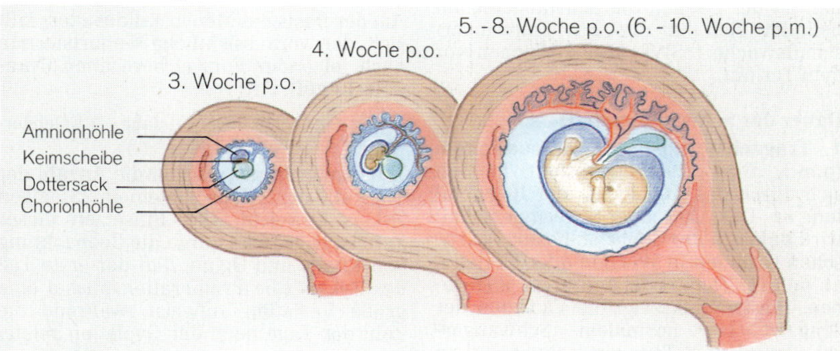

B. Embryonalperiode

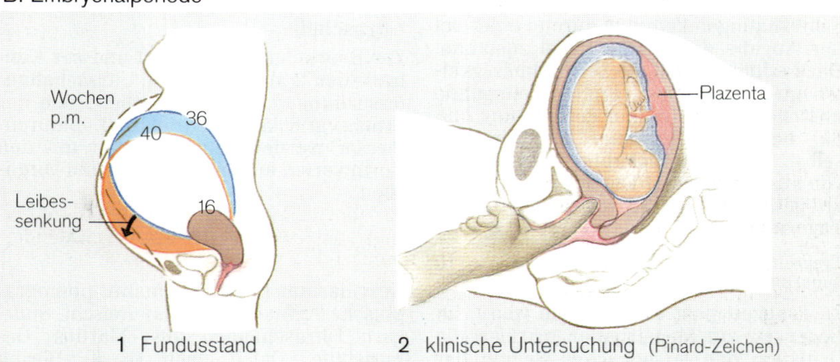

C. Fetalperiode

A. Gravidarium zur Errechnung des Geburtstermins

Der voraussichtliche Geburtstermin sowie die zum Zeitpunkt der Untersuchung zu erwartenden kindlichen Maße lassen sich auf einen Blick auf einem *Gravidarium* ablesen. Es besteht aus zwei auf einer gemeinsamen Achse sitzenden Scheiben. Auf der äußeren Scheibe sind 12 Monate mit 30 Tagen eines normierten Kalenderjahres und auf der inneren Scheibe die *Tragzeit post menstruationem* (10 Lunarmonate mit 28 Tagen oder 40 Wochen) aufgetragen. Der ausgesparte Bereich auf der inneren Scheibe entspricht der Differenz zwischen Kalenderjahr und Tragzeit (minus 3 Monate plus 7 Tage). Das abgebildete Gravidarium ist eingestellt für den 1. Tag der letzten Regel am 21. 4., einem Ovulationstermin vom 5. 5. und einem zu erwartenden Geburtstermin am 26. 1. des folgenden Jahres. Der Untersuchungstermin ist der 29. 12., die Schwangerschaft befindet sich in der 36. Schwangerschaftswoche (SSW), also 4 Wochen vor dem Termin.

Dauer der Schwangerschaft

1. Tragzeit post menstruationem (p.m.). Eine Schwangerschaft kündigt sich durch das Ausbleiben der Regelblutung an. Das Alter einer Schwangerschaft wird daher in der Geburtshilfe aus praktischen Gründen in Wochen oder Monaten ab dem 1. Tag der letzten Regel angegeben. Die Graphik zeigt die Variation der Tragzeit bei normalem Schwangerschaftsverlauf in Tagen gerechnet ab dem 1. Tag der letzten Regel: Die großen Schwankungen kommen durch Fehler bei der Angabe der letzten Regel zustande. Dazu addieren sich die Unregelmäßigkeiten im Zyklus, eine variable Zeitspanne zwischen Ovulation und Befruchtung und die natürliche Variation der Tragzeit selbst. Bei der Berechnung geht man davon aus, daß vom 1. Tag der letzten Regel an gerechnet die Schwangerschaft 280 Tage dauert.

Tragzeit p.m.: 280 Tage = 40 Wochen = 10 Lunarmonate.

2. Tragzeit post ovulationem (p.o.). Im Gegensatz zur Menstruation markiert die Ovulation den tatsächlichen Beginn der Entwicklung, da die Aktivierung der Eizelle durch die Befruchtung in engem zeitlichen Zusammenhang mit der Ovulation erfolgt (innerhalb von 24 Stunden).

Ovulationsalter = Befruchtungsalter

Zur Berechnung des Alters eines Embryos geht man daher vom Zeitpunkt der Ovulation aus. Die Graphik zeigt, daß die Variation der Tragzeit bei Berechnung nach dem Ovulationstermin (bestimmt aufgrund einer Temperaturmeßkurve) geringer ist als bei der Berechnung nach der letzten Regel. Formal ist das Ovulationsalter gegenüber dem Menstruationsalter um 14 Tage (2 Wochen) versetzt.

Ovulationsalter = Menstruationsalter minus 2 Wochen

Tragzeit p.o.: 280 Tage – 14 Tage = 266 Tage = 38 Wochen. 266 Tage sind aufgerundet 270 Tage gleich 9 Kalendermonate zu 30 Tagen.

Berechnung des Geburtstermins

Auf der Basis des Menstruationsalters läßt sich der voraussichtliche Geburtstermin nach folgender Formel berechnen (**Naegele-Regel**):

1. Tag der letzten Regel + 1 Jahr – 3 Kalendermonate + 7 Tage ± X Tage.

X bedeutet in der Formel die Anzahl der Tage, die der Zyklus von einem 28tägigen Zyklus abweicht. Das Einsetzen dieser Zahl ist begründet durch die Beobachtung von Knaus und Ogino, daß der erste Teil des Zyklus (die Proliferationsphase) eine große Variation aufweist, während die Zahl der Tage nach der Ovulation relativ konstant ist.

Ultraschall

Zur Beurteilung der Frucht und zur Kontrolle der Tragzeit wird die Ultraschalluntersuchung durchgeführt. Die Größe der Frucht und der biparietale Kopfdurchmesser werden gemessen und mit den Normwerten auf dem Gravidarium verglichen.

Gravidarium nach Hansmann, photographische Aufnahme: Vaclav Reischl, Stuttgart. Ultraschallbild aus: Martius, Geburtshilfe. Daten nach G. K. Döring (1962).

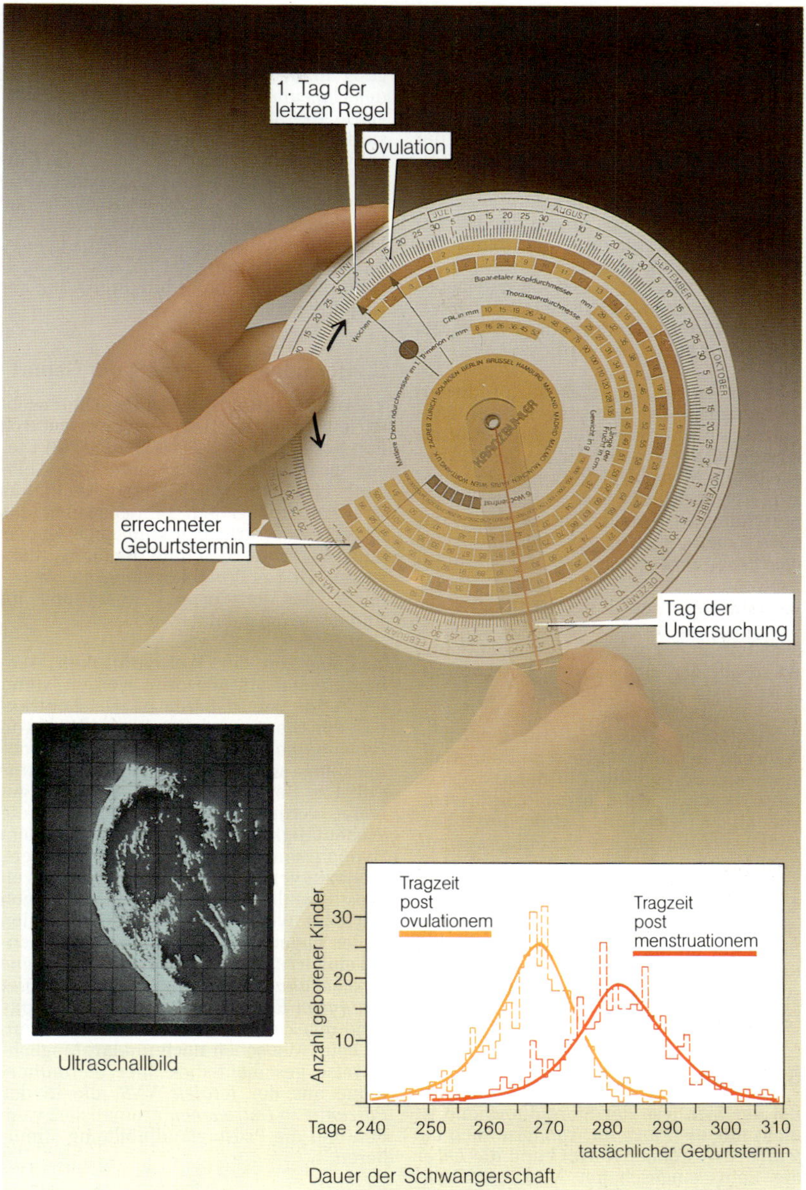

A. Gravidarium zur Errechnung des Geburtstermins

A. Hormonspiegel während der Schwangerschaft

1. HCG (Human Chorionic Gonadotrophin). Nach der Implantation beginnt der Trophoblast das Proteohormon HCG zu produzieren. Das HCG ist dem LH der Hypophyse ähnlich und bindet an die LH-Rezeptoren des Corpus luteum. Das *Corpus luteum* wird zum *Corpus luteum graviditatis,* das die Abstoßung der Uterusschleimhaut verhindert und damit die Schwangerschaft unterhält. Ab der 8. SSW produziert der Trophoblast selbst so viel Progesteron, daß die Schwangerschaft durch die Entfernung der Ovarien nicht mehr beeinflußt wird.

2. Progesteron. Die Plazenta produziert gegen Ende der Schwangerschaft etwa 10-mal soviel Progesteron wie das Corpus luteum in der zweiten Hälfte des Zyklus. Die hohen Blutspiegel an Progesteron sind zum Teil durch die Erhöhung des Transportglobulins Transkortin bedingt, das auch Progesteron bindet. Die Interaktion des Progesterons mit den Aldosteronrezeptoren der Niere führt zu einem Anstieg von Aldosteron und Angiotensinogen, die ihrerseits für die Natrium- und Wasserretention in der zweiten Zyklushälfte und während der Schwangerschaft verantwortlich sind.

3. Östrogene. Das freie Östrogen steigt während der Schwangerschaft ebenfalls stark an. Der größte Teil der Östrogene besteht jedoch aus dem biologisch weniger aktiven *Östriol* und *Östron*, deren Vorstufen aus der fetalen Nebennierenrinde (NNR) stammen.

4. hPL (human Placenta Lactogen). Parallel zur Prolaktinbildung in der Hypophyse der Mutter produziert die Plazenta das dem Prolaktin ähnliche **hPL**. Beide stimulieren das Wachstum und die Differenzierung der Milchdrüse.

B. Fetoplazentare Einheit

Bei der Synthese der Steroidhormone ist nicht nur die *Plazenta*, sondern auch die *fetale NNR* (fetaler Kortex) und die *Leber* des Fetus eingeschaltet. Von der kindlichen NNR und der Leber werden die Steroidhormone *konjugiert*, so daß sie in inaktiver Form vorliegen und die Entwicklung nicht stören. Sie werden beim Übergang in den mütterlichen Kreislauf von der Plazenta *dekonjugiert* und damit aktiviert. 40% des in der Plazenta synthetisierten Östrons und Östriols werden aus Dihydroepiandrosteron-Sulfat (DHEA-Sulfat) aus der fetalen NNR gebildet. Eine Verringerung der Östriol-Östron-Spiegel bei gleichbleibendem Östradiol weist daher auf das Fehlen des Fetus (*Blasenmole, Chorionepitheliom*) oder auf eine Mangelversorgung des Kindes hin (Indikation zur Einleitung der Geburt).

C. Hormonale Steuerung der Geburt

1. Auflockerung der Zervix. Die Frucht wird während der Schwangerschaft durch den Verschluß des Zervikalkanals im Uterus gesichert und vor vorzeitiger Ablösung geschützt. Die Zervix besteht aus straffem, kollagenem Bindegewebe, das für den Durchtritt des kindlichen Kopfes aufgelockert werden muß. Bei der Auflockerung ist das Proteohormon *Relaxin* beteiligt, das im Corpus luteum und im Endometrium gebildet wird.

2. Einsetzen der Wehentätigkeit. Wehen können erst wirksam werden, wenn die Zervix geburtsbereit ist. Die Kontraktion der Uterusmuskulatur wird lokal von *Prostaglandinen* ausgelöst, die im Endometrium, aber auch in der Muskulatur selbst zu Beginn der Geburt vermehrt gebildet werden. Von der Mutter wird die Wehentätigkeit durch *Oxytozin* aus dem Hypophysenhinterlappen (*HHL*) gesteuert. Oxytozin verstärkt die lokale Bildung von Prostaglandinen. Die Ausschüttung von Oxytozin wird durch einen neuronalen Reflex angeregt, dessen afferenter Schenkel eine Irritation der Zervix über *sensible Nervenbahnen* zum Hypothalamus meldet (*Ferguson-Reflex*). Auf welche Weise das Kind den Zeitpunkt der Geburt bestimmt, ist beim Menschen noch unklar. Möglicherweise geschieht dies über Steroidhormone aus der *fetalen NNR,* die in der *Plazenta* zu *Östrogenen* aromatisiert werden und die Prostaglandinbildung stimulieren.

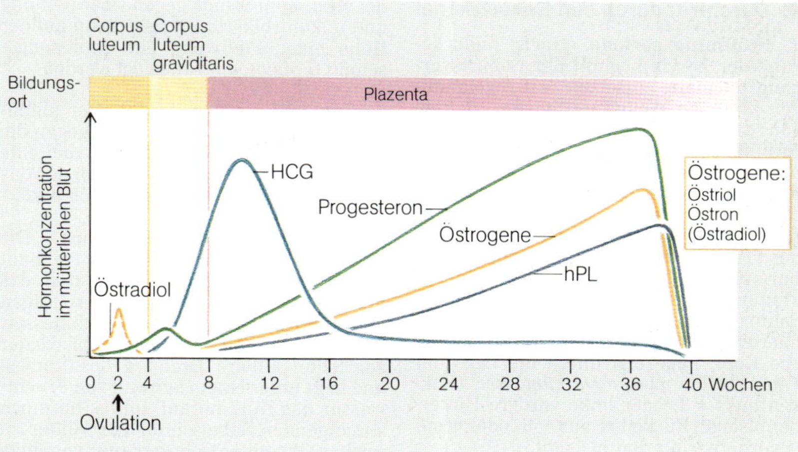

A. Hormonspiegel während der Schwangerschaft

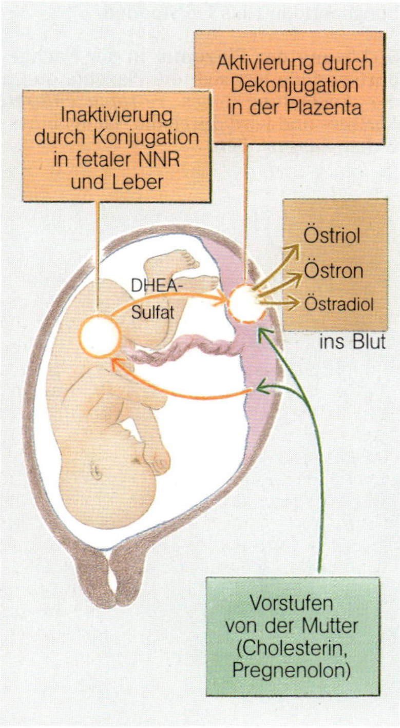

B. Fetoplazentare Einheit

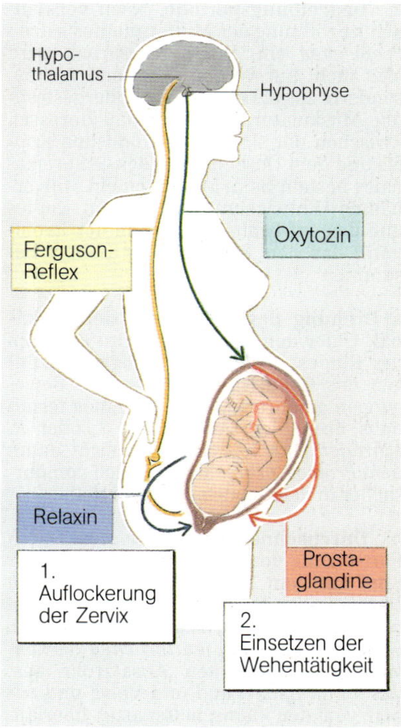

C. Hormonale Steuerung der Geburt

A. Durchtritt durch den Geburtskanal

1. Eröffnungsperiode. Nach Auflockerung der Zervix beginnt der Geburtsvorgang mit dem Einsetzen von regelmäßigen kräftigen Wehen mit einem Intervall von ca. 3 Minuten. Die Wehen in der Eröffnungsperiode weiten den Zervixkanal bis auf Kopfdurchgängigkeit. Dabei ist der kindliche Kopf zunächst noch durch das Wasserkissen der *stehenden Blase* geschützt. Der Blasensprung und der Abfluß des Fruchtwassers beschleunigen den Geburtsvorgang. Die Zervix und der äußere Muttermund werden zu einem dünnen Saum ausgezogen. Beim Eintritt in das querovale kleine Becken steht der kindliche Kopf, angezeigt durch die Lage der *Pfeilnaht*, im *queren Durchmesser*. (Rükken links = I. oder linke vordere Hinterhauptslage; Rücken rechts = II. oder rechte vordere Hinterhauptslage).

2. Austreibungsperiode. Nach vollständiger Eröffnung des Muttermundes setzen *Preßwehen* ein. Die Geburtsarbeit wird jetzt nicht nur von den uterinen Wehen, sondern zusätzlich von der quergestreiften Muskulatur geleistet (Bauchpresse). Zwischen der Größe des kindlichen Kopfes und dem Durchmesser des Geburtskanales besteht beim Menschen ein Mißverhältnis (Entwicklung des großen Kopfes und des aufrechten Ganges in der Evolution), das den Fortgang der Geburt bestimmt.

a Drehung des Kopfes im Geburtskanal. Unter den Preßwehen wird der Kopf des Kindes von den physiologischen Engen des Geburtskanals in seinen Bewegungen geführt. In Höhe der Linea terminalis dreht der Kopf in den *I.* oder *II. schrägen Durchmesser.* Er weicht damit dem *Promontorium* aus, das sich von dorsal her in den Geburtskanal vorwölbt.

b „Durchschneiden" des Kopfes. Durch Fortsetzung der Drehbewegung steht der Kopf auf dem Beckenboden im *geraden Durchmesser.* Beim Austritt muß der Kopf das Knie des Geburtskanals überwinden. Er walzt dabei den *mütterlichen Beckenboden* zu einem weiten „Ansatzrohr" aus, das von Vaginalwand und Vulva und außen von den manschettenartig überlappenden Muskeln des Beckenbodens gebildet wird. Zum Schutz gegen Überdehnung und unkontrollierte Einrisse kann auf der Höhe einer Preßwehe ein Entlastungsschnitt (*Episiotomie*) angelegt werden.

3. Entwicklung des Kopfes. Der kindliche Kopf wird mit dem Nacken gegen die Symphyse gedrückt und führt dabei eine extreme Streckbewegung aus, bei der das Gesicht über den Damm entwickelt wird.

4. Entwicklung der Schultern. Die Schultern folgen dem Weg der Pfeilnaht und drehen beim Durchtritt durch das Becken aus dem queren in den schrägen und dann in den geraden Durchmesser. Der Geburtshelfer führt den Kopf wieder zur Seite (äußere Drehung des Kopfes) und hebt unter einem Schwall von Fruchtwasser das Kind herauf, um es mit noch anhängender Nabelschnur der Mutter zu reichen. Bei einer Geburtsdauer von etwa 8–14 Stunden entfallen auf die Austreibungsperiode 1 bis 1,5 Stunden.

5. Lösung der Plazenta. In der Nachgeburtsperiode löst sich die Plazenta durch die Ausbildung eines *retroplazentaren Blutsees* und wird durch die Nachgeburtswehen ausgestoßen.

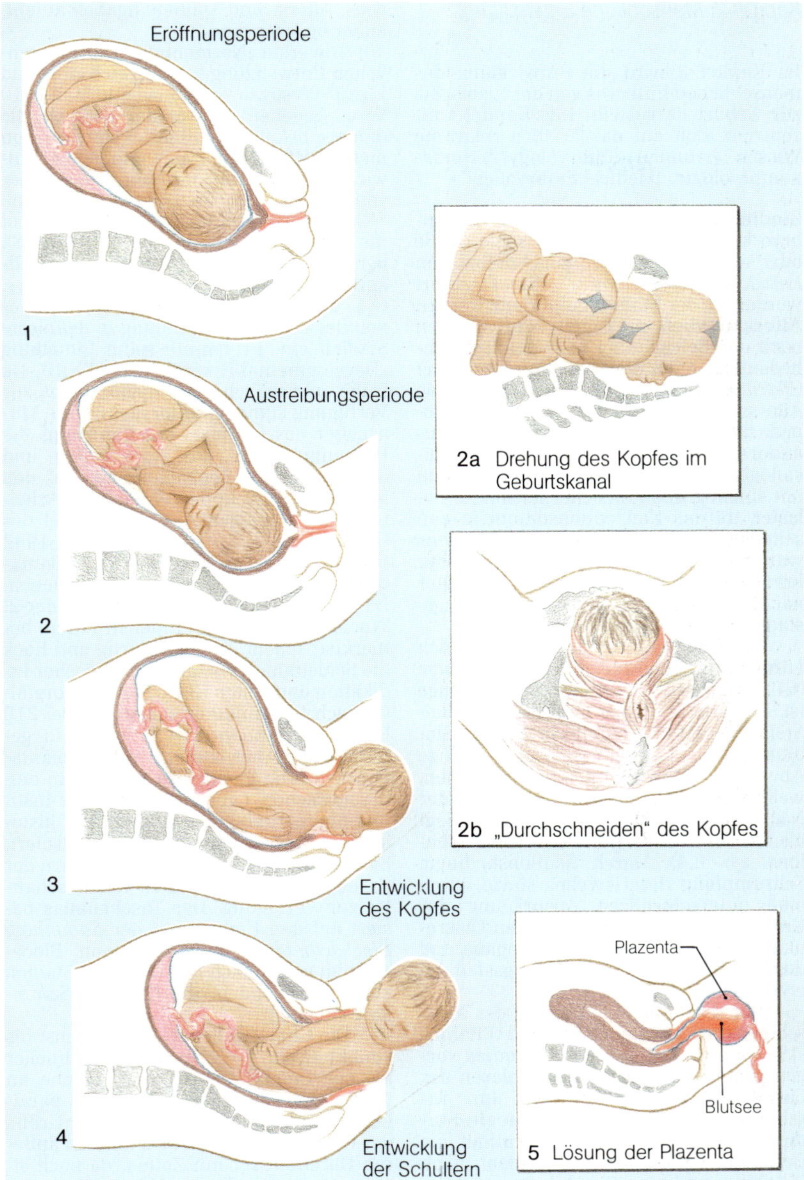

A. Ablauf der Geburt

Kapitel 2: Menschliche Entwicklung

Im Kapitel 2 wird die Entwicklung des menschlichen Embryos von der Eizelle bis zur Geburt dargestellt. Das Kapitel konzentriert sich auf das ärztlich relevante Wissen („Human Embryology“, Humanembryologie, „Medical Embryology“).

Stadieneinteilung (2.1 und 2.2). Ein Embryo kann durch sein *Alter*, seine *Größe* oder durch die Angabe eines definierten *Entwicklungsstadiums* charakterisiert werden. In der Embryonalperiode werden **Altersangaben** in Tagen oder Wochen nach der Befruchtung oder damit gleichbedeutend nach der Ovulation berechnet (*Befruchtungsalter, Ovulationsalter*). Die Altersangabe von menschlichen Embryonen, die aufgrund eines Aborts oder aus anderer medizinischer Indikation zur histologischen Untersuchung kommen, sind mit einem großen Unsicherheitsfaktor belastet, da das Konzeptionsdatum in den seltensten Fällen bekannt ist. Meistens wurde der Ovulationstermin nach der letzten Regel errechnet oder das Alter nachträglich aufgrund des Entwicklungsstadiums des Exemplars festgesetzt.

Bei jungen Embryonen beziehen sich **Längenangaben** auf die *größte Länge* (**GL**). Nach Ausbildung der Scheitelbeuge ist die größte Länge mit der *Scheitel-Steiß-Länge* (**SSL**) identisch. Nur im Stadium 13 bis 17 ergibt sich eine geringe Abweichung zwischen beiden Maßen, weil in diesen Stadien die Krümmung der Nackenbeuge vorübergehend höher liegt als der Scheitel (Region des Mesenzephalons) (→ 2.4). Durch fixationsbedingte Schrumpfung des Gewebes sowie durch eine unterschiedliche Ausprägung der Krümmung des Embryos können Diskrepanzen zwischen der Längenangabe und dem wirklichen Entwicklungsstadium entstehen.

Für die Embryonalperiode des Menschen haben Streeter (1942) und O'Rahilly (1987) eine Einteilung in *23 Stadien* vorgenommen, die auf den Exemplaren der Carnegie-Sammlung aufbaut. Im Taschenatlas werden diese **Carnegie-Stadien** benutzt. Die Tafel 2.1 enthält die Definition der Carnegie-Stadien nach O'Rahilly, und eine Graphik, in der Längen-, Alters- und Stadienangaben aufeinander bezogen sind.

Die erste „Normentafel“ der menschlichen Entwicklung wurde von Keibel und Elze 1908 sowie von Keibel und Mall 1910 herausgegeben. Es war der Versuch, die damals bekannten Einzelexemplare von menschlichen Embryonen in einer Entwicklungsreihe anzuordnen. Als Schüler von Keibel begründete Franklin P. Mall 1914 das „Department of Embryology of the Carnegie Institution of Washington“, benannt nach dem Industriellen und Philanthropen Carnegie. Sein Nachfolger, G. L. Streeter, ordnete 1942 die Embryonen der Carnegie-Sammlung in definierte Stadien ein. Er nannte seine Einteilung „Developmental Horizons I bis XXIII“. Da frühe menschliche Exemplare nicht zur Verfügung standen, untersuchten die Mitarbeiter des Carnegie-Laboratoriums die Frühentwicklung des Rhesusaffen und übertrugen die Beobachtungen auf den Menschen. Erst in den einmaligen Arbeiten des Pathologen A. T. Hertig und des Gynäkologen J. Rock in den Jahren 1942 bis 1956 wurden die frühen Implantationsstadien des Menschen beschrieben. Da eine Implantation sich erst nach der 2. Woche (Ausbleiben der Menstruation) bemerkbar macht, suchten Hertig und Rock die Schleimhaut von aus chirurgischer Indikation entfernten Gebärmüttern sorgfältig nach Implantationsstellen ab. Bei 210 Uterusexstirpationen von Frauen in gebärfähigem Alter fanden sie 34 Implantationsorte. Die Exemplare wurden im embryologischen Labor des Carnegie-Instituts photographisch dokumentiert, histologisch aufgearbeitet und rekonstruiert. Sie stehen wie die übrigen Exemplare der Carnegie-Sammlung jedem Wissenschaftler zur Verfügung. Der Taschenatlas basiert auf den Embryonen der *Sammlung Blechschmidt*. Sie wurden von Blechschmidt selbst nach den Carnegie-Stadien klassifiziert und in die Carnegie-Sammlung eingefügt.

Die **Chorionblase** (→ 2.2) wächst bis zum Ende der 4. Woche sehr viel schneller als der Embryo. Von der 5. Woche an verlaufen beide Wachstumskurven parallel. Die embryologischen Daten zur Größe des Chorions beziehen sich auf den äußeren Durchmesser mit Zotten, da nach einem Abort die Chorionblase mit Zotten vorlag und die Höhle in der Regel kollabiert war. Im Ultraschall stellt sich die Chorionhöhle deutlich dar, während die Grenze zwischen Zotten und Uterusschleimhaut undeutlich ist. Bei der Ultraschalluntersuchung wird daher der innere Durchmesser der Chorionblase bestimmt.

Die **Ultraschalluntersuchung** erlaubt heute die Darstellung der Schwangerschaft bereits während der Frühentwicklung und in der Embryonalperiode. Die medizinische Bedeutung liegt im frühzeitigen Ausschluß von Störungen bei der Implantation und von Mißbildungen. Bisher war die embryologische Beschreibung nur für das Verständnis der Entwicklung interessant, hatte aber keine direkte Bedeutung für die Klinik. Deshalb ist es verständlich, daß in der Geburtshilfe in Schwangerschaftswochen (SSW) ab der letzten Menstruation gerechnet wird. Dies ist für die Embryonalperiode nicht praktisch, da der Embryo zum Zeitpunkt der Ovulation und Befruchtung sich schon am Ende der 2. SSW befindet.

Bei der Untersuchung einer frühen Schwangerschaft wird die *Endosonographie* angewandt, bei der der Schallkopf in der Vagina vor der Portio positioniert ist (→ 2.2). Bei der *Abdominalsonographie* wird durch die Bauchdecken geschallt. Ultraschallbilder sind Schnittbilder, deren Deutung eine Vorstellung über die Lage und die Proportionen der kindlichen Organe voraussetzt. In Tafel 2.2, 2.32 und 2.37 werden beispielhaft den embryologischen Darstellungen Ultraschallbilder zugeordnet.

Embryonalperiode (2.3–2.32). In der Übersicht zur *Frühentwicklung* (→ 2.3) wird die 1.–3. Woche dargestellt. Die Zeitachse von insgesamt 21 Tagen ist in drei Entwicklungsabschnitte eingeteilt. Die drei Abschnitte werden als *„erste Woche“*: Tubenwanderung, *„zweite Woche“*: Implantation und *„dritte Woche“*: dreiblättrige Keimscheibe zusammengefaßt, obwohl die beiden ersten Entwicklungsabschnitte nur jeweils 6 Tage und der dritte Entwicklungsabschnitt 9 Tage dauert.

In der Übersicht zur *Embryonalperiode: 4.–8. Woche* (→ 2.4) wird die Frühentwicklung in gedrängter Form im gleichen Maßstab wiederholt, um das exponentielle Wachstum des Embryos darzustellen. Die 4. Woche ist aus der in 8 Wochen eingeteilten Zeitachse herausgeklappt. In der 4. Woche wandelt sich die Keimscheibe zum Embryo um (*Abfaltung*). Die 4. Woche ist zugleich der zentrale Entwicklungsabschnitt der Embryonalperiode, in der die Organsysteme angelegt werden. Der Entwicklungsabschnitt von der 5. bis zur 8. Woche ist die Periode der *Organogenese*. Der Embryo nimmt die menschliche Gestalt an. Die großen Organsysteme des Körpers, Knochen und Muskeln, der Magen-Darm-Kanal, Leber, Herz und Lungen sowie die Nieren werden angelegt.

Die Embryonen in den Übersichtstafeln sind in jedem Entwicklungsabschnitt maßstabsgleich gezeichnet. Der Maßstab ist jeweils angegeben. In der 4. Woche ist der Zeichenmaßstab 1:10.

Fetalperiode (2.33–2.38). Die Fetalperiode ist sehr viel länger als die Embryonalperiode. In Relation zur gesamten Schwangerschaft ist daher der Unterschied in der Berechnung des Alters nach der letzten Menstruation oder nach der Ovulation relativ unbedeutend. Die maßstabsgetreue Darstellung der Feten unter der *Wachstumskurve* (→ 2.33) zeigt das enorme Wachstum bis zur 20. SSW. Bis zur Geburt weisen alle Wachstumsparameter weiterhin steil nach oben.

Plazenta und Eihäute (2.39–2.45). Die extraembryonalen Organe entwickeln sich beim Menschen, bevor der Embryo selbst entsteht. Die rein morphologische Betrachtung der Frühentwicklung hat zu komplizierten Deutungen der Entwicklung der Amnionhöhle, des Chorionmesoderms und des „primären“ und „sekundären“ Dottersacks geführt, die eine Sonderstellung des Menschen zu begründen scheinen. Implantation und Plazentabildung sind als Teil der Reproduktionsstrategie einer Art speziesspezifisch. Die Homologie zu den Eihäuten des Hühnerembryos (→ 3.11) und der Vergleich mit der Dottersack- und der Allantois-Plazenta anderer Säuger (→ 3.14) macht die Entwicklung der Plazenta beim Menschen verständlicher.

A. Definition der Carnegie-Stadien

Die Tabelle enthält die Definition der Carnegie-Stadien nach O'Rahilly und Müller (1987). In der Graphik werden größte Länge (GL), Alter und Carnegie-Stadium in Beziehung gesetzt.

„Erste Woche": Tubenwanderung

Stadium 1: befruchtete Eizelle.

Stadium 2: 2–3 Tage. Furchung. Differenzierung in äußere und innere Zellen.

Stadium 3: 4–5 Tage. Freie Blastozyste. Embryoblast und Trophoblast. Blastozystenhöhle. Trennung von der Zona pellucida („Schlüpfen").

„Zweite Woche": Implantation

Stadium 4: 5–6 Tage. Anheftung und Implantationskollaps (kein Exemplar beim Menschen beschrieben).

Stadium 5: 0,1–0,2 mm. 7–12 Tage. Implantation. Embryoblast: zweiblättrige Keimscheibe aus Ektoderm und Entoderm. Amnionhöhle und primärer Dottersack.

„Dritte Woche": dreiblättrige Keimscheibe

Stadium 6: 0,2 mm. 13–15 Tage. Proliferation von extraembryonalem Mesoderm. Chorionhöhle und Chorionzotten. Umwandlung des primären Dottersackes in den sekundären Dottersack. Primitivstreifen und embryonales Mesoderm.

Stadium 7: 0,4 mm. 15–17 Tage. Chordafortsatz. Haftstiel und Allantoisdivertikel. Blut- und Gefäßbildung.

Stadium 8: 1,0–1,5 mm. 17–19 Tage. Primitivgrube, Chordakanal und Axialkanal (Canalis neurentericus).

Stadium 9: 1,5–2,5 mm. 19–21 Tage. 1–3 Somiten. Neuralfalten, Herzanlage, Abfaltung vom Dottersack.

„Vierte Woche": Abfaltung

Stadium 10: 2–3,5 mm. 22–23 Tage. 4–12 Somiten. Die Neuralfalten verschmelzen. 2 Schlundbögen, Augenfurchen.

Stadium 11: 2,5–4,5 mm. 23–26 Tage. 13–20 Somiten. Der rostrale Neuroporus schließt sich. Augenbläschen.

Stadium 12: 3–5 mm. 26–30 Tage. 21–29 Somiten. Der kaudale Neuroporus schließt sich. 3 Schlundbögen. Die Armknospen erscheinen.

Stadium 13: 4–6 mm. 28–32 Tage. 30 Somiten. Beinknospen, Linsenplakode, Ohrbläschen.

5.–8. Woche: Organogenese

Stadium 14: 5–7 mm. 31–35 Tage. Linsengrübchen und Augenbecher. Ductus endolymphaticus.

Stadium 15: 7–9 mm. 35–38 Tage. Hirnbläschen, Linsenbläschen, Riechgrübchen. Antitragus angedeutet. Handplatte.

Stadium 16: 8–11 mm. 37–42 Tage. Die Nasengrübchen sind nach ventral gerichtet. Im unfixierten Embryo ist das Auge pigmentiert. Die Ohrhöckerchen werden sichtbar. Fußplatte.

Stadium 17: 11–14 mm. 42–44 Tage. Relative Vergrößerung des Kopfes und Streckung des Rumpfes. Augen-Nasen-Furche und Ohrhöckerchen sind deutlich. Fingerstrahlen.

Stadium 18: 13–17 mm. 44–48 Tage. Kuboide Körperform, Ellenbogen und Zehenstrahlen grenzen sich ab. Augenlider angedeutet. Nasenspitze deutlich. Auftreten der Brustwarzen. Beginnende Verknöcherung.

Stadium 19: 16–18 mm. 48–51 Tage. Der Rumpf verlängert und streckt sich.

Stadium 20: 18–22 mm. 51–53 Tage. Die oberen Gliedmaßen sind länger und im Ellenbogen gewinkelt.

Stadium 21: 22–24 mm. 53–54 Tage. Hände und Füße wenden sich einwärts.

Stadium 22: 23–28 mm. 54–56 Tage. Augenlider und äußeres Ohr entwickelt.

Stadium 23: 27–31 mm. 56–60 Tage. Kopf gerundet. Körper und Gliedmaßen ausgebildet.

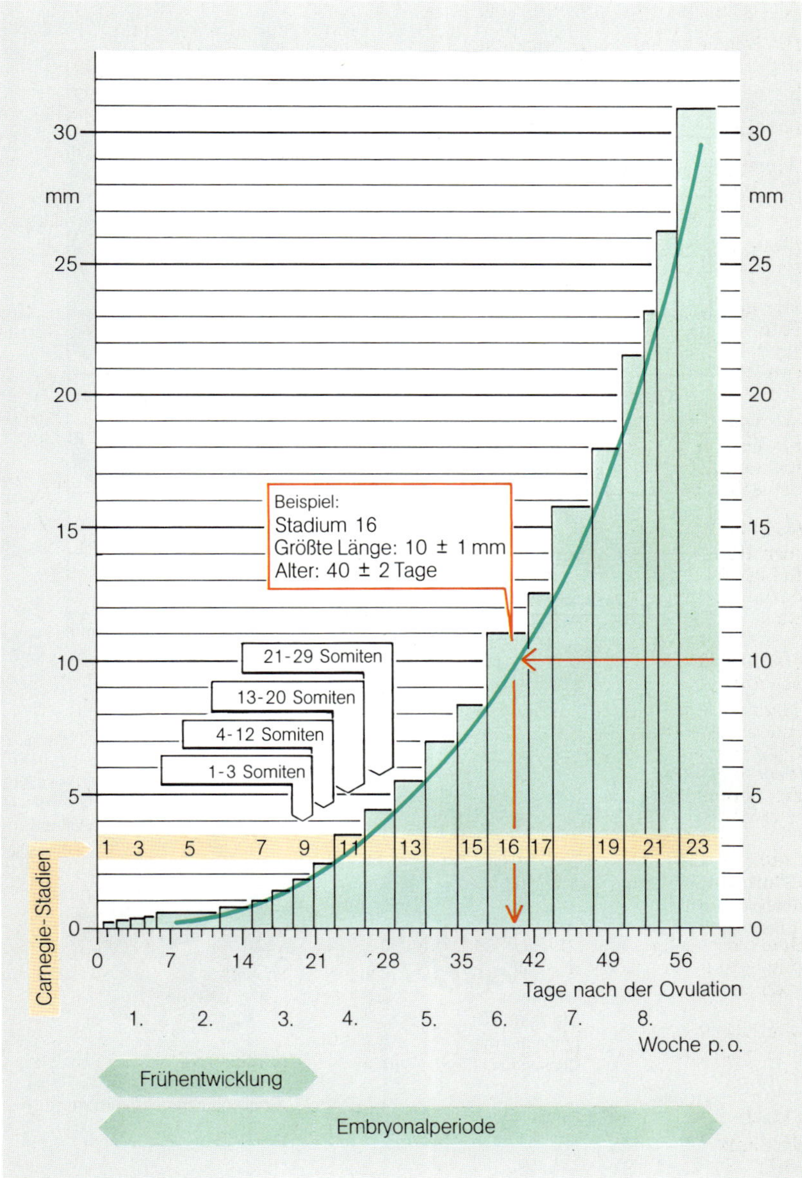

A. Carnegie-Stadien

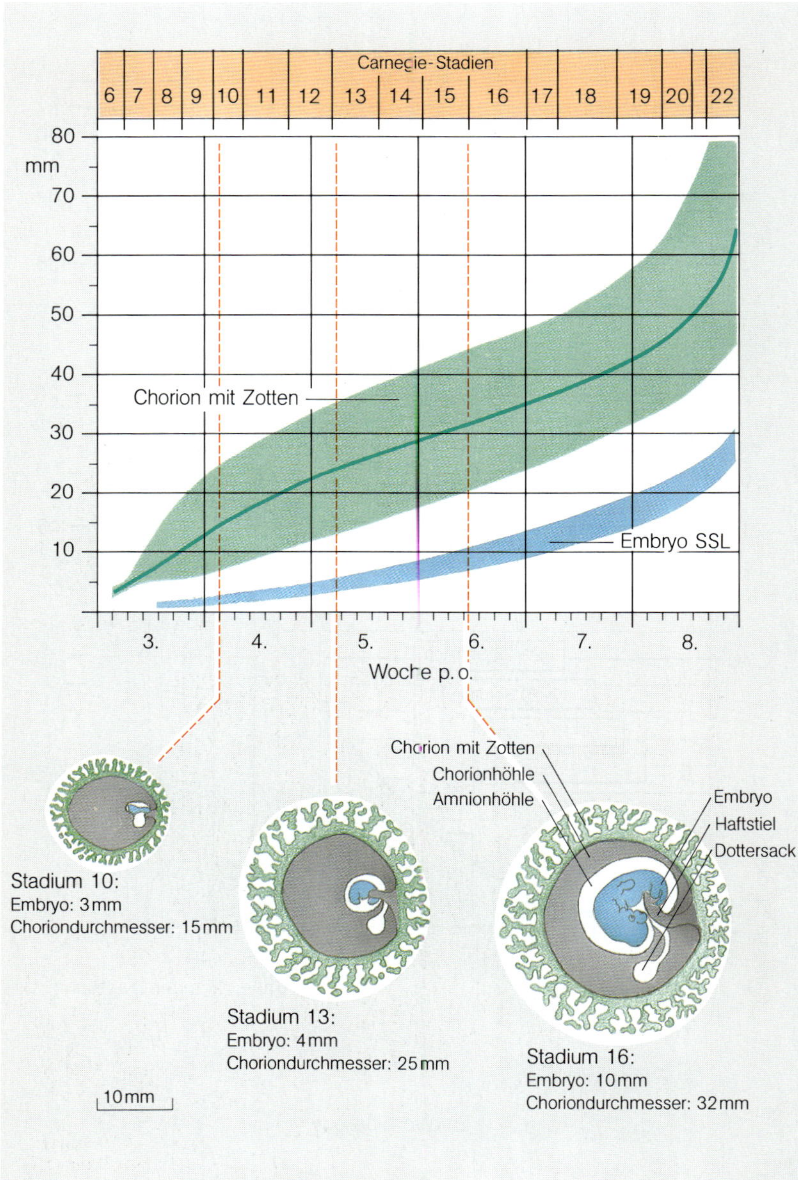

A. Choriondurchmesser in der Embryonalperiode

Daten nach O'Rahilly

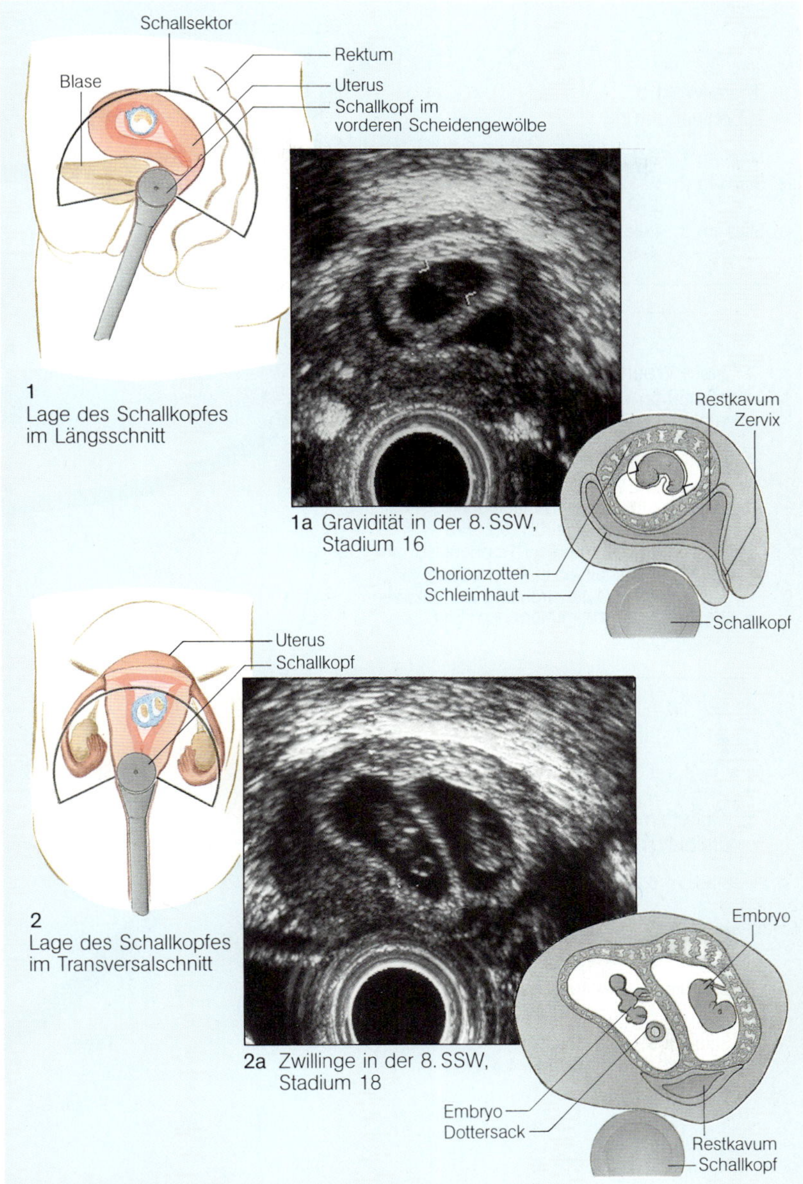

1
Lage des Schallkopfes im Längsschnitt

1a Gravidität in der 8. SSW, Stadium 16

2
Lage des Schallkopfes im Transversalschnitt

2a Zwillinge in der 8. SSW, Stadium 18

B. Endosonographische Untersuchung in der 8. SSW

Die Ultraschallbilder wurden freundlicherweise von F. Degenhardt, Hannover, zur Verfügung gestellt.

„Erste Woche":
Tubenwanderung

Stadium 1: Befruchtung
Stadium 2: 2-32 Zellen
2-3 Tage
Stadium 3: freie Blastozyste
4-5 Tage

„Zweite Woche":
Implantation und
zweiblättrige Keimscheibe

Stadium 4: Anheftung an die Schleimhaut
5-6 Tage
Stadium 5: Implantationsstadien
7-12 Tage, 0,1-0,2 mm
5 a: kompakter Trophoblast
5 b: lakunärer Trophoblast
5 c: Durchströmung der Lakunen mit mütterlichem Blut

„Dritte Woche":
Dreiblättrige Keimscheibe

Stadium 6: Chorionzotten, Primitivstreifen
13-15 Tage, 0,2 mm
Stadium 7: Chordafortsatz
15-17 Tage, 0,4 mm
Stadium 8: Primitivgrube, Axialkanal
17-19 Tage, 1-1,5 mm
Stadium 9: 1-3 Somiten
19-21 Tage, 1,5-2,5 mm

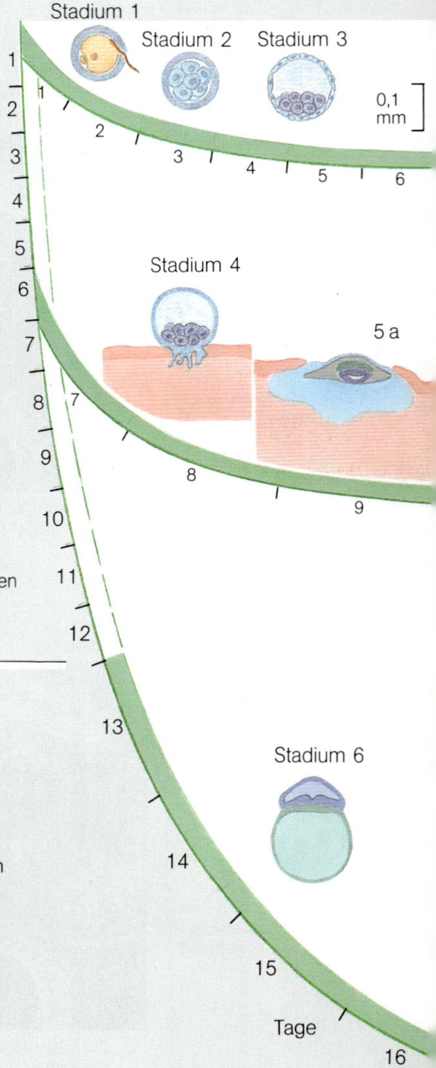

C. Frühentwicklung: 1.-3. Woche

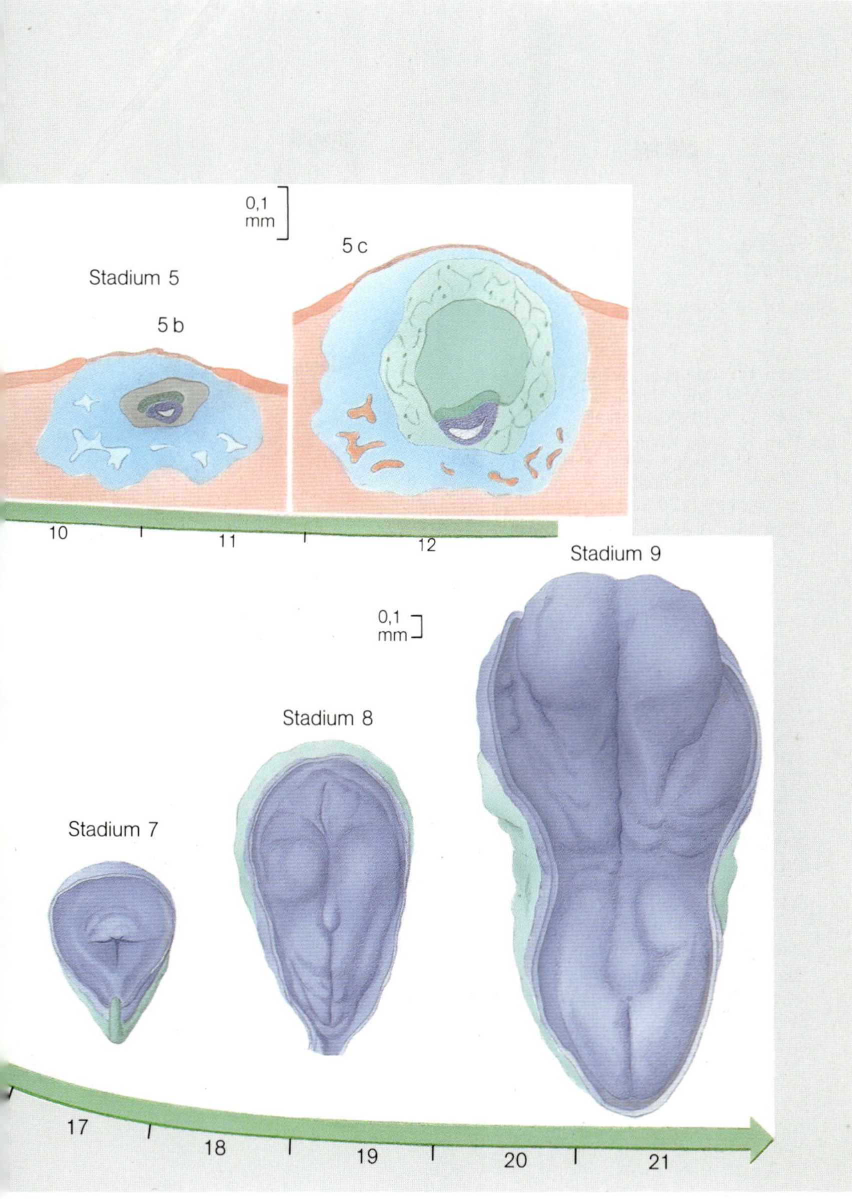
0,1 mm
Stadium 5
5 b
5 c
10
11
12
Stadium 9
0,1 mm
Stadium 8
Stadium 7
17
18
19
20
21

1.-3. Woche:
Frühentwicklung

4. Woche:
Abfaltung

Stadium 10: Neuralfalten und Schlundbögen
4-12 Somiten

Stadium 11: der Neuroporus ant. schließt sich
13-20 Somiten

Stadium 12: der Neuroporus post. schließt sich, Armknospen
21-29 Somiten

Stadium 13: Beinknospen
>30 Somiten

5.-8. Woche:
Organogenese

Stadium 14: die Nackenbeuge liegt über der Scheitelbeuge

Stadium 17: Fingerstrahlen werden sichtbar

Stadium 20: Arme gewinkelt, Hände in Pronationsstellung

Stadium 23: Ende der Embryonalperiode

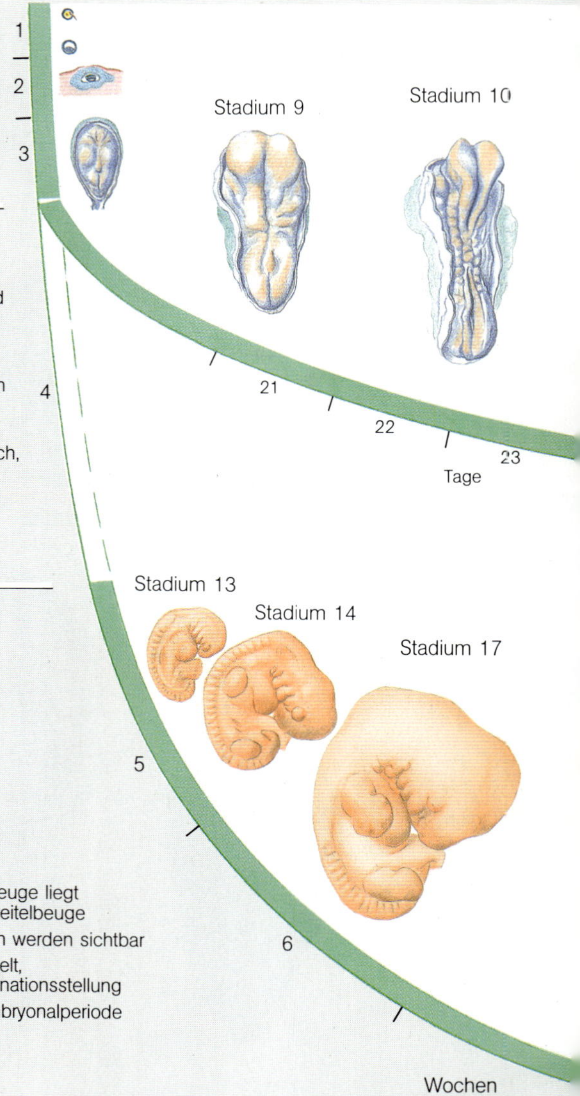

D. Embryonalperiode: 4.-8. Woche

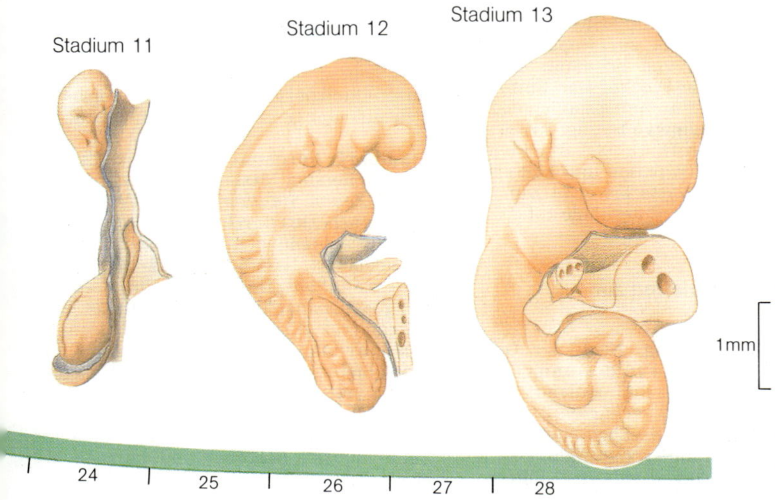
Stadium 11
Stadium 12
Stadium 13
1mm
24
25
26
27
28

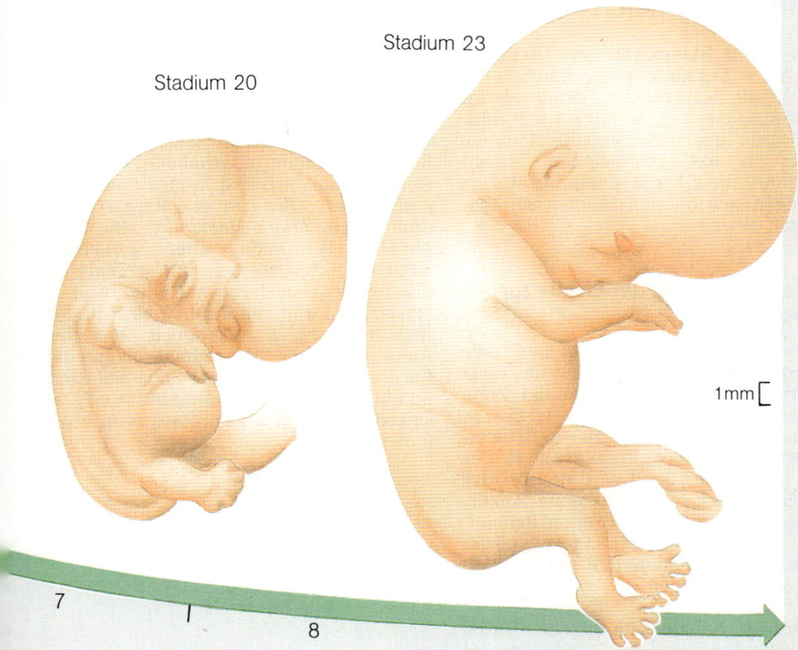
Stadium 23
Stadium 20
1mm
7
8

„Erste Woche": Tubenwanderung. Der erste Entwicklungsabschnitt von der Ovulation bis zur Implantation dauert 6 Tage und ist damit etwas kürzer als eine Woche. Der Embryo durchläuft die Furchungsstadien während der Tubenwanderung, erreicht als Morula den Uterus am 3. oder 4. Tag nach der Ovulation und hält sich als freie Blastozyste bis etwa zum 6. Tag in der Gebärmutterhöhle auf.

A. Von der Ovulation zur Implantation

1. Tubenwanderung. Nach der Ovulation wird die Eizelle in der Ampulle des Eileiters befruchtet und aktiviert. Nicht befruchtete Eizellen verharren in der reduzierten Stoffwechsellage und gehen nach 12–24 Stunden zugrunde. Das befruchtete Ei wird durch den Flimmerschlag und Kontraktionen des Eileiters zum Uterus transportiert.

2. Die freie Blastozyste im Uteruslumen. Am 4. Tag nach der Ovulation befindet sich die Schleimhaut bereits in der Sekretionsphase und ist etwa 5 mm dick. Die Drüsen bilden Schleim, in dem die Morula in das Uteruslumen hineinschwimmt. Die 0,1–0,2 mm große Morula entwickelt sich im Uteruslumen zur Blastozyste.

B. Die Entwicklung der Eizelle zur Blastozyste

Kurz vor der Ovulation beendet die Eizelle die erste Reifeteilung und stößt das erste Polkörperchen aus, das unter der Zona pellucida zu liegen kommt (→1.12). Die sich direkt anschließende zweite Reifeteilung wird in der Metaphase arretiert. Der Block der Metaphase II wird erst bei der Befruchtung aufgelöst. Das erste Polkörperchen kann eine der zweiten Reifeteilung entsprechende Teilung mitvollziehen, so daß befruchtete Eier mit drei Polkörperchen entstehen.

Stadium 1: befruchtete Eizelle. Durch die Befruchtung wird die Eizelle aktiviert (→1.5). Die Stoffwechselleistungen steigen an. Der haploide Zellkern der Eizelle sowie der haploide Zellkern des Spermiums wandeln sich zum *weiblichen* und *männlichen Vorkern* um. Beide Vorkerne durchlaufen eine DNS-Synthese-Phase. Ihre reduplizierten Chromosomen ordnen sich auf einer gemeinsamen Spindel an.

Stadium 2: Furchung. Aus der sich direkt anschließenden ersten Zellteilung geht das *2-Zellen-Stadium* hervor. Während des Transportes durch den Eileiter setzen sich die Zellteilungen innerhalb der Zona pellucida fort. Es entsteht ein *4-* und ein *8-Zellen-Stadium*. Da bei der Unterteilung des Zytoplasmas die Einschnürungen als Furchen sichtbar werden, spricht man von Furchung. Die Tochterzellen heißen Blastomeren. Die Beobachtung von Exemplaren mit 3, 12 oder 20 Zellen weist darauf hin, daß die Teilungen asynchron verlaufen. Die *Morula* ist noch von der Zona pellucida umgeben und daher nicht größer als die ursprüngliche Eizelle. Schließlich bilden die Blastomeren Kontaktzonen zwischen sich aus. Die Morula erhält einen epithelialen Charakter (**„Compaction"**, bei der Maus im 8-Zellen-Stadium).

Stadium 3: freie Blastozyste. Mit einer Zellzahl von 32 bis 58 beginnt sich die Blastozystenhöhle auszubilden. Die Blastomeren sondern sich in innen gelegene *Embryoblastzellen* („inner cell mass") und umhüllende *Trophoblastzellen*. Die Trophoblastzellen bilden einen Epithelverband mit Kittzonen aus und sezernieren Flüssigkeit, die sich zwischen der Trophoblastschicht und dem Embryoblast in der Blastozystenhöhle ansammelt. Vor der Anheftung an die Schleimhaut schlüpft die Blastozyste aktiv aus ihrer Zona pellucida und bläht sich durch Aufnahme von Flüssigkeit auf einen Durchmesser von etwa 0,25 mm auf.

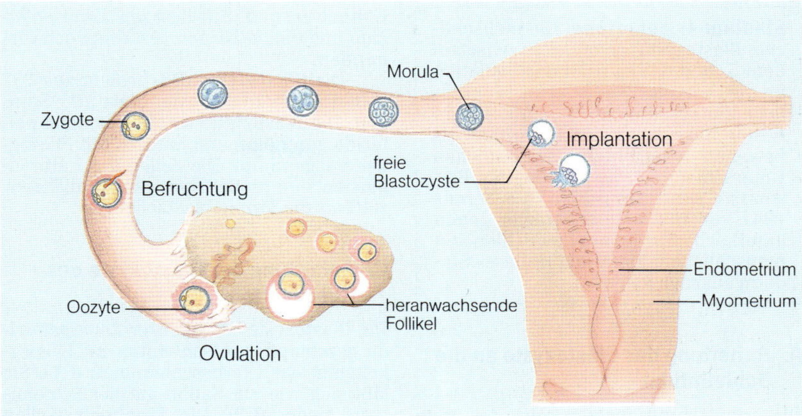

A. Von der Ovulation zur Implantation

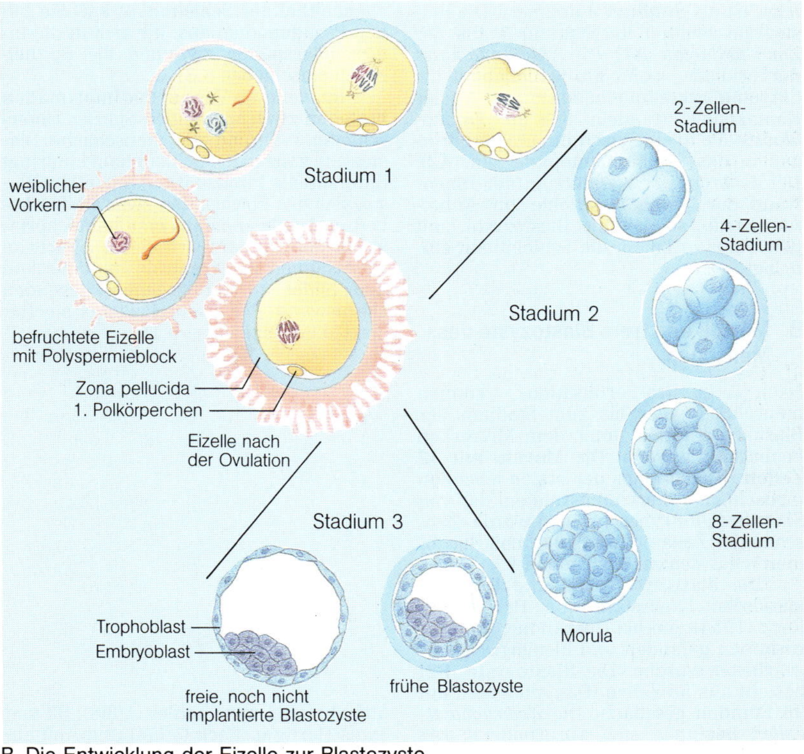

B. Die Entwicklung der Eizelle zur Blastozyste

Stadium 4: Anheftung. Die menschliche Blastozyste heftet sich zwischen dem 5. und 6. Tag nach der Ovulation an die Uterusschleimhaut an. Menschliche Embryonen im Stadium 4 sind bisher nicht beschrieben worden. Es bestehen jedoch keine wesentlichen Unterschiede zur Anheftung der Blastozyste des Rhesusaffen, die bereits 1941 von Heuser und Streeter genau untersucht wurde, um das Fehlen von menschlichem Material für dieses Stadium auszugleichen.

A. Anheftung der Blastozyste an die Schleimhaut

Die Entwicklungsphase, in der der erste Kontakt zur mütterlichen Schleimhaut erfolgt, ist als **Stadium 4** definiert. Die Blastozyste schlüpft im Stadium 3 aus der *Zona pellucida* (**A1**). Die *Anheftung* kann nur erfolgen, wenn die Schleimhaut ins Sekretionsstadium eingetreten ist. An der Kontaktstelle wandeln sich die *Trophoblastzellen* in ein Synzytium um und dringen in das Schleimhautepithel ein (**A2**). Der *Embryoblast* wandert an der Innenwand der Trophoblasthöhle zur Anheftungsstelle, so daß die Blastozyste „mit dem Kopf voran" in die Schleimhaut eindringt.

B. Morula und freie Blastozyste des Menschen

Nach In-vitro-Fertilisation können menschliche Eier bis zum Stadium der Blastozyste direkt unter dem Mikroskop beobachtet werden. Die **Morula mit 32 Zellen** (**B1**) ist eines der ersten lebenden menschlichen Furchungsstadien, das von Shettles (1968)* beschrieben wurde. Zwischen der Zona pellucida und den Blastomeren hat sich ein Spalt gebildet.

Die Blastozysten (**B2** und **B3**) sind klassische Exemplare von Hertig und Rock (1954), die bei Operationen im Uteruslumen gefunden und histologisch aufgearbeitet wurden. Die **Blastozyste** (**B2**) besteht aus 58 Zellen. Das Alter wird auf 96 Stunden geschätzt. Die *Embryoblastzellen* beginnen sich abzusondern. Die Trophoblastzellen bilden bereits einen Epithelverband. Ein Rest der *Zona pellucida* und die *Polkörperchen* sind noch vorhanden.

Die **Blastozyste** (**B3**) besteht aus 107 Zellen. Das Alter beträgt etwa 103 Stunden. Die Blastozyste ist aus der Zona pellucida geschlüpft und hat sich mit Flüssigkeit vollgepumpt. Die Zellen des Embryoblasten sind größer und weniger differenziert als die Trophoblastzellen.

C. Anheftung der Blastozyste des Rhesusaffen

Die Blastozyste ist aus ihrer Zona pellucida geschlüpft und schwimmt im Flüssigkeitsfilm der Uterusschleimhaut (**C1**). Sie läßt sich wie ein Ballon auf der Schleimhaut nieder (**C2**). Die Trophoblastzellen nehmen aktiv Kontakt mit dem Oberflächenepithel der Schleimhaut auf. Sie bilden Pseudopodien aus, die sich in die Interzellularspalten zwischen die Epithelzellen einschieben (**C3**).

Im weiteren Verlauf der Implantation bestehen zwischen beiden Spezies Unterschiede: Während die menschliche Blastozyste ganz in die Schleimhaut eindringt (interstitielle Implantation), bildet die Blastozyste des Rhesusaffen zwar an der Anheftungsstelle ebenfalls eine hämochoriale Plazenta, breitet sich selbst jedoch im Uteruslumen aus (zentrale Implantation) und bildet an der gegenüberliegenden Uteruswand eine zweite Plazenta aus (bidiskoidale Plazenta, → 3.15).

Aufnahme B1 aus Shettles (1968), B2 und 3 aus Hertig u. Rock (1954) und Aufnahme C1-3 aus Streeter (1941)

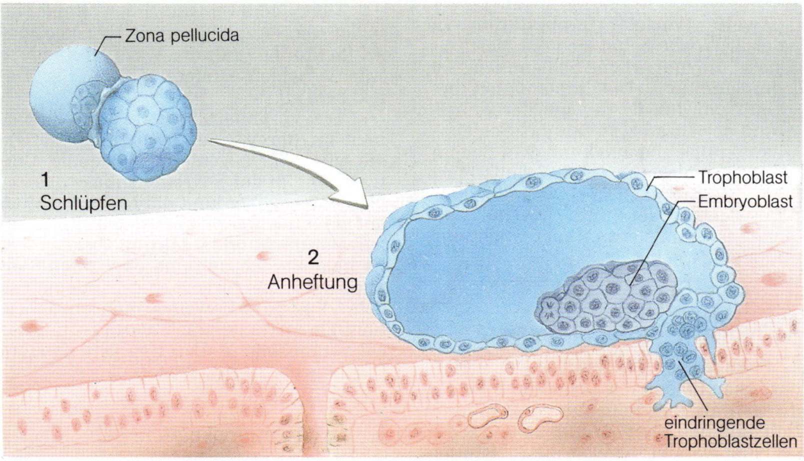

A. Anheftung der Blastozyste an die Schleimhaut

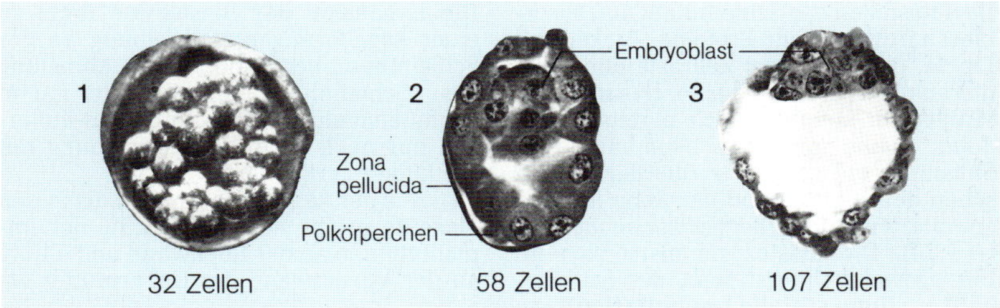

B. Morula und freie Blastozyste des Menschen (Stadium 3)

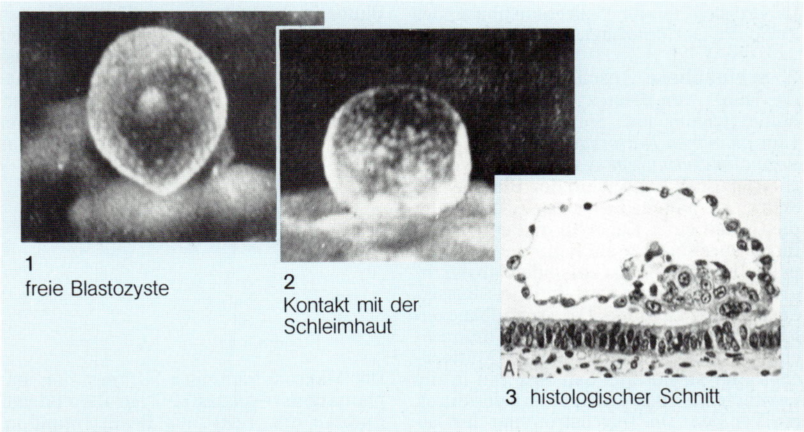

C. Anheftung der Blastozyste des Rhesusaffen

„Zweite Woche": Implantation. In der 2. Woche bettet sich die Blastozyste in die mütterliche Schleimhaut ein (Implantation). Die Implantation beginnt um den 6. Tag mit der Anheftung der Blastozyste an das Schleimhautepithel und endet mit dem Beginn des uteroplazentaren Kreislaufs etwa am 12. Tag nach der Ovulation. Der Entwicklungsabschnitt „zweite Woche" ist damit etwas kürzer als eine Kalenderwoche.

A. Implantation der Blastozyste

1. Frühphase. Die prall gefüllte Höhle der freien Blastozyste kollabiert beim Eindringen in die Schleimhaut (**Implantationskollaps**). Der Trophoblast verdickt sich und wandert tiefer in die Schleimhaut hinein. Die Trophoblastzellen lösen die Deziduazellen der Schleimhaut auf, resorbieren freiwerdende Proteine, Zucker und Lipide, phagozytieren Zellreste und arrodieren die Drüsenschläuche. Das **invasive Wachstum** kommt jedoch bereits in der *Zona compacta* der Schleimhaut zum Stillstand, die unter der Oberfläche zwischen dem Epithel und der Zone mit den erweiterten Drüsen liegt (*Zona spongiosa*) (→1.14). Die Blastozyste nistet sich im Bindegewebe (Interstitium) der Schleimhaut ein (**interstitielle Implantation**). Die Bindegewebszellen der Zona compacta haben sich in der Sekretionsphase des Zyklus zu Deziduazellen differenziert.

2. Schlußphase. Anschließend bläht sich die Höhle der Blastozyste (Trophoblasthöhle) wieder auf. Sie wird schließlich vom *primären Dottersack* und vom *entodermalen Retikulum* ausgefüllt, die versuchen, mit der **Expansion der Blastozyste** Schritt zu halten. Die Blastozyste nimmt die Gestalt einer Kugel an und vergrößert ihren Durchmesser auf mehr als das Doppelte. Im Trophoblast entstehen labyrinthartig miteinander verbundene, flüssigkeitsgefüllte Lakunen. Die Trophoblastzellen arrodieren schließlich die mütterlichen Arteriolen und Venolen. Mütterliches Blut strömt aus den Arterien in die Lakunen ein und verläßt sie wieder durch die Venolen. Die Durchströmung der Lakunen ist der Beginn eines **uteroplazentaren Kreislaufs.**

Über dem einsinkenden Implantat bildet sich ein pilzförmiges Fibringerinnsel (**Schlußkoagulum**). Von den Rändern wächst Schleimhautepithel ein. Der Defekt heilt ab.

Die Veränderungen in der Schleimhaut im Bereich des Implantationsortes, die über die allgemeine deziduale Umwandlung in der Sekretionsphase des Zyklus hinausgehen und daher als Reaktion auf die Implantation anzusehen sind, werden als **„deziduale Reaktion"** bezeichnet. Es handelt sich um eine durch den Trophoblast hervorgerufene ödematöse Schwellung des Gewebes, eine vermehrte Blutfülle in den benachbarten mütterlichen Sinusoiden und um eine weitere Quellung der Deziduazellen.

B. Implantationskegel in der Uterusschleimhaut

Die Expansion der Blastozyste führt zu einer kegelförmigen Vorwölbung an der Schleimhautoberfläche. Nach Abheilung des Schleimhautdefektes unter dem Schlußkoagulum ist das Implantat äußerlich nur noch an dieser Vorwölbung mit der Lupe zu erkennen.

Aus der Lage der normalen diskoiden Plazenta ergibt sich, daß 55,5% der Implantationen an der Rückwand und 44,5% an der Vorderwand der Gebärmutter erfolgen.

Beim Einströmen des mütterlichen Blutes in die Lakunen des Trophoblasten am 12. oder 13. Tag kann es zu einer kleinen Blutung kommen (**Implantationsblutung**, →1.15), die mit einer Menstruationsblutung (am 28. Tag des Zyklus) verwechselt werden kann und dann zu einer falschen Berechnung des Geburtstermins führt.

Die Makroaufnahme 2.7B zeigt den Implantationskegel des 12 Tage alten Barnes Embryo (ca. 12×) (aus Boyd, Hamilton: The Human Placenta)

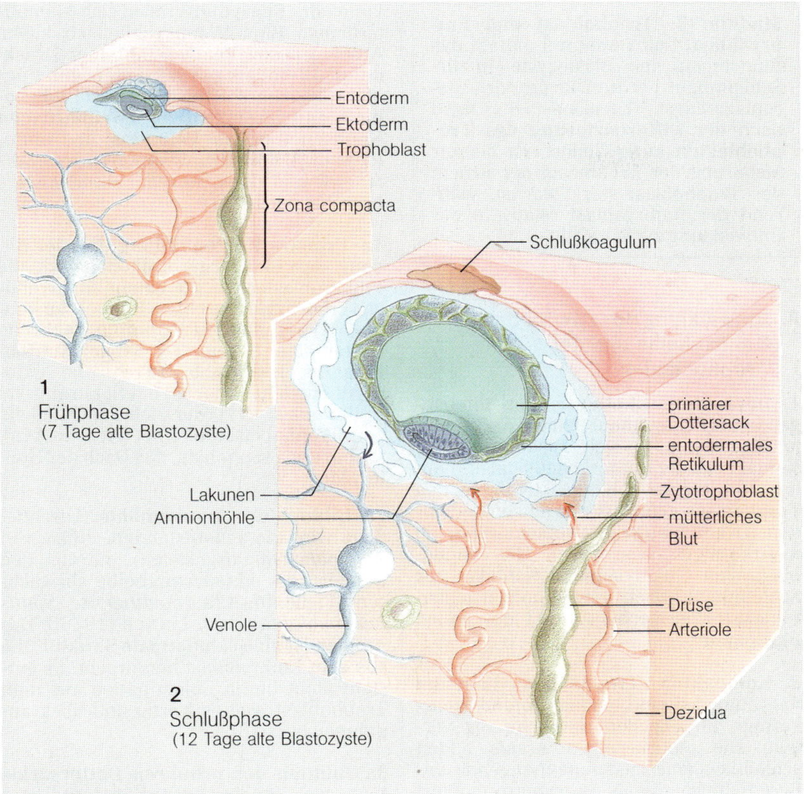

A. Implantation der Blastozyste

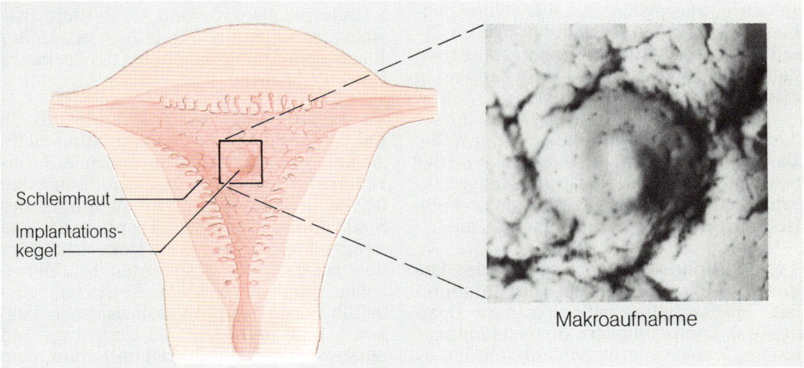

B. Implantationskegel in der Uterusschleimhaut

Stadium 5: Trophoblast und Embryoblast. Das Stadium 5 umfaßt das Eindringen der Blastozyste in die Schleimhaut bis zum Beginn des uteroplazentaren Kreislaufs. Es wird nach der **Differenzierung des Trophoblasten** untergliedert, da bis zur Sicherung der Ernährung der Frucht der Trophoblast stark wächst, während der Embryoblast relativ in der Entwicklung zurückbleibt.

A. Entwicklung der zweiblättrigen Keimscheibe und des Trophoblasten

1. Implantationskollaps. Beim Eindringen in die Schleimhaut fällt die aufgeblähte Blastozyste in sich zusammen. Der Kontakt mit der mütterlichen Schleimhaut löst eine starke Teilungsaktivität in den Trophoblastzellen aus. Die neu entstehenden Trophoblastzellen verschmelzen zu mehrkernigen Riesenzellen. Die Trophoblastzellen, die keinen Kontakt zur Schleimhaut haben, zeigen noch das charakteristische flache Epithel der freien Blastozyste.

2. Kompakter Trophoblast (Stadium 5a). Zunächst sind einkernige und mehrkernige Riesenzellen unregelmäßig verteilt. Die mehrkernigen Areale bilden schließlich eine zusammenhängende äußere Schicht, die als Synzytiotrophoblast oder Synzytium bezeichnet wird (**A4**). Die zelluläre innere Schicht heißt Zytotrophoblast. Die Zellteilungen finden nur im Zytotrophoblast statt. Die neuentstandenen Zellen werden durch Fusion fortlaufend in das Synzytium aufgenommen.

3. Lakunärer Trophoblast (Stadium 5b). Das Synzytium breitet sich radiär in der Schleimhaut aus. Dabei treten labyrinthartige, miteinander kommunizierende Hohlräume (*Lakuna*) im Synzytium auf.

4. Schlußphase: Durchströmen der Lakunen mit mütterlichem Blut (Stadium 5c). Das Synzytium frißt sich in die Dezidua der Zona compacta der Schleimhaut hinein. In den tieferen Schichten bricht es in die mütterlichen Kapillaren ein. Die Lakunen des Synzytiums füllen sich mit mütterlichem Blut. Wenn schließlich kleine Arteriolen und Venolen mit einer Druckdifferenz einbezogen werden, beginnt der uteroplazentare Kreislauf. Der **Embryoblast** entwickelt sich zur **zweiblättrigen Keimscheibe** aus *Ektoderm* und *Entoderm* (*A2*), die ventral vom *primären Dottersack* und dorsal von der *Amnionhöhle* begrenzt wird (A4).

1a Primäre Höhlenbildung. Bei der Bildung des Ektoderms schließen sich die Embryoblastzellen zu einem mehrreihigen, hochzylindrischen Epithel zusammen. Der Embryoblast nimmt dabei die Gestalt einer Scheibe an. Bei der Aufrichtung der Embryoblastzellen zum Ektoderm entsteht zunächst ein Spaltraum im Embryoblast (**A1**), der sich anschließend zum Trophoblast hin öffnet (Pfeile in **A1a**), so daß der Trophoblast das Dach der Höhle bildet.

2a Bildung der Amnionhöhle. Anschließend wird die neuentstandene Höhle von *Amnioblasten* ausgekleidet, die von den Rändern der Ektodermscheibe vorwachsen (Pfeile in **A2a**, *modifizierte Spaltamnionbildung* nach Luckett [1975]). Das Amnion ist eine ektodermale Struktur, die aus dem Embryoblast hervorgeht. Es entsteht nicht durch Delamination aus dem Trophoblast, wie es Hertig und Rock annahmen (→3.13).

3a Bildung des primären Dottersacks. Von den Rändern des Entoderms der zweiblättrigen Keimscheibe wandern Entodermzellen vor und kleiden die Blastozystenhöhle aus (Pfeile in **A3a**). In der Blastozystenhöhle entsteht der primäre Dottersack (**A4**).

4a Ausbreitung des Trophoblasten. In der Schlußphase der Implantation bläht sich die Blastozystenhöhle enorm auf. Das radiäre Wachstum des Trophoblasten (Pfeile in **A4a**) führt zur Bildung eines Spaltraumes zwischen Trophoblast und neugebildetem primären Dottersack, der von netzartig ausgespannten Entodermzellen, dem *entodermalen Retikulum*, ausgefüllt wird. Das Retikulum ist nach Lukkett (1978) entodermalen Ursprungs und entsteht nicht durch Delamination vom Trophoblast.

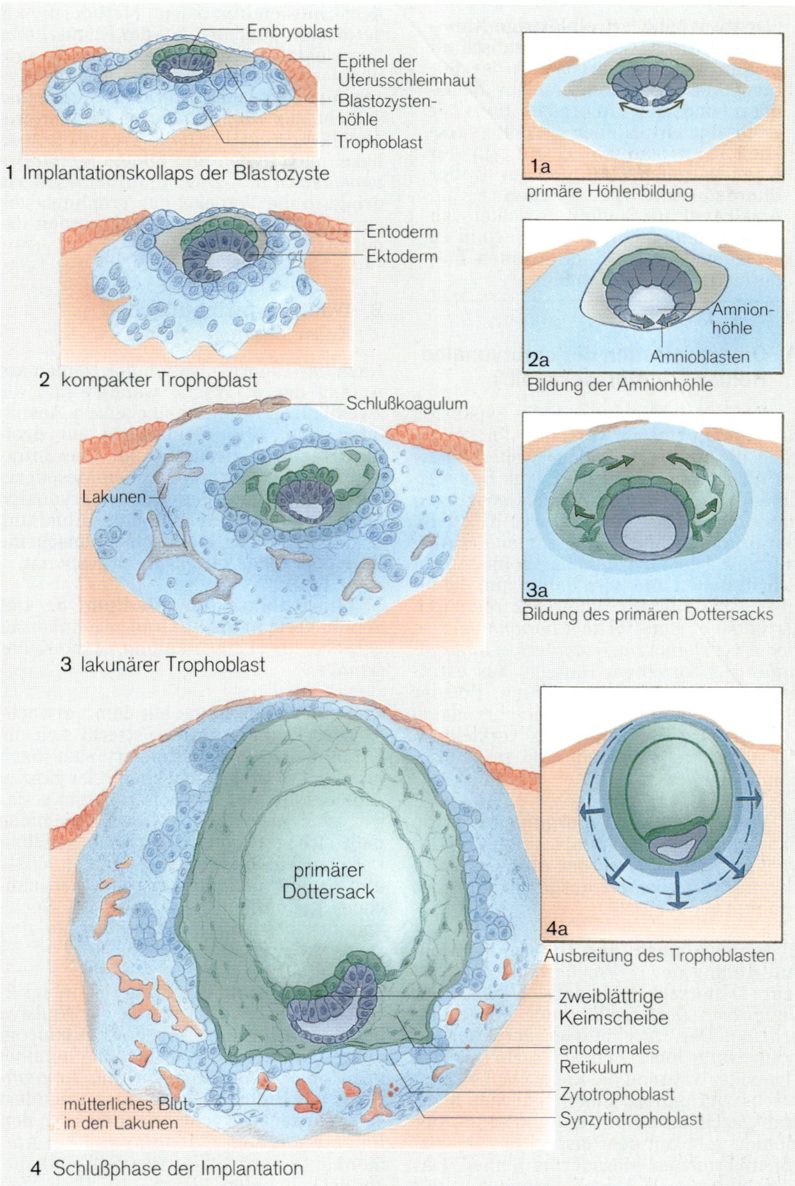

A. Entwicklung der zweiblättrigen Keimscheibe und des Trophoblasten

„Dritte Woche“: dreiblättrige Keimscheibe. Der Entwicklungsabschnitt beginnt im Stadium 6a mit der Bildung von extraembryonalem Mesoderm und der Umorganisation der embryonalen Höhlen („Dottersackknall“). Im Stadium 6b entsteht der Primitivstreifen, im Stadium 7 der Chordafortsatz, im Stadium 8 ein Axialkanal. Im Stadium 9 richtet sich die Kopffalte auf, das Herz beginnt zu schlagen und die Chorionzotten flottieren im mütterlichen Blut.

A. Umorganisation der embryonalen Höhlen („Dottersackknall“)

In der 3. Woche setzt sich die Expansion des Trophoblasten verstärkt fort, während die Embryonalanlage weiter relativ im Wachstum zurückbleibt (vgl. Das Auseinanderstreben der Wachstumskurven von Chorionblase und Embryo in 2.1 B). Der primäre Dottersack kann mit der Ausweitung der Trophoblasthöhle nicht Schritt halten und wird daher zum definitiven (sekundären) Dottersack reduziert. Es entsteht eine weite *Chorionhöhle,* in der eine kleine *zweikammerige Embryonalanlage* an einem Haftstiel aus extraembryonalem Mesoderm hängt. Bei der Umorganisation der frühembryonalen Höhlen wird der Dottersack verkleinert. An seiner Stelle entsteht eine große Chorionhöhle.

1. Embryo vor der Umorganisation. Die expandierende Trophoblasthöhle wird vom *primären Dottersack* und vom *entodermalen Retikulum* ausgefüllt (gleicher Embryo wie 2.7, A2).

2. Embryo nach der Umorganisation. Am Anfang der 3. Woche platzt der primäre Dottersack. Es bildet sich ein kleiner *definitiver Dottersack* unter der Keimscheibe. Der Durchmesser der Chorionhöhle vergrößert sich auf mehr als das Doppelte, während die Keimscheibe kaum wächst. **A1** und **A2** sind im gleichen Maßstab gezeichnet. Die Umorganisation der Höhlen geht mit der Ausbreitung des extraembryonalen Mesoderms einher. Das extraembryonale Mesoderm entsteht vor dem intraembryonalen Mesoderm am verdickten kaudalen Pol der Keimscheibe und kleidet als *Chorionmesoderm* die Trophoblasthöhle aus. Es überzieht die *Amnionhöhle* und den *Dottersack* mit einer Schicht aus Hüllmesoderm. Der Zytotrophoblast dringt durch die Trophoblasttrabekel nach außen und bildet die *Zytotrophoblastschale.* Das Chorionmesoderm dringt in die Trabekel des Trophoblasten ein. Die Trophoblasttrabekel werden damit zu *Chorionzotten.*

B. Wachstumsrichtung der Keimscheibe

Nach der Umorganisation der Höhlen am Anfang der 3. Woche wandelt sich die zweiblättrige Keimscheibe durch Ausbildung einer Mesodermschicht zur **dreiblättrigen Keimscheibe** um. Das intraembryonale Primitivstreifen-Mesoderm entsteht erst nach dem extraembryonalen Mesoderm. Bis zum Beginn der Abfaltung in der 4. Woche bleibt die Keimscheibe flach über dem Dottersack ausgespannt.

1. Chorionblase im Stadium 8. Der Schnitt verläuft um 90 Grad gegenüber **A2** gedreht in Längsrichtung der Keimscheibe.

2. Embryonalanlage. Mit dem Vorwachsen des Primitivstreifens streckt sich die Keimscheibe und verlängert sich nach kranial. Der ursprünglich über der ganzen Amnionkuppe ansetzende Haftstiel verlagert sich nach hinten. Die Keimscheibe paßt sich der Kontur des prall gefüllten Dottersackes an. Die starke kraniokaudale und laterale Krümmung der menschlichen Keimscheiben in der 3. Woche kommt durch diese Anpassung an den Dottersack zustande.

Zur Orientierung des Embryos. In der 2. Woche (vgl. 2.7, A1) wurde der Embryo beim Eindringen in die Schleimhaut so dargestellt, daß das Schleimhautepithel nach oben und Ektoderm und Amnionhöhle des Embryos nach unten orientiert sind. Ab der 3. Woche orientiert man den Embryo mit dem Ektoderm und der Amnionhöhle nach oben. Das Schleimhautepithel liegt unten.

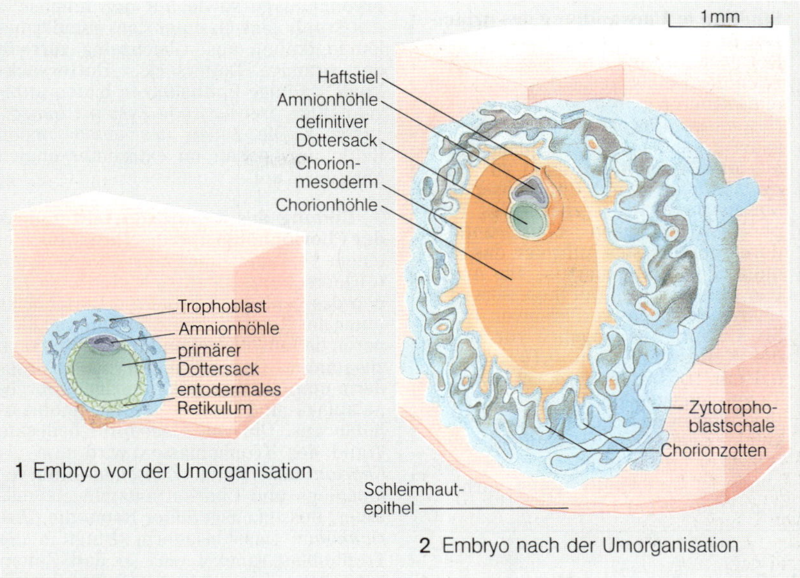

A. Umorganisation der embryonalen Höhlen

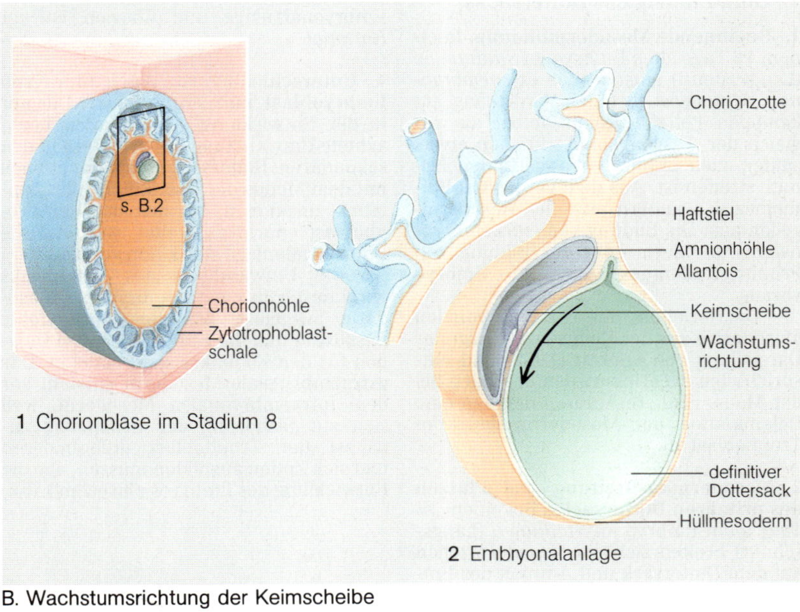

B. Wachstumsrichtung der Keimscheibe

Stadium 6: Umwandlung des primären in den sekundären Dottersack. Der primäre Dottersack platzt. Im Bereich der Keimscheibe restituiert sich ein kleinerer *definitiver (sekundärer) Dottersack*. Das extraembryonale Mesoderm kleidet die Trophoblasthöhle aus und wandelt sie damit zur *Chorionhöhle* um. Durch Einwachsen von Mesoderm in die Trabekel des Trophoblast entstehen *Chorionzotten*, durch deren erstes Auftreten das Stadium 6 charakterisiert ist. Die Angaben des äußeren Durchmessers des Chorionbläschens variieren von 1 mm bis 4,5 mm, die Angaben zur Länge der Keimscheibe von 0,15 mm bis 0,5 mm. Das Alter wird mit etwa 13 Tagen angegeben. In den jüngeren Exemplaren des Stadium 6 sind noch keine axialen Strukturen zu erkennen (*Stadium 6a*). Bei den älteren Exemplaren ist ein Primitivstreifen vorhanden (*Stadium 6b*).

A. Extraembryonales Mesoderm und Umwandlung des Dottersacks

1. Beginnende Mesodermbildung. In einem 12 Tage alten Embryo im *Stadium 5c* (Längsschnitt) entsteht das *extraembryonale Mesoderm* in einer Verdickung am kaudalen Pol der Keimscheibe, die zugleich der Ausgangspunkt für den etwas später nach kranial vorwachsenden Primitivstreifen ist. Aus dem verdickten Epithelbezirk wandern einzelne Mesodermzellen aus. Die Bildung von extraembryonalem Mesoderm geht der Bildung von Primitivstreifenmesoderm im Embryo voraus.

Die Herleitung des extraembryonalen Mesoderms aus der Keimscheibe folgt der Darstellung von Luckett (1978) und entspricht den experimentellen Befunden bei der Maus. Frühere Autoren nehmen eine Delamination der Mesodermzellen vom Trophoblast an.

2. Mesodermausbreitung und Platzen des primären Dottersacks. Bei einem 13 Tage alten Embryo im *Stadium 6* (Längsschnitt) breiten sich die Mesodermzellen auf dem Dottersack und Amnion der Embryonalanlage sowie auf der Innenseite des Trophoblasten unter dem entodermalen Retikulum aus. Gleichzeitig zerreißt der primäre Dottersack („**Dottersackknall**"). Einige Epithelfetzen bilden unregelmäßige, frei liegende Zysten („*Exozölzysten*"). Die Zellen des entodermalen Retikulums gehen im extraembryonalen Mesoderm auf.

3. Bildung des definitiven Dottersacks der Chorionhöhle und des Haftstiels. Bei einem 14 Tage alten Embryo im Stadium 6 (Querschnitt) fügen sich die freien Enden des geplatzten primären Dottersacks unter der Keimscheibe zum sehr viel kleineren definitiven (sekundären) Dottersack zusammen. Das extraembryonale Mesoderm umhüllt die zweikammrige Embryonalanlage und kleidet die Trophoblasthöhle aus. Die von Mesoderm bedeckte Wand des Trophoblasten wird nun als *Chorion* bezeichnet. Zwischen Embryonalanlage und Chorion entsteht als zellfreier, flüssigkeitsgefüllter Raum die *Chorionhöhle*. Das Mesoderm dringt in die Trophoblasttrabekel ein, so daß Zotten entstehen (*Chorionzotten*). Die Brücke aus extraembryonalem Mesoderm zwischen Embryonalanlage und Chorion ist der *Haftstiel*.

4. Unterschiedliches Wachstum von Embryoblast und Trophoblast. Die nur in der Entwicklung der Primaten beobachtete Umwandlung des primären in den sekundären Dottersack hängt funktionell mit dem Modus der interstitiellen Implantation zusammen, bei der sich der Trophoblast enorm ausweitet, während die Embryonalanlage sich kaum vergrößert.

Die Umwandlung des Dottersacks wird durch das extraembryonale Mesoderm ausgelöst, das die Chorionhöhle auskleidet und die Entwicklung von Gefäßen für den Zottenkreislauf einleitet. Das extraembryonale Mesoderm entsteht vor dem intraembryonalen Mesoderm, weil sich zur Sicherung der Ernährung zunächst der Trophoblast differenzieren und sich Zotten ausbilden müssen, ehe die Entwicklung des Embryos einsetzen kann.

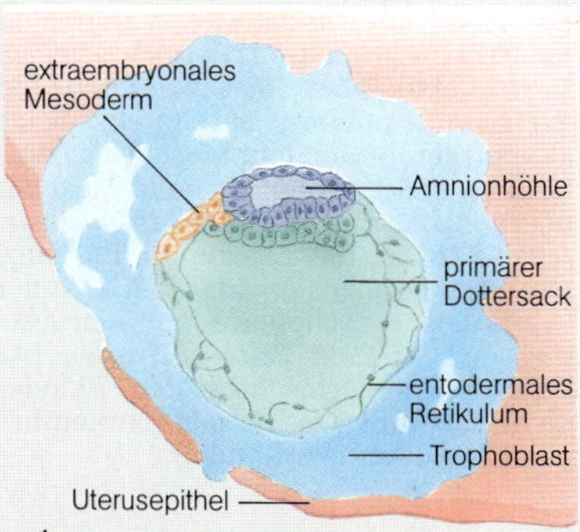

1
beginnende Mesodermbildung
(Stadium 5c, Längsschnitt)

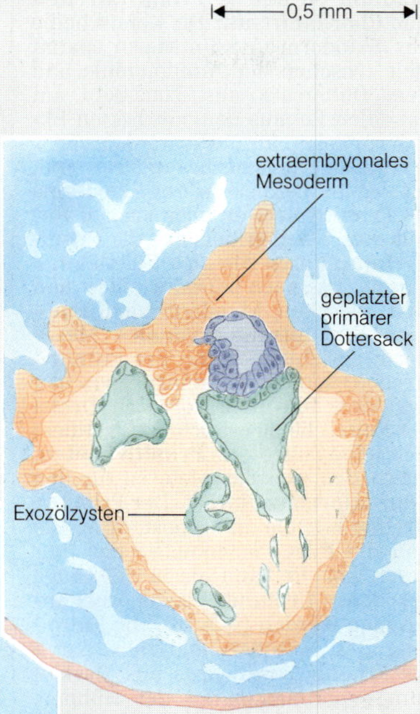

2
Mesodermausbreitung und
Platzen des primären Dottersacks
(Stadium 6, Längsschnitt)

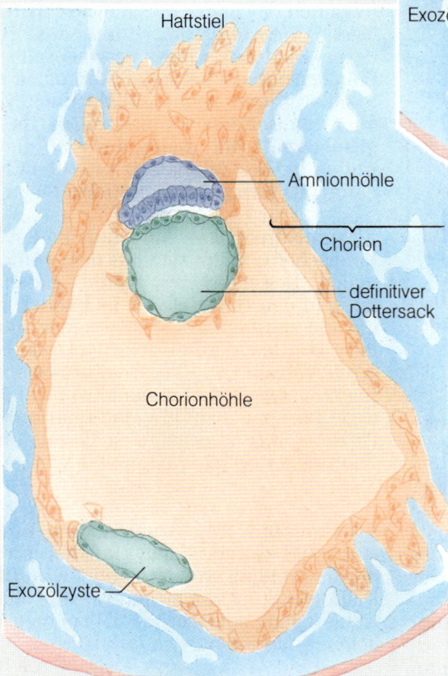

3
Bildung des definitiven Dottersacks, der Chorionhöhle und des Haftstiels (Stadium 6, Querschnitt)

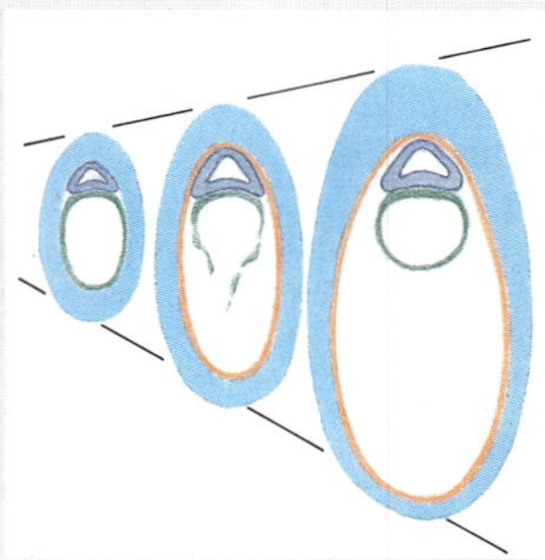

4
Unterschiedliches Wachstum von
Embryoblast und Trophoblast

A. Extraembryonales Mesoderm und Umwandlung des Dottersacks

Stadium 6b und 7: Primitivstreifen und Chordafortsatz. Die Keimscheibe aus Ektoderm und Entoderm spannt sich zwischen der Amnionhöhle und dem Dottersack aus. Nachdem am kaudalen Pol aus dem verdickten Ektoderm Zellen für das extraembryonale Mesoderm ausgewandert sind, wächst die Verdickung des Ektoderms als **Primitivstreifen** nach kranial vor. Auf dem Streifen entsteht die **Primitivrinne**, durch die sich Zellmaterial einrollt, das nach lateral wandert und sich zwischen Ektoderm und Entoderm als **intraembryonales Mesoderm** einschiebt. Wenn der Primitivstreifen seinen Endpunkt zwischen der Mitte und dem vorderen Drittel der Keimscheibe erreicht hat, verdickt sich seine Spitze zum **Primitivknoten**, durch den sich das Material für den **Chordafortsatz** einrollt. Der Primitivstreifen legt die anteroposteriore Axe und die Bilateralsymmetrie des Embryos fest. Er kann als in die Länge gezogener **Urmund** (Blastoporus) angesehen werden (→3.18). Die Einrollung des Mesodermmaterials durch die Primitivrinne wurde aus Markierungsexperimenten an der Hühnerkeimscheibe abgeleitet. Bei der **Invagination** handelt es sich wahrscheinlich nicht oder nicht nur um die Einrollung eines zusammenhängenden Gewebebezirkes, sondern um ein Abtropfen und Auswandern einzelner Zellen aus dem Ektoderm (→3.7).

A. Entwicklung des Primitivstreifens (Stadium 6b)

In der graphischen Rekonstruktion einer 14 Tage alten Embryonalanlage (**A1**) ist auf der linken Seite das extraembryonale Mesoderm, das den Dottersack und das Amnion bedeckt (*Hüllmesoderm*), und der *Haftstiel* bis zur Mittellinie entfernt. *Amnionhöhle* und *Dottersack* sind isoliert sichtbar. Die Amnionhöhle ist gefenstert, so daß man auf das Ektoderm der Keimscheibe mit dem vorwachsenden Primitivstreifen blickt. Die *Pfeile* deuten die Ausbreitung des **extraembryonalen Mesoderms** an, das am hinteren Pol der Keimscheibe entsteht.

Die Entwicklung des **intraembryonalen Mesoderms** ist in den Querschnitten (**A2**) dargestellt. Im Bereich des *Primitivstreifens* (**A2a**) liegt zwischen Ektoderm und Entoderm bereits eine Schicht aus intraembryonalem Mesoderm, die lateral in das extraembryonale Mesoderm übergeht. An der *Spitze des Primitivstreifens* (**A2b**) ist die Auswanderung einzelner Mesodermzellen aus dem Ektoderm (Abtropfen) schematisch dargestellt (→3.7). *Vor dem Primitivstreifen* (**A2c**) liegt die Entodermschicht dem Ektoderm dicht an. Außen ist bereits extraembryonales Mesoderm vorhanden.

B. Entwicklung des Chordafortsatzes (Stadium 7)

In der Rekonstruktion eines 16 Tage alten Embryos (**B1**) schimmert vor dem Primitivknoten der in der Mesodermschicht gelegene *Chordafortsatz* durch das Ektoderm hindurch. Das Vorwachsen der Keimscheibe nach kranial führt dazu, daß Ektoderm und Amnionhöhle nach vorn über den Dottersack hinausragen. Im **Sagittalschnitt** (**B2**) deutet der *Pfeil* die Invagination des Zellmaterials für den Chordafortsatz durch den Primitivknoten an.

Allantoisdivertikel. Am kaudalen Pol der Keimscheibe stülpt sich aus dem entodermalen Dottersack ein blind endender Gang in den Haftstiel vor. Es handelt sich um die rudimentäre Anlage einer Allantois (B1). Das Allantoisdivertikel zeigt eine große Variabilität. Es weist als rudimentäre entodermale Komponente von Haftstiel und Chorion darauf hin, daß Chorion und Plazenta des Menschen sich von einer Chorioallantois herleiten (→3.11 und 3.13).

Amniongang. Die Amnionhöhle besitzt eine Aussackung in den Haftstiel hinein, die als Amniongang bezeichnet wird (**B1**). Die Ausbildung von Strukturen, die einem Amniongang entsprechen, ist bei menschlichen Embryonen sehr variabel.

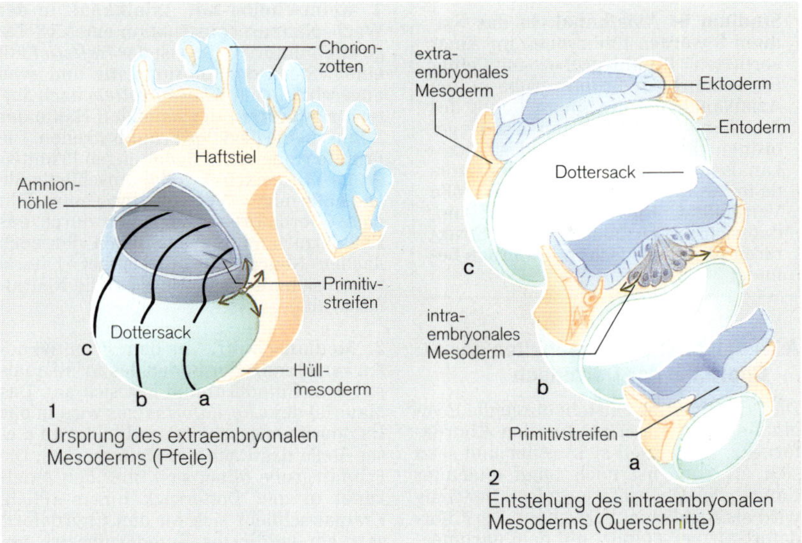

A. Entwicklung des Primitivstreifens (Stadium 6b)

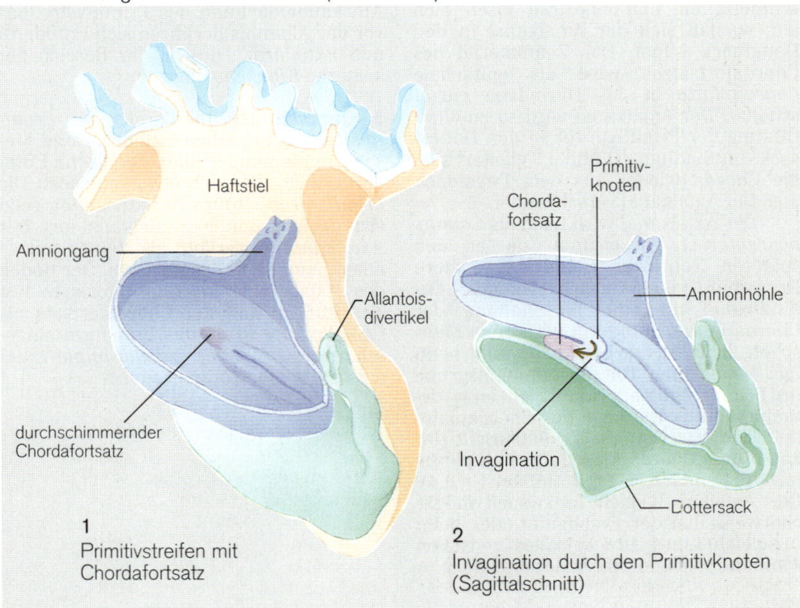

B. Entwicklung des Chordafortsatzes (Stadium 7)

Stadium 8: Axialkanal. In das Stadium 8 werden Embryonen mit einer vertieften Primitivgrube, mit einer Fortsetzung der Primitivgrube in den Axialkanal oder mit einer Öffnung des Axialkanals in den Dottersack eingeordnet. Die Ausbildung des Axialkanals und die Einschaltung der Chorda in das Darmdach zeigen eine große Variabilität. Dies weist darauf hin, daß sich die Ausbildung dieser Strukturen phylogenetisch im Umbruch befindet.

A. Axialkanal und Einschalten der Chorda in das Darmdach

Die Primitivgrube entsteht durch die Invagination des Materials für den Chordafortsatz. Sie vertieft sich weiter und setzt sich als zunächst noch blind endender Gang in den Chordafortsatz fort. Der Gang wird als Axialkanal bezeichnet. Der Chordafortsatz verschmilzt mit dem darunterliegenden Entoderm. Die miteinander verschmolzenen Epithelbezirke lösen sich auf, so daß sich der Axialkanal in den Dottersack öffnet. Das Zellmaterial des Chordafortsatzes wird als epitheliale *Chordaplatte* in das Darmdach eingeschaltet. Der Axialkanal wird so zu einer Öffnung der Primitivgrube in den Dottersack. Im Stadium 10 und 11 gliedert sich die Chorda wieder aus dem Darmdach aus. Der Axialkanal verschwindet.

Der Axialkanal wird auch als *Canalis neurentericus* bezeichnet, da er den späteren Neuralkanal und das spätere Darmrohr miteinander verbindet. Ein Axialkanal und die Einschaltung der Chorda in das Entoderm wird beim Menschen, beim Meerschweinchen und beim Igel beobachtet. Die Invaginationsgrube im Primitivknoten erinnert an eine Urmundbildung. Die Lage der Chordaplatte im Dach des Dottersacks entspricht der Lage des Chorda-Mesoderm-Komplexes im Urdarmdach der Amphibien (→3.4). Der Axialkanal spielt funktionell möglicherweise bei der Erzeugung oder beim Ausgleich eines Druckgefälles zwischen Amnionhöhle und Dottersack eine Rolle.

1. Keimscheibe mit Axialkanal. In der Wachsplattenrekonstruktion eines 18 Tage alten Embryos (**A1**) ist der *Haftstiel* mit einem Stück der Chorionplatte und zwei angeschnittenen *Chorionzotten* nach unten orientiert. In der kaudalen Hälfte der Keimscheibe liegt der Primitivstreifen. Die Primitivrinne endet in der engen Primitivgrube. Die nach kranial anschließende keulenförmige Vorwölbung entspricht dem Chordafortsatz, der sich durch das Ektoderm hindurch am Boden der noch flachen Neuralrinne abzeichnet. Lateral heben sich als flache Kuppeln die Neuralfalten ab.

2. Medianschnitt. Vor dem Primitivknoten verschmilzt der Boden des Axialkanals mit dem Entoderm und löst sich auf. Das Material des *Chordafortsatzes* wird in das Entoderm eingeschaltet und bildet an dieser Stelle das Dach des Dottersackes. Die Primitivgrube öffnet sich über den Axialkanal in den Dottersack hinein (Pfeil). Kranial schließt sich an den Chordafortsatz ein verdickter Entodermbezirk an, der als *Prächordalplatte* bezeichnet wird. Am kaudalen Ende des Primitivstreifens vor der Allantois berühren sich Entoderm und Ektoderm. Dies ist der Bereich der späteren *Kloakenmembran*.

3. Querschnitte. Im Bereich des *Primitivstreifens* (**a**) gehen Ektoderm und Mesoderm ineinander über. Die flache Entodermschicht hat sich etwas abgelöst. Die *Primitivgrube* (**b**) im Primitivknoten setzt sich nach vorn in den Axialkanal fort. Der *Axialkanal* (**c**) verläuft als kleiner epithelialer Gang im Chordafortsatz. Der Boden des Axialkanals im Chordafortsatz löst sich auf, so daß der Chordafortsatz als *Chordaplatte* (**d**) in das Entoderm eingeschaltet ist. Aus der *Prächordalplatte* (**e**) entsteht später Kopfmesoderm.

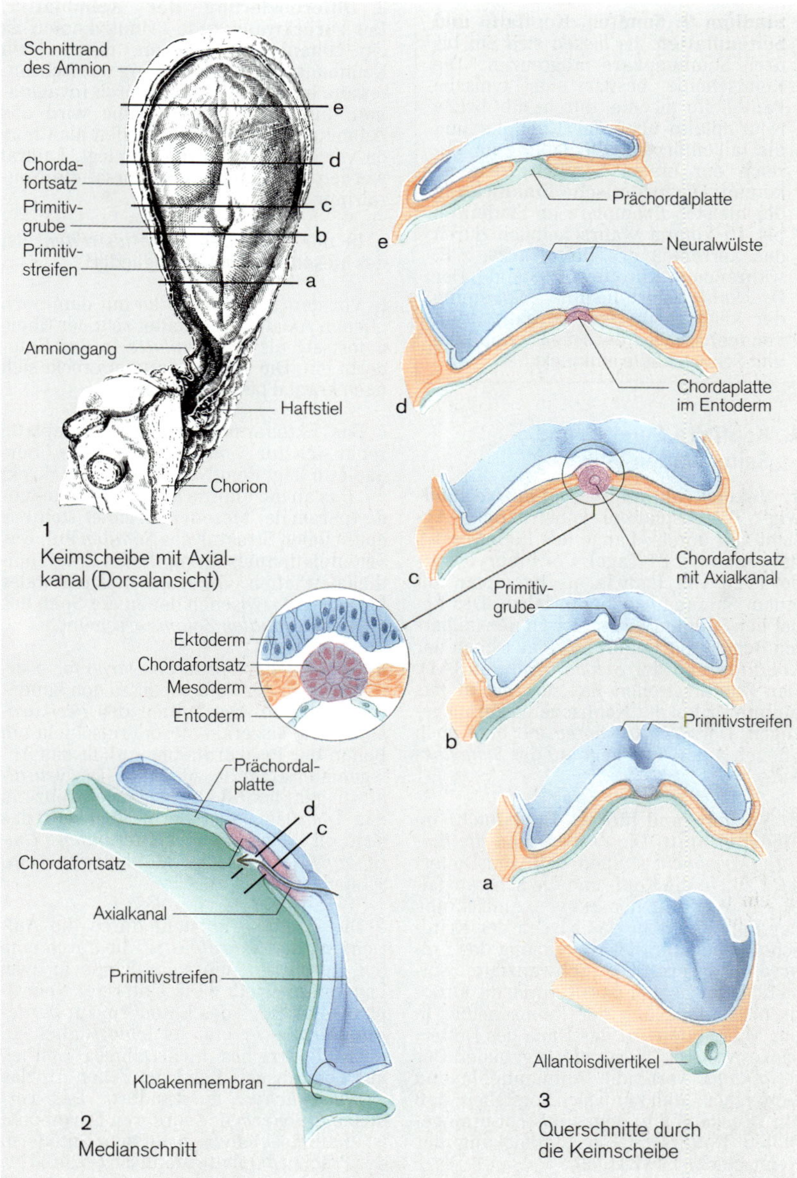

A. Axialkanal und Einschalten der Chorda in das Darmdach

Stadium 9: Somiten, Kopffalte und Seitenplatten. Es lassen sich ein bis drei Somitenpaare abgrenzen. Die Keimscheibe besitzt eine typische Pantoffelform, die durch die breite Neuralplatte über der Kopffalte und die taillenförmige Einziehung im Bereich der ersten Somiten zustande kommt. Die **lordotische Einknickung** der meisten Exemplare im Stadium 8 bis 10 kommt wahrscheinlich durch das Zerreißen des Dottersacks, z. B. während der Kurettage, zustande. Der Druckabfall setzt die innere Spannung der Keimscheibe frei, so daß sie im Lendenbereich zwischen Kopffalte und Schwanzfalte einknickt.

A. Kopffalte, Somiten und Seitenplatten

1. Rekonstruktion des „Embryo Ludwig" (Wachsplattenrekonstruktion; Ansicht von dorsal; Länge des Embryos 1,8 mm; Alter ca. 21 Tage). Der Embryo wurde 1928 von Ludwig als Exemplar mit einem Somitenpaar beschrieben. Das Relief der Somiten bildet sich in der taillierten Region der Keimscheibe zwischen der *Kopffalte* und der *Schwanzfalte* ab (**A1**). Der Primitivstreifen hat sich bis in das hintere Drittel der Keimscheibe zurückgezogen. Der *Primitivknoten* mit dem noch offenen Axialkanal liegt auf der *Schwanzfalte*.

2. Vordere und hintere Darmbucht im Medianschnitt. Die *vordere* und *die hintere Darmbucht* stülpen sich vom Dottersack aus in die Kopf- und die Schwanzfalte ein (**A2**). Mit der aktiven Aufrichtung der Kopffalte über das Niveau der Keimscheibe beginnt die Abgrenzung des Embryonalkörpers. Die Schwanzfalte entsteht dagegen eher passiv durch die lordotische Einknickung der Keimscheibe. In der Mittellinie wird das Dach des Dottersackes von der *Chordaplatte* gebildet. Der *Axialkanal* verbindet Amnionhöhle und Dottersack. Man kann sich vorstellen, daß ein Druckabfall in dem zunächst prall gefüllten Dottersack die Einknickung der Keimscheibe bewirkt hat.

3. Differenzierung der Keimblätter. Der zurückwandernde Primitivknoten ist ein Organisationszentrum, das in den Keimblättern die Ausbildung der Achsenorgane induziert (→3.8). Durch Invagination durch die Primitivgrube wird das Zellmaterial im Primitivstreifen als Chorda vor dem Knoten niedergelegt. Lateral werden die Somiten und dorsal die Neuralrinne induziert.

a In der Höhe des *Primitivstreifens* ist das Mesoderm noch ungegliedert.

b Vor dem *Primitivknoten* mit dem noch offenen Axialkanal schaltet sich der Chordafortsatz als *Chordaplatte* in das Entoderm ein. Die Chordaplatte erstreckt sich nach kranial bis in die Kopffalte.

c Das Ektoderm über der Chordaplatte senkt sich zur *Neuralrinne* ein. Die Chordaplatte liegt dem Neuralektoderm direkt an. Das an die Chorda lateral anschließende (paraxiale) Mesoderm richtet sich zur epithelialen Struktur des *Somiten* auf. Das Seitenplattenmesoderm bildet zwei epitheliale Platten (viszerales und parietales Mesoderm), zwischen denen der Spalt des *intraembryonalen Zöloms* erscheint.

d In Höhe der *vorderen Darmpforte* erweitert sich der Zölomspalt zu den kaudalen, paarigen Abschnitten der *Perikardhöhle*. Die viszerale Mesodermschicht am Boden der Perikardhöhle enthält das Anlagematerial für das Myokard. Die *Neuralplatte* geht lateral ohne scharfe Grenze in das Oberflächenektoderm über, an das sich in der *amnioektodermalen Umschlagsfalte* (**A1**) das Amnionepithel anschließt.

e Die Kopffalte entsteht durch die Aufrichtung der *Neuralplatte*, die durch eine tief einschneidende Neuralrinne in zwei Lappen unterteilt wird. Unter der Neuralplatte stülpt sich das Entoderm zur *vorderen Darmbucht* ein. Es bildet dabei ein hochzylindrisches mehrreihiges Epithel, aus dem anschließend die Zellen für das *Kopfmesenchym* auswandern. Das verdickte *Entoderm* der vorderen Darmbucht ist zumindest teilweise mit dem Entoderm der Prächordalplatte identisch (→3.8).

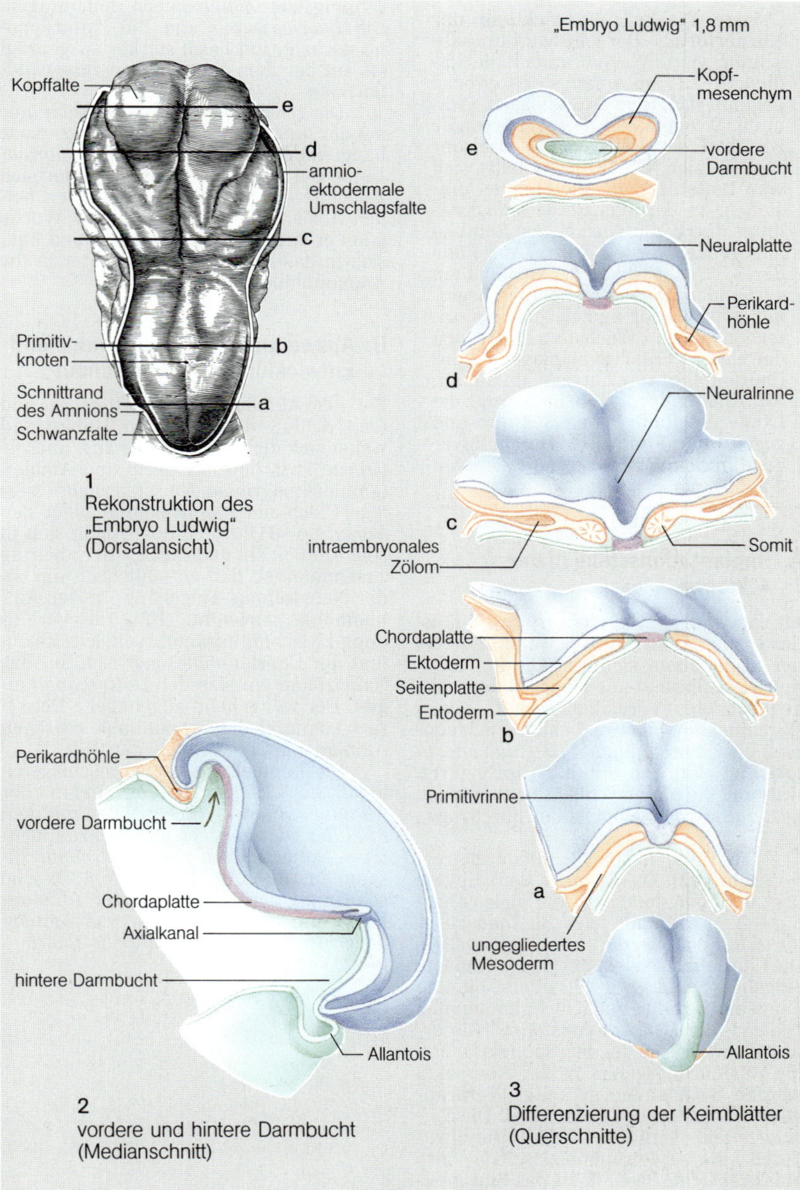

1
Rekonstruktion des „Embryo Ludwig“ (Dorsalansicht)

2
vordere und hintere Darmbucht (Medianschnitt)

3
Differenzierung der Keimblätter (Querschnitte)

A. Kopffalte, Somiten und Seitenplatten (Stadium 9)

„Vierte Woche": Entwicklung der Körperform. Der Entwicklungsabschnitt „vierte Woche" umfaßt die Stadien 10–13. Am Anfang der 4. Woche beginnt das Herz zu schlagen (Stadium 9 oder 10). Der embryonale Kreislauf setzt ein. Das Neuralrohr schließt sich. Der Embryo faltet sich vom Dottersack ab. Die Somiten entstehen, so daß das Entwicklungsstadium durch die Anzahl der Somiten angegeben werden kann. Am Ende der 4. Woche sind über 30 Somiten vorhanden. Die ersten Somiten beginnen sich wieder aufzulösen. Das unterschiedliche Wachstum zwischen der kleinen Embryonalanlage und der Chorionblase erreicht sein Maximum. Am Anfang der 4. Woche beträgt die Länge des Embryos etwa 2 mm und gegen Ende 5 mm. Der Durchmesser der Chorionblase vergrößert sich von 2 auf 3½ cm.

A. Implantationsstelle in der 4. Woche

Im von ventral eröffneten Uterus (**A1**) ist das Implantat an der Rückwand im Relief der Schleimhaut sichtbar. Die Implantationsstelle besteht aus einer runden oben abgeflachten Vorwölbung mit einem Durchmesser von etwa 2 cm. Die Schleimhaut über dem Implantat (*Decidua capsularis*) ist glatt und bräunlich rot gefärbt, während die übrige Schleimhaut (*Decidua parietalis*) von tiefen Falten durchzogen ist.

Die Höhe der Schleimhaut beträgt 6–8 mm (**A2**). Direkt unter dem Epithel liegt die *Zona compacta* mit vielen Deziduazellen. Darunter folgt die *Zona spongiosa* mit erweiterten Drüsenschläuchen. Die Chorionblase ist in der Zona compacta eingebettet und wird von einem dünnen Saum aus Dezidua mit Schleimhautepithel bedeckt, der *Decidua capsularis*. Die erweiterten Drüsen in der Spongiosa und die Ausführungsgänge in der Kompakta werden nach außen gedrängt (Verdrängungswachstum der Keimblase). Die *Spiralarterien* verlieren beim Durchtritt durch die Zytotrophoblastschale ihre Muskelschicht. Basal fließt das Blut in einen weiten venösen Sinus ab, in dessen Öffnung die Zottenspitzen hineinragen. Die *Chorionzotten* und die Zytotrophoblastschale sind basal stärker ausgeprägt als auf der dem Uteruslumen zugewandten Seite.

Die *zweikammrige Embryonalanlage* mit der *Amnionhöhle* und dem *Dottersack* hängt am *Haftstiel* in der weiten *Chorionhöhle*. Der eigentliche Embryo spannt sich zunächst als Keimscheibe zwischen beiden Höhlen aus. Im Verlauf der 4. Woche faltet er sich vom Dottersack ab und hüllt sich in das Amnion ein, so daß er in die Amnionhöhle zu liegen kommt.

B. Ausweitung der Amnionhöhle und Entwicklung der Nabelschnur

Bei der Abfaltung vom Dottersack und dem Schluß der ventralen Leibeswand weitet sich die Amnionhöhle aus, und die Grenze zwischen Ektoderm und Amnion (amnioektodermale Umschlagsfalte) verlagert sich nach ventral und bildet den *Nabelring* (**B1**). Der Embryo hüllt sich in sein Amnion ein und rafft es im Nabelring zusammen. so daß er schließlich nur an der Nabelschnur aufgehängt in der Amnionhöhle schwimmt (**B2**). Die Verbindung zwischen intraembryonalem Zölom und der Chorionhöhle engt sich auf das Nabelzölom ein, das den *Dottergang* umgibt. Der weitgehend abgenabelte Dottersack kommt in die Chorionhöhle zwischen Amnion und Chorion zu liegen (**B2**).

Die amnioektodermale Umschlagsfalte faßt im *Nabelring* den *Haftstiel* mit der *Allantois* und den Nabelgefäßen mit dem *Stiel des Dottersackes* und den rudimentären Dottergefäßen zur *Nabelschnur* zusammen (**B2**). Am Ende der 4. Woche schwimmt der Embryo in der Amnionhöhle und ist nur über die von Amnion bedeckte Nabelschnur mit der *Chorionplatte* verbunden.

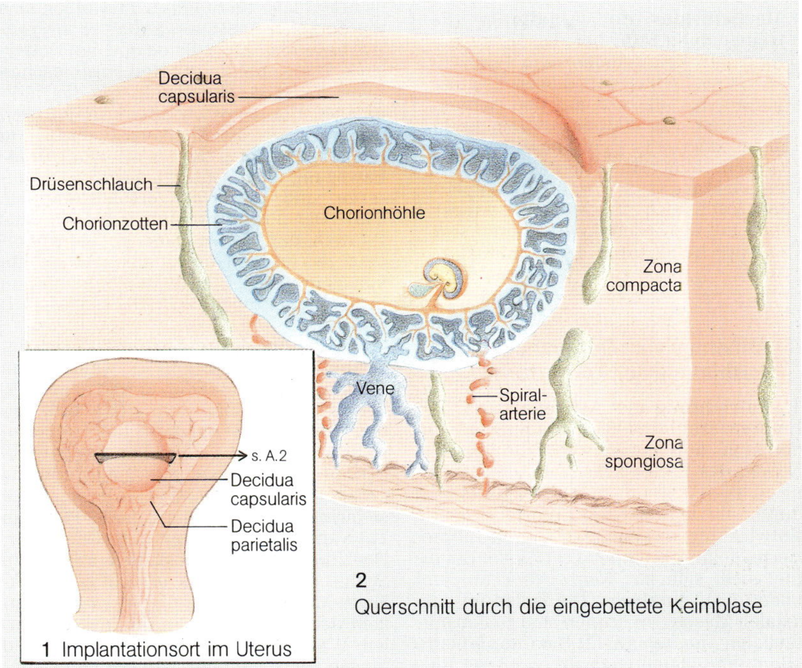

2
Querschnitt durch die eingebettete Keimblase

1 Implantationsort im Uterus

A. Die Implantationsstelle in der 4. Woche

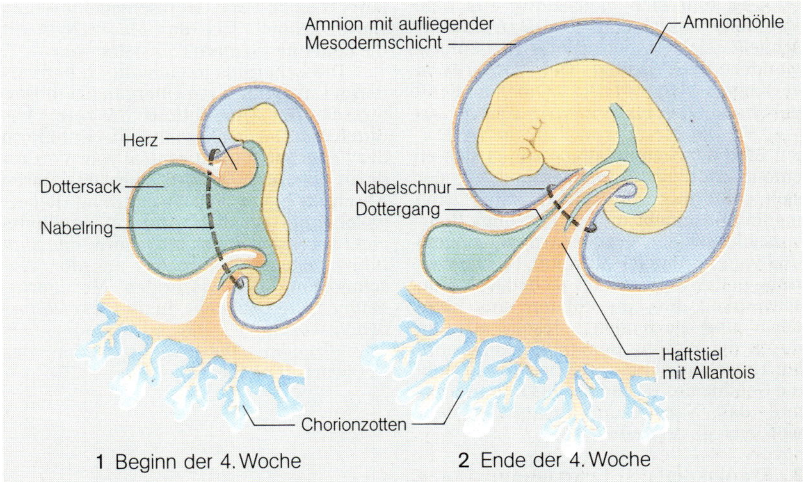

1 Beginn der 4. Woche

2 Ende der 4. Woche

B. Ausweitung der Amnionhöhle und Entwicklung der Nabelschnur

Mechanismus der Abfaltung. Die treibenden Kräfte bei der Umgestaltung der Keimscheibe zum Embryonalkörper gehen von dicken Epithelplatten aus, die sich aus den Epithelschichten von Ektoderm und Entoderm oder aus dem mesodermalen Gewebe bilden und sich aktiv verformen können (→3.25). Die Epithelplatten lösen sich anschließend wieder auf, und die Zellen differenzieren sich entsprechend ihrer Lage und Herkunft.

A. Abfaltung vom Dottersack und Ausbildung der Körperform

1. Aufrichtung der Achsenorgane. Der Embryo erhebt sich im Stadium 10 mit der Kopf- und der Schwanzfalte über das Niveau des Dottersacks. Die Achsenorgane richten sich auf. Im **Querschnitt (1a)** durch die vordere Darmpforte sind die Entwicklungsbewegungen durch numerierte Pfeile bezeichnet: (1) Das Neuralepithel stellt sich zur *Neuralrinne* auf und bildet das Neuralrohr. Die Zellen im paraxialen Mesoderm ordnen sich zu den epithelialen *Somiten* an. (2) Die Chordaplatte bildet eine kleine nach unten offene Rinne, die sich zur kompakten *Chorda* schließt und sich gleichzeitig aus dem Entoderm ausschaltet. (3) Das *Darmrohr* schließt sich. Die vordere Darmpforte wandert nach kaudal. Der Vorderdarm verlängert sich. (4) Die treibende Kraft geht dabei vom *viszeralen Mesoderm* aus (→3.9). Die Mesodermzellen im viszeralen Blatt der Seitenplatten ordnen sich zu einem kräftigen Epithelverband an, der sich keilförmig von beiden Seiten nach medial einschiebt und in Art eines Reißverschlusses den Vorderdarm verschließt und vom Dottersack abtrennt. (5) Die ventrale Leibeswand bildet sich durch Einschwenken der Lateralfalten (aus Ektoderm und parietalem Mesoderm) und durch die Raffung der amnioektodermalen Umschlagsfalte im Nabelring, in dem die Gebilde des Haftstiels, des Dottergangs und das Nabelzölom zusammengefaßt werden (vgl. A3 und 2.14B).

2. Kraniokaudale Krümmung. Durch die Vergrößerung und Verlängerung der Neuralanlage im Stadium 11 wölben sich die dorsalen Achsenorgane über die ventral liegenden Eingeweide und den Dottersack. Die Kopffalte mit den Hirnbläschen überwächst die Mundbucht und die Herzanlage. Die Schwanzfalte krümmt sich und verlagert die Kloakenmembran und den Abgang der Allantois mit einer Drehbewegung nach venteral. *Neuroporus anterior* und *posterior* verschließen sich **(A3)**. Der Primitivknoten wurde in das Blastem der *Schwanzknospe* aufgenommen, aus der nun die kaudalen Abschnitte von Neuralrohr, Chorda und Somiten nun direkt hervorgehen (→ 3.10).

3. Verschluß des Darmrohrs. Die vordere und hintere Darmpforte wandern im Stadium 13 aufeinander zu und engen dabei die Verbindung zum Dottersack immer mehr ein. In der Verschmelzungszone des Entoderms entstehen nacheinander die *Schilddrüse*, die *Lunge* und die *Leber*. Die Keilspitzen aus viszeralem Mesoderm (Wand der Zölomkanäle, Pfeil 4 in 1a) verschmelzen unter dem Darmrohr. Der Epithelverband löst sich nach dem Schluß des Darmrohrs auf und bildet lokkeres Mesoderm. Aus den oberen Schenkeln der Keile entstehen die mesodermalen Wandschichten für Ösophagus und Magen. Durch die Verschmelzung der unteren Schenkel unter dem Darmrohr verlängert sich die Herzschleife (→6.2). Daran schließt sich das Mesenchym für die Leber an (Septum transversum).

Die Leberanlage entsteht an der vorderen Darmpforte am Übergang zum Dottersack. Der **Querschnitt 3a** zeigt, wie durch den Darmrohrschluß das Entoderm der Leberbucht nach ventral vom Vorderdarm abgeschnürt wird. Nur im unteren Abschnitt bleibt eine Verbindung (Lebergallengang) erhalten. Die Leberzellbälkchen sprossen in das Mesoderm des *Septum transversum* ein, das aus der Verschmelzung des viszeralen Mesoderms beider Seiten entsteht, in dem die *Dottervenen* verlaufen. Die miteinander verschmelzenden Dottervenen bilden das Netzwerk der Lebersinusoide (→7.9).

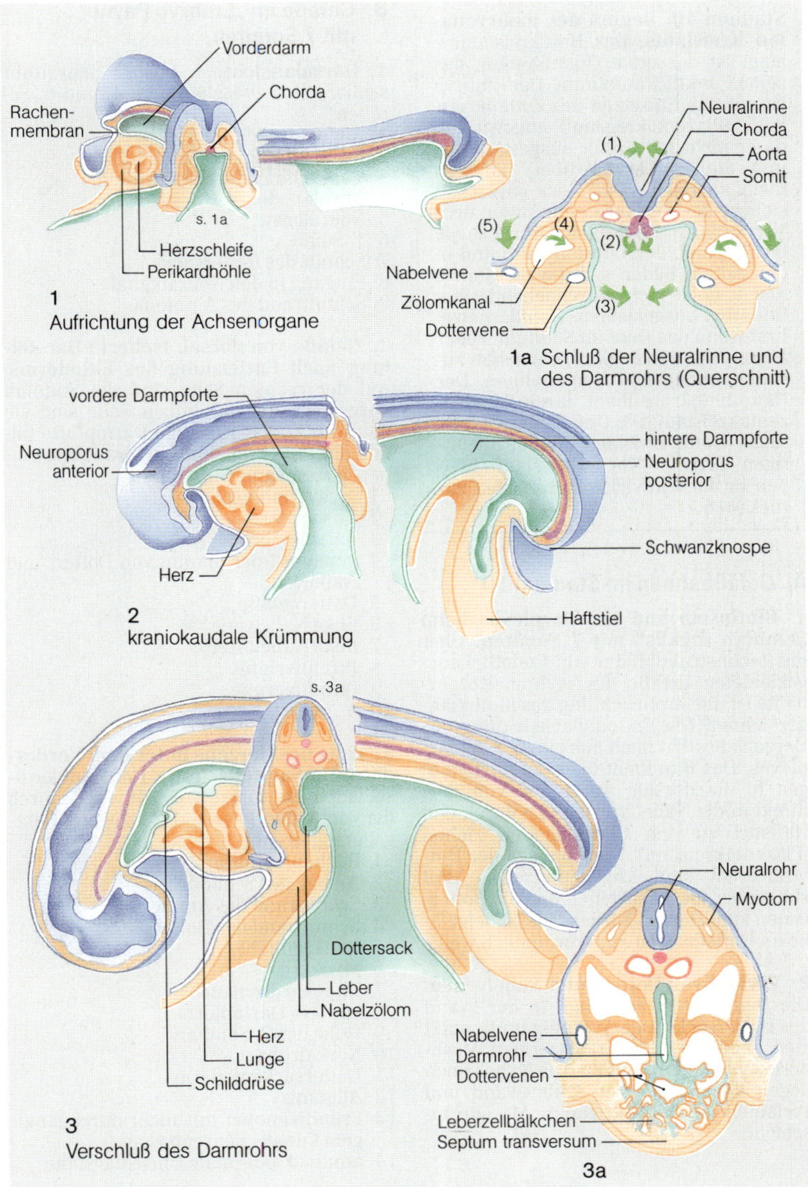

A. Abfaltung vom Dottersack und Ausbildung der Körperform

Stadium 10: Beginn des embryonalen Kreislaufs. Das Herzkreislaufsystem ist das erste Organsystem, das seine Funktion aufnimmt. Der Embryo ist auf das Einsetzen des Zottenkreislaufs (Plazentakreislauf) angewiesen, da er nicht mit Dotter ausgestattet ist und die Ernährung über Diffusion nicht ausreicht. Das Herz entwickelt sich in der Perikardhöhle unter dem Vorderdarm. Entlang der Aorta sowie im Haftstiel, der Chorionplatte und in den Zotten bilden sich im Stadium 8 und 9 noch nicht durchgehende von Endothel ausgekleidete Kapillarnetze. Erst wenn das Herz im Stadium 9 oder 10 zu pulsieren beginnt, entstehen zusammenhängende Strombahnen. Der Hauptblutstrom fließt durch den Plazentakreislauf. Die Gefäße des Dottersacks (Dotterkreislauf) und für die übrigen Organe (Körperkreislauf) bleiben in der Entwicklung zunächst zurück (→6.1).

A. Gefäßbahnen im Stadium 10

1. Blutinseln und Kapillarplexus beim „Embryo Ingalls" mit 7 Somiten. Über die Rekonstruktion der von Endothel ausgekleideten Gefäße der rechten Körperhälfte ist die Stromrichtung des Blutes eingezeichnet. Die Endothelauskleidung des Herzens besteht noch aus einem Kapillarplexus. Das Blut fließt über die Aortenbögen in die dorsale Aorta und von dort direkt in die Nabelarterien, die durch den Haftstiel zu den Chorionzotten ziehen (Plazentakreislauf). Die Abgänge der Dotterarterien sind angedeutet. Das Blut kehrt über die Nabelvenen und die Dottervenen zum Herzen zurück. Die Nabelgefäße im Haftstiel sind außerordentlich weit.

2. Verlauf von Dotter- und Nabelvenen. Die Dottervenen entstehen in der Wand des Dottersacks und verlaufen im Kontakt zum Entoderm in der viszeralen Mesodermschicht zum Herzen. Die Nabelvenen liegen in der lateralen Leibeswand und verlaufen in der parietalen Mesodermschicht.

B. Gefäße im „Embryo Payne" mit 7 Somiten

1. Dorsalansicht. Das Neuralrohr schließt sich zwischen dem 4. und 6. Somiten.

1 Augenfurche
2 Region der ersten Schlundfurche
3 Vorwölbung der Perikardhöhle
4 Ohrplakode
5 Neuralleiste
6 1. Somit
7 Schnitt des Dottersacks
8 Eingang in den Neuralkanal
9 Schnittrand des Amnions

2. Gefäße von dorsal. Isolierte Darstellung nach Entfernung des Ektoderms. Auf der rechten Seite sind die Somiten dargestellt, auf der linken Seite sind sie entfernt. An der vorderen Darmpforte bilden die Dottervene und die Nabelvene einen gemeinsamen Stamm.

1 1. Schlundtasche
2 Vorderdarm
3 dorsale Aorta
4 gemeinsamer Stamm von Dotter- und Nabelvene
5 Dottergefäße
6 linke Nabelvene
7 linke Nabelarterie
8 Primitivrinne
9 Primitivgrube
10 4. Somit

3. Lage des Herzens unter dem Vorderdarm im Sagittalschnitt. Der Endokardschlauch ist vom Myokardmantel durch die von feinen Fasern durchzogene Herzgallerte getrennt.

1 Rachenmembran
2 Anlage der Schilddrüse
3 Schnittrand des Amnions
4 Schnittrand des Dottersacks
5 Perikardhöhle
6 Myokard
7 Endokardschlauch
8 vordere Darmpforte
9 Höhe des 2. Somiten
10 Neuralrohr
11 Dottersackentoderm
12 Allantois
13 Primitivknoten mit nicht durchgängigem Canalis neurentericus
14 amnioektodermale Umschlagsfalte

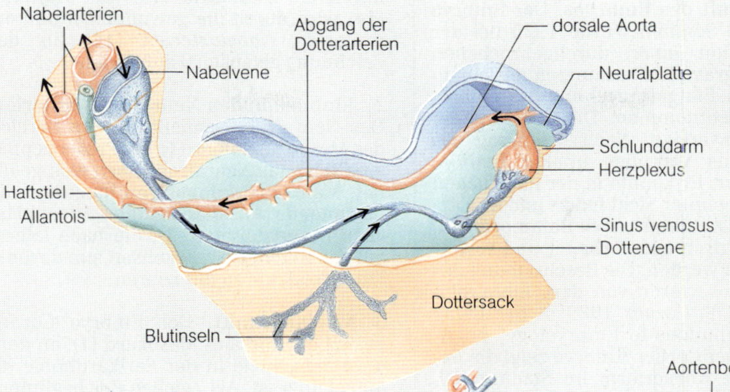

1
Blutinseln und Kapillarplexus beim „Embryo Ingalls"

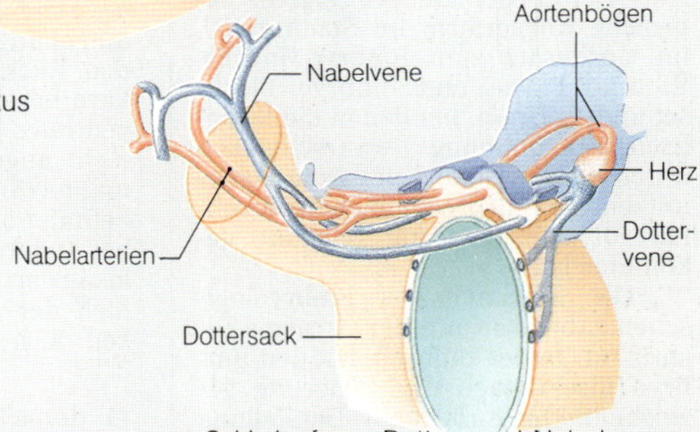

2 Verlauf von Dotter- und Nabelvene

A. Gefäßbahnen (Stadium 10)

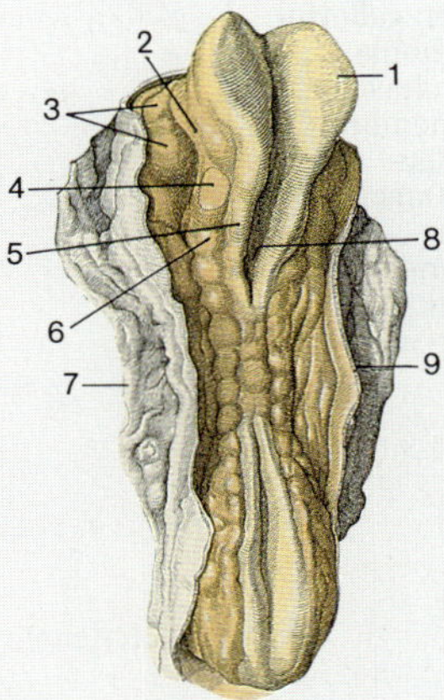

1 Dorsalansicht

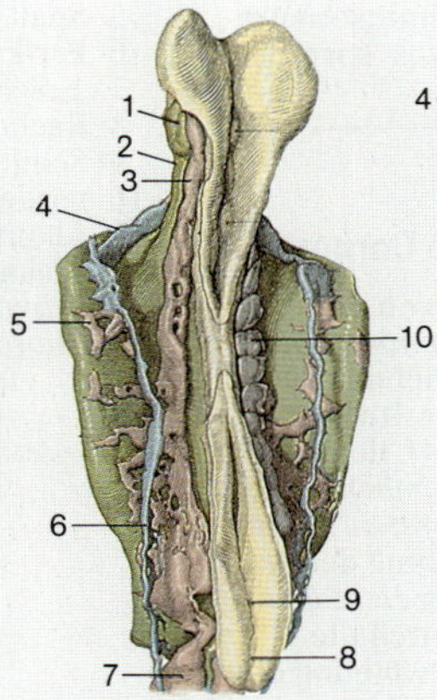

2 Gefäße von dorsal

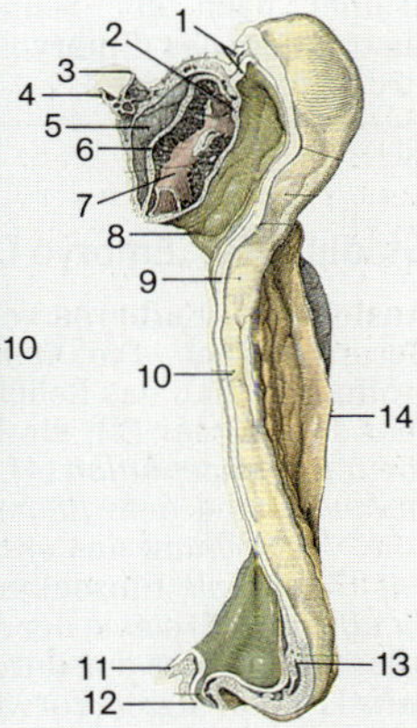

3 Lage des Herzens

B. Gefäße im „Embryo Payne" mit 7 Somiten (Übernahme)

Herkunft des Embryos. Der Embryo mit 10 Somiten wurde 1925 bei der Operation einer durchgebrochenen Tubargravidität zusammen mit einem großen Blutgerinnsel aus der Leibeshöhle entnommen. Die Chorionblase war unverletzt. Nach Eröffnung des Chorions war der intakte Embryo sichtbar. Er konnte in der natürlichen Haltung unter Sicht fixiert und im Carnegie-Laboratorium in Baltimore, Md, histologisch aufgearbeitet und rekonstruiert werden. Die Beschreibung des Embryos wurde von dem Embryologen G.W. Corner 1929 in der Reihe „Contributions to Embryology" publiziert. Der Corner-Embryo zeigt die natürliche Körperform im Stadium 10, im Gegensatz zum Embryo Ingalls, Embryo Payne und Embryo Blechschmidt 3,1 mm, bei denen die lordotische Krümmung wahrscheinlich durch die Verletzung des Dottersacks mit einem entsprechenden Druckabfall vor der Fixierung zustande gekommen ist.

Der Zeichner des Embryologischen Laboratoriums der Carnegie-Institution, James Didusch, hat den Embryo direkt nach der Fixierung gezeichnet. Die vorliegende Darstellung in einem kolorierten Stahlstich basiert auf der ursprünglichen Zeichnung des Exemplars, die in Einzelheiten vom Zeichner nach der Schnittserienrekonstruktion des Embryos korrigiert wurde.

A. Stadium 10: „Embryo Corner"

1. Ansicht des Embryos von links. Vergrößerung 60fach. Die *Amnionhöhle* (**1**) ist eröffnet, so daß das Relief der *Somiten* (**2**), das *Neuralrohr* (**3**), die Hirnbläschen mit dem *Prosenzephalon* (**4**), dem *Mesenzephalon* (**5**) und dem *Rhombenzephalon* (**6**), die Vorwölbung des *ersten Schlundbogens* (**7**) und die Einsenkung der *ersten Schlundfurche* (**8**) sowie der *Herzwulst* (**9**) sichtbar sind. Unter der durch die *V. umbilicalis* (**10**) bedingten Vorwölbung öffnet sich spaltförmig das *intraembryonale Zölom* (**11**) und der linke Zölomkanal in die Chorionhöhle. Auf dem *Dottersack* (**12**) liegen die *Blutinseln* (**13**). Der *Haftstiel* (**14**) wird durch die gewundenen und erweiterten *Nabelarterien* (**15**) (in der Zeichnung gefenstert) aufgetrieben.

2. Einblick in den Neuroporus anterior. Das Neuralrohr schließt sich im Bereich des Mesenzephalons (**1**). Im Prosenzephalon (**2**) ist das Neuralrohr noch weit geöffnet. Man schaut daher von innen auf die beginnende Ausstülpung der Augenbläschen (Augenfurchen, **3**), die nach lateral auf das Ektoderm zuwachsen, um dort die Linsenplakode zu induzieren.

3. Medianschnitt. Der Embryo Corner besitzt ein dorsales Mesokard (**1**), an dem die Herzschleife in der Perikardhöhle (**6**) aufgehängt ist. Als Zeichen der beginnenden Rückbildung ist im dorsalen Mesokard bereits ein Loch entstanden (**2**). Ein ventrales Mesokard wird beim Menschen nicht angelegt. Zwischen dem Myokardmantel (**3**) und dem Endokardschlauch (**4**) befindet sich ein weiter Spalt (**5**), in dem bei anderen Embryonen die Herzgallerte lokalisiert ist. Beim Embryo Corner enthielt der Spaltraum nur seröse Flüssigkeit. a, b und c = Lage der Schnitte von 2.18.

1 dorsales Mesokard
2 Loch im dorsalen Mesokard
3 Myokard
4 Endokardschlauch
5 Spalt (Herzgallerte)
6 Perikardhöhle
7 1. Schlundtasche
8 Rachenmembran
9 Schilddrüse
10 vordere Darmpforte
11 Allantois
12 Kloakenmembran
13 Schwanzknospe
14 Chorda

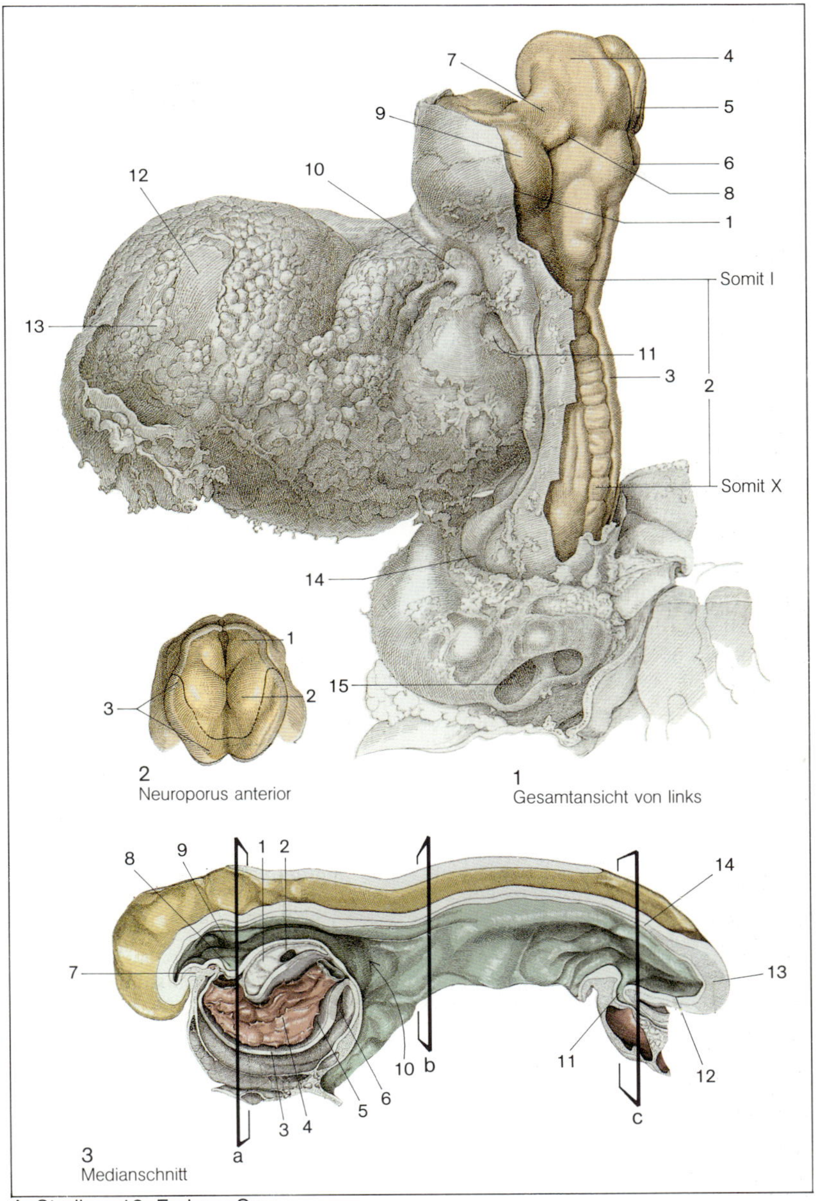

A. Stadium 10: Embryo Corner

Histologie des „Embryo Corner". Vor dem Primitivknoten gliedert sich der Embryonalkörper in Chorda, Neuralrohr, Somiten und Seitenplatten. Für die Entwicklung dieser Grundelemente aus den Keimblättern stellt der zurückwandernde Primitivknoten das Organisationszentrum dar. Der Grundaufbau des Körpers ist am deutlichsten im mittleren, segmentierten Abschnitt des Embryos zu erkennen. Der vordere Körperabschnitt entsteht unabhängig vom Primitivknoten aus der Kopffalte. Hier ist das Grundmuster abgewandelt durch das Fehlen von Somiten und die Bildung des Mesoderms aus der Prächordalplatte, der Neuralleiste und den Plakoden. In der Schwanzfalte wandelt sich der Primitivknoten in das Blastem der Schwanzknospe um, aus dem das Neuralrohr und die kaudalen Somiten direkt hervorgehen.

A. Grundaufbau des Embryonalkörpers

1. Gliederung der Keimblätter

Ektoderm. Aus dem Ektoderm geht das *Neuralrohr* und das *Oberflächenektoderm* hervor, das lateral in das *Amnionepithel* übergeht. Beim Schluß des Neuralrohres wandern die *Neuralleistenzellen* aus der Neuralleiste aus.

Mesoderm. Unter dem Neuralrohr schaltet sich die *Chorda* wieder aus dem Darmdach aus. Lateral liegen die *Somiten*. Zwischen Somiten und Seitenplatten schiebt sich das *intermediäre Mesoderm* ein, aus dem später die Nephrone hervorgehen. Lateral schließt sich das Seitenplattenmesoderm an, das sich in eine *parietale* und in eine *viszerale Mesodermschicht* aufspaltet und das intraembryonale Zölom zwischen sich faßt. Die parietale Mesodermschicht ist dem Ektoderm zugeordnet und geht lateral in das extraembryonale *Amnionmesoderm* über. Die viszerale Mesodermschicht ist dem Entoderm zugeordnet und geht lateral in das *Dottersackmesoderm* über. Das intraembryonale Zölom öffnet sich lateral in das extraembryonale Zölom (*Chorionhöhle*).

Entoderm. Über dem Dottersack bildet das Entoderm eine Darmrinne, die sich bei der Abfaltung zum Darmrohr schließt.

2. Histologische Schnitte aus dem „Embryo Corner"

a Schnitt in Höhe des Herzbeutels. Der Embryonalkörper hat sich an dieser Stelle bereits abgefaltet (→2.15 A2). Lateral vom Neuralrohr verdickt sich das Ektoderm zu den Plakoden. Aus der *Ohrplakode* entsteht das Innenohr. Den Schlundbogennerven sind ebenfalls Plakoden zugeordnet, aus denen die Zellen für die sensiblen Ganglien der Schlundnerven auswandern (→5.2). Der Schlunddarm besitzt im Querschnitt eine dreieckige Form. Beim „Embryo Corner" ist die *Chorda* noch über die gesamte Länge in das Darmdach eingeschaltet. An den lateralen Zipfeln des Schlunddarmes sitzen die *Schlundtaschen*. Die mediale Rinne (*Hypobranchialrinne*) enthält nacheinander die Anlagen der Schilddrüse, der Lunge und schließlich der Leber (→2.15).

Der *Herzbeutel* besteht aus der dünn ausgezogenen viszeralen Mesodermschicht, die im oberen Abschnitt vom *Ektoderm* bedeckt wird, das lateral in das Amnion übergeht. Die beiden Blätter des viszeralen Mesoderms lagern sich zum *dorsalen Mesokard* aneinander und bilden dann den *Myokardmantel*, der den *Endokardschlauch* enthält. Der Spalt zwischen Endokard und Myokard enthält die Herzgallerte. Beim „Embryo Corner" sind keine faserigen oder gallertigen Komponenten vorhanden.

b Schnitt über dem Dottersack durch das Somitenpaar V. Die *Darmrinne* ist noch offen (→2.15 A2). Zur Lage der paarigen *Aorta* und der *V. umbilicalis* im *parietalen Mesoderm* (→2.16 A2).

c Schnitt durch Schwanzfalte und Haftstiel. In der Schwanzfalte vor dem Primitivknoten mit dem Axialkanal ist das *paraxiale Mesoderm* noch nicht in Ursegmente gegliedert. Neben dem Schwanzdarmdivertikel liegen die nach kaudal blind endenden *Zölomsäcke* (→2.19). Der *Haftstiel* wird von den Nabelgefäßen aufgetrieben.

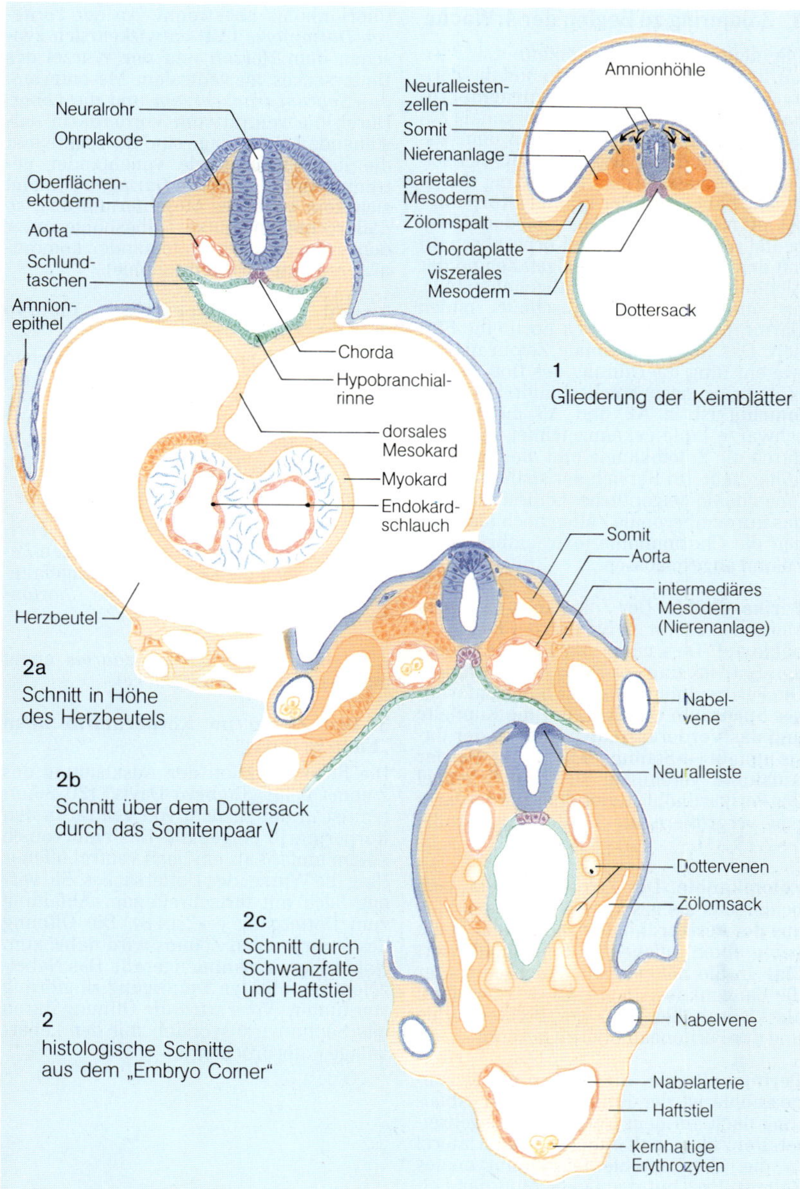

A. Grundaufbau des Embryonalkörpers

A. Zölomring zu Beginn der 4. Woche

Die definitiven Leibeshöhlen, die Perikardhöhle, die Pleurahöhlen und die Peritonealhöhle leiten sich vom **intraembryonalen Zölom** ab. Das intraembryonale Zölom entsteht als Spalt zwischen dem viszeralen und dem parietalen Blatt des Seitenplattenmesoderms. Am Anfang der 4. Woche haben sich der kraniale Körperabschnitt mit der Kopfanlage und dem Herzbeutel sowie der kaudale Körperabschnitt mit dem Abgang der Nabelgefäße und der Allantois vom Dottersack abgehoben (**A1**). Im mittleren Körperabschnitt bilden Darmrohr und Dottersack noch eine Einheit. Das intraembryonale Zölom umgibt wie ein Ring die Öffnung des Dottersacks (Zölomring nach Blechschmidt). Der **Zölomring** ist in **A2** und **A3** durch eine schwarze Linie gekennzeichnet, die vorn durch die Zölomkanäle und die Perikardhöhle zieht. Im Bereich der späteren Peritonealhöhle (eigentliche Leibeshöhle) ist das intraembryonale Zölom noch nicht gegen die Chorionhöhle (extraembryonales Zölom) abgeschlossen.

Perikardhöhle. Der Zölomspalt tritt beim Menschen zuerst im Bereich der Perikardhöhle auf. Dies hängt mit der vorgezogenen Entwicklung des Herzens zusammen. Die Perikardhöhle wird als hufeisenförmiger Spaltraum angelegt, der die Kopffalte und das Vorderdarmdivertikel an der Basis umfaßt (→Stadium 9, 2.13 A2). Bei der Abfaltung vereinigen sich die Schenkel der Perikardhöhle unter dem Vorderdarm und vergrößern die Höhle nach kaudal (→2.15 A1).

Zölomkanäle. Der Zölomspalt setzt sich beiderseits als geschlossener Zölomkanal aus der Perikardhöhle nach kaudal in die nach unten offene Peritonealhöhle fort (**2a**). In die Zölomkanäle wachsen später die Lungenknospen ein. Sie werden dann als Pleurahöhlen von der Perikardhöhle und der Peritonealhöhle abgetrennt.

Peritonealhöhle. Im Bereich der Peritonealhöhle ist der Embryo vor der Abfaltung flach auf dem Dottersack ausgebreitet. Der Zölomspalt öffnet sich nach lateral in die Chorionhöhle (extraembryonales Zölom). Erst mit dem Verschluß der Leibeswand wird die Leibeshöhle von der Chorionhöhle abgetrennt. An der *vorderen Darmpforte* (**A3**) entwickelt sich zwischen dem Herzen und der Wurzel des Dottersackes im ventralem Mesenterium das *Septum transversum* und die Leber. Durch die ventral vom Vorderdarm entstehende Leberanlage sind die rechte und die linke Leibeshöhle voneinander getrennt. An der *hinteren Darmpforte* bildet sich kein ventrales Mesenterium aus, so daß rechte und linke Leibeshöhle unter dem Schwanzdarm miteinander kommunizieren (unpaare Leibeshöhle).

1. und 2. Das Zölom beim „Embryo Corner"

Die Schnittflächen a, b und c entsprechen den histologischen Schnitten in der vorhergehenden Tafel.

a Die *Perikardhöhle* unter dem *Vorderdarm* ist ohne Herz und Gefäße dargestellt.

b Die *Zölomkanäle* verbinden die Perikardhöhle mit der rechten und linken *Peritonealhöhle*, die sich im nicht abgefalteten Bereich nach lateral in die *Chorionhöhle* öffnet.

c Im Bereich des *Schwanzdarms* endet das Zölom blind (*Zölomsäcke*).

3. Das Zölom im Körperumriß beim „Embryo Davis"

Die Rekonstruktion der Auskleidung des Zöloms beim „Embryo Davis" (20 Somiten) ist in der Ansicht von ventral in den Körperumriß eingepaßt. Das embryonale Zölom umfaßt als ein nach ventral offener Ring die Wurzel des Dottersackes. Sie verengt sich mit fortschreitender Abfaltung zum Dottergang (→2.14B). Die Öffnung des embryonalen Zöloms wird dabei zum Nabelzölom zusammengerafft. Das Nabelzölom umfaßt den Dottergang ringförmig von hinten. Vorn wird die Öffnung durch das Septum transversum mit der Leberanlage unterbrochen.

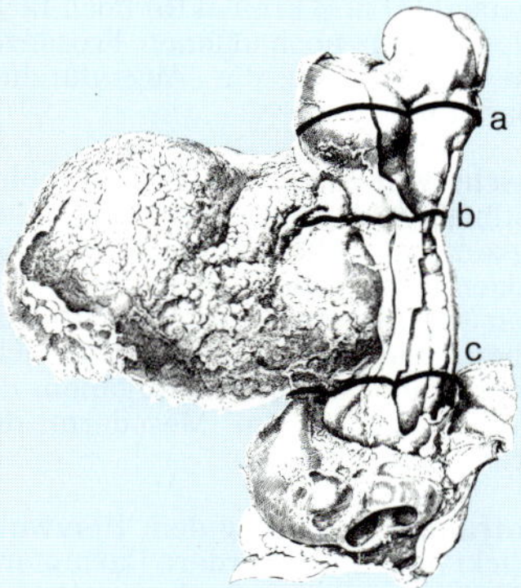

1
„Embryo Corner", Stadium 10
(Lage der Schnitte)

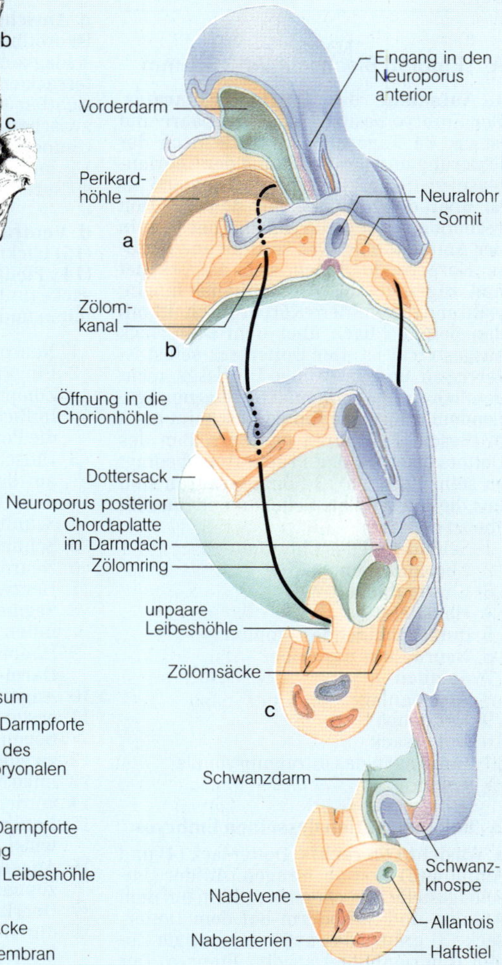

2
Zölom beim „Embryo Corner"

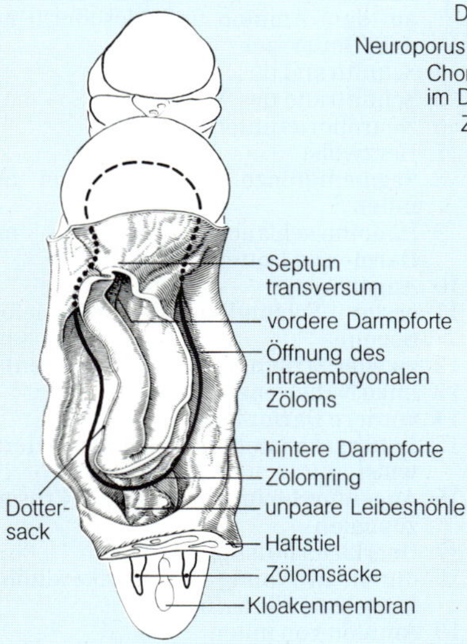

3
Zölom im Körperumriß
(Stadium 12)

A. Zölomring zu Beginn der 4. Woche

Stadium 11: 2,5–4,5 mm, 23–26 Tage, 13–20 Somiten. Der Neuroporus anterior schließt sich. Die Augenfurchen sind im Neuroporus anterior sichtbar.

A. „Embryo Blechschmidt", 3,1 mm

1. Aufnahme des Originalpräparates. Der Embryo besitzt 13 Somitenpaare und ist ca. 24 Tage alt. Er wurde nach der Fixierung und der Eröffnung der Chorionblase im Schräglicht photographiert. Er ist über den Haftstiel mit dem Chorion verbunden. Der Embryonalkörper liegt in der Amnionhöhle. Das vordere und hintere Körperende haben sich aufgerichtet und ragen in die Amnionhöhle hinein, während der mittlere Körperabschnitt mit den Somiten flach über dem Dottersack ausgestreckt ist. Der Dottersack selbst ist zerrissen und in seinen Umrissen nicht deutlich zu erkennen. Die ausgeprägte Lendenlordose des Embryos scheint auch in diesem Fall durch das Zerreißen des Dottersacks bei der Präparation bedingt zu sein. Von den 13 Somitenpaaren sind nur die hinteren als Relief an der Oberfläche zu erkennen.

1 Schnittrand des Chorions
2 Chorionzotten
3 Chorionhöhle
4 Haftstiel
5 durchscheinendes Amnion
6 Neuroporus posterior
7 Somiten
8 Augenanlage
9 Herzwulst
10 Dottersack
11 Eingang in das intraembryonale Zölom

2. Rekonstruktion desselben Embryos

a Ansicht von rechts. Dottersack (**4**) und Amnion (**5**) sind abgetragen. An der Umschlagsstelle zwischen Mesoderm auf dem Amnion und Mesoderm auf dem Dottersack (**3**) grenzt das extraembryonale Zölom (Chorionhöhle) an den Embryo. Der Pfeil (**2**) zeigt den Übergang des extraembryonalen in das intraembryonale Zölom. Das intraembryonale Zölom besteht in diesem Stadium aus der unpaaren, U-förmigen beiderseits nach unten offenen Perikardhöhle.

b Dorsalansicht. Das Neuralrohr hat sich kaudal (**1**) und kranial (**6**) noch nicht geschlossen. Im noch offenen Prosenzephalon sind innen die Augenfurchen sichtbar (**10**).

c Ansicht von links. Die Perikardhöhle ist eröffnet und das Mesoderm an der Umschlagkante zwischen Amnion und Dottersack entfernt, so daß die großen Gefäße sichtbar sind. Die unpaare Aorta (**9**) läuft zwischen dem Dach des Dottersacks (Entoderm) und den Achsenorganen, die V. umbilicalis (**13**) im Mesoderm der späteren Leibeswand.

d Ventralansicht. Unter dem Herzwulst (**15**) blickt man in die vordere Darmpforte (**14**, Pfeil). Durch das Dach des Dottersacks (Entoderm) hindurch bilden sich Somiten und Chorda ab.

1 Neuroporus posterior
2 Eingang in das intraembryonale Zölom
In Richtung des Pfeiles gelangt man in die Perikardhöhle
3 Umschlagskante zwischen Mesoderm auf dem Amnion und Mesoderm auf dem Dottersack
4 Schnittrand des Dottersacks
5 Schnittrand des Amnions
6 Neuroporus anterior
7 Herzwulst
8 Segmentgrenze zwischen zwei Somiten
9 Endothelschlauch der Aorta mit Darm- und Dottersackgefäß
10 Augenanlage
11 erster Schlundbogen (Unterkieferbogen)
12 zweiter Schlundbogen (Hyoidbogen)
13 linke Nabelvene
14 vordere Darmpforte
15 Dottersackentoderm über dem Herzwulst
16 Augenfurche im noch offenen Prosenzephalon
17 Oberkieferfortsatz
18 durch Eröffnung der Perikardhöhle freigelegte Herzschleife
19 Amnion von unten
20 unpaare Nabelvene im Haftstiel

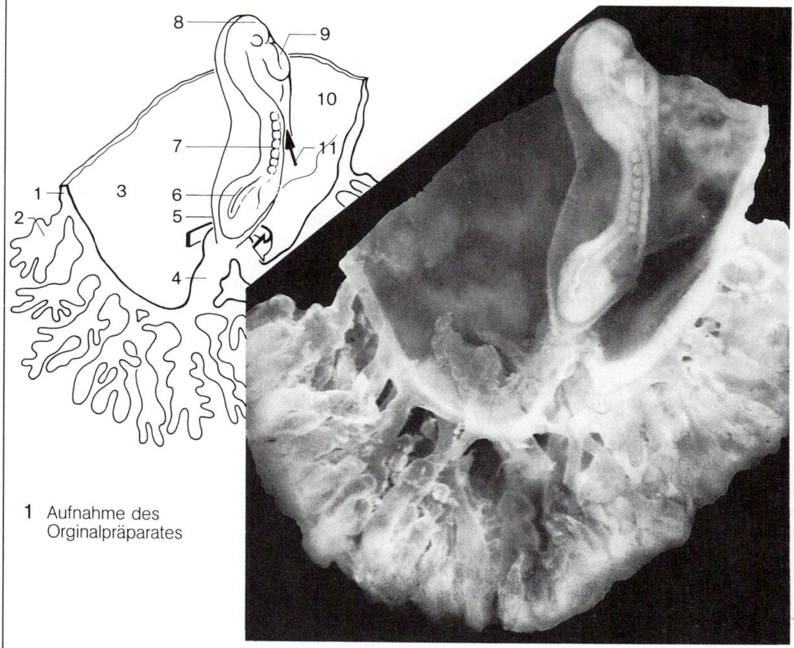

1 Aufnahme des Orginalpräparates

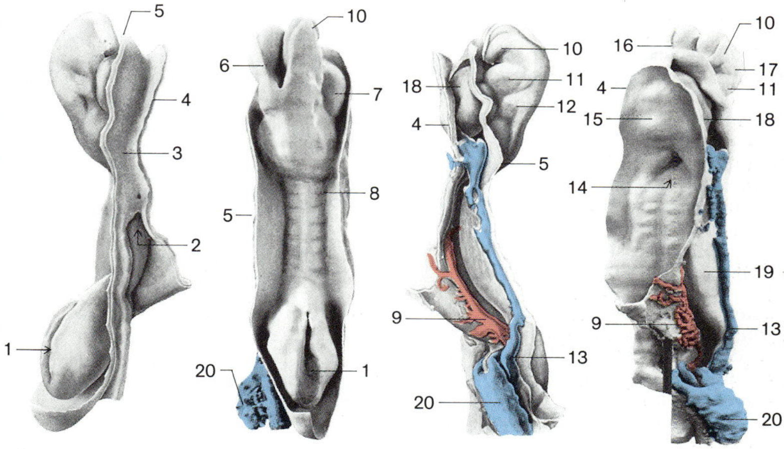

2a Ansicht von rechts 2b Dorsalansicht 2c Ansicht von links 2d Vent'alansicht

2 Rekonstruktion desselben Embryos

A. Stadium 11: Embryo Blechschmidt, 3,1 mm

> **Stadium 12:** 3–5 mm, 26–30 Tage p. o., 21–29 Somiten. Der kaudale Neuroporus schließt sich. Es sind drei Pharyngealbögen vorhanden. Die Armknospen deuten sich an. Bei der Abfaltung vom Dottersack und der Ausbildung des Nabelrings krümmt sich der Embryo und führt eine spiralige Drehung aus, so daß der Dottersack auf die rechte Seite zu liegen kommt.

A. „Embryo Blechschmidt", 2,57 mm

1. Operationspräparat der Eileiterschwangerschaft. Der Embryo besitzt 23 Somitenpaare und ist ca. 26 Tage alt. Er hat sich in die Ampulle des Eileiters implantiert. Die Chorionzotten infiltrieren die Tubenwand. (Durch die Arrosion der mütterlichen Gefäße kommt es zu einer Blutung in die Leibeshöhle der Mutter. Absolute Operationsindikation.) Der Embryo liegt in der eröffneten Chorionhöhle. Die Amnionhöhle ist über dem Kopf- und dem Schwanzende eröffnet. Durch die Abfaltung vom Dottersack und durch die dorsal konvexe Krümmung hat sich die Achse des Embryos gedreht, so daß der Dottersack auf der rechten Seite zu liegen kommt.

2. Embryo vor der Fixation. Der isolierte Embryo ist von dorsal gezeichnet. Er ist von durchscheinendem Amnion bedeckt. Der Vergleich mit dem 3,1-mm-Embryo (Stadium 11) zeigt, daß die Abfaltung vom Dottersack mit dem Übergang von der dorsal konkaven in die dorsal konvexe Haltung und der Raffung des Amnionansatzes im Nabelring einhergeht. Durch die dorsal konvexe Krümmung ergibt sich die geringere Größe von 2,57 mm.

3. Rekonstruktion. Neuralrohr, Entoderm, Gefäßsystem und Urniere wurde aus der Schnittserie rekonstruiert und nach der Rekonstruktion gezeichnet.

1 Augenbläschen
2 N. trigeminus (N. V)
3 N. facialis (N. VII)
4 N. glossopharyngeus (N. IX)
5 vordere Kardinalvene. Ihre Fortsetzung in den Kopf ist an den Kapillarsprossen vor und hinter dem Ohrbläschen zu erkennen
6 linkes Sinushorn in der Einflußbahn des Herzens
7 untere Kardinalvene
8 Chorda dorsalis
9 Intersegmentalarterie
10 Wolff-Gang

4. Gliederung der Zölomhöhlen

a Rekonstruktion des intraembryonalen Zöloms der linken Seite mit Darmtrakt und großen Gefäßen. Die viszerale und parietale Auskleidung des Zöloms ist als Oberfläche rekonstruiert (braun). Der Endokardschlauch der Herzschleife ist dargestellt; der Raum des Myokards ist leer gedacht.

1 Perikardhöhle zwischen Epikard und Endokard
2 Endokard des Herzschlauchs
3 arterielle Ausflußbahn
4 Schlunddarm mit Schlundtaschen
5 Aorta dorsalis
6 venöse untere Einflußbahnen
7 Stamm der Kardinalvenen
8 rechte Nabelvene
9 Darmrohr
10 Allantois
11 Dottergang
12 Nabelzölom

b Isoliertes Zölom der linken Seite.

1 Perikardbeutel mit Blick auf das Endokard
2 linker Zölomkanal (spätere Pleurahöhle)
3 viszerales Peritoneum der linken Leibeshöhle mit Impression der weggenommen gedachten Urniere (außen) und des Darmtrakts (innen)
4 Eingang in das Nabelzölom

c Das gesamte intraembryonale Zölom isoliert dargestellt. Der rechte Zölomkanal ist entfernt und das Nabelzölom von der rechten Seite her eröffnet.

1 Perikardhöhle
2 Durchtritt des Ösophagus durch den Zölomring (Pfeil)
3 Peritonealhöhle

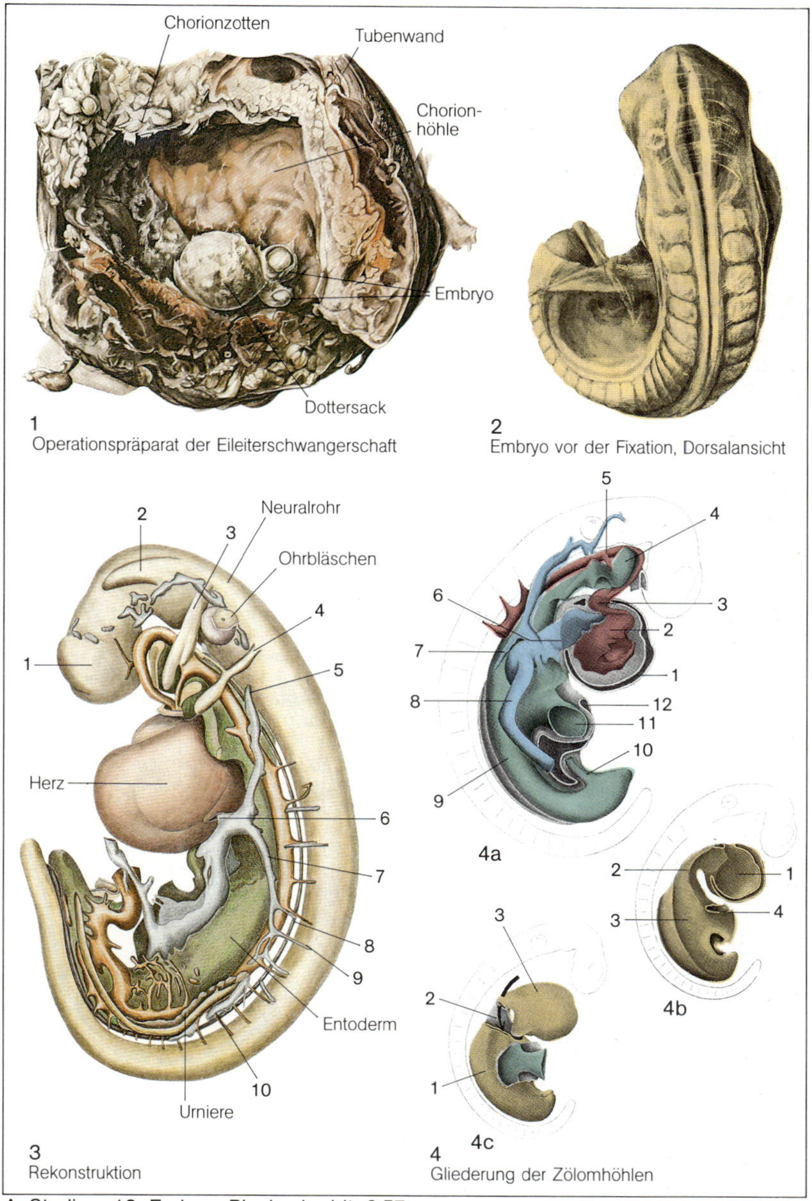

1
Operationspräparat der Eileiterschwangerschaft

2
Embryo vor der Fixation, Dorsalansicht

3
Rekonstruktion

4
Gliederung der Zölomhöhlen

A. Stadium 12: Embryo Blechschmidt, 2,57 mm

Stadium 13: 4–6 mm, 28–32 Tage, mehr als 30 Somiten. Arm- und Beinknospen sind vorhanden. Die Vorwölbung des Augenbläschens ist an der Oberfläche zu erkennen. Das Augenbläschen induziert im darüberliegenden Ektoderm die Linsenplakode; das Ohrbläschen hat sich in die Tiefe abgesenkt.

A. „Embryo Blechschmidt", 4,2 mm, 30 Somitenpaare, ca. 28 Tage

1. Entwicklung der Nabelschnur. Am Ende der 4. Woche werden die Strukturen im Nabelring zur Nabelschnur zusammengefaßt (→2.14 B). Der Stiel des Dottersacks (**10**) mit den Dottergefäßen und der Haftstiel (**6**) mit den Nabelgefäßen werden mit einer Schicht aus Amnion umhüllt (**12**). Das Amnion geht in das Ektoderm über. Das Nabelzölom (**9**) ist die noch verbleibende Verbindung zwischen Leibeshöhle und Chorionhöhle. Es verschließt sich am Ende der Embryonalperiode mit der Obliteration der Chorionhöhle. Bis dahin kann der Dottersack als Bläschen in der Chorionhöhle erhalten bleiben (→2.32).

1 Augenbläschen
2 Oberkieferfortsatz
3 erster und zweiter Schlundbogen
4 Armknospe
5 Wulst der Urniere
6 Haftstiel mit Nabelgefäßen (Allantois nicht mehr getroffen)
7 A. umbilicalis (normalerweise paarig)
8 V. umbilicalis
9 Eingang in das Nabelzölom
10 Dottergang (Ductus omphaloentericus) mit Dottergefäßen
11 Herzwulst
12 Schnittkante des Amnions
13 Schwanzknospe
14 Somiten

2. Rekonstruktion der inneren Organe

Nervensystem. Die Anlage des Gehirns gliedert sich in das Prosenzephalon mit den Augenbläschen (**1**), das Mesenzephalon (**2**) und das Rhombenzephalon (**3**). Die Schlundbogennerven (**4**, **5**, **7** und **8**) wachsen aus, ebenso wie die Spinalnerven, angedeutet durch die Verdickung der Spinalganglien (**9**).

Herz und Gefäße. Von der Herzschleife ist die Myokardoberfläche dargestellt. Der Vorhofabschnitt (**a**), die Kammer (**b**) und der Bulbus (**c**) sind durch Furchen gegeneinander abgegrenzt.

Darmrohr. Unterhalb der Schlundtaschen sind die Lungenknospe (**20**) und unter dem Herzen das Netzwerk der Leberzellbälkchen sichtbar (**21**), die in die Gefäßbahn der Dotter- und Nabelvenen (**22**) hineinsprossen.

Urniere. Die Spitze der Urnierenanlage (**14**) liegt noch über dem Nabel. Der Urnierengang mündet von hinten in die Kloake (**16**) ein.

1 Augenbläschen
2 Mesenzephalon
3 Rhombenzephalon
4 N. trigeminus
5 N. facialis
6 Ohrbläschen
7 N. glossopharyngeus
8 N. vagus
9 Leiste der Spinalganglien
10 V. cardinalis superior
11 gemeinsamer Stamm der Kardinalvenen
12 V. cardinalis inferior
13 Aorta mit Intersegmentalarterien
14 Urnierengang mit Glomeruli
15 Chorda dorsalis unter dem Neuralrohr
16 Kloake
17 V. umbilicalis
18 A. umbilicalis
19 Allantoisdivertikel
20 Lungenknospe
21 Leberzellbälkchen
22 Plexus der Dottervenen

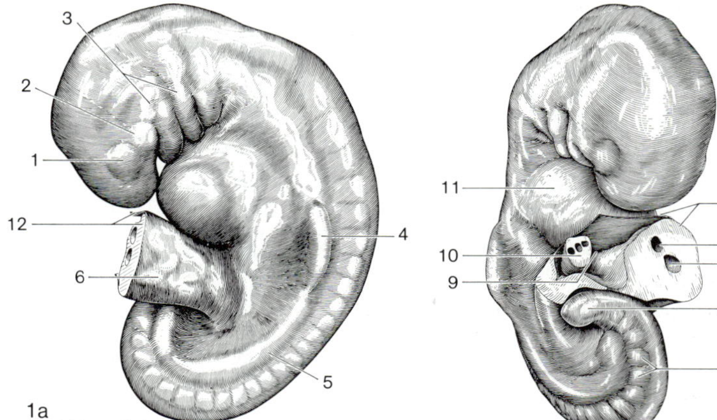

1a
Ansicht von links

1b
Ansicht von rechts vorne

1
Entwicklung der Nabelschnur

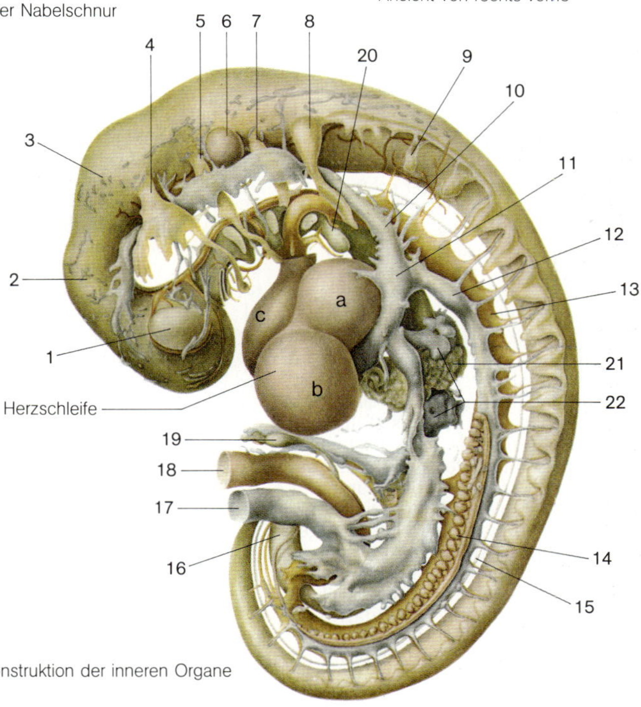

2
Schnittrekonstruktion der inneren Organe

A. Stadium 13: Embryo Blechschmidt, 4,2 mm

Stadium 14: 5–7 mm, 31–35 Tage. Das Linsengrübchen senkt sich in den Augenbecher ein. Der Ductus endolymphaticus sproßt aus dem Ohrbläschen aus. Scheitelbeuge und Nackenbeuge sind ausgeprägt.

A. „Embryo Blechschmidt", 6,3 mm, 33 Somitenpaare, ca. 30 Tage

1. Äußere Gestalt. Die Zahl der abgrenzbaren Somitenpaare hat ihr Maximum erreicht. Die kranialen Somitengrenzen lösen sich bereits wieder auf. Arme und Beine sind als paddelförmige Knospen angelegt. Es sind vier Pharyngealbögen zu erkennen, von denen der zweite (Hyoidbogen) den dritten und vierten zu überwachsen beginnt.

1 Augenanlage
2 Oberkieferfortsatz
3 Riechplakode
4 Leberwulst
5 Dach des vierten Ventrikels

2. Darstellung des Darmtrakts, des Herzens und der Nieren

Darmtrakt. Die Mundbucht (Stomodeum) (**1**) ist von der linken Seite her eröffnet. Als Ausstülpung aus dem Dach der Mundbucht legt sich die Rathke-Tasche (Anlage des Hypophysen-Vorderlappens) (**2**) an das Dienzephalon an. Auf die erste Schlundtasche (Anlage des Mittelohres) (**3**) folgen die zweite bis vierte Schlundtasche und die Anlage der Trachea mit den beiden Lungenknospen (**5**). Der vierten Schlundtasche ist der N. vagus (Umrisse nur angedeutet) (**4**) zugeordnet. Unter der länglichen Anlage des Magens stülpt sich nach dorsal die dorsale Pankreasknospe (**6**) und nach ventral der Lebergang mit der ventralen Pankreasknospe und der Anlage der Gallenblase (**7**) aus. Die Nabelschleife mit dem Rest des Dotterganges und die Allantois (**8**) erstrecken sich in den Nabelring hinein. Die Anlage des Dickdarms (**9**) zeigt im oberen Abschnitt bereits die Aussackung des Blinddarms.

Herz. Der embryonale Ventrikel ist von links eröffnet, so daß das Trabekelwerk im Innern sichtbar wird. Der *Pfeil* zeigt den Eintritt des Blutstromes aus den Vorhöfen durch den Atrioventrikularkanal. In der Ausflußbahn des Herzens schließt sich der dritte und vierte Aortenbogen (**13**) an. In der venösen Einflußbahn ist der Venenring (**14**) im Bereich des Sinus venosus dargestellt.

Niere. In die noch nicht unterteilte Kloake (**10**) mündet der Urnierengang (Wolff-Gang) ein (**11**). Nach dorsal wächst die Ureterknospe (**12**) aus. Die Glomeruli der Urniere erstrecken sich nach kranial bis hinter den Magen. Der Abschnitt des Urnierengangs zwischen Kloake und Ureterknospe wird später in die Blase einbezogen.

3. Darstellung der Myotome und der Leibeshöhlen

Die Myotomplatten der Somiten (**2**) sind miteinander verschmolzen. Nach ventral wandern die Myoblasten für die quergestreifte Muskulatur der Extremitäten und der ventralen Leibeswand aus. Das zurückbleibende Material wird zur „autochthonen" Rückenmuskulatur. Das intraembryonale Zölom gliedert sich in die Perikardhöhle (**3**, aufgeschnitten) und in die Peritonealhöhle (**5**, ebenfalls eröffnet). Beide sind über paarige Kanäle miteinander verbunden, in die sich die Lungenknospen vorwölben (**4**, von viszeraler Pleura bedeckt). In die Leibeshöhle ragen die von viszeralem Peritoneum bedeckte Leber (**6**), der Magen (**7**) und die Urniere (**8**) hinein.

1 Leiste der Spinalganglien
2 miteinander verschmelzende Myotome als Anlage der quergestreiften Muskulatur
3 Schnittrand des Perikards
4 von viszeraler Pleura bedeckte Lungenknospe
5 Schnittrand des Peritoneums
6 Vorwölbung der Leber
7 Vorwölbung des von viszeralem Peritoneum bedeckten Magens
8 Vorwölbung der Urniere (Wolff-Körper)
9 in der Leibeswand gelegene Nabelvenen
10 Abgang der linken A. umbilicalis aus der Aorta
11 Ureterknospe
12 Kloake
13 Nabelzölom

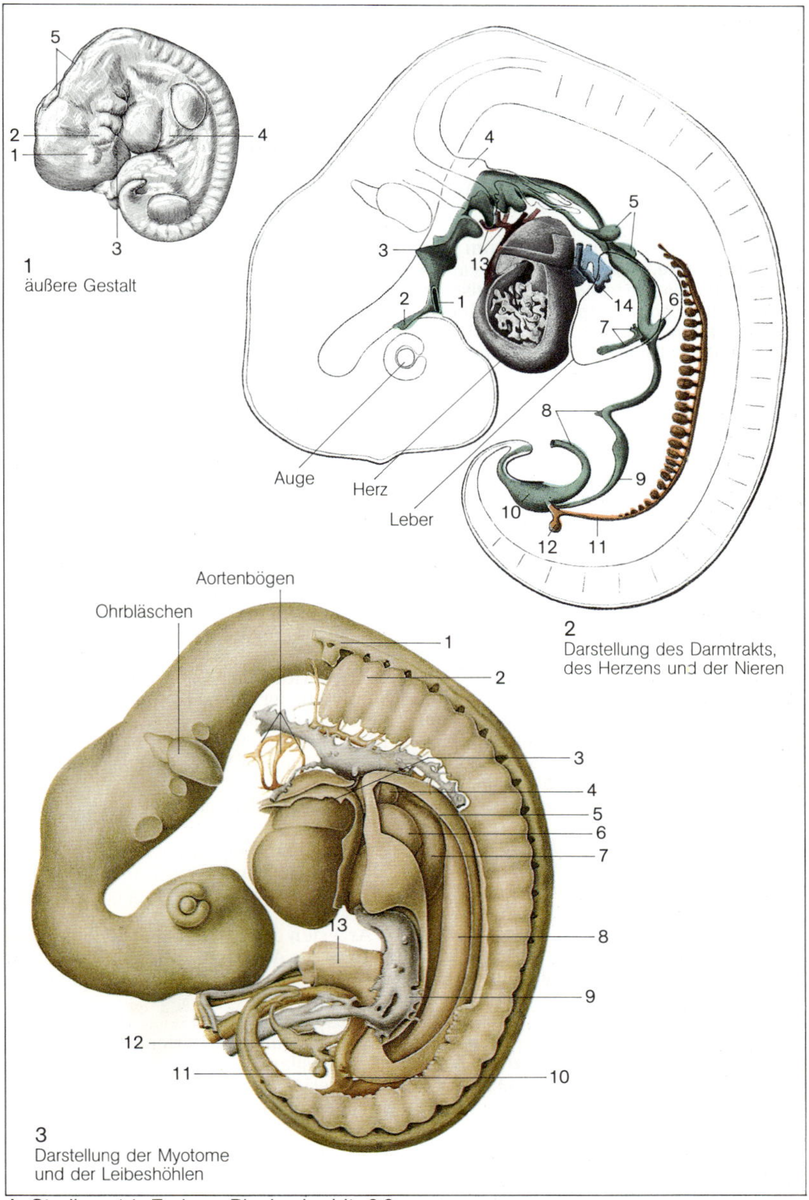

1
äußere Gestalt

2
Darstellung des Darmtrakts, des Herzens und der Nieren

3
Darstellung der Myotome und der Leibeshöhlen

A. Stadium 14: Embryo Blechschmidt, 6,3 mm

Stadium 15: 7–9 mm, 35–38 Tage. Über dem Linsenbläschen schließt sich das Ektoderm. Die Riechplakode senkt sich zum Grübchen ein. Die Ohrhöckerchen entstehen.

A. „Embryo Blechschmidt", 7 mm und 7,5 mm

1. „Embryo Blechschmidt", 7 mm Originalaufnahme. Der Embryo ist ca. 34 Tage alt und wurde vor der histologischen Aufarbeitung photographiert. Die Riechplakode (**1**) senkt sich zu einem Grübchen ein, das dem Telenzepalon (**2**) noch anliegt. Von der Augenanlage (**3**) ist nur die enge Öffnung des Linsengrübchens in der Endphase der Abschnürung des Linsenbläschens zu erkennen. Die auf das Auge zulaufende Furche ist die Tränennasenfurche zwischen Stirnfortsatz und Oberkieferfortsatz (**4**). Der Oberkieferfortsatz ist ein Teil des ersten Schlundbogens (**5**). Auf dem ersten (**5**) und zweiten (**6**) Schlundbogen entstehen die Ohrhöckerchen. Der zweite Schlundbogen (**6**) schiebt sich als **Operkulum** über den dritten und vierten Schlundbogen (**7**), die in der Tiefe im Sinus cervicalis verschwinden. Durch das Ektoderm schimmert der vierte Ventrikel des Rautenhirns (**8**) hindurch. Mit der Auflösung der ersten Myotome verschwinden die Somitengrenzen im Halsbereich. Die Armknospe winkelt sich nach ventral ab, während die Beinknospe noch paddelförmig vom Rumpf absteht.

2. „Embryo Blechschmidt", 7,5 mm. Topographie der Blutgefäße. Aus der Ausflußbahn des Herzens entspringen die Aortenbögen (**a13**). Der erste Aortenbogen zwischen der ersten und zweiten Schlundtasche hat sich bereits zurückgebildet. Für den Kopf bildet sich eine Arterienschlinge aus, die aus der hinter dem Kopfdarm aufsteigenden A. carotis (**c29**) und aus dem Stamm der A. vertebralis und A. basilaris (**c27**) gebildet wird. Die A. vertebralis entsteht aus einer Anastomose zwischen den Intersegmentalarterien des Halses (**c26**), deren Stämme sich kranial bis auf den kräftig ausgebildeten Abgang der A. subclavia (**14**) zurückbilden. Die Venengeflechte über den Gehirnbläschen bilden drei größere Venenstämme (**a I–III**), die in die V. cardinalis superior (**a15**) einmünden. Am Rumpf treten in regelmäßigen Abständen die Intersegmentalarterien (**a7**) aus der absteigenden Aorta aus. Der Rückfluß erfolgt über die parallel verlaufenden Äste der V. cardinalis inferior.

a Seitenansicht
1 Telenzephalon
2 Mesenzephalon mit Scheitelbeuge
3 Rhombenzephalon
4 Nackenbeuge
5 ventrale und dorsale Wurzel der Spinalnerven (Schnittkante)
6 Lungenknospe
7 Intersegmentalgefäße
8 Urnierengang mit Glomeruli
9 Kloake mit herabwachsendem Septum urorectale
10 Nabelgefäße
11 Nabelschleife
12 Rest des Dottergangs mit Dottergefäßen
13 Aortenbögen
14 A. vertebralis
15 V. cardinalis superior mit drei Venenstämmen für das Gehirn (I–III)
16 Plexus pterygoideus

b Vorderansicht. Die Pfeile zeigen den Blutfluß in der Herzschleife.
17 Augenbecher
18 Vorhof
19 absteigender Schenkel der Herzschleife
20 aufsteigender Schenkel
21 Leber
22 Randsinus der Beinknospe
23 Beinarterien
24 Allantoisdivertikel

c Arterien des Kopfes. Aus der Seitenansicht ist die **Arterienschlinge** zwischen **A. carotis** (**29**) und **A. basilaris** (**27**) herausgezeichnet.
25 absteigende Aorta
26 Intersegmentalarterien des Halses
27 A. basilaris
28 Arterien des Mesenzephalons
29 A. carotis interna
30 A. ophtalmica
31 A. cerebri media

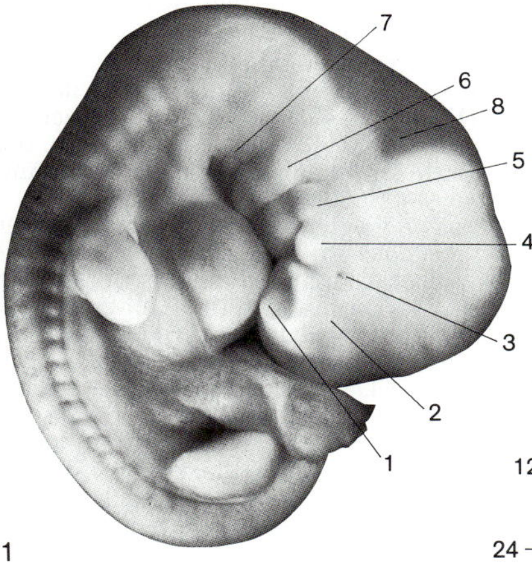

1
Embryo 7 mm, von rechts

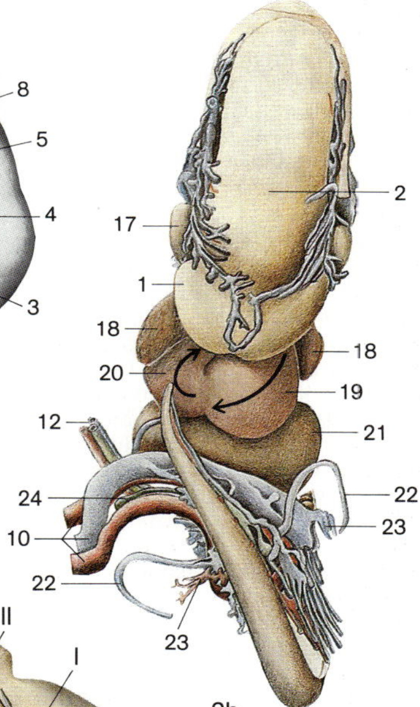

2b
Vorderansicht

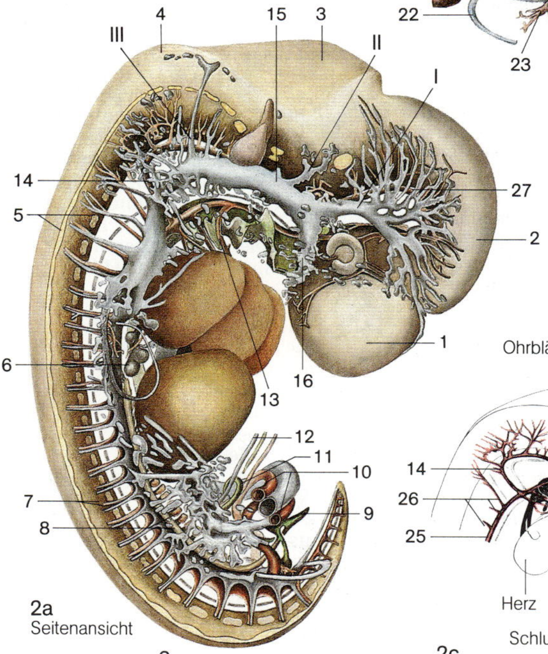

2a
Seitenansicht

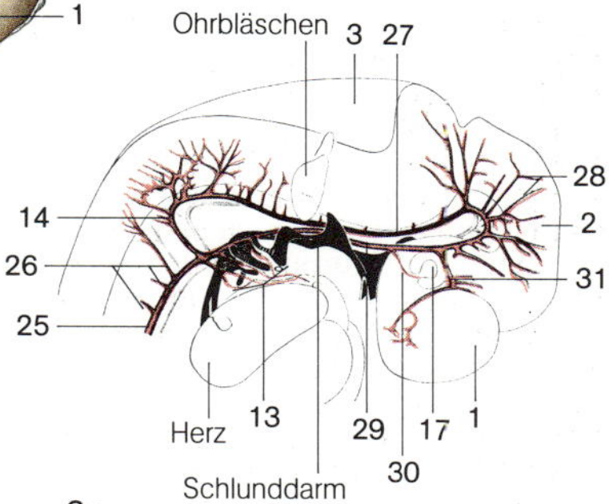

2
Embryo 7,5 mm, Blutgefäße

2c
Arterien des Kopfes

A. Stadium 15: Embryo Blechschmidt, 7 mm und 7,5 mm

Stadium 16: 8–11 mm, 37–42 Tage. Tiefe Riechgrübchen. Im unfixierten Embryo ist das Auge bereits pigmentiert. Die Ohrhöckerchen sind deutlich. Der Sinus cervicalis schließt sich. Die Handplatte ist ausgeprägt, die Fußplatte angedeutet.

A. „Embryo Blechschmidt", 8,8 mm, 9,6 mm und 10 mm

In der 5. und 6. Woche sind die Gehirnbläschen gegenüber der Körperachse nach vorn und unten gerichtet. Die Nakkenbeuge liegt höher als die Scheitelbeuge (**A2**, →2.4). Das Gesicht liegt auf dem Herz-Leber-Wulst. Die Frontalseite des Gesichtes (**A1**) wird erst sichtbar, wenn die Kopfanlage vom Herz-Leber-Wulst abgespreizt wird.

1. Frontalansicht des Gesichts beim 8,8-mm-Embryo. Die Mundspalte wird von unten durch den Unterkieferwulst (**1**, erster Schlundbogen) und von oben durch den Stirnfortsatz (**2**) begrenzt. Am Stirnfortsatz sitzen seitlich unten der **laterale** (**3**) und der **mediale** (**4**) Nasenwulst, die die Riechgrube begrenzen. Diese senkt sich zu den primären Choanen ein. Von hinten schiebt sich als Teil des ersten Schlundbogens der **Oberkieferfortsatz** (**5**) vor. Zwischen dem lateralen Nasenwulst (**3**) und dem Oberkieferfortsatz (**5**) entsteht die **Tränennasenfurche**, die auf das Auge zuläuft.

2. Embryo 9,6 mm, Originalaufnahme. In der Ansicht von rechts erscheint die Tränennasenfurche zwischen dem lateralen Nasenwulst (**4**) und dem Oberkieferfortsatz (**5**) als breite Rinne. Die erste Schlundfurche wird von sechs **Ohrhökkerchen** umgeben, von denen drei auf dem ersten (**1**, Unterkiefer) und drei auf dem zweiten Schlundbogen (Hyoidbogen) sitzen. Der zweite Schlundbogen überdeckt nach kaudal mit einem unteren Fortsatz (Operkulum) den dritten und vierten Schlundbogen, so daß sie in der Tiefe des Sinus cervicalis verschwinden. An der Armknospe bildet sich eine breite flache Handplatte aus, die in der Entwicklung der Fußplatte vorauseilt.

3. Teilrekonstruktion des 10-mm-Embryo

Darmtrakt und Leibeshöhlen. Die epitheliale Einsenkung des Riechgrübchens (**1**) trifft in der Tiefe auf das Dach der Mundbucht (**2**, Stomodeum). Aus dem Dach der Mundbucht stülpt sich die Anlage der Hypophyse als Rathke-Tasche (**3**) aus und legt sich an den Boden des Dienzephalons an. Die erste Schlundtasche (**4**) wächst nach lateral auf das Ohrbläschen zu. Das Darmrohr verläuft hinter dem Perikardbeutel (**5**) und tritt von hinten her in die Peritonealhöhle (**6**) ein, die fast ganz von der Leber ausgefüllt wird. Das Darmrohr schaut als Nabelschleife (**7**) aus dem Nabelzölom hervor und tritt unten als Rektum (**8**) in die Kloake ein. Aus dem ventralen Abschnitt der Kloake (**9**, Sinus urogenitalis) entstehen die Blase und die Urethra. Der Scheitel der Blase geht in den Allantoisgang (**10**) über, der sich in der Nabelschnur an das Nabelzölom anschmiegt.

Bewegungsapparat. Die quergestreifte Muskulatur aus den Myotomen verschmilzt zu den längsverlaufenden Faserzügen der Rückenmuskulatur (**11**), die kranial an der knorpeligen Anlage des Os occipitale (**12**) inseriert. Im knorpeligen Skelett des Armes (**13**) läßt sich die Anlage des Schulterblattes, des Humerus, des Radius und der Ulna sowie die fünf Strahlen des Handskeletts abgrenzen. In der Beinknospe ist nur der Femur (**14**) knorpelig angelegt.

1 ektodermale Einsenkung der Riechgrube mit der Riechplakode
2 Mundhöhle
3 Rathke-Tasche
4 Schlunddarm
5 Perikardbeutel
6 Leibeshöhle
7 aus dem Nabelzölom herausschauende Nabelschleife
8 Rektum
9 Sinus urogenitalis
10 Allantois
11 Rückenmuskulatur
12 Os occipitale
13 Armskelett
14 Anlage des Femurs
15 Nachniere (verdeckt)

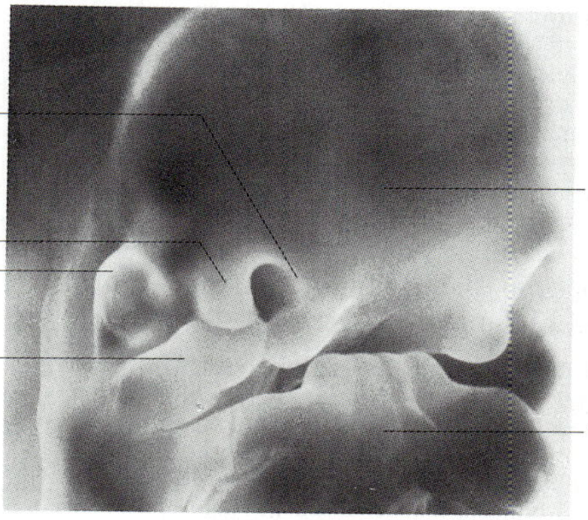

1
Gesicht, Embryo 8,8 mm

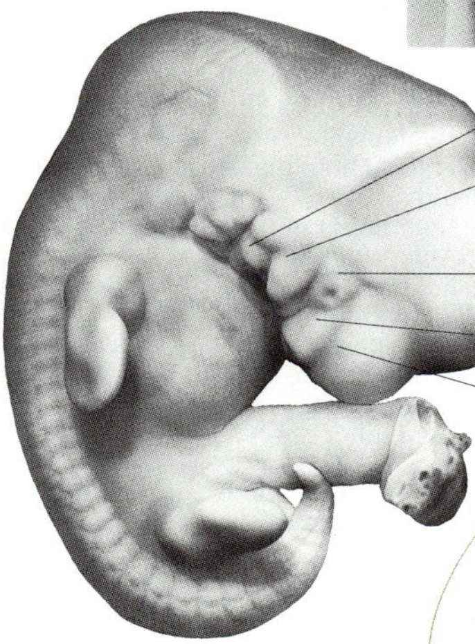

2
Ansicht von rechts,
Embryo 9,6 mm

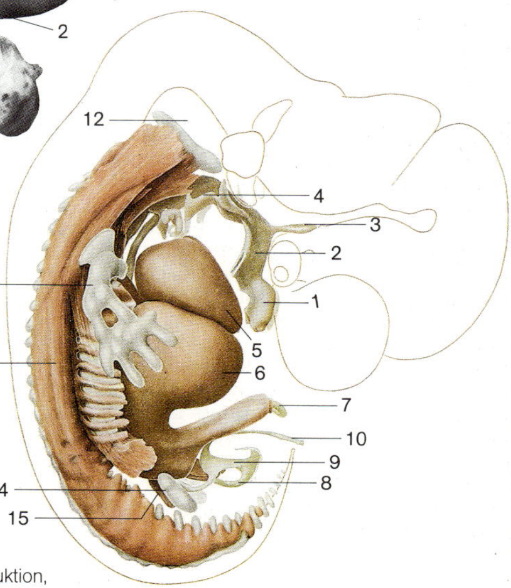

3
Teilrekonstruktion,
Embryo 10 mm

A. Stadium 16: Embryo Blechschmidt, 8,8 mm, 9,6 mm und 10 mm

Stadium 17: 11 – 14 mm, 42 – 44 Tag, relative Vergrößerung des Kopfes und Streckung des Rumpfes; Augen-Nasen-Furche und Ohrhöckerchen sind deutlich. Die Armknospen sind abgewinkelt, die Fingerstrahlen abgrenzbar.

A. „Embryo Blechschmidt", 9,8 mm und 11,7 mm

1. Embryo 9,8 mm, Dorsalansicht. Die dorsale Ektoderm- und Mesenchymschicht ist so dünn, daß die dorsale Fusionsrinne zwischen den Flügelplatten des Neuralrohres (**1**) hindurchschimmert. Lateral bildet sich das Relief der Spinalganglien (**2**) ab und darunter das Relief der Myotome (**3**) sowie der nach ventral auswachsenden segmentalen Muskulatur für die ventrale Rumpfwand. Die Reliefbildung ist durch die Entwässerung und Schrumpfung des lockeren Mesenchyms verstärkt. Die Armknospen sind bereits im prospektiven Ellenbogengelenk (**4**) abgewinkelt, während die Beinknospen (**5**) noch gerade vom Körper abstehen.

2. Aufhellungspräparat des 11,7-mm-Embryos. Das Präparat wurde in Xylol oder Methylbenzoat aufgehellt. Im Durchlicht werden die inneren Strukturen sichtbar. Das Gewebe härtet dabei jedoch aus, so daß es leicht bricht (x, Bruchstellen). Im Kopf sind die von lockerem Mesenchym umgebenen Gehirnbläschen gut zu erkennen (**1 Telenzephalon**, **2** Dienzephalon, **3** Mesenzephalon). Das Abdomen wird von der Leber (**8**) fast vollständig ausgefüllt. Die Leber ist durch die Blutbildung stark vergrößert und stellt sich dunkel dar. Auf dem Lebersockel liegt das Herz (**4** rechter Vorhof, **5** rechte Kammer, **6** linker Vorhof, **7** linke Kammer). Die dünnwandigen Vorhöfe erscheinen als Hohlräume. Im rechten Ventrikel schimmert das Trabekelwerk durch. Die Nabelschnur ist durch die Verlagerung der Nabelschleife in das Nabelzölom aufgetrieben (**9**).

3. Stufenpräparation des Embryos 11,7 mm

a Nach Entfernung des Kopfes. Beim Abtragen des Kopfes wurden die knorpeligen Anlagen der Halswirbelkörper aus dem lockeren Mesenchym vor dem Neuralrohr mitentfernt. Die noch kontinuierliche elastische Chorda (**6**) schlüpfte aus den Wirbelkörpern heraus und blieb isoliert in dem Präparat zurück. Man schaut auf den stehengebliebenen Mundboden (**12**) mit den Anschnitten der Schlundbögen (**9**, **11**). Über dem Herzen (**14**) und der Leber (**3**) wurde die dünne Leibeswand entfernt.

1 Neuralrohr
2 Rumpfwand, medial durchscheinend der Urnierenkörper
3 Leber
4 rechter Vorhof
5 zweite Schlundfurche
6 Chorda dorsalis
7 Neuralrohr
8 Spinalganglion mit dorsalem und ventralem Ast des Spinalnervs
9 Hyoidbogen
10 erste Schlundtasche (spätere Tuba auditiva)
11 Nerv des ersten Schlundbogens (V,3)
12 Anlage der Zunge
13 linker Vorhof
14 linke Kammer
15 Nabelvene
16 Nabelschleife des Dünndarms
17 spätere Ferse
18 Genitalhöcker

b Die Organe nach Entfernung von Herz und Leber

19 Urniere
20 Keimdrüse
21 Unterlappen der rechten Lunge
22 Umriß des Peritoneums
23 Pleura visceralis des rechten Oberlappens
24 hintere Körperwand
25 Eingang in den Larynx
26 Trachea
27 Umriß der V. cardinalis communis
28 Oberlappen der linken Lunge
29 Unterlappen der linken Lunge
30 Magen
31 Milz
32 Dottervene
33 A. mesenterica superior
34 Nabelschleife
35 Rektum

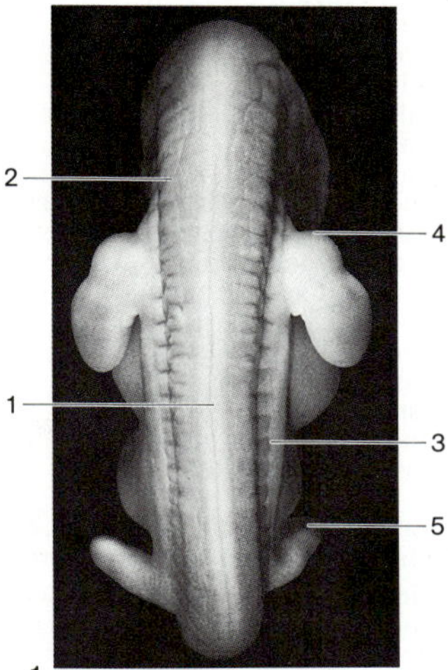

1
Embryo 9,8 mm, Dorsalansicht

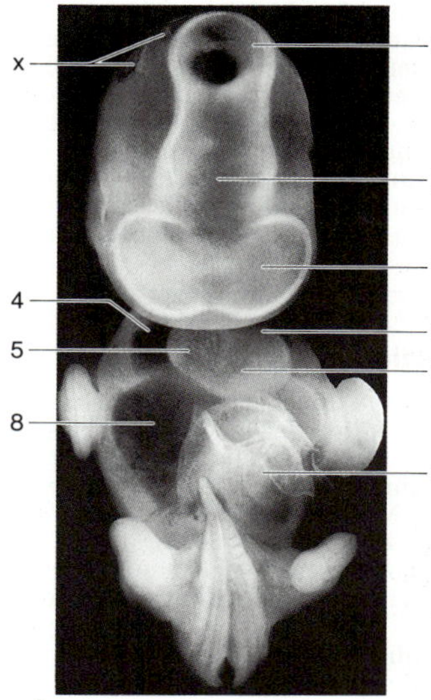

2
Embryo 11,7 mm, Aufhellungspräparat

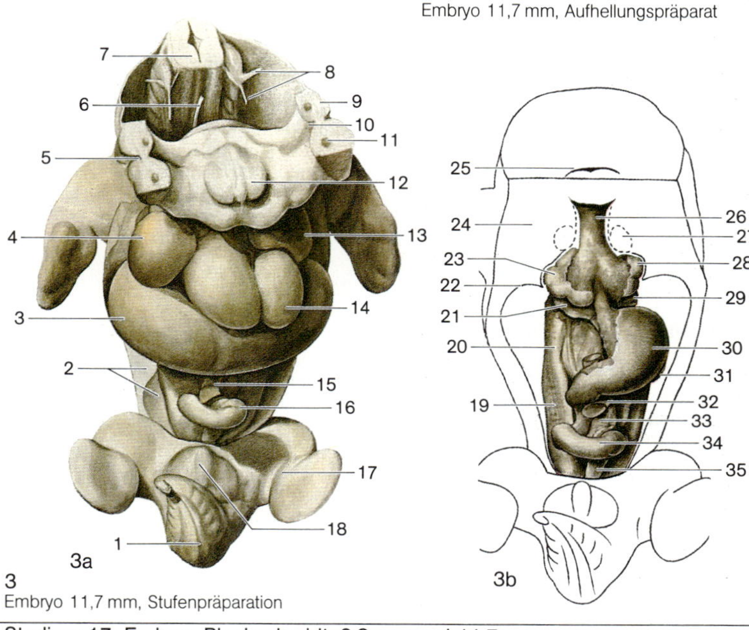

3
Embryo 11,7 mm, Stufenpräparation

A. Stadium 17: Embryo Blechschmidt, 9,8 mm und 11,7 mm

Stadium 18: 13–17 mm, 44–48 Tage, kuboide Körperform; die Zehenstrahlen grenzen sich ab; Augenlider angedeutet; Nasenspitze deutlich; Auftreten der Brustwarze; die Verknöcherung kann bereits beginnen.
Stadium 19: 16–18 mm, 48–51 Tage. Das Auge und die Ohrmuschel heben sich ab. Fingerstrahlen deutlich abgegrenzt.

A. Stadium 18 und 19

1. „Embryo Blechschmidt", 13 mm, in situ mit Dottersack. Die Chorionblase ist eröffnet, das durchsichtige Amnion (**1**) am Nabelschnuransatz abgetragen. Vom Ansatz der Nabelschnur ziehen die Dottergefäße (**2**) zum Dottersack (**3**), der in dem engen Spaltraum zwischen Amnion und innerer Oberfläche des Chorions (**4**) liegt.

2. „Embryo Blechschmidt", 13,5 mm, Teilrekonstruktion. Isolierte Darstellung der Neuralanlage, der Arterien und des Darmtraktes. Die Venen sind verdeckt oder nicht dargestellt.

Zentrales Nervensystem (gelb)
1 Telenzephalon
2 Dienzephalon
3 Mesenzephalon mit N. oculomotorius
4 Rhombenzephalon mit N. trigeminus und N. vestibulocochlearis
5 Neuralrohr
6 ventrale Wurzel
7 dorsale Wurzel der Spinalnerven

Arterien (rot)
8 rechter Aortenbogen. Beide Aortenbögen umfassen Ösophagus und Trachea
9 A. vertebralis. Sie entsteht aus Anastomosen zwischen den kranialen Intersegmentalarterien, deren proximale Wurzeln verschwinden
10 rechte A. subclavia. Sie entsteht aus der 7. Intersegmentalarterie des Halses
11 A. carotis. Sie ist eine Fortsetzung der paarigen ventralen Aorta
12 A. ophthalmica
13 A. cerebri media
14 Aorta mit Intersegmentalarterien
15 Nabelarterie

Darmtrakt (grün)
16 primäre Choanen
17 Mundbucht
18 Schlunddarm
19 epitheliale Aufzweigungen der Lungenknospe
20 Magen
21 Duodenum mit dem nach ventral gerichteten Abgang des Lebergallengangs und der nach dorsal gerichteten dorsalen und ventralen Pankreasanlage
22 Nabelschleife
23 Allantoisdivertikel
24 Rest des Urnierengangs
25 Epitheliale Aufzweigung der Ureterknospe in der Nachniere

3. „Embryo Blechschmidt", 16,2 mm, isolierter Embryo nach der Fixation

a Ansicht von rechts. Die Entwicklung des oberen und unteren Augenlids deutet sich durch tiefe Furchen über und unter der Augenanlage an. Die Ohrhöckerchen sind zur Anlage der Ohrmuschel verschmolzen. In der Handplatte werden die Einkerbungen zwischen den Fingerstrahlen sichtbar, während die Fußplatte noch glatt begrenzt ist. Unter der Hand ist die **Milchdrüsenanlage** (**1**) sichtbar.

b Ansicht von dorsal. Die Grenze zwischen Anlage des Wirbelbogens und Rippen stellt sich als Furche dar. Die Beinanlagen sind nun ebenfalls im Kniegelenk abgewinkelt. Der **Schwanz** bildet sich durch physiologische Nekrose zurück.

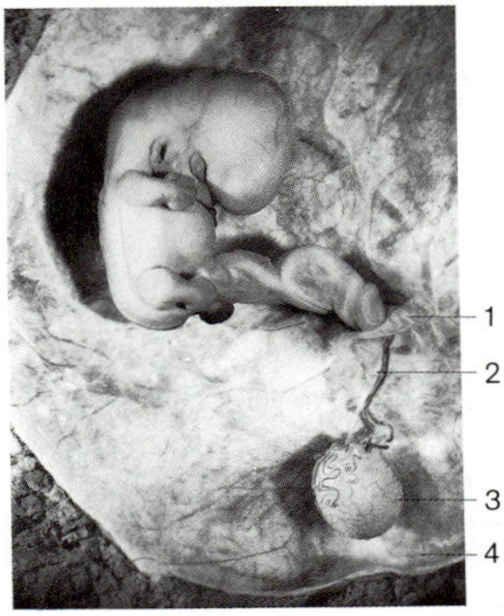

1
Stadium 18: Embryo Blechschmidt, 13 mm

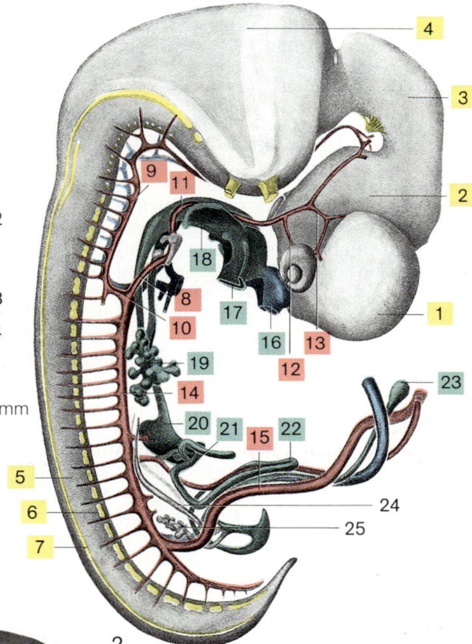

2
Stadium 18: Embryo Blechschmidt, 13,5 mm

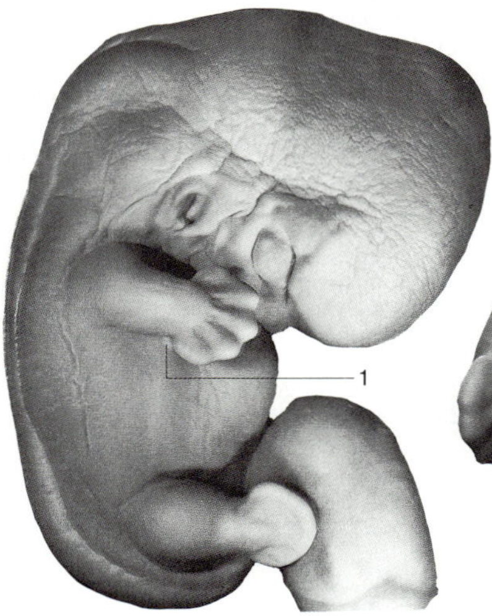

3a
Ansicht von rechts

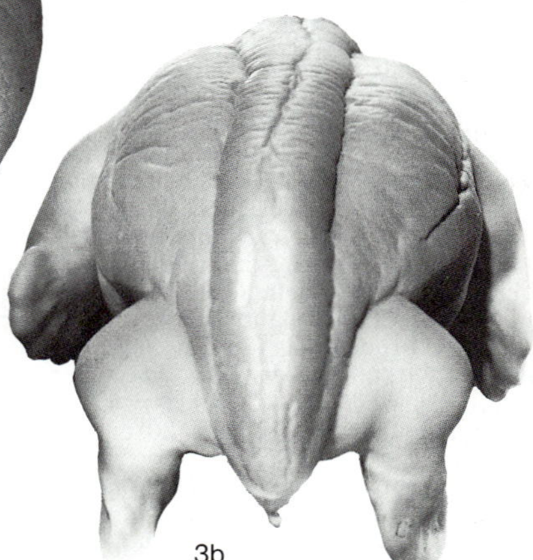

3b
Dorsalansicht

3 Stadium 19: Embryo Blechschmidt, 16,2 mm

A. Stadium 18 und 19

Stadium 20: 18 – 22 mm, 51 – 53 Tage. Arme gewinkelt und in Pronationsstellung, Finger getrennt. Zehenstrahlen abgrenzbar.

A. „Embryo Blechschmidt", 17,5 mm

1. Äußere Gestalt. Das Gesicht nimmt mit der Einziehung zwischen Stirn und Nasenansatz sowie mit der schnauzenförmigen Nasenpartie (dem Vorstadium der Stupsnase) kindliche Züge an. Die Fingerstrahlen sind voneinander getrennt. Die Hände liegen in typischer Pronationshaltung auf der Herz-Leber-Vorwölbung. An der Fußplatte erscheinen die Einkerbungen zwischen den Zehenstrahlen.

2. Darmtrakt und Leibeshöhlen

a Isolierter Darmkanal in Beziehung zum Neuralrohr. Die äußere Gestalt des Embryos wird durch das dorsalkonvexe Halboval der Neuralanlage bestimmt, in die sich der Darmtrakt als ein innerer parallel verlaufender Ring einpaßt. Aus dem Epithel der Mundhöhle (**2**) sprossen nach unten die Anlagen der Speicheldrüsen aus (**4**). Von unten wölbt sich die in der Rekonstruktion ausgesparte Zunge vor. Das Hypophysendivertikel (**3**) legt sich an das Infundibulum des Dienzephalons an. Es besteht noch eine dünne epitheliale Verbindung zum Dach der Mundhöhle. Schilddrüse und Thymus liegen unterhalb des Kehlkopfes. Die Drehung und Kippung des Magens (**10**) ist bereits erfolgt, so daß das Duodenum mit dem Abgang des Leberganges und der Gallenblase vom Magen verdeckt sind. Dünndarm und Dickdarm mit dem Zäkum liegen als Darmschleife (**12**) außerhalb der Leibeshöhle in der Nabelschnur (physiologischer Nabelbruch). Das Rektum (**15**) hat sich vom Sinus urogenitalis (**18**) und der Urethra (**17**) getrennt. An der Hinterwand der Blase (**19**) münden die Genitalgänge (**22**) zwischen den beiden Ureteren (**20**) ein.

b Einblick in die Leibeshöhlen. Die Bezeichnungen des in der Tiefe sichtbaren Darmtraktes sind identisch mit denen in **2a**. Trachea und Ösophagus (**6**) laufen hinter der Perikardhöhle (**7**) nach unten. Die Zölomkanäle zwischen Perikardhöhle und Leibeshöhle haben sich zu den Pleurahöhlen (**8**) erweitert. Alle drei Höhlen sind gefenstert, so daß man in der Perikardhöhle (**7**) auf die Spitze des Herzens, in der linken Pleurahöhle (**8**) auf die von viszeraler Pleura bedeckte Lunge und in der Peritonealhöhle (**9**) auf den Magen (**10**) und den dahinter gelegenen Wulst der Urniere mit den Genitalgängen (**22**) schaut. Die Leibeshöhle besitzt eine Aussackung in die Nabelschnur hinein, die abgetragen ist (**14**), so daß die Nabelschleife (**12**) sichtbar ist. Über dem Rektum (**15**) schiebt sich eine Peritonealduplikatur (**16**) als Anlage der Excavatio rectovesicalis oder rectouterina herab. Die Ureteren (**20**) ziehen nach dorsal zu den retroperitoneal gelegenen Nachnieren (**21**).

1 Epithelauskleidung der primären Choanen
2 Entoderm der Mundhöhle
3 Hypophysendivertikel
4 Abgang der Speicheldrüsen
5 äußerer Gehörgang mit Ohrmuschel
6 Trachea und Ösophagus
7 Herzbeutel, an der Spitze eröffnet
8 linke Pleurahöhle, eröffnet
9 Auskleidung der Peritonealhöhle
10 Magen
11 Omentum minus
12 Nabelschleife
13 Gefäße des Dottersackstiels (spätere V. und A. mesenterica superior)
14 Nabelzölom
15 Rektum
16 Excavatio rectovesicalis bzw. rectouterina
17 Urethra
18 Sinus urogenitalis
19 Blase
20 Ureter
21 Nachniere
22 Genitalgänge
23 Allantois

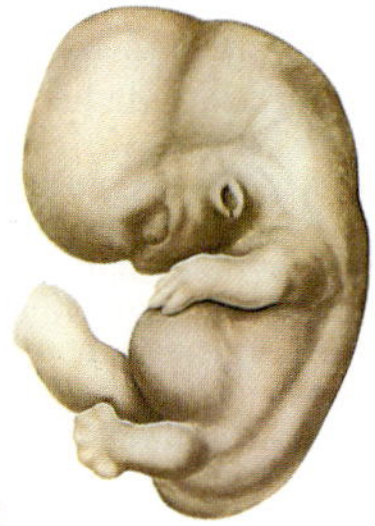

1
äußere Gestalt
(doppelte Originalgröße)

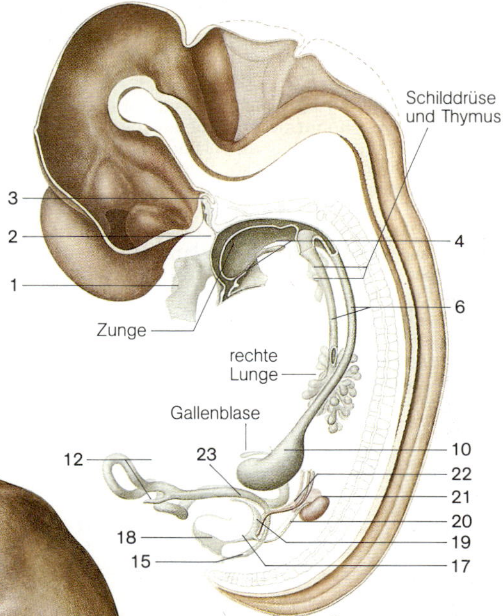

2a
isolierter Darmkanal
mit Neuralrohr

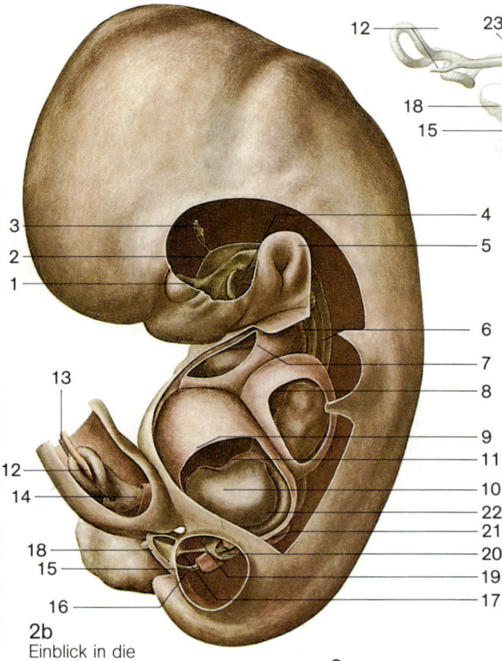

2b
Einblick in die
Leibeshöhlen

2
Darmtrakt und Leibeshöhlen

A. Stadium 20: Embryo Blechschmidt, 17,5 mm

B. „Embryo Blechschmidt", 17,5 mm. Rekonstruktion der Organanlagen

1. Knorpeliges Skelett und Venensystem des Kopfes

Skelett. Die Wirbelsäule, die Rippen, das Extremitätenskelett und die Schädelbasis werden als hyaliner Knorpel angelegt, der später durch enchondrale Verknöcherung in Knochen umgewandelt wird. Die Knorpelanlagen sind noch nicht klar gegeneinander abgegrenzt, sondern gehen fließend ineinander über. Die Gelenke entwickeln sich aus gefäßreichem lockeren Bindegewebe, das zwischen die Knorpelanlagen einwächst.

1 knorpelige Nasenkapsel
2 Ala major des Os sphenoidale
3 Anlage der Gehörknöchelchenkette
4 Ohrkapsel (späteres Os petrosum)
5 Os occipitale
6 Wirbelkörper mit Ansätzen der Wirbelbögen
7 Handskelett mit dorsalem Venenbogen
8 Fußskelett mit venösem Randsinus

Venensystem des Kopfes. Die Ohrkapsel unterbricht den Verlauf der vorderen *Kardinalvene* (**9**), die beim jungen Embryo das Blut aus der vorderen Körperhälfte und aus dem Kopf abführt. Der Venenabfluß wird über den *Sinus sigmoideus* (**15**) und den *Sinus petrosus superior* (**11**) und *inferior* (**12**), die aus lokalen Venengeflechten entstehen, nach oben verlagert. Der vordere Abschnitt der Kardinalvene wird zum *Sinus cavernosus* (**13**), der seine ursprüngliche Verbindung zu den Venen des Gesichtes über die *V. ophthalmica* (**14**) und die V. angularis sowie über den *Plexus pterygoideus* (**15**) beibehält.

2. Schädelbasis und Skelettmuskulatur

Schädelbasis. Die Schädelbasis setzt sich aus zentralen Elementen zusammen, die eine Fortsetzung der Wirbelsäule darstellen, und aus Elementen, die knorpelige Kapseln für die zentralen Sinnesorgane bilden. Zu den zentralen Elementen gehört das *Os occipitale* mit dem knorpelig angelegten Teil der Hinterhauptsschuppe (**1**), das *Os basale* (**3**) und die *Hypophysenknorpel* (**4**).

Die prominenteste Kapselstruktur ist die *Ohrkapsel* (**2**). Sie schließt die Anlage des Innenohres mit der Schnecke und den Bogengängen vollkommen ein und verknöchert später zum Felsenbein. Die *Orbita*, die nach vorn offene Kapsel für das Auge, entsteht aus der knorpeligen Anlage des *großen* und des *kleinen* (**5**) *Keilbeinflügels*. Die *Nasenkapsel* (**6**) enthält die Einsenkung der Riechgrube und ist die knorpelige Anlage des Nasenskeletts.

Unter der Ohrkapsel liegt die *Gehörknöchelchenkette* (**7**) mit einer direkten Verbindung zum *Meckel-Knorpel* (**8**), dem Knorpel des ersten Schlundbogens (Unterkiefer). Über dem Meckel-Knorpel ist eine Lamelle aus *desmal entstehendem Knochen* (**9**) als Anlage des definitiven Unterkiefers zu erkennen. Der definitive Unterkiefer entsteht durch desmale Verknöcherung, während sich der runde Meckel-Knorpel zurückbildet. Die Knochenlamelle im Unterkiefer ist der erste desmale Verknöcherungsherd in diesem Stadium.

Skelettmuskulatur. An der Unterseite der Schädelbasis sind die *Augenmuskulatur* (**11**), die *Kaumuskulatur* (**10**) und die Muskeln des Halses (**12**) angedeutet. Mit dem *M. trapezius* (**13**) und *M. latissimus* (**14**) breitet sich die Schultergürtelmuskulatur über den gesamten Rumpf aus und bedeckt die tiefe Rückenmuskulatur. Durch einen weiten klaffenden Spalt in der *Rektusmuskulatur* (**15**) wölbt sich die Leber vor (Rektus-Diastase). Die *Strecker am Unterarm* (**16**) und die *Strecker am Unterschenkel* (**17**) sind bis in die Hand- und Fußplatte hinein noch muskulös. Hier wandeln sie sich später sehnig um. Die Hand liegt in Pronationsstellung auf dem Leberwulst. Die Beinanlage führt eine entsprechende Pronationsbewegung durch, aus der schließlich die in der Pronation fixierte definitive Fußstellung hervorgeht.

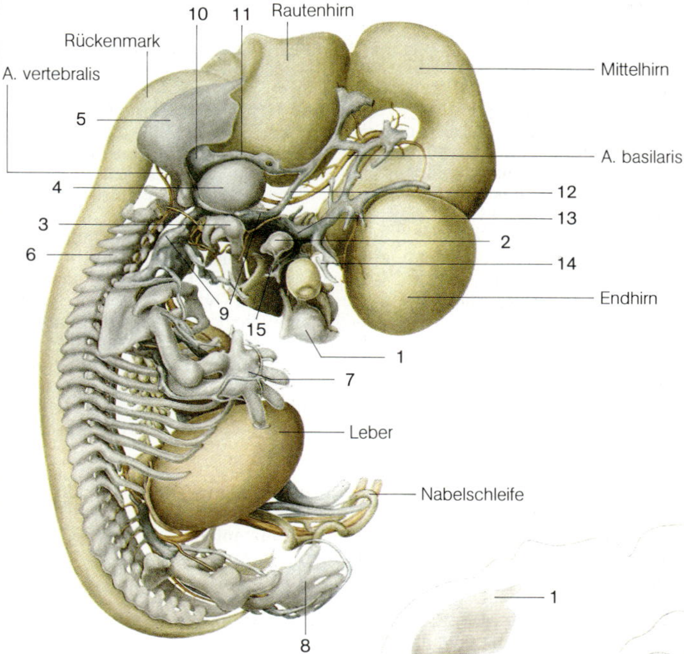

1
knorpeliges Skelett und
Venensystem des Kopfes

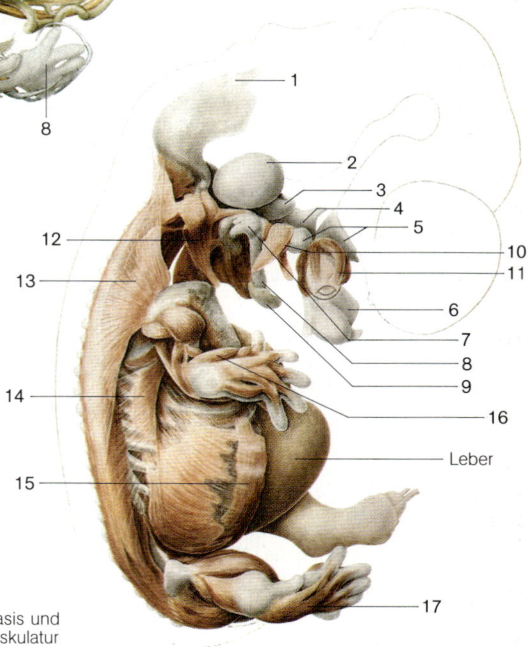

2
Schädelbasis und
Skelettmuskulatur

B. Stadium 20: Embryo Blechschmidt, 17,5 mm

A. Stadium 23: Embryo, 30 mm, Sagittalschnitte

Der Embryo entspricht in seiner Entwicklung dem „Embryo Blechschmidt“, 29 mm (→2.31 A2 und die dritte Phase der Stufenpräparation des Kopfes 2.31 A1c). Er ist weniger weit entwickelt als der Fetus von 30 mm von Blechschmidt (→2.34), der jedoch zur Lokalisation der Schnitte herangezogen werden kann (Lage der Schnitte). Der Schnitt **A1** liegt etwas rechts von der Mittellinie. Auf dem Schnitt **A2** ist das linke Ovar auf einem Sagittalschnitt durch die linke Körperhälfte getroffen.

Zentralnervensystem. Die Anlage des Gehirns umfaßt mehr als ein Drittel des gesamten Embryos (**A1**). Im Seitenventrikel (**1**) und im vierten Ventrikel (**3**) ist der Plexus choroideus (**4**) zu erkennen. Das Mesenzephalon besitzt noch einen weiten Ventrikel (**2**), der sich später zum Aquäductus cerebri verengt. Gehirn und Rückenmark sind von gefäßreichem lockeren Mesenchym (**5**) umgeben, das sich zu den Meningen differenziert.

Wirbelsäule und Schädelbasis. Die Wirbelsäule besteht aus dichten bindegewebigen Zonen, die den Zwischenwirbelscheiben, und aus helleren knorpeligen Zonen, die den Wirbelkörpern entsprechen. Sie setzt sich horizontal in die Anlage der Schädelbasis fort. In der knorpeligen Anlage der Sella turcica (**7**) liegt die Adenohypophyse, die sich vom Dach der Mundhöhle abgeschnürt hat.

Magen-Darm-Trakt. Die Mundhöhle wird von der großen Zunge (**8**) ausgefüllt. Unter dem Kehlkopf (**9**) steigt der Thymus (**10**) ins Mediastinum herab. Hinter dem Herzbeutel ist der rechte Hauptbronchus (**11**) quer getroffen. Darunter tritt der Ösophagus (**12**) durch das Zwerchfell in die Leibeshöhle ein. Der Magen liegt links und ist daher im Ausschnitt (**A2**) getroffen. Unter der Leber liegt der quergestellte Antrumabschnitt des Magens (**13**). An der Unterkante des Magens setzt das dorsale Mesogastrium an (**14**). Die dünne Gewebsplatte zieht zwischen Magen und dorsaler Leibeswand mit dem Urnierenkörper und dem Ovar (**15**) nach oben und enthält das Pankreas (**16**). Aus der Nabelschnur tritt die unpaare Nabelvene (**17**) direkt in die Leber ein. Phallus und Labioskrotalfalten (**19**) bestehen aus undifferenziertem verdichtetem Mesoderm.

Ovar und Urniere. Auf einem weiter lateral gelegenen Schnitt (**A2**) ist das Ovar (**15**) getroffen, das über eine breite Mesenterialwurzel mit der Urniere (**20**) verbunden ist. Die Urniere liegt am unteren Pol der Nachniere (**21**) und besitzt gut ausgebildete Glomeruli und Nierenkanälchen. Unten liegt der querverlaufende Teil des Wolff-Körpers mit Wolff- (**22**) und Müller-Gang (**23**). Über dem Ovar, hinter dem Fundus des Magens, liegt die Spitze des Pankreas (**16**) im dorsalen Mesogastrium (**14**), das als querverlaufende Gewebeschicht parallel zur dorsalen Leibeswand über dem deszendierenden Ovar und der Urniere liegt, jedoch noch nicht mit ihr verschmolzen ist.

1 Telenzephalon
2 Mesenzephalon
3 Rhombenzephalon
4 Plexus choroideus
5 Meningen
6 Defekt im Schnitt
7 Sella turcica mit Hypophyse
8 Zunge
9 Kehlkopf
10 Thymus
11 rechter Hauptbronchus
12 Ösophagus
13 Antrumabschnitt des Magens
14 dorsales Mesogastrium
15 Ovar
16 Pankreas
17 Nabelvene
18 Nabelarterie
19 Phallus und Labioskrotalfalten
20 Urniere
21 Nachniere
22 Wolff-Gang
23 Müller-Gang
24 Fundus des Magens

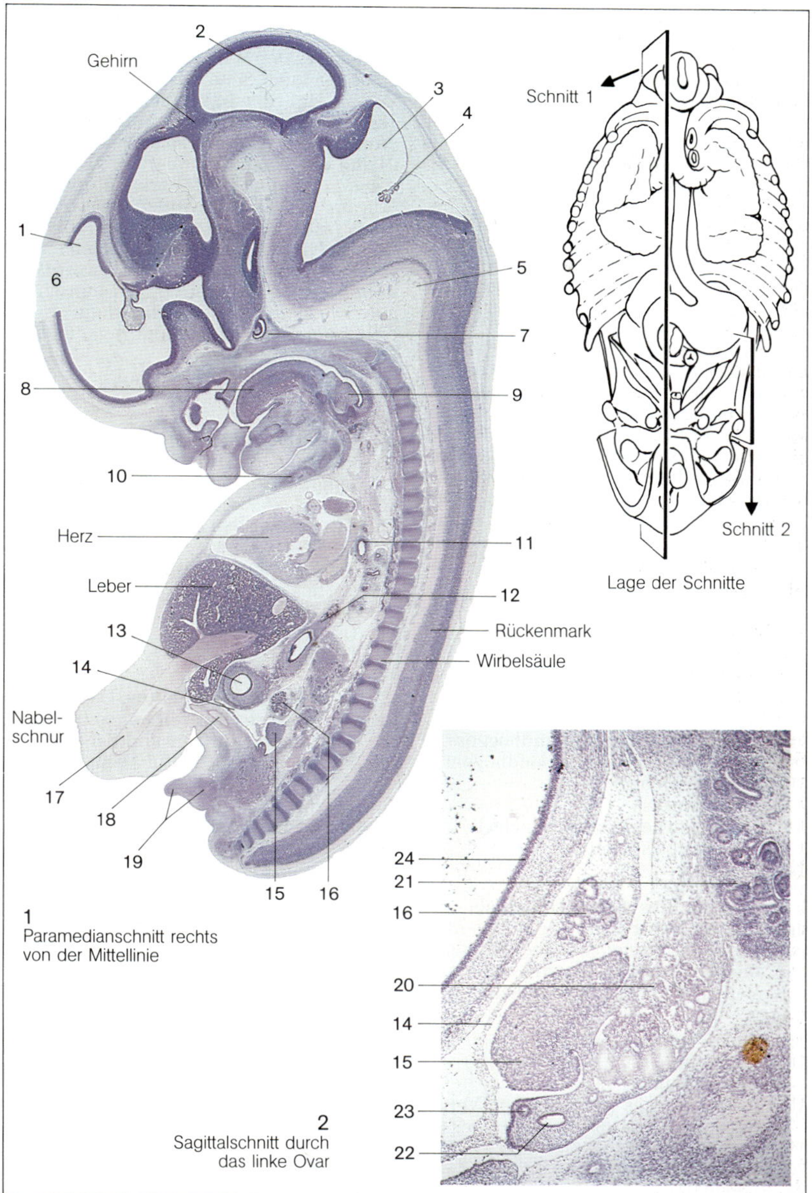

1
Paramedianschnitt rechts von der Mittellinie

2
Sagittalschnitt durch das linke Ovar

A. Stadium 23: Embryo 30 mm, Sagittalschnitte

A. „Embryo Blechschmidt", 29 mm, Stufenpräparation

1. Stufenpräparation des Kopfes. Bei der Stufenpräparation wird direkt vom Präparat gezeichnet ohne den Umweg über den histologischen Schnitt und die Herstellung eines vergrößerten Modells (Rekonstruktion).

a Gehirn und Viszeralskelett. Die Schädelkapsel ist abgetragen. Im *Telenzephalon* (**1**) beginnt die Hemisphärenrotation. Die *Inselregion* (**2**) bleibt im Wachstum zurück. In der dorsalen Rautenlippe des Rhombenzephalons entwickelt sich der *Kleinhirnwulst* (**11**), der durch die *Abrißkante* (**12**) des dünn ausgezogenen Daches des vierten Ventrikels in einen intraventrikulären und einen extraventrikulären Abschnitt unterteilt wird. Unterhalb der Schädelbasis sind die knorpeligen Elemente der Schlundbögen dargestellt. Der Knorpel des *ersten Schlundbogens* (**8**) artikuliert mit dem Knorpel des *zweiten Schlundbogens* (**9**). Zwischen beiden entwickeln sich die Gehörknöchelchen.

1 Telenzephalon
2 Insel
3 Dienzephalon
4 N. opticus
5 Hypophyse
6 Keilbeinflügel
7 Nasenkapsel
8 Knorpel des ersten Schlundbogens
9 Knorpel des zweiten Schlundbogens
10 Mesenzephalon
11 Kleinhirnwulst
12 Abrißkante des Ventrikeldachs IV
13 Hinterhauptsschuppe
14 Ohrkapsel

b Eröffnung des Seitenventrikels und des vierten Ventrikels. Unter der *Insel* (**a**,**2**) wird der *Ganglienhügel* (**16**) sichtbar. Die *Ohrkapsel* (**a**,**14**) und das Viszeralskelett sind auf der rechten Seite abgetragen.

15 Taenia choroidea
16 Ganglienhügel
17 Nasenseptum
18 Riechfasern des rudimentären Vomeronasalorgans (→5.5)
19 Gaumenplatten
20 primäre Choanen
21 Bogengänge
22 Schnecke

c Medianschnitt durch das Dienzephalon, das Mesenzephalon und die Rautengrube. Der Seitenventrikel der gegenüberliegenden Seite ist von medial eröffnet, so daß der linke *Plexus choroideus* (**25**) sichtbar wird. Im Sagittalschnitt des *Dienzephalons* wölbt sich in der oberen Hälfte der Thalamus (**24**) vor. Über der *Lamina terminalis* (**27**) erkennt man den Abgang in den linken *Seitenventrikel* (**26**). Das *Mesenzephalon* (**31**) besitzt noch ein weites Lumen, das sich erst später zum Aquaeductus cerebri einengt. Das *Nasenseptum* (**b**,**17**) ist entfernt. Medianschnitt durch den Nasenrachenraum. Die Schnecke bleibt stehen und ragt aus dem Präparat heraus.

23 Epiphyse
24 Thalamus
25 Plexus choroideus im linken Ventrikel
26 Foramen interventriculare
27 Lamina terminalis
28 Bulbus olfactorius und Riechfasern
29 Nasenmuscheln der linken Seite
30 Vierhügelplatte
31 Mesenzephalonbläschen
32 Corpus mamillare
33 Schnecke
34 Os basale
35 Dens axis

2. Thorax und Beckensitus. Die Thoraxwand ist von rechts eröffnet, so daß man die Ansätze der Rippen und der Thorax- und Abdominalmuskulatur sieht.

1 Rippen
2 Rektusmuskulatur
3 physiologischer Nabelbruch
4 Phallus
5 Zipfel des Herzbeutels
6 Lunge
7 Zwerchfell über der Leber
8 knorpelige Anlage des Beckens

Subkutaner Gefäßplexus des Kopfes (→2.33). Vom Stadium 20 bis 23 breitet sich der subkutane Gefäßplexus über den Schädel aus. Die Vaskularisierung schreitet von der Schädelbasis zum Scheitel fort. Zwischen vaskularisiertem und nicht vaskularisiertem Mesoderm entsteht eine scharfe Grenze.

Abbildung 2.33 A2 aus Boyd, Hamilton: The Human Placenta

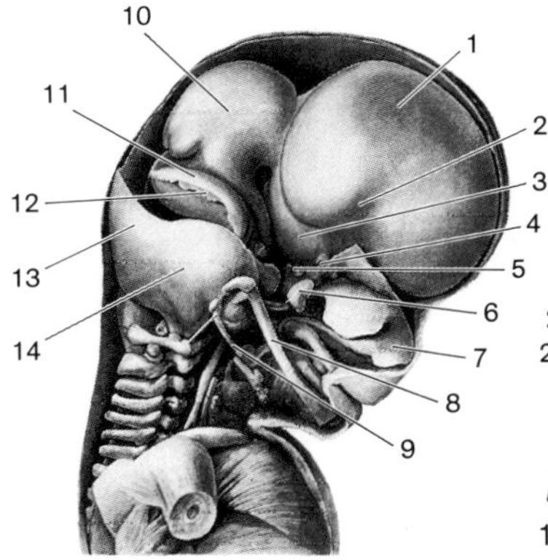

1a

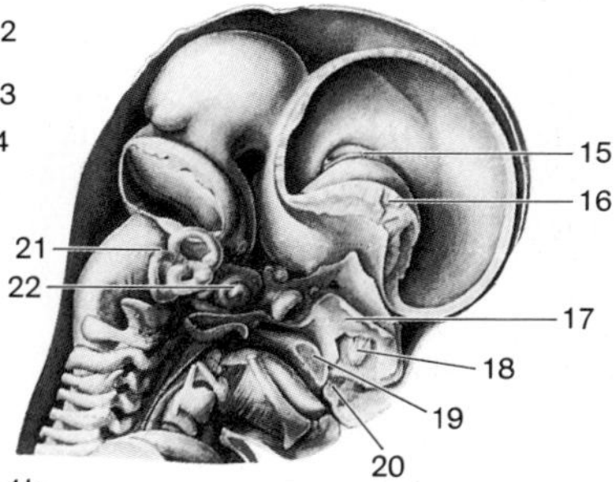

1b

1
Stufenpräparation des Kopfes

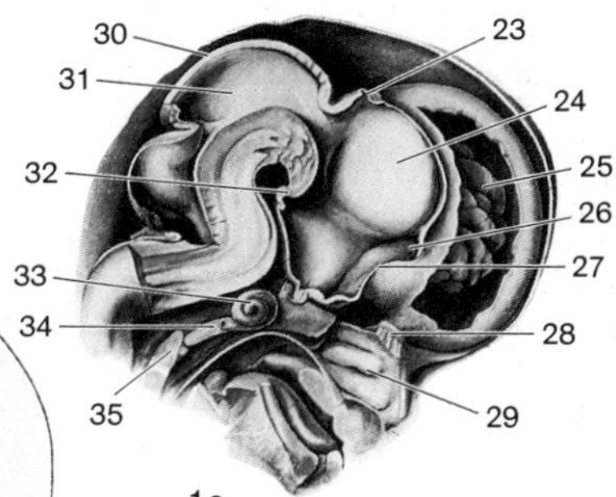

1c

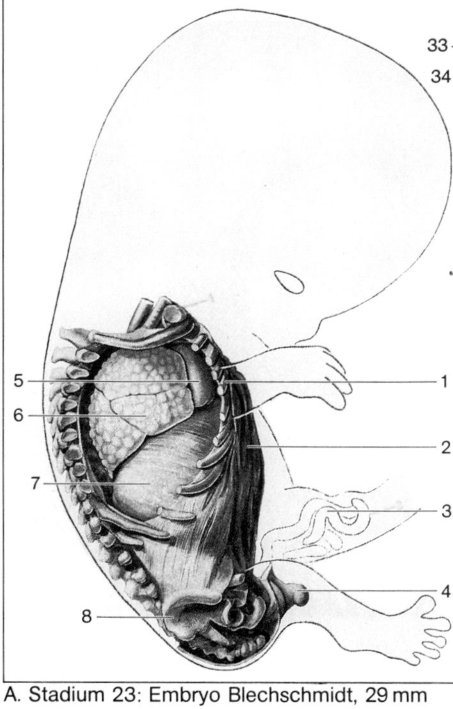

2
Thorax und Beckensitus

A. Stadium 23: Embryo Blechschmidt, 29 mm

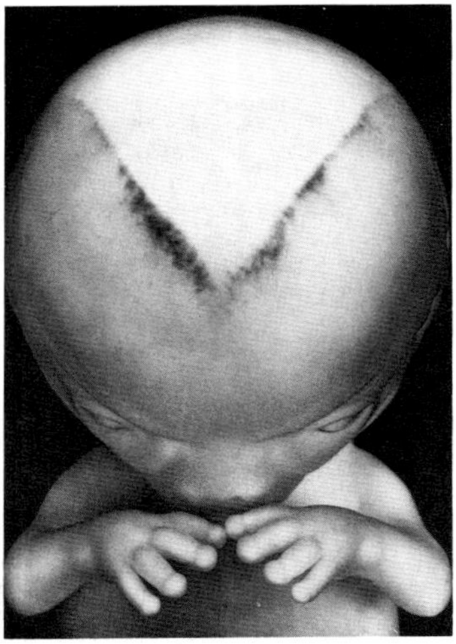

1
Gesicht im Stadium 23,
Embryo Blechschmidt, 29 mm

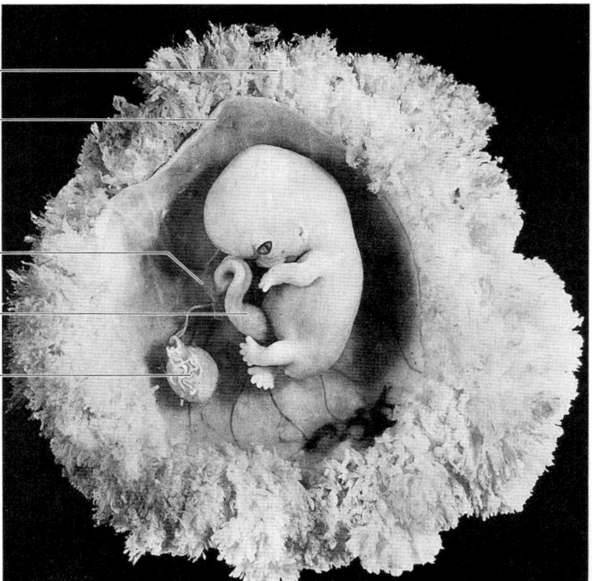

2
Embryo im Stadium 22

A. Körperform und Eihäute am Ende der Embryonalperiode

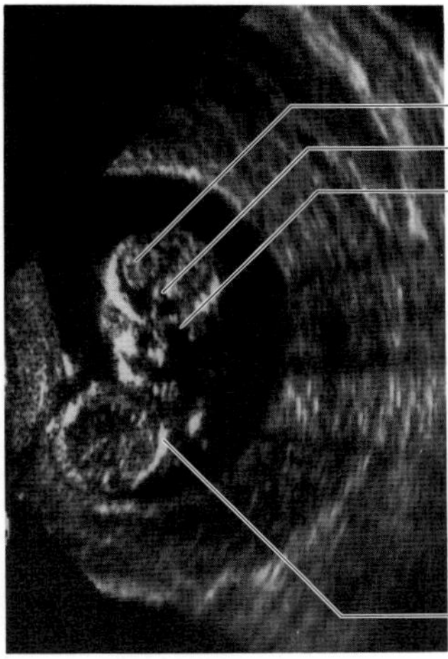

1
Frontalschnitt durch Kopf und Thorax
(entsprechend A. 1)

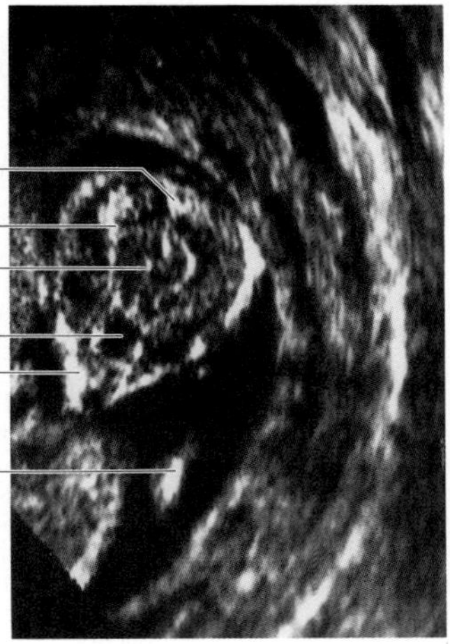

2
vergrößertes, weiter dorsal gelegenes
Schnittbild

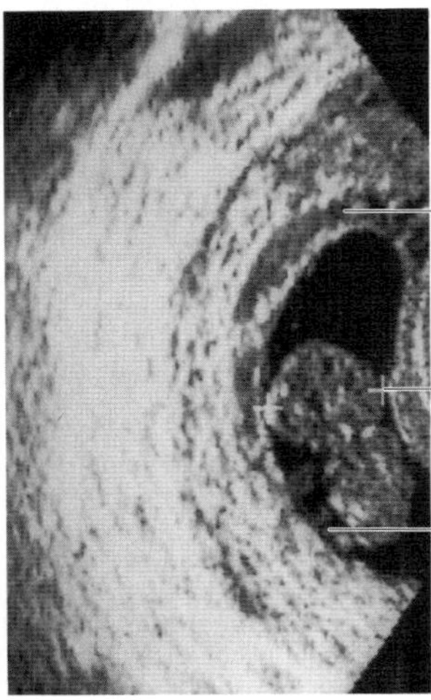

3
Sagittalschnitt durch eine Schwangerschaft
(entsprechend A. 2)

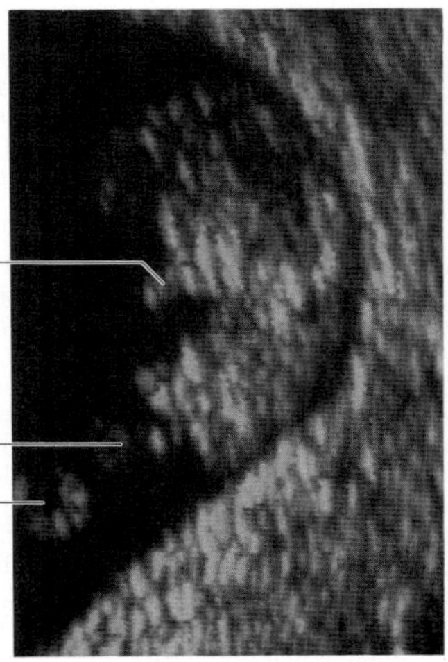

4
vergrößerter Parasagittalschnitt einer
weiteren Schwangerschaft

B. Entsprechende sonographische Untersuchung aus der 10. SSW (8. Woche)

Die Bilder wurden freundlicherweise von F. Degenhardt, Hannover, zur Verfügung gestellt.

Die Embryonalperiode endet in der 10. SSW (Stadium 23, 8. Woche p.o.). In der **Fetalperiode** erfolgt das Größenwachstum des Embryos und die Ausreifung der Organsysteme. In der ersten Hälfte, bis zur 20. SSW, überwiegt das Längenwachstum, während am Ende der Schwangerschaft die Gewichtszunahme im Vordergrund steht.

A. Wachstumskurve in der Fetalperiode

Charakterisierung der Fetalperiode. Im 3. Monat bildet sich der physiologische Nabelbruch zurück (11. SSW). Die Chorionhöhle obliteriert. **Im 4. Monat** ist das äußere Geschlecht erkennbar. Im **5. Monat** nimmt die Mutter die Kindsbewegungen wahr. Der Fetus besitzt eine Lanugobehaarung. Der **6. Monat** ist durch eine runzelige Haut charakterisiert, da das subkutane Fettgewebe noch fehlt. Im **7. Monat** entsteht das subkutane Fettgewebe. Die Lebensfähigkeit einer Frühgeburt während des 6. oder zu Beginn des 7. Monats hängt von der Ausreifung der Lunge und des Gehirns ab. Ab der 28. SSW ist der Fetus im Prinzip lebensfähig. Gegen Ende der Schwangerschaft ist die Haut von einer weißlichen, fettigen Substanz bedeckt, der Vernix caseosa, die von den Talgdrüsen gebildet wird.

Schwangerschaftswochen (SSW). In der Fetalperiode wird das Alter der Frucht in Schwangerschaftswochen angegeben. Die Schwangerschaftswochen werden vom ersten Tag der letzten Regel an gezählt (Menstruationsalter). Die Bestimmung der Dauer einer Schwangerschaft nach der letzten Regel entspricht der Praxis in der Geburtshilfe, in der die letzte Regel immer erfragt werden kann, während der Zeitpunkt der Ovulation, die zu einer Befruchtung und zur Einnistung geführt hat, meistens nicht bekannt ist. Das in SSW angegebene Menstruationsalter liegt daher immer um zwei Wochen höher als das in Tagen oder Wochen angegebene Ovulationsalter oder Befruchtungsalter.

Lunarmonate. Zwischen dem ersten Tag der letzten Regel und der Geburt liegen 40 Wochen. Sie lassen sich in 10 Monaten zu 4 Wochen einteilen. In dieser Rechnung hat ein Monat 28 Tage.

Trimenon. Die Bezeichnung Trimenon faßt je 3 Lunarmonate zusammen. Der erste Trimenon erstreckt sich bis zur 12. SSW und ist daher um 2 Wochen länger als die Embryonalperiode.

Scheitel-Steiß-Länge (SSL). In der Embryonalzeit ist die SSL eines Embryos gleichbedeutend mit seiner größten Länge, da die Extremitäten noch horizontal zur Körperachse ausgerichtet sind. In utero wird in der Fetalperiode weiterhin die SSL angegeben, da sie im Ultraschall verläßlich bestimmt werden kann. In der Mitte der Schwangerschaft (20. SSW) hat der Fetus mit 15 bis 20 cm SSL etwa die Hälfte seiner Größe bei der Geburt erreicht.

Scheitel-Fersen-Länge (SFL). Die Größe des Neugeborenen wird mit gestrecktem Bein gemessen und als SFL angegeben. In der zweiten Hälfte der Schwangerschaft nimmt die SFL pro Monat um 5 cm zu (Faustregel: 5. Monat 5 × 5 cm; 6. Monat 6 × 5; 7. Monat 7 × 5; 8. Monat 8 × 5; 9. Monat 9 × 5 und 10. Monat 10 × 5 cm).

Gewichtsentwicklung. Das Gewicht nimmt in der erste Hälfte der Schwangerschaft relativ wenig zu und steigt erst in der zweiten Hälfte steil an. Die Gewichtszunahme im letzten Drittel der Schwangerschaft geht mit der Ausbildung des subkutanen Fettgewebes einher und beträgt etwa 700 g pro Monat.

Entwicklung der Körperform (Ausschnitt). Am Ende der Embryonalperiode beträgt die SSL 3 cm. Sie steigt bis zur 20. Woche steil bis auf 15 cm an. Der Kopf richtet sich auf, die Nackenbeuge gleicht sich aus und die kuboide Körperform verschwindet. Die Differenzierung des Gehirns kommt in der Größe des Kopfes zum Ausdruck. Der Kopf ist ebenso groß wie der Rumpf und macht in der 20. SSW noch 50% der SSL aus.

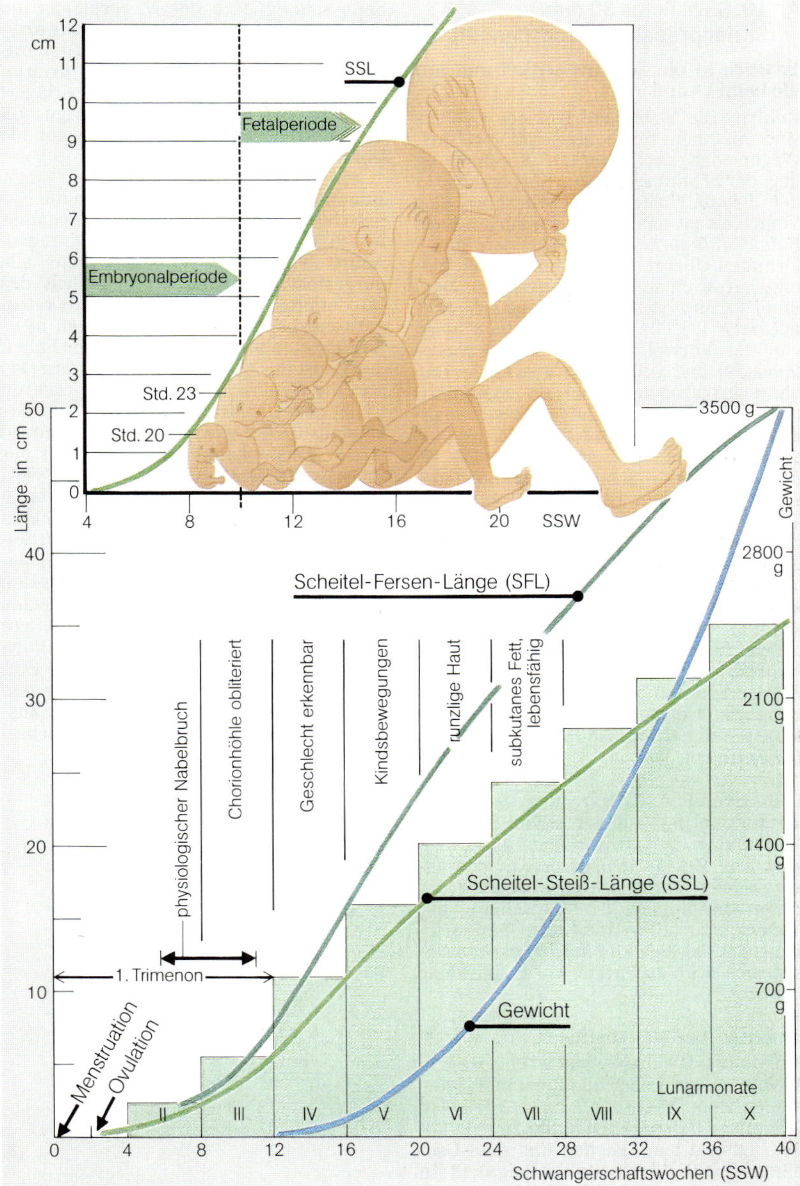

A. Wachstumskurve in der Fetalperiode

A. 10. SSW: Fetus 30 mm, Stufenpräparat (Blechschmidt)

1. Blick in die Seitenventrikel und auf die Leibeswand

Gehirn. Die Seitenventrikel des Gehirns sind mit einem Horizontalschnitt eröffnet. Wegen der noch starken Kopfneigung liegt der Schnitt relativ zur Körperachse in der Frontalebene. Im Vorderhorn des Ventrikels ist das Lumen im Abgang des *Bulbus olfactorius* (**1**) zu erkennen. Im U-förmigen Übergang zwischen beiden Hemisphären entsteht der *Balken* (**2**). Darunter verbirgt sich das *Foramen interventriculare* (**3**). Das Ventrikellumen wird von der Vorwölbung des *Plexus choroideus* (**4**) fast vollständig ausgefüllt. Das dünn ausgezogene Dach des *Dienzephalons* (**5**) ist als durchsichtige Lamelle angedeutet, an deren hinterem Ende die *Epiphyse* (**6**) liegt. Das *Mesenzephalon* (**7**) überragt in der Scheitelbeuge noch die Großhirnbläschen. Die Vorwölbungen der Vierhügel sind noch nicht sichtbar. Auf der linken Seite ist der Plexus choroideus entfernt, so daß die *Verschmelzungszone* (**8**) der medialen Wand des Seitenventrikels mit der Wand des Dienzephalons sichtbar wird. Am Boden des Seitenventrikels ragt der Ganglienhügel vor. Der *Nucleus caudatus* (**9**) zieht mit seinem Schwanz in den Schläfenlappen und folgt damit der Hemisphärenrotation. Die mediale Wand der Hemisphäre senkt sich als *Insel* (**10**) ein.

Leibeswand. Auf der rechten Seite sind die Rippen und auf der linken Seite die Muskulatur der Brustwand dargestellt (**11**). Die Rektusmuskulatur mit den *Inscriptiones tendineae* hat sich über der Leber geschlossen. Die Auftreibung der *Nabelschnur* (**12**) enthält das Dünndarmkonvolut, das sich im *physiologischen Nabelbruch* noch außerhalb der Leibeshöhle befindet.

2. Brust- und Bauchsitus

Brustsitus. Die Brustwand ist abgetragen. Thymus, Herz, Leber und Zwerchfell wurden entfernt. Man schaut auf die *Trachea* (**2**) und die *Lungen* (**1**) mit den Lungenlappen. Lateral von Trachea und dem Ösophagus zieht beiderseits der *Vagus* (**3**) in das Mediastinum herunter. Auf der linken Seite schlingt sich der N. recurrens um den *Aortenbogen* (**4**) und den *Ductus arteriosus* (**5**) und liegt daher nach Obliteration des Ductus lateral vom Lig. arteriosum. Durch die Magendrehung verlagert sich der linke Hauptstamm des Vagus auf die Ventralseite und der rechte auf die Dorsalseite des *Ösophagus* (**6**).

Bauchsitus. Mit der Leber wurde die Nabelschleife an der *Flexura duodenojejunalis* (**9**) und am *Rektum* (**15**) abgetragen. Außer dem *Magen* (**7**) liegen später alle dargestellten Organe einschließlich des Duodenums und des *Pankreas* (**8**) retroperitoneal. Vor dem Rektum liegen in V-förmig aufeinander zulaufenden Falten der Wulst des *Ovars* (**10**), der *Urniere* (**11**) und die *Genitalgänge* (**12**). Vom unteren Ende des Urnierenwulstes verläuft das kaudale *Urnierenband* (**13**) nach ventral in den Leistenkanal hinein, der mit der Leibeswand abgetragen wurde. Es wird zum Lig. teres uteri. Der *Phallus* (**14**) ist in diesem Stadium bei weiblichen Feten ebenfalls relativ groß. Auf der rechten Seite ist gegenüber dem Ovar und der Urniere der Peritonealüberzug der dorsalen Leibeswand entfernt, so daß die rechte *Nachniere* (**16**) und die große *Nebenniere* (**17**) sichtbar wird. Die Größe der fetalen Nebenniere ist funktionell durch die Einbindung der Nebennierenrinde in den während der Schwangerschaft stark ausgeweiteten Steroid-Hormonstoffwechsel bedingt (→1.17).

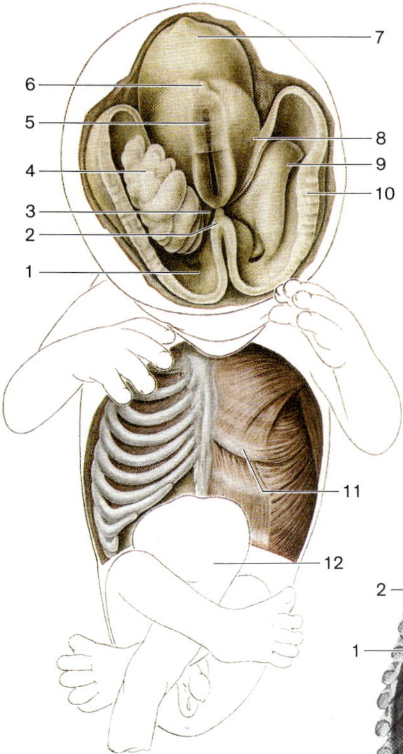

1
Blick in die Seitenventrikel und auf die Leibeswand

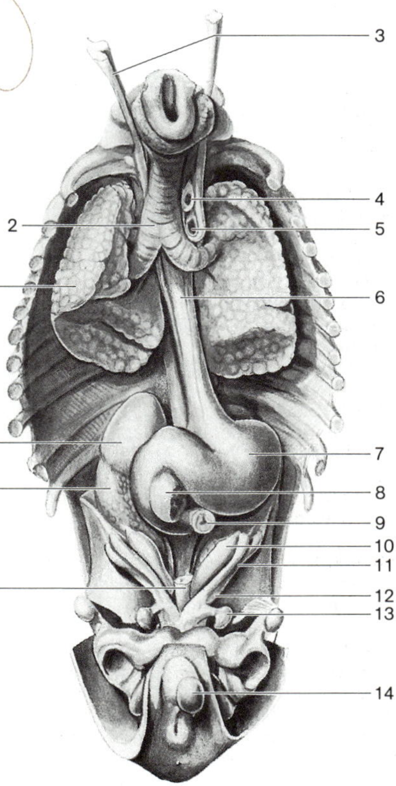

2
Brust- und Bauchsitus

A. 10. SSW: Fetus 30 mm, Stufenpräparat, Blechschmidt

A. 12. SSW: Knorpelskelett und Knochenkerne

1. Knorpelskelett eines Fetus, 40 mm SSL (Blechschmidt)

Schädel. Die Schädelbasis besteht aus den Anlagen des *Hinterhauptsbeins* (**1**), der *Ohrkapsel* (**2**), des *Keilbeins* (**3**) und der *Nasenkapsel* (**4**). Nach Blechschmidt bilden sich in der bindegewebigen Hülle des Gehirns mechanische Spannungszonen (*Duragurte,* **5**) aus, die das Wachstum der Deckknochen bestimmen. Zwischen den Duragurten verschmelzen die Venengeflechte zum *Sinus sagittalis* (**6**) und zum *Sinus confluens* (**7**). Das Viszeralskelett besteht aus dem Knorpel des Unterkiefers (*Meckel-Knorpel,* **8**), der an seinem oberen Ende den *Hammer* (**9**) trägt, der seinerseits im primären Kiefergelenk mit dem *Amboß* (**10**) artikuliert.

Rumpf. Der trichterförmige Brustkorb wird von der *Lunge* (**11**) und der *Zwerchfellkuppe* (**12**) ausgefüllt, unter der die große *Leber* (**13**) liegt. Die *Darmschlingen* (**14**) sind in die Leibeshöhle zurückgekehrt. Darunter liegen der *Sinus urogenitalis* (**15**) und das *Rektum* (**16**).

Die Knorpelanlagen der *Wirbelbögen* (**17**), der *Rippen* (**18**) und der *Wirbelkörper* (**19**) gehen ohne Gelenke ineinander über. Die Wirbelbögen der Halswirbelsäule und der Lendenwirbelsäule sind noch offen (**1b**).

2. Knochenkerne

Die Knochenbälkchen lassen sich im optisch aufgehellten Totalpräparat mit Alizarinrot darstellen. In der Zeichnung sind die knorpeligen Anteile in weißen Umrissen und die Verknöcherungszonen schwarz wiedergegeben.

Schädelkapsel. Die **desmale Verknöcherung** der Deckknochen der Schädelkapsel ist an den feinen Verästelungen der Knochenbälkchen zu erkennen. Die desmale Schädelkapsel setzt sich aus dem *Stirnbein* (**1**), den *Scheitelbeinen* (**2**) und der in Fortsetzung der knorpeligen Schädelbasis entstehenden *Hinterhauptsschuppe* (**3**) sowie der Schuppe des *Schläfenbeins* (**4**) zusammen.

Viszeralskelett. Die phylogenetisch jungen desmalen Anteile des Gesichtsschädels (*Nasenbein,* **5**; *Oberkiefer,* **6**) schieben sich keilförmig zwischen Schädelbasis und knorpeligem Viszeralskelett ein. Bei der Verknöcherung des *Unterkiefers* (**7**) bildet sich eine Knochenlamelle über dem Meckel-Knorpel. Nur die Spitzen des Meckel-Knorpels im Bereich des späteren Kinns entwickeln einen Knochenkern. Die übrige Knorpelspange wird abgebaut. Der Körper des Unterkiefers mit dem *sekundären Kiefergelenk* (**8**) verknöchert desmal. In der knorpeligen Anlage des *Hammers* (**9**) entsteht wieder ein Knochenkern.

Wirbelsäule und Rippen. Die **enchondrale Verknöcherung** ist durch das Einsprossen von Gefäßen in die Knorpelanlage und die Ausbildung eines kompakten Knochenkerns charakterisiert. In den Dornfortsätzen der *Wirbel* (**10**), den *Rippen* (**11**) und den *Wirbelkörpern* (**12**) entwickeln sich scharf begrenzte Knochenkerne.

Extremitätenskelett. Die Verknöcherung der langen Röhrenknochen beginnt in der 8. SSW mit der Ablagerung einer äußeren Knochenmanschette auf dem Knorpelmodell und der Ausbildung eines zentralen Knochenkerns in der Diaphyse (**2a**, **13**).

Die Knochenkerne in den Epiphysen der langen Röhrenknochen treten erst ab der 32. SSW auf. In den kurzen Röhrenknochen erscheinen sie sogar erst nach der Geburt. Zwischen dem *zentralen Knochenkern* (**2b**, **13**) und dem *Knochenkern in der Epiphyse* (**2b**, **14**) entwickelt sich aus den hyalinen Knorpel der knorpeligen Anlage eine Wachstumszone, die aus *Epiphysenfuge* (**2b**, **15**) bezeichnet wird (→3.32). Das Längenwachstum endet in der Pubertät mit der Verknöcherung der Epiphysenfugen.

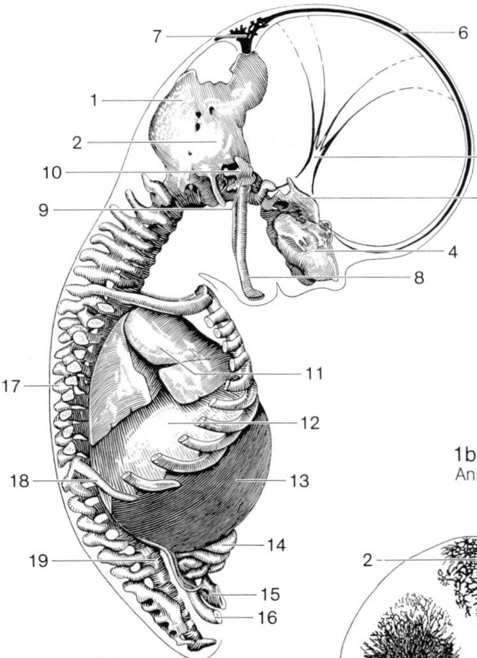

1a
Ansicht von rechts

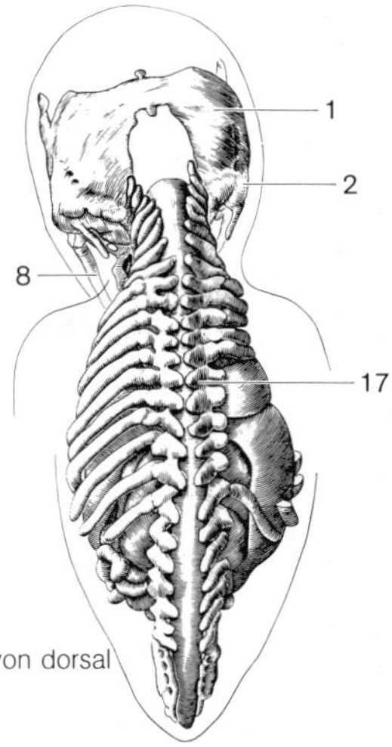

1b
Ansicht von dorsal

1
Knorpelskelett eines Fetus
40 mm SSL, Blechschmidt

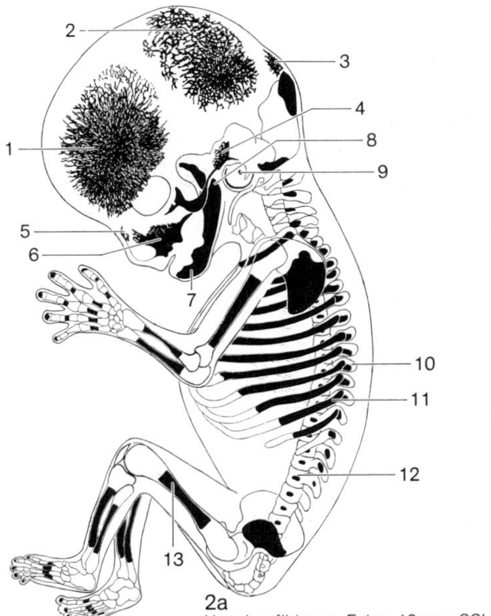

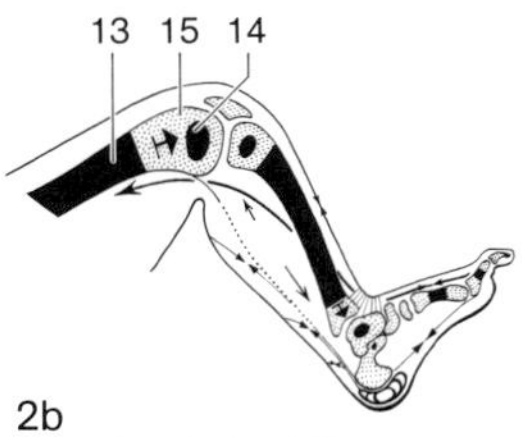

2b
Bein eines Fetus 250 mm
32. SSW, Blechschmidt

2
Knochenkerne

2a
Knochenfärbung, Fetus 49 mm SSL
(nach Schäfer)

A. 12. SSW: Knorpelskelett und Knochenkerne

A. 14. SSW: Sagittalschnitt, Fetus 60 mm, Sammlung Tonutti

Es handelt sich um einen Sagittalschnitt durch die rechte Körperhälfte aus einer histologischen Serie, die mit HOPA (Hämatoxylin, Orange G, Phosphormolybdänsäure, Anilinblau nach Tonutti) gefärbt wurde.

Kopf. In der Wand des rechten Seitenventrikels läßt sich in der Hirnwandung die noch dicke *Matrixzone* (**1**) von der zarten *Rindenplatte* (**2**) abgrenzen. Unter dem Vorderhorn des Ventrikels ist der Abgang des *Bulbus olfactorius* (**6**) zu erkennen, in den eine Aussackung des Ventrikels hineinzieht. Basal wölbt sich der *Ganglienhügel* (**4**) und der *Thalamus* (**5**) vor. Der *Plexus choroideus* (**3**) breitet sich wie eine Wolke im Innern des Ventrikels aus. Unter der Anlage des *Tentoriums* (**28**) liegt der *Kleinhirnwulst* (**31**) und die *Rautengrube* (**32**) mit dem vierten Ventrikel, in den sich der Plexus choroideus des vierten Ventrikels einstülpt. Der Hirnstamm ist von einem weiten, leer scheinenden *Arachnoidalraum* (**30**) umgeben, durch den einige blutgefüllte Gefäße ziehen. Daran schließt sich das etwas fester gefügte Gewebe der *Dura mater* (**29**) an, das sich zwischen Endhirn und Kleinhirnanlage im weiteren Verlauf zum *Tentorium cerebelli* (**28**) zusammenschiebt. In dem dreieckigen lokkeren Gewebebezirk verschmelzen die Venengeflechte zum Sinus transversus. Das Tentorium cerebelli setzt sich als dünne Gewebeplatte zur Ohrkapsel fort. Die Schädelbasis wird vom knorpelig angelegten Teil des *Os occipitale* (**33**), von der *Ohrkapsel* (**34**), in der die Bogengänge angeschnitten sind, von der Anlage des *Keilbeines* (**8**) und den vorn noch angeschnittenen *Trabeculae cranii* (**7**) gebildet. Zwischen den Anlagen der Keilbeinflügel ist der *N. opticus* (**9**) und *Augenmuskulatur* (**10**) getroffen. Am Ort der Hinterhauptsschuppe und des Stirnbeins beginnt die desmale Verknöcherung der Schädelkapsel. Im Bereich des Viszeralskeletts ist desmale Verknöcherung im *Oberkieferfortsatz* (**11**) und an der Spitze des *Unterkiefers* (**12**) zu erkennen. Zwischen dem knorpeligen *Zungenbein* (**13**) und dem Unterkiefer liegt die Mundbodenmuskulatur.

Hals. Zwischen den lateral getroffenen knorpeligen Wirbelelementen sind die *Spinalganglien* (**35**) und die *A. vertebralis* angeschnitten. Vor der prävertebralen Muskulatur liegt das untere *Ganglion* (**16**) des *Vagus*, davor die *A. carotis* (**15**) und die *V. jugularis* (**17**), der rechte *Schilddrüsenlappen* (**14**) und die prätracheale Muskulatur.

Brustraum. In der rechten *Lunge* (**21**) erkennt man die Aufzweigungen des Bronchialbaumes und die Abgrenzung der Lungensegmente. Davor ist der *rechte Vorhof* (**22**) getroffen, darüber der Stamm der *V. cava superior* (**20**) und ein Zipfel der linken Lunge. Rippen und *Sternum* (**19**) sind noch knorpelig. Im Köpfchen des *Schlüsselbeins* (**18**) beginnt die enchondrale Verknöcherung. Über dem Schlüsselbein und vor dem Herzen liegen auffällig erweiterte lymphatische Räume. Die auffallende Hyperplasie der Lymphgefäße steht möglicherweise mit der unbekannten Abortursache im Zusammenhang.

Bauchraum. Über die Hälfte der Leibeshöhle wird von der großen Leber ausgefüllt. Unter der Leber liegen dorsal die *Niere* (**37**) mit angeschnittenem *Nierenbecken* (**38**) und die auffallend große kindliche *Nebenniere* (**36**). Der untere *Leberlappen (Lobus caudatus)* (**25**) wird von der Anlage der *Gallenblase* (**24**) und dem darüber gelegenen Ductus choledochus abgegrenzt. Darunter liegt das quergestellte *Duodenum* (**26**) und eine Reihe von *Dünndarmschlingen* (**27**). In Höhe der Beckenschaufel ist bei größerer Vergrößerung der Rest der rechten *Urniere* (**39**) und das rechte *Ovar* (**40**) mit einer breiten Rindenzone zu erkennen. Auf der knorpeligen Beckenschaufel beginnt von außen her die desmale Verknöcherung (Knochenmanschette). In die Anlage des Beckens ist der noch knorpelige runde *Hüftgelenkskopf* (**41**) eingelagert.

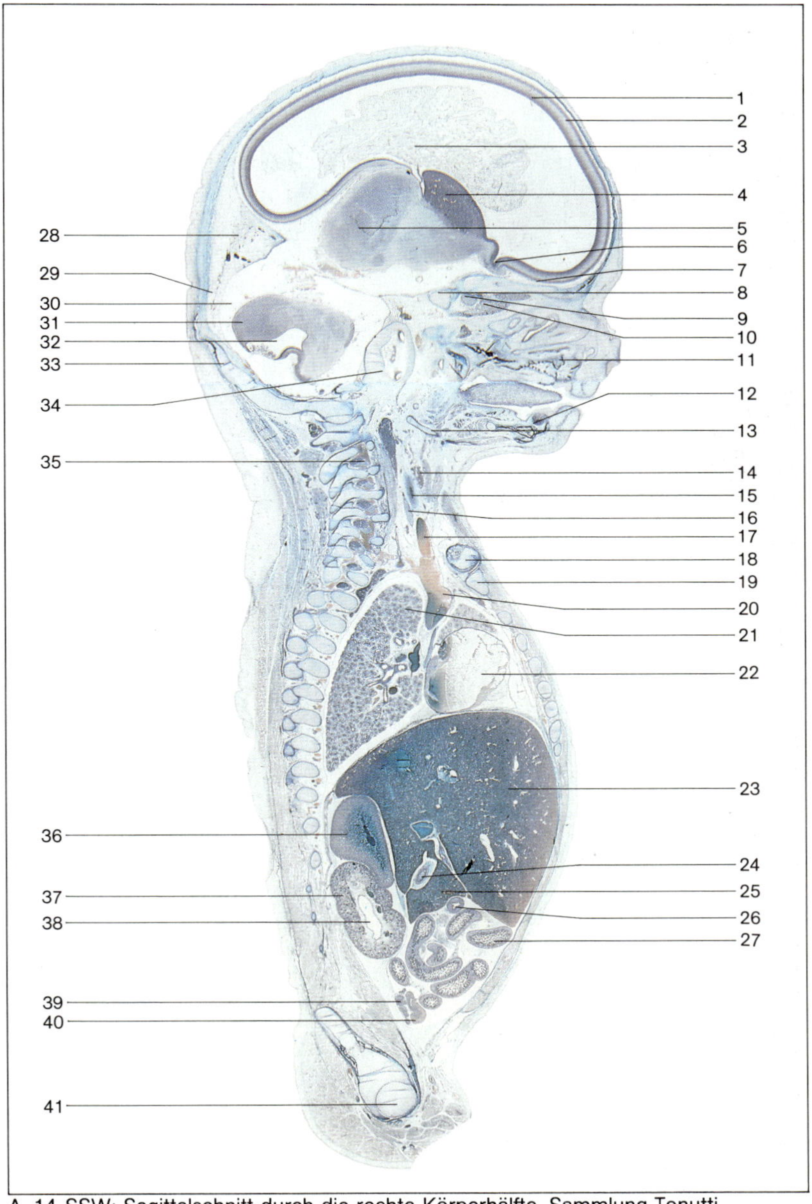

A. 14. SSW: Sagittalschnitt durch die rechte Körperhälfte, Sammlung Tonutti

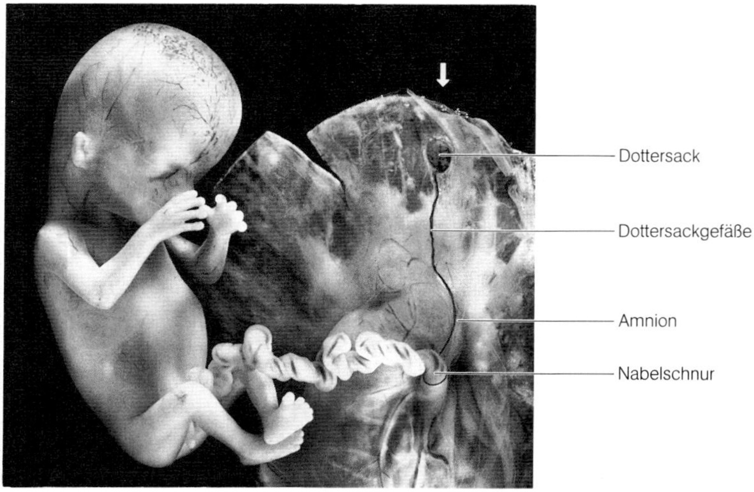

1
Fetus 68 mm SSL

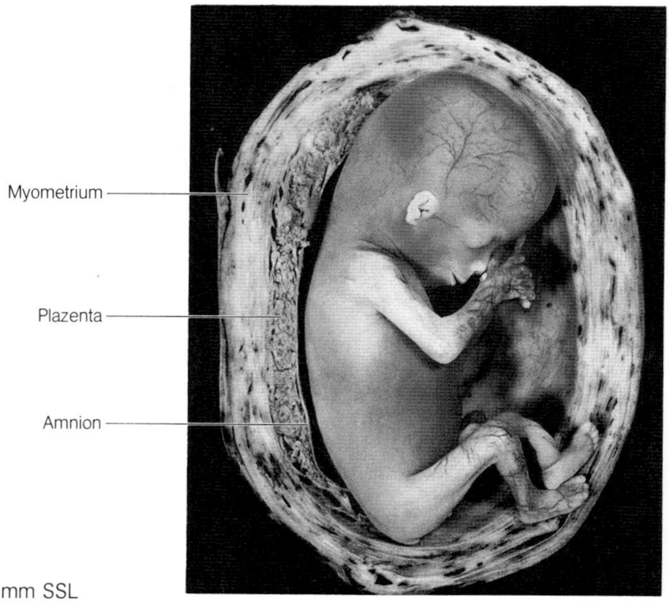

2
Fetus 75 mm SSL

A. 16. SSW

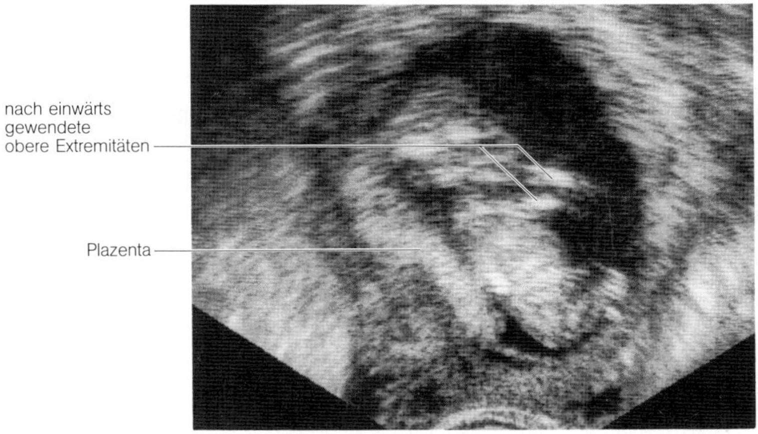

1
sagittales Schnittbild (entsprechend A. 1)

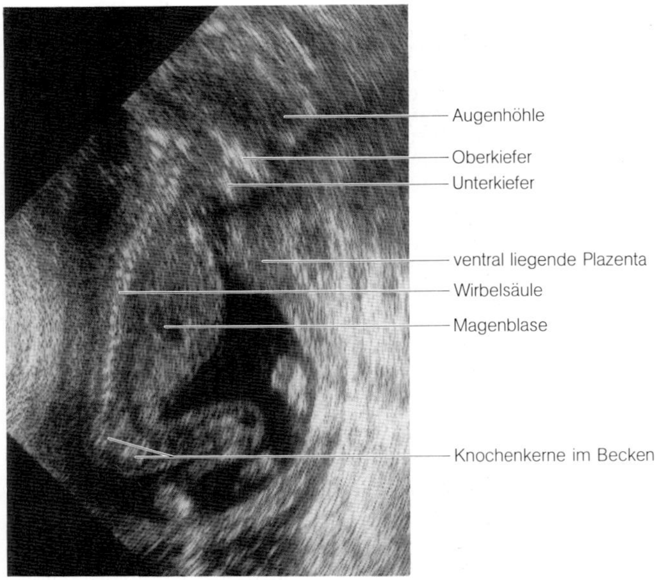

2
Sagittalschnitt durch die Wirbelsäule (Haltung des Feten wie in A. 2)

B. Endosonographische Untersuchung in der 16. SSW

Die Bilder wurden freundlicherweise von F. Degenhardt, Hannover, zur Verfügung gestellt.

A. Schädel des Neugeborenen

Beim Menschen ist zum Zeitpunkt der Geburt der Durchmesser des Schädels wesentlich größer als der des übrigen Körpers (**A2**). Der Schädel ist daher ein physiologisches Geburtshindernis. Die Vergrößerung des Schädels ist eine direkte Folge der Vergrößerung des Endhirns. Zur Erleichterung des Geburtsvorgangs sind die Schädelnähte und die Fontanellen zwischen den Deckknochen des Schädels nicht verknöchert (**A1**). Bei der Geburt können sich besonders die Scheitelbeine in den Nähten kulissenartig übereinanderschieben und sich so dem Geburtskanal anpassen.

1. Fontanellen und Schädelnähte. Zwischen den *Scheitelbeinen* (**5**) liegt die *Pfeilnaht* (**4**). Sie mündet vorn in die große *Fontanelle* (**6**) ein, die sich rautenförmig zwischen die rechte und linke Anlage des *Stirnbeins* (**8**) und nach lateral in die *Kranznaht* (**7**) zwischen Stirnbein Scheitelbeinen fortsetzt. Hinten endet die Pfeilnaht in der *kleinen Fontanelle* (**3**), die sich zwischen Scheitelbeinen und *Hinterhauptsschuppe* (**1**) in die *Lambdanaht* (**2**) fortsetzt. Zwischen Scheitel- und Stirnbein auf der einen und der Schuppe des *Schläfenbeins* (**12**) und dem *großen Keilbeinflügel* (**10**) auf der anderen Seite liegt die *anterolaterale* (**9**) und zwischen Schläfenbein und Hinterhauptsbein die *posterolaterale Fontanelle* (**15**).

2. Proportionen des Skeletts. Wegen der stark gebeugten Haltung des Kopfes führt während der Geburt der Hinterkopf mit der Pfeilnaht (**4**). Die Pfeilnaht zwischen der kleinen und der großen Fontanelle (**6**) dient dem Geburtshelfer als Leitstruktur für die Lage des Kopfes im Geburtskanal. Der Gesichtsschädel ist relativ klein; die Nasennebenhöhlen sind noch nicht ausgebildet. Da die Vorwölbung des Warzenfortsatzes (Processus mastoideus) noch fehlt, liegt der Austrittspunkt des N. facialis (**A1**, **14**, *Foramen stylomastoideum*) an der Oberfläche. Der *N. facialis* kann daher bei einer Zangengeburt leicht verletzt werden.

Der *äußere Gehörgang* (**13**) wird von einem desmal verknöcherten Ring (Os tympanicum) gebildet, der zunächst als Aufhängung für das Trommelfell dient (→5.10, D2). Nach der Geburt wächst das Tympanikum zur Röhre des äußeren Gehörgangs aus.

1 Hinterhauptsbein
2 Lambdanaht
3 kleine Fontanelle
4 Verlauf der Pfeilnaht
5 Scheitelbein
6 große Fontanelle
7 Kranznaht
8 Stirnbein
9 anterolaterale Fontanelle
10 großer Keilbeinflügel
11 Jochbein
12 Schläfenbein
13 äußerer Gehörgang
14 Foramen stylomastoideum
15 posterolaterale Fontanelle

B. Entwicklung der Körperproportionen bis zur Geburt

Zu Beginn der Fetalperiode nimmt der Kopf etwa die Hälfte der gesamten Scheitel-Steiß-Länge (SSL) ein. Die relativen Proportionen ändern sich in der ersten Hälfte der Schwangerschaft nicht. Die Beine werden jedoch länger. Bei einer Messung der Scheitel-Fersen-Länge (SFL) nehmen der Kopf, der Rumpf und die Beine jeweils ein Drittel der Gesamtlänge ein. In der zweiten Hälfte der Schwangerschaft wachsen der Rumpf und die Beine stärker in die Länge als der Kopf. Bei der Geburt macht der Kopf daher ein Viertel der Gesamtlänge (SFL) aus. Die Veränderung der Körperproportionen setzt sich in der Kindheit fort. Beim Erwachsenen beträgt die Höhe des Kopfes etwa ein Siebentel der gesamten Körperhöhe.

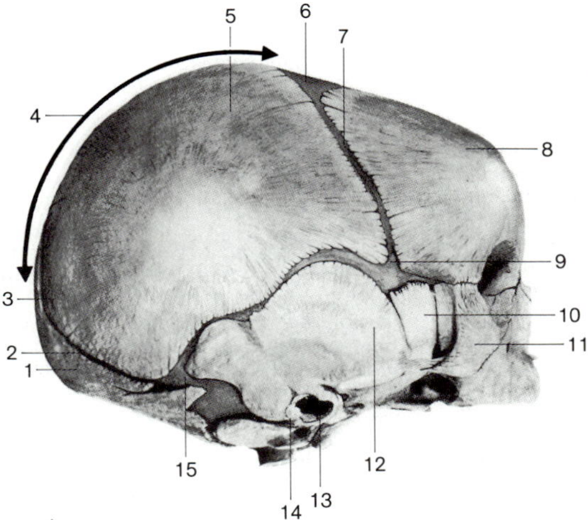

1
Fontanellen und Nähte

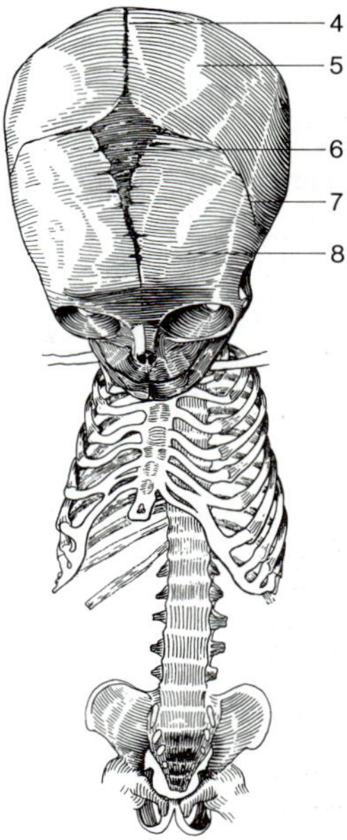

2
Proportionen des Skeletts

A. Schädel des Neugeborenen

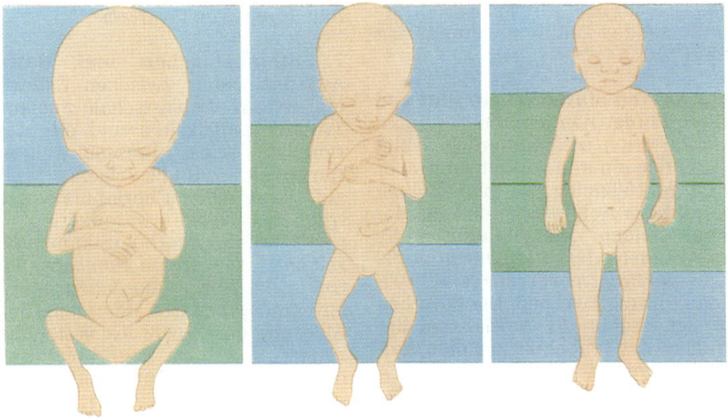

10. SSW

24. SSW

bei der Geburt

B. Entwicklung der Körperproportionen bis zur Geburt

Während der **Implantation** in der 2. Woche stellt die Blastozyste mit der vorgezogenen Differenzierung des Chorions und der Chorionzotten zunächst die Ernährung des Embryos sicher. Während der **Embryonalperiode** ist die Chorionblase ringsum mit Zotten besetzt. In der **Fetalperiode** (ab der 10. SSW) entwickeln sich nur die Zotten am embryonalen Pol weiter und werden damit zur Plazenta. Das übrige Chorion verliert seine Zotten und bildet zusammen mit dem Amnion die durchscheinenden Eihäute (→2.42).

A. Entwicklung der Chorionzotten

1. Kompakter Trophoblast. Bei der Implantation in der zweiten Woche dringen die Trophoblastzellen invasiv und infiltrierend in die mütterliche Schleimhaut ein. In der inneren Zone des Trophoblasten entsteht ein epithelialer Zellverband, der *Zytotrophoblast*. Außen verschmelzen die Zytotrophoblastzellen zu vielkernigen Riesenzellen, die sich zum *Synzytium* vereinigen (→2.6 A1 und 2.7 A1). Die Zellvermehrung erfolgt im Zytotrophoblast. Die Zellen werden durch Zellfusion in das Synzytium inkorporiert.

2. Lakunen im Synzytium. Im Synzytium treten unregelmäßige mit Flüssigkeit gefüllte miteinander kommunizierende Lakunen auf.

3. Einstrom von mütterlichem Blut und Trabekelbildung. Aus arrodierten Ästen der Spiralarterien tritt mütterliches Blut in die Lakunen ein und verläßt sie wieder über eröffnete Venolen. Die blutgefüllten Lakunen weiten sich aus, so daß die dazwischenliegenden Synzytiumabschnitte zu Trennwänden oder, im Querschnitt gesehen, zu den *Bälkchen* (Trabekulae) zwischen den Blutseen werden. Die Bälkchen richten sich radiär aus, so daß auf der Schnittfläche des Trophoblasten eine *Radspeichenstruktur* entsteht.

4. Einwachsen von Zytotrophoblast. Der Zytotrophoblast wächst mit kegelförmigen Zapfen in die Trabekel aus Synzytium ein. Die Trophoblasthöhle wird gleichzeitig von Chorionmesoderm ausgekleidet, das am hinteren Pol der Keimscheibe entsteht und sich auf der Innenseite des Zytotrophoblasten ausbreitet. Der Trophoblast wird durch die Auskleidung mit Mesoderm zum *Chorion*.

5. Zytotrophoblastschale. Die Zapfen aus Zytotrophoblast schieben sich bis zur dezidualen Seite vor und umwuchern die Blastozyste innerhalb der äußeren Synzytiumschicht. Die peripheren Abschnitte des Synzytiums bleiben als Synzytiumreste in der Dezidua zurück. Die Ausbildung der Zytotrophoblastschale ist für die Verankerung der Frucht in der Dezidua entscheidend. Eine unvollständige Zytotrophoblastschale führt zu Defekten bei der Zottenbildung und kann die Ursache für einen Fruchtabgang sein.

6. Eindringen von Mesoderm und Gefäßen. Das Chorionmesoderm dringt von der Chorionhöhle aus in den Zytotrophoblastkern der Trophoblastbälkchen ein. Nur im äußeren Drittel der Bälkchen bleibt ein kompakter Kern aus Zytotrophoblast erhalten *(Zytotrophoblastsäule)*. Die Trophoblasttrabekel werden durch das Eindringen von Mesoderm zu *Chorionzotten*. Vom Stadium 7 an treten im Mesoderm der Zotten Gefäße auf, die im Stadium 9 und 10 – am Übergang von der 3. zur 4. Woche –, mit dem Einsetzen des embryonalen Kreislaufs von kindlichem Blut durchströmt werden.

7. Zottenbäumchen und Haftzotten. Aus den radiär zwischen Chorionplatte und Zytotrophoblastschale angeordneten Trophoblastbälkchen und aus der Chorionplatte selbst sprossen weitere Chorionzotten aus und zweigen sich Lakunen auf. Die zwischen Chorionplatte und Zytotrophoblastschale verankerten Zotten werden als *Haftzotten* (Stammzotten) bezeichnet. Die *Zottenbäumchen* flottieren frei in den von mütterlichem Blut durchströmten lakunären Räumen. Bei einer Ablösung der Frucht lösen sich die Haftzotten und die Zytotrophoblastschale bleibt in der Schleimhaut zurück (→2.41).

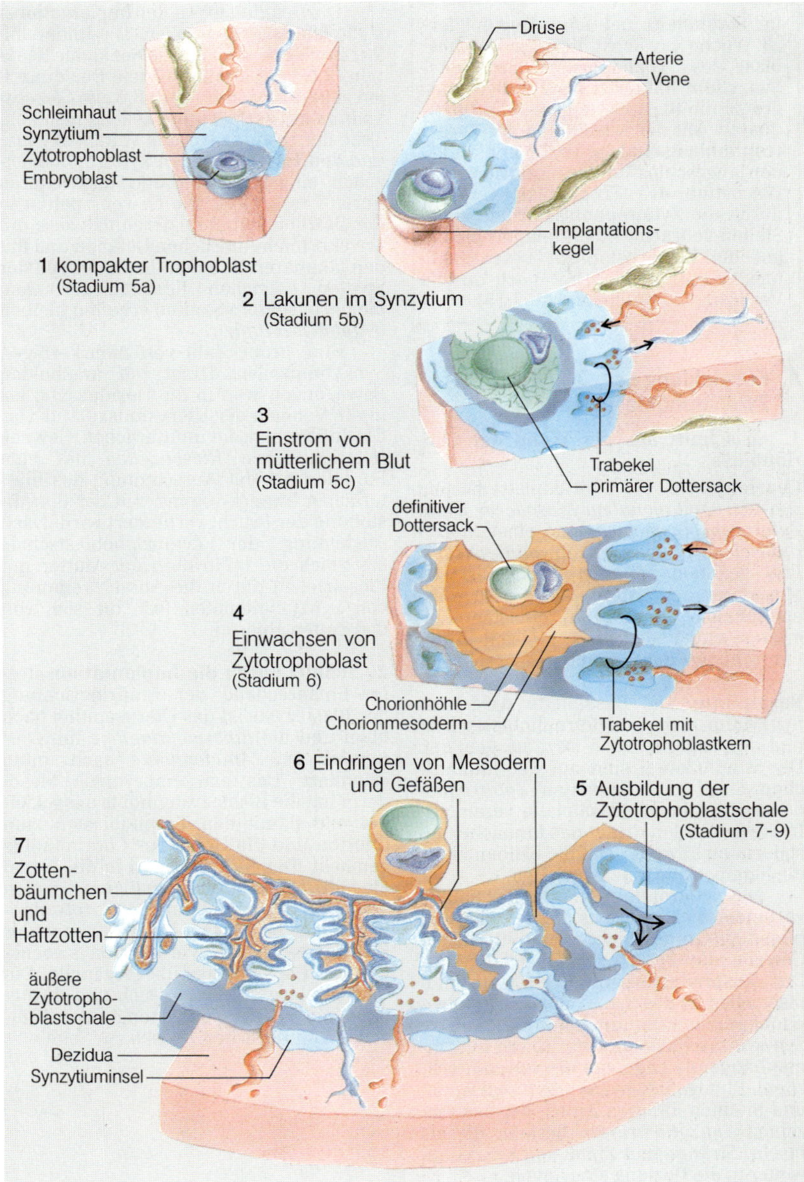

A. Entwicklung der Chorionzotten

Im Stadium 6 und 7, zu Beginn der „3. Woche“, wächst der Zytotrophoblast des Trophoblasten durch das Synzytium hindurch nach außen und grenzt die Blastozyste gegen die Dezidua ab. Mit der Ausbildung der **Zytotrophoblastschale** wird die Implantation abgeschlossen. Das infiltrierende Wachstum des Trophoblasten wird durch die Zytotrophoblastschale zum Stehen gebracht. Das Implantat bleibt auf die Zona compacta beschränkt und vergrößert sich nur noch durch Verdrängungswachstum (→3.15).

A. Entwicklung der Zytotrophoblastschale

1. Ausschnitt aus der Wand der Chorionblase

Chorionplatte. Die Chorionplatte besteht aus *extraembryonalem Mesoderm*, einer *Zytotrophoblastschicht* und einer *Synzytiumschicht*, die die von *mütterlichem Blut* gefüllten *Lakunen* auskleidet. Das Mesoderm der *Chorionplatte* geht ohne epithelialen Abschluß in einzelne Zellstränge und Fäden über, die sich in der *Chorionhöhle* ausspannen.

Basalplatte. Die Basalplatte wird vom Synzytium, der Zytotrophoblastschale und der angrenzenden Dezidua gebildet. Die Stammzotten sind auf der mütterlichen Seite mit kompakten *Zytotrophoblastsäulen* in der Basalplatte verankert. In diesen Säulen dringt das kindliche Mesoderm nicht weiter ein. Sie bleiben bis in die Fetalperiode hinein erhalten.

Die Zytotrophoblastzellen der Säulen verbinden sich seitwärts miteinander und bilden als Grenzschicht zum mütterlichen Gewebe die *Zytotrophoblastschale* aus. Der Ausbreitungsraum der Zytotrophoblastzellen ist das Synzytium. Die Zytotrophoblastzellen unterteilen die äußere Synzytiumschicht in eine innere zusammenhängende Lage, die die von mütterlichem Blut gefüllten Lakunen auskleidet, und in einen äußeren Anteil, der aus einzelnen *Synzytiumresten* besteht, die als Inseln, Stränge und Zipfel von Synzytium weiter in die Dezidua eindringen.

Die *Dezidua* ist an der Implantationsstelle ödematös gequollen. Die Interzellularräume sind weit (→ die deziduale Reaktion, 2.6 Implantation). Viele Deziduazellen gehen zugrunde, so daß weite *Gewebsspalten* mit zerfallenden Zellen entstehen. Teile der Dezidua werden vom Synzytium und den vorwachsenden Zytotrophoblastzellen eingeschlossen und im weiteren Verlauf resorbiert. Die Gewebsspalten in der Dezidua kommunizieren teilweise mit erweiterten mütterlichen Gefäßen und mit den lakunären Räumen. In einem Teil der Spalten entstehen Fibrinablagerungen, die bis in spätere Stadien erhalten bleiben (*Nitabuch-Räume*).

Eine große Zahl von mehrkernigen Synzytiumzellen dringt mit amöboiden Bewegungen weit in die Dezidua und bis in die Venolen der Uterusmuskulatur vor. Die Infiltration der mütterlichen Gewebe mit kindlichen *Riesenzellen* hat eine Funktion bei der Ausschaltung des mütterlichen Immunsystems, mit der die Abstoßung der Frucht verhindert wird. Nach Ausbildung der Zytotrophoblastschale setzt sich die Infiltration der Mutter mit Riesenzellen durch die Ausschwemmung von Synzytiumknoten fort, die sich von den Zotten ablösen.

2. Schnitt durch die Implantationsstelle. Entsprechend der Eindringrichtung der Blastozyste ist das Uterusepithel nach oben und die *Embryonalanlage* mit *Dottersack* und *Amnionhöhle* nach unten orientiert. Das extraembryonale Mesoderm hat die Blastozystenhöhle ausgekleidet und damit den Trophoblasten zum Chorion und die Höhle zur Chorionhöhle gemacht. Das Mesoderm ist in die Zotten eingedrungen. Zottenkapillaren fehlen noch. Mit der Ausbildung der Zytotrophoblastschale ist das invasive Wachstum der Blastozyste in das Verdrängungswachstum der Chorionblase übergegangen. Die Chorionblase vergrößert sich und drängt dabei die aus der Zona spongiosa aufsteigenden mütterlichen *Drüsen* zur Seite.

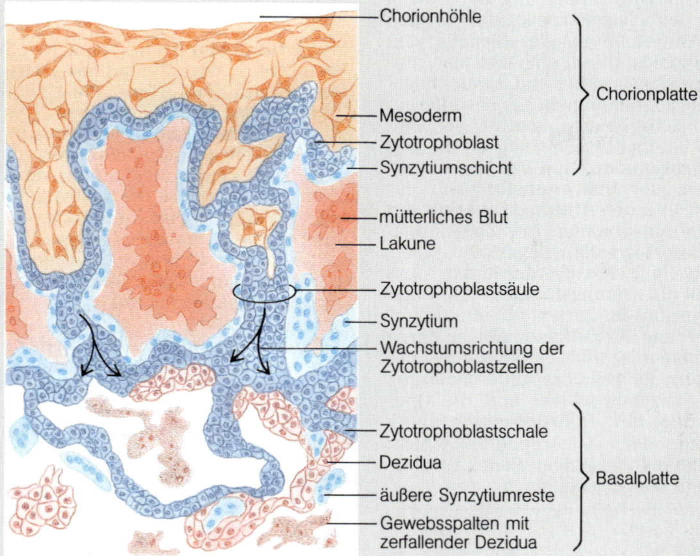

1
Ausschnitt aus der Wand der Chorionblase des „Nissen-Embryos"

2
Schnitt durch die Implantationsstelle eines etwas älteren Embryos

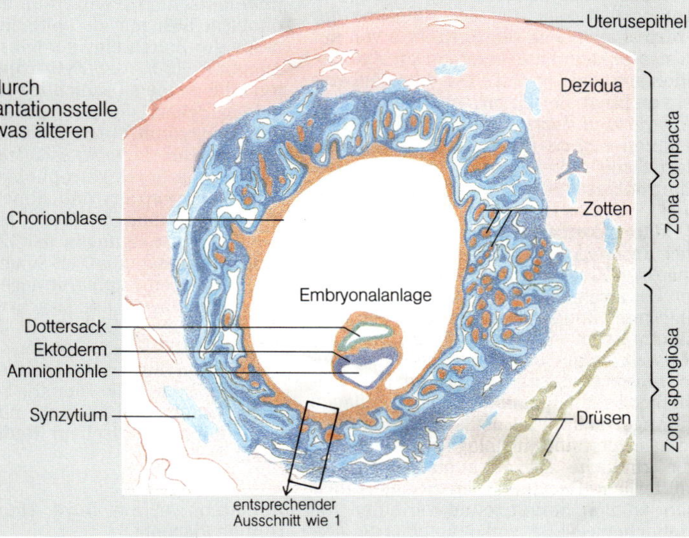

A. Entwicklung der Zytotrophoblastschale im Stadium 7

Vor der **Differenzierung der Zotten** und des Plazentakreislaufes werden die Nährstoffe aus der Dezidua vom Trophoblast durch enzymatische Auflösung des Gewebes und durch Phagozytose aufgenommen. Die ausdifferenzierten Zotten erbringen für den Embryo Stoffwechselleistungen, die der **Resorptionsfunktion** der Dünndarmzotten, der **Sekretionsfunktion** der Niere und der **Atmungsfunktion** der Lunge entsprechen. Der Zottenapparat resorbiert Nahrungsstoffe, sezerniert Stoffwechselendprodukte und erfüllt die Atmungsfunktion. Die Differenzierung der Zotten umfaßt die Vergrößerung der Zottenoberfläche durch Vermehrung und Aufzweigung der Zotten, die zelluläre Differenzierung der Synzytiumschicht und die Optimierung der Diffusionswege durch Abbau der Zytotrophoblastschicht (Langhans-Zellschicht) in den Endverzweigungen der Zotten.

A. Die Differenzierung der Chorionzotten in der 4. Woche

1. Isolierte Chorionblase. Abortpräparat Anfang 4. Woche. Bei der Ablösung der Frucht haben sich die Haftzotten von der in der Schleimhaut verankerten Zytotrophoblastschale gelöst. Die Chorionblase ist von freien Zotten bedeckt und wäre im unverletzten Zustand prall gefüllt. Der 8-Somiten-Embryo (Stadium 11) drängt sich durch eine Verletzung in der Wand der Chorionblase hervor.

2. Chorionzotten in der 4. Woche. Aus den *Stammzotten* und der Chorionplatte sprossen Zottenbäumchen mit vielen zarten Verzweigungen aus, die das funktionierende Zottengewebe darstellen. Die Stammzotten sind über die *Zytotrophoblastsäulen* und der *Zytotrophoblastschale* verankert, die zu einer kompakten epithelialen Schicht mit bis zu 10 Zellagen herangewachsen ist. Es wird zunehmend schwieriger, mit histologischen Färbungen kindliche Zytotrophoblastzellen und mütterliche Dezidualzellen zu unterscheiden. In den Stammzotten verlaufen die kindlichen Gefäße, von denen aus die Zottenkapillaren in den Zottenbäumchen versorgt werden.

Synzytiumknoten. An einigen Stellen weist das Synzytium undifferenzierte vielkernige Abschnitte auf, die sich in die intervillösen Räume vorwölben. An diesen Stellen können neue *Zottensprosse* entstehen oder *Synzytiumbrücken*, die benachbarte Zotten miteinander vernetzen. Zum Teil lösen sich die Synzytiumknoten ab und werden als *Riesenzellen* in den mütterlichen Kreislauf ausgeschwemmt und können z. B. in den Lungenkapillaren der Mutter angetroffen werden. Sie lösen sich dort reaktionslos auf.

Primäre, sekundäre und tertiäre Zotten. Nach dem Aufbau des histologischen Querschnittes unterscheidet man drei Stufen in der Zottenentwicklung.
a Primäre Zotten. Die Zotte besteht aus einem kompakten Zytotrophoblastkern und einem Synzytiumüberzug.
b Sekundäre Zotten. In den Zytotrophoblastkern ist extraembryonales Zottenmesoderm eingedrungen.
c Tertiäre Zotten. Im Zottenmesoderm haben sich Zottenkapillaren entwickelt.

Ausschnitt: Differenzierung der Trophoblastschicht. Synzytium und Zytotrophoblast besitzen als epitheliale Komponente der Zotten eine gemeinsame Basalmembran (**2c**). Die **Zytotrophoblastzellen** bilden eine einschichtige Lage aus kuboiden Zellen, die miteinander und mit dem Synzytium durch Desmosomen verbunden sind (*Langhans-Zellschicht*). Das Zytoplasma der Zytotrophoblastzellen ist wenig differenziert und ähnelt dem von Basalzellen mehrreihiger Epithelien. In den Endverzweigungen der Zotten bildet sich die Langhans-Zell-Schicht zurück. Die kindlichen Kapillaren legen sich dem Synzytium direkt an. Das **Synzytium** ist die differenzierte Zellschicht. Es ist zu einer gleichmäßigen dünnen Oberfläche ausgezogen mit weit auseinanderliegenden einzelnen Zellkernen. Es besitzt einen Bürstensaum und ist dicht mit erweitertem endoplasmatischem Retikulum und Vesikeln besetzt.

Aufnahme A1 aus Boyd, Hamilton: The Human Placenta

1 isolierte Chorionblase

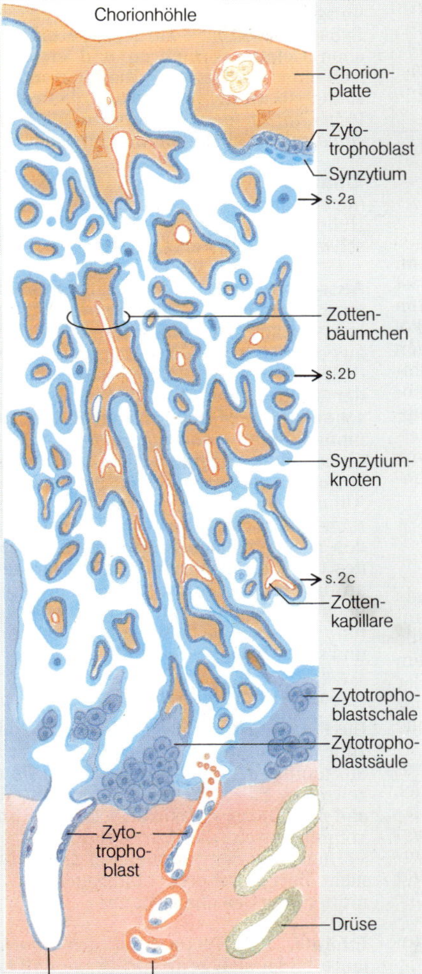

2
Schnitt durch die Wand der Chorionblase

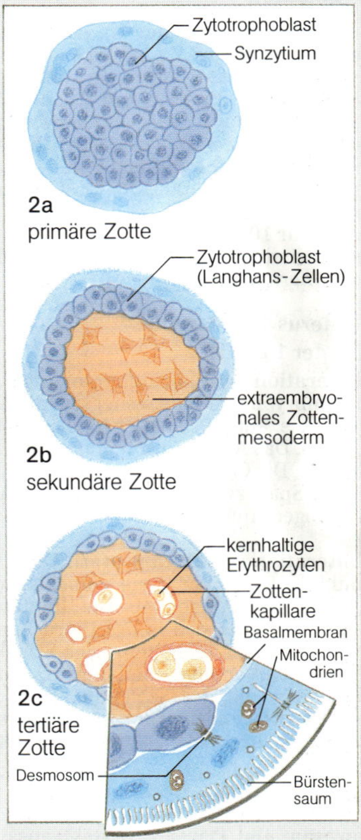

A. Differenzierung der Chorionzotten in der 4. Woche

Abgrenzung der Plazenta. In der Fetalperiode vergrößern und verdichten sich die Chorionzotten am embryonalen, zur Uteruswand hin gerichteten Pol der Chorionblase, dort, wo die Nabelschnur in die Chorionplatte inseriert. Am abembryonalen, zum Uteruslumen hin gerichteten Pol verschwinden die Zotten. Es entstehen die durchsichtigen Eihäute aus Amnion und glattem Chorion.

A. Entwicklung von Plazenta und Eihäuten

1. Chorionglatze in der 10. Woche p. m. Bis zum Ende der Embryonalperiode ist die Chorionblase vollständig von Zotten bedeckt. Die Zotten am embryonalen Pol des Chorions wachsen und verzweigen sich weiter (*Chorion frondosum*, buschiges Chorion), während die Zotten am abembryonalen Pol unter der Decidua capsularis ausdünnen *(Chorionglatze)* und etwa bis zur 10. Woche p. m. (10. SSW) ganz verschwinden; es entsteht ein glattes Chorion *(Chorion laeve)*.

2. Uterus und Plazenta

a In der 10. SSW

Obliteration der Chorionhöhle. Am Ende der Embryonalperiode weitet sich die Amnionhöhle auf Kosten der Chorionhöhle aus (**2a**). Das Amnion verschmilzt mit dem Chorion: Die Chorionhöhle obliteriert. Der in den Spalt zwischen Chorion und Amnion abgedrängte Dottersack löst sich auf.

Obliteration des Cavum uteri. Die Chorionblase ist in der Zona compacta der Schleimhaut eingebettet. Die Implantationsstelle wölbt sich in das Uteruslumen vor. Schließlich verschmilzt der Schleimhautsaum über dem Implantat (*Decidua capsularis)* mit der Schleimhaut an der gegenüberliegenden Uteruswand *(Decidua parietalis)*: Die Uterushöhle obliteriert.

b In der 13. SSW

Plazenta. Die Plazenta besteht aus der *Chorionplatte*, an der die Zotten sitzen, die in die von mütterlichem Blut durchströmten intervillösen Räume hineinragen. Gegen die Mutter wird die Plazenta durch die *Basalplatte* abgegrenzt (**2c**). Sie besteht aus der noch verbliebenen Dezidua der Zona compacta und aus kindlicher Zytotrophoblastschale. Die Dicke des übrigen Endometriums nimmt ab. Die Drüsen bilden sich zurück. Die mütterlichen Gefäße vermehren und erweitern sich unter der Plazenta. Die Chorionplatte setzt sich an den Rändern in das zottenfreie *Chorion laeve* fort. Chorionplatte und *Nabelschnur* sind vom Amnion bedeckt.

Eihäute. Das *Amnion* und das *Chorion (laeve)* umgeben als zarte durchsichtige Hülle den in der Amnionflüssigkeit schwimmenden Fetus.

Ausschnitt: Das *Amnion* besteht aus einer einschichtigen Lage aus flachen Amnionepithelzellen und einer dünnen Schicht aus extraembryonalem *Amnionmesoderm* (Hüllmesoderm, →2.16 Nabelring). Bei der Obliteration der Chorionhöhle verschmilzt die Mesodermschicht des Amnions mit dem *Chorionmesoderm*, das die Chorionhöhle begrenzt. (Die Chorionhöhle besitzt keine epitheliale Auskleidung.) Auf dem Chorionmesoderm sitzen *Synzytium-* und *Trophoblastreste*, die sich von den rückgebildeten intervillösen Räumen des Chorion laeve herleiten. Sie grenzen an die *Decidua capsularis*, die ihrerseits nach der Degeneration des *Uterusepithels* mit der Decidua parietalis verschmilzt und dem *Myometrium* direkt anliegt.

c Gegen Ende der Schwangerschaft

Die **Plazenta** vergrößert sich proportional zum Wachstum des Fetus und des Uterus. Sie nimmt während der gesamten Fetalzeit etwa 25 – 30 % der inneren Oberfläche des Uterus ein. Ihre Dickenzunahme kommt durch die Verzweigungen und Vermehrung der bestehenden Zotten und nicht durch weiteres Eindringen in das mütterliche Gewebe zustande.

Eihäute. Der Trophoblast des Chorion laeve bildet sich ganz zurück, so daß das Chorionmesoderm direkt an die mütterliche Dezidua angrenzt. Das Amnion besitzt keine Gefäße. Die in die Eihäute ausstrahlenden Gefäße verlaufen im Chorionmesoderm.

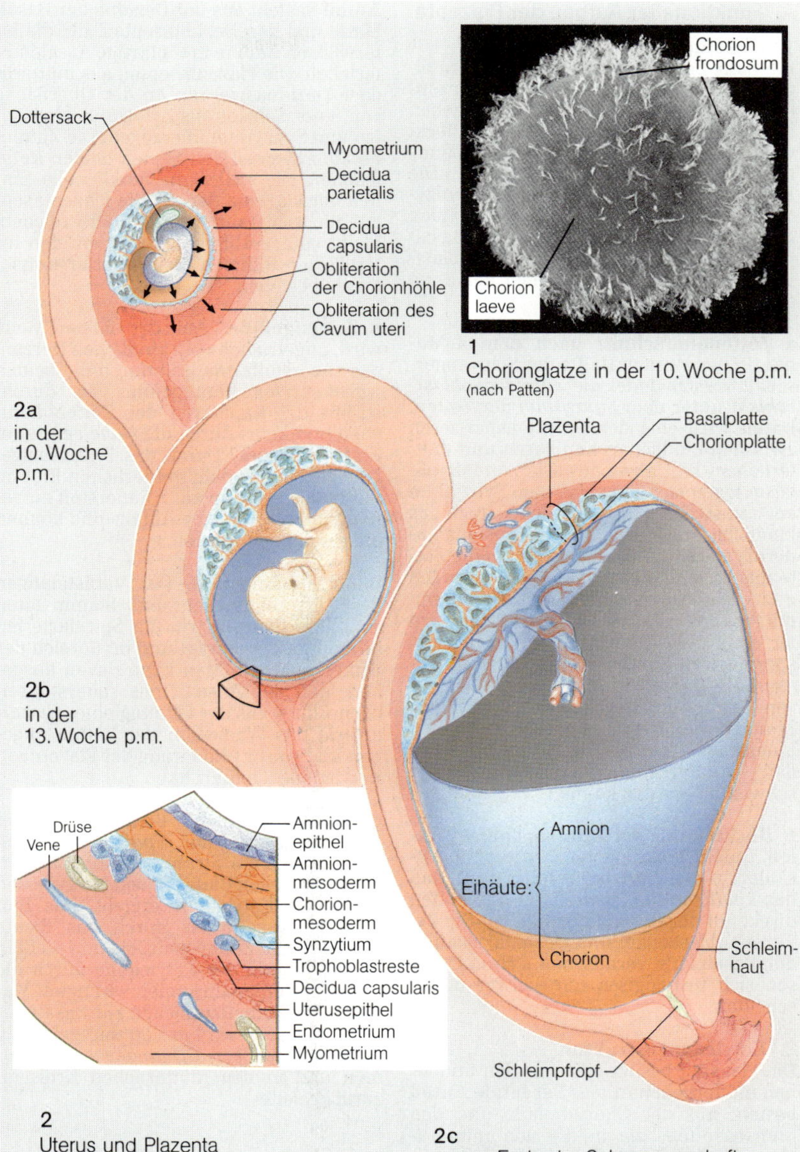

1
Chorionglatze in der 10. Woche p.m.
(nach Patten)

2
Uterus und Plazenta

2c
gegen Ende der Schwangerschaft
(nach Boyd und Hamilton)

A. Entwicklung von Plazenta und Eihäuten

A. Funktioneller Aufbau der Plazenta

1. Plazentazotten

Die Zotte besteht aus einem bindegewebigen Kern mit Gefäßen, der von einer einlagigen Zytotrophoblastschicht umgeben ist, die ihrerseits vom Synzytium bedeckt wird. Auf der Oberfläche des Synzytiums hat sich ein Bürstensaum gebildet. Die Haftzotten sind mit ebenfalls von Synzytium überzogenen Zytotrophoblastsäulen in der Basalplatte verankert. Die Basalplatte besteht aus der Zytotrophoblastschale und den Dezidualzellen der Zona compacta.

a Zottenquerschnitt nach dem 4. Monat. In der zweiten Hälfte der Schwangerschaft verschwindet die *Zytotrophoblastschicht* unter dem *Synzytium* der Zotten. Damit wird eine der Diffusionsbarrieren zwischen kindlichen Kapillaren und mütterlichem Blut abgebaut. Die Zottenkapillaren legen sich teilweise dem Synzytium eng an, so daß an diesen Stellen auch das kindliche Bindegewebe als Diffusionshindernis entfällt. Gleichzeitig bilden die Zottenbäumchen zusätzliche Aufzweigungen und Verästelungen und vergrößern damit die Austauschfläche. Das Synzytium wird zu einer auf Resorption und Sekretion spezialisierte Epithelschicht mit Bürstensaum (→2.15). Nur an einigen Stellen sitzen noch undifferenzierte vielkernige Knoten, die in die intervillösen Räume hineinragen und als *Synzytiumknoten* in den mütterlichen Kreislauf ausgeschwemmt werden können.

b Rückbildung der Zytotrophoblastsäulen. Die Rückbildung der Zytotrophoblastsäulen in den *Haftzotten* führt dazu, daß das *kindliche Bindegewebe* in den Zotten direkt auf der Basalplatte aufsitzt. Die Zytotrophoblastzellen und Dezidualzellen in der Basalplatte vermischen sich und lassen sich histologisch nur schwer unterscheiden.

2. Kotyledonenstruktur

Die Plazenta besitzt einen fetalen und einen mütterlichen Anteil. Der **fetale Anteil** besteht aus der Chorionplatte und den Chorionzotten, die in die von mütterlichem Blut gefüllten intervillösen Räume hineinragen, sowie aus dem Trophoblastanteil der Basalplatte. Der **mütterliche Anteil** besteht aus der Dezidua der Basalplatte und den Deziduasepten, die die intervillösen Räume in topfartige Areale unterteilen. Die Plazentasepten aus mütterlicher Dezidua werden an der Oberfläche von einer Schicht aus Zytotrophoblastzellen und Synzytium überzogen. Die Zottenareale zwischen den Septen heißen *Kotyledonen*. Sie stellen die funktionelle Einheit der Plazenta dar. Da die Plazentasepten nicht bis zur Chorionplatte reichen, bleibt eine Verbindung zwischen den intervillösen Räumen benachbarter Kotyledonen bestehen.

a Zottengefäße. Auf der fetalen Seite wird, angetrieben vom kindlichen Herzen, das sauerstoffarme Blut durch die beiden *Nabelarterien* herangeführt. Es durchströmt die Kapillaren der Zottenbäumchen und kehrt durch die *Nabelvene* zum Embryo zurück. Durch das Diffusionsgefälle gegenüber dem mütterlichen Blut im intervillösen Raum kann Sauerstoff aufgenommen und lösliche Abfallstoffe können ausgeschieden werden.

b Zottenbäumchen. Die Verästelungen der Zottenbäumchen und Stammzotten sind über dem Austritt der Spiralarterien besonders ausgeprägt und im Bereich der Septen spärlich. Man kann davon ausgehen, daß der Austritt des sauerstoffreichen Blutes aus der Öffnung einer *Spiralarterie* das Wachstum der Zotten angeregt und so zur Gliederung der Plazenta in Kotyledonen geführt hat.

c Spiralarterien. Am Boden einer jeden Kotyledone tritt eine *Spiralarterie* aus, aus der sich ein Strahl des sauerstoffreichen arteriellen Blutes in den intervillösen Raum der Kotyledone ergießt. Das Blut wird nach seitwärts durch das dichte Netzwerk der Zotten gedrückt und fließt in der Peripherie der Kotyledone durch die zu kapillären Spalträumen verengten Maschen der Zottenbäumchen zur Basalplatte zurück. Dort wird es von unregelmäßig verteilten *venösen Öffnungen* aufgenommen und in den mütterlichen Kreislauf zurückgeleitet.

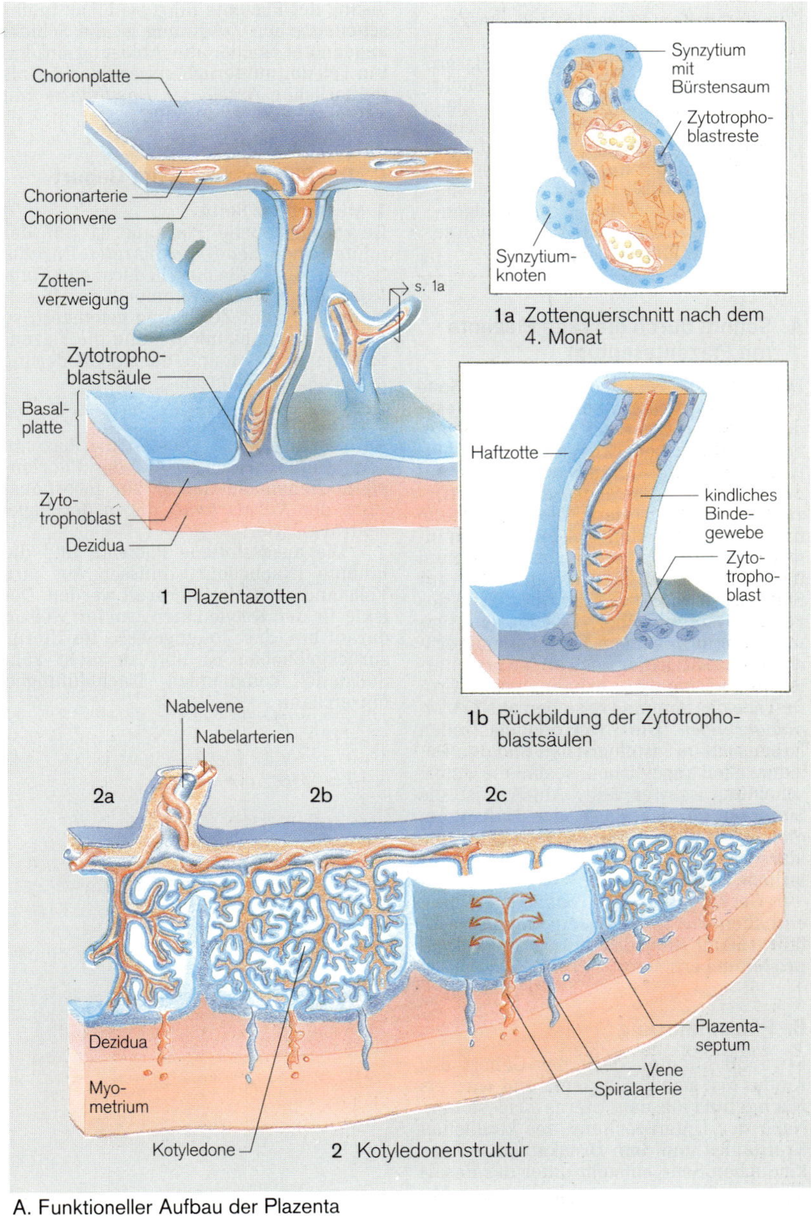

A. Funktioneller Aufbau der Plazenta

In der **reifen Plazenta** sind die Zottenbäumchen maximal entfaltet und durchblutet. Die kindlichen Kapillaren sind nur durch die Synzytiumschicht vom mütterlichen Blut getrennt. Kleine Blutungen mit Übertritt kindlicher Erythrozyten in den Kreislauf der Mutter sind die Regel. Sie führen bei **Rh-Inkompatibilität** zur Sensibilisierung der Mutter, die bei einer folgenden Schwangerschaft zur Hämolyse beim Fetus führen kann.

A. Schnitt durch die reife Plazenta mit Plazentaseptum

Die *Chorionplatte* auf der kindlichen Seite besteht aus dichtem embryonalen Mesoderm und ist von einer dünnen *Amnionepithelschicht* bedeckt. Von der Chorionplatte geht eine *Stammzotte* aus, die auf der Oberkante des *Plazentaseptums* (Deziduaseptum) inseriert. Die Stammzotte und die feinen Zottenverästelungen im intervillösen Raum sind von Synzytium überzogen. Das Synzytium geht von der Stammzotte direkt auf die Oberfläche des Plazentaseptums über. Das Plazentaseptum besteht in seinem Kern aus mütterlicher *Dezidua*, in der noch einige erweiterte *Drüsenschläuche* vorhanden sind. Große Teile des Septums bestehen aus *Fibrinablagerungen*. Die Zytotrophoblastzellen haben sich im histologischen Bild den Deziduazellen angeglichen, so daß die Unterscheidung schwer fällt. Ähnlich ist die Situation an der Basis der Haftzotten: dichtes kindliches Bindegewebe geht ohne klare Grenze in Zytotrophoblast und mütterliche Dezidua über.

Gegen Ende der Schwangerschaft enthalten die intervillösen Räume ungefähr 150 ml Blut, das sich etwa 3–4mal pro Minute erneuert.

B. Plazentalösung

Etwa 30 Minuten nach der Geburt des Kindes löst sich die Plazenta und wird als **Nachgeburt** aus dem Uterus ausgestoßen. Nach der Unterbrechung des kindlichen Kreislaufes und dem Druckabfall auf der kindlichen Seite entsteht unter der Basalplatte ein Blutsee, der schließlich zur Ablösung der Plazenta führt (→1.18). In der schematischen Zeichnung ist die Schicht angedeutet, in der die Ablösung erfolgt. Ein Teil der mütterlichen Dezidua wird als mütterlicher Anteil der *Basalplatte* mit ausgestoßen.

C. Die Plazenta nach der Geburt

1. Mütterliche Seite
Die ausgestoßene Plazenta ist auf der mütterlichen Seite von lilaroter Dezidua bedeckt, durch die die Gliederung in *Kotyledonen* hindurchschimmert. Die Basalplatte ist in der Zeichnung gefenstert, so daß die Zottenbäumchen und die Plazentasepten sichtbar sind, die zur Gliederung in Kotyledonen führen.

2. Kindliche Seite
Auf der kindlichen Seite ist die Plazenta vom Amnion bedeckt. Auf der Chorionplatte ziehen die Gefäße zur Insertionsstelle der *Nabelschnur*, die in der Regel zentral inseriert.

Die ausgestoßene Plazenta und die Eihäute (Nachgeburt) müssen auf ihre Vollständigkeit hin überprüft werden. Defekte in der Kotyledonenstruktur weisen darauf hin, daß Zottengewebe im Uterus zurückgeblieben ist und zu nicht zum Stillstand kommenden Nachblutungen führen kann.

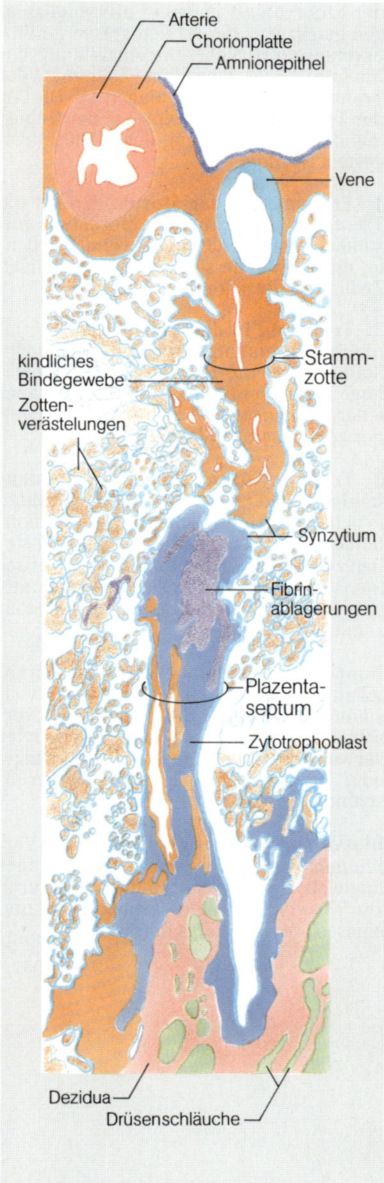

A. Schnitt durch die reife Plazenta

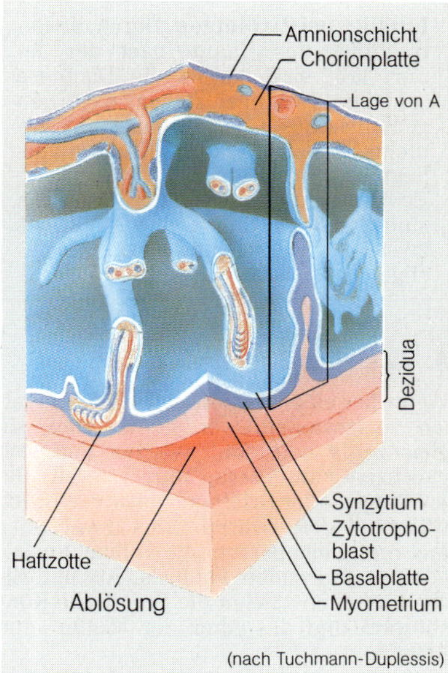

B. Plazentalösung

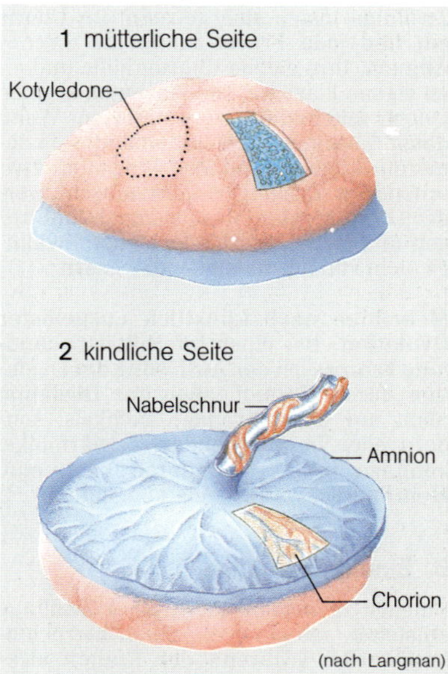

C. Die Plazenta nach der Geburt

Eihäute bei Zwillingen. Durch die Betrachtung der Eihäute nach der Geburt läßt sich bereits die Diagnose „eineiige Zwillinge“ stellen, wenn ein gemeinsames Chorion oder ein gemeinsames Amnion und Chorion vorliegt.
Etwas mehr als 1% aller Geburten sind Zwillinge. Davon sind etwa 70% zweieiige Zwillinge und etwa 30% eineiige.

A. Zweieiige Zwillinge

Wenn bei einer Ovulation mehrere Eizellen ausgestoßen werden, können sie gleichzeitig befruchtet werden und sich gleichzeitig im Uterus implantieren. Bei Zwillingen oder Drillingen entwickeln sich während des Ovarialzyklus zwei oder mehrere gleichberechtigte Follikel anstelle eines führenden Follikels. Als natürliche Ursachen spielen die genetische Konstitution und das Alter der Mutter eine Rolle.

Verschmelzung der Plazenten. Zweieiige Zwillinge nisten sich getrennt im Uterus ein und jede Frucht bildet ihr eigenes Amnion, ihre eigene Chorionhülle und eine eigene Plazenta. Die Plazenten können jedoch miteinander verschmelzen. Wenn dabei Choriongefäße miteinander fusionieren, können kindliche Blutzellen zwischen den Zwillingen ausgetauscht werden (Erythrozyten-Mosaizismus). Im übrigen unterscheiden sich zweieiige Zwillinge nicht von normalen Geschwistern.

Mehrlinge nach künstlich ausgelöster Ovulation. Bei einer Infertilitätsbehandlung kann es bei der Auslösung der Ovulation durch Hormongaben zur Ovulation nicht nur des führenden Follikels, sondern aller heranreifenden Tertiärfollikel kommen (→1.11). Dadurch kann eine Mehrlingsschwangerschaft entstehen.

B. Eineiige Zwillinge

Eineiige (genetisch identische) Zwillinge entstehen aus einer einzelnen befruchteten Eizelle. Während der Frühentwicklung werden die Zellen der Zygote oder der Embryoblast in zwei Embryonalanlagen geteilt, aus denen sich getrennte Embryonen entwickeln. Die Ausbildung der Eihäute hängt von dem Zeitpunkt der Trennung der beiden Anlagen ab. Die Art der Zwillingsbildung kann bei der Geburt aus der Verschmelzung der Eihäute festgestellt werden.

1. Trennung in der Morula. Erfolgt die Trennung im Stadium der Morula, so entstehen zwei vollständig getrennte Früchte, deren Eihäute sich wie bei zweieiigen Zwillingen verhalten.

2. Trennung in der Blastozyste. Bei einer Durchtrennung des Embryoblasten im Stadium der Blastozyste entstehen Zwillinge mit getrennten Amnionhöhlen, aber einer gemeinsamen Chorionhöhle und einer gemeinsamen Plazenta.

3. Trennung nach Bildung der Amnionhöhle. Wenn die Trennung der beiden Früchte nach Entwicklung der Amnionhöhle im Keimblattstadium erfolgt, entstehen zwei Embryonen mit einer gemeinsamen Amnionhöhle in einer gemeinsamen Chorionhöhle mit einer gemeinsamen Plazenta.

Doppelmißbildungen. Wenn die Durchteilung der Embryoblastanlage nicht vollständig ist, können die Zwillinge an verschiedenen Körperregionen miteinander verwachsen sein (siamesische Zwillinge) oder unpaare gemeinsame Körperabschnitte besitzen.

Blutversorgung bei Zwillingen. Die Verschmelzung der Plazenta kann zu einer ungleichen Blutversorgung und dadurch zur Entwicklung eines sehr kleinen und eines großen Zwillings führen.

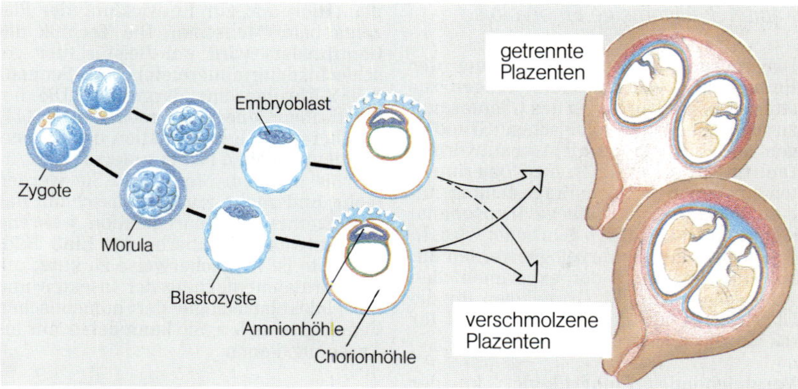

A. Zweieiige Zwillinge

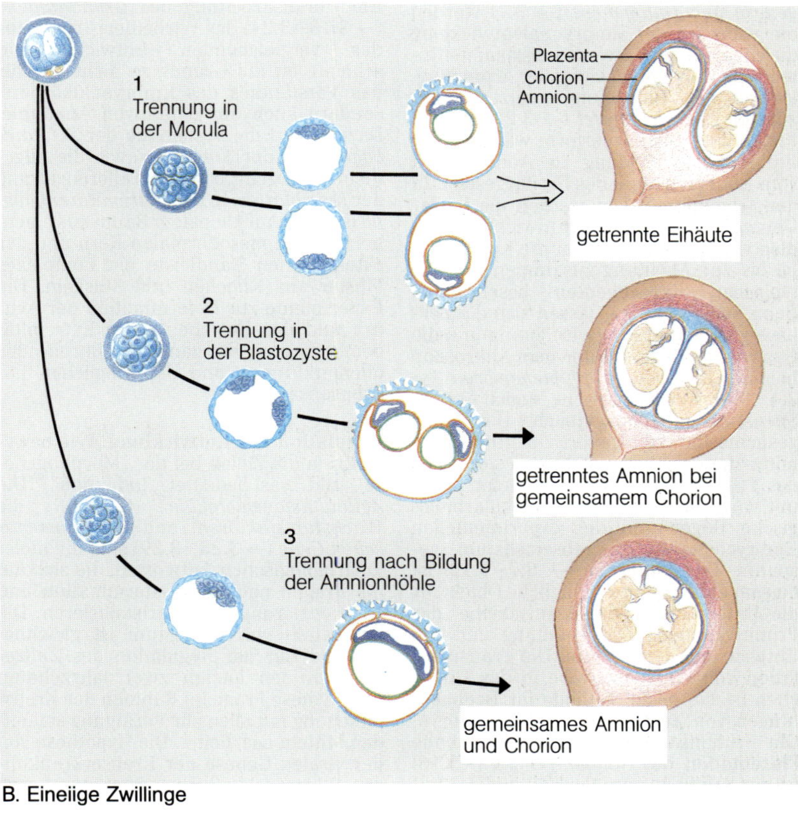

B. Eineiige Zwillinge

Kapitel 3: Allgemeine Embryologie

Die morphologische Beschreibung der Embryonalentwicklung kann Fragen zur stufenweisen Expression des Genoms und zu den molekularbiologischen Grundlagen der Entwicklung nicht beantworten. Die Antworten kommen aus Experimenten, in denen je nach Fragestellung mit dem Seeigel, der Taufliege (Drosophila) oder dem Mausembryo gearbeitet wird. In der allgemeinen Embryologie werden daher die Ergebnisse der experimentellen Embryologie und die Grundlagen für die Übertragung auf den Menschen und für die Verallgemeinerung dargestellt.

Vergleichende Embryologie. In der Übersicht zur Beziehung zwischen *Phylogenese* und *Ontogenese* (→ 3.1) werden die während der Embryonalentwicklung durchlaufenden Entwicklungsstadien (Ontogenese) zur Entwicklung der Arten (Phylogenese) in Beziehung gesetzt. In der zweiten *Übersichtstafel* (→ 3.2) wird die Entstehung der Körperform während der Embryonalentwicklung in Abhängigkeit vom Dotterreichtum des Eis dargestellt. In den folgenden Tafeln werden die in der Übersicht aufgeführten Entwicklungsstadien von der Blastula über die Keimscheibe bis zur Abfaltung zusammen mit den typischen Experimenten beschrieben. Beim *Seeigel* (→ 3.3) lassen sich die Zellbewegungen bei der Befruchtung und die Gastrulation direkt unter dem Mikroskop beobachten. Der *Amphibienembryo* (→ 3.4 – 3.6) ist das klassische Modell für den Spemann-Induktionsversuch. Der lange gesuchte Induktor gehört zur großen Familie der Wachstumsfaktoren vom Typ des TGF-β („Tumor Growth Factor"). Damit wird unerwartet der molekularbiologische Bogen von der experimentellen Embryologie zum Krebswachstum gespannt. Das *Hühnchen* (→ 3.7 – 3.12) ist das am einfachsten zugängliche Objekt für die Untersuchung der Keimscheibe, des Primitivknotens, der Abfaltung und der Entwicklung der Eihäute. Die Transplantation von Wachtelgewebe in das Hühnchen ist die beste Methode für Beobachtungen von Zellbewegungen im Embryo. Die Frühentwicklung und vergleichende Plazentation der *Säuger* (→ 3.13 – 3.16) ist der Schlüssel zum Verständnis der Implantation und zur Entwicklung der Plazenta beim Menschen. Die Technik des Gentransfers wird am Beispiel der geschlechtsdeterminierenden DNS-Sequenz des Y-Chromosoms dargestellt. Die homeotischen Gene von *Drosophila* (→ 3.17) regulieren die Determination der Körpersegmente in allen bisher untersuchten Arten bis hin zum Menschen. Sie werden mehr und mehr zum Schlüssel für das Verständnis der Genregulation während der Entwicklung überhaupt. Eine Bild-Textseite ist möglicherweise zu kurz, um die Normalentwicklung der Insekten und die Molekularbiologie der homeotischen Gene darzustellen. Sie kann daher nur als Anregung dienen.

Grundaufbau des Embryonalkörpers. Die Herausarbeitung des *Grundaufbaus* (→ 3.18 – 3.24) des Wirbeltierkörpers aus der vergleichenden Entwicklungsgeschichte ist die Grundlage nicht nur für das Verständnis des Embryonalkörpers, sondern auch der definitiven Anatomie. Dazu gehört die Systematik der *Schlundbögen* und der *Somiten* sowie die allgemeinen Regeln bei der Differenzierung der *Keimblätter*. In der *Extremitätenknospe* entsteht auf kleinstem Raum aus einem homogenen mesodermalen Kern und der ektodermalen Randleiste ein komplexes Muster aus Knochen und Muskeln. Die Experimente zur Determination der Achsen und der Gewebe in der Extremität demonstrieren die ganze Bandbreite der offenen Fragen und der möglichen Lösungsansätze.

Regulation der Entwicklung. Wie bewegen sich die Zellen bei der „Morphogenese" und was bedeutet „Induktion"? Die *Zelladhäsionsmoleküle* (CAMs), die *Wachstumsfaktoren* und die *homeotischen Gene* (→ 3.25 – 3.29) sind die molekularbiologischen Antworten, die sich auf die Fragen nach der Determination und Differenzierung herauskristallisieren. Die Regulation von Wachstum ist gleichbedeutend mit der Regulation des *Zellzyklus*. In den letzten zwei Jahrzehnten wurde diese Frage im Rahmen der Krebsforschung mit allen zur Verfügung stehenden Mitteln bearbeitet. Die Hypothese von der viralen Genese der Krebserkrankungen führte schließlich zurück zur Frage der Regulation von Determination und Proliferation während der Embryonalentwicklung. Die „Onkogene" sind alle möglichen Schlüssel zur Regulation des Zellzyklus, mit denen in Krebszellen die Proliferation an- und die terminale Differenzierung ausgeschaltet werden kann.

Differenzierung der Gewebe. Im Grenzgebiet zur Histologie werden einige entwicklungsgeschichtliche Gesichtspunkte gebracht, die das Verständnis des gesamten Organismus erleichtern können (→ 3.30–3.35): *Zähne* sind homolog zu Schuppen. Die desmale Verknöcherung hat ihren Ursprung im Exoskelett der Vertebraten. Die Anfälligkeit der *Milchdrüse* für Krebs wird durch die delikate hormonale Steuerung und das Vorhandensein von embryonalen Zellnestern verständlich, aus denen heraus der Drüsenkörper bei jeder Schwangerschaft erneut aufgebaut wird. Die Differenzierung der *quergestreiften Muskelzelle* dient als Beispiel für die Expression primitiver Systeme während der Embryonalentwicklung und ihre Umgestaltung zu differenzierten Geweben durch Expression optimierter Varianten aus der gleichen Genfamilie. Die durch Genreduplikation entstandene *Immunglobulinfamilie* und ihre Funktion bei der Determination und Proliferation der Zellen ist ein Beispiel für *Zelladhäsionsmoleküle* insgesamt. Dabei ist die somatische Mutation in den variablen Regionen der Moleküle ein Sonderfall, durch den die Vielfalt der vom vererbten Genom unabhängigen Antikörper entsteht. Möglicherweise ist die Anzahl der CAMs z. B. bei der Wegfindung der Axone und der Synapsenbildung im ZNS ebenso hoch wie die Anzahl der Antikörper im Immunsystem.

Gasträa-Theorie und Keimblattlehre

Unter dem Einfluß der Evolutionstheorie von Darwin zur Entstehung der Arten wurde zu Beginn des vorigen Jahrhunderts von Haeckel die Gasträa-Theorie entwickelt. Die Gasträa-Theorie ist die Grundlage der Keimblattlehre. Haeckel ging davon aus, daß bei der Entstehung von Vielzellern (Metazoen) aus Einzellern (Protozoen) zunächst eine Hohlkugel gebildet wird wie bei der Kugelalge Volvox. Er nannte die Kugelform Blastäa. Sie entspricht dem Blastula-Stadium in der Ontogenese höherer Tierspezies. Durch Ausbildung eines Urdarms (Archenteron) entsteht die Gasträa. Die Gasträa entspricht in der Ontogenese höherer Tierspezies dem Gastrula-Stadium. Sie ist bei Polypen (Hydra) die definitive Körperform. Die Keimblattlehre entstand gleichzeitig mit den seinerzeit modernsten mikroskopischen und histologischen Methoden als Grundlage einer naturwissenschaftlich fundierten Biologie. Die Homologie zwischen Entwicklungsstadien in der Ontogenese und Entwicklungsstufen in der Phylogenese erhielt die Bedeutung eines *„biogenetischen Grundgesetzes"*, das sich am besten formulieren ließ, wenn man eine gesetzmäßige Abstammung der differenzierten Gewebe aus den Keimblättern zugrunde legte.

Molekularbiologischer Ansatz

Die biochemischen Grundmechanismen der Transkription, Translation und Proteinsynthese sind in gleicher Weise und mit im Prinzip gleichen Grundbausteinen in der Bakterienzelle und Eukaryontenzelle verwirklicht. Im Zellkern der Eukaryonten kann sich jedoch mehr DNS anhäufen, als für die Abwicklung der akuten Lebenssituation notwendig ist. Durch Genreduplikation sowie Gentransfer über Phagen und Viren entstehen für die einzelnen Proteine und Glykoproteine der Zelle Vielfachkopien, von denen jeweils nur eine aktiv ist. Sie stellen das genetische Grundreservoir für die Evolution der Metazoen dar, aus dem durch Aktivierung und Inaktivierung der entsprechenden Gene die spezialisierten Zellen der Organe hervorgehen. Aufgrund von Homologien in der DNS-Sequenz ist häufig die Abstammung von einem „Urgen" der Zelle zu erkennen. Der molekularbiologische Ansatz basiert ebenfalls auf der Evolutionstheorie. Die morphologisch und vergleichend anatomisch orientierte Keimblattlehre wird durch eine biochemisch und zellbiologisch begründete Vorstellung von den Funktionsprinzipien der Zelle ergänzt und ersetzt.

A. Beziehung zwischen Ontogenese und Phylogenese in der Wirbeltierreihe

In der *Phylogenese* sind die verwandtschaftlichen Beziehungen zwischen den Arten an gemeinsamen Merkmalen im Körperbau zu erkennen. Die noch lebenden Vertreter der entsprechenden Tierstämme können so in Stammbäumen angeordnet werden. In der Embryonalentwicklung treten die Gemeinsamkeiten im Körperbau noch deutlicher hervor als bei den an ihren jeweiligen Lebensraum angepaßten adulten Formen.

In der *Ontogenese* durchläuft der Embryo aufeinanderfolgende Entwicklungsstadien, für die sich Tierstämme finden lassen, deren Körperbau auf dem gleichen Grundprinzip beruht. Daraus läßt sich schließen, daß z. B. der Wirbeltierembryo und die auf dieser Organisationsstufe lebenden Tierarten Vorfahren mit gleichem Körperbauprinzip besitzen. Die Organstrukturen wie die Somiten oder die Schlundbögen erfüllen im Embryo jedoch nicht die Bewegungs- und Atmungsfunktion wie bei den entsprechenden adulten Formen. Diese Funktionen werden im Embryo von den embryonalen Ernährungsorganen übernommen. Die Somiten und Schlundbögen bestehen im Embryo aus nicht terminal differenzierten Zellen, die sich zur nächsten Organisationsstufe weiterentwickeln können.

Die Stufen in der *Phylogenese und Ontogenese* sind jeweils durch das Auftreten eines neuen Bauprinzips charakterisiert. Dies erlaubt die Erweiterung des Lebensraumes sowie die Ausbreitung der auf dem neuen Prinzip aufgebauten Arten auf Kosten der alten. Die Entwicklung ist nicht umkehrbar. Die das Meer bewohnenden Säuger entwickeln keine Kiemen aus den im Embryo vorhandenen Schlundbögen, sondern adaptieren die Lungen an das Leben im Wasser.

1. Spermium und Eizelle. In der haploiden Phase des Lebenszyklus befinden sich die Gameten auf der Organisationsstufe der *Einzeller*. Die vielzelligen Organismen sind aus Einzellern hervorgegangen. Die Entwicklung des Embryos beginnt ebenfalls mit einer Zelle, der befruchteten Eizelle. Sie ist allerdings nicht die abstrakte Urzelle, sondern wie das Spermium und das *Pantoffeltier* selbst hochdifferenziert.

2. Blastula-Stadium. Die Entwicklung einer Hohlkugel ist ein einfaches Grundprinzip für *mehrzellige Organismen*, das bei der *Kugelalge* Volvox verwirklicht ist und vom Embryo als Blastula-Stadium durchlaufen wird. Das allgemeine Prinzip ist die Entwicklung der epithelialen Polarität von innen und außen und die Bildung von festen Zellkontakten.

3. Gastrula-Stadium. Die Gastrula entsteht durch die Einstülpung des Urdarms aus der Blastula. Die inneren Zellen spezialisieren sich auf die Nahrungsaufnahme (Entoderm) und die äußeren auf die Schutz- und Wahrnehmungsfunktion (Ektoderm). Der Urtyp eines Gastrula-Tiers läßt sich als Saugglocke denken, die über den Grund kriecht und einen Bakterienrasen abgrast. Das Bauprinzip der *Gastrula* ist bei den *Coelenteraten* (Hohltieren) verwirklicht. Sie bestehen aus einer Ektoderm- und einer Entodermschicht. Die Nahrung wird mit einem Tentakelsaum durch den Urmund in den blind endenden Urdarm eingestrudelt. Die Coelenteraten vermehren sich durch Keimzellen und durch Knospen. Korallenriffe entstehen durch Stockbildung von Hohltieren und Kalkablagerungen an ihrer Unterseite. Der kleine Süßwasserpolyp Hydra regeneriert unter experimentellen Bedingungen aus Einzelstücken einen Kopf- und einen Fußanteil.

4. Mesodermbildung. Bei der Gastrulation des Seeigels, d. h. bei der Einstülpung des Urdarms, sondern sich mesenchymale Zellen für das dritte Keimblatt, das *Mesoderm*, ab. Die bewimperte Larve der Stachelhäuter *(Echinodermen, Seeigel, Seesterne, Seegurken)* besitzt durch die asymmetrische Öffnung des Darmrohrs am animalen Pol bereits eine Bilateralsymmetrie, die in den adulten Formen wieder verlorengeht.

Der auf dieser Stufe angesiedelte Fadenwurm *Caenorhabditis elegans* besteht aus etwa 1000 Körperzellen, deren Abstammung über definierte Zellinien bis zur Zygote zurückverfolgt wurde. Er war das typische Beispiel für einen Organismus, in dem das Schicksal jeder Zelle genetisch fest determiniert ist **(Mosaikei)** und nicht durch Interaktion mit Nachbarzellen (Induktion) bestimmt wird **(Regulationsei)**. Die genaue Analyse zeigt jedoch, daß eine ausfallende Zelle aufgrund von Zellinteraktion von Nachbarzellen ersetzt wird. Caenorhabditis elegans ist daher ein Beispiel für sehr perfekte Regulation geworden.

5. Metamerie. Das Prinzip der Metamerie besteht darin, daß die Embryonalanlage zunächst in eine Reihe von gleichen hintereinander angeordneten *Segmenten* unterteilt wird. Das Prinzip der Segmentierung ist die Grundlage für die Entwicklung der beiden großen Tierklassen auf der Erde, der Vertebraten und der *Insekten*. Im Stamm der *Ringelwürmer* (Anelida) ist auch die adulte Form noch aus gleichartigen Segmenten aufgebaut. Die für die Segmentierung verantwortlichen Gene wurden in der *Drosophilalarve* isoliert. Die *homeotischen Gene* besitzen eine gemeinsame Sequenz, die als Homeobox bezeichnet wird. Mit der als Sonde benutzten Homeobox läßt sich die Expression der homeotischen Gene auch in den Wirbeltierembryonen nachweisen.

In der Larve eines primitiven *Tunicaten* (Schalentiere) lassen sich zwei segmental gegliederte Regionen unterscheiden: der aus Schlundbogenelementen und Schlitzen aufgebaute Reusendarm und der mit einer segmentalen Muskulatur ausgestattete Rumpfabschnitt. In der adulten Form der primitiven Tunikaten bildet sich der Rumpfabschnitt mit der Chorda und der segmentalen Muskulatur zurück. Es entsteht ein sessiler Nahrungsstrudler, der das Meerwasser durch seinen Reusendarm filtriert. Das Lanzettfischchen ist als adulte Form ein Nahrungsstrudler mit einer Chorda und segmentaler Muskulatur, die noch über die Region des Reusendarms hinausreicht und die spätere Lage der *präotischen Myotome* beim Wirbeltierembryo verständlich werden läßt. Bei den Fischen entstehen um die Chorda knorpelige oder knöcherne Wirbelelemente. Aus dem Reusendarm entwickeln sich die Kiemen.

6. Dottersack und Keimscheibe. Die Zunahme des Dotters in den Eiern führt bereits bei den Fischen zur Entwicklung einer Keimscheibe und der Ausbildung eines extraembryonalen mit eigenen Gefäßen versorgten Dottersacks.

Die Eier der *Amphibien* können sich trotz eines relativ hohen Dottergehaltes noch ganz durchteilen. Der Dotter wird in das Darmrohr verlagert, so daß kein extraembryonaler Dottersack ausgebildet wird. Nach dem Schlüpfen lebt die Amphibienlarve in Wasser und atmet mit Kiemen. In der Metamorphose gehen die Kiemen verloren. Es bilden sich Lungen aus, die den Übergang der adulten Formen zum Landleben ermöglichen.

7. Amnionhöhle. In der Tierklasse der landlebenden *Reptilien* und den aus ihnen hervorgegangenen *Vögeln* entwickelt sich der Embryo innerhalb einer festen Eischale. Er wird in die mit Flüssigkeit angefüllte *Amnionhöhle* eingeschlossen und atmet zunächst mit dem extraembryonalen Dottersack und dann mit der Chorioallantois. Der im Ende erfolgreiche Weg vom Wasser ans Land und in die Luft führt nicht über die ans Land kriechenden Amphibien, sondern über die Erfindung des Dottersacks und der Amnionhöhle.

8. Plazenta. Die Säuger mit einer vollausgebildeten *Plazenta* (Euplazenta) werden den *eierlegenden Säugern* (*Schnabeltier*) und den Beuteltieren gegenübergestellt. Die Plazenta entwickelt sich aus dem Dottersack und der Chorioallantois eines in einer Eischale heranwachsenden Embryos. Die Eischale verschwindet, und die Chorioallantoisgefäße verbinden sich mit den mütterlichen Gefäßen und bilden in der Plazenta ein Ernährungs- und Atmungsorgan. Obwohl der Dottergehalt der Eizelle wieder stark reduziert wird, wird die Keimscheibenbildung und die Gastrulation über einen Primitivstreifen sowie die sekundäre Entwicklung der Körperform durch Abfaltung beibehalten.

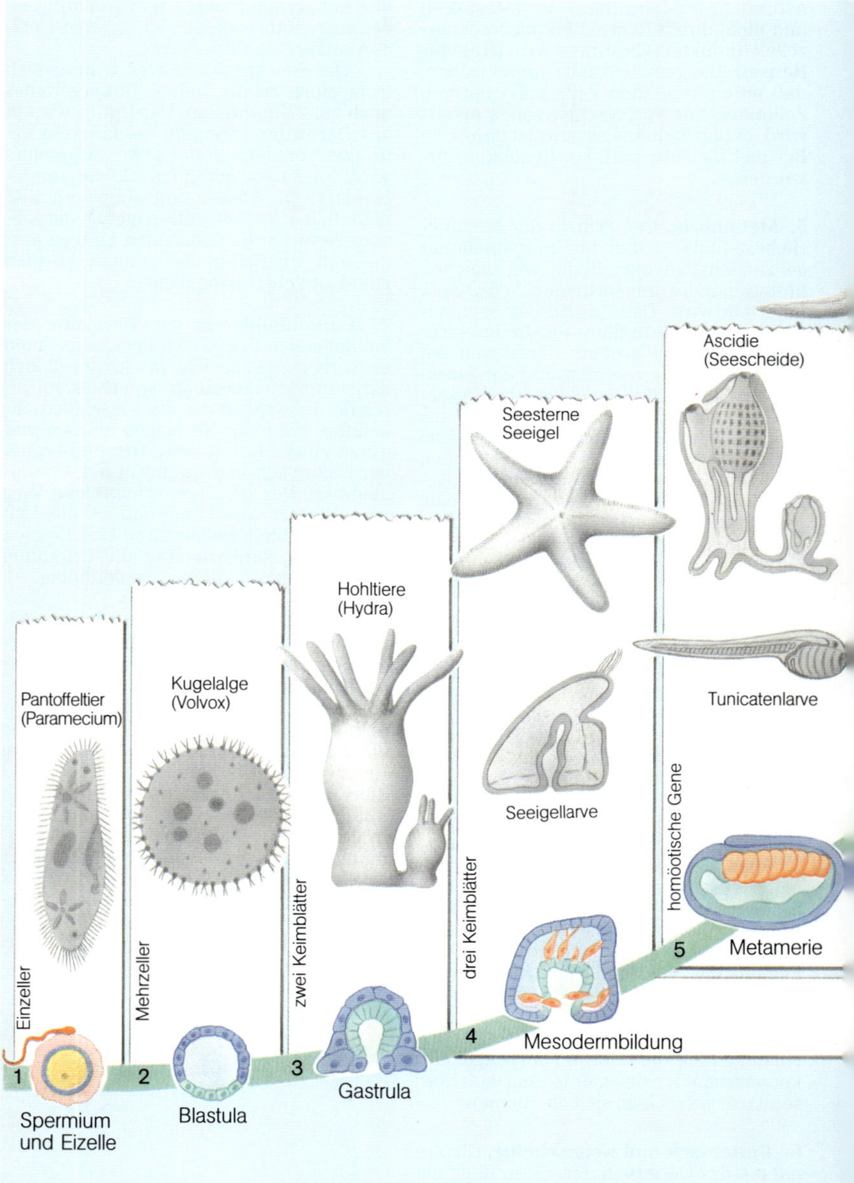

A. Beziehung zwischen Ontogenese und Phylogenese in der Wirbeltierreihe

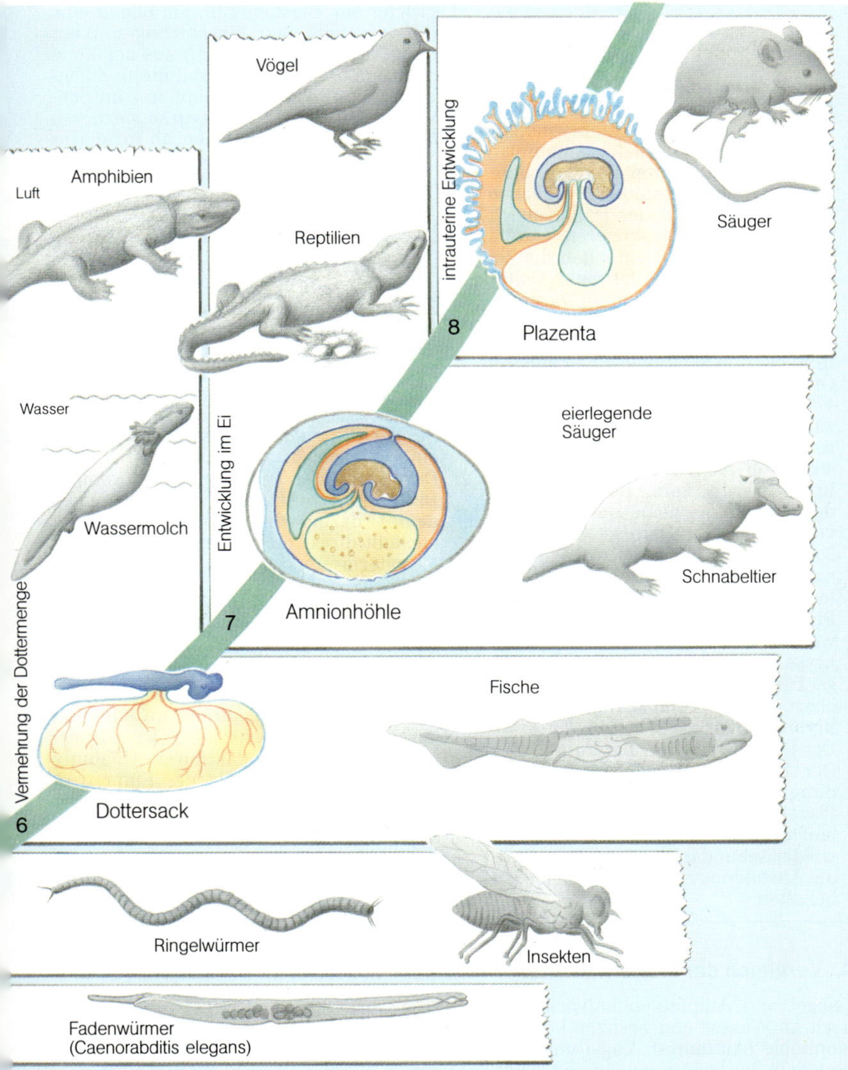

Vögel
Amphibien
Luft
Reptilien
intrauterine Entwicklung
Säuger
8
Plazenta
Wasser
Entwicklung im Ei
eierlegende Säuger
Wassermolch
Schnabeltier
Amnionhöhle
7
Vermehrung der Dottermenge
Fische
Dottersack
6
Ringelwürmer
Insekten
Fadenwürmer
(Caenorabditis elegans)

Einfluß der Dottermenge auf die Embryonalentwicklung. In der Reihe vom Seeigel über die Amphibien zum Vogel werden die Eier größer. Die Dottermenge im Ei nimmt zu. In der Tafel wird der Aufbau des Embryonalkörpers beim Seeigel, bei den Amphibien, den Vögeln und den Säugern unter diesem Gesichtspunkt verglichen. Beim *Seeigel* wird der Dotter gleichmäßig auf die Blastomeren verteilt. Bei den *Amphibien* enthalten die Zellen am vegetativen Pol mehr Dotter, der bei der Gastrulation im Darmrohr des Embryos zu liegen kommt. Durch Zunahme des Dotters kann der Embryo bis zum Schlüpfen einen höheren Organisationsgrad erreichen. Bei den *Vögeln* ist die Dottermenge schließlich so groß, daß sie bei der Furchung nicht mehr durchteilt und bei der Gastrulation nicht im Urdarm untergebracht werden kann. Der Embryo bildet eine Keimscheibe und faltet sich vom Dotter ab. Der Dotter liegt als Nahrungsreservoir im extraembryonalen Dottersack und wird über Dottergefäße zum Embryo transportiert. Bis zum Schlüpfen aus der Kalkschale werden die Ausscheidungen des Embryos in einer extraembryonalen Aussackung der Kloake (Allantois) gespeichert. Bei den *Säugern* läuft die Embryonalentwicklung in der Mutter ab. Der Eileiter erweitert sich zum Uterus. Der Embryo wird durch die Umbildung von Dottersack und Allantois zur Plazenta an den mütterlichen Kreislauf angeschlossen. Obwohl die Eier wieder sekundär dotterarm sind, wird die Ausbildung einer Keimscheibe beibehalten.

A. Vergleich der Frühentwicklung

Seeigel und Amphibien entwickeln sich noch im Wasser und besitzen keine Amnionhöhle **(Anamnia)**. Vögel und Säuger besiedeln das trockene Land und schaffen das wäßrige Milieu für den Embryo durch die Ausbildung einer Amnionhöhle **(Amniota)**.

1. Seeigel. Die Eizelle enthält wenig Dotter. Bei der *Furchung* entstehen fast gleichgroße Blastomeren. Sie bilden eine *Blastula* mit einer einschichtigen Wandung. Die Blastula schlüpft aus der Zona pellucida und schwimmt mit ihrem Zilienbesatz und Wimpernschopf frei im Seewasser. Bei der *Gastrulation* sondern sich die ersten Mesodermzellen ab (primäres Mesoderm). Die Hauptmenge des *Mesoderms* gliedert sich als sekundäres Mesoderm aus dem Urdarmdach aus. Der Urdarm legt sich dem Ektoderm an und bricht zur definitiven Mundöffnung durch. Der Urmund wird zum After.

2. Amphibien. Das Ei enthält viel Dotter. Die Furchung verläuft noch total, ist jedoch inäqual. Am vegetativen Pol entstehen große *dotterreiche Blastomeren.* Die *Blastula* ist am vegetativen Pol kompakt und besitzt eine mehrschichtige Wand. Bei der *Gastrulation* entsteht im Urmund ein Dotterpfropf, der schließlich in den Darmkanal der Larve zu liegen kommt. Das *Mesoderm* schaltet sich als Platte aus dem Urdarmdach aus. Die *Körperform* entsteht direkt durch Segmentierung des Mesoderms und Streckung des Keimes.

3. Vögel. Die *Furchung* bleibt auf den Keimfleck beschränkt. Es entsteht eine *Keimscheibe*, die den Dotter umwächst. Anstelle der Einstülpung eines Urdarms entwickelt sich ein *Primitivstreifen.* Das *Mesoderm* entsteht durch Invagination durch den Primitivstreifen. Die *Körperform* entsteht sekundär durch Abfaltung vom Dotter. Dabei sinkt der Embryo in den Dotter ein, schlägt die Amnionfalten über sich und schließt sich in eine Amnionhöhle ein.

4. Höhere Säuger (Mensch). Das Ei ist sekundär dotterarm. Die *Furchung* ist total, d. h., die ganze Eizelle wird durchgeteilt, und äqual, d. h., es entstehen gleich große Blastomeren. Die Blastomeren sondern sich in Embryoblast und Trophoblast und bilden eine *Blastozyste*. Mit dem Trophoblast entstehen die extraembryonalen Organe vor der Entwicklung des eigentlichen Embryos. Der Embryoblast bildet zwischen Amnionhöhle und Dottersack eine *Keimscheibe*. Das Mesoderm entsteht im Primitivstreifen. Der *Embryonalkörper* faltet sich wie bei dotterreichen Eiern über dem Dottersack ab.

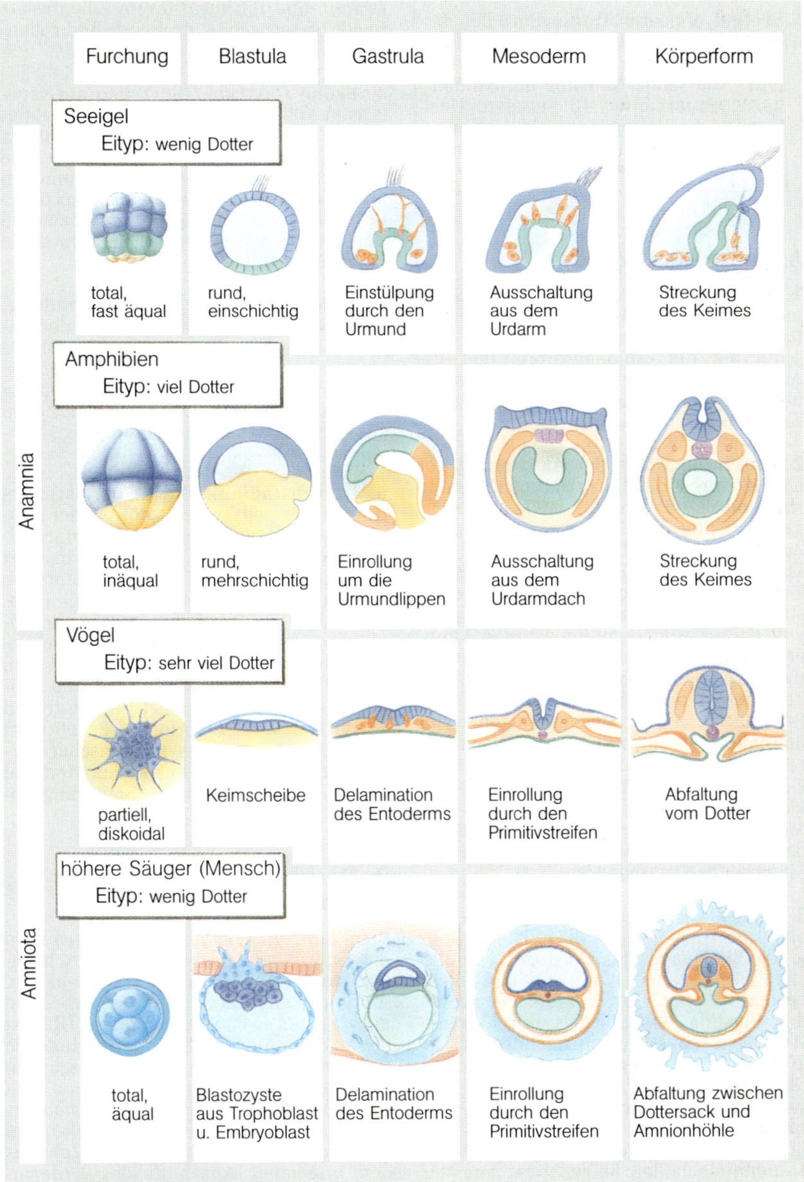

A. Vergleich der Frühentwicklung

Seeigel entleeren ihre Keimzellen in das Seewasser. Die Entwicklung von der Befruchtung bis zur Larve (Pluteus), die selbst Nahrung aufnehmen kann, dauert etwa 40 Stunden. Der kurzen Embryonalentwicklung entspricht eine geringe Menge an Dotter in der Eizelle.

A. Entwicklung des Seeigels

1. Befruchtung. Beim Eintritt des Spermiums bildet die Eizelle einen *Befruchtungshügel*, von dem aus sich die Ausschüttung der Rindengranula und die Ausbildung des perivitellinen Spalts innerhalb von 20 Sekunden über die ganze Eizelle ausbreitet.

2. Furchung. Nach der Aktivierung der Eizelle durch die Befruchtung laufen in rhythmischer Folge die ersten Zellteilungen ab. Unter dem Mikroskop werden die Zellteilungen durch das Auftreten von Furchen an der Oberfläche der Zygote sichtbar (Furchung). Die Tochterzellen sind die *Blastomeren*. Da keine Nahrung von außen aufgenommen werden kann, verläuft die Furchung ohne Größenzunahme des Gesamtkeimes. Mit 16, 32 und 64 Zellen sieht der Keim wie eine Maulbeere (Morula) aus. Beim Seeigel entstehen am animalen Pol acht mittelgroße Blastomeren (Mesomeren) und in der vegetativen Hälfte vier große *(Makromeren)* und vier kleine Blastomeren *(Mikromeren)*. Die Makromeren enthalten das Material für das Entoderm und die Mikromeren das Material für das Mesoderm.

3. Blastula. Die Zellen der Morula bilden eine Hohlkugel aus, die Blastula. Die Höhle der Blastula ist das *Blastozöl*. Die Blastula besitzt einen animalen und einen vegetativen Pol. Der *animale Pol* ist bei der Blastula des Seeigels durch einen Wimpernschopf gekennzeichnet. Ganz allgemein enthält er das Material für das Oberflächenektoderm und das Nervensystem. Am *vegetativen Pol* liegt das prospektive Entoderm und Mesoderm. Die Blastula des Seeigels schlüpft etwa 10 Stunden nach der Befruchtung aus der Gallerthülle, die das Ei umgibt *(Zona pellucida)*, und führt mit ihrem Zilienbesatz und Wimpernschopf drehende und rollende Bewegungen im Seewasser aus.

4. Frühe Gastrula. Die Zellen am vegetativen Pol der Blastula strecken Pseudopodien aus, die das Innere der Blastula abtasten. Am animalen Pol bilden sie feste Kontaktpunkte, so daß die Pseudopodien als Zytoplasmastränge das Blastozöl überbrücken. Die Pseudopodien kontrahieren sich und ziehen dabei die Urdarmtasche in das Blastozöl hinein.

5. Gastrulation und Mesodermbildung. Ein Teil der Zellen zieht sich bei der Gastrulation selbst aus dem Epithelverband heraus und liegt als *primäres Mesoderm* **(A4)** im Blastozöl. Das übrige Mesoderm entsteht durch Auswandern von Zellen aus dem Urdarmdach *(sekundäres Mesoderm)*.

6. Larvenstadium. Die Bilateralsymmetrie der Seeigellarve entsteht bei der Ausbildung der *Mundöffnung*. Das Urdarmdivertikel neigt sich nach vorn und berührt das Ektoderm. Das Ektoderm stülpt sich zur Mundbucht *(Stomodeum)* ein. Ektoderm und Entoderm legen sich zur *Rachenmembran* aneinander, die anschließend durchbricht. Der *Urmund* wird zum After. In der Metamorphose geht die Bilateralsymmetrie der Seeigel, Seesterne und Seegurken wieder verloren. Es entsteht ein fünfstrahlig radiärsymmetrischer Körper mit einem Skelett aus Kalkplatten und einem „hydraulischen" Bewegungsapparat.

B. Mesodermbildung beim Lanzettfischchen

Beim *Lanzettfischchen* (Amphioxus) wird die Chorda als prallelastischer Achsenstab beim adulten Tier (**B1**) beibehalten. Amphioxus besitzt noch keine Wirbel und noch keinen Kopf. Beim Embryo **(B2)** ist die Ausschaltung des Mesoderms aus dem *Urdarmdach* **(2a)** in einer ursprünglichen Form zu erkennen: seitlich stülpen sich segmental gegliederte *Zölomsäckchen* aus **(2b)**, die sich in *Somitenmuskulatur* und *Leibeshöhle* (Zölom) unterteilen **(2c)**. Aus dem medialen Abschnitt des Urdarmdachs entsteht die *Chorda*.

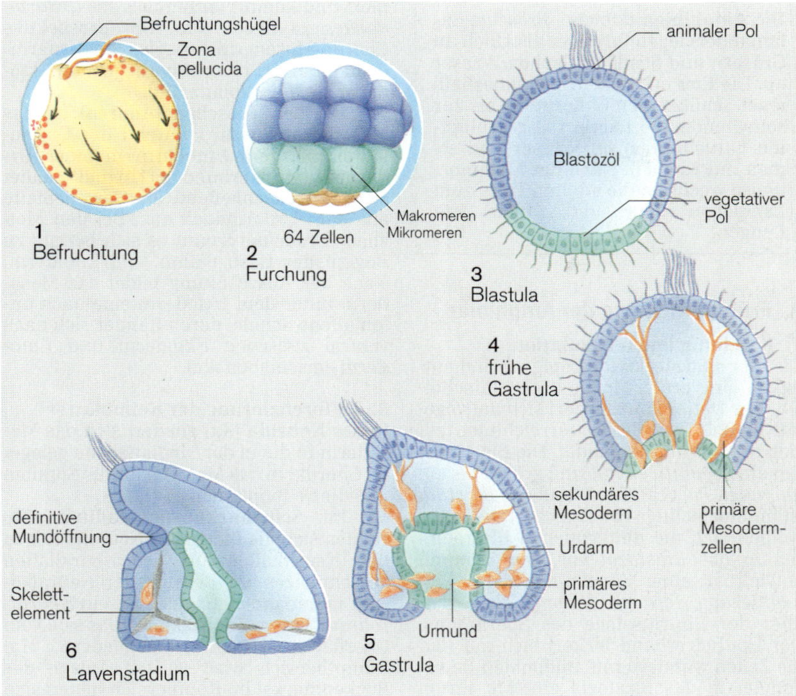

A. Entwicklung des Seeigels

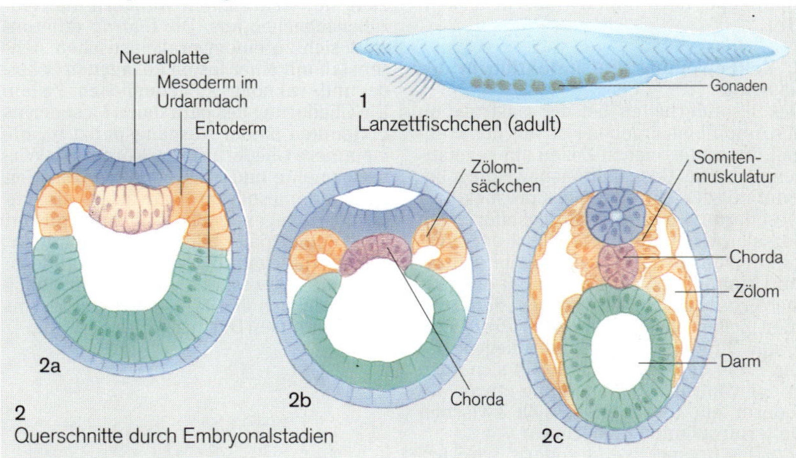

B. Mesodermbildung beim Lanzettfischchen

Die **Amphibien** (Molche, Frösche, Salamander) legen ihre Eier als Laich an Gräsern und Schilf im flachen Wasser ab. Die Eier entwickeln sich innerhalb einer schützenden Gallerthülle bis zur schwimmenden Larve. Die geschlüpften Larven leben im Wasser und atmen mit Kiemen. Nach der Metamorphose wechseln die adulten Tiere zum Landleben über und atmen mit Lungen.

A. Frühentwicklung der Amphibien

1. Furchung und Gastrulation

Die Eier sind stecknadelkopfgroß und enthalten eine große Menge an Dotterschollen. Der Dotter konzentriert sich am vegetativen Pol. Trotz des Dotterreichtums teilt sich die Eizelle vollständig. Die Blastomeren am *vegetativen Pol* sind größer als am *animalen Pol* (**1a**). Die Wand der *Blastula* ist mehrschichtig (**1b**). Am vegetativen Pol wölben sich die dotterreichen Blastomeren in das *Blastozöl* vor. Der Urmund entsteht in einer Zone mit hellerer Pigmentierung *(grauer Halbmond)* gegenüber der Eintrittsstelle des Spermiums. Der Epithelverband lockert sich auf und die Zellen wandern mit amöboiden Bewegungen in das Blastozöl ein. Mit ihrem schlanken hinteren Pol ziehen sie die Urmundlippe nach innen *(Flaschenzellen)* (**1c**)

2. Zellbewegung und Induktion in der Gastrula

Die Besonderheiten bei der Gastrulation der Amphibien ergeben sich aus der Trägheit der dotterreichen Zellen am vegetativen Pol. Die Gastrulationsbewegung beginnt mit der Einrollung des prospektiven Mesodermmaterials in der sichelförmigen dorsalen Urmundlippe (**2a**). Bei der Invagination des Urdarms reißt an der ventralen Urmundlippe die Kontinuität des Epithelverbandes ab. Die großen dotterreichen Zellen bleiben als *Dotterpfropf* (**2b**) in der Öffnung des Urmundes liegen. Gegen Ende der Gastrulation rollt sich auch in der ventralen Urmundlippe etwas Mesoderm ein und schiebt sich zwischen Dotterpfropf und Ektoderm vor.

Das prospektive Mesoderm wird um die dorsale Urmundlippe herum invaginiert und kommt im Bereich des *Urdarmdaches* zu liegen (**2a**). Der prospektive Chorda-Mesoderm-Komplex im Urdarmdach induziert im darüberliegenden Ektoderm die Neuralplatte (**2b**).

Bei den Fröschen (Anuren) ist das Mesodermmaterial während der Gastrulation mit dem Entoderm in einer Urdarmstruktur verbunden (**1b**) und schaltet sich erst anschließend als Gewebeplatte aus dem Urdarmdach aus. Bei den Molchen (Urodelen) trennt es sich bereits zu Beginn der Gastrulation vom Entoderm. Nach der Ausschaltung bildet das Mesoderm unter dem Ektoderm eine nach unten offene Schale, deren Ränder sich nach ventral zwischen Ektoderm und Entoderm einschieben (**2c**).

3. Differenzierung der Keimblätter

In der **Neurula** (**3a**) gliedert sich das Mesoderm in die in der Medianebene gelegene Chorda, in das Material für die Somiten und die Seitenplatten.

Im **Schwanzknospenstadium** (**3b**) richten sich die Flügel der Neuralplatte zu den Neuralfalten auf. Die Neuralfalten verschmelzen im Bereich der Neuralleisten miteinander. Es entsteht ein *Neuralrohr* mit einem Zentralkanal, das sich vom Oberflächenektoderm abgliedert. Im Rumpfbereich wird es zur Anlage des Rückenmarks, im Kopfbereich bilden sich die Gehirnbläschen. Mit der Verschmelzung der Neuralfalten wandern die Neuralleistenzellen aus. Die *Chorda* differenziert sich zu einem prallelastischen Achsenstab mit einer festen kollagenen Scheide und vakuolig aufgequollenen Zellen. Die Gliederung des paraxialen Mesoderms in Somiten ist der Ausgangspunkt für die metamere Gliederung des Körpers in Wirbelsegmente und Muskelplatten. Das Seitenplattenmesoderm umwächst als zusammenhängende Platte das Darmrohr. Der Zölomspalt bildet sich sekundär. Nach Ausschaltung des Chorda-Mesoderm-Komplexes aus dem Urdarmdach schließen sich die Ränder des Entoderms zum definitiven Darmrohr.

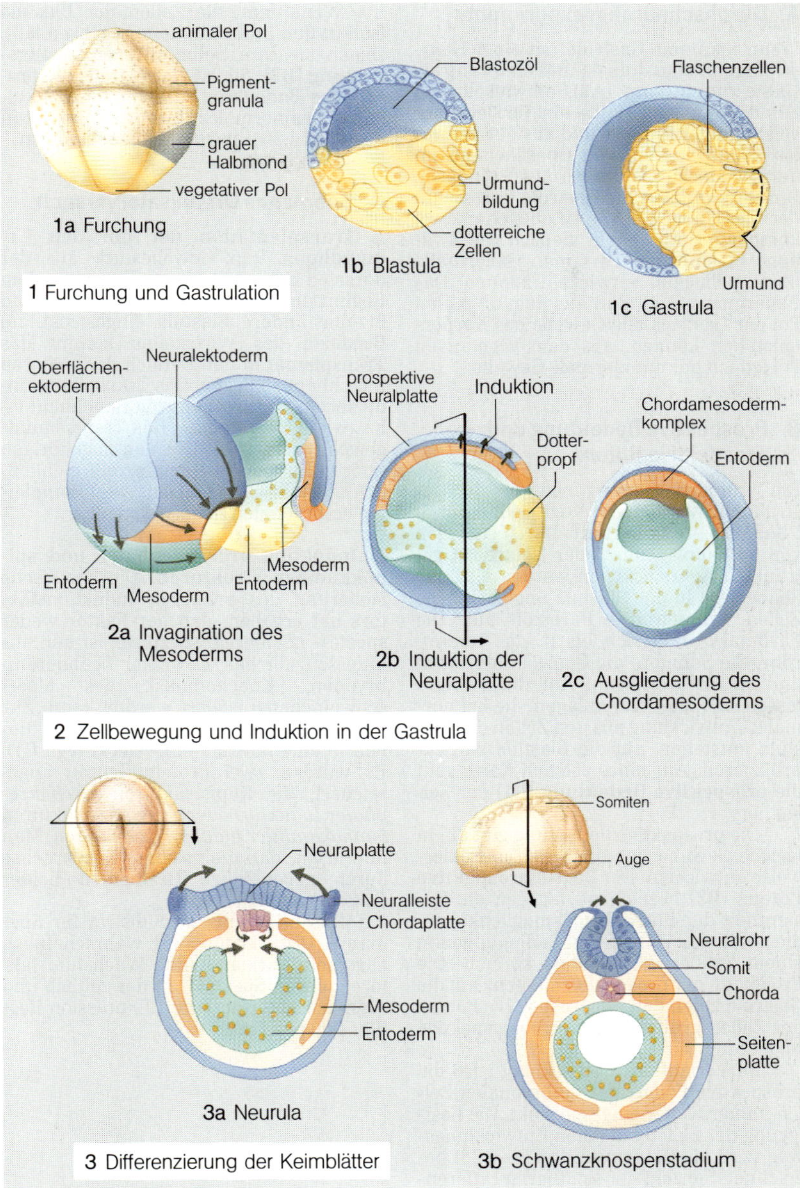

A. Frühentwicklung der Amphibien

A. Durchschnürungsexperimente

Wenn man eine Gastrula mit einer Haarschlinge in eine dorsale und eine ventrale Hälfte durchtrennt (**A1**), entwickelt sich aus der dorsalen Hälfte ein verkleinerter vollständiger Embryo und aus der ventralen Hälfte nur ein von Oberflächenektoderm bedeckter Klumpen aus Entoderm. Durchtrennt man die Gastrula dagegen in der Medianebene (**A2**), so entstehen zwei komplette Embryonen, die sich wie Zwillinge in einer gemeinsamen Gallerthülle (Zona pellucida) entwickeln können. Das Experiment zeigt, daß aus dem animalen Pol der Gastrula alle Gewebe des Körpers entstehen können, aus dem vegetativen Pol jedoch nur entodermale Gewebe.

B. Prospektive Bedeutung und prospektive Potenz

Die Wanderungsbewegungen bei der Gastrulation wurden von Vogt (1929) durch Vitalmarkierung kartiert. Durch Auflegen von mit Nilblausulfat oder Neutralrot getränkten Agarstückchen werden einzelne Zellbezirke in der Blastula angefärbt. Die Zellen nehmen den Farbstoff auf. Die Farbmarke läßt sich bis in das Neuralrohr, die Somiten, die Chorda, den Darm und so fort verfolgen. Auf diese Weise lassen sich die Organanlagen, die bei normaler Entwicklung aus den Zellen der Blastula entstehen, auf die Blastula zurückprojizieren. Aus einer solchen Karte geht die **prospektive Bedeutung** (**B1**) der Zellen hervor.

Die prospektive Bedeutung gibt an, in welche Gewebe sich die Zellen normalerweise entwickeln. Der Begriff **prospektive Potenz** (**B2**) bezeichnet dagegen die Gesamtheit der Entwicklungsmöglichkeiten, die unter experimentellen Bedingungen in einem Zellbezirk entstehen können. Die Projektion der prospektiven Potenz auf die Gastrula zeigt, daß die prospektive Potenz der Zellen größer ist als ihre prospektive Bedeutung.

Im Verlauf der Entwicklung wird die prospektive Potenz der embryonalen Zellen immer weiter eingeschränkt. Die Festlegung der Zellen auf einen Entwicklungsweg wird als **Determination** (→3.28) bezeichnet. Sie geht der sichtbaren Differenzierung der Zellen voraus.

Wenn man die Zellen der Blastula isoliert und in Kultur weiterwachsen läßt, zeigen sie ihre **Selbstdifferenzierungsleistung** (**B3**). Sie ist geringer als die prospektive Bedeutung. Aus dorsalem Ektoderm, das normalerweise Neuralrohr bildet, wird z. B. nur Oberflächenektoderm.

C. Spemanns Organisatorversuch

1. Transplantation der dorsalen Urmundlippe. Ein Gewebestück aus der dorsalen Urmundlippe wird kurz vor dem Beginn der Gastrulation entnommen und in eine andere Blastula eingesteckt. Im Blastozöl des Wirtskeims kommt das Transplantat in den Bereich der späteren Bauchhaut zu liegen. Das Transplantat induziert in der prospektiven Bauchhaut eine zweite Neuralplatte. Das Transplantatgewebe gliedert sich in den zugehörigen Chorda-Mesoderm-Komplex ein. Schließlich entsteht ein Keim mit zwei kompletten embryonalen Achsensystemen.

2. Induktion archenzephaler und spinokaudaler Strukturen. Die chemische Isolierung des primären Induktionsfaktors hat ergeben, daß der Faktor weder spezies- noch organspezifisch ist und aus unterschiedlichen Geweben (Hühnerembryonen, Knochenmark des Meerschweinchens) isoliert werden kann. Zur Austestung werden die isolierten Fraktionen in eine Blastula eingesteckt (vgl. **C1**). Es wurden zwei Proteinfaktoren angereichert, die Kopfstrukturen *(archenzephaler Induktor)* oder Schwanzstrukturen *(spinokaudaler Induktor)* induzieren. Man nimmt an, daß die gesamte Körperachse durch gegenläufige Gradienten beider Faktoren induziert wird.

Das biochemische Substrat für Spemanns Organisator sind wahrscheinlich allgemein vorkommende Wachstumsfaktoren, deren Spezifität in der zeitlich und räumlich determinierten Expression liegt (Phasenspezifität).

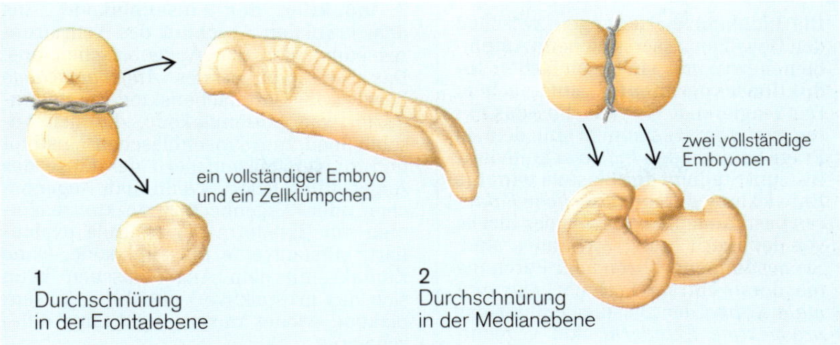

A. Durchschnürungsexperimente am Ei des Molchs

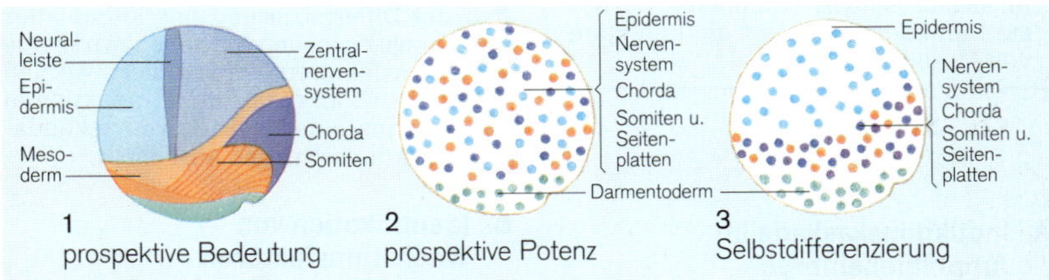

B. Prospektive Bedeutung und Potenz der Keimbezirke

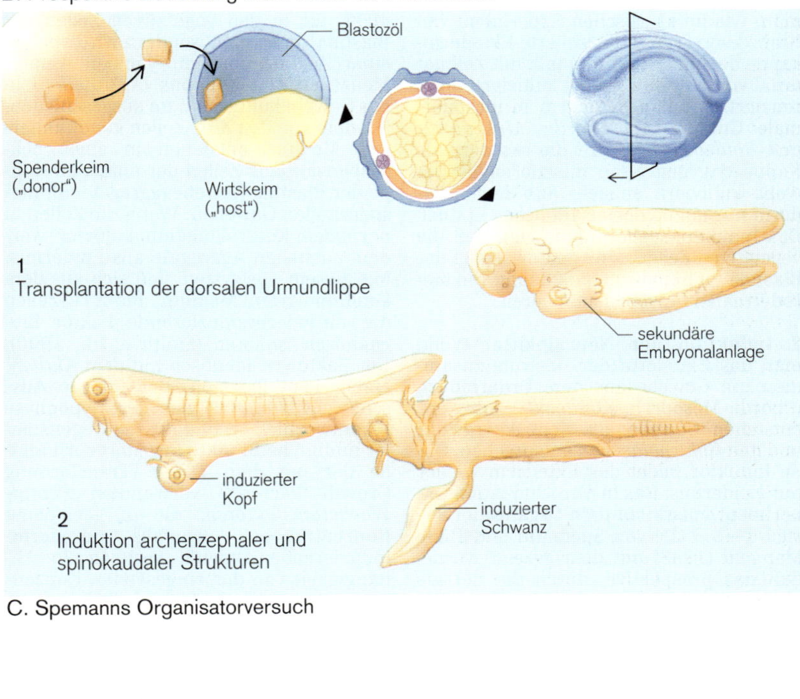

C. Spemanns Organisatorversuch

Die Induktionsbeziehungen zwischen den Geweben lassen sich beim Amphibienembryo mit einem einfachen **Induktionsexperiment** untersuchen: Das reagierende Gewebe, hier das *Ektoderm*, wird zusammen mit dem in Frage kommenden *Induktor* kultiviert. Bis zum Stadium der Blastula wird die Entwicklung durch *mütterliche Faktoren* bestimmt, die bereits in der Eizelle vor der Befruchtung vorhanden sind. Sie bestimmen während der Furchung die dorsoventrale Polarität. Die *animale Kappe* der Blastula enthält das *prospektive Ektoderm*. Am vegetativen Pol liegen die dotterreichen Zellen für das prospektive Entoderm. Der erste Induktionsschritt ist die Induktion von Mesoderm.

A. Induktionskaskade im Amphibienembryo

1. Induktion des Mesoderms. Wenn man, wie im klassischen Experiment von Nieuwkoop (1969) die isolierte Ektodermkappe der Blastula in Kontakt mit Zellmaterial vom vegetativen Pol kultiviert, differenziert sich das Ektoderm in mesodermale Gewebe wie *Chorda, Muskulatur* und *Bindegewebe*. Wird die ektodermale Kappe dagegen ohne induzierendes Gewebe kultiviert, entsteht aus dem Ektoderm nur ein epidermisähnliches Epithel. Das Induktionsexperiment zeigt, daß die vegetativen Zellen der Äquatorialzone der Blastula im Ektoderm die Bildung von mesodermalen Geweben induzieren.

2. Induktion der Neuralplatte. Wenn man das Ektoderm der Gastrula zusammen mit Gewebe aus dem Urdarmdach (Chorda-Mesoderm-Komplex) kultiviert, entstehen Gewebe, die dem *Neuralrohr* und den *Gehirnbläschen* entsprechen. Ohne Induktor bildet das Ektoderm wieder nur Epidermis. Das In-vitro-Induktionsexperiment entspricht dem Organisatorversuch (→3.5 C1) von Spemann und Hilde Mangold (1938) mit dem gezeigt wurde, daß das prospektive, durch die dorsale Urmundlippe invaginierte Mesoderm als Urdarmdach das Neuralrohr induziert.

3. Induktion der Linsenplakode. Aus dem kranialen Abschnitt des Neuralrohres stülpt sich das Augenbläschen aus. Das Neuralepithel des *Augenbläschens* berührt das Oberflächenektoderm und induziert die Linsenplakode, die sich anschließend zum Linsenbläschen einstülpt und zu den Linsenfasern der Linse des Auges differenziert. Wenn man Augenbecher oder Augenbecherextrakte zusammen mit Ektoderm der Neurula explantiert, entsteht eine Linsenplakode. Ohne Kontakt mit dem Augenbläschen kann sich das prospektive Epithel der Linsenplakode wieder nur zu Epidermis differenzieren.

Die Induktionsexperimente zeigen, daß die Differenzierung der Keimblätter durch zwischen den Geweben wirksame Induktionsfaktoren determiniert werden und daß sich an die primäre Induktion in der Gastrula eine Kaskade von sekundären Induktionsschritten anschließt.

B. Identifikation von Wachstumsfaktoren

Der mesoderminduzierende Faktor ist nicht nur in den vegetativen Zellen der Blastula vorhanden, sondern wird auch in einer Zellinie aus embryonalen Amphibienzellen von Xenopus *(XTC-Zellen)* in das Gewebekulturmedium ausgeschieden. Mit dem von den XTC-Zellen konditioniertem Medium entstehen in einer Zellsuspension aus Zellen der animalen Kappe der Blastula Gewebeaggregate mit mesodermalen Geweben. Wenn die Zellen in normalem Kontrollmedium kultiviert werden, entstehen Aggregate aus Epidermis. Mit diesem Testsystem ließ sich aus dem konditionierten Medium der XTC-Zellen der mesoderminduzierende Faktor biochemisch isolieren (Smith et al., 1990). Der Faktor ist identisch mit dem *Aktivin*, einem Peptidhormon, das für die Ausschüttung von FSH aus der Hypophyse verantwortlich ist und dessen Gegenspieler Inhibin heißt. Aktivin gehört zur Familie der mit dem *TGF*-β (Transforming Growth Factor-β) verwandten *Peptid-Wachstumsfaktoren*, die in geeigneten Konzentrationen ebenfalls mesoderminduzierende Aktivität besitzen. In Abhängigkeit von der eingesetzten Konzentration entstehen unterschiedliche mesodermale Gewebe.

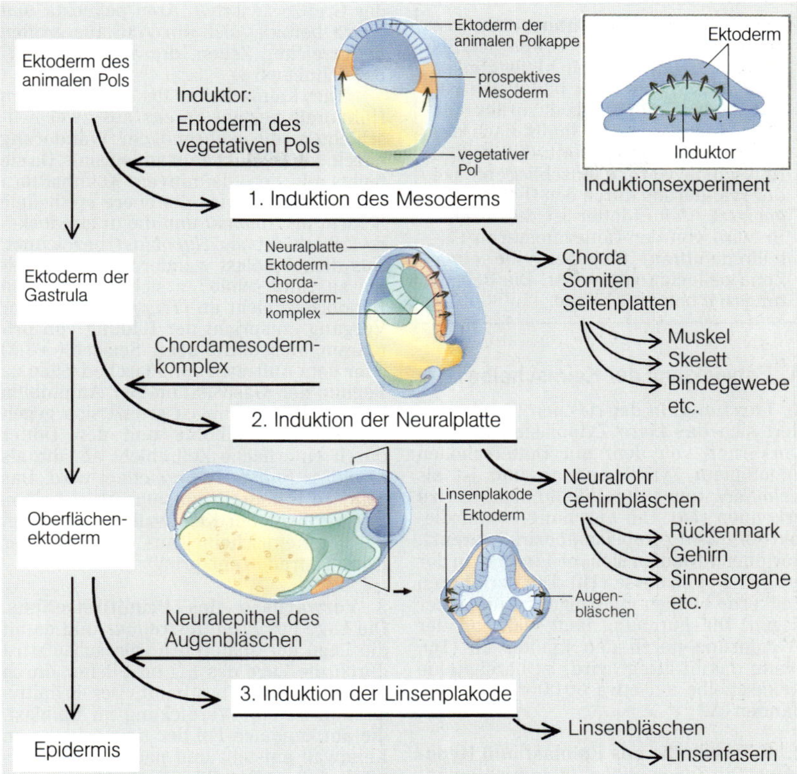

A. Die Induktionskaskade im Amphibienembryo (experimentell)

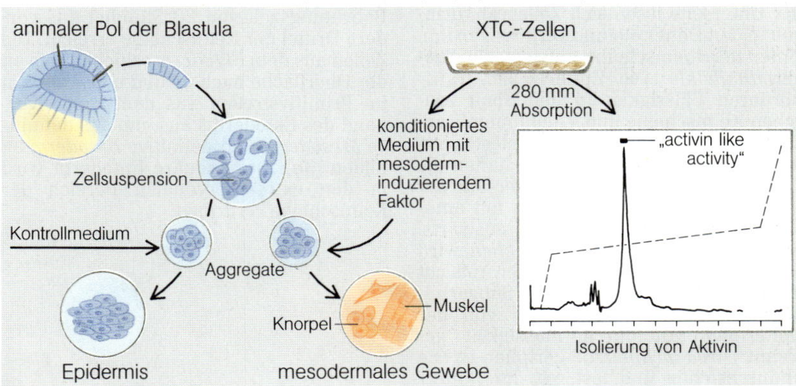

B. Identifikation von Wachstumsfaktoren bei der Induktion des Mesoderms

Entwicklung des Hühnerembryos. Als Anpassung an die Größe des Eis besitzt das Huhn nur ein aktives linkes Ovar. Das rechte Ovar bildet sich bereits in der Embryonalzeit zurück. Die Befruchtung der Eier findet nach der Ovulation im Eileiter statt. Eiweiß und Kalkschale werden anschließend bei der Wanderung durch den Ovidukt angelagert. Der Eidotter ist die Eizelle. Er wird von der Dottermembran (Vitellinmembran) umgeben, die einer Zona pellucida entspricht. Die Bebrütungszeit beträgt 21 Tage.

A. Entwicklung der Keimscheibe

1. Furchung. In der riesigen Eizelle sondert sich das klare Zytoplasma mit den Vorkernen von dem mit Dotterschollen angefülltem Zytoplasma ab und ist als *Keimfleck* unter der Vitellinmembran zu erkennen (**1a**). Die Furchung ist auf diesen zentralen Zytoplasmabezirk begrenzt. Peripher verlaufen sich die Furchen in der großen Dottermasse (**1b**). Die peripheren Zellkerne bleiben unabgegrenzt im Dotter liegen. Die Furchung läuft während der Wanderung durch den Eileiter ab (**1c**). Wenn das Ei gelegt wird, ist bereits eine Keimscheibe mit etwa 60 000 Zellen vorhanden (**A2**).

2. Keimscheibe aus Epiblast und Hypoblast. Die Zellen bilden unter der Vitellinmembran ein mehrreihiges Epithel. Auf der Unterseite lösen sich Zellen ab, dringen in den Dotter ein und verflüssigen ihn. Unter der Keimscheibe entsteht die *Subgerminalhöhle*. Die Epithelzellen transportieren Flüssigkeit in den Spalt zwischen Keimscheibe und Vitellinmembran, so daß sich hier die Zellen ablösen. An den Rändern der Keimscheibe haften die Zellen weiterhin fest an der Unterseite der Vitellinmembran und wandern mit amöboiden Bewegungen nach auswärts. Durch aktiven Zug der *Randzellen* wird die Keimscheibe gespannt. In der Aufsicht ist die Keimscheibe über der Subgerminalhöhle durchscheinend und von der Dottermembran durch Flüssigkeit getrennt *(Area pellucida)*. Peripher ist sie undurchsichtig und fest mit der Dottermembran verbunden *(Area opaca)*. An der Grenze zwischen Area pellucida und opaca befindet sich ein Wall aus großen dotterreichen Zellen, der als *„Keimwall"* bezeichnet wird.

Die Keimscheibe des unbebrüteten Hühnereis besteht bereits aus zwei Zellschichten, die während der Wanderung durch den Ovidukt entstanden sind. Da sie nicht mit den definitiven Keimblättern identisch sind, wird die obere epitheliale Schicht als *Epiblast* und die untere lockere Zellschicht als *Hypoblast* bezeichnet. Aus dem Epiblast wandern einzelne Zellen aus und schließen sich der lockeren Hypoblastschicht an *(Tropfenzellen)*. Der Vorgang entspricht der Bildung von primärem Mesoderm beim Seeigel (→3.3) oder dem Auftreten von Flaschenzellen zu Beginn der Gastrulation bei Amphibien (→3.4). Der Hypoblast grenzt sich gegen die Subgerminalhöhle und den Dotter durch eine flache Zellschicht ab, die als *primäres Entoderm* bezeichnet wird. Das primäre Entoderm entsteht im sichelförmig verdichteten Keimwall am kaudalen Pol der Keimscheibe, aus dem auch der Primitivstreifen entspringt.

3. Vorwachsen des Primitivstreifens. Die Lage des *Primitivstreifens* und damit die Lage der späteren Körperachse wird durch die Lage des Eis im Eileiter durch die Schwerkraft bestimmt. Der Primitivstreifen ist eine Verdickung im Epiblast, die am kaudalen Pol der Keimscheibe im Keimwall entsteht und nach kranial vorwächst (**3a**). Der Primitivstreifen verlängert sich nach kranial und hat nach einer Bebrütungszeit von 20 Stunden das vordere Drittel der Keimscheibe erreicht. Die Zellen aus dem *Ektoderm* schieben sich an der Oberfläche nach medial und wandern im Primitivstreifen aus dem Epithelverband des Ektoderms aus, um das definitive *Mesoderm* und definitive *Entoderm* zu bilden (**3b**). Das primäre Entoderm wird in den extraembryonalen Bereich der Keimscheibe verdrängt.

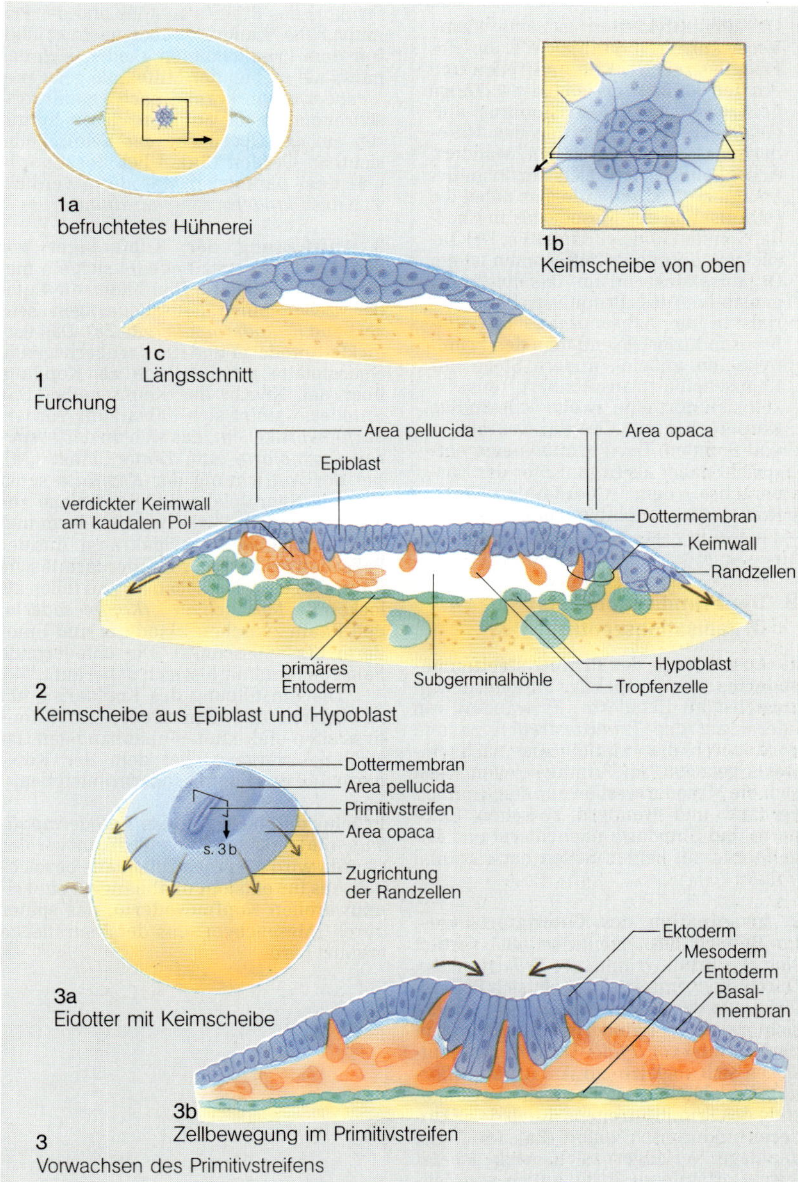

A. Entwicklung der Keimscheibe beim Hühnerembryo

Der **Primitivknoten** ist eine kleine Verdickung am kranialen Ende des Primitivstreifens. Primitivstreifen und -knoten können als ein in die Länge gezogener Urmund (Blastoporus) aufgefaßt werden, durch den das Mesodermmaterial nach innen wandert. Anschließend zieht sich der Primitivknoten zurück und induziert dabei die Organisation des Mesoderms in Chorda, Somiten und Seitenplatten. Der zurückwandernde Primitivknoten ist ein Organisationszentrum, das die Umorganisation des Primitivstreifenmaterials in die Achsenorgane des Embryos induziert. Wenn man den Primitivknoten an eine andere Stelle der Keimscheibe transplantiert, entwickelt sich dort eine zweite vollständige Körperachse mit Chorda, Neuralrohr und Somiten. Der Primitivknoten entspricht daher als Organisator der Körperachse dem Chorda-Mesoderm-Komplex im Amphibienembryo.

B. Der Primitivknoten als Organisationszentrum

1. Ausbreitung des Primitivstreifenmesoderms. Das prospektive Mesoderm liegt zunächst im Ektoderm. Es wandert von lateral auf den *Primitivstreifen* zu und wird durch die Primitivrinne nach einwärts gezogen. Im Primitivstreifen lösen sich die Mesodermzellen aus dem Epithelverband und wandern zwischen Ektoderm und Entoderm nach lateral und flügelförmig auf beiden Seiten nach kranial *(Pfeile)*.

2. Invagination des Chordafortsatzes. Im Bereich des *Primitivknotens* vertieft sich die Primitivrinne zur *Primitivgrube*. Durch die Primitivgrube rollt sich Zellmaterial aus dem Ektoderm ein und schiebt sich zwischen Ektoderm und Entoderm nach kranial vor *(Pfeil)*. Die Zellen organisieren sich sogleich zur Anlage der *Chorda*, die als Chordafortsatz in Verlängerung des Primitivstreifens durch das Ektoderm hindurchschimmert (**2a**). Die Chordaanlage verlängert sich nach kaudal durch fortlaufende Invagination von Zellmaterial durch die Primitivgrube. Die Struktur des Primitivknotens und der Primitivgrube wandert dabei nach kaudal. Vor dem Primitivknoten gliedert sich das paraxiale (neben der Mittellinie gelegene) *Mesoderm* von kranial nach kaudal fortschreitend in die Somiten, deren Konturen auf der Oberfläche der Keimscheibe sichtbar werden (**3a**). Über der Chorda und dem paraxialen Mesoderm verdickt sich das *Ektoderm* zur *Neuralplatte*.

3. Aufrichtung der Kopfanlage. Vor dem Chordafortsatz befindet sich ein mesodermfreier Bezirk. Hier bilden die Entodermzellen einen palisadenartigen Zellverband *(Entodermpalisade,* **2a**). Das verdickte Entoderm und die darüberliegende Neuralplatte erheben sich als Kopffalte über das Niveau der Keimscheibe. Das Entoderm stülpt sich dabei zum Vorderdarmdivertikel ein, das sich an der *vorderen Darmpforte* zum Dotter öffnet (**3a**). Bei der Aufrichtung der *Kopffalte* senkt sich die Neuralplatte der Kopfanlage zur Neuralrinne ein. Zwischen Ektoderm und Entoderm entsteht ein Spaltraum. Aus der Palisadenstruktur der Vorderdarmtasche lösen sich einzelne Zellen ab und füllen als lockeres Mesenchym *(Kopfmesoderm)* den Raum zwischen Ektoderm und Entoderm (**3a**, Ausschnitt). Die entodermale Palisadenstruktur löst sich dabei auf.

Die Einstülpung des Kopfdarms hat Ähnlichkeit mit einem eigenen vom Primitivstreifen und -knoten unabhängigen Gastrulationsvorgang, bei dem der Kopfdarm und das Kopfmesoderm entstehen.

Prächordalplatte. Die als *Entodermpalisade* (**2a**) eingezeichnete Struktur vor der Chorda wird als Prächordalplatte bezeichnet. Aus ihr entsteht unabhängig vom Primitivstreifen **Kopfmesoderm,** das später durch „Mesenchym“ aus der Neuralleiste ergänzt wird.

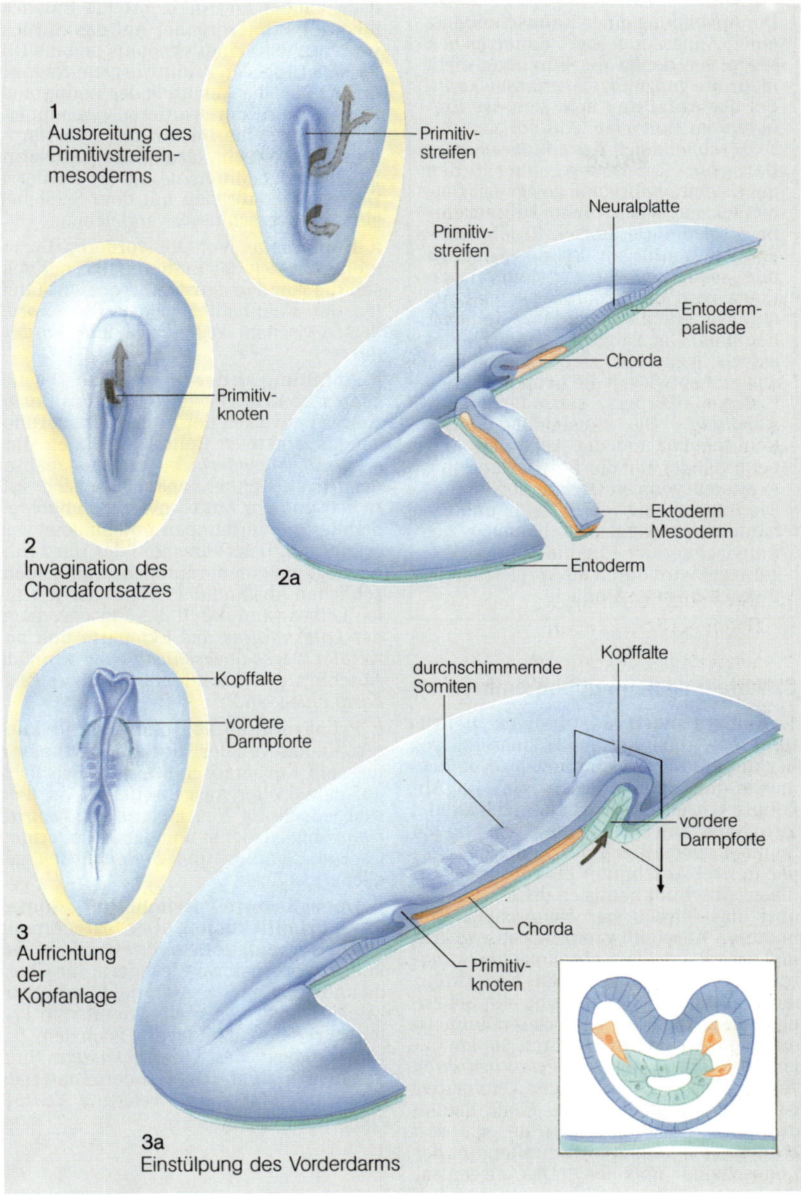

B. Der Primitivknoten als Organisationszentrum

Die Ausbildung einer **Keimscheibe** ist eine Anpassung bei dotterreichen Eiern, bei denen die Furchung nicht mehr die ganze Eizelle erfassen kann. Bei der **Abfaltung** hebt sich der Embryo vom Dotter ab. Auf der Ventralseite schließt sich das Entoderm zum Darmrohr. Der Dotter kommt in den neuen extraembryonal gelegenen Dottersack zu liegen. Beim **Hühnerembryo** ist der Dottersack Ernährungs- und Atmungsorgan. Bei den **Säugern** mit sekundär wieder dotterarmen Eiern wird die Ernährungs- und Atmungsfunktion von der Plazenta übernommen. Der Säugetierembryo bildet jedoch weiterhin eine Keimscheibe aus und entwickelt die Grundform des Embryonalkörpers sekundär durch Abfaltung. Die Ausbildung einer Keimscheibe und die Abfaltung sind beim Säuger für die Entwicklung der extraembryonalen Organe notwendig. Die Entwicklung von Plazenta und Eihäuten der Säuger ist homolog zur Entwicklung der Eihäute bei den Vögeln und wird durch die vergleichende Betrachtung verständlich.

C. Abfaltung beim Hühnerembryo

1. Embryo nach 24stündiger Bebrütung. Die Abfaltung des Hühnerembryos beginnt mit der Einstülpung des Kopfdarmes in die Kopffalte (→3.8 B3a). Die Abfaltung schreitet von kranial nach kaudal fort. Nach einer Bebrütungszeit von 24 Stunden gliedert sich der Embryonalkörper in drei Abschnitte. Im vorderen kranialen Abschnitt hebt sich die *Kopfanlage* über das Niveau der Keimscheibe. Im mittleren Abschnitt grenzen sich von kranial nach kaudal fortschreitend die *Primärorgane* der Körperachse, das Neuralrohr, die Chorda, die Somiten und die Seitenplatten ab. Die Somitenblöcke schimmern durch das Ektoderm hindurch. Im kaudalen Abschnitt ist noch ein *Primitivstreifen* vorhanden. Das Material der Keimblätter ist noch ungegliedert. Die Pfeile deuten drei Entwicklungsprozesse an, die von kranial nach kaudal fortschreitend in der Keimscheibe ablaufen. Das Organisationszentrum im Primitivknoten wandert nach kaudal und induziert die Entwicklung der Primärorgane. Auf das Zurückwandern des Primitivknotens und die Differenzierung der Primitivorgane folgt als dritte Welle die Abfaltung des Embryonalkörpers. An der vorderen Darmpforte schließt sich die Darmrinne zum Darmrohr. Die Verschmelzung der Entodermfalten in der Mittellinie an der vorderen Darmpforte läßt sich mit dem Schließen eines Reißverschlusses vergleichen.

a Kopfanlage. Vor der vorderen Darmpforte hat sich der Embryonalkörper vollständig von den extraembryonalen Anteilen der Keimblätter gelöst. Die *Chorda* liegt zwischen *Neuralrohr* und *Vorderdarm.*

b Abfaltung an der Darmpforte. Die mechanische Kraft für den Schluß des Darmrohres entwickelt der Embryo in morphogenetisch aktiven Epithelverbänden. Das *viszerale Mesoderm* bildet einen palisadenartigen Epithelverband, der sich aufrichtet und zur Mittellinie hin einbuchtet, bis die Entodermlippen miteinander verschmelzen. Dem Verschluß des Darmrohres folgt mit einem räumlichen und einem zeitlichen Abstand der Schluß der ventralen Leibeswand durch das Einschwenken der *Lateralfalten* aus Ektoderm und *parietaler Mesodermschicht.* Der kraniale Abschnitt der Zölomhöhle wird zur *Perikardhöhle* (→6.2).

c Primärorgane vor dem Primitivknoten. Kaudal von der vorderen Darmpforte folgt ein Körperabschnitt, der noch flach auf dem Dotter ausgebreitet ist, in dem sich jedoch die Neuralplatte zur *Neuralrinne* aufgestellt hat und das Mesoderm in Chorda, Somiten und *Seitenplatten* gegliedert ist.

d Ungegliederte Keimblätter hinter dem Primitivknoten. Der ektodermale Epithelverband des *Primitivstreifens* enthält das prospektive Mesoderm für Chorda und Somiten. Das Material für die Neuralplatte liegt beiderseits lateral vom Primitivstreifen und bildet erst nach dem Zurückwandern des *Primitivknotens* und der Invagination des Mesodermmaterials die in der Medianlinie gelegene *Neuralrinne.*

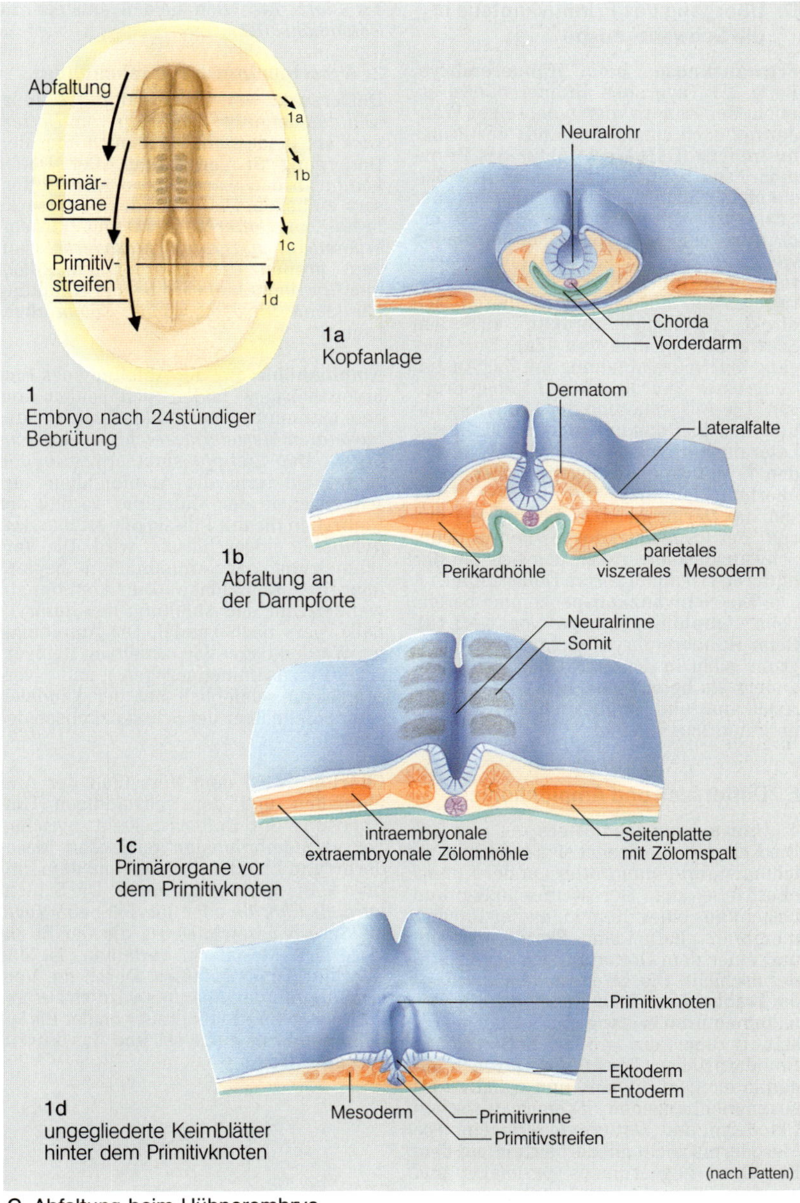

C. Abfaltung beim Hühnerembryo

D. Übergang des Primitivknotens in die Schwanzknospe

Schwanzknospe beim Hühnerembryo. Beim 2½ Tage alten Hühnerembryo erreicht der Primitivknoten bei seiner Wanderung nach kaudal das Ende des Primitivstreifens (**D1**). Die Struktur des Primitivknotens geht nun in ein breites Blastemfeld über, das als Blastem der *Schwanzknospe* bezeichnet wird (**2b** und **c**). Aus der Schwanzknospe entstehen weiterhin Chorda, Somiten und Neuralrohr für die untere Körperhälfte. Das Neuralrohr und die Chorda formieren sich direkt als fertige Struktur aus dem Schwanzknospenblastem (**2a**). Der Vorgang der Neuralabfaltung mit der Ausbildung einer Neuralrinne wird übersprungen. Die Ausgestaltung der Primärorgane und die Abfaltung mit der Ausbildung der Lateralfalten haben den zurückwandernden Primitivknoten eingeholt oder sogar überholt. Unter der Schwanzknospe faltet sich das Darmrohr ab und verlängert sich aus der Schwanzknospe heraus zum Schwanzdarmdivertikel, das sich mit der hinteren Darmpforte zum Dotter öffnet.

Die **Schwanzknospe** kommt bereits beim **Amphibienembryo** vor (→3.18). Beim Hühnerembryo bricht die Primitivgrube nicht in den Darm durch, so daß, anders als **beim Menschen** (→4.2), kein Axialkanal und damit auch kein Canalis neurentericus entsteht.

E. Dottersack und Amnionhöhle

1. Umwachsen des Dotters

Die Keimscheibe breitet sich zwischen Vitellinmembran und *Dotter* auf der Dotteroberfläche aus. Der Keimscheibenrand besteht aus einer dünnen, an der Vitellinmembran haftenden Ektodermschicht und einer dem Dotter aufliegenden Entodermschicht. Die *ektodermalen Randzellen* krabbeln mit Pseudopodien an der Vitellinmembran entlang und schieben sich ständig über die großen dotterreichen Entodermzellen. Die *Mesodermzellen* folgen in einigem Abstand und wandern als zusammenhängende Schicht zwischen Ektoderm und *Dotterentoderm* ein. Die Mesodermschicht gliedert sich in ein dem Ektoderm zugeordnetes parietales und ein dem Entoderm zugeordnetes *viszerales Blatt*. Zwischen beiden entsteht die *Zölomhöhle* (**E2**).

2. Verschmelzen der Amnionfalten

Dottersack. Bei der Abfaltung schnürt sich das definitive *Darmrohr* vom *Dottersack* ab. Beide stehen nur noch über den Dottergang in Verbindung. Der Dotter kommt in den extraembryonalen Dottersack zu liegen. Die Wand des Dottersacks besteht aus *Dotterentoderm* und *extraembryonalem viszeralen Mesoderm*. Von dem großen *extraembryonalen Zölom* (der Chorionhöhle) wird bei der Abfaltung das kleine *intraembryonale Zölom* abgetrennt.

Amnionhöhle. Bei der Abfaltung des Embryonalkörpers bilden sich seitlich aus dem extraembryonalen Ektoderm und der *parietalen Mesodermschicht* die *Amnionfalten*. Der Embryo sinkt etwas in den Dotter ein, und die Amnionfalten verschmelzen in der Mittellinie, so daß der Embryo in die mit Flüssigkeit gefüllte *Amnionhöhle* eingeschlossen wird. Die Verschmelzung der Amnionfalten beginnt über der Kopfanlage. Die Amnionnaht wandert mit der Abfaltung des Embryonalkörpers nach kaudal. Die Amnionfalten werden dabei wie mit einem Reißverschluß zusammengezogen und verschmelzen schließlich mit der kaudalen Amnionfalte über der Schwanzknospe des Embryos.

Chorion. Nach dem Verschluß der Amnionfalten und der vollständigen Umwachsung des Dotters besteht zwischen der extraembryonalen parietalen Mesoderm- und Ektodermschicht und dem Embryo keine Verbindung mehr. Die Schicht wird als *Chorion* oder speziell beim Vogel als *Serosa* bezeichnet. Da die Gefäße im viszeralen Mesoderm verlaufen, ist das Chorion primär gefäßlos. Durch die Verbindung mit der Allantois wird es zur gefäßreichen Chorioallantois, von der die Vitellinmembran aufgelöst und das Eiweiß verdaut wird.

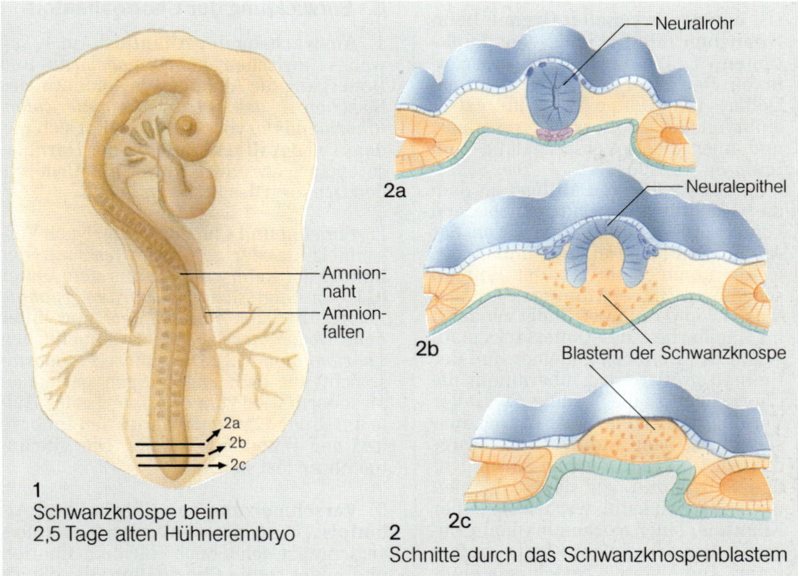

1
Schwanzknospe beim
2,5 Tage alten Hühnerembryo

2
Schnitte durch das Schwanzknospenblastem

D. Übergang des Primitivknotens in die Schwanzknospe

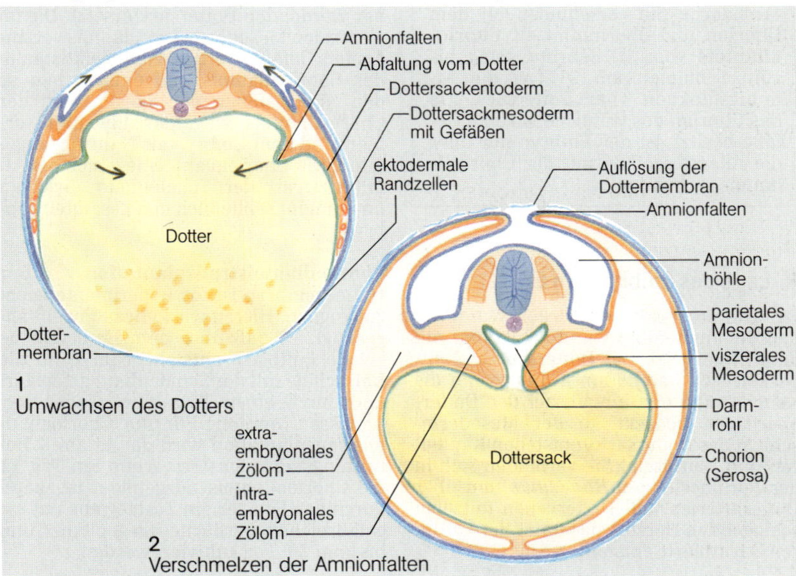

1
Umwachsen des Dotters

2
Verschmelzen der Amnionfalten

E. Dottersack und Amnionhöhle

Die **extraembryonalen Organe beim Hühnchen** erfüllen im Ei vier **Funktionen:** 1. Die **Ernährung** des Embryos. Der Embryo ernährt sich vom Dotter. Der Dotter wird im extraembryonalen Dottersack resorbiert und über die Dottersackgefäße zum Embryo transportiert. 2. Die Schaffung eines **wäßrigen Milieus,** in dem die Gestaltungsbewegungen ablaufen können. Diese Aufgabe wird von der Amnionflüssigkeit in der Amnionhöhle übernommen, in der der Embryo schwimmt. 3. Die **Atmung.** Der Austausch von O_2 und CO_2 findet zunächst im Kapillarnetz des Dottersacks statt. Wenn der Dottersack kleiner und der Embryo größer wird, übernimmt die Chorioallantois die Atmung. Sie ist der Vorläufer einer Plazenta. 4. Die **Ausscheidung** von Stoffwechselendprodukten. Da das Hühnchen harnpflichtige Substanzen vor dem Schlüpfen nicht abgeben kann, werden sie in der **Allantois,** einer extraembryonal gelegenen Aussackung der Kloake, aufbewahrt. Die Allantois besteht aus Entoderm und gefäßreichem viszeralen Mesoderm. Sie verschmilzt mit dem **Chorion** und übernimmt als **Chorioallantois** vom 10. Bebrütungstag bis zum Schlüpfen am 21. Tag die Atmungsfunktion vom Dottersack. Da das Chorion des Hühnchens keine Gefäße besitzt, ist der Embryo nur über die Allantoisgefäße mit der Chorioallantois verbunden.

F. Lage des Embryos im Ei

Der Hühnerembryo entwickelt sich unter der Vitellinmembran und schwimmt auf dem Dotter (**F1**). Der Dotterkreislauf entwickelt sich bereits am 2. Tag, wenn die Keimscheibe erst ein Viertel der Dotteroberfläche bedeckt. In der Mesodermschicht des Dottersacks entstehen Kapillaren und Blutinseln. Sie verbinden sich in der Peripherie zum *Randsinus* und über Dotterarterien und Dottervenen mit dem schlagenden Herzen, das unter der vorderen Darmpforte entsteht.

G. Entwicklung der Chorioallantois

1. Auswachsen der Allantois. Am 4. Tag wächst zwischen *Kloakenmembran* und Dottergang die Allantois als entodermales Bläschen in das *extraembryonale Zölom (Chorionhöhle)* vor (1a). Sie stülpt sich aus dem Teil der Kloake aus, der der Harnblase entspricht, und ist prall mit Urin aus den Urnieren des Embryos gefüllt.

2. Chorion und Chorionhöhle. Nach Verschmelzung der *Amnionfalten* und der Ränder der Keimscheibe unter dem Dotter (**G1**) vereinigt sich das *extraembryonale Zölom* über der *Amnionhöhle* und unter dem *Dottersack* zu einer einheitlichen *Chorionhöhle* (**G3**). Die äußere Ektodermschicht mit dem zugehörigen parietalen Mesoderm wird zum *Chorion*, das als Hülle unter der *Vitellinmembran* den Embryo und den Dottersack umgibt. Die Vitellinmembran löst sich auf.

3. Verschmelzung von Chorion und Allantois. Die stark vaskularisierte Allantois verschmilzt schließlich mit dem Chorion und bildet so die **Chorioallantois**, die als Ernährungs- und Atmungsorgan den kleiner werdenden Dottersack ersetzt. Die im viszeralen Mesoderm der Allantois verlaufenden Gefäße werden zum Gefäßstamm der Chorioallantois und entsprechen so den Nabelgefäßen der Säuger. Von der Chorioallantois wird das Eiweiß resorbiert und dem Embryo als Nahrung zugeführt. Die Chorioallantois legt sich als Atmungsorgan der Schalenhaut dicht an und umgibt schließlich den gesamten Embryo.

Chorioallantoistransplantation. Der Hühnerembryo ist für Experimente leicht zugänglich. Hierzu wird etwas Eiweiß abgesaugt, so daß über dem Embryo eine zweite Luftblase entsteht. Nun kann die Kalkschale mit der Schalenhaut gefenstert und durch einen Tesa-Film wieder verschlossen werden. Für die Chorioallantoistransplantation wird das Ei am 3. Bebrütungstag gefenstert. Wenn am Tag 11 die Chorioallantois ausgebildet ist, kann durch das Fenster ein Testgewebe auf die gefäßreiche Oberfläche ausgepflanzt und bis zum 20. Tag kultiviert werden.

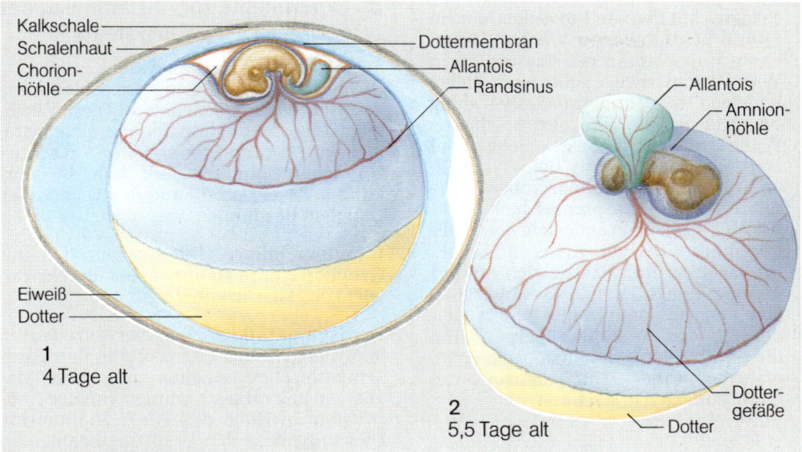

F. Lage des Hühnerembryos im Ei

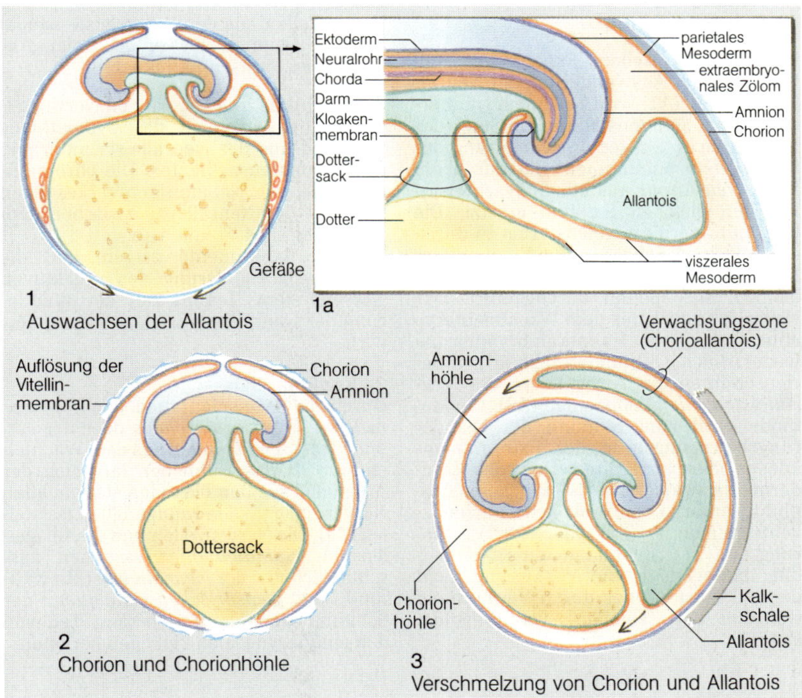

G. Entwicklung der Chorioallantois

Prinzip. Mit der von Nicole Le Douarin (1969) beschriebenen Wachtel-Hühnchen-Transplantation lassen sich Wanderungsbewegungen von Zellen während der Embryonalentwicklung nachweisen. Ein Zellbezirk, dessen Wanderungsverhalten beobachtet werden soll, wird aus dem Wachtelembryo in den Hühnerembryo verpflanzt. Das Transplantat heilt reaktionslos ein, während sich der Hühnerembryo normal weiterentwickelt. Im Paraffinschnitt lassen sich mit der Feulgen-Reaktion die Wachtelzellen von den Hühnchenzellen unterscheiden. In den Wachtelzellkernen sind die Nukleolen deutlich angefärbt, während die Hühnchenzellkerne mehr homogen erscheinen.

A. Wachtel-Hühnchen-Transplantation

In einem typischen Experiment zum Nachweis der Auswanderung der Neuralleistenzellen (**A1**) wird bei einem Hühnerembryo im Somitenstadium ein Stück des Neuralrohres vor der Auswanderung der *Neuralleiste* entnommen und durch ein Stück *Neuralrohr* aus einem Wachtelembryo im gleichen Stadium ersetzt. Die Operation wird am gefensterten Ei durch einen kleinen Schlitz in der Vitellinmembran mit Nadeln aus Wolframdraht und kleinen Glaspipetten durchgeführt. Das Neuralrohrstück aus dem Wachtelembryo entwickelt sich im Hühnerembryo normal weiter. Nach 18 Stunden läßt sich in Serienschnitten das Auswandern der *Neuralleistenzellen* beobachten (**A2**). Die Methode wird zum Studium der Wanderungsbewegungen in der Extremitätenknospe oder bei der Entstehung des Mesoderms verwendet. Sie ist den beim Amphibienembryo entwickelten Farbmarkentechniken (→3.5) oder der Markierung von Transplantaten mit H^3-Thymidin überlegen, da die Markierung nicht durch Diffusion oder durch Verdünnung während der Zellteilung verlorengehen kann.

B. Experimente zur Abstammung des peripheren Nervensystems

1. Vegetatives Nervensystem

Durch die systematische Transplantation von Neuralrohrstückchen aus dem Wachtelembryo in das Hühnchen und die histologische Untersuchung der Wachtel-Hühnchen-Chimären läßt sich die Herkunft der Nervenzellen in den vegetativen Ganglien bestimmen.

Ganglion ciliare. Die Nervenzellen des Ganglion ciliare stammen aus der Neuralleiste des Mesenzephalons.

Parasympathikus. Die Nervenzellen in den Ganglien des Vagus und in den parasympathischen Ganglien entlang des Magen-Darm-Traktes stammen von der *Neuralleiste* in Höhe des 1.–7. Somiten ab. Dies entspricht den Ursprungssegmenten des N. vagus. Unterhalb des Nabels geht zusätzlich ein Teil der parasympathischen Nervenzellen aus der Neuralleiste kaudal vom 28. Somiten hervor (sakraler Abschnitt des Parasympathikus).

Sympathikus. Die vegetativen Nervenzellen in den Ganglien des Sympathikus stammen aus der Neuralleiste unterhalb des 5. Somitensegmentes. Die chromaffinen Zellen des Nebennierenmarkes leiten sich von der Neuralleiste zwischen dem 18. und dem 24. Somiten ab.

Die Experimente zeigen, daß die funktionelle Gliederung des vegetativen Nervensystems bereits mit der Wanderung der Neuralleistenzellen determiniert wird.

2. Kopfganglien

Durch die Transplantation der *Kopfneuralleiste*, des *Ohrbläschens* oder der *epipharyngealen Plakoden* aus dem Wachtelembryo in das Hühnchen läßt sich der Anteil der aus den Plakoden stammenden Nervenzellen in den Kopfganglien feststellen (**2a**). Die Nervenzellen und die Gliazellen der *Spinalganglien* stammen ausschließlich aus der *Neuralleiste* (**2b**) während die *sensorischen Ganglien* der Schlundbogennerven sich zum Teil von den epipharyngealen Plakoden herleiten.

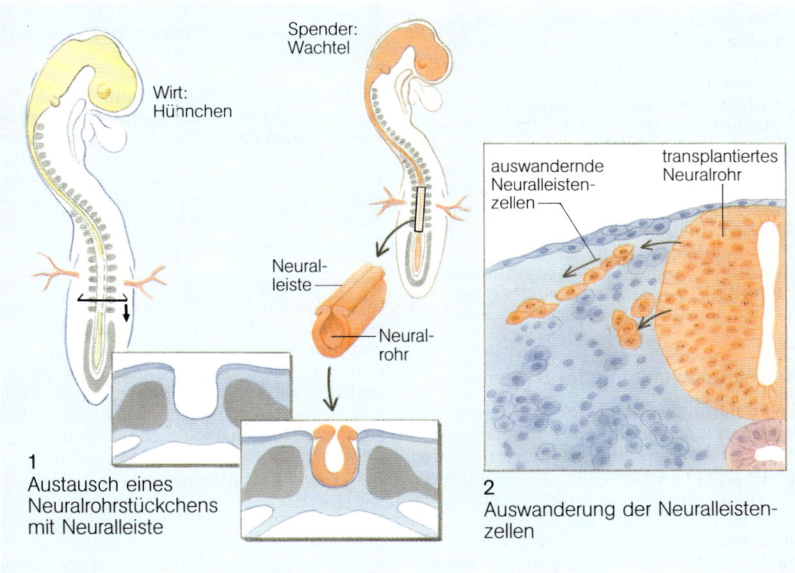

A. Wachtel-Hühnchen-Transplantation (nach LeDouarin)

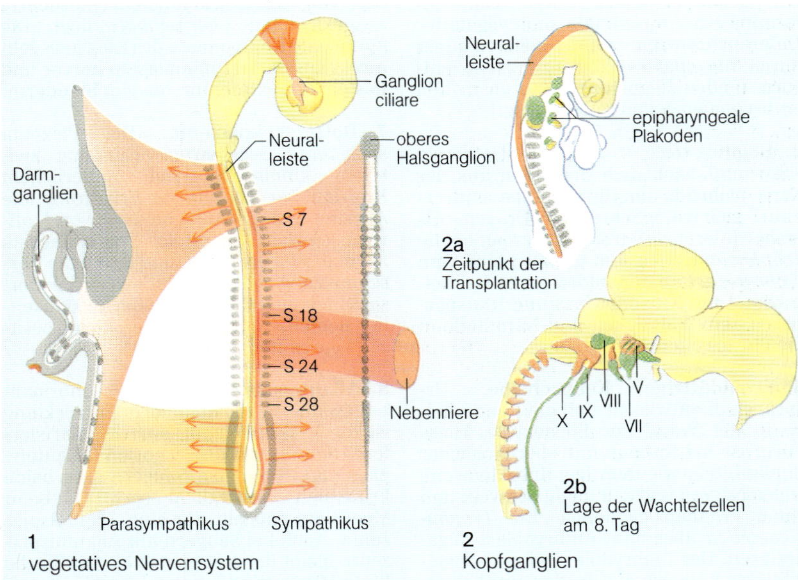

B. Experimente zur Abstammung des peripheren Nervensystems

Der **Aufbau von Eihäuten und Plazenta** weist darauf hin, daß die Säuger sich von eierlegenden Vorfahren ableiten. Der Embryo wird im zum Uterus erweiterten Eileiter über die Plazenta ernährt. Auf die Einlagerung von Dotter in die Eizelle konnte daher verzichtet werden. Die Ablagerung von Eiweiß und einer Kalkschale während der Wanderung durch den Eileiter wurde durch den Anschluß des Dottersackkreislaufs und dann der Chorioallantois an den mütterlichen Kreislauf ersetzt.

A. Frühentwicklung der Säuger

1. Furchung. Bei den sekundär dotterarmen Eizellen der höheren Säuger entstehen durch die Furchungsteilungen wieder gleich große Tochterzellen (Blastomeren). Die Blastomeren sind pluripotent: jede Zelle ist in der Lage, alle Gewebe zu bilden, einschließlich der Keimzellen. Die beim Seeigel und den Amphibien bereits durch mütterliche Faktoren (mRNS) im Zytoplasma der Eizelle vorgegebene Determination für animale und vegetative Differenzierungen wird beim Säuger durch die spätere Aktivierung der entsprechenden Regulationsfaktoren in den embryonalen Zellen selbst ersetzt.

2. Blastozyste. Die Blastozyste schwimmt nach dem Schlüpfen aus der Zona pellucida im Uteruslumen und ernährt sich vom Sekret der Drüsen. Als erstes differenzieren sich daher außen die *Trophoblastzellen* und grenzen sich vom *Embryoblast* ab. Sie bilden einen Epithelverband mit Kittzonen aus und transportieren aktiv Flüssigkeit und Nährstoffe in die Blastozystenhöhle hinein.

3. Zweiblättrige Keimscheibe. Ursprünglich entwickelt sich die Keimscheibe in der Wand der Blastozyste. Diese Form ist bei Spezies mit oberflächlicher Implantation wie dem Igel (Insektivoren), vielen Nagern und z. B. beim Schwein und Hund erhalten geblieben. Die *Trophoblastzellen* über dem Embryoblast degenerieren. Der Embryoblast wird als zweiblättrige Keimscheibe in den Epithelverband des Trophoblasten eingeschaltet. Die Entodermzellen kleiden die Blastozystenhöhle aus und bilden den extraembryonal gelegenen Dottersack.

4. Dreiblättrige Keimscheibe. Das *Mesoderm* entsteht in der Keimscheibe über einen *Primitivstreifen.* Es wandert zwischen Ektoderm und Entoderm nach lateral und dringt als extraembryonales Mesoderm zwischen Trophoblast und Dottersack vor. Gefäße für die Plazenta können nur im Mesoderm entstehen.

5. Abfaltung. Die Mesodermschicht spaltet sich in ein dem Ektoderm zugewandtes *parietales* und in ein dem Entoderm zugewandtes *viszerales Blatt.* Zwischen beiden entsteht die Leibeshöhle. Der extraembryonale Teil des Spaltes ist die Chorionhöhle. Der Embryonalkörper faltet sich vom Dottersack ab. Die Amnionfalten (Pfeile) bilden sich wie beim Hühnerembryo (→3.10) **(Faltamnion).**

6. Embryonale Höhlen. Das Säugerembryo entwickelt sich wie der Vogelembryo in einer *Amnionhöhle* und besitzt einen extraembryonalen *Dottersack*, der in einer von extraembryonalem Mesoderm ausgekleideten *Chorionhöhle* liegt. Die epitheliale Komponente des Chorions geht direkt aus dem Trophoblasten hervor und besteht aus extraembryonalem Ektoderm.

7. Dottersackplazenta. Die Plazenta stellt eine Gegenstromverbindung zwischen kindlichem und mütterlichem Kreislauf her, über die die Ernährung, die Atmung und die Ausscheidung von Stoffwechselprodukten erfolgt. Die einfachste Form der Plazenta entsteht durch die Verschmelzung des vaskularisierten Dottersacks mit dem Chorion (Dottersackplazenta). Beuteltiere und niedere Säuger besitzen eine Dottersackplazenta.

8. Allantoisplazenta. Eine der Chorioallantois der Vögel homologe Entwicklung ist die Verschmelzung der vaskularisierten *Allantois* mit dem Chorion (Allantoisplazenta). Bei vielen Säugern sind beide Prinzipien verwirklicht (→3.14). Beim Menschen entsteht nur eine Allantoisplazenta. Auch bei Säugern mit Allantoisplazenta bleibt der *Dottersack* als Ort für die Blutbildung und die Entstehung der Keimzellen erhalten.

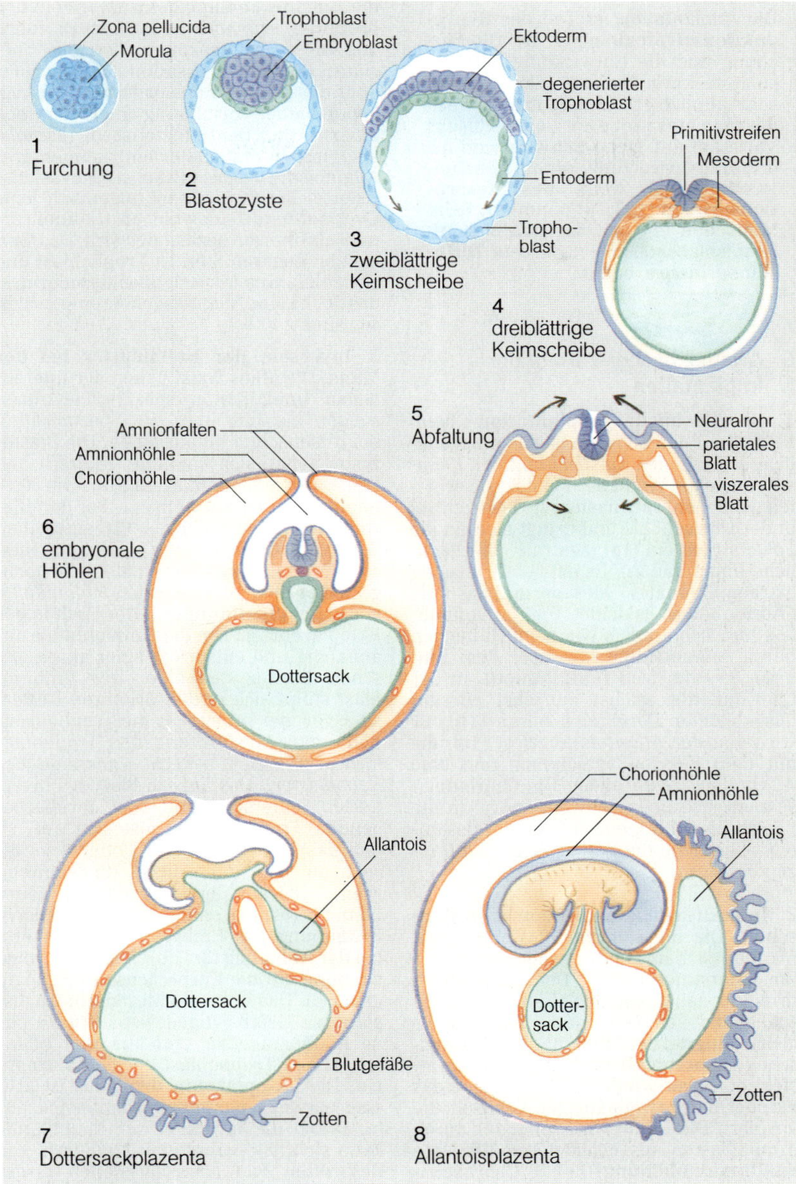

A. Frühentwicklung der Säuger

Die Implantation ist Teil der **Reproduktionsstrategie** einer Art. Die Furchung und die Entwicklung der Blastozyste verlaufen bei allen Spezies sehr ähnlich. Die Implantation weist dagegen eine große speziesspezifische Variation auf. Beim **Schwein** und bei der **Maus** wird zunächst auf ganz unterschiedliche Weise das **Resorptionsprinzip** (→3.15) optimiert. Beim **Menschen** entsteht sogleich eine Allantoisplazenta, die nach dem **Diffusionsprinzip** arbeitet.

B. Artspezifischer Verlauf der Implantation

1. Oberflächliche Implantation beim Schwein. Beim Schwein ist das ursprüngliche Prinzip der Einschaltung der *Keimscheibe* in die Wand der Blastozyste erhalten geblieben. Die Blastozyste liegt zentral in der Uterushöhle und dringt nicht in die *Schleimhaut* ein (**1a**) (zentrale, oberflächliche Implantation). Es entsteht frühzeitig extraembryonales Mesoderm, das die Chorionhöhle auskleidet. Die Amnionhöhle bildet sich ähnlich wie beim Hühnchen durch Amnionfalten, die über dem Embryo verschmelzen **(Faltamnion)**. In der Chorionhöhle wächst zunächst ein gut ausgebildeter *Dottersack* heran (**1b**). Er wird von der *Allantois* abgelöst (**1c**), die mit dem Chorion verschmilzt und eine *Allantoisplazenta* bildet. Die Chorionblase zieht sich beim Schwein enorm in die Länge (über 1 m), ehe sich an der gesamten Oberfläche die Zotten ausbilden *(Plazenta diffusa)*.

2. Interstitielle Implantation beim Menschen. Die menschliche Blastozyste implantiert sich im Bindegewebe der Mutter (im Interstitium) (**2a**). Der Trophoblast dringt invasiv in die Schleimhaut ein. Anschließend entsteht die Keimscheibe gleichzeitig mit der Amnionhöhle (**2b**). Zwischen Embryoblast und Trophoblast entsteht ein Spalt, an dessen Boden sich das Ektoderm der zweiblättrigen Keimscheibe formiert. Die Höhle wird sekundär durch Amnioblasten ausgekleidet **(modifizierte Spaltamnionbildung)** (→2.8). Charakteristisch ist die Ausweitung der Chorionhöhle, die zur Umwandlung des *primären* in den kleineren *sekundären Dottersack* führt, und die frühe Vaskularisation des Chorions. Die Vaskularisation des Chorions über den *Haftstiel* entspricht der vorweggenommenen Ausbildung einer *Allantoisplazenta* (**2c**). Der Haftstiel ist ein Allantoisstiel, in den erst später ein rudimentäres Allantoisdivertikel einwächst. Der vaskularisierte Trophoblast ist eigentlich eine *Chorioallantois*, obwohl er traditionsgemäß als Chorion bezeichnet wird. Das *Chorion* im engeren Sinn ist Trophoblast und extraembryonales parietales Mesoderm, in das noch keine Allantoisgefäße eingewachsen sind.

3. Inversion der Keimblätter bei der Maus. Die Maus weist neben der interstitiellen Implantation spezifische Anpassungen auf, die über die Spezialisation beim Menschen hinausgehen. Die Blastozyste heftet sich in einer mütterlichen Drüse der Schleimhaut an (**3a**). Der Trophoblast bildet am apikalen Pol der Blastozyste als Vorläufer der Plazenta einen Zellpropf (*Ektoplazenta*, „ectoplacental cone"). Im Embryoblast entsteht ein hochgestellter Spalt, der sich zur *Amnionhöhle* ausweitet **(Spaltamnion)**. Der Spalt in der Ektoplazenta ist von der Amnionhöhle unabhängig und entspricht einer akzessorischen Blastozystenhöhle. Der Embryoblast stülpt sich in den primären *Dottersack* vor, der seinerseits die Trophoblasthöhle ganz ausfüllt und den Trophoblasten von außen bedeckt *(Inversion der Keimblätter)*. Das äußere Blatt des invertierten Dottersacks mit dem darüberliegenden Trophoblasten löst sich auf, so daß das innere Blatt des Dottersacks direkt an das mütterliche Bindegewebe grenzt. Die aus der Inversion der Keimblätter resultierende dorsal konkave Krümmung des Embryos (**3b**) wird erst bei der Abfaltung (**3c**) durch eine spiralige Drehung um die Körperachse rückgängig gemacht. Das viszerale Mesoderm wächst als reine Gefäß-Bindegewebs-Brücke ohne Rudiment einer entodermalen Allantois in den Trophoblast der Ektoplazenta ein. Die **Ektoplazenta** der Maus ist also eine vorweggenommene Allantoisplazenta. Durch die Inversion der Keimblätter kann sich das embryonale Entoderm zur Resorption von Nahrungsstoffen direkt der mütterlichen Schleimhaut anlegen.

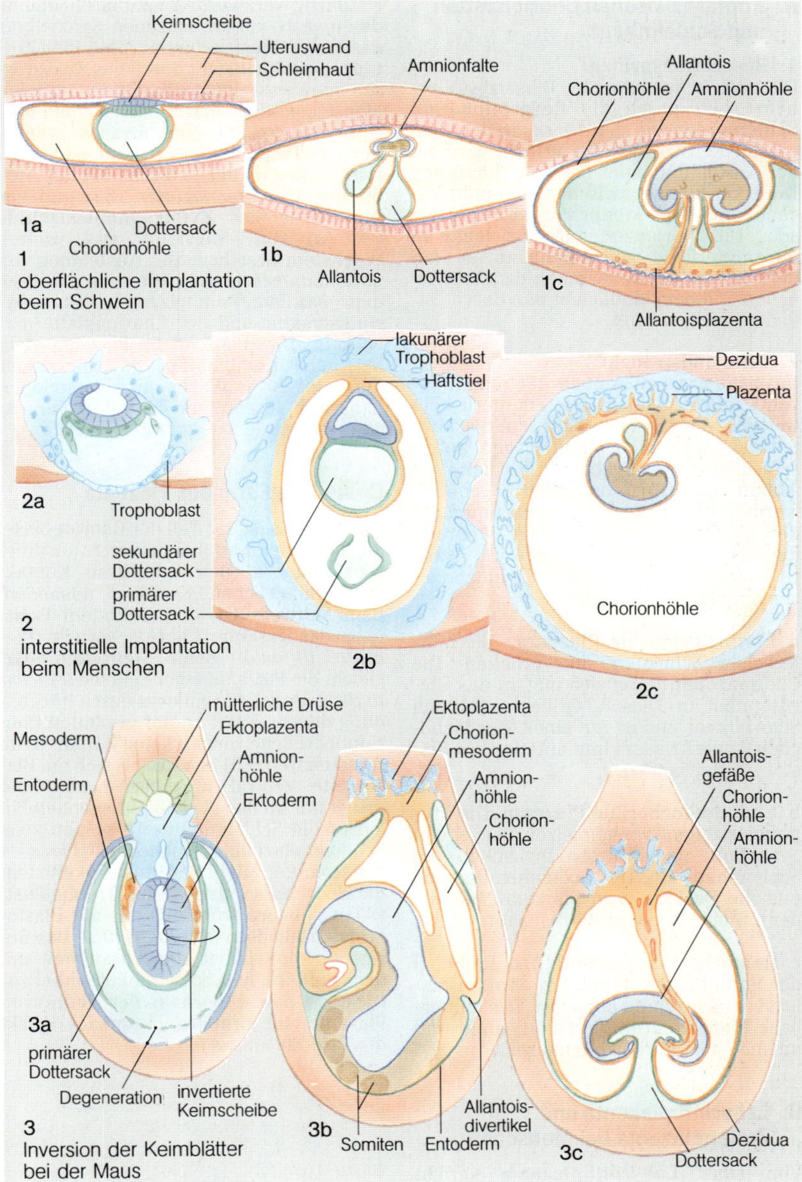

B. Artspezifischer Verlauf der Implantation

A. Kontakt zwischen Chorionzotten und Schleimhaut

1. Resorptionsprinzip
Die frei schwimmende Blastozyste ernährt sich durch die **Resorption von Schleim**, der von den Uterusdrüsen ausgeschieden wird. Dieses Prinzip wird bei der Ausbildung einer Plazenta durch den Diffusionskontakt zwischen dem mütterlichen und dem kindlichen Kreislauf ersetzt. Die Chorionzotten legen sich eng an die mütterliche Schleimhaut an, so daß der Stoffaustausch zwischen dem mütterlichen und dem kindlichen Blut durch Diffusion erfolgen kann.

2. Diffusionsprinzip
Im histologischen Aufbau der reifen Plazenta sind die Schichten aus mütterlichem Gewebe, die zwischen dem Blut der Mutter und der kindlichen Zotte liegen, unterschiedlich weit abgebaut. Dies kann als **Abbau von Diffusionsbarrieren** gedeutet werden, der im Verlauf der Evolution auf der mütterlichen Seite erfolgt, während die kindliche Seite intakt bleibt. Nach Grosser (1919) werden die folgenden Plazentatypen unterschieden:

a Epitheliochoriale Plazenta. Alle mütterlichen Schichten sind erhalten. Die Chorionzotten legen sich eng an das Uterusepithel an. Dieser Typ liegt z. B. beim Schwein vor und ist mit einer oberflächlichen (superfiziellen) Implantation der Blastozyste verbunden.

b Endotheliochoriale Plazenta. Die Trophoblastzellen verschmelzen zu einem Synzytium und dringen invasiv in die Schleimhaut ein. Das Schleimhautepithel und die Dezidua wird bis zum Endothel der mütterlichen Gefäße abgebaut.

c Hämochoriale Plazenta. Das Endothel der mütterlichen Kapillaren wird zusätzlich vom Synzytium aufgelöst. Das mütterliche Blut strömt in die Lakunen ein und umspült die Chorionzotten direkt.

B. Labyrinthplazenta und Zottenplazenta bei Menschen

Von einer **Labyrinthplazenta** spricht man, wenn das mütterliche Blut die labyrinthartig verzweigten lakunären Räume des invasiv vorgewachsenen Synzytiums des Trophoblasten durchströmt. Eine **Zottenplazenta** entsteht durch das Aussprossen von verzweigten Chorionzotten. Beim Menschen bildet sich zunächst eine *Labyrinthplazenta* (**B1**). Das invasive Wachstum des Trophoblasten kommt jedoch bereits zu Beginn der 3. Woche mit der Ausbildung von *Stammzotten* (**B2**) und der Ausbildung der **Zytotrophoblastschale** (→2.40) zum Stillstand. Das weitere Wachstum besteht in der Ausbildung von *Zottenbäumchen* (**B3**), die sich zwischen dem basalen Trophoblasten mit Labyrinthstruktur und der Chorionplatte entwickeln. Die menschliche Plazenta stellt also eine Kombination zwischen einer durch invasives Wachstum entstandenen Labyrinthplazenta und einer durch Sprossung entstandenen Zottenplazenta dar.

C. Äußere Form der Plazenta

Die Plazenta ist der Teil der Chorionblase, an dem die Chorionzotten sich ausdifferenzieren und den definitiven Kontakt zum mütterlichen Kreislauf ausbilden. Beim **Schwein (C1)** sind die Zottenbüschel über das gesamte Chorion verteilt *(Placenta diffusa)*. Beim **Menschen (C2)** gleicht die Plazenta einer Scheibe *(Placenta discoidalis)*. Sie entsteht durch Rückbildung der zunächst an der gesamten Chorionoberfläche vorhandenen Zotten. Beim **Rhesusaffen (C3)** implantiert sich die Blastozyste zentral im Uteruslumen und dringt nur an den gegenüberliegenden Polen in die Schleimhaut ein, so daß zwei Scheibenplazenten entstehen *(Placenta bidiscoidalis)*. Bei der **Maus (C4)** entsteht die *diskoidale Plazenta* aus Trophoblastzellen, die sich frühzeitig aus der Blastozyste ausgliedern *(Ektoplazenta)*. Das übrige Chorion bildet sich zusammen mit dem mütterlichen Schleimhautepithel zurück, so daß außerhalb der definitiven Plazenta der primäre Dottersack direkt der Dezidua anliegt (→3.14).

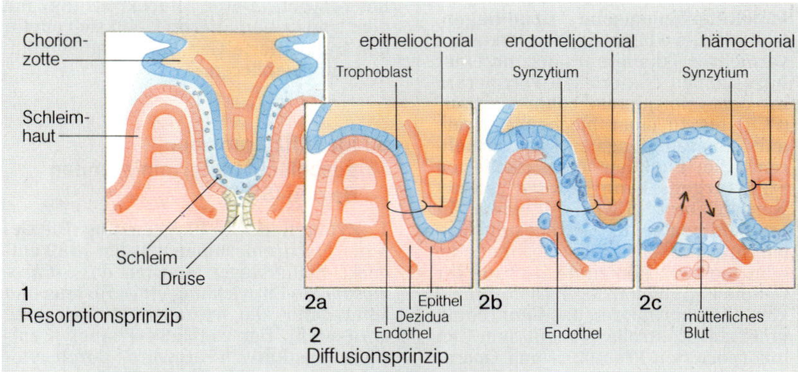

A. Der Kontakt zwischen Chorionzotten und Schleimhaut

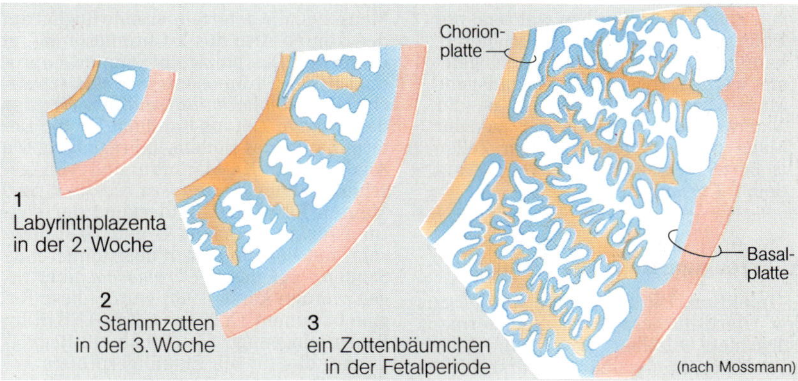

B. Labyrinth- und Zottenplazenta beim Menschen

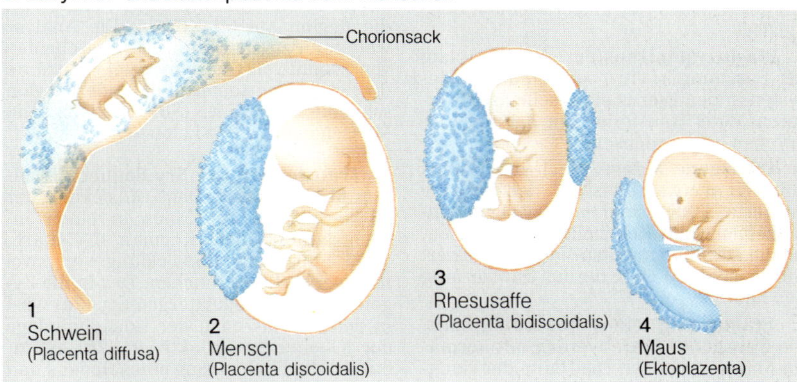

C. Die äußere Form der Plazenta

Molekularbiologische Grundlagen. Isolierte Gene lassen sich in Bakterien vermehren (klonieren) oder mit einer hitzestabilen bakteriellen Polymerase in der „polymerase-chain-reaction" (PCR) bis zu einer biochemisch rein darstellbaren Menge an DNS vermehren. Die Funktion eines isolierten **Strukturgens** kann in vitro getestet werden. Die DNS wird mit einem Mikromanipulator in Gewebekulturzellen injiziert. Die Zellen bauen eine oder mehrere Kopien des Gens in ihr Genom ein, reduplizieren es im Zellzyklus und exprimieren das Genprodukt unter der Kontrolle von mit dem Gen inkorporierten Promotor- und Operatorsequenzen. Die Funktion von **Regulatorgenen**, die die Determination von Zellen und Geweben während der Embryonalentwicklung kontrollieren, kann nur im Gesamtorganismus getestet werden. Hierzu werden transgene Mäuse benutzt. Ein Beispiel ist der Nachweis der Funktion der aus der Maus und aus menschlichen Zellen isolierte „Sex determining region" auf dem Y-Chromosom (Sry).

A. Erzeugung transgener Mäuse

1. Injektion. Durch Spülung werden aus den Uterushörnern einer Spendermaus befruchtete Eizellen gewonnen. In den männlichen oder weiblichen *Vorkern* werden mit einem Mikromanipulator 10^{-10} ml mit der DNS des zu transferierenden Gens injiziert.

2. Blastozystentransfer. Nach Ablauf der Furchung in vitro werden die Blastozysten in den Uterus einer scheinschwangeren Maus transferiert, in der die Embryonen heranwachsen.

3. Transgene Mäuse. Nach der Geburt läßt sich in etwa 10 bis 30% der Tiere die injizierte DNS in allen Geweben einschließlich der Keimzellen nachweisen. Da die DNS nur in einen Vorkern injiziert wurde, sind die Tiere für das transferierte Gen heterozygot.

4. Etablierung eines Inzuchtstamms. Die transgenen Tiere werden mit normalen Mäusen gepaart. Die Hälfte der Nachkommen ist für das injizierte Gen wieder heterozygot. Durch Rückkreuzung mit dem transgenen Elternteil läßt sich ein für das transferierte Gen homozygoter Mäusestamm etablieren.

B. Identifizierung der geschlechtsdeterminierenden Region (SRY)

1. Zytogenetische Eingrenzung. Die Geschlechtschromosomen wurden 1959 entdeckt. Beim Säuger induziert das *Y-Chromosom* die Entwicklung eines Hodens und leitet damit die männliche Entwicklung ein (→8.5). Der weibliche Phänotyp entsteht konstitutiv. 1966 wurde durch zytogenetische Analyse der Geschlechtschromosomenaberrationen (→8.10) beim Menschen die determinierende Region auf den kurzen Arm des Y-Chromosoms (Yp) eingeengt. Das einzige bekannte Genprodukt des Y-Chromosoms war das schwache *Histokompatibilitätsantigen HY*, das daher lange Zeit als Kandidat für die Determination des Hodens in Frage kam. Die Analyse von XX-Männern und von geschlechtsumgekehrten *(sex reversed, Sxr)* Mäusen führte zur Entdeckung der Paarungsregion zwischen X- und Y-Chromosom, mit der die Hoden-determinierende Sequenz auf das *X-Chromosom* übertragen werden kann. 1986 wurde diese Region bei einem XX-Mann auf 140 KB (Kilo-Basen) eingeengt. Sie enthält ein Regulatorgen, das für ein Zinkfingerprotein kodiert. Durch die Beobachtung von *XX-Männern* ohne die *Zfy-Region* engte sich die Region auf 60 KB ein. Die Analyse weiterer Patienten und das Ausscheiden von repetitiven Gensequenzen reduzierte die geschlechtsdeterminierende Region schließlich auf 35 KB (*SRY*, Sequenz beim Menschen in großen Lettern).

2. Transfektion der Sry-Sequenz in einen Mäusestamm. Die Transfektion der 35-kb-Sequenz der Maus in einen Inzuchtstamm durch Kogman u. Mitarb. 1991 führte zur Entwicklung von zwei transgenen XX-Männchen. Das in die Zygote injizierte Regulatorgen Sry (**2a**) wird in den Sertoli-Zellen der Gonadenanlage der XX-Embryonen aktiviert (**2b**). Es induziert die Entwicklung eines Hodens und damit eines männlichen Phänotyps **(2c)**.

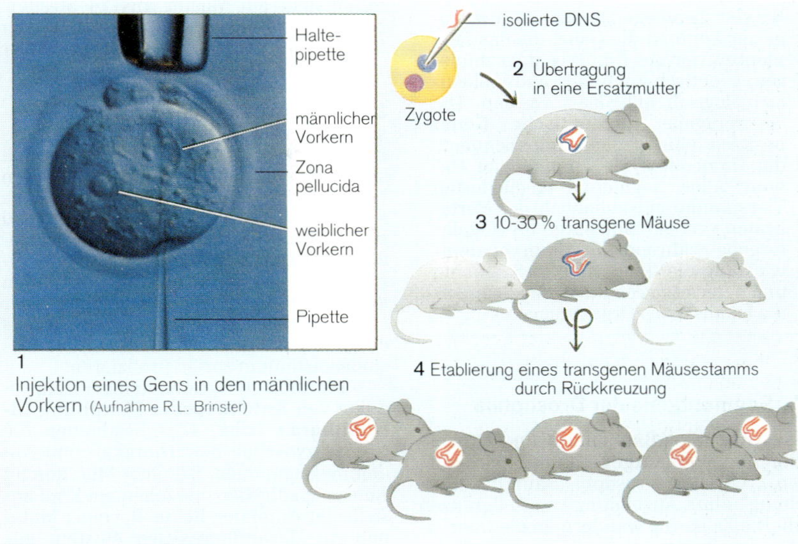

A. Erzeugung transgener Mäuse

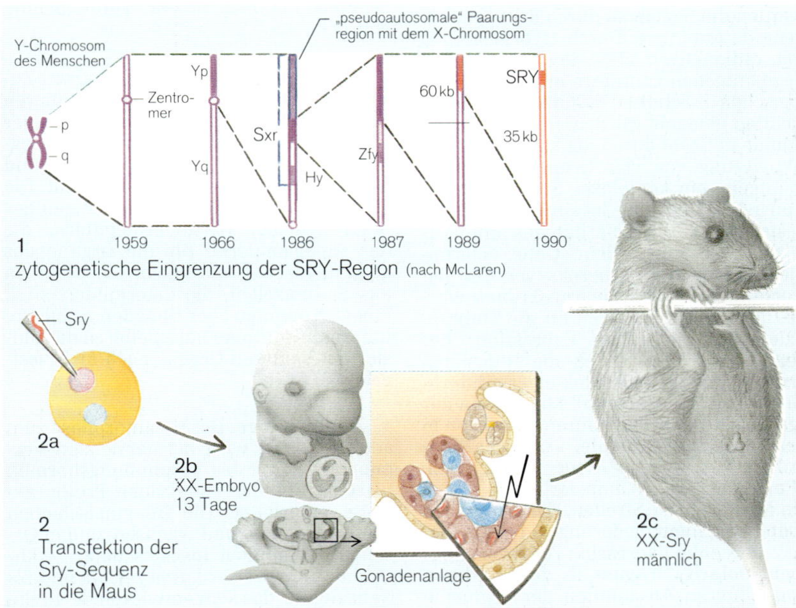

B. Identifizierung der geschlechtsdeterminierenden Region (Sry) auf dem Y-Chromosom

Bei der Taufliege Drosophila melanogaster konnten die Gene, die das Segmentmuster des Embryos determinieren, genetisch analysiert und molekularbiologisch aufgeklärt werden. Die Segmentgene **(homeotische Gene)** besitzen eine gemeinsame Sequenz, die Homeobox. Sie kommen im Genom aller segmental gegliederten Tierstämme einschließlich der Vertebraten vor. Sie induzieren als Regulatorgene während der Embryonalentwicklung die Gliederung in Segmente und determinieren die in den Segmenten lokalisierten Organanlagen.

A. Segmentgene der Drosophila

1. Synzytiales Blastoderm und Expression der Segmentgene. In der befruchteten Zygote von Drosophila läuft die „Furchung" ohne Ausbildung von Zellgrenzen ab. Die Zellkerne wandern an die Oberfläche der Zygote, so daß ein synzytiales Blastoderm entsteht. In diesem Stadium werden die Segmente durch die Segmentgene determiniert. Durch Hybridisierung mit radioaktiven cDNS-Proben von den Segmentgenen kann ihre mRNS im histologischen Schnitt autoradiographisch sichtbar gemacht werden. Innerhalb einer Stunde entsteht durch die kaskadenartige Aktivierung von vier Gruppen der Segmentgene ein komplexes Streifenmuster. Von jeder Gengruppe ist ein Vertreter dargestellt (**1a**). Die Polarität des Embryos wird durch **mütterliche Gene** determiniert, deren mRNS bereits vor der Befruchtung in der Eizelle transkribiert wurde (mütterliche Faktoren für die Embryonalentwicklung). Die Expression der **„gap"-Gene** wird durch die Diffusionsgradienten der Genprodukte der mütterlichen Gene induziert (**1b**). Mutationen der „gap"-Gene (= Lücke) führen zu Lücken in der Reihe der Segmente. Durch die Genprodukte der „gap"-Gene werden die **„Pair-rule"-Gene** induziert. Sie bilden ein Muster aus 7 Streifen, das bereits die spätere Segmentgliederung widerspiegelt.

Durch die Expression von zwei **„Segment-polarity"-Genen** in den vorderen und hinteren Abschnitten der Segmente wird die Polarität der Segmente festgelegt. Es entsteht ein Muster aus 14 Streifen. Nach Ausbildung der Zellgrenzen läuft der Prozeß im Prinzip in gleicher Weise weiter.

2. Zelluläres Blastoderm und Expression von Antennapedia und Ultrabithorax. Das synzytiale Blastoderm wandelt sich in das zelluläre Blastoderm um. Am kaudalen Pol grenzen sich als erstes die *Keimzellen (Polzellen)* ab. Anschließend bilden sich synchron im gesamten Blastoderm die Zellgrenzen aus, so daß ein epithelialer Zellverband entsteht, der innen den Dotter einschließt. Die Segmente der Larven und der adulten Fliege sind bereits determiniert und lassen sich auf das Blastodermstadium zurückprojizieren.

Die Diffusionsgradienten der Genprodukte von **Antennapedia (Antp)** und **Ultrabithorax (Ubx)** (**2a**) bestimmen die Grenze zwischen den Thorakal- und Abdominalsegmenten. Bei einer Mutation im Antennapedia-Gen entstehen am Kopf anstelle der Antennen Beine. Bei einer Mutation im Ultrabithorax-Gen entsteht aus dem dritten Thoraxsegment ein weiteres Segment mit Flügeln (**4a**, Verdoppelung von T2).

3. Imaginalscheiben in der Larve. Zusammen mit der Ausbildung der inneren Organe werden auf der Oberfläche der Larve die Segmente sichtbar. Jedes Segment ist funktionell in ein vorderes und ein hinteres Kompartiment unterteilt. Die *Imaginalscheiben* sind Einstülpungen des ursprünglichen Blastodermepithels, die das Anlagematerial für die Organe des adulten Insektes enthalten. Sie bestehen aus Stammzellen, die determiniert sind, Flügel, Antennen oder Gonaden zu bilden. Innerhalb der Imaginalscheibe ist das Muster des späteren Organs noch nicht festgelegt.

4. Adulte Fliege. Die Metamorphose zum adulten Insekt wird bei der letzten Verpuppung durch das Verpuppungshormon Ekdyson aus der endokrinen Prothoraxdrüse eingeleitet. Die Imaginalscheiben stülpen sich aus und wachsen zu den Organen des adulten Insektes heran, während der Körper der Larve zerfällt und als Nahrung für das sich entwickelnde adulte Tier dient.

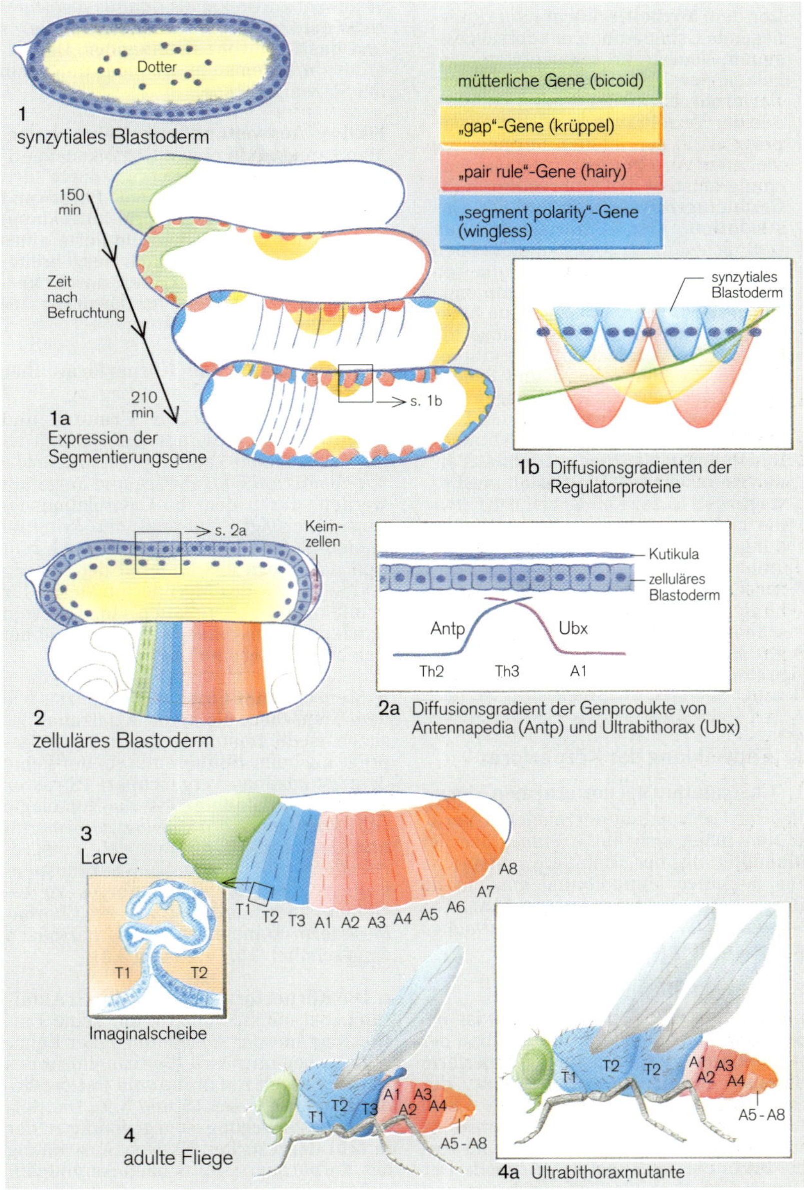

A. Segmentgene der Drosophila

Der dem **Wirbeltierkörper** zugrundeliegende Grundaufbau mit dorsal gelegenem Neuralrohr, segmentalen Muskelanlagen und ventral gelegenem Darmrohr ist in der Embryonalperiode der Vertebraten deutlicher ausgeprägt als in den adulten Formen. Bei niederen Vertebraten mit totaler Furchung entsteht der Embryo durch die Gestaltungsbewegungen bei der **Gastrulation.** Das Embryonalstadium (z. B. Schwanzknospenstadien bei den Amphibien, **2a**) geht direkt in die sich selbst ernährende freischwimmende Jugendform über. Die Myotome funktionieren als Muskelplatten und die Chorda als Achsenstab. Die Embryonen der Reptilien, Vögel und Säuger ähneln sich sehr stark und zeigen den gleichen Grundaufbau wie die Embryonen der niederen Vertebraten. Der Embryonalkörper entsteht aus einer **Keimscheibe.** Die Gestaltungsbewegungen in der Keimscheibe erfüllen die gleiche Funktion bei der Ausbildung der Körperform wie die Gastrulation. Die Herleitung der Homologie zwischen Gastrulation und der Entstehung der Keimblätter in der Keimscheibe erleichtert das Verständnis für die Entwicklung der allen Vertebraten gemeinsamen Körperform.

A. Entwicklung der Körperform

1. Gastrulation bei dotterarmen Eiern

Bei der Gastrulation der niederen Vertebraten bildet sich ein *Urmund*, der der Mundöffnung der Hohltiere entspricht. Die definitive Mundöffnung entsteht im Bereich der *Rachenmembran* (**1a**). Das Mesoderm wird aus dem *Urdarmdach* ausgeschaltet (**1b**).

2. Larvenstadien bei Amphibien

Im Stadium der Schwanzknospe ist bei den Amphibien die dem Grundaufbau der Wirbeltiere entsprechende Körperform bereits ausgebildet (**2a**). Aus der Schwanzknospe heraus verlängert sich die Körperachse weiter. Der Neuralrohrschluß läuft nach kaudal am Urmund vorbei bis in die *Schwanzknospe* hinein. Der Urmund wird in die Tiefe verlagert und verbindet kurzzeitig als *Canalis neurentericus* den Zentralkanal des Rückenmarks und das Darmrohr miteinander. Der definitive *After* entsteht sekundär unterhalb der Schwanzknospe.

Fiktive Ausweitung zur Keimscheibe. Man kann sich in einem Gedankenexperiment an einem Querschnitt durch den Amphibienembryo (**2b**) die Darmwand und die Leibeswand ventral aufgeklappt vorstellen. Man erhält so die Form eines wie eine Keimscheibe flach ausgebreiteten Embryonalkörpers, der durch Vermehrung des Dotters im Darmrohr zustande gekommen sein könnte.

3. Entwicklung der Körperform über eine Keimscheibe

a Homologie zwischen Urmund und Primitivgrube. In Längsschnitt durch eine Keimscheibe kann die *Primitivgrube mit dem Axialkanal* als Urmund aufgefaßt werden, durch den die Gastrulationsbewegung erfolgt. Während der Primitivknoten nach hinten wandert (→3.8), rollt sich nach vorn das Material der Chorda und seitwärts das Mesodermmaterial für Somiten und Seitenplatten ein. Der vom Axialkanal ausgehende Urdarm öffnet sich breitflächig zum Dotter hin.

b Menschlicher Embryo. Bei Spezies wie dem Menschen, die einen Axialkanal besitzen, ist die Homologie deutlicher ausgeprägt als beim Hühnerembryo, der keine dem Axialkanal vergleichbare Struktur ausbildet. Im Stadium 9 ist die Homologie von *Rachenmembran, Kloakenmembran* und *Schwanzknospe* mit den entsprechenden Strukturen im Schwanzknospenstadium des Amphibienembryos zu erkennen. Die Chorda ist wie ein Chorda-Mesoderm-Komplex in das Urdarmdach eingeschaltet (**1b**, →3.3 und 3.4).

c Die Körperform entsteht durch Abfaltung. Bei einem Embryo, der seine Entwicklung mit der Ausbildung einer Keimscheibe beginnt, wird die Grundform des Körpers durch Abfaltung vom Dotter wieder hergestellt (→2.15 und 3.9). Die Entwicklungsbewegung ist gegenläufig zu der in (**2b**) dargestellten fiktiven Ausweitung des Körperquerschnitts beim Amphibienembryo.

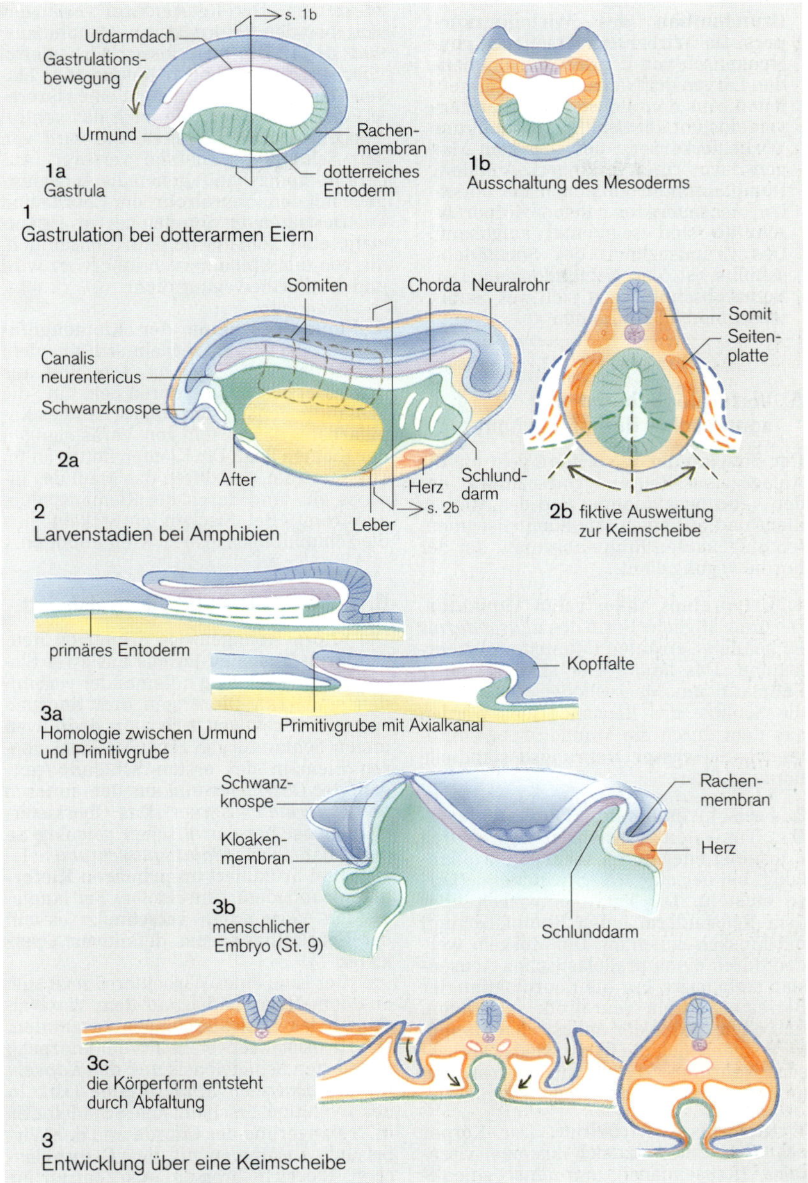

A. Entwicklung der Körperform

Grundaufbau des Wirbeltierkörpers. Die Wirbeltiere lassen sich phylogenetisch von den frei schwimmenden Larven der Nahrungsstrudler herleiten. Aus dem Reusendarm der Larven entsteht der Schlundabschnitt des Wirbeltierkörpers, der sich zum Magen-Darm-Trakt verlängert. Aus dem Rumpfabschnitt entstehen die dorsalen Achsenorgane. Beide Körperabschnitte sind segmental aufgebaut. Das Grundsegment des Schlundabschnitts ist der Schlundbogen. Der Rumpfabschnitt setzt sich aus Somitensegmenten zusammen.

A. Viszeraler Schlund- und somatischer Rumpfabschnitt

Der Bauplan der Wirbeltiere geht auf die Anlage eines Reusendarmes zurück, der der Nahrungsaufnahme und der Atmung dient und auf einen aus Somitensegmenten aufgebauten Rumpfabschnitt, der der Fortbewegung dient.

1. Urtyp eines ankestralen Tunikaten. Die ursprüngliche Form des *Reusendarms* ist bei den Tunikaten (Manteltiere) zu erkennen. Das adulte Tier sitzt mit einer Fußplatte am Meeresboden fest. Durch die Schlitze des Reusendarmes werden aus dem durch die Mundöffnung eintretenden Seewasser Nahrungsbestandteile herausgefiltert.

2. Freischwimmende Tunikatenlarve. Die Tunikaten vermehren sich durch Knospung oder durch sexuelle Fortpflanzung, bei der eine freischwimmende Larve entsteht. Die Larve entwickelt über dem Reusendarm einen Rumpfabschnitt mit Muskelsegmenten. Die Muskeln werden durch einen prallelastischen Achsenstab stabilisiert. Für die Koordination der Bewegung ist ein Neuralrohr vorhanden. Im Lebenszyklus der ankestralen Manteltiere siedelt sich die Larve wieder als sessiler Nahrungsstrudler am Meeresboden an und verliert ihren Bewegungsapparat.

3. Kieferloses Wirbeltier. Der Körper des Wirbeltiers setzt sich aus einer viszeralen (Reusendarm) und einer somatischen Funktionseinheit (Achsenorgane) zusammen. Der Reusendarm verlängert sich bei den Chordatieren (Amphioxus) und den noch kieferlosen Wirbeltieren über die Schlundbögen hinaus zum Magen-Darm-Trakt. Es entsteht eine viszerale Funktionseinheit, die auch das ventral gelegene Herz einschließt. Sie wird von den Schlundbogennerven versorgt. Aus dem Rumpfabschnitt gehen die Achsenorgane mit dem Neuralrohr, der Chorda und den Derivaten der Somiten hervor. Es entsteht eine somatische Funktionseinheit, die von den Spinalnerven innerviert wird und der Fortbewegung dient.

4. Funktionsschema der Kiemengefäße. Bei Fischen entwickeln sich aus dem Reusendarm die Kiemen. Das Blut aus dem Herzen fließt durch ein in die Schlundbogenarterien eingeschaltetes Kapillarnetz, das in feinsten Verästelungen der Kiemen liegt. Die Kiemen flottieren im Wasserstrom, der durch das Maul des Fisches ein- und durch die Kiemenspalten ausströmt. Bei Fischen entwickeln sich die Schlundbögen also zu **Kiemenbögen.**

B. Schädelbasis und Viszeralskelett

Die Knorpelspangen des primitiven Reusendarms bestehen jeweils aus zwei Elementen, die gelenkig miteinander verbunden sind (**1a**). Die ersten drei Knorpelspangen vereinigen sich zum definitiven ersten Schlundbogen (**1b**). Aus dem oberen Element des ersten Schlundbogens geht der *Oberkiefer* und aus dem unteren der *Unterkiefer* hervor. Das Oberkieferelement ist bei den Fischen gelenkig an der Schädelbasis (*Palatoquadratum*) befestigt und artikuliert im **primären Kiefergelenk** mit dem Unterkiefer. Bei landlebenden Vertebraten verschmilzt es mit der Schädelbasis zum definitiven Oberkiefer.

Der Kopf eines Wirbeltieres setzt sich aus dem Hirnschädel und dem Viszeralskelett des Gesichtsschädels zusammen. Der Hirnschädel besteht aus der knorpelig angelegten Schädelbasis und den *Kapseln* für die *zentralen Sinnesorgane* (**1b**). In der Evolution erscheint die Schädelbasis in Verlängerung der Chorda und der Wirbelsäule zusammen mit den Gehirnbläschen, die sich ihrerseits als Zentren für die zentralen Sinnesorgane ausbilden.

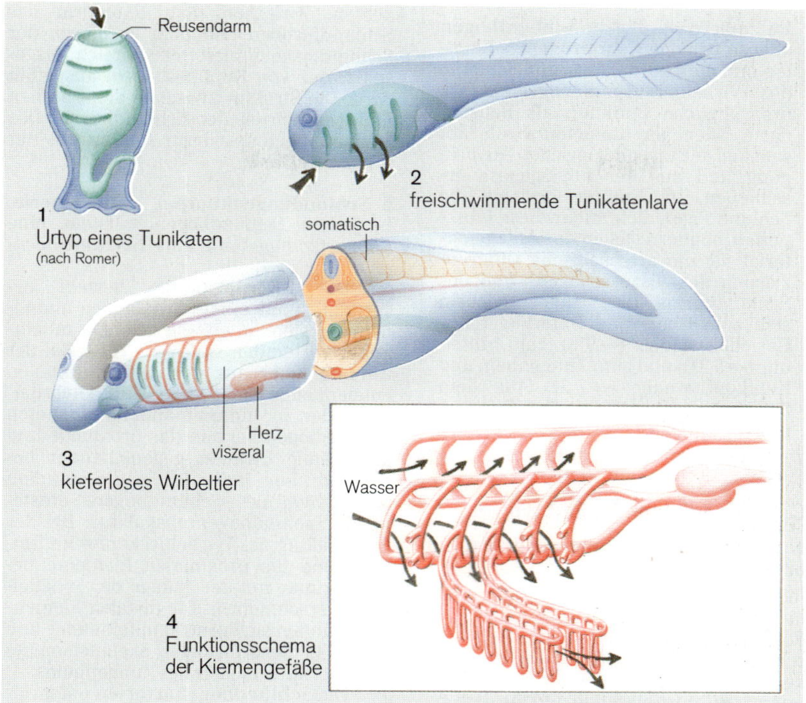

A. Viszeraler Schlund- und somatischer Rumpfabschnitt des Wirbeltierkörpers

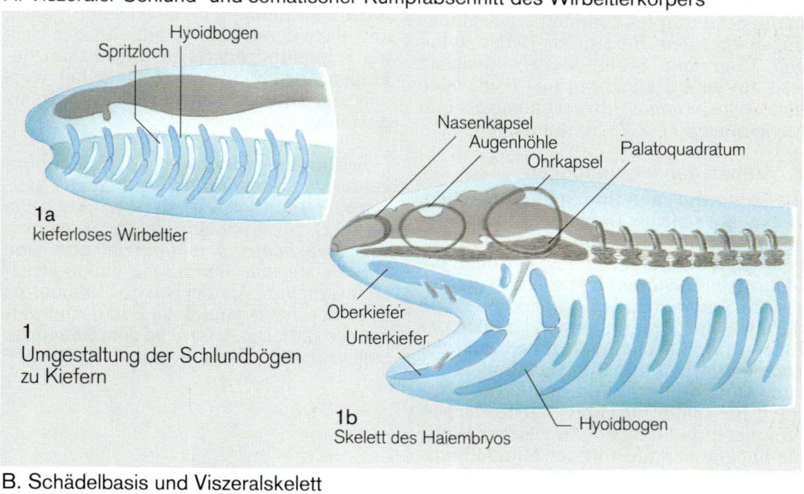

B. Schädelbasis und Viszeralskelett

Im Embryo werden die **Schlundbögen** ebenso wie das Neuralrohr, die Somiten und die Chorda als Grundelemente des Wirbeltierkörpers angelegt. Ihre ursprüngliche Funktion als Reusendarm oder als Kiemenapparat läßt sich aus der morphologischen Ausprägung und aus der Phylogenese erschließen. Im Embryo besitzen die Schlundbögen nicht mehr diese Funktionen, sondern stellen das Anlagematerial für die artspezifische Differenzierung des Viszeralskeletts und des Schlunddarms dar. Sie entwickeln sich zum Ober- und Unterkiefer des Gesichtsschädels (→9.3), zum Mittelohr (→5.10) und zum Zungenbein und Kehlkopf weiter (→7.3). Aus dem Schlunddarm entsteht der Pharynx und die Lungen.

C. Schlundbögen im Embryo

1. Schlundbögen im menschlichen Embryo

In einer Querschnittserie durch den menschlichen Embryo werden der *Schlunddarm* und die Schlundbögen zwischen dem *Prosenzephalon* und dem Rükkenmark getroffen. Durch die Ausdehnung der Gehirnbläschen und die dadurch hervorgerufene kraniokaudale Krümmung des Embryos kommen die Schlundbögen über dem *Herz-Leber-Wulst* zu liegen. Über dem Schlunddarm entwickelt sich die beim Haiembryo (→3.19B) noch nicht vorhandene Brückenbeuge und Nackenbeuge (→2.28 Stadium 20).

2. Aufbau der Schlundbögen

a Schlundfurchen und Schlundtaschen. In einer isolierten Darstellung des *Ektoderms* und des *Entoderms* der Schlundbogenregion ist die Beziehung zwischen ektodermalen *Schlundfurchen* und entodermalen *Schlundtaschen* zu erkennen. In der Tiefe der Schlundfurchen legt sich das Ektoderm direkt dem Entoderm der Schlundtaschen an. Die Aneinanderlagerung von Ektoderm und Entoderm ist typisch für später durchbrechende Körperöffnungen und läßt sich in gleicher Weise als Rachenmembran in der Mundöffnung und als Kloakenmembran am After beobachten. Zwischen dem Ektoderm der Schlundfurchen und dem Entoderm der Schlundtaschen bleibt ein Bereich ausgespart, der von Kopfmesoderm ausgefüllt wird. Die Struktur zwischen den Furchen und Taschen ist der Schlundbogen. Das Schlundbogenmesoderm stammt aus der Kopfneuralleiste.

b Schlundbogenknorpel und -arterie. In jedem Schlundbogen entsteht eine *Knorpelspange* und eine *Schlundbogenarterie.*

Die **Knorpelspange** besteht ursprünglich aus einem proximalen und einem distalen Anteil, die gelenkig miteinander verbunden sind (→3.19B). Bei der Öffnung einer aus den beiden Anteilen entstehenden Ober- und Unterkiefereinheit oder in hintereinandergeschalteten Kiemenbögen können das proximale und das distale Element gegeneinander bewegt werden. Hierzu dient die aus dem Mesenchym des Schlundbogens entstehende Schlundbogenmuskulatur. Bei der Entwicklung des Wirbeltierkopfes im Embryo sind die proximalen Elemente bereits primär mit der Anlage der Schädelbasis verschmolzen. Die distalen Elemente verbinden sich ventral miteinander und bilden so die U-förmigen Skelettelemente des Unterkiefers oder des Zungenbeins.

Die **Schlundbogenarterien** entspringen aus der paarig angelegten *ventralen Aorta* und münden in die ebenfalls paarig angelegte *dorsale Aorta* ein. Aus der vierten Schlundbogenarterie entsteht der definitive Aortenbogen (→6.7). Daher werden die Schlundbogenarterien auch als Aortenbögen bezeichnet.

c Schlundbogennerven. Die Schlundbogennerven entspringen aus dem Neuralrohr im Bereich der Rautengrube (→4.12). Sie besitzen wie die Spinalnerven eine *ventrale motorische* und eine *dorsale sensible Wurzel* mit einem sensiblen Ganglion. Als Derivat des Ektoderms liegt der *Nerv* lateral von der *Knorpelspange* (**2d**). Die *Arterie* ist dem Entoderm zugeordnet und liegt medial.

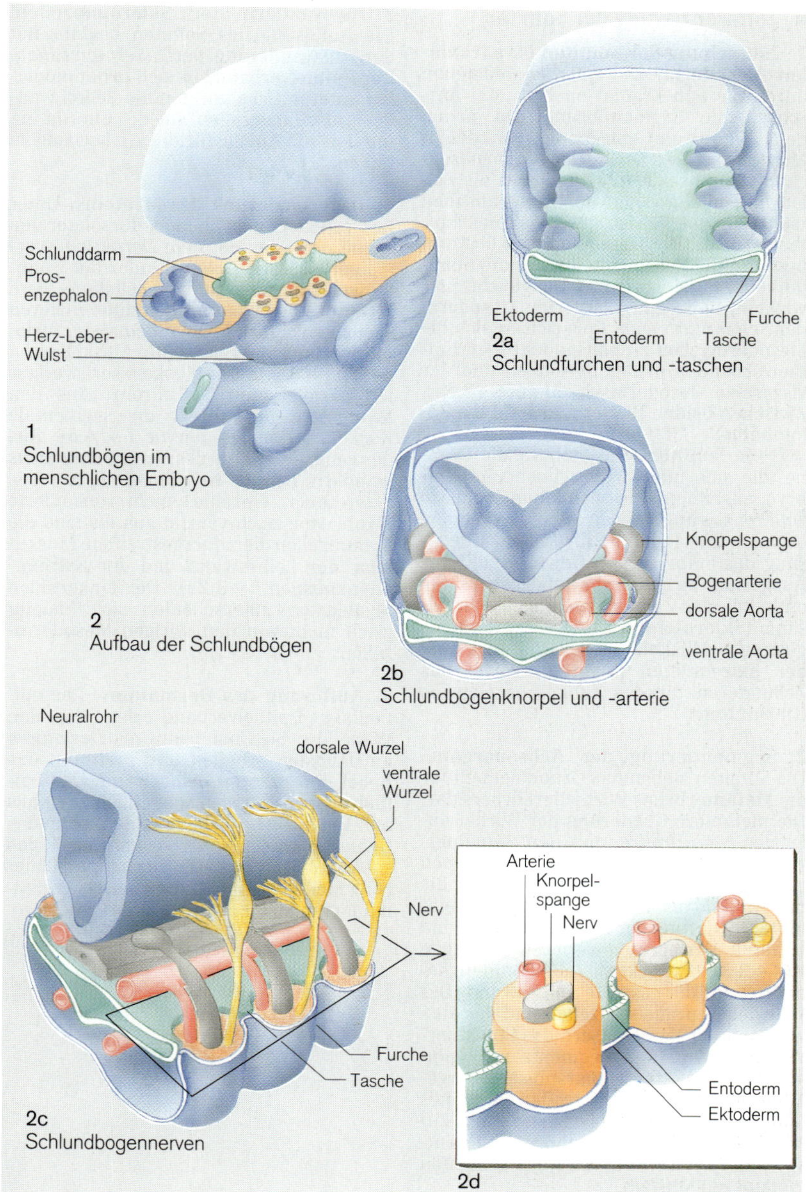

C. Schlundbögen im Embryo

A. Differenzierung der Somiten

1. Entstehung der Somiten im paraxialen Mesoderm. Die *Somiten* entstehen durch die von kranial nach kaudal fortschreitende Segmentierung des neben dem Neuralrohr gelegenen (paraxialen) Mesoderms (→3.9). Im lockeren mesenchymalen Mesoderm aggregieren die Zellen und bilden einen hochprismatischen mehrreihigen, in sich geschlossenen Epithelverband. Die Basalmembran liegt außen und die Zellspitzen sind in die Somitenhöhle hineingerichtet. Die gleiche Entwicklungsbewegung läuft im Mesoderm der *Seitenplatten* ab. Dort richten sich die Mesodermzellen zu palisadenartigen Epithelverbänden in der parietalen und der viszeralen Mesodermschicht auf (→3.24). Zwischen beiden Blättern entsteht die Zölomhöhle.

Die **Somiten** sind embryonale Organe, die sich nur vorübergehend im Embryo ausbilden und sich ohne zelluläre Differenzierung wieder auflösen (Primärorgane). Ihre Funktion liegt in der Gliederung des embryonalen Gewebes und der Ausgestaltung des Embryonalkörpers. Sie enthalten das Zellmaterial für die Wirbelsäule (**Sklerotom**), für die gesamte quergestreifte Muskulatur des Rumpfes und der Extremitäten (**Myotom**) sowie das Zellmaterial für das subkutane Gewebe (**Dermatom**).

2. Segmentierung der Achsenorgane. Die Somiten stellen das Grundelement für die **Metamerie** des Wirbeltierkörpers dar. Die metamere Gliederung der Wirbelsäule, des *Neuralrohres* mit den Spinalnerven, und der Leibeswand mit den Rippen geht auf die Somiten zurück. Obwohl die bei Amphioxus noch vorhandene metamere Gliederung der Seitenplatten bei den höheren Vertebraten verloren gegangen ist (→3.3), erstreckt sich die Somitengliederung auf die gesamte Leibeswand. Der Weg der Neuralleistenzellen und der auswachsenden Nervenfasern des Spinalnerven wird von den segmentalen Eigenschaften der Extrazellularsubstanz vorgezeichnet (→3.25). Die Verpflanzung eines Somiten führt zum Auswachsen eines zusätzlichen Spinalnerven und zu einer entsprechenden Veränderung des gesamten metameren Musters.

3. Auswandern der Sklerotomzellen. Die Auflösung des Somiten beginnt mit der Auswanderung der *Sklerotomzellen.* Der Epithelverband löst sich in der medialen unteren Ecke auf und die Zellen wandern als Einzelzellen auf die Chorda zu, um dort die Anlage für die Wirbelsäule zu bilden.

4. Differenzierung des Myotoms. Unter der erhalten gebliebenen dorsolateralen Wand des Somiten, dem *Dermatom*, vereinigen sich die freien Ränder der Somitenwand zu einer neuen Zellplatte, dem Myotom. Die Myotomzellen differenzieren sich zu Myoblasten, die miteinander fusionieren und quergestreifte Muskelfasern bilden (→3.33). Die Muskelfasern verlaufen parallel zum Neuralrohr. Aus den Myotomen geht direkt die segmentale Rückenmuskulatur hervor (→ 4.5). Aus der ventralen Kante des *Dermatomyotoms* wandern bereits bei der Ablösung des Sklerotoms einzelne nicht fusionierte Myoblasten nach ventral aus. Es sind die Stammzellen der quergestreiften Muskulatur der Leibeswand und der Extremitätenknospen (→3.23). Die einkernigen Myoblasten unterscheiden sich histologisch nicht von den übrigen Mesodermzellen.

5. Auflösung des Dermatoms. Der epitheliale Epithelverband der dorsalen Wand der Somiten bleibt als *Dermatom* am längsten erhalten und bestimmt das Relief der äußeren Leibeswand. Der Epithelverband löst sich schließlich ebenfalls auf. Die Mesodermzellen bilden, ohne das Gebiet des Segmentes zu verlassen, das subkutane Gewebe. Die Dermatomgliederung bleibt als Innervationsbezirk der Spinalnerven in der Haut erhalten (→4.5).

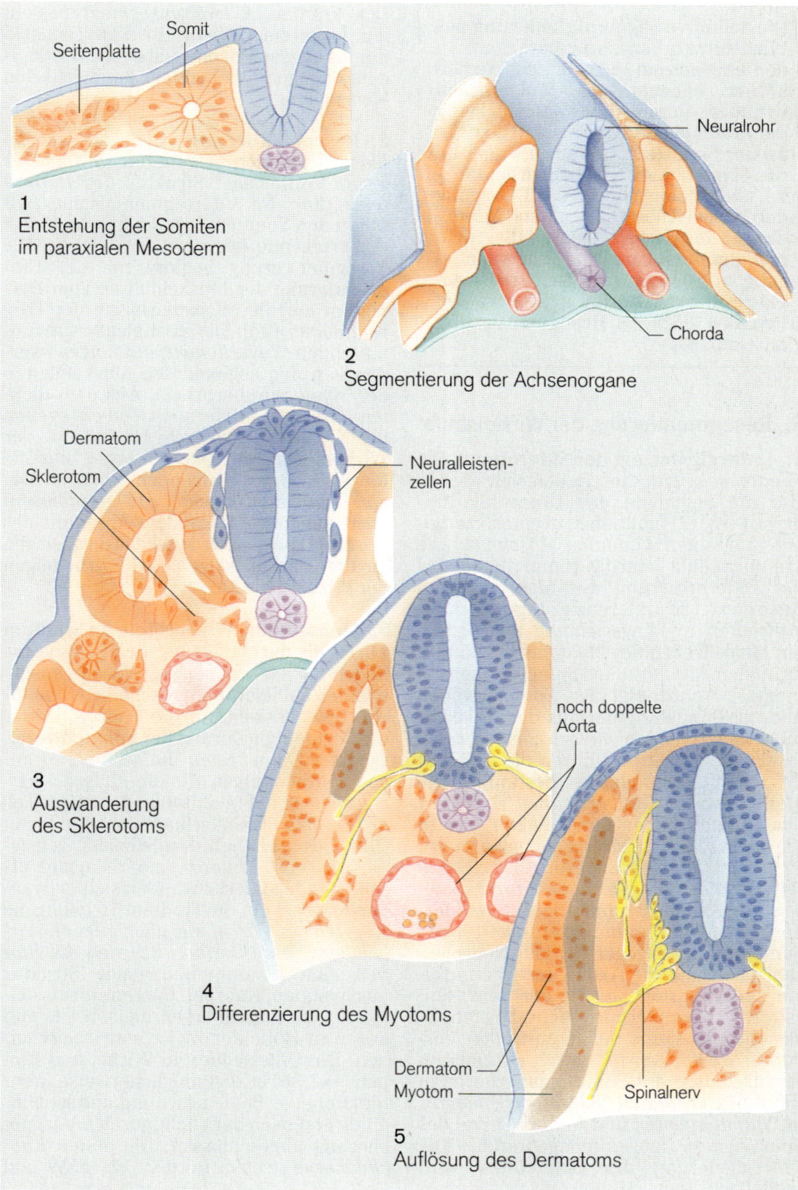

A. Differenzierung der Somiten

Die definitive **Segmentgliederung** des Wirbeltierkörpers orientiert sich an den knöchernen Wirbeln. Ein Wirbelkörper entsteht aus funktionellen Gründen durch die Verschmelzung der kranialen und der kaudalen Hälfte zweier Somiten. Dadurch überspannt das Myotom die Zwischenwirbelscheibe und ermöglicht so die Bewegung der Wirbelsäule. Die segmentale Gliederung der Wirbelsäule ist daher nicht mit der ursprünglichen Segmentierung in Somiten identisch. Die Neugliederung der Körperachse wird seit Remak (1855) als **Resegmentierung** bezeichnet.

B. Resegmentierung der Wirbelsäule

1. Untergliederung der Sklerotome. Die *Somitensegmente* unterteilen sich ebenso wie die Segmente des Drosophila-Embryos (→3.17) funktionell in einen *kranialen* und einen *kaudalen Abschnitt*. Die kraniokaudale Polarität kommt bereits bei der Differenzierung des *Myotoms* zum Ausdruck. Die Differenzierung der quergestreiften in Längsrichtung angeordneten Muskelzellen des Myotoms beginnt im kranialen Abschnitt des Somiten. Die segmentale Anordnung der *Spinalganglien* und die Bündelung der aus dem Rückenmark austretenden *motorischen Nervenfasern* wird ebenfalls durch die Polarität des Somitenmesoderms bestimmt. Die Mesodermzellen im *kranialen Abschnitt* des Somiten bilden einen Faktor, der in die extrazelluläre Matrix eingelagert ist. Er begünstigt die Wanderung der *Neuralleistenzellen* und erlaubt das Durchwachsen der Axone der motorischen Vorderhornzellen. Die *kaudalen Abschnitte* der Somiten sind dagegen für die Neuralleistenzellen und die Axone der Nervenzellen undurchdringlich. Die aus dem Neuralrohr auswandernden Neuralleistenzellen und die Axone der motorischen Vorderhornzellen werden durch die polaren Eigenschaften des Somitenmesoderms in Höhe des *kranialen Sklerotomsegmentes* im *Spinalganglion* und in der Wurzel des Spinalnerven zusammengedrängt. Die Untergliederung des Sklerotoms wird schließlich auch mikroskopisch sichtbar. Das kraniale *Sklerotomsegment* besteht aus lockerem Gewebe, in dem Tenaszin immunologisch nachweisbar ist, das kaudale dagegen aus dichtem kondensierten Mesenchym.

2. Resegmentierung. Die *Myotomplatten* des Somiten orientieren sich an der festen epithelialen Struktur des *Dermatoms* (**2a**). Im Intersegmentalspalt zwischen den Somiten liegt die aus der Aorta entspringende *Intersegmentalarterie*. Die Resegmentierung beginnt mit der Umorientierung der Muskelplatten vom Dermatom auf die Muskelfortsätze der *Wirbelanlagen* (**2b**). Die als Gelenke funktionierenden *Zwischenwirbelscheiben* werden von den segmentalen Muskelplatten der Myotome überbrückt. Aus dem dichten *kaudalen Sklerotomsegment* gehen die Zwischenwirbelscheibe sowie der Wirbelbogen, die *Querfortsätze* und die Rippen des nachfolgenden Wirbels hervor. Aus dem *kranialen Sklerotomsegment* entsteht der kaudale Abschnitt des Wirbelkörpers. Die Muskelfasern setzen an den Querfortsätzen und Wirbelbögen der Wirbelsäule an.

3. Menschliche Wirbelsäule im Stadium 16. Nach der Auflösung der Sklerotome bilden die nach ventral zur Chorda ausgewanderten Sklerotomzellen eine einheitliche Gewebssäule um die Chorda, in der die Segmentgliederung der Somiten verlorengeht. Dann treten die scheibenförmigen Verdichtungen für die *Zwischenwirbelscheiben* auf (→2.30), in denen ein Teil der *Chorda* als Gallertkern erhalten bleibt (**B2**). Das zwischen den Scheiben gelegene, zunächst lockerer und zellarmer erscheinende Material wandelt sich in hyalinen Knorpel um. Im Stadium 16 bilden die Anlagen der *Wirbel*, die noch offenen *Wirbelbögen*, die *Querfortsätze* und die *Rippen* eine zusammenhängende Struktur aus hyalinem Knorpel. Die Durchtrittsstellen für die Spinalnerven bleiben frei und liegen in Höhe der Zwischenwirbelscheiben. Die Unterteilung in Wirbel und Rippen (→2.36) erfolgt möglicherweise unter funktioneller Beanspruchung und ist endgültig erst nach der enchondralen Verknöcherung abgeschlossen. Die ersten *Knochenkerne* treten in der 12. SSW auf (→2.35).

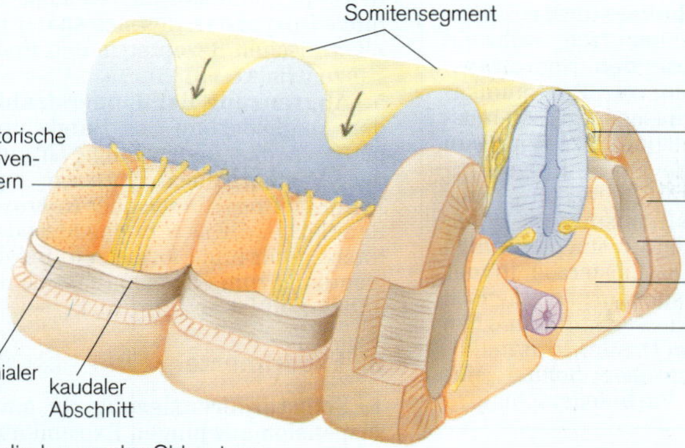

1
Untergliederung der Sklerotome

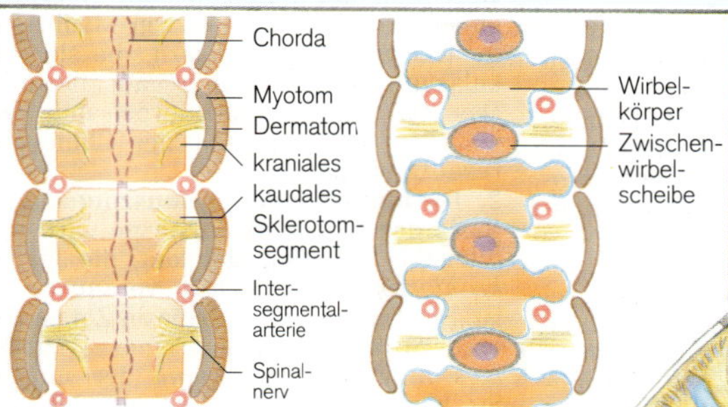

2a
Somitengliederung

2b
definitive Wirbelsäule

2 Resegmentierung

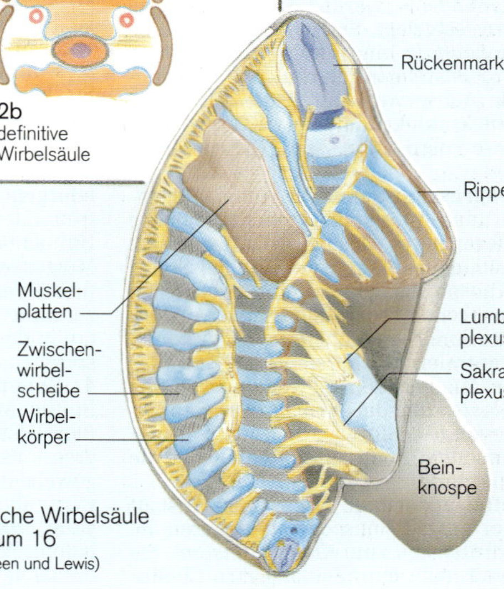

3
menschliche Wirbelsäule im Stadium 16
(nach Bardeen und Lewis)

B. Resegmentierung der Achsenorgane

Embryonale Cholinesterase. Embryonale Zellen benutzen während der Morphogenese den Neurotransmitter Acetylcholin zur Kommunikation. Sie bilden phasenspezifisch muskarinische Acetylcholinrezeptoren an der Zelloberfläche aus und synthetisieren das Enzym Cholinesterase zur Inaktivierung des Transmitters. Daher lassen sich mit dem histochemischen Nachweis der Cholinesterase in der Extremitätenknospe morphogenetisch aktive Zellbezirke selektiv anfärben (Drews 1975). Am Ort der Enzymaktivität im histologischen Schnitt entsteht ein brauner Farbniederschlag.

A. Embryonale Cholinesterase (ChE) in der Extremitätenknospe

1. Induktion der Knospe. Das Mesoderm der lateralen Leibeswand induziert im Ektoderm eine leistenförmige Verdickung, die als *Randleiste* bezeichnet wird. Diese induziert ihrerseits im parietalen Mesoderm das Auswachsen der Extremitätenknospe.

2. Festlegung der Achsen. In der Extremitätenknospe werden frühzeitig drei Achsen festgelegt. Es entwickelt sich eine *kraniokaudale,* eine *dorsoventrale* und eine *proximodistale* Polarität. Die proximodistale Achse wird durch die Randleiste und die kraniokaudale Polarität durch die „hintere Polarisationszone" (**B2**) determiniert.

3. Progressionszone. Die *Randleiste* induziert das unter dem Ektoderm gelegene undifferenzierte Mesoderm zu weiterem appositionellem Wachstum. An der Spitze der Knospe entsteht so eine nach distal vorwachsende Progressionszone. Aus der Progressionszone gehen nach proximal die zentralen *Skelettelemente* und der Mantel aus weichem Gewebe hervor. Die *Myoblasten* und die *Nervenfasern* der Spinalnerven (→ 4.5) wachsen aus den entsprechenden Somitensegmenten in die Knospe ein.

4. Differenzierung. Nach dem Austritt aus der Progressionszone aggregieren die Chondroblasten zum *Knorpelblastem.* Sie behalten noch eine Zeitlang ihre Cholinesterase-Aktivität bei. Diese verschwindet mit der Differenzierung zu hyalinem Knorpel (→ 3.32). Die Cholinesterase-Aktivität in den Muskelfasern stellt das definitive Enzym dar, das sich später mit dem nikotinischen Rezeptor in den Endplatten konzentriert (→3.33).

5. Abgrenzung der Fingerstrahlen. Bei der Aufgliederung der Hand- und Fußplatte in das fünfstrahlige Grundmuster der Vertebratenextremitäten entstehen Zonen mit *physiologischer Nekrose* in der Randleiste, die sich in das Mesoderm der Interdigitalräume fortsetzen. Bei der Umwandlung zum Flügel bilden sich der erste und der fünfte Strahl zurück.

B. Experimente

1. Selbstdifferenzierung. In einer Zellsuspension aus jungen Extremitätenknospen entwickeln sich Zellaggregate, die sich zu *hyalinem Knorpel* weiter differenzieren. In der Randzone der Aggregate entstehen durch Fusion von Myoblasten mehrkernige *Muskelfasern,* die sich zirkulär um die Knorpelaggregate anordnen. Das „cell sorting" von Knorpel- und Muskelzellen korreliert mit der Cholinesterase-Aktivität.

2. Die hintere Polarisationszone. An der Basis der Extremitätenknospe wird eine diffusible Substanz gebildet, die für die *kraniokaudale Polarität* verantwortlich ist. Die *Transplantation* dieser Zone in die vordere Knospenregion eines *Wirtskeimes* führt zur *Doppelung* der ulnaren Strahlen der Extremität. Als diffusible Substanz kommt ein Derivat des Vitamin A (**„retinoic acid"**) in Frage.

3. Expression der Hox-Gene. Die Regulatorgene Hox 4.4 – 4.8 werden in der Extremitätenknospe der Maus und des Hühnchens in einem charakteristischen Muster exprimiert (→ 3.27). Die Transfektion eines mutierten Hox-4.4-Gens führt zu einer Fehlbildung, die der Transplantation der hinteren Polarisationszone entspricht.

4. Hypothese zur Musterbildung. Durch Epithel-Mesenchym-Interaktion kann die Randleiste des Mesenchym in der Progressionszone zu Knorpel oder Weichteilgewebe determinieren. Die Determination wird als Lageinformation beim Durchgang durch die Progressionszone beibehalten. Vom Polarisator wird durch die diffusible „retinoic acid" die Kaskade der Hox-2-Gene aktiviert, die die Abfolge von Ulna und Radius und der Fingerstrahlen determiniert.

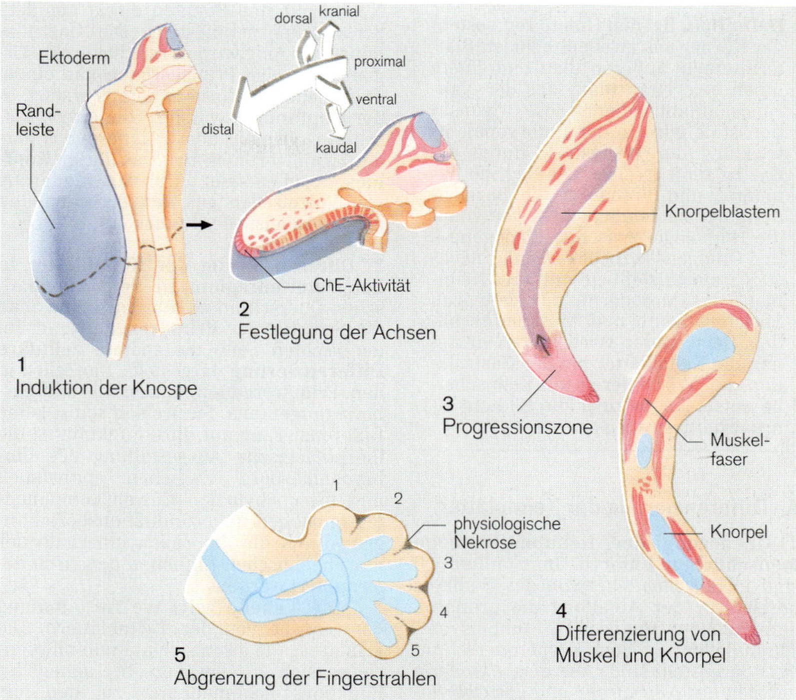

A. Embryonale Cholinesterase (ChE) in der Extremitätenknospe

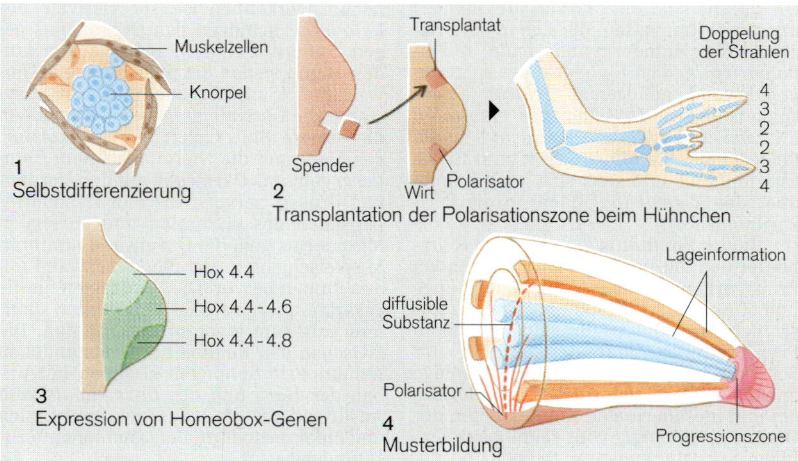

B. Experimente mit der Extremitätenknospe

Definition. Bei den Hohltieren besteht der Körper aus zwei epithelialen Blättern, einem äußeren Blatt und einem innen gelegenen Blatt, das der Nahrungsaufnahme dient. Diese Organisationsstufe wird in der Embryonalentwicklung der Wirbeltiere durch die Gastrulation erreicht. Die Begriffe Ektoderm und Entoderm als Bezeichnung der beiden Schichten gehen auf die Homologie zwischen Phylogenese und Ontogenese zurück. Auf der nächsten Stufe entsteht ein mittleres Keimblatt, das Mesoderm, aus dem sich Skelettelemente und Muskulatur bilden. Bei niederen Wirbeltieren entstehen die Keimblätter bei der Gastrulation. Bei Wirbeltieren mit Keimscheibe entstehen sie über die Bildung eines Primitivstreifens.

A. Differenzierung der Keimblätter

1. Gliederung der Keimblätter beim menschlichen Embryo. Im Stadium 10 sind in der *Somitenregion* des Embryos bereits vor der Abfaltung die primären embryonalen Organe des Rumpfes entstanden, die auf dem Körperquerschnitt (**A2**) dargestellt sind. Aus dem *Ektoderm* hat sich das *Neuralrohr* und das *Oberflächenektoderm* gebildet. Die mesodermalen Organe sind die *Chorda*, die *Somiten* und die Seitenplatten, die sich in eine viszerale, dem Entoderm anliegende, und eine *parietale*, dem Ektoderm der späteren Leibeswand anliegende *Schicht* aufgespalten haben. Zwischen der *viszeralen* und *parietalen Mesodermschicht* liegt die Leibeshöhle. Sie öffnet sich lateral in die Chorionhöhle und setzt sich nach kranial über den *Zölomkanal* (Pfeil) in die Perikardhöhle fort.

In der **Somitenregion** sind die Keimblätter und die aus ihnen hervorgehenden Primärorgane nicht nur durch ihre Lage und ihre spätere Funktion, sondern zusätzlich durch die Art ihrer Entstehung im Primitivstreifen charakterisiert. In der Schwanzknospe und in der Kopfanlage entstehen die ektodermalen, entodermalen und mesodermalen Komponenten der Organe unabhängig vom Primitivstreifen. In der **Schwanzknospe** entstehen Chorda, Neuralrohr und Somiten direkt aus dem Schwanzknospenblastem. Die Gastrulationsbewegung wird durch die direkte Organisation der Primärorgane aus einem ungegliederten Blastem heraus ersetzt. In der **Kopfanlage** wandern die ersten Mesodermzellen aus dem Entoderm des Vorderdarmdivertikels aus. Das übrige **Kopfmesoderm** entsteht durch Auswanderung von Einzelzellen aus den Plakoden und der Neuralleiste des Kopfes.

2. Differenzierung der Keimblätter in der Somitenregion. In dem schematischen Querschnitt ist auf der linken Seite die Struktur der **Primärorgane** und auf der rechten Seite die spätere **zelluläre Differenzierung** dargestellt. Die Zellen in den Primärorganen führen Gestaltungsbewegungen aus. Sie weisen selbst keine Differenzierung auf. Ihre Funktion ist die morphologische Ausgestaltung des Embryonalkörpers. Zwischen epithelialen und mesenchymalen Gewebekomponenten entstehen dabei Induktionsbeziehungen, durch die die Zellen innerhalb der morphologischen Einheiten genetisch determiniert werden.

Die **Tabelle** zeigt die Abstammung der Gewebe von den Keimblättern. Die Primärorgane lösen sich auf und differenzieren sich zu Geweben, bei denen der Funktionszusammenhang zu den ursprünglichen Aufgaben der Keimblätter noch zu erkennen ist: Die Derivate des *Ektoderms* schützen den Organismus gegen äußere Einflüsse (Oberflächenektoderm) und stellen die Beziehung zur Umwelt her (Sinnesorgane und Nervensystem). Die Derivate des *Mesoderms* bilden das innere Stützskelett, die Muskulatur, das Herz und die Nieren. Aus dem *Entoderm* geht das Darmrohr mit den Verdauungsdrüsen hervor. Aus den Mesodermpalisaden des viszeralen und parietalen Mesoderms geht die Darmwand mit ihren Muskelschichten und die Leibeswand mit den Rippen hervor. Die Myoblasten für die gesamte quergestreifte Muskulatur stammen aus dem Myotom der Somiten. Die zwischen den Keimblättern entstandenen Induktionsbeziehungen kommen im Aufbau der *Haut* und des *Darmkanals* zum Ausdruck. Sie sind aus der epithelialen und einer mesodermalen Komponente zusammengesetzt.

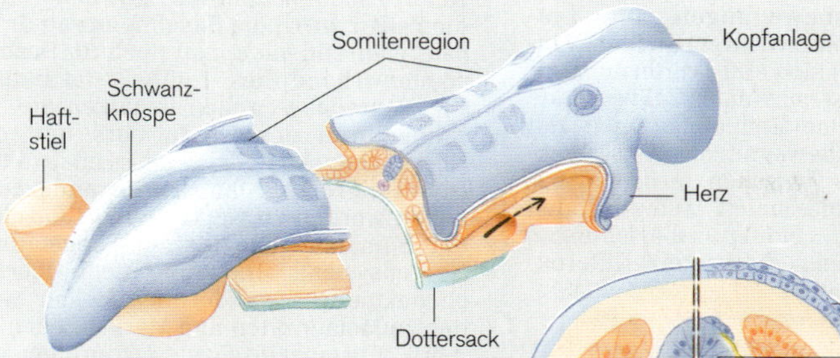

1
Gliederung der Keimblätter
beim menschlichen Embryo (St. 10)

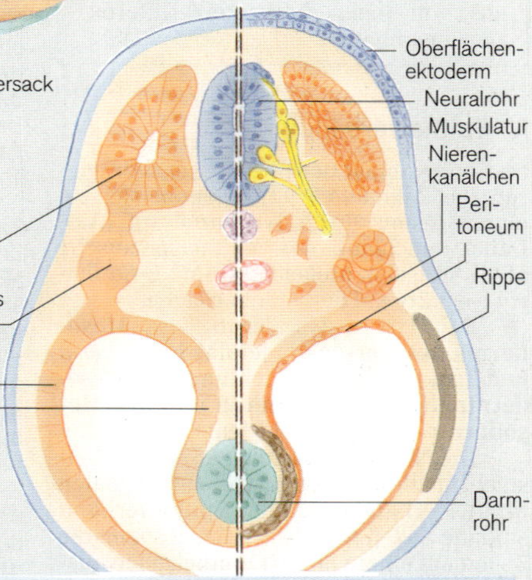

2
Differenzierung der Keimblätter
in der Somitenregion

Ektoderm
- → Neuralrchr → zentrales Nervensystem
- → Neuralleiste → peripheres Nervensystem
- → Plakoden → Sinnesorgane
- → Oberflächenepithel → Epidermis (Epithel)

Mesoderm
- → Somiten → Dermatom → Korium, Subkutis
- → Somiten → Myotom → Muskulatur
- → Somiten → Sklerotom → Wirbelsäule
- → Chorda
- → intermediäres Mesoderm → Nieren, Genitalgänge
- → Seitenplatten → parietales Mesoderm → Leibeswand, parietales Peritoneum
- → Seitenplatten → viszerales Mesoderm → viszerales Peritoneum, Schichten der Darmwand

Entoderm
- → Darmrohr → epitheliale Auskleidung des Magen-Darm-Kanals

Epidermis (Epithel) + Korium, Subkutis: Haut

viszerales Peritoneum, Schichten der Darmwand + epitheliale Auskleidung des Magen-Darm-Kanals: Magen-Darm-Kanal

A. Differenzierung der Keimblätter

Gestaltungsbewegungen im Embryo. Epitheliale Zellverbände im Embryo können sich aktiv verformen. Innerhalb mesenchymaler Zellverbände legen einzelne Zellpopulationen mit amöboiden Bewegungen weite Strecken zurück. Zwischen mesenchymalen und epithelialen Zellverbänden bilden sich Induktionsbeziehungen aus, von denen die weitere Differenzierung abhängt.

A. Epithelverbände

Im **Embryoblast** der Blastozyste aggregieren die Zellen (**A1**) und richten sich zu einem festen **Epithelverband** auf (**A2**). Dabei erscheint das epithelspezifische „**C**ell **A**dhesion **M**olecule, **CAM**" *E-Cadherin* (→ 3.26) auf der Zelloberfläche.

Bei der Auswanderung des **Mesoderms** (**A3**) verschwindet das *E-Cadherin* und tritt bei der Aufrichtung der Mesodermzellen in den **Somiten** und den **Mesodermpalisaden** (**A4**) wieder auf.

Die **Neuralabfaltung** (**A5**) ist ein Beispiel für die Bewegung von embryonalen Epithelverbänden. Im Epithelverband sind die Zellen polarisiert. Basal sitzen die Zellen auf einer von den Epithelzellen ausgeschiedenen *Basalmembran*. Die Aufrichtung zum Neuralrohr kommt durch die Kontraktion von *Aktin-* und *Myosinfilamenten* zustande, die sich zwischen den *Desmosomen* im apikalen Teil der Zellen ausspannen. Sie kooperieren mit den *Mikrotubuli* und den intermediären *Mikrofilamenten* des Zytoskeletts, von denen die Gestalt der Epithelzellen abhängig ist. Zusätzlich zum epithelspezifischen E-Cadherin treten das neuralepithelspezifische N-Cadherin und das N-CAM auf. Die CAMs konzentrieren sich in den Desmosomen.

B. Wanderung von Einzelzellen

1. Auswandern der Neuralleistenzellen. Die aus dem Neuralrohr auswandernden Neuralleistenzellen verlieren ihre epithelspezifischen Adhäsionsmoleküle und entwickeln eine neue Klasse von Haftmolekülen, mit denen sie Determinanten im Kollagen und in den Glykoproteinen der Basalmembran erkennen können. Basal treten Pseudopodien auf, mit denen sich die Zellen durch die Basalmembran drängen, während sie apikal noch im Desmosomenverband des Epithels festhaften. Die Neuralleistenzellen benutzen die Basalmembran des Neuralrohrs und des Oberflächenektoderms als Leitstruktur. Die am Neuralrohr herabwandernden Zellen werden zu Nerven- und Gliazellen der Spinalganglien und des vegetativen Nervensystems. Die unter dem Oberflächenektoderm wandernden Zellen werden zu Melanozyten und Merkel-Zellen (→ 3.30). Ein spezifisches Glykoprotein der Basalmembran ist **Laminin**, das als Ligand für die Zelladhäsionsmoleküle vom Typ der **Integrine** (→ 3.26) dient.

2. Organisation des Mesenchyms. Die Zellen des Bindegewebes wie z. B. die *Sklerotomzellen* wandern als Einzelzellen aus dem mesodermalen Epithelverband der Epithelpalisaden aus und bilden einen mesenchymalen Zellverband. Sie sezernieren ein kurzes Glykoprotein, das **Fibronektin**, das sich an das Kollagen der interzellulären Matrix anlagert. Mit *Fibronektin-Rezeptoren* vom Typ der **Selektine** (→ 3.26) entstehen Haftstellen zwischen den Mesenchymzellen und der Matrix. An den intrazellulären Enden der Fibronektin-Rezeptoren inserieren die Mikrofilamente und Mikrotubuli des Zytoskeletts. Sie sind für die charakteristische fibrozytäre Gestalt der Bindegewebszellen verantwortlich.

3. Auswachsen von Nervenfasern. Die Spitze der Nervenfaser (*(Wachstumskegel)* verhält sich wie ein Pseudopodium, das sich unter Ausbildung von Filopodien mit amöboiden Bewegungen seinen Weg durch das Gewebe sucht. Die Filopodien tasten die Umgebung nach Kontaktpunkten ab, an denen sie sich befestigen und den Wachstumskegel nachziehen können. Spezifische Kontakte werden mit der Glykokalix von Gliazellen oder von bereits vorhandenen Nervenfasern geschlossen. Zwischen Wachstumskegel und Nervenzelle wird das Axon durch Mikrotubuli stabilisiert, an denen auch Proteine und Metaboliten transportiert werden.

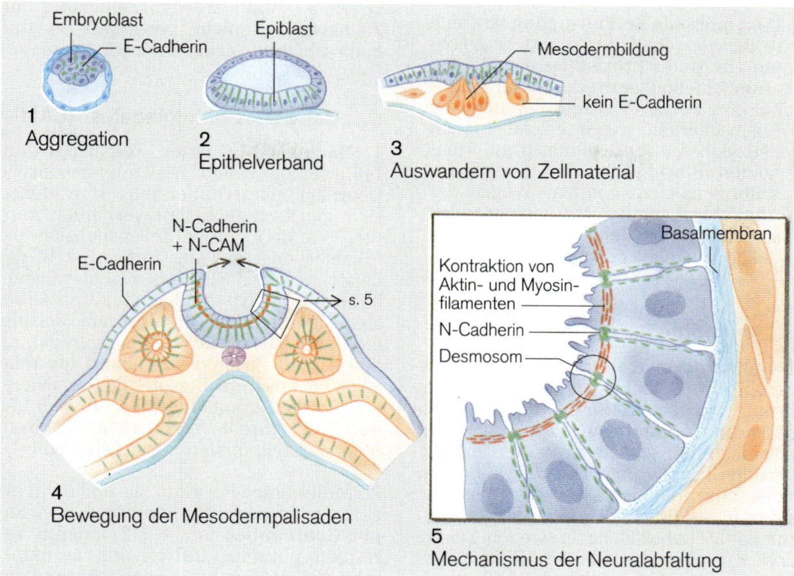

A. Bewegungen von Epithelverbänden

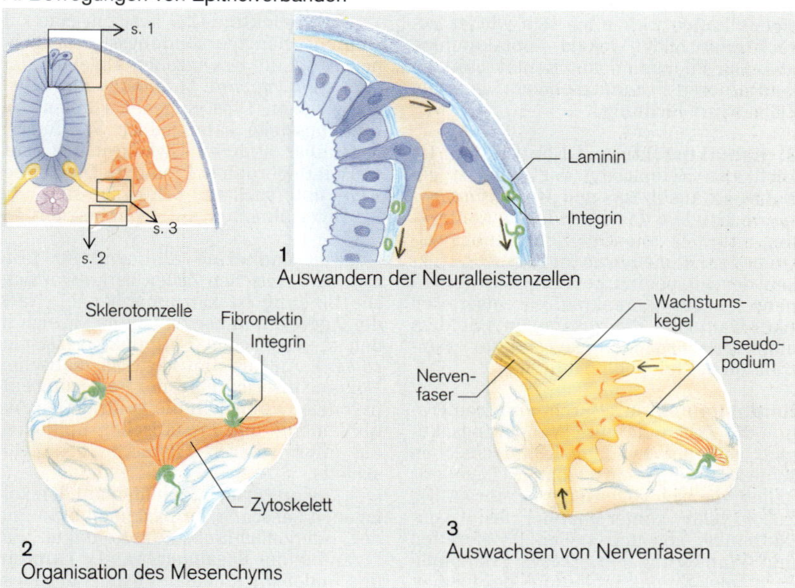

B. Wanderung von Einzelzellen

Die **amöboide Zellbewegung** läßt sich in der Gewebekultur direkt beobachten. In Kultur verhalten sich Zellen unterschiedlicher Herkunft sehr ähnlich. Sie verlieren ihre differenzierten Eigenschaften, treten wieder in den Zellzyklus ein und wandern mit amöboiden Bewegungen am Boden des Kulturschälchens umher. Wegen der Ähnlichkeit mit Mesenchymzellen spricht man bei den entdifferenzierten Zellen von einer Fibrozytenkultur.

C. Amöboide Bewegung

1. Zytoplasmaströmung. Ein *wandernder Fibrozyt* schiebt sich mit einer breiten Front über das Kultursubstrat und zieht dabei den Zellkern und das übrige Zytoplasma hinter sich her. An der vorwandernden Front entstehen in der Zellmembran Kontraktionswellen, die über dem Zelleib auslaufen *(„ruffled membrane")*. An der Zelloberfläche entstehen zusätzlich Zytoplasma-Ausläufer *(Filopodien)*. Sie tasten die Umgebung der Zelle ab. In Abhängigkeit von den angetroffenen Hafteigenschaften ziehen sie sich wieder zurück oder bilden fokale Kontaktpunkte aus. Die Filopodien mit Kontaktpunkten kontrahieren sich und ziehen die gesamte Zelle in ihre Richtung.

2. Kontaktpunkte und Kontraktion. Im kortikalen Zytoplasma der Zelle ist ein Netzwerk aus *Aktin- und Myosinfilamenten* vorhanden, das durch lokale Kontraktion und Relaxation die Kontraktionswellen in der Zellmembran und das Ausstrekken der Filopodien bewirkt. Auf der Innenseite der Kontaktpunkte inserieren Aktinfilamente, die zusammen mit dem dazwischenliegenden Myosin zur Kontraktion der Filopodien führen.

Kontaktinhibition. Durch die Proliferation der Zellen und ihre Wanderungsaktivität entsteht in dem Kulturschälchen schließlich eine einschichtige Lage aus Zellen, die sich gegenseitig berühren. Die Zellen bilden untereinander feste Kontaktpunkte aus und stellen Proliferation und Wanderung ein. Dieses Phänomen wird als Kontaktinhibition bezeichnet. Nur nach *Transformation* mit einem Onkogen (→ 3.29), werden Zellteilung und Zellbewegung nicht gehemmt, so daß mehrschichtige Zellbezirke entstehen.

D. „Cell adhesion molecules" (CAM)

1. Nachweis in einer Zellsuspension. Embryonale Zellen besitzen spezifische Oberflächendeterminanten, mit denen sich gleichartige Zellen verbinden können. Wenn in einer Zellsuspension die Einzelzellen aus zwei Organen, z. B. der Leber und der Niere, gemischt werden, bildet der Zelltyp mit den stärkeren Adhäsionseigenschaften, in unserem Beispiel die Leberzellen, ein inneres Aggregat, an das sich die Zellen des zweiten Typs anlagern, in unserem Beispiel die der Niere. Die Zelladhäsionsmoleküle führen so durch spezifische Aggregation zur Trennung der Zellpopulationen („cell sorting").

2. Molekulare Formen. Sie sind nicht organspezifisch, sondern gehören drei **Super-Genfamilien** an (→ 3.27), deren Varianten phasenspezifisch und in unterschiedlichen Kombinationen während der Entwicklung auftreten.

Die **Selektine (2a)** besitzen eine kalziumunabhängige Bindungsstelle für einen Abschnitt des eigenen Moleküls, mit dem sie *homophile Bindungen* mit Zellen des gleichen Typs eingehen können. Die Bindungsstelle kann jedoch Spezifitäten gegenüber anderen Glykoproteinen aufweisen (heterophile Bindung). Die am besten untersuchten Selektine sind die CD-Determinanten auf Lymphozyten (→ 3.35).

Die **Cadherine (2b)** sind für feste Kontakte zwischen Zellen verantwortlich. Die Bindung ist kalziumabhängig. Nach der Aggregation konzentrieren sie sich in den mechanischen Haftpunkten *(Desmosomen)*. An ihrer intrazytoplasmatischen Domäne inserieren bei der Bewegung embryonaler Epithelien die kontraktilen Aktinfilamente und in statischen Epithelien die intermediären Filamente des Zytoskeletts.

Die **Integrine (2c)** bilden mit den kollagenen Fasern in der Basalmembran und der Interzellularsubstanz Kontakte. Ein Ligand in der Basalmembran ist **Laminin** und in der Interzellularsubstanz des Mesenchyms **Fibronektin.**

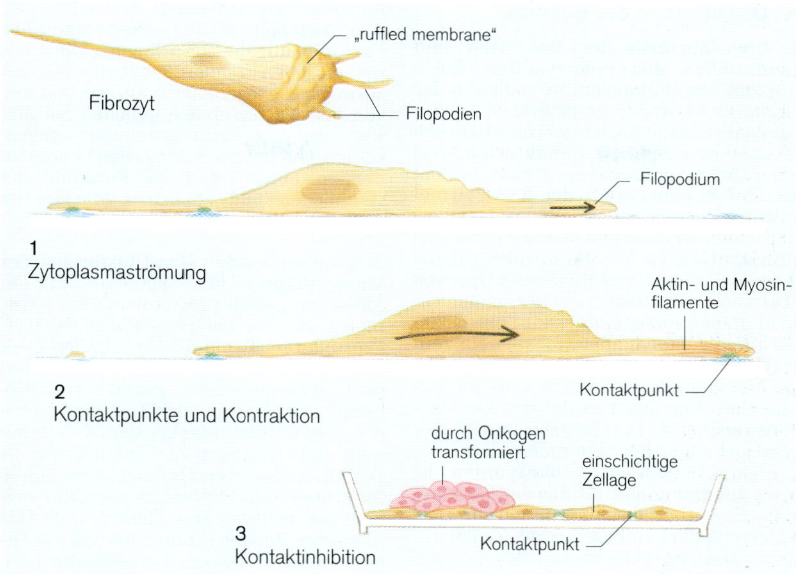

C. Amöboide Bewegung

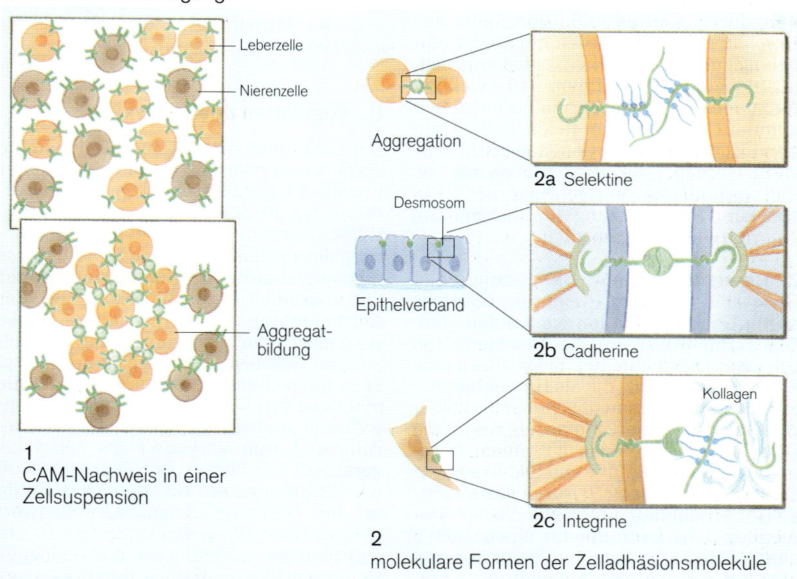

D. „Cell adhesion molecules“ (CAM)

A. Organisation des Genoms

1. Operonprinzip der Bakterien und Genfamilien der Eukaryonten. Zellen mit Zellkern (**Eukaryonten**) haben in der Organisation des Genoms mehr Gemeinsamkeiten mit einfachen *Archaebakterien* als mit den aeroben **Eubakterien**. Das allen Zellen gemeinsame *Urgen* besteht aus der Bindungsstelle der RNS-Polymerase (*Promotor*), einer *Regulatorsequenz* und dem eigentlichen *Strukturgen*. Bei **Eubakterien** wie *E. coli* sind die Strukturgene in der Funktionseinheit des **Operons (1a)** zusammengefaßt. An der gemeinsamen *Regulatorsequenz* kann ein *Transkriptionsfaktor* binden, für den ein zentraler *Metabolit* der Stoffwechseleinheit als *Ligand* fungiert. So kann z. B. die Lactose den Funktionszustand des Lac-Operons regulieren. Der Transkriptionsfaktor wird von einem *Regulatorgen* kodiert.

Das Genom der **Eukaryonten** ist etwa 100mal größer als das der Eubakterien. Es enthält die Information für viele unterschiedlich differenzierte Zellen. In jeder Zelle ist nur ein Teil des Genoms aktiv. Die Voraussetzung für diese Organisation ist die Entwicklung von **Genfamilien** durch **Genreduplikation.** Von den *Urgenen* der Zelle wurden durch Verdoppelung zunächst inaktive Kopien angelegt, aus denen durch Mutation und Selektion funktionell sinnvolle Varianten entstehen konnten. So kann für jeden Zelltyp ein spezifischer Satz von Genen selektiv aktiviert werden. Die zunächst chaotische und redundante Vermehrung der DNS war die Voraussetzung für die Bildung von vielzelligen Organismen.

2. Homeotische Gene. Die homeotischen Gene sind *Regulator-Gene*, die ebenfalls durch Genreduplikation entstanden sind. Der Name weist auf die Determination „gleicher“ Segmente hin. Sie besitzen eine *Konsensussequenz*, die als **Homeobox** bezeichnet wird. Homeotische Gene kodieren für *Transkriptionsfaktoren*, die an die DNS binden. Sie liegen auf einem Chromosom hintereinander und bilden so Gen-Cluster *(„Hox-cluster“)*. Durch das schrittweise Anschalten unterschiedlicher Homeobox-Gene kann der für einen Zelltyp charakteristische Satz von Strukturgenen aktiviert werden. Die Aktivität der Transkriptionsfaktoren ist von der Anwesenheit spezifischer *Hormone* und *Induktionsfaktoren* abhängig. Sie leiten sich von Metaboliten und chemotaktischen Faktoren ab, die ursprünglich die Gene der Urzellen reguliert haben. Die ursprünglich exogenen Stimuli werden nun von den Nachbarzellen gebildet. Sie führen über eine vorprogrammierte gegenseitige Abhängigkeit der Zellen voneinander zu einer ständigen Kontrolle des räumlichen und zeitlichen Musters im Aufbau eines vielzelligen Organismus.

3. Expression der Hox-Cluster bei der Maus. Während der Segmentierung der Achsenorgane der Maus wird Hox 1 (homolog zu Ubx bei Drosophila, → 3.17) exprimiert. Obwohl die Einzelzellen in einem Segment noch nicht determiniert sind, ist das gesamte Segment bereits festgelegt, z. B. Thorax oder Abdomen zu bilden. Die Extremitätenknospe ist determiniert, Bein oder Arm zu werden, bevor die Determination der Organanlagen durch fortschreitende Expression der Gene entlang des nächsten Hox-Clusters (z. B. Hox 4) erfolgt. Bei der Differenzierung der Organe werden weitere homeotische Gen-Cluster z. B. die **Pax-Gene** aktiviert, die bei der Induktion der Nierenkanälchen und der Entwicklung der Wirbelkörper auftreten.

B. Regulation des Zellzyklus

Der Zellzyklus ist ein in der Evolution stark konservierter, in sich autonomer Prozeß. Er wird durch die zyklische Synthese des Proteins *Cyclin* reguliert. Am G2/M-Übergang leitet die Phosphorylierung des Cyclins durch eine *Proteinkinase* (Phosphokinase) die Kondensierung der Chromosomen und die Auflösung der Kernmembran ein. Während der Mitose wird das Cyclin wieder abgebaut. Bei vielzelligen Organismen unterliegt der Zellzyklus einer endogenen Hemmung, die die Synthese von Cyclin in der G1-Phase unterbricht und die Zellen zur Differenzierung und zum Verlassen des Zellzyklus veranlaßt (G0-Phase). Der Zellzyklus läuft wieder automatisch ab, wenn das Cyclin in der G1-Phase einen Schwellenwert überschreitet *(Restriktionspunkt, R)*. In embryonalen Zellen wird die endogene Hemmung des Zellzyklus durch exogene Wachstumsfaktoren aufgehoben.

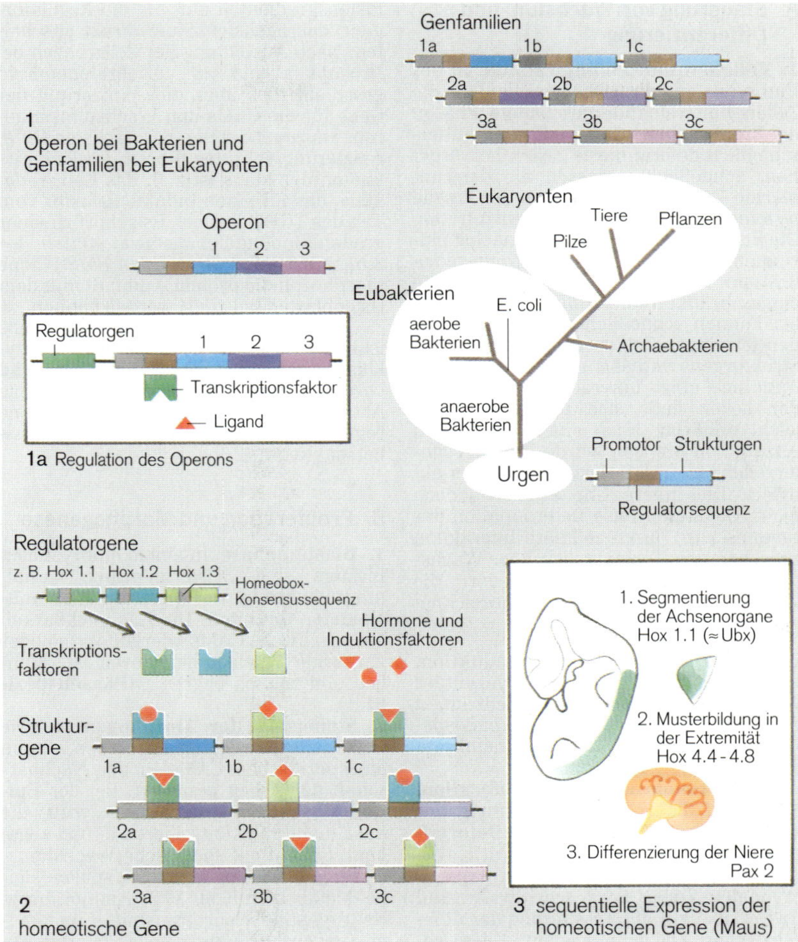

A. Organisation des Genoms

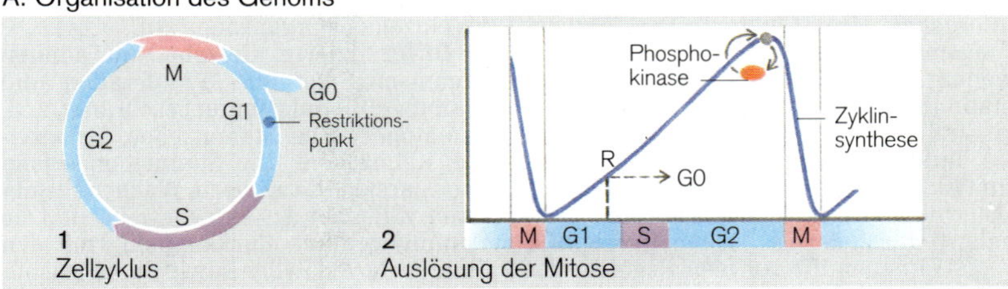

B. Regulation des Zellzyklus

A. Steuerung von Wachstum und Differenzierung

1. Zellinien und Zellinteraktion. In der Embryonalentwicklung durchlaufen die Zellen hintereinandergeschaltete Phasen der Proliferation, aus denen jeweils unterschiedlich determinierte Zellen hervorgehen. Schließlich verlassen die determinierten Zellen den Zellzyklus, um in die *terminale Differenzierung* einzutreten. Die Entwicklungspotenz der zunächst pluripotenten *embryonalen Stammzellen* (ES) im Embryoblast wird schrittweise eingeschränkt. In den differenzierten Zellen können schließlich nur noch die für den jeweiligen Zelltyp charakteristischen Strukturgene aktiviert werden. Durch die Annahme einer inneren Uhr im Genom der Zellen ließe sich die Entwicklung leicht erklären: Nach einer festgelegten Anzahl von Mitosen würde in den Tochterzellen ein präformiertes Genmuster aktiviert. Die innere Uhr existiert jedoch nicht. Die stufenweise Determination des Genoms wird durch zelluläre Interaktion zwischen den Tochterzellen über Wachstumsfaktoren und CAMs gesteuert, die klassischerweise als Induktion bezeichnet wird.

2. Genregulation durch Induktion. Wachstumsfaktoren und als Vermittler von Induktion durch direkten Zellkontakt die CAMs binden an *Tyrosinkinase-gekoppelte Rezeptoren* in der Zellmembran. Sie haben drei Wirkungen:

(1) Stimulation der Proliferation. Sie heben die endogene Hemmung des **Zellzyklus** auf. **(2) Irreversible Determination des Genoms.** Die potentiell aktivierbare genetische Information der embryonalen Zellen wird schrittweise und irreversibel auf die Ausstattung der differenzierten Zellen eingeengt. Dies geschieht durch die Aktivierung von *Regulatorgenen* (**Hox-Cluster**). Das Aktivierungsmuster wird an die Tochterzellen weitergegeben. Die dabei im Heterochromatin definitiv inaktivierten Genombezirke sind an den Cytidinresten methyliert. **(3) Induktion der CAMs und Wachstumsfaktoren** für die nächste Stufe der Determination. Im Sonderfall des synzytialen Blastoderms von **Drosophila** (→3.17) bauen die von den Regulatorgenen kodierten Transkriptionsfaktoren Diffusionsgradienten auf, die die Regulatorgene der nächsten Stufe direkt anschalten. Nach Ausbildung der Zellgrenzen bei Drosophila und im Vertebratenembryo geschieht dies über die Aktivierung der Gene für die CAMs und Wachstumsfaktoren, die zur Induktion des nächsten Differenzierungsschrittes führen. Im Primitivknoten der Maus ist z. B. das Gen *Nodal* aktiv, das für einen Induktionsfaktor vom Typ des TGF-β kodiert. Es gehört zu einer großen Genfamilie, die u. a. *Activin* (→ 3.6), *AMH* (→ 8.5) und das *BMF* ("bone morphogenetic protein") umfaßt, mit dem Osteoblasten induziert werden können.

Im Gegensatz zur embryonalen Zelle ist in der **differenzierten Zelle** der Zellzyklus ausgeschaltet. Der Funktionszustand wird von Hormonen durch die reversible Aktivierung der spezifischen Strukturgene reguliert. Das übrige Genom ist irreversibel inaktiviert.

B. Proliferation und Morphogenese

1. Blastemphase. In einem embryonalen Blastem sind Zellvermehrung, Gestaltungsbewegung und Determination miteinander verknüpft. Die Ansprechbarkeit auf spezifische CAMs oder autokrine oder parakrine Wachstumsfaktoren ist räumlich und zeitlich begrenzt **(Phasenspezifität).**

2. Steuerung der Morphogenese. Die Gestaltungsbewegungen werden durch die spezifischen CAMs in der Nachbarschaft der Zellen gesteuert. Bei der **Epithel-Mesenchym-Interaktion** wird die Basalmembran kontrolliert auf- und abgebaut. Sie enthält spezifische Wachstumsfaktoren (→ 3.25). Zusätzlich spielen kleine Metaboliten wie ATP, Aminosäuren, Neuropeptide, Neurotransmitter und kleine Gewebshormone eine Rolle. Das System weist eine Homologie zur Chemotaxis einzelliger Organismen auf.

3. Differenzierte Gewebe. Im adulten Organismus ist die Proliferation auf **Stammzellpopulationen** beschränkt (z. B. hämatopoetische Stammzellen, Basalzellen, Keimzellen). Die Stimulation erfolgt über parakrin sezernierte Wachstumsfaktoren, z. B. über das Bindegewebe, und die Hemmung durch Rückkopplung mit den differenzierten Zellen sowie durch Ausbildung fester Zellkontakte.

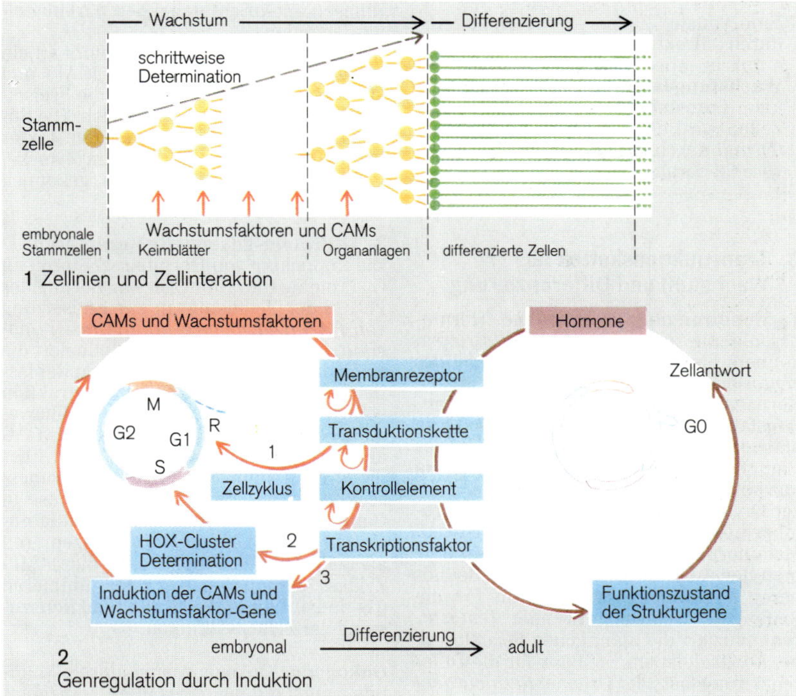

A. Wachstumssteuerung und Differenzierung

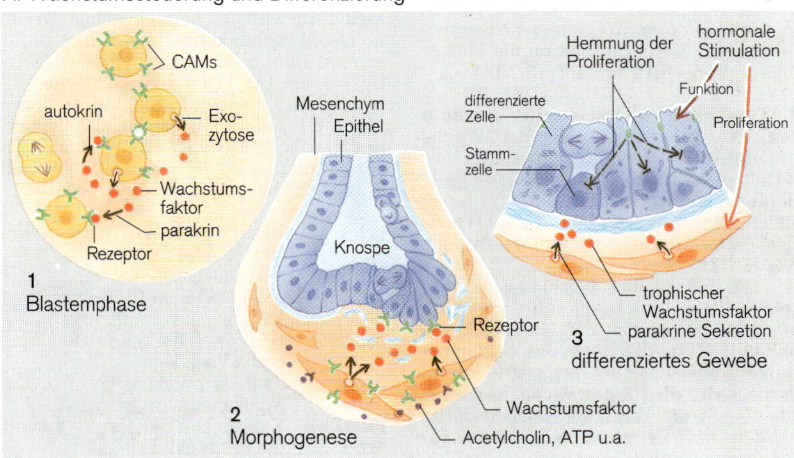

B. Proliferation und Morphogenese

Embryonale Zellen kommunizieren durch direkten **Zellkontakt**, durch autokrin oder parakrin sezernierte **Wachstumsfaktoren** sowie durch lokale **Transmitter**. In differenzierten Zellen wird dieses System abgeschaltet und durch die endokrine und nervöse Steuerung der Funktion ersetzt.

C. Transduktionsketten für Wachstum und Differenzierung

1. Membrangängige Hormone. Hormone, die die Zellmembran durchdringen können, binden an *zytoplasmatische Rezeptoren*, die mit dem Liganden in den Kern wandern und sich mit Transkriptionsfaktoren an der DNS verbinden. Sie aktivieren spezifische Genmuster. In der Embryonalentwicklung können sie die Morphogenese und Differenzierung ganzer Organsysteme induzieren. Das Steroidhormon *Ekdyson* induziert bei Insekten Metamorphose. Das Metamorphosehormon der Amphibien ist *Thyroxin*. Bei höheren Vertebraten ist Thyroxin für die Reifung des Gehirns notwendig. *Testosteron* induziert die männlichen Sexualorgane, *Kortison* ist ein Kofaktor für die Differenzierung fast aller Organe. *Retinoic acid* (Vitamin A) ist ein neu entdecktes Hormon dieser Gruppe. Es bestimmt im Zusammenspiel mit den Hox-Genen die Segmentierung der Körperachse und die Musterbildung in der Extremität (→3.23).

2. Tyrosinkinase-gekoppelte Rezeptoren. Die Super-Genfamilie der **Wachstumsfaktoren** ist mit den **CAMs** verwandt. Aus einem CAM mit homophiler Bindung kann durch Abspaltung der distalen extrazellulären Domäne ein *Wachstumsfaktor* und sein *Rezeptor* abgeleitet werden (**2a**).

Die Stimulation von Tyrosinkinase-gekoppelten Rezeptoren führt zur *Autophosphorylierung* an den Tyrosin-Resten und zur Dimerisierung des Rezeptors. Durch Änderung der Tertiärstruktur ändern sich die Bindungseigenschaften. Über noch unbekannte Zwischenschritte werden im Zellkern *Transkriptionsfaktoren* und der Zellzyklus aktiviert. Die Phosphorylierung der Kontrollelemente durch Kinasen entspricht dabei der Wirkung eines Liganden.

Durch Bindung des Rezeptors an ein GTPase-aktivierendes Protein (GAP) und eine *Phospholipase* C (PLC) ist die Freisetzung von *InsP$_3$* und Ca^{2+} möglich. Die Stimulation durch einen Wachstumsfaktor kann so mit Veränderungen am Zytoskelett und mit Zellbewegungen gekoppelt sein.

3. G-Protein-gekoppelte Rezeptoren. Die Koppelung von Hormonrezeptoren an G_0-Proteine führt über die Aktivierung der PLC in der Zellmembran zur Freisetzung von *DAG (Diazylglycerin)* und *InsP$_3$ (Inositoltrisphosphat)*. Das $InsP_3$ induziert die *Kalziumausschüttung* aus dem endoplasmatischen Retikulum, das die Kontraktion von *Aktin* und *Myosin* bei der Zellbewegung oder der *Exozytose* auslöst. Das DAG aktiviert die *Proteinkinase C (PKC)*, über die ähnlich komplexe Phosphorylierungsreaktionen wie mit der Tyrosinkinase in Gang gesetzt werden können. In differenzierten Zellen können Hormonrezeptoren an G-Proteine gekoppelt sein, die cAMP-Zyklase stimulieren (G_s) oder inhibieren (G_i) und auf diese Weise den Funktionszustand der Zelle bestimmen.

Onkogene. Onkogene sind durch Mutation entstandene Varianten einzelner Glieder der embryonalen Transduktionsketten. Die entsprechenden zellulären Gene (c-Onkogene) können von Viren in ihr eigenes Genom übernommen werden (v-Onkogene). Die Viren können so die embryonalen Transduktionsketten imitieren und die Proliferation wieder einschalten. Der gleiche Effekt kann durch Induktion von Mutationen in den c-Onkogenen durch kanzerogene Stoffe auftreten.

erbA:	Rezeptor für Thyroxin (Avian **Er**ythro**b**lastosis Virus),
erbB:	EGF-Rezeptor,
src:	Tyrosinkinase (Rous **Sarc**oma Virus),
ras:	GAP oder G-Protein (**R**at **Sa**rcoma Virus),
myc:	Transkriptionsfaktor (Avian **My**elo**c**ytomatosis Virus),
Phorbolester:	Karzinogen der Haut, aktiviert die Proteinkinase C.

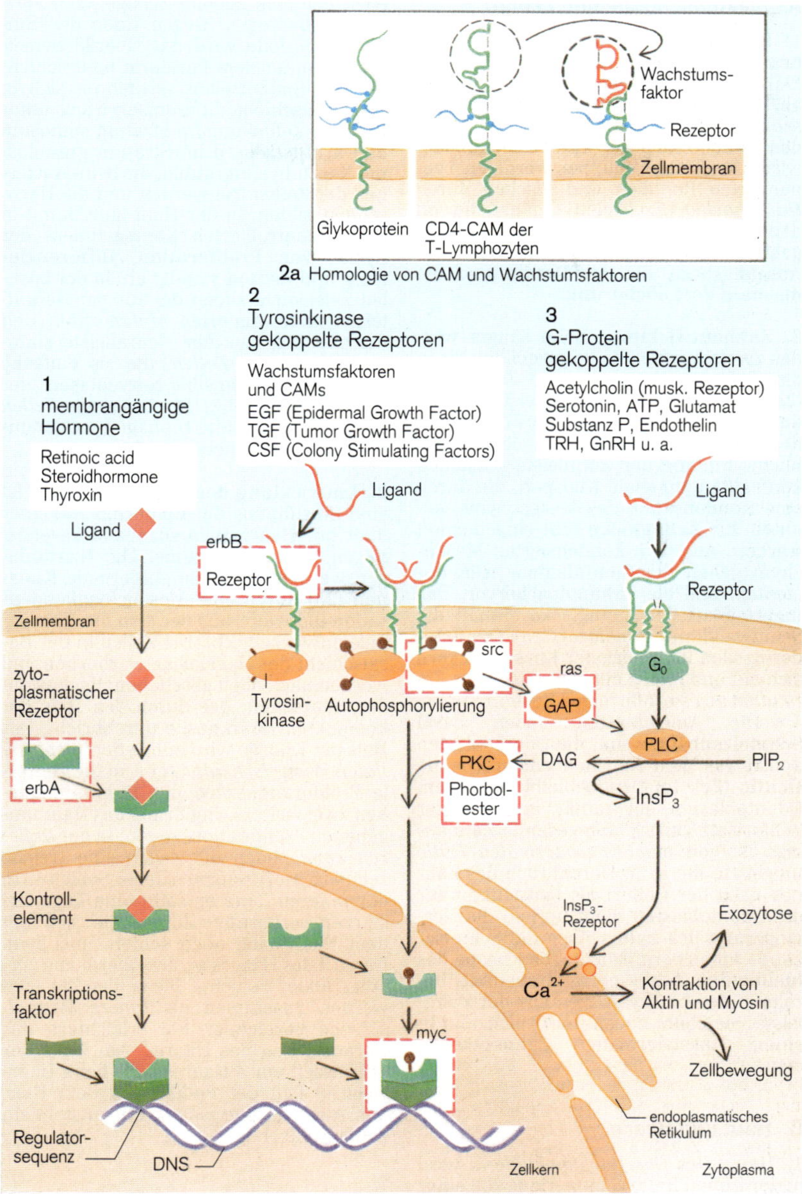

C. Transduktionsketten für Wachstum und Differenzierung

A. Plakoidschuppe und Zähne

1. Plakoidschuppe bei niederen Vertebraten. Die Zähne leiten sich von den Plakoidschuppen niederer Vertebraten ab. Die Plakoidschuppen bestehen aus *schmelzartiger Substanz*, die basal von den Epithelzellen der Epidermis gebildet wird. Die Plakoidschuppen werden bei gepanzerten Reptilien und Fischen durch *Hautknochen* (Exoskelett) ergänzt, die von den mesodermalen Zellen in der Dermis gebildet werden. Das Exoskelett ist die Ausgangsbasis für das **Dentin** und die **desmale Verknöcherung.**

2. Zahnentwicklung. Beim Säuger werden zwei Sätze von Zähnen gebildet, die in der Embryonalzeit aus der **Zahnleiste** (**2a**) hervorgehen. Die Zahnleiste ist eine durchgehende bandförmige Einsenkung des ektodermalen Epithels der Mundbucht. Entlang der Zahnleiste entstehen kompakte epitheliale Knospen, die durch eine Kondensation des Mesenchyms von unten zur **Zahnglocke** (**2b**) eingebuchtet werden. Aus dem kondensierten Mesenchym gehen die Dentinbildner *(Odontoblasten)* und die Zahnpulpa hervor. Das innere Blatt der Zahnglocke enthält die Schmelzbildner *(Ameloblasten)*. Die Ektodermzellen im Innern der Knospe lockern sich auf und bilden ein weitmaschiges *Retikulum* aus sternförmigen Zellen.

Die Ameloblasten bilden basal **Schmelzsubstanz** und die Odontoblasten apikal das dem Knochen entsprechende **Dentin** (**2c**). Im Dentin bleibt von jedem Odontoblasten ein radiär angeordneter Zellfortsatz zurück. Die gesamte Zahnanlage ist von einer *mesodermalen Hülle* umgeben, die beim Durchbruch des Zahnes nach der Geburt als Leitstruktur für die Odontoblasten dient und so die Verlängerung des Zahns über die Schmelzkappe hinaus ermöglicht. Die Knospe des **bleibenden Zahns** entsteht ebenfalls bereits in der Embryonalzeit aus der Zahnleiste. Sie bleibt neben dem Milchzahn in einem mesodermalen Zahnsäckchen liegen.

B. Haut und Haare

1. Haut. Das *Oberflächenektoderm* wird in der frühen Embryonalperiode von einer einschichtigen flachen Zellage, dem *Periderm*, überzogen. Gegen Ende der Embryonalperiode wird das Oberflächenektoderm unter dem Periderm mehrschichtig. Die Epithelzellen vermehren sich in der Basalschicht, differenzieren sich unter weiterer Zellteilung im Stratum spinosum und synthetisieren im Stratum granulosum Keratohyalingranula, die beim Absterben der Zellen frei werden und die Hornschicht bilden. In der Haut läuft damit in einem kontrollierten Kompartiment der Zyklus von **Proliferation**, **Differenzierung** und **Zelltod** ständig ab. In der basalen Zellschicht sitzen die aus der Neuralleiste eingewanderten *Melanozyten* und die ebenfalls aus der Neuralleiste stammenden *Merkel-Zellen*, die als einfache Endorgane für sensible Nervenfasern der Haut dienen (→ 5.2). Die *Langhans-Zellen* gehören zu den Makrophagen und stammen aus dem Knochenmark.

2. Entwicklung der Haare. Das Haar ist eine Einstülpung der Epidermis mit einer über der Haarpapille sitzenden kegelförmigen Verhornungszone. Die Haaranlagen werden als solide epidermale **Knospen** (**2a**) durch eine Mesenchymkondensation induziert, aus der sich die Haarpapille entwickelt (**2b**). Die Zellen in der Basalschicht der Haarfollikel verhornen und werden nach oben geschoben. Es entsteht der Haarschaft, der durch den Hals der kompakten Haarknospe durchbricht. Der Hals der Knospe wird zur *äußeren epithelialen Wurzelscheide* (**2c**). Um die zentrale Proliferationszone des Haares entstehen zwei weitere ringförmig das Haar umgebende Proliferationszonen. In der *äußeren Zone* bilden die Zellen eine weiche zelluläre Hornschicht (Henle-Schicht). In der *inneren Zone* entsteht eine Lage aus stärker verhornten Zellen, die sich mit dem Haar nach oben schiebt und beim Austritt des Haares an der Oberfläche zerfällt (Huxley-Schicht). Die beiden Zellagen werden zusammen als *innere Wurzelscheide* bezeichnet. Sie erleichtern das Herausgleiten des Haares. Am Ende der Lebenszeit eines Haares oder beim Haarwechsel fällt der Follikel mit dem Haar aus. Aus dem *Epithelbett* (**2b**) entsteht ein neuer Follikel.

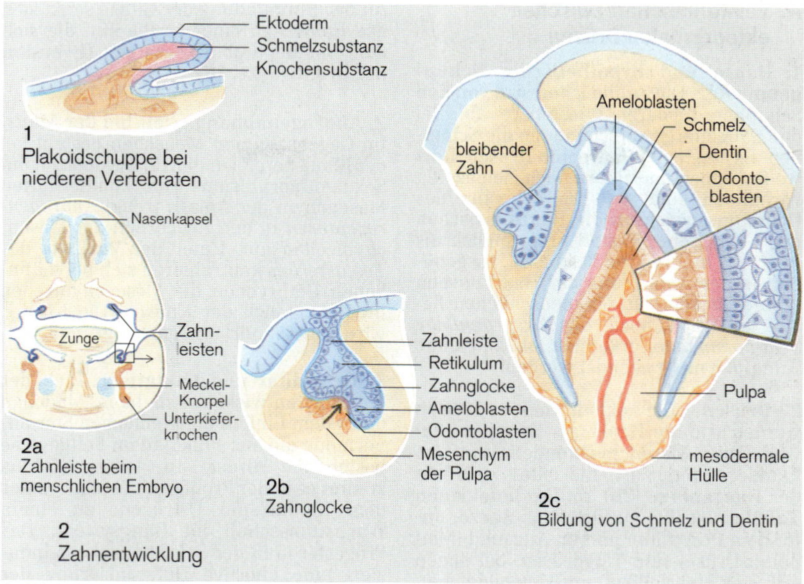

A. Plakoidschuppe und Zähne

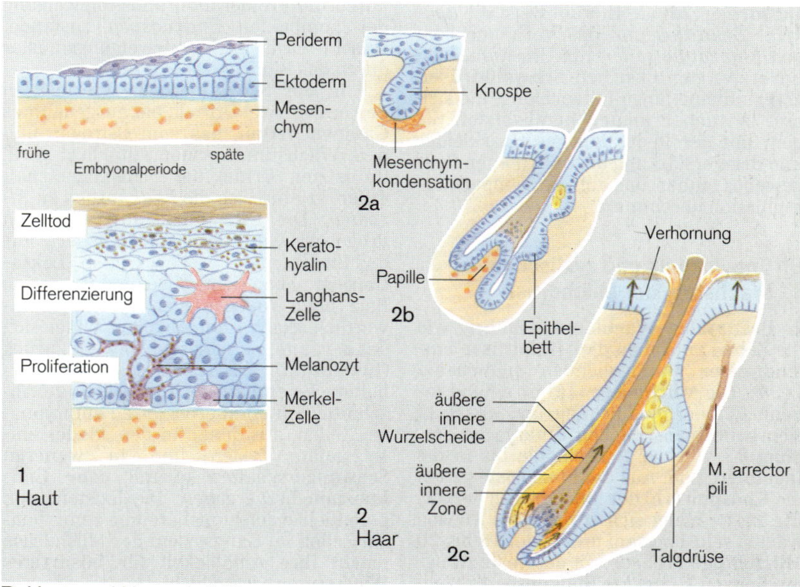

B. Haut- und Haarentwicklung

A. Verwandtschaft zwischen ektodermalen Drüsen

1. Haare und hypothetisches Schuppenmuster. Die Zähne leiten sich von den Schuppen niederer Wirbeltiere ab. Bei den Säugetieren verschwinden die Schuppen. Es entstehen Haare und Drüsen. Dort wo Schuppen und Haare noch gleichzeitig vorhanden sind, wie im Schwanz des Opossums, wachsen die Haare zwischen den Schuppen. Sie sind ursprünglich als reichlich innervierte Tasthaare ausgebildet. In der Anordnung der Haarknospen in der Rückenhaut des menschlichen Feten läßt sich noch das *ursprüngliche Schuppenmuster* erkennen, obwohl keine Schuppen mehr gebildet werden.

2. Drüsen. Die ektodermalen Drüsen werden wie die Haare als **Knospen (2a)** von einer Mesenchymkondensation im Ektoderm induziert. Sie leiten sich von der **Haaranlage (2b)** ab. Die **holokrinen Talgdrüsen (2c)** auf der Brustwarze, unter dem Präputium und im Augenlid (Meibohm-Drüse) sind Talgdrüsen, bei denen sich der Haarfollikel zurückgebildet hat. Die **Milchdrüse (2e)** leitet sich von der **Duftdrüse (2d)** ab. Hierauf weist die *apokrine Sekretion* und das Vorhandensein von *Myoepithelzellen* hin. Die tubulären unverzweigten ekkrinen **Schweißdrüsen (2f)** sind eine junge Entwicklung, die sich erst bei den Primaten herausbildet. Sie geht mit der Reduktion des Haarkleides und der Verstärkung des subkutanen Fettgewebes einher, das nun die Temperaturregulation übernimmt.

B. Entwicklung und zyklisches Wachstum der Milchdrüse

1. Pränatales Wachstum. Ähnlich wie die Zähne entstehen die Milchdrüsen entlang einer durchgehenden epithelialen Leiste. Die **Milchleiste (1a)** ist eine erhabene Ektodermverdickung und erstreckt sich beim menschlichen Embryo im Stadium 18 von der Achselhöhle bis in die Inguinalregion. Aus der Milchleiste gehen die **Knospen (1b)** der Milchdrüsen hervor. Die Leiste bildet sich zurück. Die Knospe wächst sehr langsam und bildet 15 bis 20 **Milchgänge (1c)** aus, an deren verzweigten Spitzen kompakte Endknospen sitzen. An der Einmündung der Gänge senkt sich das Epithel zu einer Grube ein, die sich kurz vor der Geburt ausstülpt **(Eversion der Brustwarze, 1d).**

2. Androgenabhängigkeit bei der Maus. Im Gegensatz zum Menschen besteht bei der Maus bereits in der Embryonalzeit ein Sexualdimorphismus. Im kondensierten Mesenchym der Anlage treten *Androgenrezeptoren* in den Zellkernen der Mesenchymzellen auf. Unter der Wirkung des *Testosterons* kontrahieren sich bei männlichen Embryonen die Mesenchymzellen im Halsbereich der Knospe. Die Knospe wird abgeschnürt und geht zugrunde.

3. Gravidität und Laktation. Nach der Pubertät entwickelt sich beim Mädchen unter dem Einfluß der weiblichen Steroidhormone die aus subkutanem Fettgewebe bestehende Brust. In jedem **Zyklus** kommt es in der Proliferationsphase unter dem Einfluß der Östrogene zu einem Wachstumsschub im Gangsystem. Das Progesteron in der Sekretionsphase induziert eine abortive Differenzierung der Endknospen. Das **Gangwachstum** kommt durch die Proliferation und Aufzweigung der kompakten *Endknospen* zustande. Dabei wird das Aufzweigungsmuster durch das Bindegewebe bestimmt.

In der **Schwangerschaft** erfolgt in den ersten zwei Dritteln ein ausgedehntes **Gangwachstum**, das vom Östrogen und dem Wachstumshormon stimuliert wird. Im letzten Drittel der Schwangerschaft differenzieren sich die *Endknospen* zu *Alveolen*. Die **Differenzierung** wird von Progesteron und Prolactin induziert. Für das Einsetzen der Milchsekretion **(Laktation)** ist neben dem Oxytozin der nervöse Reiz beim Anlegen des Kindes verantwortlich. Nach dem Abstillen bildet sich das gesamte sekretorische Gewebe zurück **(Involution)**. Das Gangsystem bleibt erhalten. Es enthält noch ausgedehnte Abschnitte von undifferenzierten embryonalen Zellen, aus denen in den wieder einsetzenden Zyklen und in weiteren Schwangerschaften überall **neue Endknospen** hervorgehen. Die Existenz von potentiell wachstumsbereiten embryonalen Zellen im Gangsystem der Milchdrüse macht ihre Anfälligkeit für **bösartiges Wachstum** verständlich.

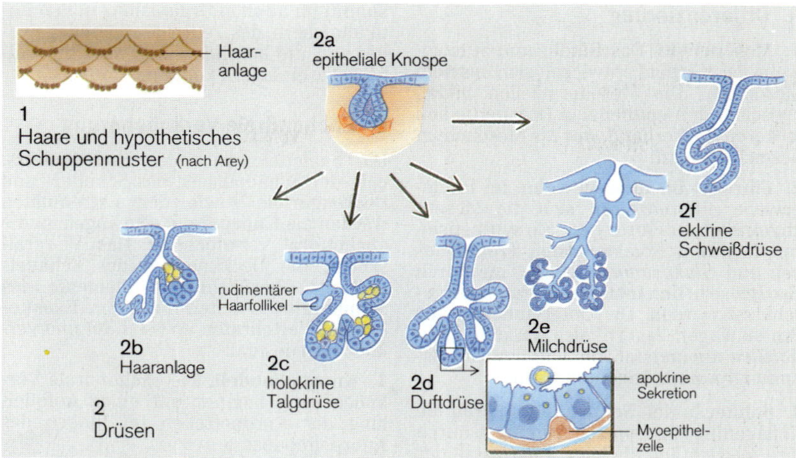

A. Verwandtschaft zwischen ektodermalen Drüsen

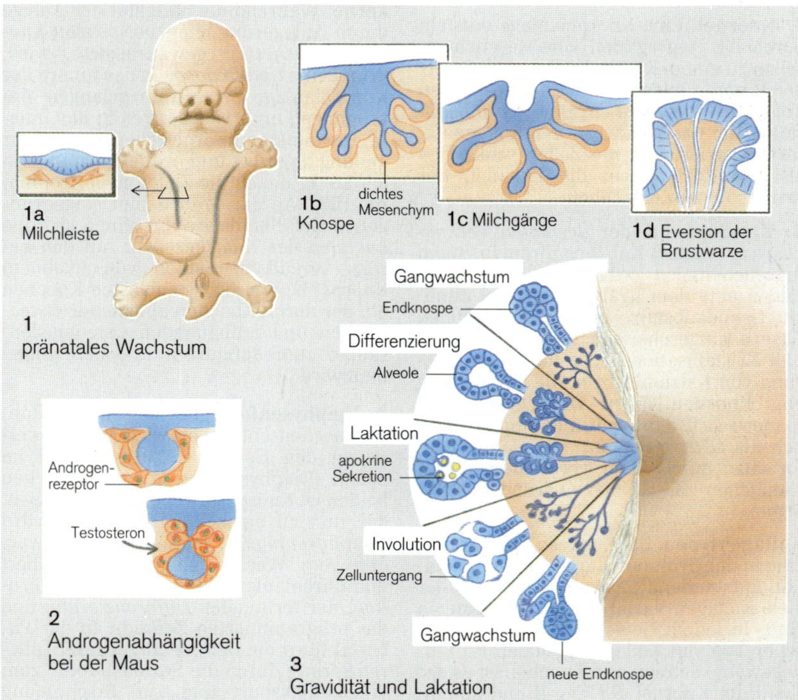

B. Entwicklung und zyklisches Wachstum der Milchdrüse

A. Differenzierung

1. Mesenchym. Das Binde- und Stützgewebe des Körpers entwickelt sich aus dem Mesoderm. Die Mesodermzellen bilden zwischen den epithelialen Organen einen lockeren Zellverband, der als Mesenchym bezeichnet wird.

2. Fibrozyt im Bindegewebe. Im Bindegewebe differenzieren sich die Mesenchymzellen zu Fibrozyten. Sie synthetisieren in ihrem Ergastoplasma *Protokollagen* und *Glukosaminoglykane*, die durch Exozytose in den Interzellularraum ausgeschleust werden. Die Untereinheiten aus Protokollagen lagern sich zu *Kollagenfibrillen* aneinander, die von den Glukosaminoglykanen eingehüllt werden.

3. Sehne. In den Sehnen dominieren die Kollagenfibrillen und bestimmen durch ihre Ausrichtung die Lage und Gestalt der Fibrozyten.

4. Knorpel. Eine Knorpelanlage entsteht durch die Aggregation von Mesenchymzellen zu einem Knorpelblastem. Im Knorpelblastem bilden die Chondroblasten *Kollagen* und eine hyaline Grundsubstanz, die das Netzwerk der Kollagenfasern maskiert und die Zellen schließlich als *Chondrozyten* in die Lakunen der Grundsubstanz einschließt.

5. Knochen. Bei der *desmalen Verknöcherung* entsteht Knochen direkt in einem mesenchymalen Zellverband. Die Zellen bilden eine dem hyalinen Knorpel ähnliche Grundsubstanz, in die die kollagenen Fasern eingeschlossen werden. Sie enthält Kristallisationskerne für die Ablagerung von Kalziumsalzen, die zur Bildung von Knochen führt. Die *Osteoblasten* mauern sich dabei ein und sind schließlich als *Osteozyten* nur über lange Zellfortsätze miteinander verbunden, die in Kanälchen der Knochengrundsubstanz liegen.

Kollagentypen. Die Kollagen-Gene stellen eine in der Evolution durch Genreduplikation entstandene *Genfamilie* dar, aus der viele Kollagen-Varianten hervorgegangen sind. In jedem Gewebe wird ein spezifischer Typ von Kollagen gebildet. Im Bindegewebe, Sehnen und Knochen ist es der Typ I, im Knorpel der Typ II und im embryonalen Mesenchym der Typ III. Typ III kommt im adulten Organismus in den Retikulinfasern des retikulären Bindegewebes vor, die besonders zart sind und Silbersalze einlagern können.

B. Enchondrale Verknöcherung

Die Skelettelemente des **Endoskeletts**, d. h. der Schädelbasis, des Schulter- und Beckengürtels sowie der Extremitäten werden als **Knorpelmodelle** angelegt, die enchondral verknöchern. Das Viszeralskelett, die Deckknochen des Schädels und die oberflächlichen Elemente des Schultergürtels leiten sich vom **Exoskelett** der Vertebraten ab (→ 3.30) und verknöchern desmal.

1. Knorpelmodell. Die enchondrale Verknöcherung beginnt mit einer Aufquellung der Knorpelzellen im Innern des Knorpelmodells.

2. Knochenmanschette und Knochenkerne. Während die Stabilität der Anlage durch Anlagerung einer periostalen *Knochenmanschette* gewährleistet wird, dringt eine *Gefäßknospe* in das Innere der Knorpelanlage vor. Mit ihr gelangen Makrophagen und *Osteoblasten* in das Innere. Die intakten Knorpelzellen werden zur Teilung angeregt und ordnen sich in Säulen an, in denen die Zellen hypertrophieren (**B3**). An der Grenze zum eingedrungenen Gefäßbindegewebe öffnen sich die *Lakunen* der Knorpelzellen. Auf den bereits verkalkten Septen von hyalinem Knorpel lagern die Osteoblasten Knochen ab, der durch Knochen abbauende *Osteoklasten* und aufbauenden Osteoblastensäume zum definitiven Knochen umgebaut wird.

3. Epiphysenfuge. Bei den langen Röhrenknochen entwickeln sich *Knochenkerne* an den Enden (Epiphysen) und im Schaft (Diaphyse) der Anlage. Zwischen beiden ist Knorpelgewebe eingeschlossen, das nun zu einer Wachstumszone wird *(Epiphysenfuge)*. Die Knorpelzellen werden vom Wachstumshormon stimuliert und durchlaufen die Phase der *Proliferation*, der terminalen *Differenzierung* und des programmierten *Zelltods*. In der Pubertät führt die Beschleunigung der Differenzierung durch die Sexualsteroide zum Wachstumsspurt und zur Erschöpfung und Verknöcherung der Fuge.

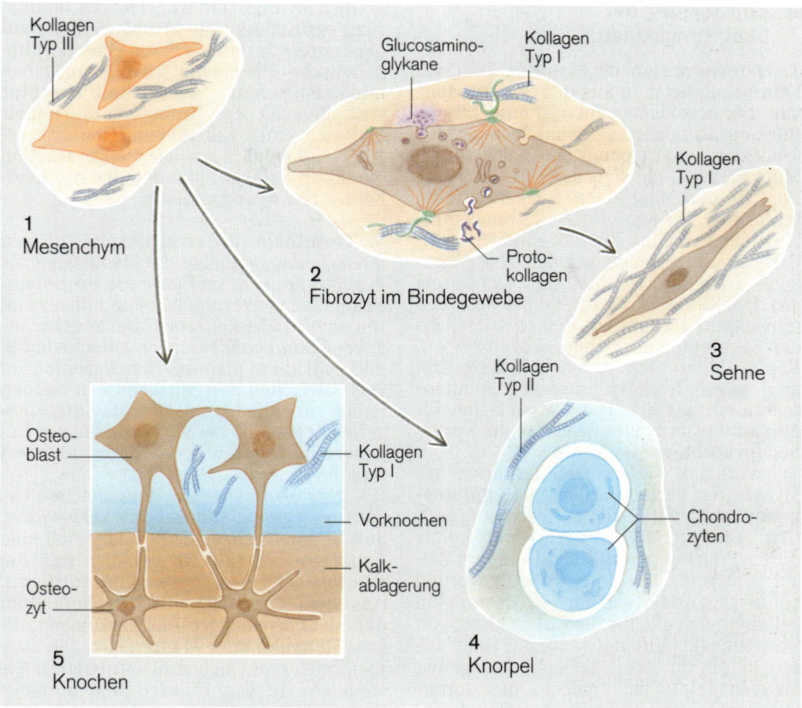

A. Differenzierung des Stützgewebes

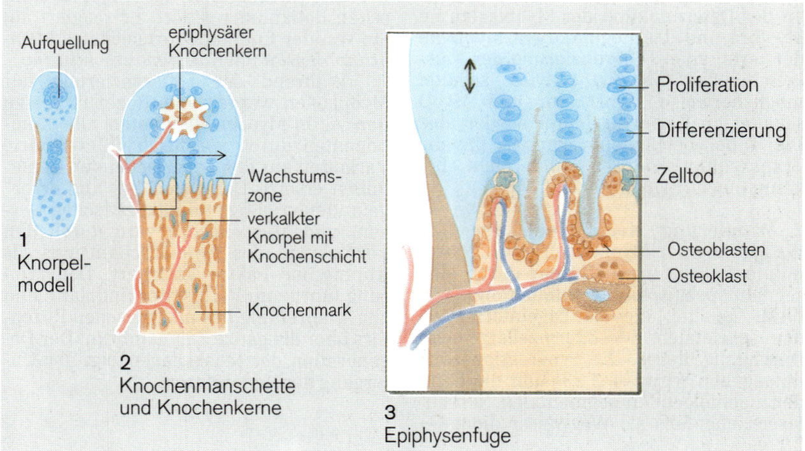

B. Enchondrale Verknöcherung

A. Entwicklung der Skelettmuskulatur

1. Determination im Myotom. Die Skelettmuskulatur geht aus den Somiten hervor. Die Myoblasten für die autochthone Rückenmuskulatur verschmelzen in den *Myotomen* zu segmental angeordneten Muskelfasern, die sich nach der Innervation zu den definitiven Rückenmuskeln umformen. Die Myoblasten für die ventrale Leibeswand und die Extremitäten wandern als Einzelzellen aus der Übergangszone zwischen *Myotom* und *Dermatom* aus. Die Kaumuskulatur und die Gesichtsmuskulatur stammt aus den entsprechenden Segmenten der Schlundbögen (→ 9.0, Kopfproblem). Vor der Schlundbogenregion liegen noch rudimentäre Somitensegmente, aus denen die Myoblasten für die äußere Augenmuskulatur hervorgehen (**präotische Myotome**).

Von den für die Determination der Myoblasten verantwortlichen **Regulatorgenen (1a)** wurde als erstes das *MyoD-Gen* entdeckt. Da in der Gewebekultur durch Transfektion mit MyoD andere Zellen in Myoblasten umgewandelt werden können, wurde MyoD für ein Master-Gen gehalten, das alle für die Entwicklung von Skelettmuskulatur notwendigen Gene anschaltet. In für MyoD defekten transgenen Mäusen zeigte sich jedoch, daß hinter MyoD wieder eine Familie von Regulatorgenen steckt. Das *Regulatorgen Myf-5* ist an der Determination der Myoblasten im Myotom und das Regulatorgen MyoD an der terminalen Differenzierung der Muskelschläuche beteiligt. Myf-5 schaltet möglicherweise MyoD ein, und MyoD schaltet im Gegenzug Myf-5 wieder aus. Die dabei beteiligten Liganden für die Transkriptionsfaktoren sind nicht bekannt (nach Hughes 1992).

2. Wanderung der Myoblasten. Die Wanderung der Myoblasten in die Extremitätenknospe wird offenbar durch eine segmentspezifische Kombination von CAMs geleitet, die als Lageinformation den parietalen Mesodermzellen beim Durchgang durch die Progressionszone mitgegeben wird (→ 3.23) und die dann den nachfolgenden segmentalen Nervenfasern ebenfalls als Wegweiser dient (→ 3.25).

Im Myotom und während der Wanderung exprimieren die Myoblasten wie andere embryonale Zellen, die eine morphogenetische Bewegung ausführen, einen **muskarinischen Azetylcholinrezeptor (2a)**. Reizung des Rezeptors führt über $InsP_3$ zu einer Kalziumausschüttung (→ 3.29), die möglicherweise die Kontraktion der Aktin-Myosin-Filamente bei der amöboiden Bewegung reguliert.

3. Terminale Differenzierung. In den Muskelanlagen stellen die Myoblasten die Proliferation ein und fusionieren miteinander. Die vielkernigen Zellen differenzieren sich zu Muskelfasern. Der *muskarinische Azetylcholinrezeptor* verschwindet, und es tritt ein *nikotinischer Rezeptor* auf (**3a**). Zwischen den Muskelfasern bleiben einige ruhende Myoblasten als *Satellitenzellen* liegen, die bei Verletzungen zur Regeneration des Muskels wieder aktiviert werden können.

Nur wenn eine aus dem gleichen Ursprungssegment stammende *Nervenfaser* auf die Muskelfaser trifft, bildet sich eine *Endplatte* aus (**3b**), in der sich nun die *nikotinischen Rezeptoren* konzentrieren. Aus dem endoplasmatischen Retikulum der Myoblasten wird das sarkoplasmatische Retikulum der Muskelfaser. Die Zellmembran senkt sich zum T-tubulären System ein. In den *Triaden* sitzt nun der Ryanodin-Rezeptor, der zur Genfamilie der $InsP_3$-Rezeptoren des endoplasmatischen Retikulums gehört. Er reagiert auf ein von der Endplatte fortgeleitetes *Membranpotential* mit *Kalziumausschüttung.*

Während der Differenzierung der Myoblasten werden vom Rezeptor bis zu den Aktin-Myosin-Filamenten alle Komponenten durch spezifisch differenzierte Varianten aus den entsprechenden Genfamilien ersetzt. Der durch „try and error" gefundene richtige Kontakt zwischen Nerven- und Muskelfasern wird durch den Fortbestand des CAM-Mechanismus als trophischer Faktor gesichert. Denervierung führt zum Verlust der Endplatte und zur Ausbreitung des nikotinischen Rezeptors über die ganze Zellmembran. Der Degeneration der Muskelfaser folgt der Untergang der Nervenfaser.

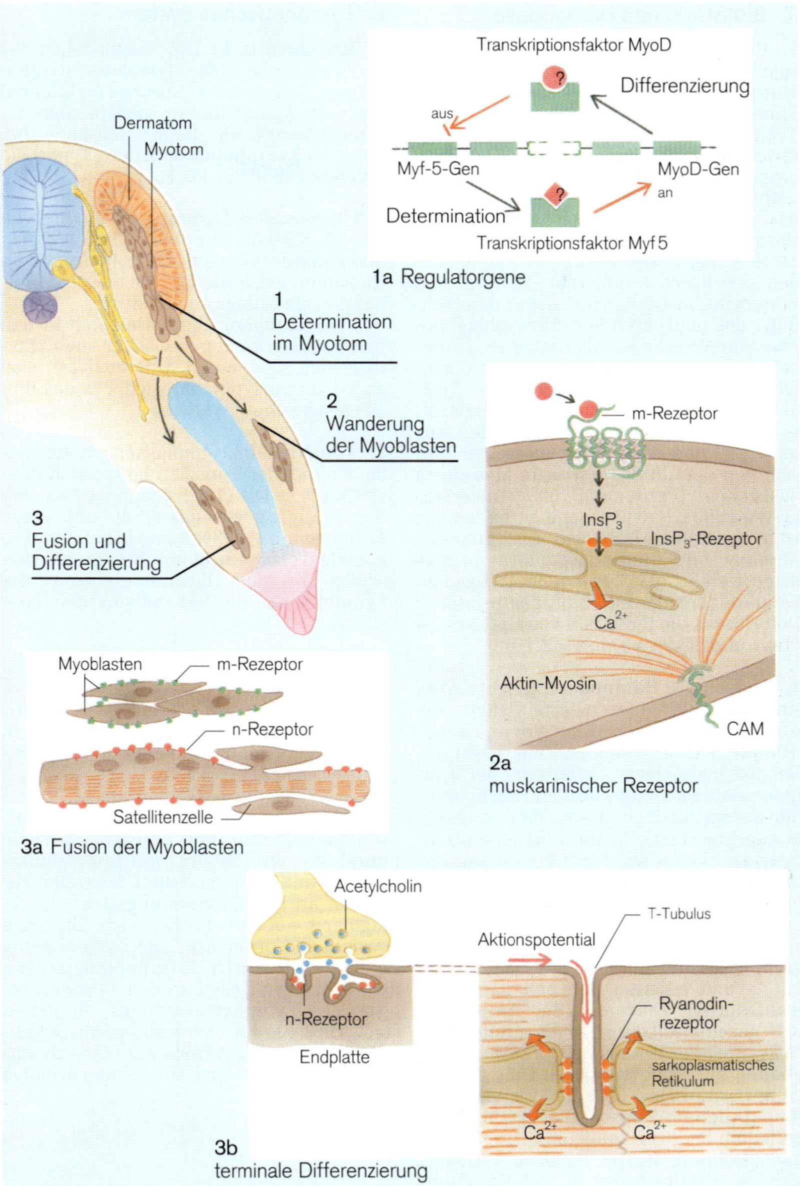

A. Entwicklung der Skelettmuskulatur

A. Blutinseln und Hämopoese

1. Blutinseln im Dottersack. Die Blutinseln werden vom *Entoderm* im *viszeralen Mesoderm* induziert. Sie enthalten *Stammzellen* der Hämopoese, deren Tochterzellen sich in Zellnestern zu *Erythrozyten* differenzieren. Die Blutinseln umgeben sich mit *Endothelzellen.* Die Endothelschläuche für die *dorsale Aorta* und das Herz werden vom Entoderm der Darmrinne und des Schlunddarms im viszeralen Mesoderm induziert. Sie verbinden sich durch Kapillarsprossen mit den Blutinseln im Dottersack. Unter dem Einfluß des pulsierenden Herzschlauches wandeln sich die Kapillarnetze zu Strombahnen um. Experimente mit der Wachtel-Hühnchen-Transplantation (→ 3.12) und die Markierung mit spezifischen Antikörpern zeigen, daß Endothelzellen nur im viszeralen Mesoderm entstehen und sich von dort in das parietale Mesoderm ausbreiten (Pardanaud und Dieterlen-Lièvre 1993). Entsprechend enthalten das vom parietalen Mesoderm abstammende Amnion- und Chorionmesoderm primär keine Gefäße (→ 3.14). Beim Menschen könnte daher die Funktion des primären Dottersacks die Induktion von Gefäßen im Chorionmesoderm sein (→ 2.10).

2. Phasen der Hämopoese. Erythrozyten sind terminal differenzierte Zellen, die schließlich nur noch Hämoglobin synthetisieren und anschließend ihr gesamtes Genom inaktivieren. Während der Embryonalentwicklung werden nacheinander unterschiedliche Hämoglobinmoleküle exprimiert, die in ihrer Sauerstoffbindung an die Kreislaufverhältnisse im Embryo und Fetus angepaßt sind. In der **embryonalen Phase** differenzieren sich die Erythrozyten in den Blutinseln des Dottersacks. Die embryonalen Erythrozyten sind groß, enthalten embryonales Hämoglobin mit ζ- und ε-Ketten und behalten ihren inaktivierten Zellkern. (Bei Amphibien und Vögeln besitzen auch die adulten Tiere kernhaltige Erythrozyten.) Nach Rückbildung des Dottersacks wird die Blutbildung in die Leber und die Milz verlagert **(hepatolienale Phase)**. Die Erythrozyten enthalten fetales Hämoglobin (HbF mit α- und γ-Ketten). In der Fetalzeit verlagert sich die Erythropoese in das **Knochenmark**. Dort wird adultes Hämoglobin (HbA aus α- und β-Ketten) gebildet.

B. Lymphatisches System

1. Knochenmark. Die Stammzellen für die *Erythropoese,* die *Myelopoese* (Granulozyten, allgemeine Abwehrfunktionen) und die *Lymphopoese* siedeln sich im Knochenmark ab. Beim Menschen beginnt die **Lymphopoese** in der 11. und die **Myelopoese** in der 12. SSW.

2. Thymus. Der Thymus (→7.3) wird von der 11. SSW an von *dendritischen Zellen* und *Lymphozyten* aus der Leber und dem Knochenmark besiedelt, die über die Blutbahn in die Anlage einwandern.

Die Lymphozyten lassen sich in den Interzellularräumen zwischen den Epithelzellen nieder und differenzieren sich zu T-Lymphozyten, die wieder in das Blut ausgeschwemmt werden.

2. Tonsillen. Im retikulierten entodermalen Epithel der Tonsillen lassen sich dendritische Zellen und B-Lymphozyten nieder, die IgA gegen bakterielle und virale Antigene auf der Schleimhaut bilden. Die klonale Vermehrung der B-Lymphozyten erfolgt in den Reaktionszentren der Lymphfollikel im Mesenchym der Tonsillen.

3. Weiße Pulpa der Milz. In der Wand der Hülsenkapillaren siedeln sich Makrophagen ab, die hämatogene Antigene für T-Lymphozyten präsentieren, die sich in den umgebenden Follikeln der Malpighi-Körper absiedeln.

4. Lymphknoten. Die Lymphgefäße entstehen am Ende der Embryonalperiode durch die Auskleidung von Interzellularspalten mit Lymphendothel. Sie treten zunächst an der Einmündungsstelle der V. jugularis auf und breiten sich über den gesamten Körper aus. Die *Lymphknoten* bilden sich durch Ansammlungen von dendritischen Zellen an den Verzweigungen des Lymphgefäßsystems, in denen sich die T- und B-Zellen absiedeln. Sekundär bildet sich ein Hilus mit einsprossenden Blutgefäßen und eine bindegewebige Kapsel aus.

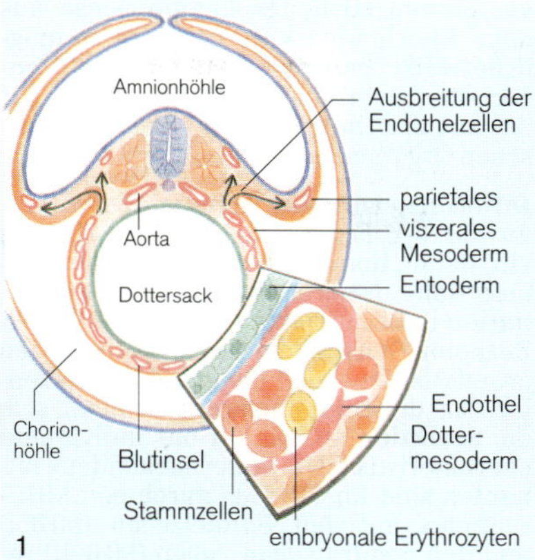

1
Blutinseln im Dottersack

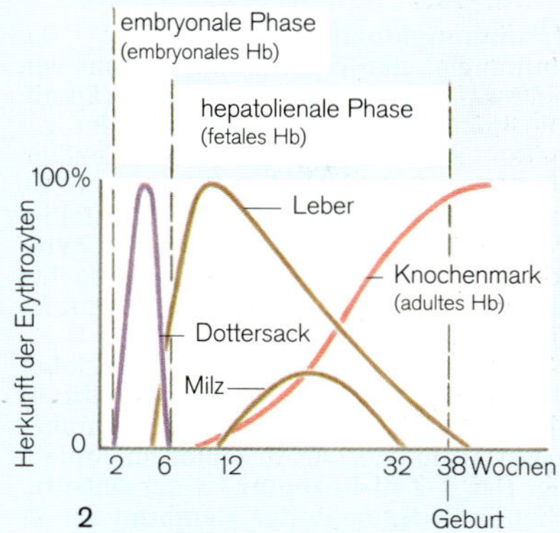

2
Phasen der Hämopoese

A. Hämopoese

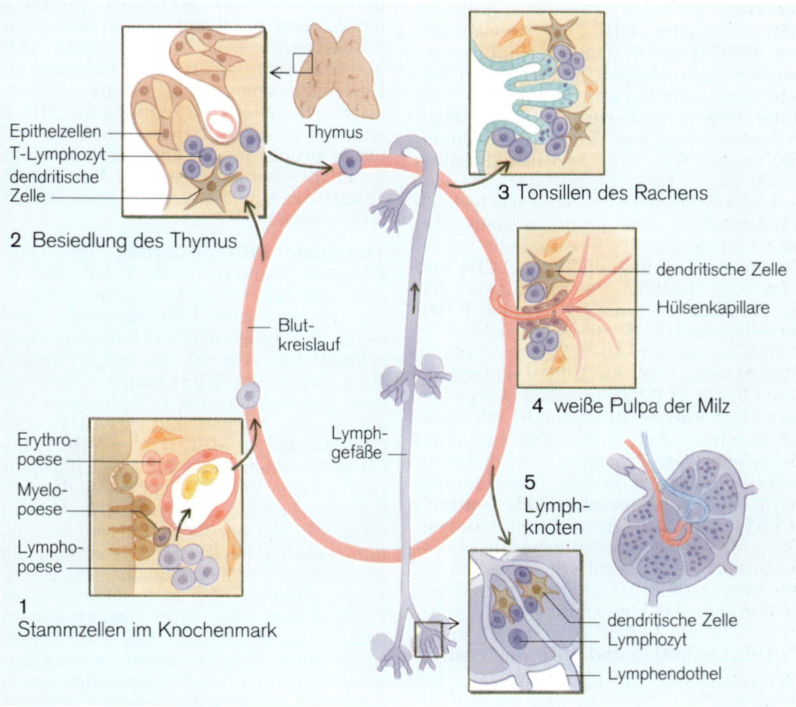

B. Lymphatisches System

C. Determination und Differenzierung der Lymphozyten

1. Immunglobulin-Superfamilie. Die Immunglobulin-Superfamilie stammt von einem Glykoprotein der Zellmembran ab. Die membrangebundenen Mitglieder gehören zu den Zelladhäsionsmolekülen (CAMs) vom Typ der **Selektine** (→ 3.26). In Kombination mit den Wachstumsfaktoren des lymphatischen Systems, den **Zytokinen**, sind sie das am besten untersuchte Beispiel für die Induktion von Determination und Differenzierung.

Das voll ausgebildete Immunglobulinmolekül sitzt als **Immunglobulin M (IgM)** in der Zellmembran der B-Lymphozyten. Es fungiert als Rezeptor für Antigene. Der **T-Zell-Rezeptor** ist der entsprechende Rezeptor in der Membran der T-Lymphozyten. Der **Histokompatibilitätskomplex** (MHC, „Major Histocompatibility Complex") kodiert für die Antigene, die immunologisch das Selbst eines Individuums ausmachen. **MHC I** wird in allen Zellen, **MHC II** nur in den antigenpräsentierenden Makrophagen, dendritischen Zellen und Lymphozyten exprimiert. Das vom **Urgen** kodierte Protein enthielt wahrscheinlich eine Untereinheit (Domäne) vom Typ des **β_2-Mikroglobulins (β_2M)**. Durch Reduplikation der Untereinheit innerhalb des Gens und wiederholte Verdoppelung des gesamten Gens entstand im Verlauf der Evolution die Superfamilie der Immunglobulingene. **CD4 und CD8** sind Moleküle, die eine Stammzellinie charakterisieren. CD4 wird auf T-Helferzellen und CD8 auf zytotoxischen T-Zellen exprimiert. Alle hämatopoetischen Stammzellen sind durch CD-Determinanten (Cluster of Differentiation) charakterisiert. Der **Poly-Ig-Rezeptor** ist ein Membranprotein, das in der Plazenta zum transzellulären Transport von mütterlichen Antikörpern in den Fetus benutzt wird. Das **karzinoembryonale Antigen (CEA)** kommt auf Krebszellen des Magen-Darm-Traktes und im embryonalen Entoderm vor. Als Tumormarker wird es bei der Diagnostik von Tumoren benutzt. Seine Funktion ist unbekannt.

2. Determination und Differenzierung

Determination im Knochenmark. Die *dendritischen Zellen* in den Lymphfollikeln und die Makrophagen kommen wie die Stammzellen der Lymphopoese aus dem Knochenmark. Dort werden möglicherweise bereits durch direkten Kontakt die gegenseitigen Determinanten für das spätere „homing in" in den lymphatischen Organen festgelegt.

Differenzierung im Thymus. Die Vorläufer der T-Zellen wandern in den Thymus ein. Beim **„homing in"** spielt CD7 als CAM eine Rolle. Nach **somatischer Rekombination** in der variablen Region des T-Zell-Rezeptor-Gens bilden die Lymphozyten jeweils einen individuellen T-Zell-Rezeptor. An die Differenzierung schließt sich die **Selektion** an: Die für das Individuum charakteristischen Oberflächendeterminanten sind im Thymus durch den MHC-Komplex auf den Epithelzellen (MHC I) und den dendritischen Zellen (MHC II) repräsentiert. Alle T-Lymphozyten, die T-Zell-Rezeptoren gegen körpereigene Determinanten bilden, werden ausgesondert und durch *Zytolyse* eliminiert. Die unreifen T-Zellen im Thymus tragen noch beide T-Zell-spezifischen Determinanten CD4 und CD8. Bindung an MHC I induziert die Differenzierung von CD8-positiven zytotoxischen T-Zellen und Bindung an MHC II von CD4-positiven T-Helferzellen. Die Differenzierung der B-Lymphozyten erfolgt in entsprechender Weise im **Bursaäquivalent**, das beim Säuger im Knochenmark lokalisiert ist.

Terminale Differenzierung. Die Lymphozyten wandern in die T-Zell- und B-Zell-Regionen der lymphatischen Organe ein. Die terminale Differenzierung wird durch den Antigenkontakt induziert (**Ausschnitt**). Das prozessierte Antigen wird in einer Grube des MHC-Komplexes präsentiert. Der Rezeptor der Lymphozyten bindet an das Antigen und das CD4- oder CD8-Molekül an MHC II oder MHC I. Die CD-Determinante und der T-Zell-Rezeptor sind an eine *Tyrosin-Kinase* aus der src-Onkogen-Familie gekoppelt. Die Aktivierung geht mit der Sekretion von Wachstumsfaktoren (*Interleukinen*) einher, die eine klonale Vermehrung auslösen. Die B-Zellen differenzieren sich schließlich zu Plasmazellen, die ihrer Determination entsprechend IgG oder IgA sezernieren. Nach einer Primärreaktion zurückbleibende „memory cells" entsprechen determinierten Reservestammzellen anderer Gewebe.

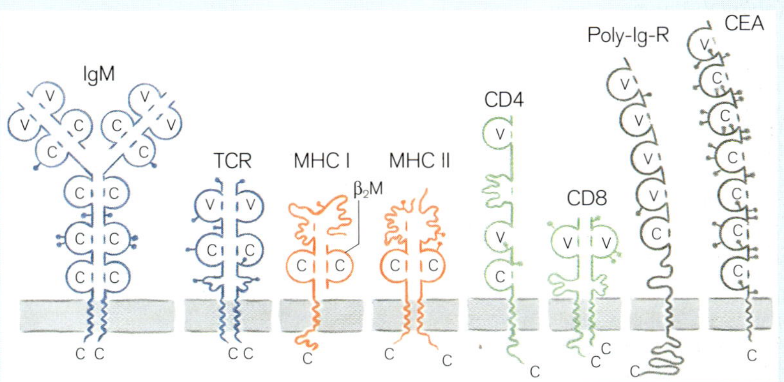

1
Immunglobulin-Superfamilie
(nach Ohno und Kleinig/Sitte)

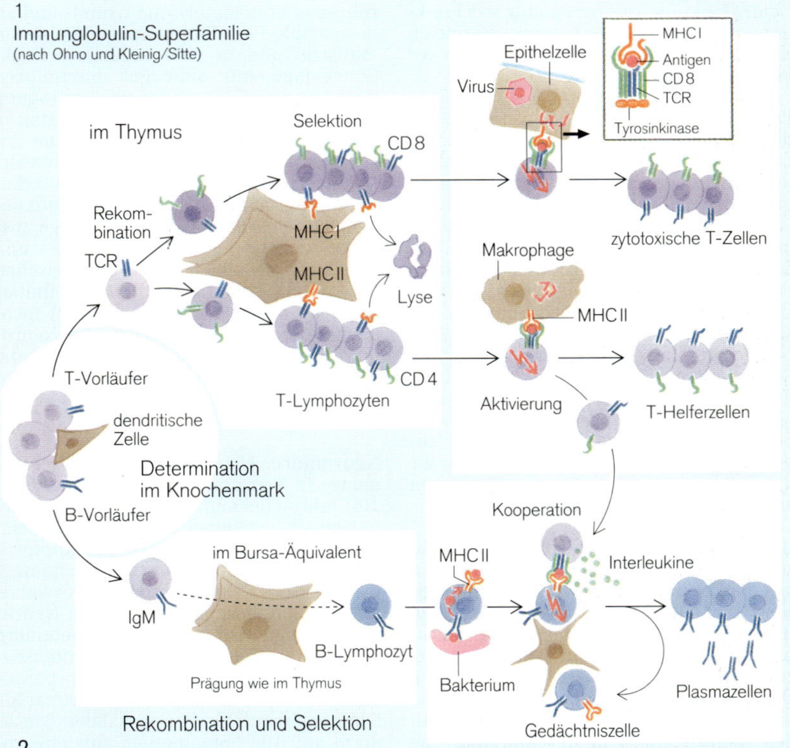

2
Determination und Differenzierung

C. Determination und Differenzierung der Lymphozyten

Kapitel 4: Nervensystem

Ziel der Darstellung. In dem Kapitel wird versucht, mit Hilfe der Embryologie die komplizierte Anatomie des Gehirns verständlicher zu machen. Das Gehirn entsteht aus der Grundstruktur des Neuralrohres. Das Neuralrohr gliedert sich in Gehirnbläschen. sie sind die Basis für den definitiven Aufbau des Gehirns. Die Anatomie des Gehirns läßt sich daher aus der Embryonalentwicklung herleiten.

Struktur und Funktion. Anatomische Strukturen erfüllen eine Funktion. Man versteht sie, wenn man ihre Funktion kennt. Die embryonalen Strukturen sind nicht differenziert und haben noch keine Gehirnfunktion. Die Zuordnung von Funktionen ist jedoch durch einen Vergleich mit den entsprechenden Strukturen in der Phylogenese möglich.

Phylontotractus. Der Phylontotractus dient der Zuordnung von in der phylogenetischen Entwicklungsreihe beobachteten Funktionen zu homologen Strukturen im Embryo (→4.1). Der Phylontotractus ist eine Abstraktion, ein Gedankengebilde, in dem Phylogenese und Ontogenese zusammengeführt werden. Der Grundaufbau des Rückenmarkes läßt sich z. B. verstehen, wenn man sich die Funktion der segmentalen Einheit aus Spinalnerv, Wirbelkörper und Muskelplatte für die Schwimmbewegung der im Wasser lebenden Vertebraten klarmacht. Die Grundeinheit aus Somit und Spinalnerv wird beim Menschen in der Embryonalzeit angelegt. Sie stellt das Ausgangsmaterial für die Entwicklung eines für das Landleben ausgelegten Bewegungsapparates dar.

Grundstruktur Neuralrohr. Alle Abschnitte des Zentralnervensystems gehen aus dem Neuralrohr hervor. Die histologische Grundstruktur ist das Neuralepithel. Im *Rückenmark* (→4.3) liegen die Neuroblasten als Mantelschicht auf der Matrixzone am Zentralkanal (graue Substanz). Die Axone der Nervenzellen laufen außen unter der ursprünglichen Basalmembran des Neuralepithels in der Marginalzone (weiße Substanz). Im *Gehirnstamm* (→4.10) entwickeln sich die zentralen Kerne wie die graue Substanz des Rükkenmarks in der Mantelschicht des Neuralepithels. In der *Großhirnrinde* (→4.17) wandern die Neuroblasten über die Mantelschicht hinaus in die Marginalschicht unter der Basalmembran des Neuralepithels ein und bilden dort die Rindenplatte, die sich zur Großhirnrinde weiterentwikkelt. Im *Kleinhirn* (→4.14) behalten die in die „Rindenplatte" einwandernden Zellen zunächst ihre Teilungsfähigkeit und bilden dort eine äußere Matrixzone, aus der die postmitotischen Neuroblasten hervorgehen.

Grund- und Flügelplatte. Im Rückenmark läßt sich die Gliederung des Neuralrohres in eine motorische Grund- und eine sensible Flügelplatte sowie in eine somatische und in eine vegetative Funktionskomponente sehr gut durchführen (→4.10). Der Versuch einer Übertragung dieser Gliederung auf den Gehirnstamm trifft auf einige Schwierigkeiten. Die Zusammenlagerung der Neurone in den Ursprungskernen der Hirnnerven ist stärker ausgeprägt als die Gliederung in funktionell definierte Säulen. Die Übergänge zwischen somatischen und vegetativen und zwischen sensiblen und sensorischen Funktionen sind fließend. Die Definitionen sind im Hirnstamm insgesamt nicht angemessen. Die Renaissance der Neuromere zeigt auf der anderen Seite, daß die Annahme einer grundlegenden Homologie zwischen Rückenmark und Gehirn gerechtfertigt ist.

Neuromere. Die Gliederung der Gehirnanlage in Neuromere (→4.7) ist seit über 100 Jahren bekannt. Die Neuromere führten jedoch gegenüber den Gehirnbläschen ein Schattendasein (→9.0, das Kopfproblem). Die Expression von mit den homeotischen Genen von Drosophila verwandten Segmentierungsgenen in den Neuromeren zeigt, daß es sich um metamere Segmente handelt, die den Somitensegmenten homolog sind. Im Körperabschnitt tritt das Segmentmuster primär als Somitengliederung im paraxialen Mesoderm auf. Die Spinalnerven entstehen in Abhängigkeit vom kaudalen Sklerotomsegment (→3.22). In der Kopfanlage wird das Segmentmuster dagegen primär im

Neuralrohr ausgebildet. Die Hirnnerven finden ihre Richtungsinformation bereits im kranialen Neuromer eines Schlundbogens (→4.7). Der Unterschied liegt möglicherweise nur in einer unterschiedlichen zeitlichen oder räumlichen Abfolge bei der Expression der homeotischen Gene (→3.17).

Gehirnbläschen. Die Gehirnbläschen entstehen in der Evolution zusammen mit den zentralen Sinnesorganen und der Entwicklung des Kopfes. Das Lanzettfischchen (→3.3) hat kein Gehirn und besitzt dissiminierte Sinneszellen, z. B. im Rückenmark verstreute Lichtsinneszellen (→5.1). Die Erweiterung des Neuralrohres zu Gehirnbläschen kann als funktionelle Vergrößerung des Neuralrohres für die zentrale Repräsentation der Sinnesorgane des Kopfes aufgefaßt werden (→4.1 und 4.9). Mit diesem Konzept läßt sich der Verlauf der zentralen Sinnesbahnen im Gehirnstamm sinnvoll darstellen.

Hierarchie mit Großhirn. In der Evolution baut sich über dem Rückenmark und dem Schlundhirn das übergeordnete System der Stammganglien im Gehirnstamm auf, die wiederum durch die Großhirnrinde überlagert werden. Das Großhirn besteht seinerseits aus drei einander überlagernden Ebenen, dem Paleo-, Archi- und Neokortex. Die vorhandenen Systeme werden auf einer unteren Ebene in die neuhinzukommenden komplexeren Strukturen integriert. Dies wird deutlich bei der Verlängerung der Sinnesbahnen des Hirnstammes in das Großhirn hinein, bei der Organisation der motorischen Innervation in eine Rückenmarks- und Schlundhirnebene, einer Ebene im Hirnstamm (extrapyramidales System) und deren Unterordnung unter die Großhirnrinde (→4.25).

Hemisphärenrotation. Die Hemisphärenrotation (→4.15) ist keine echte Rotationsbewegung, sondern kommt durch die keilförmige Einschaltung eines großen Frontalhirnbereiches vor der ursprünglich auf dem Scheitel liegenden Hippokampusregion (→4.20). Die Größe des eingeschobenen neokortikalen Segmentes ist an der Ausdehnung des Balkens zu erkennen. Bei der Maus liegt die Hippokampusregion noch im Scheitelbereich. Beim Menschen wird sie in den Schläfenlappen verlagert. Die Spitze des Schläfenlappens mit dem Mandelkern führt dabei keine Bewegung aus, sondern bildet einen Fixpunkt, der seine Lage zur Wurzel des Riechkolbens nicht ändert. Die ursprüngliche Lage der Hippokampusformation ist an der Lage des Fornix als der Bahn des Hippokampus zu erkennen. Die Nervenfasern des Fornix sind bereits vor Beginn der Hemisphärenrotation mit ihrem Zielgebiet im Hypothalamus verknüpft. Bei der Verlagerung des Hippokampus verlängern sie sich, behalten jedoch ihre ursprüngliche Lage in der medialen Ventrikelwand bei (→4.21).

Epiphyse. Die Funktion der Epiphyse (→4.23) als Generator von ursprünglich an die Tag- und Nachtlänge geknüpften endogenen Rhythmen läßt sich verstehen durch den Vergleich mit Epiphysen, die noch Lichtsinneszellen enthalten. Die lichtundurchlässige Schädeldecke führt zur Ausbildung einer „Sinnesbahn“ vom Auge zur Epiphyse, die vorbestehende Bahnen des sympathischen Nervensystems benutzt.

Konservative Ventrikel und progressive Großhirnbahnen. Im Ventrikelsystem des definitiven Gehirns ist die Anordnung der embryonalen Gehirnbläschen konserviert (→4.8). Die Faserbahnen des Großhirns sind dagegen progressive Strukturen, die auf die von den Gehirnbläschen geprägte Gliederung des Hirnstammes und selbst auf die Vorgaben der Hemisphärenrotation keine Rücksicht nehmen (→4.22). Sie verbinden ihr Ursprungs- und ihr Zielgebiet auf kürzestem Wege. Beispiele sind die Projektion der zentralen Sinnesbahnen in die Großhirnrinde, der Balken als Kommissur zwischen den Großhirnhälften und die durch die Capsula interna und die Gehirnschenkel ziehenden kortikobulbären und kortikospinalen Bahnen.

A. Archaische Gliederung des Nervensystems

Das Zentralnervensystem besteht aus drei Abschnitten, die sich nacheinander im Verlauf der Phylogenese der Wirbeltiere entwickeln. Sie sind in dem fiktiven *„Phylontotractus“* (**A1** und **A2**) dargestellt; das **Rückenmark** dient der Regulation der Bewegung des Körpers; **das Schlundhirn** reguliert die Nahrungsaufnahme, Verdauung und Atmung; im **eigentlichen Gehirn** werden die Reize aus den zentralen Sinnesorganen – Riechen, Sehen und Hören – verarbeitet.

Das **Rückenmark** koordiniert die schlängelnden Bewegungen des Rumpfes über einfache, auf lokalen Reflexbögen aufgebaute Bewegungsprogramme. Der Rumpf enthält segmental angeordnete Muskelplatten, die von dem Spinalnerven innerviert werden und an den Wirbeln ansetzen.

Aus dem **Schlundhirn** entspringen die Schlundbogennerven, die zu den Schlundbögen ziehen. Der Schlund geht auf einen primitiven Reusendarm zurück (→3.19), der sich bei den im Wasser lebenden Wirbeltieren zu einem Kiemenapparat umbildet. Beim Übergang zum Landleben werden die Schlundbögen umgestaltet und passen sich der Nahrungsaufnahme auf dem Land an. Das Schlundhirn bildet den hinteren Teil des Rautenhirns.

Das eigentliche Gehirn entsteht aus **drei Gehirnbläschen,** denen die zentralen Sinnesorgane zugeordnet sind. Im ersten Bläschen sind Riechen und Sehen lokalisiert. Es besteht aus einem Riechhirn mit einem Riechkolben (Bulbus olfactorius), aus dessen verdickter Wurzel das Endhirn *(Telenzephalon)* hervorgeht, und aus einem Sehhirn, aus dem sich die Augen ausstülpen und das zum Zwischenhirn *(Dienzephalon)* wird. Im mittleren Hirnbläschen *(Mesenzephalon)* liegen Zentren, in denen die Informationen aus dem Auge und aus dem Ohr in Bewegungsimpulse zum Nachführen der Augen und des Kopfes umgesetzt werden. Die alten Abschnitte der *Sehbahn* enden daher an den *oberen Vierhügeln* der Vierhügelplatte und die der *Hörbahn* an den *unteren Vierhügeln.* Das Gehör- und Gleichgewichtsorgan entsteht aus dem Ohrbläschen, das dem Rautenhirnbläschen *(Rhombenzephalon)* zugeordnet ist. Der vordere Teil des Rautenhirns dient der Verarbeitung von Hör- und Gleichgewichtsinformation, der hintere Abschnitt enthält das Schlundhirn. Beide Abschnitte überlappen sich.

B. Embryonale Gliederung des ZNS

Die Anlage des Zentralnervensystems nimmt in der **Embryonalperiode** (Stadium 17) mehr als die Hälfte des gesamten Embryos ein (**B1**). Die Gliederung entspricht der des „Phylontotractus“. Die Gehirnbläschen sind in gleicher Weise angelegt, jedoch funktionell noch nicht differenziert. Sie bestehen aus Neuralepithel, in dem noch Entwicklungsbewegungen ablaufen (Morphogenese) und das sich erst zu einem späteren Zeitpunkt differenziert. Das Nervensystem eines in der Phylogenese auf dieser Organisationsstufe stehenden Organismus besteht dagegen bereits aus differenzierten Neuronen, die optimal an den Lebensraum der Spezies angepaßt sind. Der Rumpf des Embryos (**B1**) ist metamer in Myotome, Wirbelkörper und Spinalnerven gegliedert. Die Schlundbogennerven ziehen zu den darunterliegenden Schlundbögen.

In der **Fetalzeit** (**B2**) nimmt das Gehirn seine definitive Gestalt an, in der die ursprüngliche Gliederung jedoch noch zu erkennen ist. Die drei Abschnitte des Hirnstammes werden vom *Endhirn* überlagert, das am *Foramen interventriculare* vom ursprünglichen Vorderhirnbläschen abgeht. Das Vorderhirnbläschen wird zum III. Ventrikel im *Zwischenhirn,* an das sich das *Mittelhirn* mit der Brücke und der Vierhügelplatte anschließt. Über dem *Rautenhirn* entwickelt sich das mit dem Hör- und Gleichgewichtsorgan verknüpfte *Kleinhirn.*

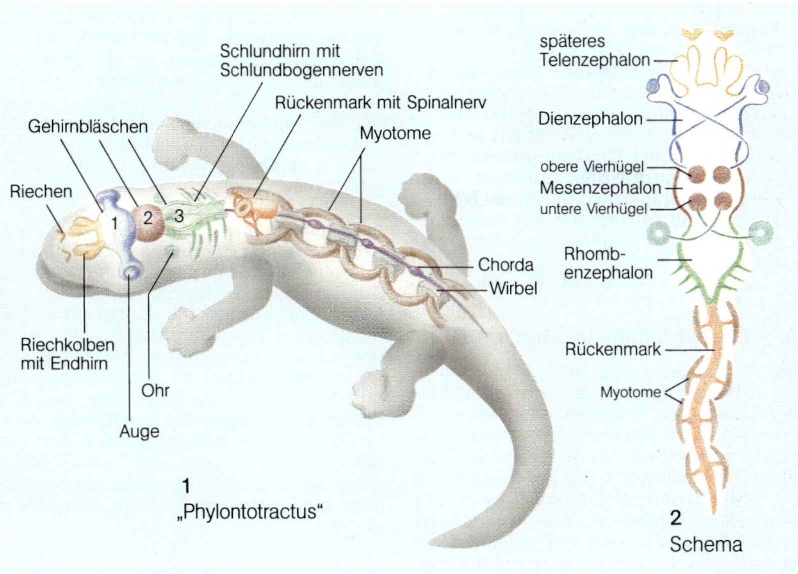

A. Archaische Gliederung des Nervensystems

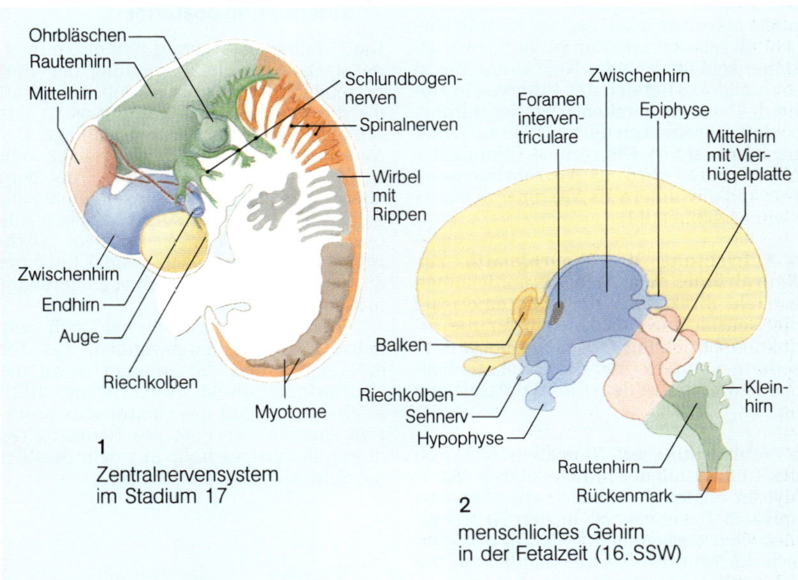

B. Embryonale Gliederung des ZNS

Entstehung des Neuralrohres. Das Neuralrohr entsteht aus der Neuralplatte. Die **Neuralplatte** wird durch den Chorda-Mesoderm-Komplex im Ektoderm induziert (→3.4). Die Ektodermzellen bilden ein kräftiges mehrreihiges Epithel **(Neuralepithel),** das sich zur **Neuralrinne** aufrichtet und durch Verschmelzung der **Neuralwülste** zum **Neuralrohr** schließt. Aus den Neuralwülsten wandern die Zellen der Neuralleiste aus.

A. Neuralabfaltung im Stadium 10

Die Neuralplatte wird beim Menschen in der 3. Woche im Stadium 7 und 8 im Ektoderm vor dem Primitivknoten induziert (→2.10). Die Aufrichtung der Neuralplatte erfolgt zu Beginn der 4. Woche im Stadium 10 gleichzeitig mit der Ausbildung der Somiten und leitet die Abgrenzung des Embryonalkörpers ein. Der Neuralrohrschluß beginnt kranial und folgt wie die Somitenbildung der Wanderung des Primitivknotens nach kaudal. Über der auswachsenden Kopfanlage ist die Neuralplatte jedoch so breit, daß der Neuralrohrschluß relativ zum Rumpf verzögert ist. Daher schließt sich das Neuralrohr zuerst im taillierten Bereich des Embryos in Höhe des vierten Somiten. Der Neuralrohrschluß schreitet von dort nach kranial und nach kaudal fort. Die vordere Öffnung des Neuralrohres wird als *Neuroporus anterior* und die hintere als *Neuroporus posterior* bezeichnet (**B1**).

a Aufrichtung der Neuralplatte zur Neuralrinne. Vor dem Primitivknoten entsteht direkt über dem Chordafortsatz die Neuralrinne. Als Zeichen für die Induktionsbeziehung zwischen Chorda-Mesoderm-Komplex und Neuralplatte liegt das Neuralepithel dem Chordafortsatz eng an.

b Neuralrinne mit Neuralleiste. Durch die Kontraktion der intrazellulären Aktin-Myosin-Filamente, die sich zwischen den apikalen Desmosomen in den Neuroepithelzellen ausspannen (→3.25), bewegen sich die Neuralwülste aufeinander zu. Die V-förmige Neuralrinne wird wannenförmig.

Die Neuralwülste enthalten das Neuralleistenmaterial. Bei der Verschmelzung der Neuralwülste wandern die Neuralleistenzellen aus dem Neuralepithel aus. Die Neuralleistenzellen sind die Stammzellen für die Pigmentzellen des Körpers, die Spinalganglien, das vegetative Nervensystem und die Schwann-Zellen der peripheren Nerven.

c Geschlossenes Neuralrohr. Die Neuralleistenzellen wandern auf zwei Bahnen aus dem Neuralrohr aus: auf der *lateralen Bahn* benutzen sie die Unterseite des Oberflächenepithels als Leitstruktur. Die entsprechenden Neuralleistenzellen werden zu Melanoblasten der Haut. Die *mediale Bahn* verläuft zwischen Neuralrohr und Somiten. Diese Bahn wird von den Zellen des peripheren vegetativen Nervensystems und den Schwann-Zellen der Spinalnerven benutzt. Die Neuralleistenzellen für das Spinalganglion bleiben auf dem Weg gleich neben dem Neuralrohr liegen.

B. Verlagerung von Neuroporus anterior und posterior

Die Abfaltungsbewegung geht direkt in eine starke ventrale Krümmung der Embryonalachse über. Die treibende Kraft für die Krümmung des Embryos ist das schnelle Wachstum der Neuralanlage. Der *Neuroporus anterior* kommt über den Hirnbläschen zu liegen (**B1**). Aus dem oben noch offenen Prosenzephalon stülpen sich bereits die Augenbläschen aus (*Augenfurchen*). Der *Neuroporus posterior* verlagert sich nach kaudal über die durch die Krümmung nach oben gerichtete Schwanzknospe.

Der Primitivknoten hat sich zur **Schwanzknospe** umgewandelt, aus der die Chorda und die Somiten sowie die Neuralrinne direkt hervorgehen (**B2**). Nach dem Schluß des Neuroporus posterior entsteht der Rest des Neuralrohres direkt als fertiges Rohr aus dem Blastem der Schwanzknospe (→3.10).

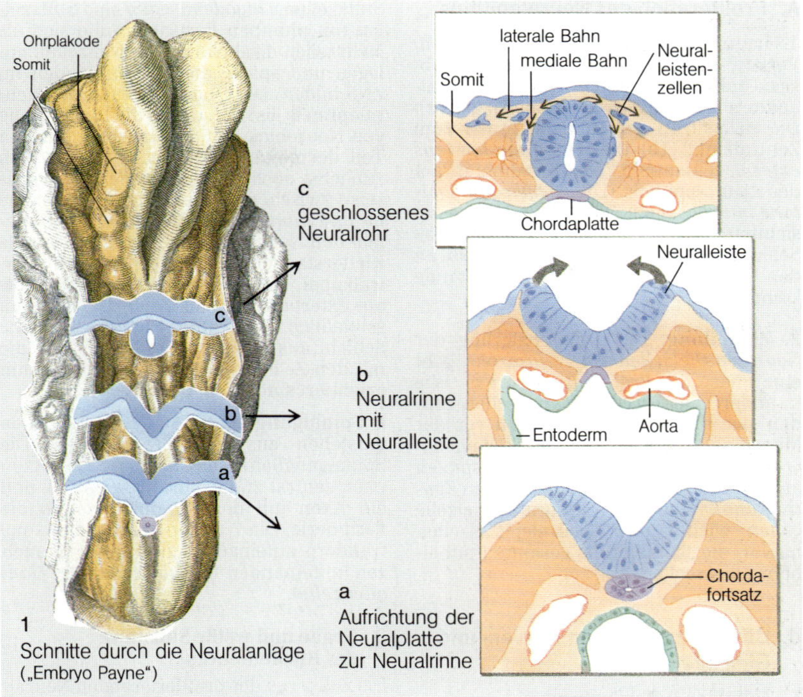

A. Neuralabfaltung im Stadium 10

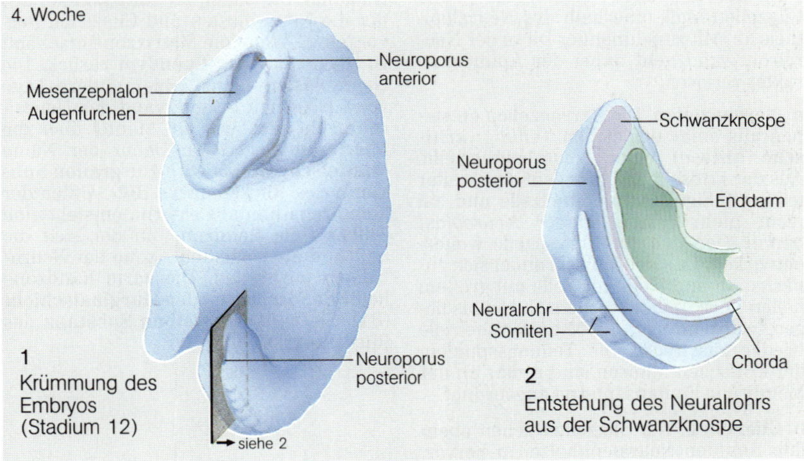

B. Verlagerung von Neuroporus anterior und posterior

A. Proliferation des Neuralepithels

1. Lage der Basalmembran. Aus dem Verlauf des Neuralrohrschlusses ergibt sich, daß die *Basalmembran* des Neuralepithels im Neuralrohr außen liegt (**1a**). Die Zellspitzen zeigen nach innen zum Zentralkanal (**1b**). Die *Membrana limitans externa* entspricht der Basalmembram des Neuralepithels. Die *Membrana limitans interna* ist eine innere, im Mikroskop sichtbare Begrenzungslinie, die durch das Schlußleistennetz des Neuralepithels an der Grenze zum Zentralkanal zustande kommt.

2. Zellteilung. Der Differenzierung der *Neuralepithelzellen* im *Neuralrohr* geht eine Phase der Proliferation voraus. Wie in anderen mehrreihigen Epithelien runden sich die Neuralepithelzellen vor der Mitose ab, lösen sich von der *Basalmembran* und steigen zwischen die Zellspitzen auf. Die Metaphasen liegen daher am *Zentralkanal.* Aus einer Neuralepithelzelle gehen wieder zwei Neuralepithelzellen hervor, die sich über die gesamte Epithelhöhe ausstrecken (**2a**).

B. Differenzierung von Nerven- und Gliazellen

1. Zelluläre Differenzierung

Die Differenzierung von Neuroblasten und Gliazellen läuft innerhalb des Neuralepithels ab. Mit zunehmender Dicke der Neuralrohrwand geht dabei der Epithelcharakter verloren.

a Nervenzellen. Die Nervenzellen entstehen aus einer ungleichen Teilung **(kritische Mitose)** einer Neuralepithelzelle. Aus der kritischen Mitose geht eine weiter teilungsfähige Neuralepithelzelle und ein nicht mehr teilungsfähiger *Neuroblast* hervor, der sich zur Nervenzelle weiterentwickelt. Der Neuroblast rundet sich zunächst ab und bleibt als Zelle mit großem hellen Kern und deutlichem Nukleolus liegen, während sich die Neuralepithelzelle wieder ausstreckt. Die Teilungsspindeln der kritischen Mitosen sind radiär an der Membrana limitans interna angeordnet.

b Gliazellen. Die Gliazellen gehen ebenfalls aus den Neuralepithelzellen hervor. *Astroglia* sind sternförmig verzweigte Stützzellen. *Oligodendroglia* sind Stützzellen mit plumpen Fortsätzen, die sich als Nährzellen direkt an die Nervenzellen anlegen und später die Myelinscheiden im ZNS bilden. Der Epithelverband des Neuralepithels löst sich durch die Einlagerung von Neuroblasten und Gliazellen auf. Ein Teil der Neuralepithelzellen spannt sich zunächst noch als *Pfeilerzellen* (Radiärfasern) zwischen Membrana limitans externa und interna aus. Die Pfeilerzellen dienen den Neuroblasten und Glioblasten als Kletterstangen. Ihr Zellkern liegt am Zentralkanal. Die langen zur Membran limitans externa ziehenden Zellfortsätze gehen schließlich zugrunde. Es bleibt eine Schicht aus kubischen Zellen zurück, die mit den Zellspitzen zum Zentralkanal hin orientiert sind *(Ependymzellen).*

c Spinalganglien. Die Spinalganglien entstehen aus Neuralleistenzellen. Die Spinalganglienzellen senden ein Axon nach zentral zum Neuralrohr zurück und ein Axon mit dem Spinalnerven in die Peripherie. Die Wurzeln der beiden Axone wandern aufeinander zu und verschmelzen miteinander (*pseudounipolare Ganglienzelle*).

2. Graue und weiße Substanz des Rückenmarks

Die Zellkerne der proliferierenden Neuralepithelzellen verlagern sich an den Zentralkanal. Sie bilden die **Matrixzone,** aus der die Neuroblasten und Gliazellen hervorgehen. Wenn die Matrixzone erschöpft ist, bleibt nur das **Ependym** zurück. Die Neuroblasten bilden eine mittlere Lage von Zellkernen in der Wand des Neuralrohrs, die sich wie ein Mantel über die Matrixzone legt (**B1**). Daher der Name **Mantelschicht.** Sie wird zur **grauen Substanz** des Rückenmarks (**B2**). Unter der Membrana limitans externa entsteht eine zellkernfreie Randzone, in der sich die auf- und absteigenden Axone der Neuroblasten ausbreiten. Die zarte Randzone heißt Randschleier oder **Marginalschicht (B1).** Sie wird zur **weißen Substanz** des Rückenmarks.

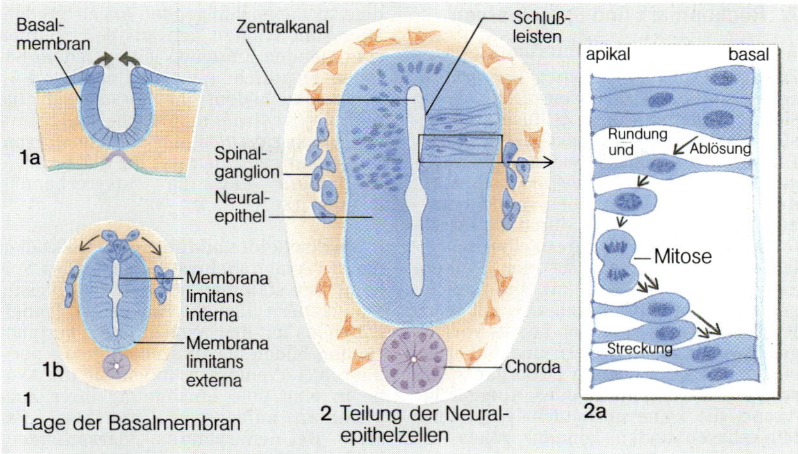

A. Proliferation des Neuralepithels

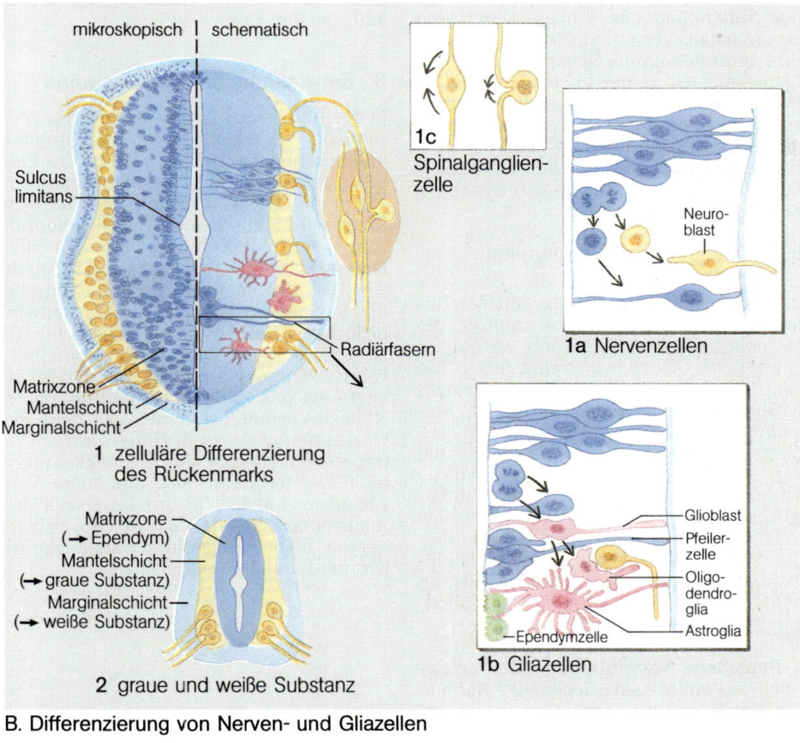

B. Differenzierung von Nerven- und Gliazellen

A. Rückenmark und Spinalnerven

1. Auswachsen der Pionierfasern

Die Axone der *motorischen Vorderhornzellen* verlassen das Neuralrohr, wenn sich im *Myotom* durch Zellfusion die ersten quergestreiften Muskelfasern bilden. Die auswachsenden Axone besitzen an ihrer Spitze einen *Wachstumskonus,* an dem ständig Pseudopodien gebildet werden, die sich ihren Weg durch die Sklerotomzellen suchen, bis sie auf eine Muskelfaser treffen, mit der sie eine Synapse ausbilden können (→3.25). Die nachfolgenden Axone orientieren sich mit ihren Wachstumsspitzen an den bereits vorausgegangenen *Pionierfasern* und haben so eine größere Chance, ihr Endorgan zu erreichen. Fehlgeleitete oder überzählige Axone, die keine noch nicht innervierte Muskelfaser finden können, gehen zugrunde. Die peripheren Axone der sensiblen Spinalganglienzellen in der Anlage des *Spinalganglions* schließen sich den motorischen Nervenbahnen an, während ihre zentralen Axone Synapsen mit sensiblen Neuronen in der Flügelplatte bilden. Die ventralen Axone folgen den *Myoblasten,* die in die ventrale Leibeswand und die *Extremitätenknospen* auswandern. Erst wenn die Myoblasten dort zu Muskelfasern fusionieren, bilden sich Synapsen aus (→3.33).

2. Entwicklung des segmentalen Spinalnerven

a Grund- und Flügelplatte. Mit der Differenzierung der Neurone nimmt die Mantelschicht (→4.3) an Dicke zu und bestimmt die Gestalt des Neuralrohrs. Die ventrale Auftreibung der Mantelschicht wird als *Grundplatte,* die dorsale als *Flügelplatte* bezeichnet. Grund- und Flügelplatte wölben sich in den Zentralkanal vor, so daß zwischen beiden der *Sulcus limitans* entsteht. In der Grundplatte liegen die *motorischen Vorderhornzellen* (**A1**), deren Axone das Rückenmark über die ventrale Wurzel verlassen. In der Flügelplatte liegen *sensible Neurone* (**A1**), an denen die afferenten Axone der Spinalganglienzellen enden.

b Periphere Nervenbahnen. Die erfolgreichen Pionierfasern legen die Bahnen für die Axone des Spinalnerven fest, indem sie die nachfolgenden Axone auf dem kürzesten Weg zu den aus den Somiten stammenden Zielzellen leiten. Jedem Somiten entspricht ein Spinalnerv (→4.5). Die Axone bilden eine *dorsale* sensible und eine *ventrale* motorische *Wurzel* sowie einen *dorsalen Ast* für die *dorsale* und einen *ventralen Ast* für die *ventrale Muskulatur* und die entsprechenden Hautbezirke.

c Markscheidenbildung. Die Hilfszellen für die Axone (Schwann-Zellen) des Spinalnerven stammen aus der Neuralleiste. Sie wandern über die Anlage des Spinalganglions mit den Axonen in die Peripherie und bilden die Hüllzellen für die peripheren Nervenfasern, indem sie die Axone in eine tiefe Einstülpung ihrer Zellmembran aufnehmen („marklose" Fasern). Bei den späteren „Markscheidenhaltigen" Fasern windet sich die Membranduplikatur der Einstülpung mehrmals um das Axon.

B. Entwicklung der Cauda equina

In der Embryonalperiode wächst das ZNS schneller als die übrigen Organsysteme und nimmt daher etwa ein Drittel des Embryos ein. In der Fetalperiode wächst dagegen die Wirbelsäule mit dem übrigen Körper des Fetus schneller als das Neuralrohr (→8.2). Das untere Ende des Rükkenmarks verlagert sich dadurch relativ zur Wirbelsäule nach kranial, während die Spinalganglien in den Zwischenwirbellöchern ihrer Ursprungssegmente fixiert bleiben. Die Wurzeln der Spinalnerven werden lang ausgezogen. Bei der Geburt liegt das Ende des Rückenmarks in Höhe des dritten Lendenwirbels, beim Erwachsenen endet es in Höhe von L2. Unterhalb von L2 setzt sich das Rückenmark im *Filum terminale* fort, das keine Nervenzellen enthält. Die im Duralsack des Rückenmarkskanals absteigenden Spinalnerven heißen insgesamt Cauda equina (Ort der Lumbalpunktion).

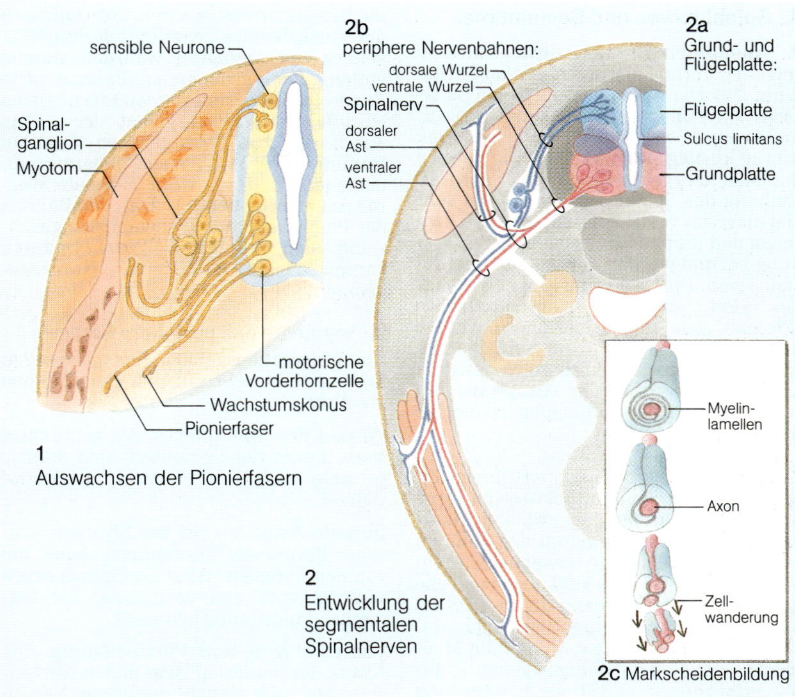

A. Rückenmark und Spinalnerven

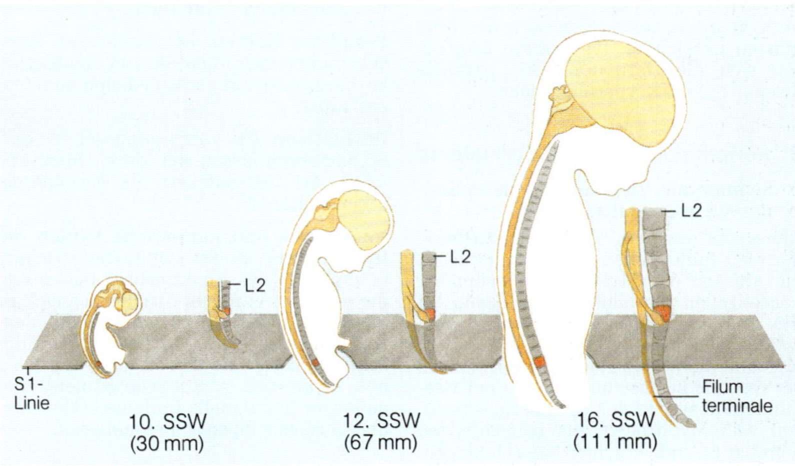

B. Entwicklung der Cauda equina

A. Spinalnerven und Dermatome

1. Spinalnerven. Die Rekonstruktion zeigt den Verlauf der Spinalnerven im Stadium 20. Die Spinalnerven treten senkrecht zur Anlage des Rückenmarks aus und zeigen noch nicht den späteren schräg absteigenden Verlauf. Die dünnen dorsalen Äste gehen direkt hinter der Auftreibung der Spinalganglien ab. Die sehr viel dickeren ventralen Äste behalten zwischen den Rippen ihre segmentale Anordnung bei und werden dort zu den Interkostalnerven. Dort wo keine Rippen vorhanden sind, entstehen **Nervengeflechte (Plexus)**, aus denen periphere Nerven hervorgehen, die nicht mit Spinalnerven identisch sind. Im Halsbereich entsteht der Halsplexus und der Armplexus, im Lumbalbereich der Lumbalplexus und der Sakralplexus.

2. Dermatome. Ein Spinalnerv innerviert die aus einem Somiten hervorgegangene Muskulatur und den zugeordneten Hautbezirk. Aus dem Dermatom des Somiten entsteht das subkutane Gewebe über dem Somiten (→3.22). Das subkutane Gewebe der ventralen Leibeswand und der Extremitäten entsteht aus dem parietalen Mesoderm der Seitenplatte, in das die Myoblasten aus dem darübergelegenen Somiten einwandern (3.33). In Erweiterung des Begriffs Dermatom als Teil des Somiten wird das Innervationsgebiet des zugehörigen Spinalnervs insgesamt als **Dermatom** bezeichnet. Im Embryo projizieren sich die Dermatome als parallele Streifen auf die Körperoberfläche.

B. Periphere Nerven und Dermatome

1. Segmentale Zuordnung von Spinalnerven und Somiten

Die ersten aus dem Neuralrohr auswandernden motorischen Axone innervieren die am Ort der Myotome entstehenden Muskelzellen und bilden den dorsalen Ast des Spinalnervs. Die nach ventral auswandernden Axone folgen den aus dem Myotom auswandernden Myoblasten in die ventrale Leibeswand und in die Extremitätenknospe. In der Peripherie vereinigen sich Myoblasten aus benachbarten Somiten zu individuellen Muskelanlagen, die von Axonen aus den Herkunftssegmenten innerviert werden. Nervenfasern mit Muskelkontakt werden mit den Muskeln weiter verlagert, während ständig entlang der vorhandenen Bahnen neue Axone in die Peripherie wandern. Dabei ist offenbar das Zielgebiet der Axone durch die aus dem gleichen Segment stammenden Myoblasten determiniert, nicht jedoch der dorthin führende Weg. Die Axone orientieren sich an den Bahnen der Pionierfasern und suchen sich gleichzeitig den kürzesten Weg. Dadurch kommt es zur Bildung von Nervengeflechten.

2. Segmente und periphere Nerven

Die Innervationsgebiete der peripheren Nerven sind nicht mit den Dermatomen identisch.

Wurzel des Spinalnervs. Als gemischter Nerv besitzt der Spinalnerv eine dorsale sensible und eine ventrale motorische Wurzel.

Dorsale Äste. Am Ort der Myotome entsteht die dorsale Rückenmuskulatur, die von den dorsalen Ästen der Spinalnerven versorgt wird und weitgehend die segmentale Anordnung beibehält.

Ventrale Äste und Plexusbildung. Die Axone der ventralen Äste bilden Nervengeflechte, aus denen periphere Nerven hervorgehen, die Anteile aus verschiedenen Spinalnerven enthalten.

Periphere Nerven. Die peripheren Nerven innervieren Muskeln und Hautbezirke, die Anteile aus verschiedenen Somiten enthalten.

Dermatome. Die Versorgungsgebiete der Spinalnerven lassen sich durch Rückverfolgen der Nervenfasern als Dermatome rekonstruieren.

Neuromere und motorische Säulen im Rückenmark. In der somatomotorischen Grundplatte des Neuralrohres bilden die motorischen Vorderhornzellen segmentale Verdichtungen (Neuromere), die den Somiten entsprechen. Im definitiven Rückenmark lagern sie sich zu Ursprungskernen zusammen (motorische Säulen), die definitive funktionelle Einheiten (Muskeln und Muskelgruppen) repräsentieren.

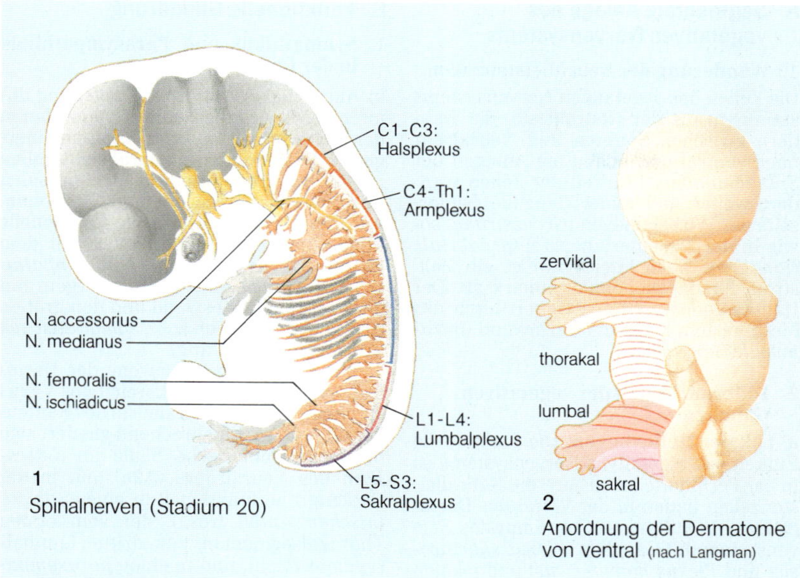

1
Spinalnerven (Stadium 20)

2
Anordnung der Dermatome von ventral (nach Langman)

A. Spinalnerven und Dermatome

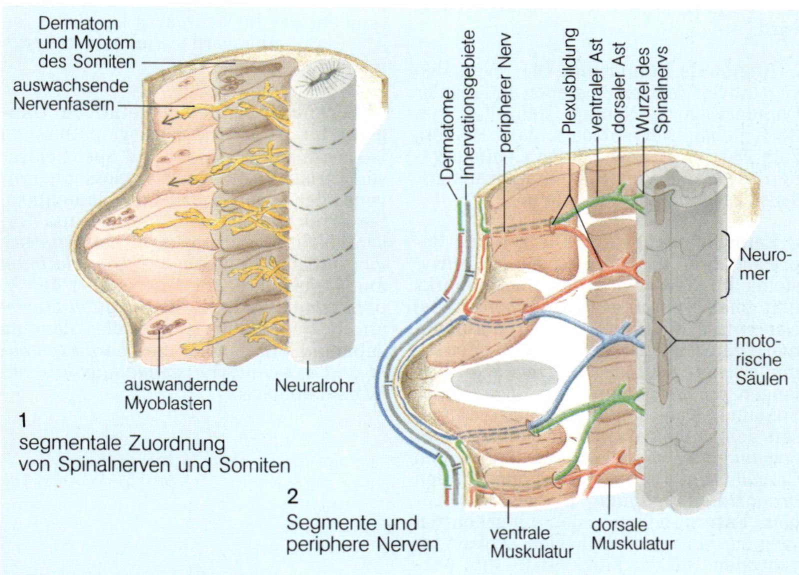

1
segmentale Zuordnung von Spinalnerven und Somiten

2
Segmente und periphere Nerven

B. Periphere Nerven und Dermatome

A. Segmentale Anlage des vegetativen Nervensystems

1. Wanderung der Neuralleistenzellen

Die Zellen des vegetativen Nervensystems stammen aus der Neuralleiste. Sie wandern zwischen Somiten und Neuralrohr nach ventral und bilden die Anlagen der *Spinalganglien*. Ein Teil der Zellen wandert weiter und bildet Ganglien beiderseits der Wirbelanlagen (*Grenzstrang*) sowie in der Mesenterialwurzel (*präaortale Ganglien*). Nach lateral zweigt ein Zellstrom für das Nebennierenmark ab. Der Hauptwanderweg führt weiter durch das Mesenterium bis in die Darmwand (*intramurale Ganglien*).

2. Differenzierung der vegetativen Ganglien

a Lokaler Reflexbogen. Die funktionelle Einheit des vegetativen Nervensystems ist in der Peripherie lokalisiert: die Neuralleistenzellen bauen in der Wand des Darmtraktes ein autonomes, intramurales Nervensystem mit Ganglien (*Plexus submucosus* und *Plexus myentericus*) und lokalen Reflexbögen auf, mit denen das Grundmuster der peristaltischen Bewegung erzeugt wird.

b Regionale Steuerung. Die regionalen vegetativen Zentren entstehen entlang der Wanderwege der Neuralleistenzellen. Von dort ziehen Nervenfasern zum Herzen, zum Darmtrakt oder zu den Genitalorganen sowie über den R. communicans griseus des Spinalnervs zur Haut.

c Zentrale Steuerung. Die zentrale Repräsentation des vegetativen Nervensystems im *Seitenhorn* des Rückenmarks übt über efferente (*viszeromotorische*) Nervenfasern auf die peripheren autonomen Ganglien einen hemmenden oder stimulierenden Einfluß aus. Die Fasern gelangen mit der motorischen Wurzel des Spinalnervs aus dem Rückenmark, verlassen den Spinalnerv als myelinisierter *R. communicans albus* und ziehen zu den Ganglien des Grenzstranges oder zu den *präaortalen Ganglien*. Die *viszerosensiblen* Fasern nehmen den umgekehrten Weg zu den viszerosensiblen Zentren im ventralen Teil der Flügelplatte. Ihre Nervenzellen liegen als pseudounipolare Ganglienzellen in den Spinalganglien.

B. Funktionelle Gliederung

1. Sympathikus und Parasympathikus in der Embryonalperiode

In Abhängigkeit von ihrer Umgebung differenzieren sich die Neuralleistenzellen in der Darmwand zu muskarinisch-cholinergen Neuronen und die Neuralleistenzellen im Sklerotommaterial an der dorsalen Körperwand zu adrenergen Neuronen. Auf diese Weise entsteht die funktionelle Gliederung in die cholinergen, mit dem Darmtrakt assoziierten *parasympathischen Ganglien* und die adrenergen, mit der dorsalen Leibeswand und den großen Arterien assoziierten *sympathischen Ganglien* (Grenzstrang).

Die cholinergen Neurone des Darmtraktes im Versorgungsbereich des Vagus stammen aus der Neuralleiste des Rautenhirns (→4.10). Entsprechend gliedert sich die viszeromotorische Säule im *Seitenhorn* des Neuralrohrs (**A2c**) und in der Rautengrube funktionell in einen *sympathischen Anteil* (rosa), der vom ersten Thorakalsegment bis zum dritten Lumbalsegment reicht, und in einen *parasympathischen Anteil* (grün), der in der Rautengrube und im zweiten bis vierten Sakralsegment des Rückenmarks lokalisiert ist. Alle Endorgane werden von beiden Systemen innerviert.

a Verknüpfung der vegetativen Ganglien im Kopf. Die parasympathischen Fasern für die Tränen- und Speicheldrüsen verlassen mit dem N. glossopharyngeus oder dem N. facialis das Rautenhirn. Sie erreichen die Tränendrüse und Nasenschleimhaut über den *N. petrosus major* und das *Ganglion pterygopalatinum* am N. maxillaris, die Parotis über den *N. petrosus minor* und das *Ganglion oticum* am N. mandibularis und die Glandula submandibularis über die *Chorda tympani* und das *Ganglion submandibulare* am N. mandibularis.

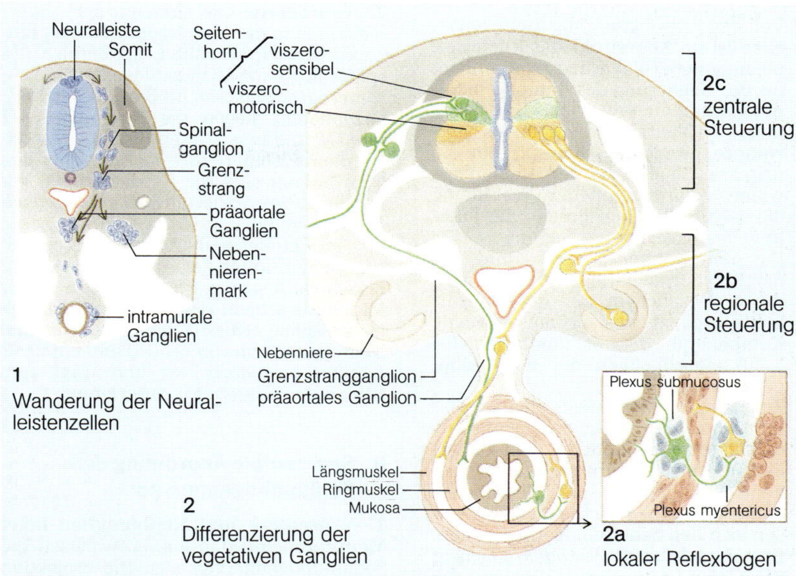

A. Segmentale Anlage des vegetativen Nervensystems

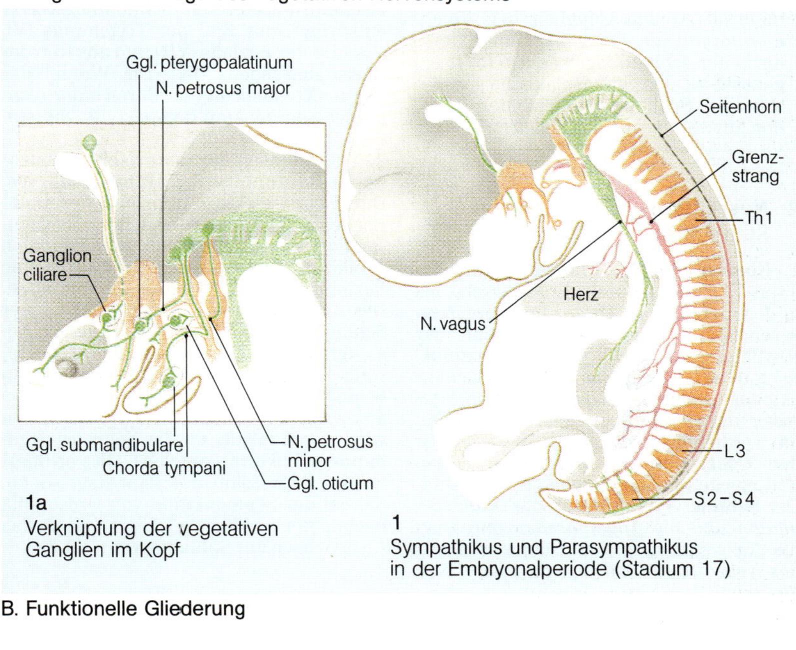

B. Funktionelle Gliederung

Vor der Entwicklung der Gehirnbläschen ist im Neuralrohr des Kopfes eine metamere Gliederung zu erkennen, die der Gliederung des Rumpfes in Somitensegmente entspricht. Diese Segmente im Neuralrohr werden als **Neuromere** bezeichnet. Sie spiegeln die primäre Gliederung der Kopfanlage wider, während mit der Ausbildung der Gehirnbläschen bereits die funktionelle Ausgestaltung beginnt.
Das erste Kopfmesoderm stammt aus der Prächordalplatte (→3.8). Es wird durch Mesenchym aus der **Neuralleiste** ergänzt, das die mesodermale Komponente der Schlundbögen (→ 3.20) einschließlich der Schlundbogenknorpel bildet.
Zusätzlich entsteht Mesenchym aus lateral vom Neuralrohr gelegenen Verdickungen im Ektoderm, den **Plakoden,** die in ihrer Entwicklungspotenz dem Neuralepithel der Neuralleiste entsprechen (→5.2). Die Plakoden lassen sich den Schlundbögen zuordnen. Eine *dorsolaterale Plakodenreihe* liegt über den sensiblen Ganglien der Schlundbogennerven und steuert Zellmaterial zu den Ganglien bei. Eine *epipharyngeale Reihe* liegt im Ektoderm der Schlundbögen selbst. Im Gegensatz zu den Sinnesplakoden lösen sich die Schlundbogenplakoden mit der Auswanderung der Zellen auf.

A. Neuromere und Plakoden im Stadium 11

1. Kopfanlage mit Plakoden. Im Stadium 11 ist der Neuralrohrschluß erst bis in den Bereich des Mesenzephalons fortgeschritten. In der Rekonstruktion der Kopffalte des „Embryo Blechschmidt" 3,1 mm (**A1**, →2.20) ist das Oberflächenektoderm gefenstert, so daß die *dorsolateralen* und *epipharyngealen Plakoden* und das verdichtete *Neuralleistenmaterial* für den Oberkieferfortsatz und den ersten und zweiten Schlundbogen sichtbar sind. Der **Schnitt** verläuft durch das *Mesenzephalon* und die *Augenfurchen* und zeigt die Auswanderung von Zellmaterial aus der *Neuralleiste* und den *dorsolateralen Plakoden.*

2. Neuromere. Die Grenzen der *Neuromere* sind in der Neuralrohrwand als Einkerbungen zu erkennen. Im Bereich des späteren Dienzephalons liegen zwei Neuromere *(D1 und D2).* Im Bereich des Mesenzephalons liegen die Neuromere *M1 und M2* und im späteren Rhombenzephalon die Neuromere *Rh1 bis Rh7.* Über den Neuromeren sind die Verdichtungen der bereits ausgewanderten *Neuralleistenzellen* angedeutet.

Im Ektoderm über dem späteren Telenzephalon unter der Anlage des Augenbläschens liegt die *Riechplakode.* In der Mittellinie schiebt sich die Umschlagsstelle zwischen Oberflächenektoderm und Neuralektoderm von ventral und unten als *Lamina terminalis* vor und trägt zum Schluß des *Neuroporus anterior* bei.

B. Segmentale Anordnung der Schlundbogennerven

1. Neuromere und Kopfganglien beim Menschen. Im Stadium 12 wachsen die Schlundbogennerven aus. Die Projektion auf die Neuromere zeigt, daß aus jedem zweiten Neuromer ein Schlundbogennerv entspringt: aus Rh2 der Trigeminus (**V**), aus Rh4 der Fazialis (**VII**) und aus Rh6 der Glossopharyngeus (**IX**). Die Wurzel des Vagus (**X**) entspringt im Bereich der okzipitalen Somiten und ragt nach Rh7 hinein.

2. Auswachsen der motorischen Neurone im Rautenhirn des Hühnerembryos. Durch eine selektive Anfärbung der motorischen Nervenzellen und der auswachsenden Axone mit einem monoklonalen Antikörper (gelb dargestellt) läßt sich eine Beziehung zu den Neuromeren erkennen. Die motorischen Nervenfasern der Schlundbogennerven V, VII, IX und X beachten die Segmentgrenzen und treten jeweils im kranialen der beiden einem Schlundbogen zugeordneten Neuromere aus. Das Auswachsen der Nervenfasern wird durch lokale, an die Neuromere gebundene Faktoren reguliert. Dies erinnert an die Expression der Paar-Regel-Gene, die bei der Segmentation von Drosophila beobachtet werden (→3.17), sowie an das Auswachsen der Spinalnerven (→3.22).

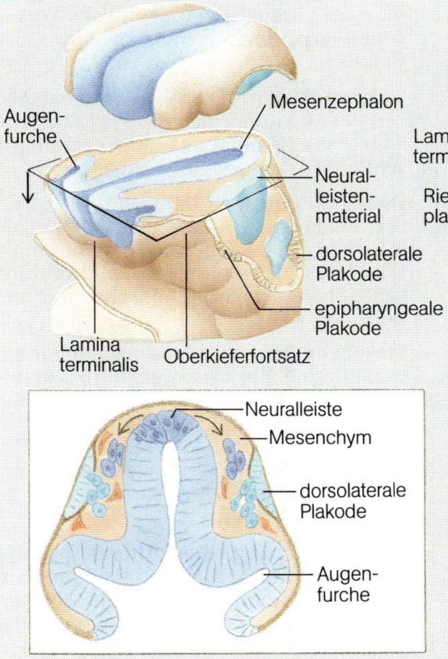

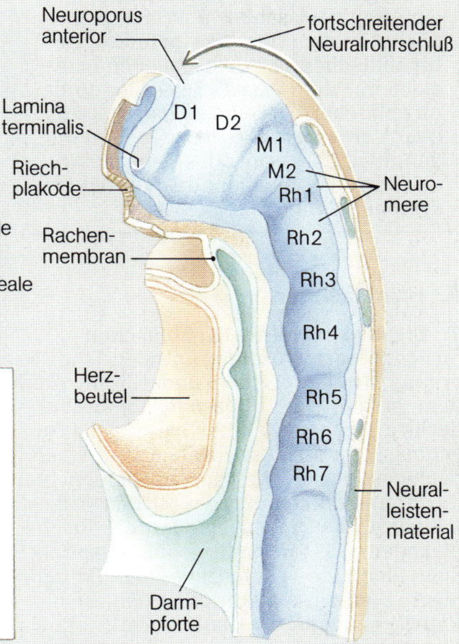

1 Kopfanlage mit Plakoden

2 Neuromere

A. Neuromere und Plakoden im Stadium 11

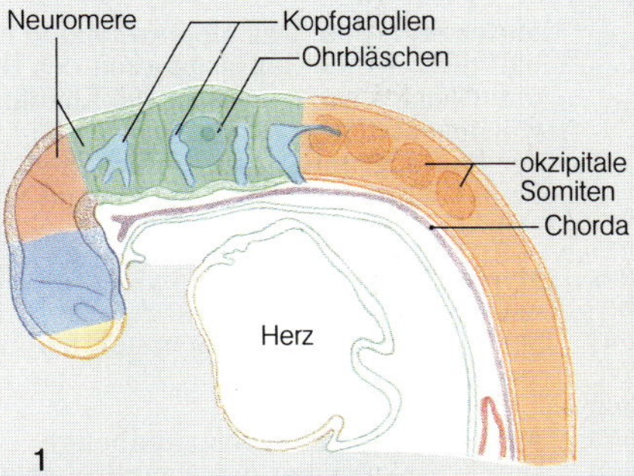

1
Neuromere und Schlundbogennerven im Stadium 12

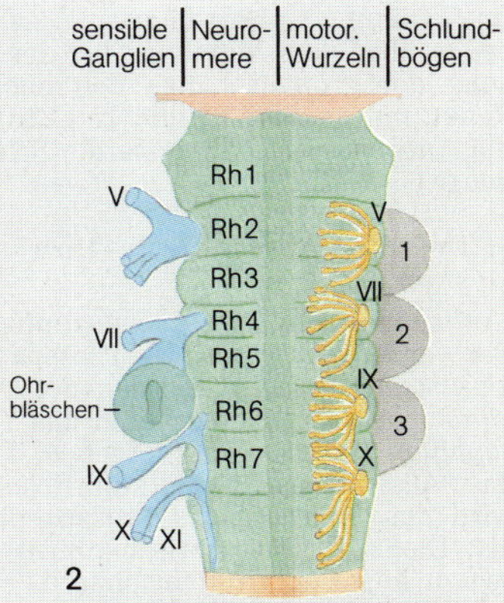

2
Auswachsen der motorischen Neurone (Hühnerembryo)

B. Segmentale Anordnung der Schlundbogennerven

Die Gliederung des Neuralrohres in Neuromere wird durch die Ausbildung der Gehirnbläschen überlagert. Zunächst bilden sich drei **primäre Gehirnbläschen (A1).** Anschließend entsteht mit dem Auswachsen der Endhirnbläschen (Telenzephalon) aus dem Vorderhirn (Prosenzephalon) die definitive Gliederung des Gehirns. Aus den Hirnbläschen geht das **Ventrikelsystem** hervor **(A3)**.

A. Hirnbläschen

1. Die drei primären Hirnbläschen

Sie sind Zentren für die zentralen Sinnesorgane Riechen, Sehen und Hören. Aus dem ersten, dem *Prosenzephalon* (Vorderhirn), stülpen sich nach lateral die Augenbläschen aus, die ihrerseits im Oberflächenektoderm die Linsenpladoden induzieren. Im Ektoderm des Stirnfortsatzes induziert das Prosenzephalon die Riechplakoden. Das zweite Bläschen entspricht dem späteren *Mesenzephalon* (Mittelhirn). Das dritte Gehirnbläschen ist das *Rhombenzephalon* (Rautenhirn). Dem Rhombenzephalon sind beiderseits die Ohrbläschen zugeordnet, die sich durch Einstülpung der Ohrplakoden aus dem Ektoderm entwickeln.

2. Scheitel- und Nackenbeuge

Im Stadium 13 (**A2a**) bildet die *Scheitelbeuge* über dem Mittelhirn bei der Messung der größten Länge den höchsten Punkt. Im Stadium 14 und 15 (**A2b**) liegt die *Nackenbeuge* höher als die Scheitelbeuge (→ 2.4).

3. Definitive Abschnitte des Hirnstamms

Untergliederung des Prosenzephalons. Der vordere Abschnitt des Prosenzephalons ist ein Riechhirn, aus dem der *Bulbus olfactorius* (Riechkolben) und das *Telenzephalon* (Endhirn) hervorgehen. Durch das Auswachsen der Endhirnbläschen wird das ursprüngliche Prosenzephalon als Dienzephalon (Zwischenhirn) zwischen die Endhirnhemisphären eingeschlossen. Die Endhirnbläschen werden zum I. und II. Ventrikel, das unpaare Vorderhirnbläschen zum III. Ventrikel im Dienzephalon. Die *Lamina terminalis* wird als vordere Begrenzung des Prosenzephalons dem Telenzephalon zugerechnet.

Telenzephalon. Die Endhirnhemisphären gehen am *Foramen interventriculare* vom Zwischenhirn ab und überwachsen schließlich den gesamten Hirmstamm.

Dienzephalon. Das Dienzephalon ist primär ein Sehhirn, aus dem sich die Augenbläschen ausstülpen. Der Thalamus in der Wand des Dienzephalons dient ursprünglich der Verarbeitung optischer Information.

Mesenzephalon. Im Mesenzephalon entwickelt sich die *Vierhügelplatte.* In den oberen Vierhügeln wird optische Information und in den unteren Vierhügeln Hör- und Gleichgewichtsinformation zu Haltungs- und Blickbewegungen verarbeitet. Das Mittelhirnbläschen verengt sich zum Aquaeductus cerebri.

Untergliederung des Rhombenzephalons. Der hintere Abschitt des Rhombenzephalons kann als verlängertes Rückenmark aufgefaßt werden, aus dem die Pharyngealbogennerven entspringen. Es wird als *Myelenzephalon* (Markhirn) bezeichnet. Der vordere Abschnitt des Rhombenzephalons ist dann der letzte Abschnitt des eigentlichen Gehirns, das *Metenzephalon* (Nachhirn). Die Höhlung des Rhombenzephalon-Bläschens bleibt als IV. Ventrikel erhalten.

Metenzephalon. Das Metenzephalon enthält die zentrale Repräsentation des Hör- und Gleichgewichtsorgans. Die Kleinhirnwülste entstehen in den oberen Lippen der Rautengrube. Das Kleinhirn dient der Feinabstimmung von Haltungs- und Stellreflexen.

Myelenzephalon. Das Myelenzephalon enthält als Schlundhirn die Kerne für die Schlundbogennerven des ersten bis fünften Schlundbogens.

4. Entwicklung der Brückenbeuge

Durch Einknickung des Neuralrohrs entsteht die nach ventral gerichtete Brückenbeuge und die Rautenstruktur mit nach lateral ausladenden Ecken. Das Dach des IV. Ventrikels wird dabei dünn ausgezogen.

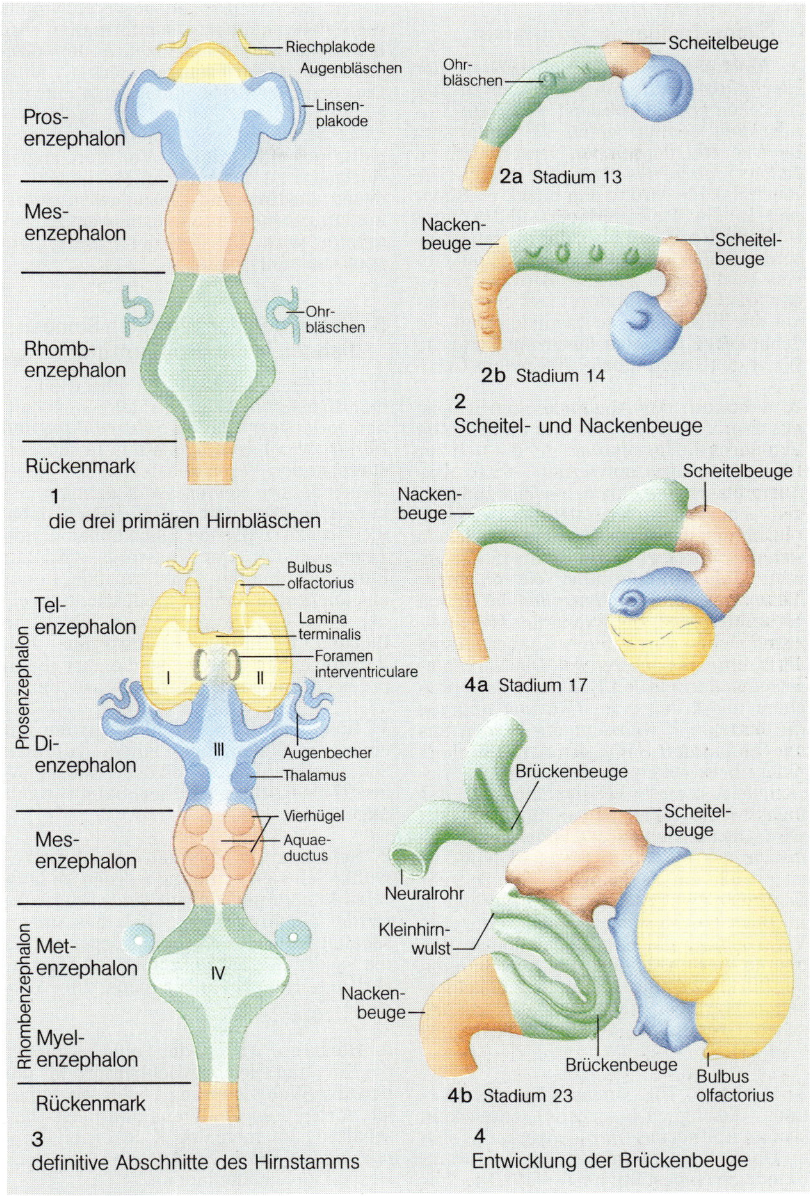

A. Hirnbläschen

A. Verlauf der zentralen Sinnesbahnen im Hirnstamm

1. Riechbahn. Die Epithelzellen der *Riechplakode* differenzieren sich zu Sinneszellen und Stützzellen (→5.5). Die *Sinneszellen* senden einen Nervenfortsatz nach zentral, der mit den Nervenzellen im *Bulbus olfactorius* Synapsen bildet. Die Riechplakode wird in den primären Choanen in die Tiefe verlagert und kommt schließlich auf und über der obersten Nasenmuschel zu liegen. Der Bulbus olfactorius ist die erste zentrale Repräsentation der *Riechbahn.* Von dort zieht ein Schenkel der Riechbahn zu medialen und ein Schenkel zu lateralen Riechzentren in die Wand des Telenzephalon-Bläschens (**A1**).

2. Sehbahn. Das Augenbläschen wächst aus dem Vorderhirn aus und induziert im Ektoderm die *Linsenplakode,* die sich zur Linse des Auges entwickelt (→5.6). Das Augenbläschen stülpt sich selbst zum Augenbecher ein. Im Neuralepithel des inneren Blattes des Augenbechers entwickeln sich die *Sinneszellen* der Retina (Stäbchen und Zäpfchen), die über ein *bipolares Neuron* mit den *Ganglienzellen* der Retina verbunden sind. Die Axone der Ganglienzellen ziehen durch den Augenbecherstiel als *N. opticus* nach zentral. Die Nervenfasern aus der nasalen Hälfte des Augenbechers überkreuzen im *Chiasma opticum* die Mittellinie, während die Fasern aus der temporalen Hälfte des Augenbechers nicht überkreuzen, so daß das rechte Gesichtsfeld in die linke Hirnhälfte und das linke in die rechte Hirnhälfte projiziert wird. Die meisten Fasern enden im *Thalamus* in der Wand des Dienzephalons. Er ist primär ein Sehzentrum. Ein Teil der Sehfasern zieht zu den *oberen Vierhügeln* im Dach des Mesenzephalons weiter. Die Verarbeitung der Sehinformation in den oberen Vierhügeln dient der Koordination der Blickbewegung. Die Augenmuskelnerven entspringen daher aus der motorischen Grundplatte des Mesenzephalons (→4.11).

3. Hörbahn. Die Sinneszellen des Hör- und Gleichgewichtsorgans entwickeln sich im Epithel des *Ohrbläschens,* das sich als Ohrplakode lateral vom Rautenhirn im Ektoderm eingestülpt hat (→5.9). Die *Sinneszellen* im Innenohr besitzen Zilien, mit denen sie Bewegungen der Endolymphe registrieren können. Die Information wird über bipolare Ganglienzellen des *Ganglion spirale* nach zentral geleitet (N. VIII). Die erste zentrale Repräsentation der Hör- und Gleichgewichtsbahn ist der *Nucleus vestibulocochlearis* in der Flügelplatte des Rautenhirns. Von dort ziehen Hörfasern zu den unteren Vierhügeln, in denen die Hör- und Gleichgewichtsinformation zur Regulation der Bewegung verarbeitet wird. Ein Teil der Fasern zieht zum Thalamus weiter.

B. Projektion der zentralen Sinnesbahnen in die Großhirnrinde

Die Großhirnhemisphären überwachsen den Hirnstamm. Die zentralen Sinnesbahnen verlängern sich als *Sehstrahlung* und *Hörstrahlung* vom Thalamus in die entsprechenden Projektionsfelder der Großhirnrinde. Die Nervenfasern nehmen den kürzesten Weg und durchbrechen dabei die Grenze zwischen Dienzephalon und Telenzephalon. Der Thalamus wird zur Eingabestation der Großhirnrinde, in der alle afferenten Bahnen umgeschaltet werden. Die einzige Ausnahme bildet die Riechbahn. Da das Endhirn aus dem Riechhirn hervorgeht, ist die Riechbahn bereits primär im Endhirn repräsentiert.

1. Riechbahn. Die Riechbahn endet mit einem medialen und einem lateralen Schenkel im ältesten Teil des Telenzephalons (Paleokortex). Die Riechbahn verläuft ungekreuzt.

2. Sehbahn. Die Nervenfasern für die bewußte Sehwahrnehmung werden im lateralen Kniekörper *(Corpus geniculatum laterale),* einem Kern des Thalamus, umgeschaltet. Vom lateralen Kniekörper ziehen die Fasern der *Sehbahn* über das Marklager des Hinterhauptslappens zur *Sehrinde.*

3. Hörbahn. Wie bei der Sehbahn ziehen die Hör- und Gleichgewichtsfasern für die bewußte Wahrnehmung am Mesenzephalon vorbei zum Thalamus und nach Umschaltung im medialen Kniekörper *(Corpus geniculatum mediale)* weiter zum Hörfeld im Schläfenlappen.

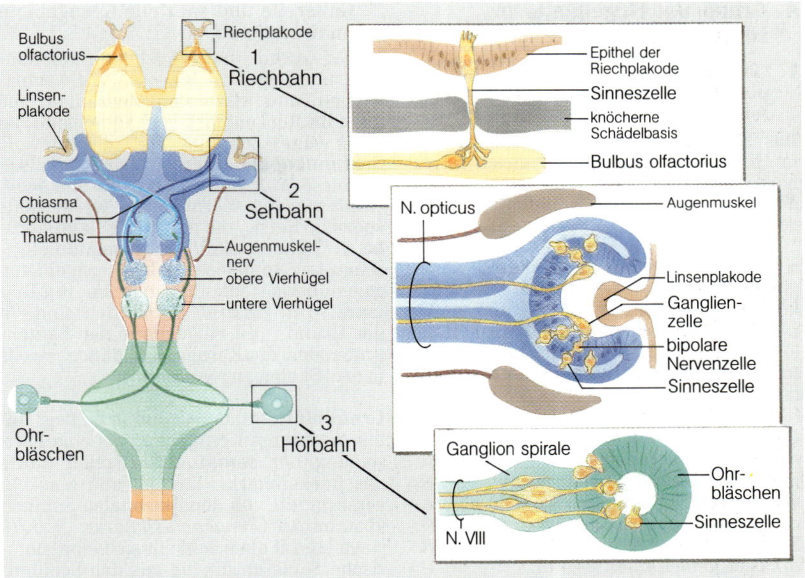

A. Verlauf und Verschaltung der zentralen Sinnesbahnen im Hirnstamm

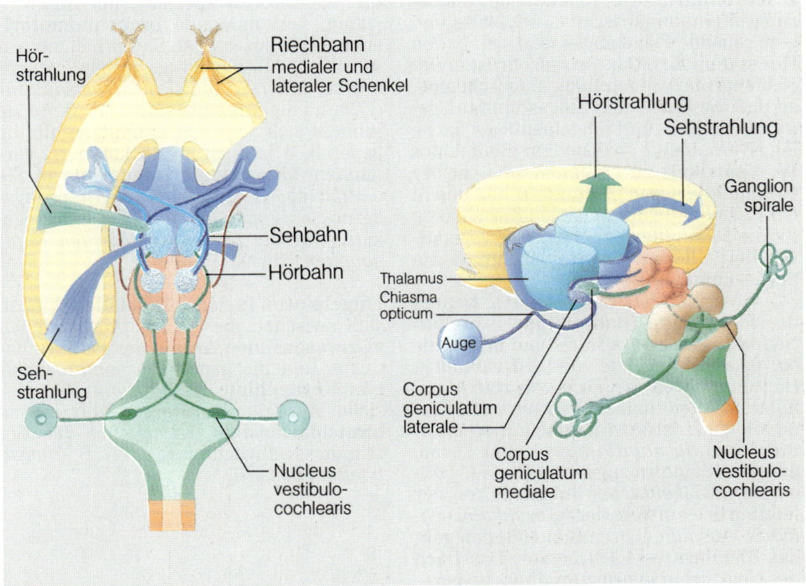

B. Die Projektion der zentralen Sinnesbahnen in die Großhirnrinde

A. Grund- und Flügelplatte im Hirnstamm

1. Gliederung der Grund- und Flügelplatte im Rückenmark und im Rautenhirn

Das Neuralrohr ist im Rückenmark und im Hirnstamm grundsätzlich gleich aufgebaut. Die motorischen Zentren liegen in der Grundplatte, die sensiblen in der Flügelplatte.

a Rückenmark. Die motorischen Kerngebiete sind in der **Grundplatte** des Rükkenmarks angeordnet (→4.4A und 4.6A). Die Kerne für die somatische Muskulatur liegen im motorischen Vorderhorn (*somatomotorische Säule*) und die für die vegetativen Funktionen im Seitenhorn *(viszeromotorische Säule)* (**A1**). Die **Flügelplatte** enthält die *somatosensiblen* und *viszerosensiblen* Kerngebiete für die Spinalnerven. Als zentrale Repräsentation des vegetativen Nervensystems bilden die viszeromotorische und die viszerosensible Säule eine funktionelle am *Sulcus limitans* gelegene Einheit (→4.6).

b Rautenhirn. Die funktionelle Gliederung in eine motorische Grundplatte und eine sensible Flügelplatte setzt sich in den Hirnstamm fort. Das Neuralrohr ist in der Rautengrube wie ein Buch aufgeschlagen, so daß die durch den Sulcus limitans getrennte Grund- und Flügelplatte als flache längsverlaufende Wülste am Boden des **IV. Ventrikels** zu erkennen sind. In der Grundplatte liegen die motorischen und in der Flügelplatte die sensiblen Kerngebiete für die Schlundbogennerven. Die vegetativen Kerne liegen wie im Rückenmark am Sulcus limitans.

Aus der Matrixzone in den Kanten der Flügelplatte (**Rautenlippe**) wandern Neuroblasten nach ventral und bilden die *basalen Kerngebiete* des Hirnstamms. Hierzu gehören die *Formatio reticularis* mit dem Atem- und Schluckzentrum, Kerne, die zum extrapyramidalen System (*N. ruber* und *Substantia nigra*), und Kerne, die dem Kleinhirn zugeordnet sind (*N. olivarius, Brückenkerne*). In den Ecken der Rautenrube entsteht der *N. vestibulocochlearis.* Aus den oberen Rautenlippen geht das Kleinhirn (→4.13) hervor. Das Dach des Neuralrohrs wird zum dünn ausgezogenen Dach des IV. Ventrikels.

2. Generelle und spezielle Kerngebiete im Hirnstamm

In der Grund- und Flügelplatte der Rautengrube schiebt sich zwischen die somatischen und viszeralen Zellsäulen, die auch im Rückenmark vorhanden sind, jeweils eine Zellsäule ein, die für die **Schlundbogennerven** charakteristisch ist. Diese *branchialmotorischen* und *branchialsensiblen* Kerngebiete werden als spezielle Kerne, die nur in der Rautengrube vorhanden sind, den somatomotorischen und somatosensiblen Kerngebieten gegenübergestellt, die auch im Rückenmark, d. h. *generell* vorhanden sind. In der Grund- und Flügelplatte der Rautengrube sind die Kerngebiete daher jeweils in drei Säulen angeordnet.

Grundplatte. In der Grundplatte liegt unten medial ein Kerngebiet, das eine Fortsetzung der **somatomotorischen Säule** des Rückenmarks darstellt und Muskeln versorgt, die von den okzipitalen Somiten abstammen (*Zungenmuskulatur, N. XII*). Nach lateral oben schließt sich eine motorische Säule an für die aus den Schlundbögen stammende (branchiale) Muskulatur. Sie wird als spezielle, nur im Hirnstamm vorkommende **branchialmotorische Säule** bezeichnet. Sie enthält motorische Kerne für die quergestreifte *Schlundmuskulatur (IX),* die *Gesichtsmuskulatur (VII)* und die *Kaumuskulatur (V, 3).* An sie schließt sich zum Sulcus limitans hin die generell, d. h. auch im Rückenmark, vorhandene **viszeromotorische Säule** an. Sie enthält die viszeroefferenten Ursprungskerne des *Vagus (X)* und die Ursprungskerne für die *parasympathischen Kopfganglien* (VII, IX).

Flügelplatte. In der Flügelplatte schieben sich zwischen die generell vorhandenen **viszerosensiblen Areale** des Parasympathikus und die generellen **somatosensiblen Kerngebiete** des *Trigeminus (V)* spezielle nur im Hirnstamm vorhandene **branchialsensible Kerne** für die Geschmackswahrnehmung ein (z. B. *Chorda tympani aus VII*).

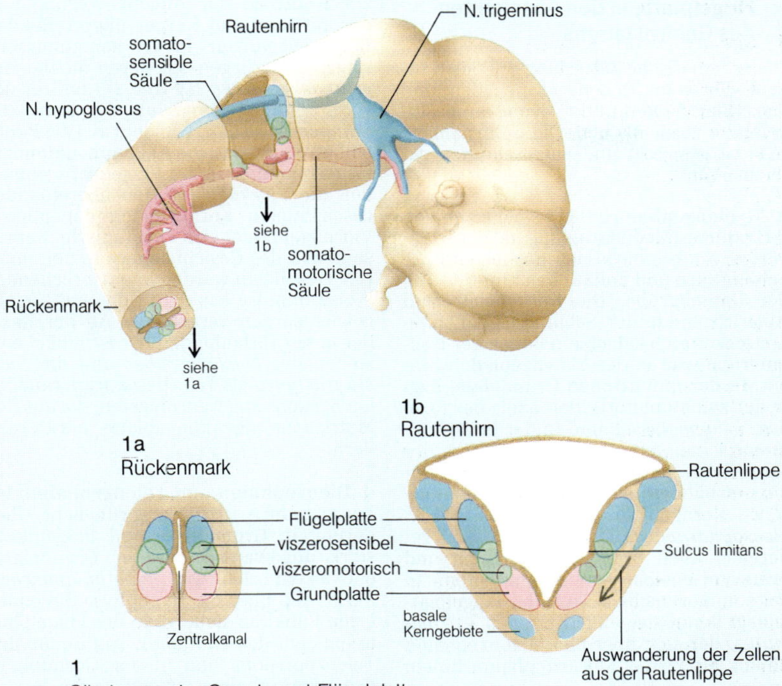

1
Gliederung der Grund- und Flügelplatte im Rückenmark und im Rautenhirn

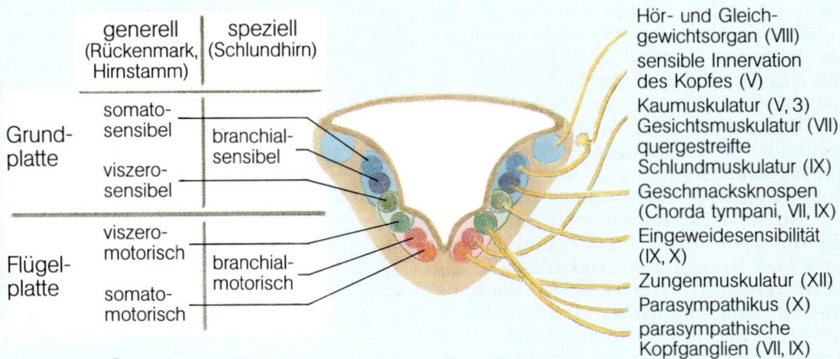

2
generelle und spezielle Kerngebiete im Hirnstamm

A. Grund- und Flügelplatte im Hirnstamm

A. Abwandlung der Grund- und Flügelplatte in den Abschnitten des Gehirnstamms

Die schematische Zeichnung soll das Konzept der somatischen, branchialen und viszeralen Säulen in der Grund- und Flügelplatte verdeutlichen. Die Gehirnanlage (**A1**) ist gestreckt und aufgeschnitten gedacht (**A2**).

a Myelenzephalon. Das Myelenzephalon (Markhirn) (Medulla oblongata = verlängertes Rückenmark) ist das eigentliche Schlundhirn und umfaßt den hinteren Teil der Rautengrube. Die Kerngebiete und Austrittspunkte der Schlundbogennerven erstrecken sich jedoch am Boden der Rautengrube weit in das Metenzephalon hinein. In der motorischen Grundplatte liegt in der somatomotorischen Säule der Kern des *N. hypoglossus* und in der branchialmotorischen, aufsteigend aus C1–C4, der Kern des *N. accessorius*. Am Sulcus limitans schließen sich die viszeromotorischen Kerngebiete von *N. vagus* und *N. glossopharyngeus* an, die neben den generellen auch branchialmotorische und branchialsensible Anteile enthalten. In der somatosensiblen Säule der Flügelplatte liegt der absteigende Kern des *N. trigeminus*, der sich über das Metenzephalon hinaus bis in das Mesenzephalon hinein erstreckt (→4.10 A1).

b Metenzephalon. Das Nachhirn (Metenzephalon) ist der kraniale Teil des Rautenhirns. Es enthält primär die zentrale Repräsentation des Hör- und Gleichgewichtsorgans *(Nucleus vestibulocochlearis)*. In räumlicher und funktioneller Nachbarschaft entwickelt sich in der oberen Rautenlippe das Kleinhirn, das ursprünglich die Information aus dem Gleichgewichtsorgan zur Korrektur der Haltung im Raum verarbeitet.

Die branchialmotorische Säule enthält den Kern des *N. facialis* und die motorische Wurzel des *N. trigeminus* für die Kaumuskulatur. Die *Chorda tympani* führt parasympathische viszeroefferente Fasern und branchialsensible Geschmacksfasern. Aus der somatomotorischen Säule entspringt der *N. abducens*, der als Augenmuskelnerv funktionell zum Mesenzephalon gehört.

c Mesenzephalon. Das Mittelhirn dient zur Kontrolle der Augenbewegung und der auf Kopf und Körper übergreifenden Blickbewegungen. In der somatomotorischen Säule liegen die Kerne für die *Augenmuskelnerven (III und IV)* und in der viszeromotorischen Säule der Kern von *Edinger-Westphal*, von dem aus die Pupillenbewegung und die Akkommodation gesteuert werden. In der Flügelplatte entstehen die *Vierhügel*. In den übereinander geschichteten Kerngebieten der oberen Vierhügel findet sich eine topische Repräsentation des Gesichtsfeldes. In den unteren Vierhügeln werden in entsprechender Weise Impulse aus dem Hör- und Gleichgewichtsorgan verarbeitet. An der Basis der unten verlaufenden Hirnschenkel entstehen der *Nucleus ruber* und die *Substantia nigra* als Teile des extrapyramidalen Systems aus Neuroblasten, die aus der Matrixzone der Flügelplatte herabwandern.

d Dienzephalon und Telenzephalon. Im Zwischenhirn ist die ursprüngliche Gliederung in Grundplatte und Flügelplatte stark abgewandelt. In der Grundplatte entwickeln sich die *hypothalamischen Kerne*, die über die Hypophyse die endokrine Funktion steuern. In der Flügelplatte entsteht der *Thalamus*. Am Boden des Telenzephalons und in der Grundplatte des Dienzephalons entstehen die *Basalganglien*. Funktionell kann der Thalamus als übergeordnetes sensibles Zentrum und die Basalganglien als übergeordnete motorische Zentren aufgefaßt werden, die der Grund- und Flügelplatte des Neuralrohres entsprechen.

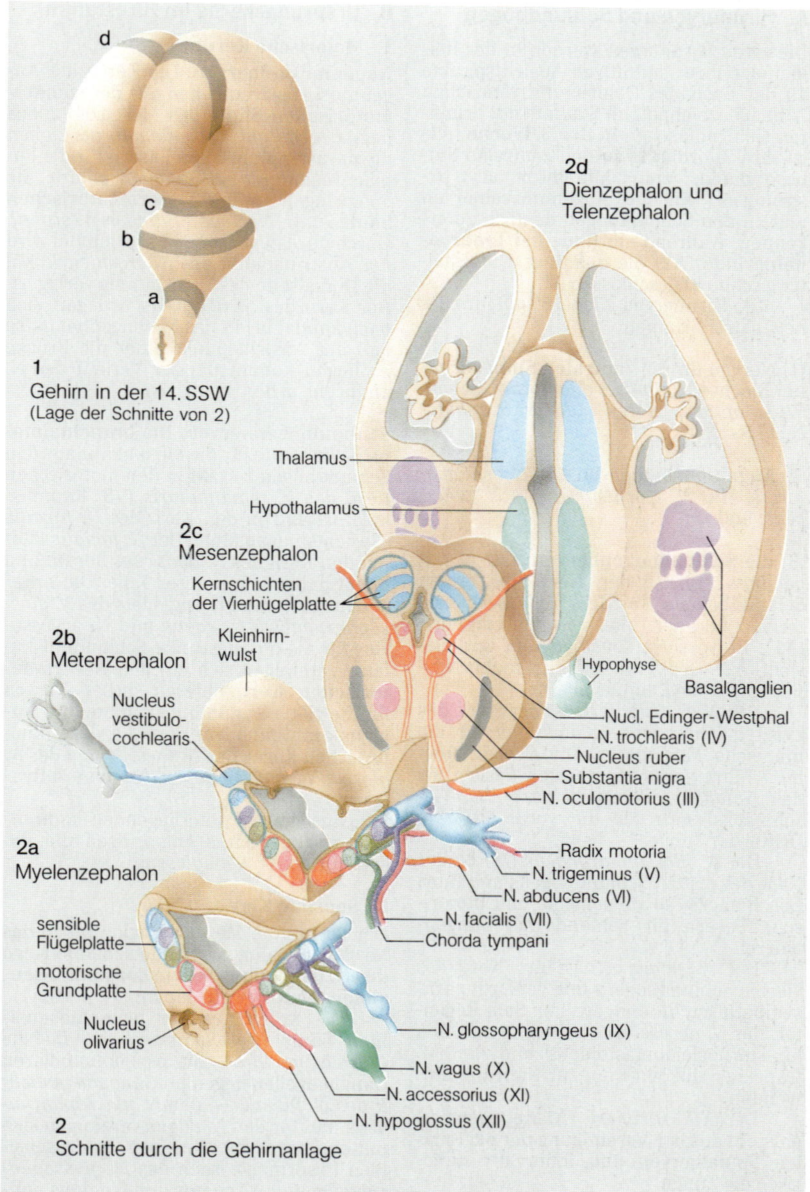

A. Abwandlung der Grund- und Flügelplatte im Hirnstamm

A. Hirnnerven und Schlundbögen

Die zwölf Hirnnerven werden in der Reihenfolge ihrer definitiven Austrittspunkte an der Basis des Gehirns mit römischen Zahlen bezeichnet. Im Stadium der primären Gehirnbläschen **in der 5. Woche (A1)** ist ihre Zuordnung zu den zentralen Sinnesorganen, zum Mittelhirn als Ursprungsort für die Augenmuskelnerven und zu den Schlundbögen deutlich zu erkennen, während am **Ende der Embryonalperiode (A2)** die definitive Umgestaltung schon abgeschlossen ist.

Die Hirnnerven gliedern sich funktionell in drei Gruppen:

(1) Nerven für die **zentralen Sinnesorgane:** Riechen, *(I) Bulbus olfactorius;* Sehen, *(II) N. opticus;* Hören, *(VIII) N. vestibulocochlearis.*

(2) **Augenmuskelnerven:** *(III) N. oculomotorius; (IV) N. trochlearis; (VI) N. abducens;* und

(3) die **Schlundbogennerven:** Der *N. trigeminus (V)* ist der Nerv des ersten Schlundbogens, aus dem der Oberkieferfortsatz und der Unterkiefer hervorgehen (**A1**). Er versorgt sensibel Kopf und Gesicht (**A2**). Der dritte Ast führt motorische Fasern für die Kaumuskulatur.

Der *N. facialis (VII)* ist der Nerv des zweiten Schlundbogens und innerviert die mimische Muskulatur. Die *Chorda tympani* führt parasympathische Fasern für das *Ganglion submandibulare* und Geschmacksfasern für die vorderen zwei Drittel der Zunge.

Der *N. glossopharyngeus (IX)* ist der Nerv des dritten Schlundbogens und führt Geschmacks- sowie sensible und motorische Fasern für Schlund und Zungenwurzel.

Der *N. vagus (X)* ist der Nerv des vierten Schlundbogens und versorgt parasympathisch die Eingeweide. Sein Begleiter, der *N. accessorius (XI)* innerviert den M. sternocleidomastoideus und den M. trapezius, die den Kopf zur Nahrung hinwenden.

Der *XII. Hirnnerv (N. hypoglossus)* entsteht aus der Vereinigung der okzipitalen Spinalnerven und innerviert motorisch die Zunge.

B. Ursprungskerne im Hirnstamm

1. Motorische Kerne

Augenmuskelnerven. Die Kerne der Augenmuskelnerven gehen aus der **somatomotorischen Säule** des Mesenzephalons hervor. Mit dem *N. oculomotorius* ziehen die parasympathischen Fasern für die Pupillenreaktion zum *Ganglion ciliare.* Sie entspringen in der **viszeromotorischen Säule** im *Nucleus Edinger-Westphal.* Durch durchwachsende Faserbündel wird der Austrittspunkt des *N. trochlearis* auf die Dorsalseite des Hirnstamms verlagert. Der Kern des *N. abducens* verlagert sich nach kaudal bis in das Metenzephalon, so daß der Austrittspunkt unter die Brücke zu liegen kommt (langer Verlauf des N. abducens in der Hirnbasis).

Schlundbogennerven. Die **branchialmotorische Säule** für die Muskulatur aus den Schlundbögen zerfällt in den motorischen Kern des *N. mandibularis* (V3, Kaumuskulatur) und in den Kern des *N. facialis* (Gesichtsmuskulatur). Der *N. facialis* läuft um den Kern des *N. abducens* herum und bildet dabei sein inneres Knie. Die branchialmotorischen Kerngebiete des *N. glossopharyngeus, N. vagus* und N. accessorius für die quergestreifte Schlundmuskulatur vereinigen sich mit den **viszeromotorischen Kerngebieten** dieser Nerven für die glatte Schlundmuskulatur zum **Nucleus ambiguus**, vor dem die viszeromotorischen Kerne des *N. facialis* und des *N. glossopharyngeus* liegen (**Nucleus salivatorius**).

Aus der darunterliegenden **somatomotorischen** Säule entspringen die Fasern für den *N. hypoglossus.*

2. Sensible Kerne

Der lange vom Mesenzephalon bis in das Myelenzephalon reichende **sensible Kern des N. trigeminus** liegt in der **somatosensiblen Säule** der Flügelplatte (→4.10 A1).

Die Kerne aus der **branchiosensiblen Säule** *(Geschmacksfasern)* für die *Chorda tympani* – die pseudounipolaren Ganglienzellen liegen im *Ganglion geniculi des N. facialis* –, den *N. glossopharyngeus* und für den *N. vagus* vereinigen sich mit den parasympathischen viszerosensiblen Ursprungskernen des *N. glossopharyngeus* und *N. vagus* zum **Nucleus solitarius.**

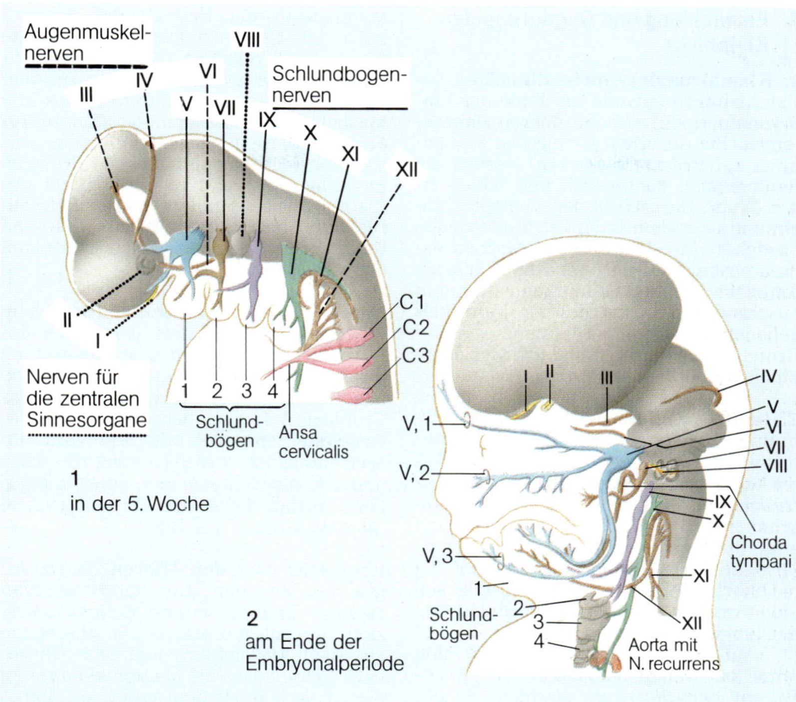

A. Hirnnerven und Schlundbögen

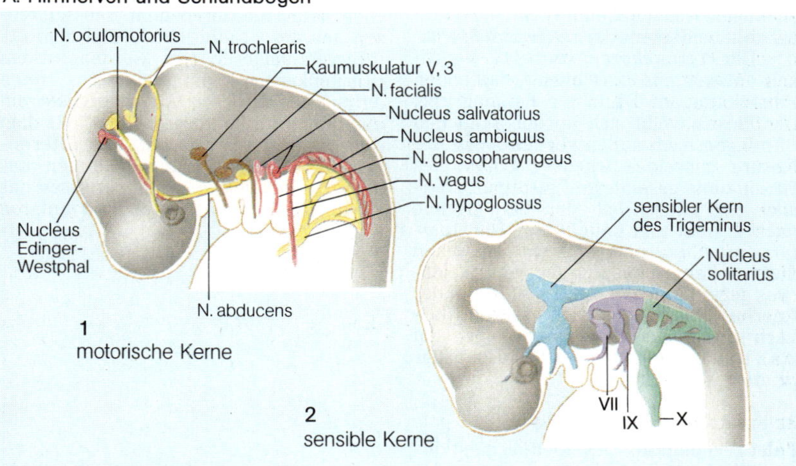

B. Ursprungskerne im Hirnstamm

A. Entwicklung und Gliederung des Kleinhirns

1. Kleinhirnanlage im Stadium 23
Das Kleinhirn entsteht am Ende der Embryonalperiode aus den oberen *Rautenlippen.* Bei der Einknickung des Rautenhirns zur Brückenbeuge (**1a**) werden die Rautenlippen quergestellt und bilden einen Wulst, der sich in den Ventrikel hinein und über dem Dach der Rautengrube ausdehnt (**1b**). Die Grenze zwischen extraventrikulärem und intraventrikulärem Anteil wird von der Schnittkante des dünn ausgezogenen Dachs des IV. Ventrikels gebildet. Am Boden der Rautengrube sind Grund- und Flügelplatte des Myelenzephalons zu erkennen (**1b**).

2. Kleinhirnanlage in der 16. SSW
In der Fetalperiode wölbt sich der Kleinhirnwulst nach außen vor. An beiden Seiten entstehen die Hemisphären des *Neozerebellums,* während der zentrale Abschnitt im Wachstum zurückbleibt und eine in der Längsrichtung wurmartige Struktur bildet *(Vermis).* Die Unterteilung in Querrichtung trennt die phylogenetisch alten Anteile *(Nodulus* und *Flocculus)* von den jüngeren Kleinhirnhemisphären.

Auf einem Frontalschnitt (**2a**) sind unter der Kleinhirnanlage der *IV. Ventrikel* und der *Olivenkern* getroffen. An der Oberfläche der Kleinhirnhemisphären entwickelt sich die Kleinhirnrinde. Zentral entsteht beiderseits der *Nucleus dentatus.*

Der *Plexus choroideus* des IV. Ventrikels entsteht aus einer quer verlaufenden Einstülpung im Dach der Rautengrube. Der Plexus wölbt sich an den seitlichen Öffnungen nach außen vor (**2a**). Von der Fissura choroidea wachsen Zotten des Plexus ohne gesonderte Einstülpung parallel zur Längsachse der Rautengrube nach kranial und kaudal vor. Die *Apertura mediana* und *lateralis* entstehen durch lokale Auflösung des Ventrikeldaches gegen Ende der Fetalzeit (**2b**). In der Apertura lateralis löst sich das Ventrikeldach unter der Plexusvorwölbung auf (**2a**), so daß die Zotten des Plexus aus der Öffnung vorfallen.

3. Funktionelle Gliederung

Paleozerebellum. Das Kleinhirn ist ursprünglich ein motorisches Zentrum, das automatisch die Haltung des Körpers nach den Impulsen aus dem Gleichgewichtsorgan reguliert *(Vestibulozerebellum).* Es erhält neben Afferenzen aus dem Gleichgewichtsorgan Afferenzen aus den Muskel- und Sehnenspindeln *(Spinozerebellum).* Diese phylogenetisch alten Abschnitte liegen an der unteren (Nodulus und Flocculus) und oberen Wurzel des Kleinhirnwulstes und werden als *Paleozerebellum* bezeichnet. Ausfall führt zu Gang- und Gleichgewichtsstörungen (Ataxie).

Neozerebellum. Parallel zur Entwicklung des Großhirns erweitert sich das Kleinhirn durch Auffaltung und Ausweitung des Kleinhirnwulstes zum *Neozerebellum,* das von motorischen Impulsen aus der Großhirnrinde und dem extrapyramidalen System parallel miterregt wird. Im Neozerebellum wird bevorzugt die Feinmotorik von Händen und Fingern reguliert. Ausfall dieser Funktion führt zum Intentionstremor und Rigor.

Einteilung nach den Afferenzen. Die Afferenzen aus dem Gleichgewichtsorgan gelangen über die *unteren Kleinhirnstiele* zum Vestibulozerebellum. Die Afferenzen aus dem Rückenmark und dem Olivenkern treten durch die *oberen und unteren Kleinhirnstiele* ein und enden im Spinozerebellum. Beide zusammen entsprechen dem Paleozerebellum. Die Afferenzen aus der Großhirnrinde und dem extrapyramidalen System werden in den Brückenkernen umgeschaltet, treten durch die *mittleren Kleinhirnstiele* ein und enden im Pontozerebellum, das dem Neozerebellum entspricht. Die **Efferenzen** des Neozerebellums stammen aus dem *Nucleus dentatus* und verlassen das Kleinhirn über die oberen und unteren Kleinhirnstiele.

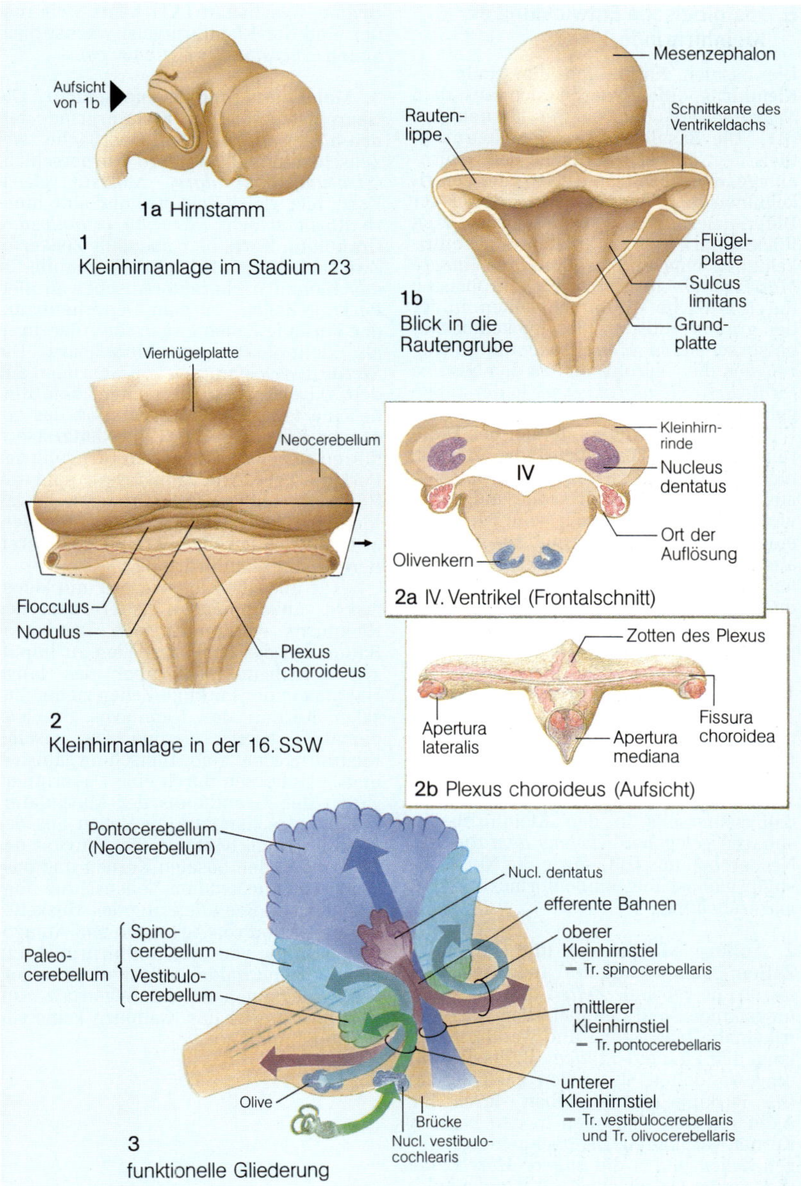

A. Entwicklung und Gliederung des Kleinhirns

B. Histologische Entwicklung der Kleinhirnrinde

Die basalen Kerne und die Rinde des Kleinhirns differenzieren sich aus dem *Neuralepithel* der oberen Rautenlippe (**B1**). Die Basalmembran des Neuralepithels liegt an der Oberfläche der Gehirnanlage; die Zellspitzen weisen zum Ventrikellumen des IV. Ventrikels. Wie bei der Differenzierung des Neuralrohres zum Rückenmark (→4.3), entsteht am Ventrikellumen eine Proliferationszone (*innere Matrixzone),* in der die Neuroblasten durch kritische Mitosen entstehen. In der der grauen Substanz des Rückenmarkes entsprechenden *Mantelzone* differenzieren sich die Neuroblasten zu den *basalen (zentralen) Kleinhirnkernen.* In der außen gelegenen *Marginalzone* entsteht die Kleinhirnrinde. Anders als bei der Differenzierung der Großhirnrinde, die von nicht mehr teilungsfähigen Neuroblasten aus der inneren Matrixzone aufgebaut wird (→4.17), bildet sich beim Kleinhirn eine *äußere Matrixzone* aus, aus der heraus sich die Nervenzellen und die Gliazellen der Kleinhirnrinde bilden (**B2**). Nur die für das Kleinhirn charakteristischen großen *Purkinje-Zellen* steigen aus der inneren Matrixzone in die Rinde auf.

1. Basale Kleinhirnkerne. Aus der am Ventrikel gelegenen Matrixzone des Neuralepithels wandern als erstes die Neuroblasten für die basalen Kerne des Kleinhirns aus und siedeln sich in der *Mantelschicht* des Neuralepithels ab. Sie bilden den beiderseits in den Kleinhirnhemisphären gelegenen *Nucleus dentatus* des Neozerebellums (**B3**) sowie die Nuclei fastigii, globosi und emboliformes des Paleozerebellums.

2. Äußere Matrixzone und Purkinje-Zellen. In einer zweiten Wanderwelle verlassen die *Purkinje-Zellen* und noch teilungsfähige Neuralepithelzellen die ventrikelnahe Matrixzone und wandern entlang der zu *Pfeilerzellen* (Radiärfasern) umgewandelten Stützzellen nach außen. Die Purkinje-Zellen bleiben durch ihr Axon mit den Neuronen in den basalen Kernen verbunden. Die noch teilungsfähigen Zellen bilden die *äußere Matrixzone* (**B2**) an der Oberfläche der Kleinhirnanlage. Das zunächst in den IV. Ventrikel gerichtete Wachstum (**A1**) kehrt sich nun um, und der Kleinhirnwulst wächst nach außen *(Eversion des Kleinhirnes).*

3. Molekular- und Körnerschicht. Die Neuroblasten für die Kleinhirnrinde bilden an der eingefalteten Oberfläche zwei Zellschichten, die äußere Körnerschicht *(Stratum moleculare,* Molekül gleich Korn, hier gleich Zellkern) und eine innere Körnerschicht *(Stratum granulosum,* Granulum, Korn, hier ebenfalls Zellkern). Zwischen beiden Schichten liegen die für das Kleinhirn charakteristischen großen Purkinje-Zellen. An dem Dendritenbaum der Purkinje-Zellen enden die Afferenzen als Kletterfasern und Moosfasern. Die *Kletterfasern* stammen von Neuronen aus dem Olivenkern, dessen eingefaltete Rinde eine topische Repräsentation des gesamten Körpers besitzt. Die Kletterfasern führen zu einer lokalisierten Erregung der Purkinje-Zelle. Die *Moosfasern* sind die Endverzweigungen aller anderen in das Kleinhirn eintretenden Fasern. Sie verzweigen sich jeweils über einen größeren Bereich der Kleinhirnrinde.

Die über die Kletterfasern und Moosfasern ankommenden Afferenzen des Kleinhirns werden an den Dendriten-Bäumchen der Purkinje-Zellen zu Impulsen verarbeitet, die über das lange Hauptaxon der Purkinje-Zellen zu den basalen Kernen des Kleinhirns (Nucleus dentatus) geleitet werden. Die basalen Kleinhirnkerne sind topisch organisiert und beeinflussen durch eine Dauerinnervation den Grundtonus der Muskulatur. Die Impulse der Purkinje-Zellen aus der Kleinhirnrinde hemmen die Aktivität der Neurone in den basalen Kernen und passen so „on line" und im Nebenschluß über eine gezielte Beeinflussung des Muskeltonus die Aktion von Agonisten und Antagonisten an die von der Großhirnrinde und dem extrapyramidalen System innervierten Bewegungen an. Im Gegensatz zum Großhirn besitzt das Kleinhirn keine Gedächtnisfunktion.

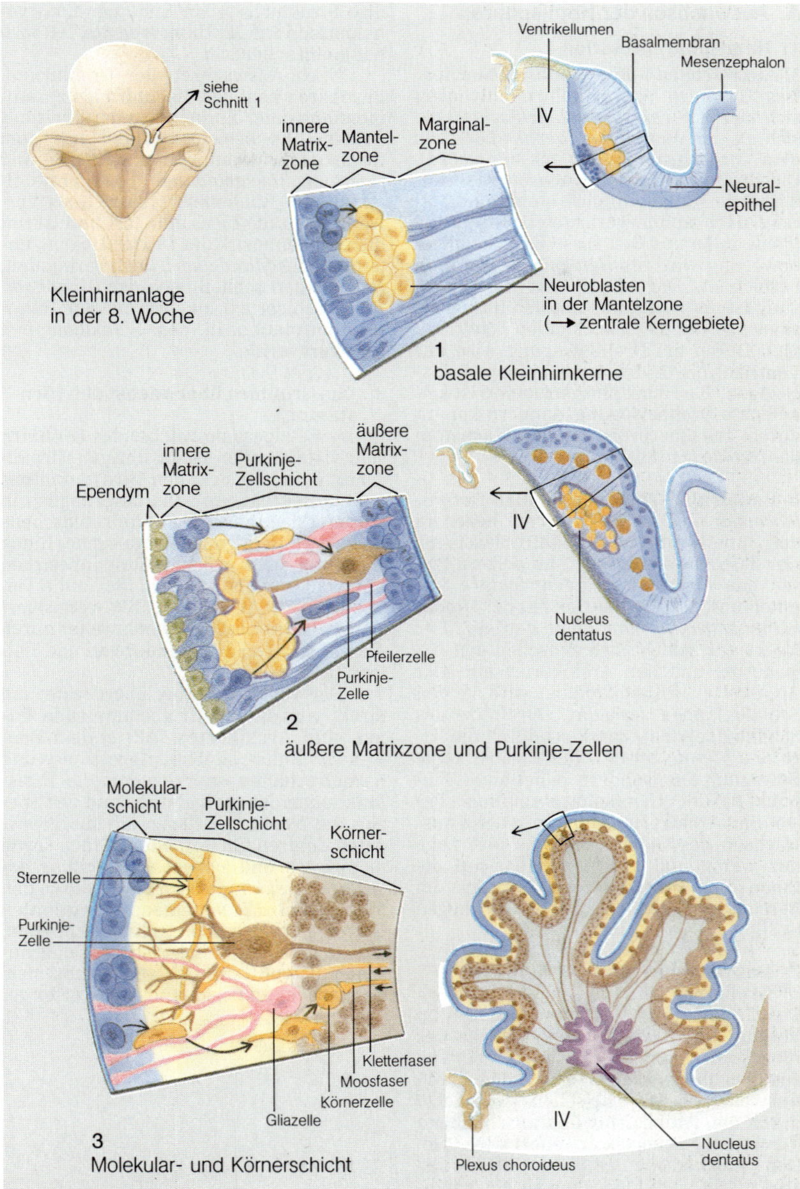

B. Histologische Entwicklung der Kleinhirnrinde

A. Auswachsen der Hemisphären

1. Hemisphärenrotation

a Auswachsen der Endhirnbläschen. Das Großhirn oder Endhirn entwickelt sich aus den *Telenzephalonbläschen,* die sich an der Wurzel des *Riechkolbens* aus dem Vorderhirnbläschen ausstülpen (**1a**). Die Großhirnbläschen wachsen wie Widderhörner in einem nach hinten und spiralig nach außen gerichteten Bogen aus (Pfeile in **1a** und **3c**). Diese Entwicklungsbewegung wird als *Hemisphärenrotation* bezeichnet. Der Mittelpunkt der Bewegung ist der Thalamus mit den Basalganglien und der sie bedeckenden *Inselrinde* (**3c**). Durch die Drehbewegung wird der Ventrikel bis in den Schläfenlappen ausgezogen. Die Hemisphärenrotation ist keine echte Drehbewegung, sondern kommt durch das überproportionale Wachstum des *Neokortex* (**1b**) zustande.

b Endhirnbläschen von medial. Der *Paleocortex* und der *Archikortex* liegen in der Innenwand des Endhirnbläschens. Der Paleokortex und der Mandelkern fassen das *Foramen interventriculare* von unten und der Archikortex mit der *Hippokampusstruktur* von oben her ein. Der *Neokortex* schiebt sich zwischen den Paleokortex und den Archikortex ein. Der Archikortex (Hippokampus) wird in den Schläfenlappen verlagert. Die Spitze des Schläfenlappens – markiert durch die Lage des *Mandelkerns* – führt selbst keine Bewegung aus, sondern bildet einen Fixpunkt bei der „Hemisphärenrotation". Paleo- und Archikortex verändern beim Auswachsen des Gehirnbläschens ihre Lage nur wenig und kommen daher auf die Innen- und Unterseite des Großhirns im Bereich der Gehirnschenkel zu liegen (**A2**).

2. Das Riechhirn als Ursprung des Großhirns

Das Großhirnbläschen entwickelt sich im Verlauf der Evolution an der Basis des Riechkolbens und ist ursprünglich ein Teil des Riechhirns (Paleokortex), das durch Ausweitung des Bläschens zunächst durch den Archikortex und anschließend durch den Neokortex erweitert wird (**1b**). Der *Riechkolben* (Bulbus olfactorius) grenzt sich beim Menschen als eigenständige Struktur erst am Ende der Embryonalperiode auf der Unterseite des Telenzephalonbläschens ab.

Nach Auswachsen der Großhirnhemisphären liegt das Riechhirn als zusammenhängender Komplex an der Basis des Gehirns. Es besteht aus der mit dem Riechkolben verbundenen *medialen* und *lateralen Riechwindung.* Das laterale olfaktorische Rindenfeld setzt sich als Verwölbung in die Inselrinde fort und ist mit dem Rindenbezirk des *Unkus* (Haken), unter dem der *Mandelkern* liegt, verbunden. Nach hinten schließt sich der *Hippokampus* (Archicortex) an, der mit der Hemisphärenrotation in den Schläfenlappen verlagert wurde.

3. Das Großhirn überwächst den Hirnstamm

In der Fetalperiode wächst das Großhirn sehr viel schneller als die übrigen Hirnabschnitte und bedeckt den Hirnstamm wie ein Mantel (Pallium). Die ursprünglich in der lateralen Wand des Endhirnbläschens über den Basalganglien gelegene Rinde wird von neokortikalen Rindenbezirken überwachsen und als *Insel* (**3c**) in die Tiefe verlagert. Ab der 32. SSW vergrößert sich die Hirnoberfläche noch weiter durch Ausbildung von Hirnwindungen und Falten (**3d**).

Der vom Neokortex überdeckte und direkt vom Riechhirn abstammende **Paleo- und Archikortex** (**A2**) enthält Zentren für Ruhe-, Flucht-, Agressions- und Sexualverhalten und reguliert die Basisfunktionen des Individuums und der Spezies. Im **Neokortex** liegen die übergeordneten Zentren für *Hören* und *Sehen* sowie *motorische* und *sensibel-sensorische Assoziationsfelder,* die sich an die durch den *Sulcus centralis* voneinander getrennten Gyri pre- und postcentralis anschließen. Dem im Neokortex lokalisiertem epikritischen Bewußtsein steht das emotionale Bewußtsein im Paleo- und Archikortex gegenüber.

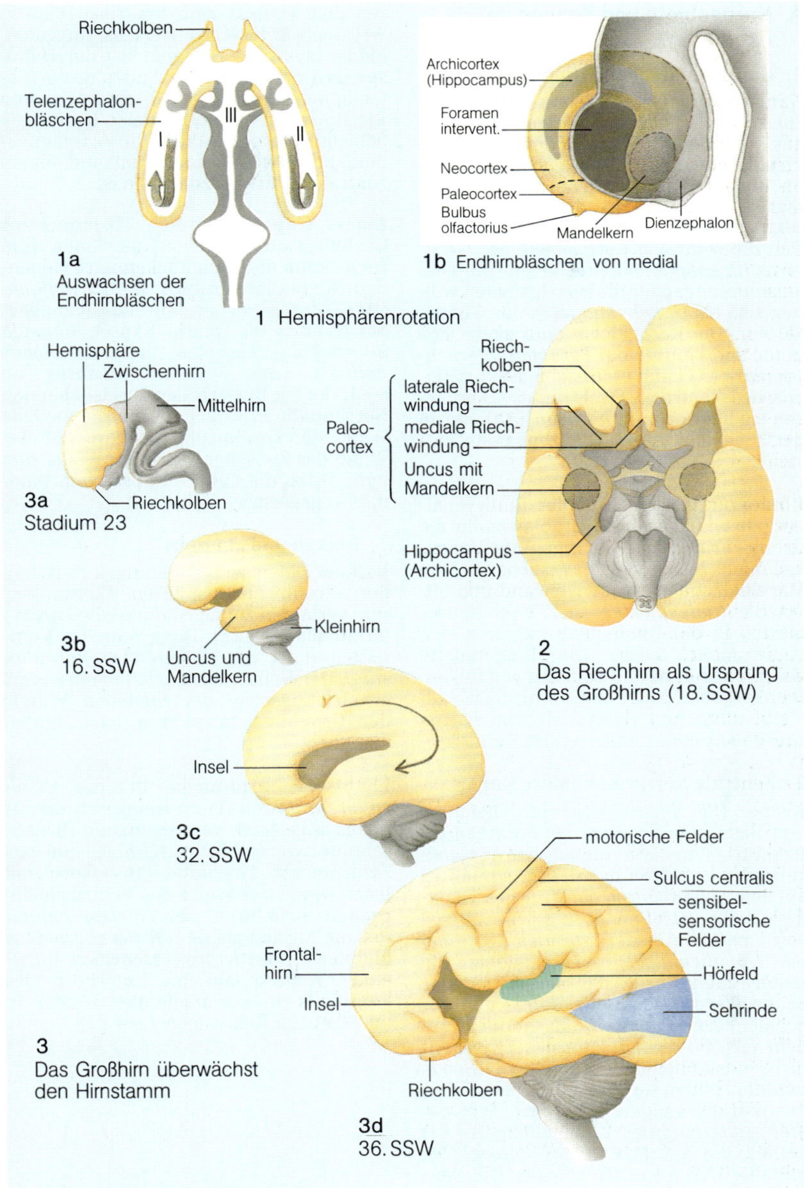

A. Auswachsen der Hemisphären

A. Kerngebiete und Bahnen im Großhirn

1. Ganglienhügel und Rindenplatte

Ganglienhügel. Die Telenzephalonbläschen bestehen wie das übrige Neuralrohr aus Neuralepithel. Am Boden der Großhirnbläschen bilden die Neuroblasten wie im übrigen Hirnstamm und im Rückenmark (→4.3) eine an die Matrixzone direkt anschließende Mantelschicht, in der sich die zentralen Kerngebiete des Großhirns *(Basalganglien)* ausbilden. Die Zellansammlungen für die Basalganglien wölben sich als *Ganglienhügel* in den Ventrikel vor. Die Kerngebiete entwickeln sich unter und lateral vom *Foramen interventriculare* (**A1**) und erstrecken sich am Boden des Ventrikels nach hinten. Dort liegen sie lateral vom *Thalamus* (**A2**), der in der Flügelplatte des Dienzephalons entsteht.

Rindenplatte. Am Ende der Embryonalperiode wandern die Neuroblasten für die Großhirnrinde aus der innen am Ventrikellumen liegenden Matrixzone in die Marginalzone der Ventrikelwand und bilden die *Rindenplatte* (→4.17). Die Neuroblasten in der Rindenplatte können sich nicht mehr teilen. Die Rindenplatte wächst nur durch Zuwandern von Zellen. Die mediale Wand der Großhirnbläschen bleibt dünn und stülpt sich zum *Plexus choroideus* in die Seitenventrikel ein.

2. Zentrale Kerne und innere Kapsel

Kerne. Die Verwölbung von Thalamus und Basalganglien engt das Foramen interventriculare von hinten her ein und verlagert es relativ nach vorn, so daß es auf dem Schnitt durch die Mitte des Thalamus nicht getroffen ist (vgl. Schnittlage von 1 und 2). Aus der *lateralen Abteilung des Ganglienhügels* (**A1**) entstehen die motorischen Kerne des Großhirns, der Schweifkern *(Nucleus caudatus)* und der Schalenkern *(Putamen)*. Zusammen mit dem aus der Grundplatte des Zwischenhirns entstandenen bleichen Kern *(Globus pallidus)* bilden sie die motorischen Kerne des extrapyramidalen Systems. Die *mediale Abteilung* des Ganglienhügels (**A1**) enthält die Matrixzone des *Paleokortex* und des *Mandelkernkomplexes*. Die Neuroblasten wandern in die Tiefe und verlieren den Kontakt zum Ventrikel (Pfeil in A1). Der *Mandelkern* (Nucleus amygdaloideus) bleibt als Fixpunkt bei der Hemisphärenrotation an der Spitze des Schläfenlappens liegen (→4.15). Er gehört zum Riechhirn und ist mit seiner lamellären Schichtung eine Struktur, die zwischen einem primitiven Rindenareal und einem zentralem Kern einzuordnen ist.

Innere Kapsel. Die vom Thalamus zur Großhirnrinde und von der Rinde zum Hirnstamm und zum Rückenmark ziehenden Nervenbahnen (z. B. die *Pyramidenbahn*) durchbrechen die Basalganglien. Sie trennen als innere Kapsel *(Capsula interna)* das *Putamen* und dem *Globus pallidus* vom *Nucleus caudatus* ab (→4.19). Im Bereich der durchziehenden Nervenbahnen verschmelzen die mediale Wand der Großhirnhemisphäre mit der Wand des Zwischenhirns. Das *Klaustrum* wird durch die äußere Kapsel vom Putamen abgegrenzt.

3. Balken und „Limbus“

Balken. Die Faserverbindungen zwischen den Großhirnhemisphären (Kommissuren) verlaufen zunächst durch die Lamina terminalis (→4.22). Die größte der Kommissuren ist der Balken *(Corpus callosum)*. Der Balken weitet sich in einer Verschmelzungszone der medialen Wände der Großhirnhemisphären nach hinten aus.

Limbische Strukturen. Bei der *Hemisphärenrotation* (Pfeil) legen sich die als erstes angelegten ventrikelnahen Hirnabschnitte wie ein Saum (Limbus) um das Zentrum von Thalamus, Linsenkern und Insel. Die in der Wand des Ventrikels liegenden Strukturen, der *Nucleus caudatus*, die Ansatzlinie des *Plexus choroideus* und der *Hippokampus*, erscheinen auf einem Frontalschnitt im Unterhorn des Ventrikels im Schläfenlappen wieder in umgekehrter Reihenfolge (→4.21).

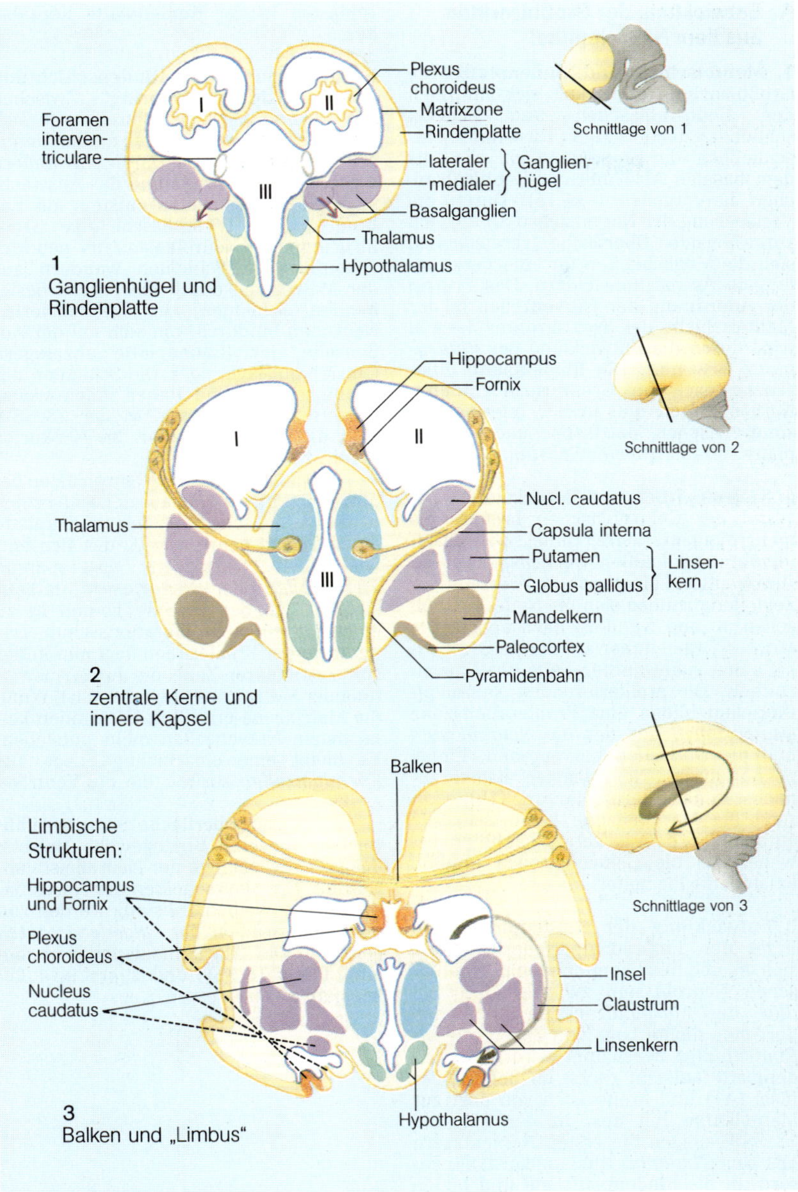

A. Die Kerngebiete und Bahnen im Großhirn

A. Entwicklung der Großhirnrinde aus dem Neuralepithel

1. Mantelschicht und Rindenplatte. Die Großhirnrinde entwickelt sich im Dach der Endhirnbläschen und bedeckt schließlich den gesamten Hirnstamm einschließlich der *Basalganglien,* die aus dem basalen Abschnitt der Endhirnbläschen hervorgehen (→4.15). Durch die Verlagerung der Nervenzellen an die sich vergrößernde Oberfläche vervielfachen sich die Möglichkeiten für eine Verknüpfung in Assoziationsfeldern. Das Prinzip der Anordnung der Nervenzellen in der Mantelschicht des Neuralrohres (→4.3) wird durch die Entwicklung der *Rindenplatte* erweitert. Die Rindenplatte differenziert sich zur Großhirnrinde, deren Nervenbahnen nun in der Intermediärzone zwischen Matrixzone und Rindenplatte verlaufen *(weiße Substanz).*

a Neuralepithel und Matrixzone. Die Wand der Gehirnbläschen besteht aus mehrreihigem Neuralepithel. Die Basalmembran liegt außen. Die Zellspitzen sind zum Ventrikel hin gerichtet. Während der Zellteilung runden sich die Neuralepithelzellen ab und wandern nach apikal. Die Mitosen liegen daher auf der dem Ventrikellumen zugewandten Seite des Neuralepithels. Die proliferierenden Neuralepithelzellen bilden eine Proliferationszone *(Matrixzone),* aus der die *Neuroblasten* und die *Gliazellen* hervorgehen. Einige postmitotische Neuroblasten liegen zunächst in der Intermediärzone (**1b**), während die Marginalzone keine Zellkerne enthält. Aus dem lockeren Gefäßbindegewebe, das die Gehirnbläschen umgibt, entsteht die Pia mater.

b Entwicklung der Rindenplatte. Am Ende der Embryonalperiode sammeln sich die neu hinzukommenden postmitotischen Neuroblasten zwischen *Intermediär-* und *Marginalzone* an und bilden dort eine dichte Lage von Zellen, die als *Rindenplatte* bezeichnet wird. Die Rindenplatte entsteht zuerst im Bereich der Insel (**A1**) und breitet sich von dort zur Mantelkante hin aus. In der 12. und 13. SSW steigen die ersten Nervenfasern aus dem *Thalamus* (thalamokortikale Fasern) in die Rindenplatte auf und bilden mit den am weitesten differenzierten Neuroblasten in der Rindenplatte Kontakte aus.

c Entstehung der Rindenschichtung durch „inside-out-layering“. Zwischen der 13. und 15. SSW differenzieren sich die ersten *Pyramidenzellen* an der Unterseite der Rindenplatte. Durch Einwandern weiterer Neuroblasten und das Auswachsen der Faserschichten entsteht aus der Rindenplatte die sechsschichtige Großhirnrinde. Die Neuroblasten der neu hinzukommenden Schichten wandern aus der Matrixzone durch die bereits bestehenden Schichten aus differenzierten Neuronen hindurch, um sich auf der Außenseite der Rindenplatte abzulagern („inside-out-layering“). Die Schichten der Großhirnrinde sind daher innen weiter differenziert als außen. In der 28. SSW sind die sechs Schichten im Neokortex bereits zu erkennen.

Die postmitotischen Neuroblasten benutzen bei ihrem Weg aus der Matrixzone in die Außenschichten der Rindenplatte die zwischen dem Faserfilz des sich entwickelnden Marklagers ausgespannte *Pfeilerzellen* oder *Radiärfasern* als Leitstruktur. Ab der 15. SSW kommt es zu einem erneuten Proliferationsschub. Das Zentrum der Proliferation liegt nun in der subventrikulären Zone, die durch Ausweitung der Matrixzone entstanden ist. Wenn die Matrixzone erschöpft ist, können keine neuen Nervenzellen mehr entstehen. Es bleibt eine einschichtige Lage aus *Ependymzellen* zurück, die die Ventrikel auskleidet.

Die Gehirnoberfläche ist von gefäßreichem lockeren Bindegewebe bedeckt, das vom Mesenchym der Neuralleiste abstammt. Die Markscheiden der Nervenfasern in der weißen Substanz werden von den Zellfortsätzen der *Oligodendrozyten* gebildet. Die Markscheidenbildung beginnt in der 16. SSW und ist erst im 1. Lebensjahr abgeschlossen.

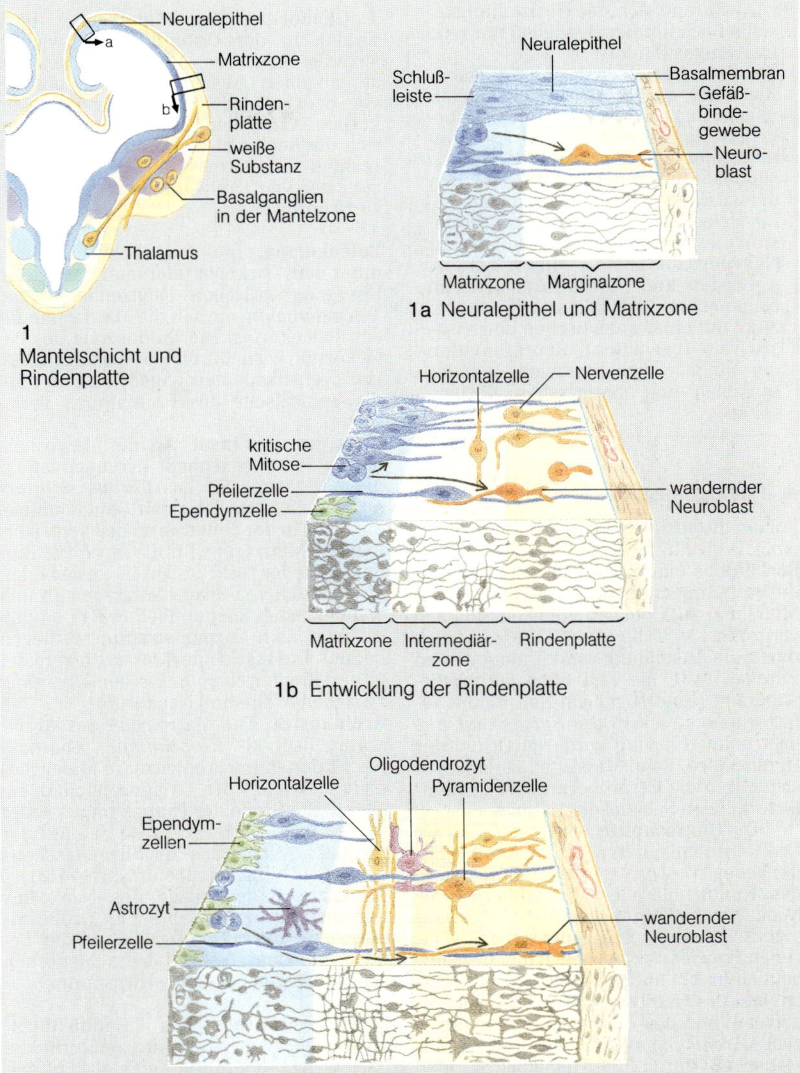

1
Mantelschicht und Rindenplatte

1a Neuralepithel und Matrixzone

1b Entwicklung der Rindenplatte

1c Entstehung der Rindenschichtung durch „inside-out-layering"

A. Entwicklung der Großhirnrinde aus dem Neuralepithel

In der **Phylogenese** der Wirbeltiere nimmt die Größe des Endhirns stark zu, während sich der Hirnstamm einschließlich der Basalganglien nur relativ wenig verändert.
Der **Paleokortex** ist das ursprüngliche Riechhirn an der Wurzel des Bulbus olfactorius. Der **Archikortex** zieht bogenförmig von hinten um das Foramen interventriculare. Er umfaßt die Hippokampusregion und den über dem Balken gelegenen Gyrus cinguli. Im Paleo- und Archikortex sind instinktbestimmte Verhaltensmuster für Nahrungsaufnahme, Reproduktion, Agression und Flucht lokalisiert. Im **Neokortex** entwickeln sich Rindenbezirke mit einer analytischen und assoziativen (bewußten) Repräsentation der Sinneswahrnehmungen und der sensiblen und motorischen Körpersphäre.

A. Phylogenese des Großhirns

Bei den **Reptilien** besteht das Endhirn aus einer Verwölbung an der Wurzel des großen Bulbus olfactorius (**A1**). Bei den **niederen Säugern** bedeckt es bereits das Mittelhirn (**A2**). Bei den **höheren Säugern** vergrößert sich die Oberfläche zusätzlich durch die Ausbildung von Windungen und Furchen (**A3**), die sich beim geruchsbestimmten Hund sogar auf den Bulbus olfactorius erstrecken. Der *Sulcus centralis* liegt beim Hund im vorderen Drittel der Hemisphäre. Beim Menschen verlagert er sich durch die Vergrößerung des Frontalhirns auf den Scheitel des Gehirns.

Die **Querschnitte** zeigen, daß sich die Großhirnhemisphären durch die Ausbildung des *Neokortex* in der Mantelkante des Endhirnbläschens vergrößern. Der Neokortex verdrängt den zunächst auf dem Scheitel des Endhirnbläschens gelegenen *Paleokortex* (**A1**) nach medial (Doppelpfeil in **A2**) und schließlich auf die Unterseite des Gehirns (**A3**). Der in der medialen Wand des Endhirnbläschens gelegene *Archikortex* (**A1**) wird erst beim Menschen durch die Hemisphärenrotation (→4.15) in den Schläfenlappen verlagert.

B. Paleo-, Archi- und Neokortex am Ende der Embryonalperiode

1. Gliederung der Matrixzone (nach Kahle). In der **Ontogenese** entwickeln sich die dem Paleo- und Archikortex entsprechenden Abschnitte des Großhirns vor dem phylogenetisch jüngeren Neokortex. Auf einem Frontalschnitt lassen sich die Regionen des Großhirns (auf der rechten Seite dargestellt) auf die *Matrixzone* der Ventrikelwand (links dargestellt) zurückprojizieren.

Paleokortex. Die Ventrikelwand direkt unter dem Foramen interventriculare, am Übergang zwischen Dienzephalon und Telenzephalon, enthält die Matrixzone für den Paleokortex. Die Rindenzone des Paleokortex wird durch die Basalganglien vom Ventrikellumen abgedrängt und auf die Ventralseite des Frontalhirns verlagert.
Striatum und Insel. An die Matrixzone des Paleokortex schließt sich nach lateral die Matrixzone für das *Corpus striatum* an, das aus dem lateralen Ganglienhügel entsteht. In der Seitenwand des Ventrikels folgt die Matrixzone für die *Insel*. Die Rindenplatte der Insel ist bereits ausgebildet. Sie löst sich von ihrer Matrixzone ab und wandert nach kaudal (Pfeil in **B1**), so daß sie über dem Corpus striatum zu liegen kommt. Die Inselrinde *(Mesokortex)* bildet in der Rindenschichtung einen Übergang zwischen Archi- und Neokortex.
Archikortex. Die Matrixzone des Archikortex liegt als *Hippokampus* oberhalb des Foramen interventriculare in der medialen Wand des Telenzephalonbläschens. Die Rinde des Hippokampus stülpt sich in den Ventrikel ein, so daß auf der medialen Wand des Großhirnbläschens der Sulcus hippocampi entsteht (→4.21).
Neokortex. Die Anlage des Neokortex liegt in der Mantelkante des Großhirnbläschens. Sie vergrößert sich in der Fetalperiode und bedeckt beim Menschen schließlich den gesamten Hirnstamm.

2. Vergrößerung des Endhirnbläschens. Die Ausweitung der Endhirnbläschen gleicht dem Aufblasen eines Luftballons: Die Wandabschnitte am Hals *(Paleo-* und *Archikortex)* bleiben als Fixpunkte erhalten, während sich der Ballon am Scheitel *(Neokortex)* ausweitet.

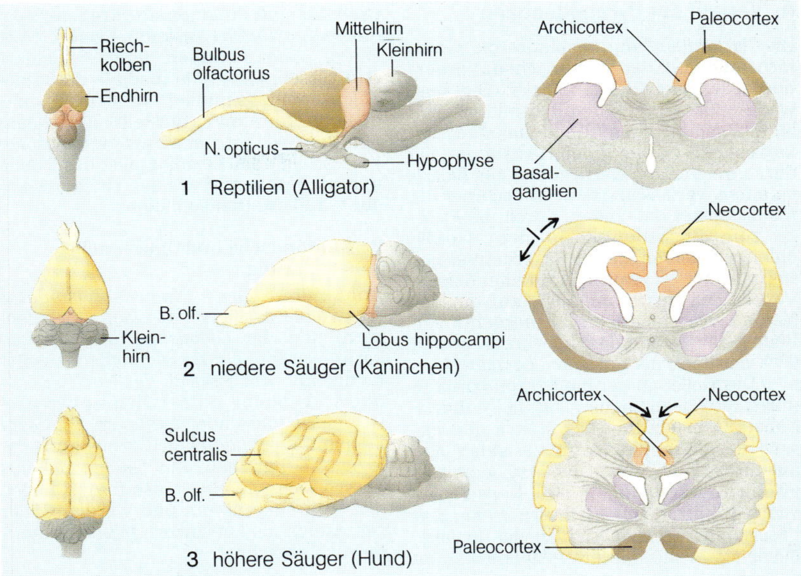

A. Phylogenese des Großhirns

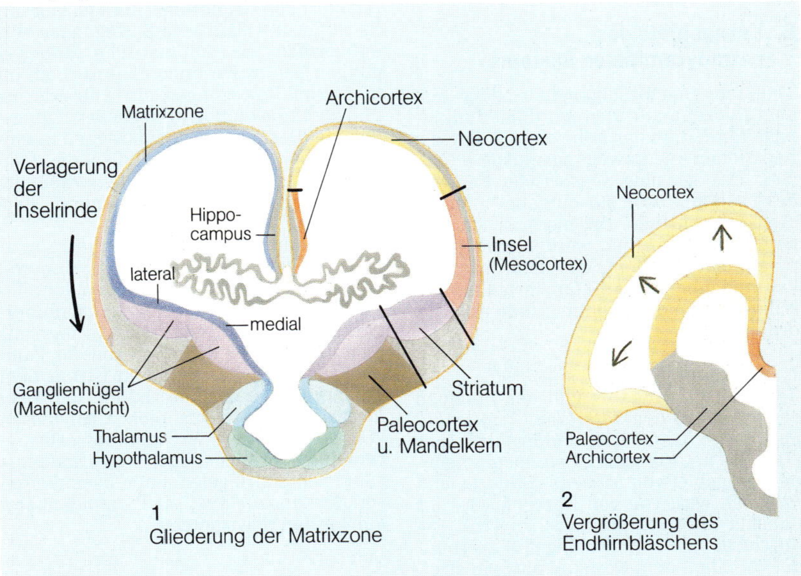

B. Paleo-, Archi- und Neocortex am Ende der Embryonalperiode

A. Verlauf der Pyramidenbahn

Die *Pyramidenbahn* verbindet die Großhirnrinde mit den motorischen Vorderhornzellen des Rückenmarks. Die auswachsenden Axone der Pyramidenzellen in der motorischen Rinde nehmen den kürzesten Weg durch den Hirnstamm. Sie durchbrechen die Kerngebiete der *Basalganglien,* verlassen das Großhirn über die *Hirnschenkel* und ziehen durch die *Brükke* zum Rückenmark. In der Medulla oblongata bilden sie im Fasermantel des Neuralrohres zwei pyramidenförmige Vorwölbungen *(Pyramiden),* auf die der Name Pyramidenbahn zurückgeht. Am Boden der Pyramiden überkreuzen sich 95 % der Fasern *(Pyramidenkreuzung).*

Die Stelle, an der die Pyramidenbahn durch die Basalganglien tritt, heißt *innere Kapsel* (Capsula interna). Neben den Fasern der Pyramidenbahn verlaufen alle auf- und absteigenden Fasersysteme des Endhirns durch die innere Kapsel. Die vom Großhirn zum Kleinhirn ziehenden Fasern überkreuzen sich in der Brücke, bevor sie in die mittleren *Kleinhirnstiele* eintreten.

B. Kerngebiete des extrapyramidalen Systems

Thalamus und Basalganglien bilden eine dem Rückenmark übergeordnete funktionelle Einheit, in der unbewußte komplexe Reaktionen und Bewegungsmuster entstehen. Das sensible sensorische Zentrum des Thalamus wird zur Eingabestation für die Großhirnrinde. Die motorischen Kerne der Basalganglien werden zum extrapyramidalen System, das dem durch die Pyramidenbahn charakterisierten motorischen System der Großhirnrinde untergeordnet wird.

1. Abstammung

Der Nucleus caudatus und das Putamen entstehen aus dem *lateralen Ganglienhügel* in der Wand des Endhirnbläschens (**1a**). Das ursprünglich zusammenhängende Kerngebiet von *Nucleus caudatus* und *Putamen* wird von den Nervenfasern der Capsula interna durchbrochen (**1b**). Die durchtretenden markhaltigen Faserbündel verleihen dem Kernkomplex ein streifiges Aussehen. Daher werden Nucleus caudatus und Putamen als Streifenkörper *(Corpus striatum)* zusammengefaßt (**A2**). Hinter dem Foramen interventriculare (**1b**) verschmelzen die mediale Wand des Telenzephalons mit der Wand des Dienzephalons (getrennt dargestellt). Der *Globus pallidus* spaltet sich als motorisches Kerngebiet vom Kernkomplex des Thalamus ab. Er stammt wie der Thalamus aus der Wand des Dienzephalons.

2. Anatomische und funktionelle Gliederung

Anatomie. Der *Nucleus caudatus* (Schweifkern), das *Putamen* (Schalenkern) und der *Globus pallidus* (Bleichkern) werden als Basalganglien zusammengefaßt. Der *Schweif des Nucleus caudatus* (**A**) nimmt an der Hemisphärenrotation teil und endet daher im Schläfenlappen am *Mandelkern* (Corpus amygdaloideum). Putamen und Globus pallidus passen sich wie eine Linse in den Bogen des Schweifkerns ein und werden daher zusammen als Linsenkern *(Nucleus lentiformis)* bezeichnet.

Funktion. Das extrapyramidale System reguliert den Grundtonus der Muskulatur. Es ist für unwillkürliche Bewegungen verantwortlich wie automatische Mitbewegungen bei im Pyramidenbahnsystem intendierten Bewegungen sowie für erlernte und ins Unbewußte abgelegte Bewegungsabläufe. Das extrapyramidale System umfaßt neben den Basalganglien die *Substantia nigra* und den *Nucleus ruber* im Mittelhirn, die aus der Rautenlippe hervorgehen (→4.9).

Die Alterserkrankung des extrapyramidalen Systems **(Parkinson)** beginnt mit der Degeneration der Neurone in der Substantia nigra. Von dort ziehen dopaminerge Fasern zum Striatum, das seinerseits modulierend und hemmend auf das Pallidum einwirkt. Das Pallidum ist mit dem Thalamus über das Faserbündel der *Ansa lenticularis* (**1b**) verbunden. Über diesen Weg werden die Efferenzen des extrapyramidalen Systems über den Thalamus zum Frontalhirn geleitet und beeinflussen von dort aus die über die Pyramidenbahn induzierten Bewegungen.

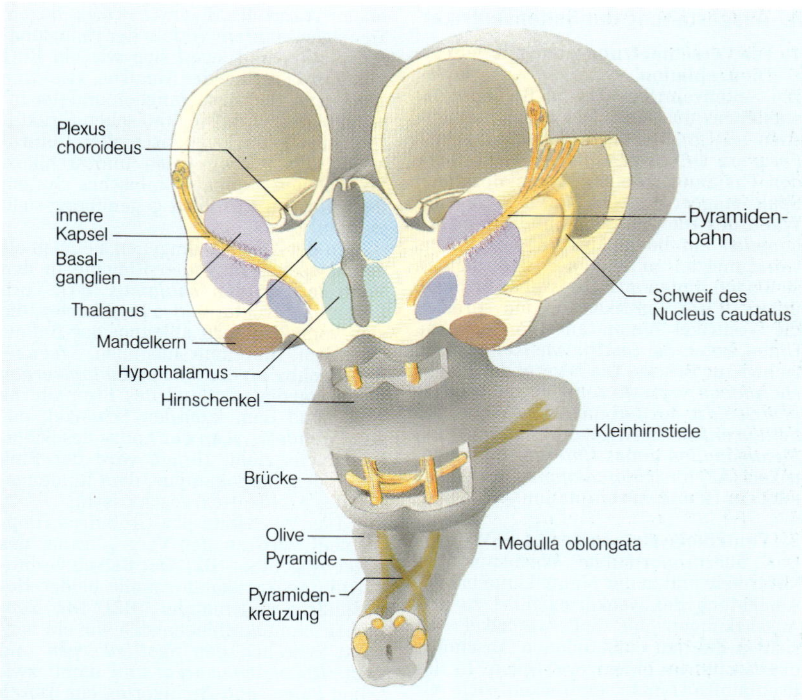

A. Verlauf der Pyramidenbahn

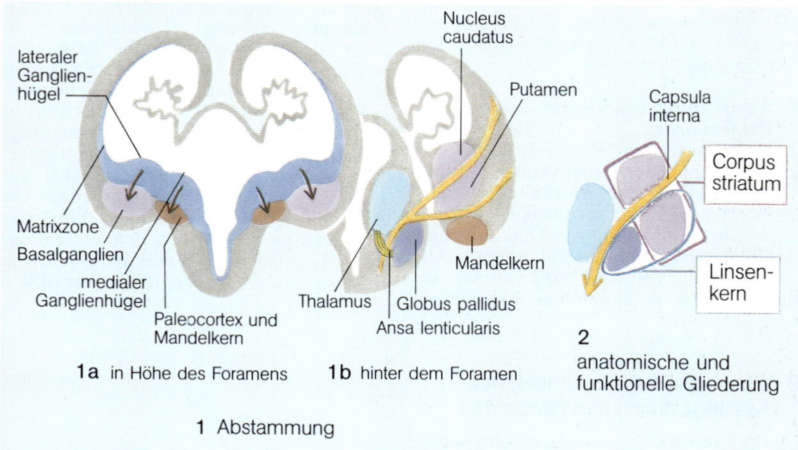

B. Die Kerngebiete des extrapyramidalen Systems

A. Ausgestaltung der Seitenventrikel

1. Die Verschmelzungszone mit dem Dienzephalon

Die Seitenventrikel (I. und II. Ventrikel) entstehen aus den Telenzephalonbläschen (→4.8). Der Ventrikeleingang, das *Foramen interventriculare,* wird durch den Thalamus zu einem kommaförmigen Spalt eingeengt. Der *Thalamus* in der Wand des Dienzephalons und die *Basalganglien* am Boden des Telenzephalons verschmelzen miteinander und dehnen sich nach hinten aus. Sie wölben sich von unten in die Ventrikel vor und spreizen die Ventrikel hinten auseinander (**A3**). Unten treten die *Gehirnschenkel* aus und ziehen zur Brücke. Die *Wurzel des Plexus choroideus* verläuft vom *Foramen interventriculare* in der medialen Wand des *Seitenventrikels* zwischen *Thalamus* und *Basalganglien* in das *Unterhorn* des Ventrikels (**A2**) im *Schläfenlappen.* Der Plexus folgt der Hemisphärenrotation.

2. Ventrikelsystem in der 14. SSW

Das überproportionale Wachstum der Ventrikelwand in der Mantelkante bei der Ausbildung des Neokortex führt zu drei Aussackungen der Seitenventrikel, die sich in die neu entstandenen Abschnitte des Großhirns hinein erstrecken. In das Frontalhirn hinein erstrecken sich die *Vorderhörner* der Seitenventrikel. Nach hinten weitet sich der Ventrikel mit seinem *Hinterhorn* in den Okzipitallappen aus. Die *Unterhörner* schieben sich in den Schläfenlappen vor.

3. Ausdehnung des Vorder- und Hinterhorns

Beim Erwachsenen ist die ursprünglich mediale Wand der Seitenventrikel durch die Ansatzlinie des *Plexus choroideus* markiert. Die Seitenventrikel werden durch die Ausdehnung von Thalamus und Basalganglien nach lateral abgespreizt. Das Dach der Ventrikel wird von den die Hemisphären verbindenden *Balkenfaserung* gebildet.

B. Überlagerung des limbischen Systems durch den Neokortex

Das limbische System umfaßt Gehirnareale, die wie ein Saum (Limbus) in der medialen Wand des Seitenventrikels liegen. Sie folgen in ihrem Verlauf der Hemisphärenrotation und legen sich wie ein Ring um das Zentrum des Gehirns, das vom *Thalamus,* den Basalganglien und der Insel gebildet wird. Die limbischen Strukturen sind die phylogenetisch alten Gehirnareale, die sich vom Paleo- und Archikortex ableiten und als limbisches System dem übrigen Großhirn gegenübergestellt werden.

In der 16. SSW umgeben sie noch als geschlossener Ring den Eingang in den Ventrikel und den *Thalamus* (**B1**). Vorn liegen die Strukturen des Paleokortex, die sich vom Riechhirn ableiten: der Bulbus olfactorius mit dem medialen Schenkel der Riechbahn, der zu den *Septumkernen* in der medialen Wand des Frontalhirns zieht, und dem lateralen Schenkel, der zum *Mandelkern* an der Spitze des Schläfenlappens zieht. Hinten wird der Ring durch den Hippokampus, dem Rindengebiet des Archikortex, geschlossen.

Das Wachstum des Großhirns (Doppelpfeil) wird an der Vergrößerung des *Balkens* sichtbar (**B2**). Der Balken verbindet die neokortikalen Anteile beider Hemisphären miteinander (**B2**). Die Neuhirnabschnitte schieben sich wie ein Segment zwischen den *Septumkernen* und dem *Hippokampusareal* und damit zwischen Paleo- und Archikortex ein. Durch die Vergrößerung des Neuhirnsegmentes wird die Hippokampusrinde in den Schläfenlappen verlagert (Hemisphärenrotation). Die als *Fornix* (Gewölbe) bezeichnete Hippokampusbahn bleibt als Faserbündel in der medialen Wand des Seitenventrikels liegen und verbindet das Corpus mamillare im Hypothalamus mit dem Hippokampus. Der vor dem Foramen interventriculare abzweigende Schenkel des Fornix zieht zu den Septumkernen. Die Ausdehnung des Frontalhirns führt zur Entwicklung des *Septum pellucidum,* der dünn ausgezogenen Wand des Seitenventrikels zwischen Balken und Fornix (**B3**).

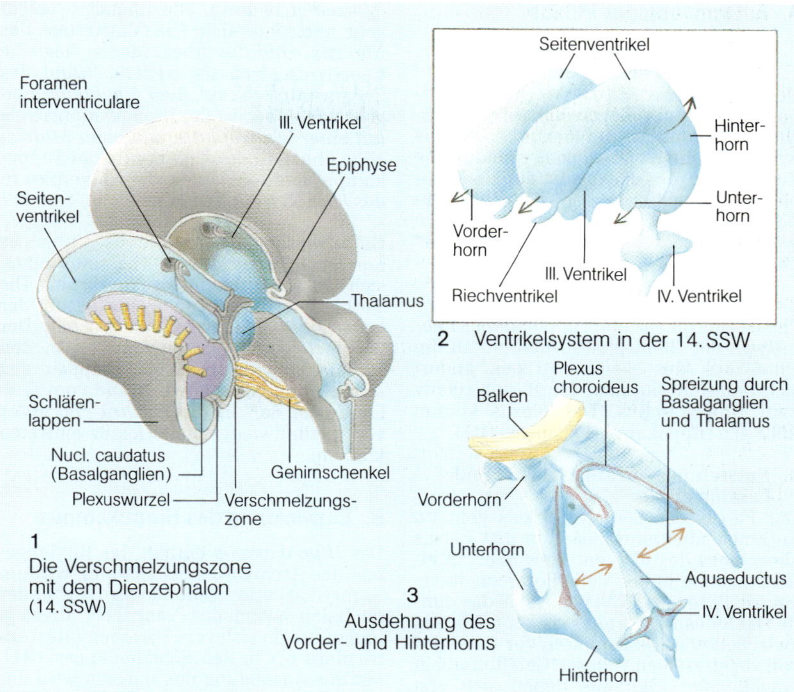

A. Ausgestaltung der Seitenventrikel

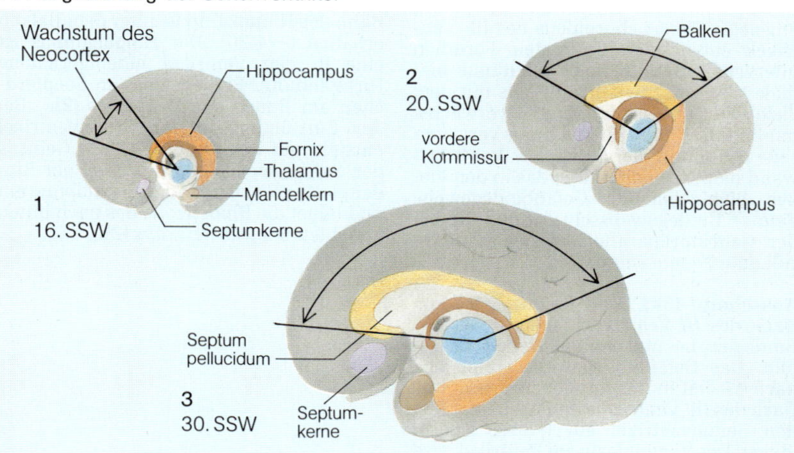

B. Überlagerung des limbischen Systems durch den Neocortex

A. Entwicklung des Plexus choroideus

1. Einstülpung des Plexus

Der *Plexus choroideus* ist eine Einstülpung des Venengeflechts der Hirnoberfläche in die Ventrikel. Im Plexus choroideus wird die Ventrikelflüssigkeit gebildet. Die Einstülpung des Plexus in die Endhirnbläschen beginnt in der 5. Woche (Stadium 17) über dem noch weiten *Foramen interventriculare*. Über dem Plexus liegt die Anlage des *Hippokampus*.

2. Lage in der Ventrikelwand

Plexus choroideus und Hippokampus nehmen an der Hemisphärenrotation teil. Im Unterhorn des Seitenventrikels ändert sich dadurch die Lage des Plexus relativ zum Hippokampus. Der Plexus kommt über den Hippokampus zu liegen (**B1**).

3. Entstehung von Tela, Taenia und Lamina affixa

Der Plexus des Seitenventrikels geht im Foramen interventriculare in den Plexus choroideus des III. Ventrikels über. In einem Schnitt hinter dem Foramen interventriculare (12. SSW) wölbt sich das dünne Dach des Dienzephalons kuppelförmig zwischen den Hemisphären vor und wird von vielen kleinen venösen Gefäßbüscheln eingebuchtet (**3a**), aus denen sich erst später auf jeder Seite eine abführende Vene für die Seitenventrikel und der paarig angelegte Plexus choroideus des III. Ventrikels entwickeln. Hinter dem Foramen interventriculare legt sich die dünne mediale Wand des Seitenventrikels mit dem Plexus auf den Thalamus und verwächst mit ihm. Der mit dem Thalamus verwachsene Abschnitt der medialen Ventrikelwand heißt *Lamina affixa*, das in den Plexus hineinziehende Gefäßbindegewebe *Tela* (= Bindegewebsschicht) und die bei der Gehirnpräparation entstehende Abrißkante *Taenia choroidea*.

Ausschnitt (3a). Der Raum über dem Dach des *III. Ventrikels* ist mit lockerem Bindegewebe und weiten Venen ausgefüllt. Das Gefäßbindegewebe stülpt sich nach medial in das kuppelförmige dünne Dach des III. Ventrikels und nach lateral in den Seitenventrikel ein (Plexus choroideus). Der Venenplexus im Ventrikel wird von einer einschichtigen Lage aus *Ependymzellen* bedeckt. Die Ependymschicht geht nach lateral in die Matrixzone des *Nucleus caudatus* über. Medial liegt die Ependymschicht als mediale Wand des Seitenventrikels auf dem *Thalamus* und geht nach oben in die Hippokampusrinde mit einer *Rindenplatte* und einer *Matrixzone* über. An der Unterkante der Hippokampusrinde verlaufen die Nervenfasern des *Fornix* in der Ventrikelwand.

Gefäßversorgung des Plexus. Unter der *Lamina affixa* auf dem Thalamus bildet sich das Gefäßbindegewebe zurück. Die Verbindung zum Venengeflecht an der Gehirnoberfläche wird unterbrochen. Der Plexus folgt dem Seitenventrikel in den Schläfenlappen. Im Schläfenlappen löst sich die mediale Ventrikelwand vom Thalamus, so daß in die *Fissura choroidea* von medial wieder piale Gefäße eintreten können.

B. Entwicklung des Hippokampus

Der *Hippokampus* enthält das Rindengebiet des Archikortex (→4.18). Er wird im Embryo als durchgehende Struktur in der medialen Wand des Ventrikels angelegt und erstreckt sich vom Foramen interventriculare bis in den Schläfenlappen (**B1**). Mit der Ausbildung des Balkens wird der Hippokampus ganz in den Schläfenlappen verlagert. Nur der Fornix (**2a**) bleibt als Bahn des Hippokampus unter dem Balken erhalten (→4.20). Der Hippokampus ist eine in den Ventrikel hineingerichtete Hirnwindung. Er liegt wie ein Seepferdchen am Boden des Ventrikels (**2b**). Bei der Einstülpung in den Seitenventrikel entsteht auf der Außenseite des Gehirns der *Sulcus hippocampi*. Ein Teil der Rindenplatte rollt sich bei der Einstülpung ein und bildet die Rindenzone des nach innen gerichteten *Gyrus dentatus* (**2b**).

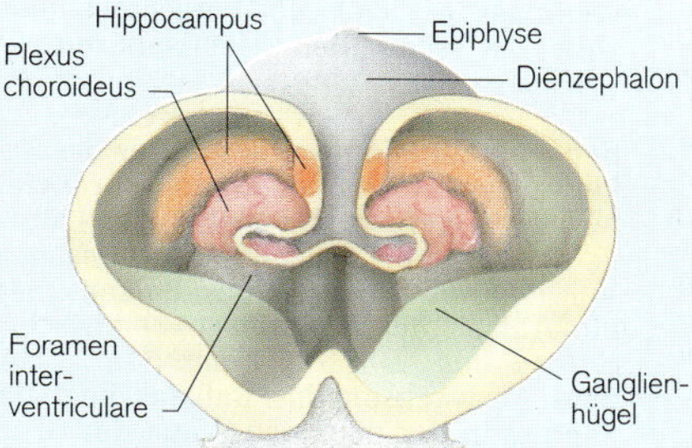

1 Einstülpung des Plexus choroideus in die Seitenventrikel (Stadium 17)

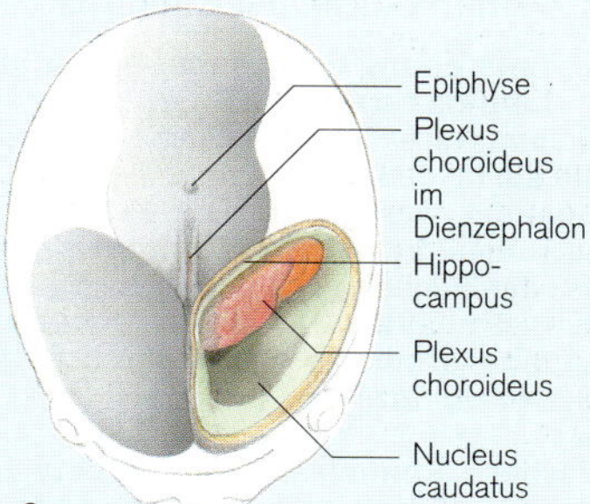

2 Lage in der Ventrikelwand

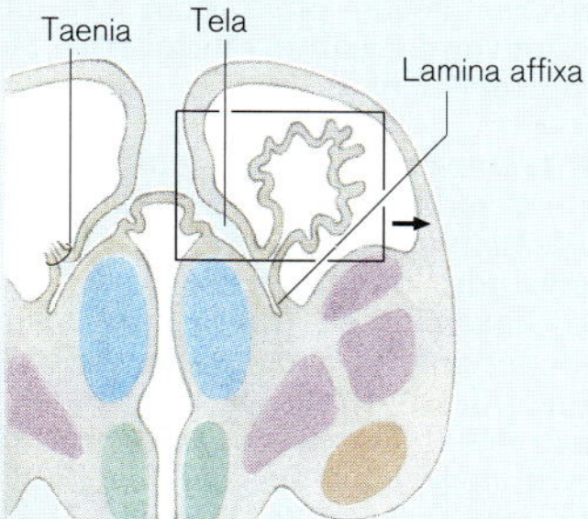

3 Entstehung von Tela, Taenia und Lamina affixa (12. SSW)

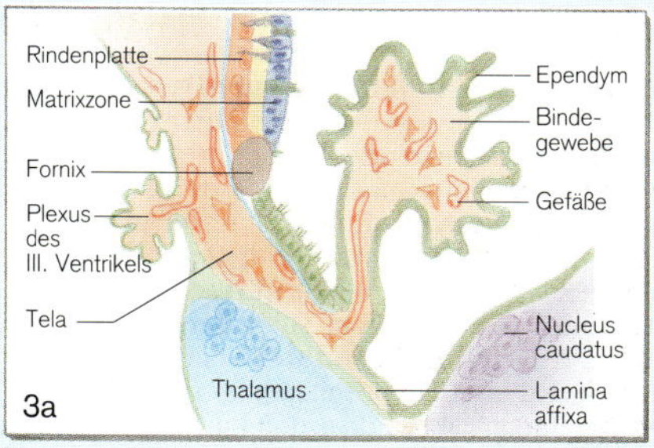

A. Entwicklung des Plexus choroideus

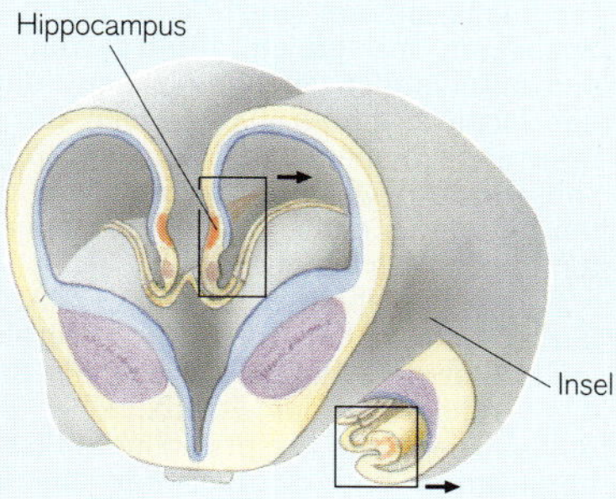

1 der Hippocampus in der 12. SSW

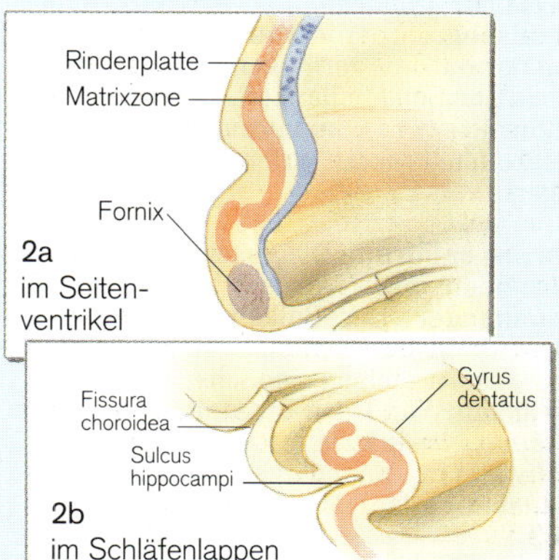

2 die Hippocampusrinde

B. Entwicklung des Hippocampus

A. Kommissuren des Endhirns

1. Entstehung der Kommissuren in der Lamina terminalis

Kommissuren sind Faserverbindungen, die die beiden Großhirnhemisphären miteinander verbinden. Die Kommissuren entstehen in der *Lamina terminalis* als der natürlichen Verbindung zwischen beiden Hirnhälften. Der obere Abschnitt der Lamina terminalis wird dadurch zur *Kommissurenplatte*.

Vordere Kommissur. Die vordere Kommissur *(Commissura anterior)* ist die Kommissur des Paleokortex. Sie verbindet die Zentren des Riechhirns miteinander und behält ihre ursprüngliche Lage in der Lamina terminalis bei.

Fornix und Fornixkommissur. Der *Fornix* ist ein Faserzug des Archikortex, der die Hippokampusrinde mit dem *Corpus mamillare* verbindet. Er verläuft in der medialen Hemisphärenwand unter dem Hippokampus nach vorn und tritt vor dem *Foramen interventriculare* in die *Lamina terminalis* ein. Von dort setzt der Fornix seinen Weg in der Wand des Dienzephalons bis in den Hypothalamus fort. Ein Teil der Fasern kreuzt in der Lamina terminalis direkt vor dem Foramen interventriculare auf die Gegenseite. Die Verschmelzung der Fornixsäulen in der Lamina terminalis wird als *Commissura fornicis* oder *hippocampi* bezeichnet. Mit der Hemisphärenrotation und dem Auswachsen des Balkens verlängert sich der Fornix bis in den Schläfenlappen. Die Commissura fornicis wird vom Foramen interventriculare nach hinten unter den Balken verlagert.

Corpus callosum. Die Fasern des *Balkens* verbinden den Neokortex beider Seiten miteinander. Der Balken ist die größte Struktur in der Kommissurenplatte (**1b**). Die Fasern steigen zunächst steil in der medialen Wand des Frontalhirns bis zur *Kommissurenplatte* in der *Lamina terminalis* ab (**1a**), um später einen mehr horizontalen Verlauf zu nehmen (**1b**).

2. Wachstum des Balkens

Der Balken weitet sich nach vorn bogenförmig zwischen den sich vergrößernden Lappen des Frontalhirns aus; nach hinten verlängert er sich in der Verschmelzungszone zwischen den Hemisphären (→ 4.16).

Septum pellucidum. Der im Knie des Balkens gelegene Teil der Kommissurenplatte wird zu einer durchscheinenden Lamelle, dem Septum pellucidum, ausgezogen. Vor dem Auswachsen des Balkens liegt die Anlage des *Septums* (**A2**) zwischen *Balken* und *vorderer Kommissur*. Nach dem Auswachsen des Balkens liegt das Septum in der medialen Wand der Großhirnventrikel (**2a**). In dem Septum entsteht sekundär ein flüssigkeitsgefüllter Hohlraum *(Cavum septi pellucidi)*. Die *Septumkerne* liegen unter dem Septum pellucidum vor der Lamina terminalis. Sie gehören zum Paleokortex.

Fissura transversa. Hinter dem Septum pellucidum verlängert sich der Balken in einer Verschmelzungszone der Hemisphärenwände über dem Dach des III. Ventrikels nach hinten. Das Septum pellucidum endet an den nach hinten gebogenen Säulen des Fornix. Zwischen Balken und Dach des III. Ventrikels liegt ein von pialem Bindegewebe ausgefüllter Raum *(Fissura transversa* in **2a**, Pfeil in **A2**). Er öffnet sich nach hinten über der Epiphyse und der Vierhügelplatte. Dort tritt unter dem Splenium des Balkens die V. cerebri magna hervor, die das Blut aus der V. thalamostriata und aus dem Plexus choroideus beider Seiten sammelt und in den Confluens sinuum führt. Vorn endet der Spaltraum mit pialem Bindegewebe an den miteinander verschmolzenen Columnae fornicis, die an dieser Stelle aus der ursprünglich medialen Wand der Hemisphären in die Lamina terminalis eintreten und dabei das Dach des Foramen interventriculare bilden.

Der Balken durchbricht den Archikortex und spaltet ihn in zwei Bereiche auf. Unter dem Balken verläuft als Bahn des Archikortex der Fornix. Über dem Balken liegt die ursprüngliche Fissura hippocampi und darüber der ebenfalls zum Archikortex zählende Gyrus cinguli.

Die hintere Kommissur entsteht zusammen mit der Commissura habenularum (→4.23) unabhängig von der Kommissurenplatte.

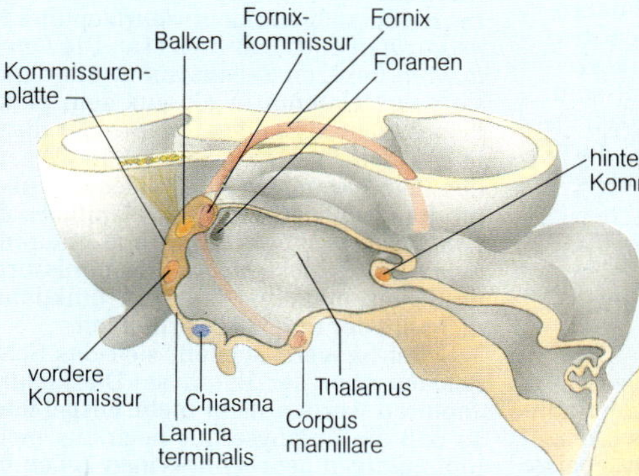

1a Kommissurenplatte

1
Entstehung der Kommissuren in der Lamina terminalis

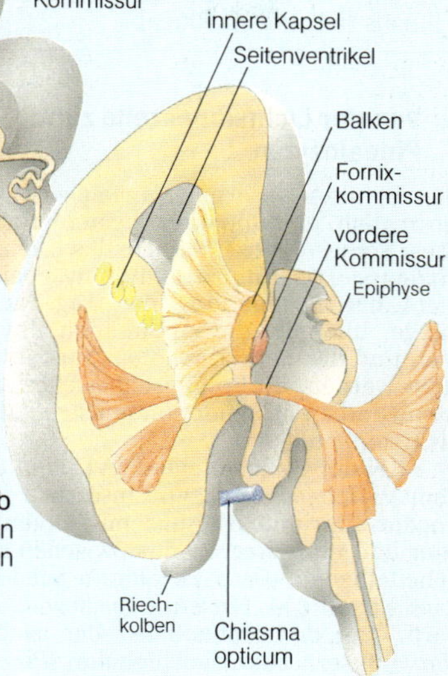

1b
Ausstrahlung in die Hemisphären

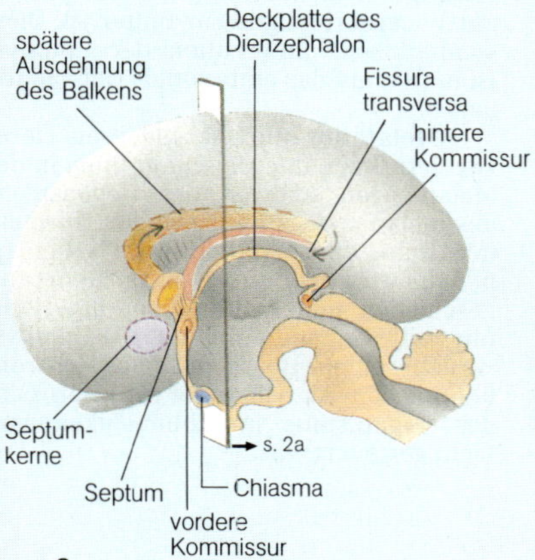

2
Wachstum des Balkens (Corpus callosum)

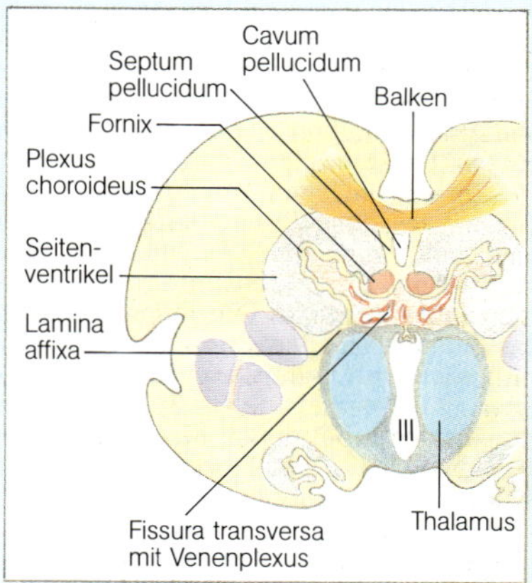

2a Septum pellucidum und Fissura transversa

A. Kommissuren des Endhirns

Epiphyse und **Hypophyse** sind neuroendokrine Organe. Sie enthalten *neuroendokrine Zellen,* die mit Sinneszellen und Nervenzellen verwandt sind. Die neuroendokrinen Zellen setzen ihren „Neurotransmitter" jedoch nicht an einer Synapse frei, sondern geben ihn als Hormon ins Blut ab.

A. Von der Lichtsinneszelle zum Pinealozyten

Die Epiphyse (Corpus pineale) ist ursprünglich ein unpaares lichtempfindliches Sinnesorgan im Dach des Dienzephalons. Das unpaare Epiphysenauge dient der Bestimmung der Tag-Nacht-Länge, über die die zirkadianen Rhythmen und der Reproduktionszyklus eingestellt werden. Im Epiphysenbläschen vieler niederer Wirbeltiere finden sich daher Lichtsinneszellen.

Bei der Brückenechse (A1) geht aus dem Epiphysenbläschen zusätzlich ein unpaares primitives Auge mit Augenbecher und Linse hervor, das zwischen den Scheitelbeinen (Os parietale) im Schädeldach sitzt und als *Parietalauge* bezeichnet wird. Von den Lichtsinneszellen ziehen Nervenfasern zum Dienzephalon *(Pinealnerv)* (**A2**). Die „Linse" entsteht aus dem Bindegewebe. Der primitive Augenbecher wird von plumpen Ganglienzellen ausgefüllt. Das Pinealauge ist ein spezialisiertes Organ, das von der Epiphyse abstammt und ihre Funktion als Lichtsinnesorgan am deutlichsten zeigt.

In der Phylogenese werden aus den *Lichtsinneszellen* (**2a**) im Epiphysendivertikel neuroendokrine *Pinealozyten,* die anstelle des Neurotransmitters das Neurohormon Melatonin (ein Indolderivat) in das Blut ausscheiden. Zwischen der Lichtsinneszelle mit Synapse und den Pinealozyten gibt es bei vielen Spezies Übergangsformen, bei denen die Rückbildung des apikalen Rezeptorfortsatzes und der Synapsen zu erkennen ist (**2b**).

B. Entwicklung der Epiphyse beim Menschen

In der Embryonalperiode besteht die Epiphyse aus einem Divertikel im Dach des Dienzephalons. In der Fetalperiode differenzieren sich aus dem Neuralepithel *Pinealozyten* und Gliazellen (**1a**). Die *Pinealozyten* besitzen Zellausläufer, mit denen sie das Melatonin in die aus dem pialen Plexus einsprossenden Gefäße oder direkt in den Ventrikel ausscheiden. Am Abgang des Epiphysendivertikels bildet sich oben im Randschleier des Neuralepithels die *Commissura habenularum* und unten die *Commissura posterior* als Kommissuren des Dienzephalons. Sie sind funktionell nicht mit der Epiphyse verbunden.

Bei Säugern schließt sich das Schädeldach über der Epiphyse. Die Lichtrezeptoren werden nicht mehr ausgebildet, so daß die Epiphyse nur noch aus melatoninhaltigen neuroendokrinen Zellen besteht. Die Funktion als Zentrum für zirkadiane Rhythmik und den Reproduktionszyklus in Abhängigkeit von der Tag-Nacht-Länge bleibt erhalten. Die Epiphyse verbindet sich mit den *definitiven Augen* (den Lateralaugen) (**B1**). Die optische Afferenz wird wie der Lichtreiz für die Pupillenreaktion über sympathische Fasern zum *oberen Halsganglion* des Sympathikus geleitet. Von dort gelangt die optische Information über sympathische Bahnen entlang der kleinen Arterien und parallel zur V. cerebri magna zur Epiphyse. Diese sympathische Innervation der Epiphyse ist in (**B1**) auf das embryonale Gehirn projiziert.

Melatonin führt bei niederen Tieren zur Retraktion der Melaningranula in den Melanozyten und ist der Gegenspieler des melanozytenstimulierenden Hormons (MSH) aus dem Hypophysenzwischenlappen. Es wird bei Dunkelheit vermehrt ausgeschieden und hemmt über die Hypophyse die Gonadenfunktion. Die Epiphyse ist generell ein übergeordnetes Zentrum, über das die Aktivität oder die Depression des Organismus in Abhängigkeit vom Licht gesteuert wird.

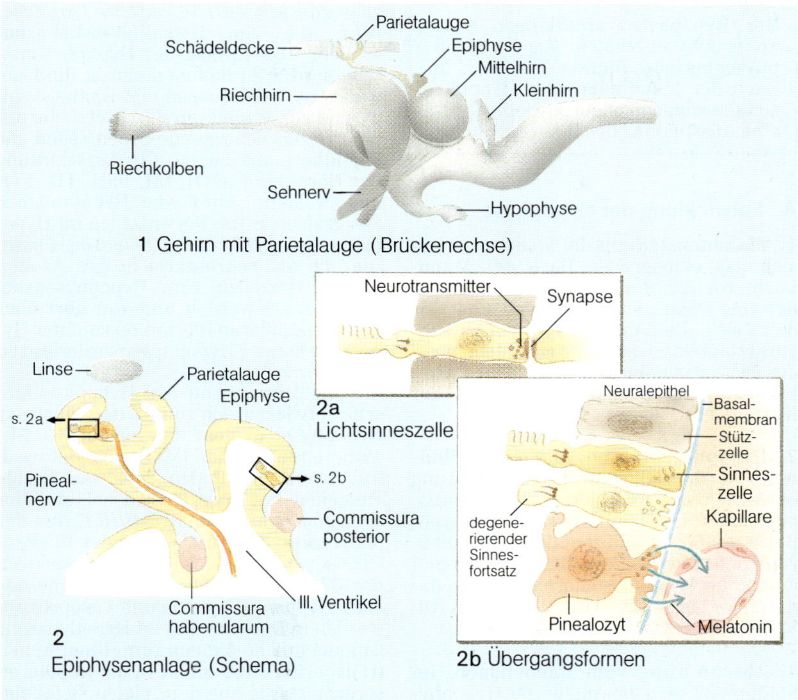

1 Gehirn mit Parietalauge (Brückenechse)

2a Lichtsinneszelle

2 Epiphysenanlage (Schema)

2b Übergangsformen

A. Von der Lichtsinneszelle zum Pinealozyten

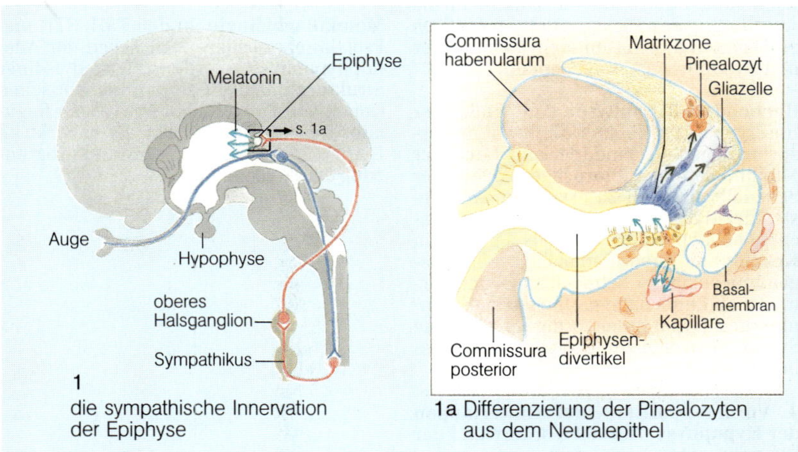

1 die sympathische Innervation der Epiphyse

1a Differenzierung der Pinealozyten aus dem Neuralepithel

B. Entwicklung der Epiphyse beim Menschen

Der Hypophysenvorderlappen (Adenohypophyse) entsteht aus der Hypophysentasche (Rathke-Tasche) im Dach der Mundhöhle. Der Hypophysenhinterlappen (Neurohypophyse) ist eine Ausstülpung des Dienzephalons.

A. Entwicklung der Hypophyse

1. Plakodenstadium. Im Stadium 13 legt sich das ektodermale Dach der Mundbucht vor der *Rachenmembran* dem Boden des *Dienzephalons* eng an und verdickt sich. Die Anlage des Hypophysenvorderlappens ist daher eigentlich nicht ein Derivat des primitiven Magen-Darm-Kanals, sondern eher eine Plakode der Kopfanlage.

2. Hypophysentasche und Infundibulum. Aus der plakodenartigen Verdickung entwickelt sich im Stadium 17 die *Hypophysentasche.* Die Anlage der Neurohypophyse stülpt sich aus dem Boden des Dienzephalons aus und legt sich von oben und dorsal der Hypophysentasche an. Die dadurch entstehende Aussackung des III. Ventrikels ist das *Infundibulum* (**2a**).

3. Abschnürung vom Rachendach. Im Stadium 22 wird die Anlage der Hypophyse durch die knorpelige Schädelbasis vom Rachendach getrennt. Sie kommt in die Aussparung des Türkensattels im *Keilbein* zu liegen und bleibt mit dem Gehirn über den Hypophysenstiel verbunden.

Rachendachhypophyse. Am Ende der Embryonalperiode sind die Reste der ursprünglichen Verbindung zum Dach der Mundhöhle in der knorpeligen Anlage der Schädelbasis noch zu erkennen. Aus Resten der Hypophysentasche kann eine Rachendachhypophyse oder als Tumor ein **Kraniopharyngeom** entstehen. Beide liegen innerhalb der Schädelkapsel und verursachen ähnliche Symptome wie ein Tumor des Hypophysenvorderlappens. Die Symptome treten zumeist vor dem 15. Lebensjahr auf.

4. Vorder-, Mittel- und Hinterlappen der Hypophyse. Aus der Vorderwand der Hypophysentasche entsteht der *Hypophysenvorderlappen (HVL)* und die *Pars tuberalis,* die den Hypophysenstiel umschließt. Das Epithel der Hypophysentasche sprosst in das meningeale Bindegewebe aus. Die Knospen und Epithelstränge sind von Kapillaren durchsetzt. Sie differenzieren sich zu endokrinen Zellen, die Peptidhormone bilden. Die Ausschüttung der Hormone (ACTH, LH, FSH, TH, STH und Prolaktin) wird vom Hypothalamus aus gesteuert: Die Nervenzellen im Hypothalamus produzieren *Releasing-Faktoren,* die als Neurosekret in den Axonen der Nervenzellen zum Hypophysenstiel transportiert werden und von dort über venöse Kapillaren (Portalkreislauf der Hypophyse) zum Hypophysenvorderlappen gelangen.

Die Hinterwand der Hypophysentasche entwickelt sich zum *Mittellappen* der Hypophyse, in dem das melanozytenstimulierende Hormon (MSH) gebildet wird. Aus dem dienzephalen Anteil der Anlage entstehen der Hypophysenstiel und der *Hypophysenhinterlappen (HHL).* Aus der Matrixzone der Aussackung des III. Ventrikels gehen keine Nervenzellen, sondern nur *Gliazellen* hervor. Die Hormone des Hinterlappens (Oxytozin und Vasopressin) werden in Nervenzellen im Hypothalamus gebildet, in den Axonen zum Hinterlappen transportiert und direkt in die Kapillaren sezerniert, die aus dem pialen Gefäßplexus in die Anlage eindringen.

Molekularbiologie. In den TSH, STH und Prolaktin sezernierenden Zellen der Adenophypophyse wurde aufgrund seiner Strukturähnlichkeit zu den homeotischen Genen von Drosophila (→3.17) ein Regulator-Gen (pit-1) entdeckt. Es bewirkt im Embryo die Determination und Abgrenzung der Drüsenanlage.

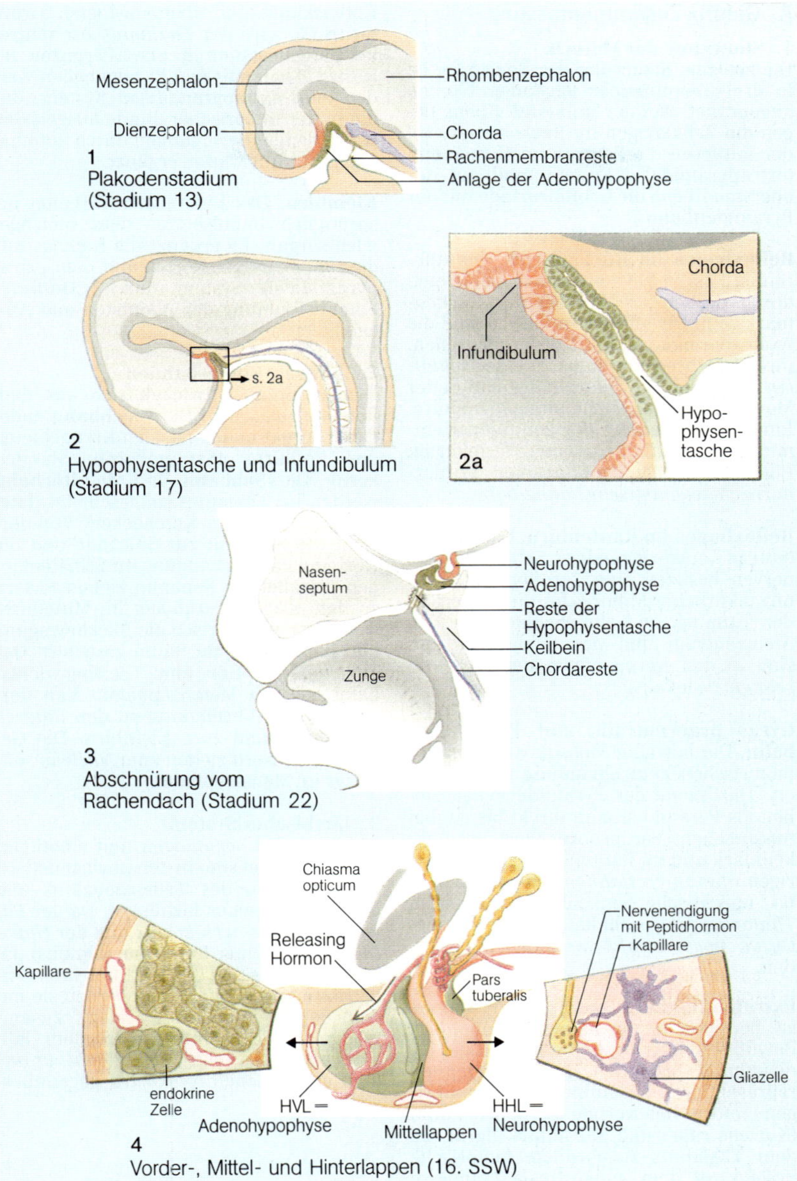

A. Entwicklung der Hypophyse

A. Gehirn: Zusammenfassung

1. Steuerung der Motorik

Die zentrale Steuerung der Bewegung ist in drei übereinander liegenden Ebenen angeordnet. Auf der untersten Ebene liegen die Reflexbögen im Rückenmark, auf der mittleren die Zentren im Hirnstamm (extrapyramidales System) und auf der obersten Ebene die Großhirnrinde mit der Pyramidenbahn.

Reflexbogen im Rückenmark. Die afferenten Fasern für den Reflexbogen treten durch die hintere Wurzel des Rückenmarks ein. Die efferenten Fasern sind die Axone der motorischen Vorderhornzellen. Ihre Unterbrechung führt zu einer *schlaffen Lähmung.* Die zentrale Regulation der Motorik erfolgt durch hemmende Impulse. Eine Unterbrechung der zentralen Hemmung führt daher zu einer vermehrten Eigenaktivität der motorischen Vorderhornzellen *(spastische Lähmung).*

Reflexbogen im Rautenhirn. Die im Rautenhirn entspringenden Schlundbogennerven besitzen einen großen Anteil an unwillkürlicher Motorik für die Steuerung der Atmung und des Schluckens. Das Atemzentrum und das Schluckzentrum sind in den Kerngebieten der *Formatio reticularis* lokalisiert.

Gyrus praecentralis und Pyramidenbahn. Die bewußte Motorik wird von der motorischen Zentralwindung aus gesteuert. Die Axone der Pyramidenzellen ziehen als Pyramidenbahn direkt bis zu den motorischen Vorderhornzellen im Rükkenmark und im Rautenhirn. Die zugehörigen *afferenten Bahnen* (Tiefensensibilität, epikritische Sensibilität) werden im *Thalamus* umgeschaltet, bevor sie zum *Gyrus postcentralis* weitergeleitet werden.

Extrapyramidales System. Im Thalamus ist bereits ein allgemeines emotionales Bewußtsein über die Befindlichkeit des Individuums vorhanden. Die *Basalganglien* repräsentieren zusammen mit den übrigen motorischen Kernen im Gehirnstamm (Nucleus ruber und Substantia nigra) das dem Thalamus zugeordnete motorische System, in dem subkortikale komplexe Bewegungsabläufe entstehen. Durch die Entwicklung der übergeordneten Großhirnrinde wird der *Thalamus* zur zentralen Eingabestation für alle Afferenzen des Kortex. Thalamus und Basalganglien werden zum extrapyramidalen System, das die in der motorischen Rinde ausgelösten willkürlichen Bewegungen durch automatische Mitinnervation ergänzt.

Kleinhirn. Das Kleinhirn verarbeitet ursprünglich Impulse aus dem Gleichgewichtsorgan. Es ergänzt die Impulse aus dem motorischen Kortex und dem extrapyramidalen System durch „On-line"-Feinabstimmung der Agonisten und Antagonisten.

2. Zentrale Sinnesbahnen

Das Großhirn entwickelt sich aus dem Riechhirnbläschen. Die **Riechbahn** endet daher direkt in den basalen Kerngebieten des Endhirns (Septumkerne, Mandelkern). Die **Sehbahn** und die **Hörbahn** werden im Thalamus umgeschaltet (lateraler und medialer Kniehöcker). Von dort zieht die Sehbahn zur Sehrinde und die Hörbahn zur Hörwindung im Schläfenlappen. Parallel zur Sehbahn ziehen Fasern zu den *oberen Vierhügeln* im Mittelhirn. Dort wird reflektorisch die Blickbewegung und die Haltung im Raum gesteuert. Das Zentrum der Hör- und Gleichgewichtsbahn liegt im Metenzephalon. Von dort besteht eine Verbindung zu den *unteren Vierhügeln* und zum Kleinhirn. Die Geschmacksfasern ziehen zum *Nucleus solitarius* im Metenzephalon.

3. Limbisches System

Die zentralen vegetativen und emotionalen Funktionen sind in den phylogenetisch alten Anteilen des Telenzephalons und des Dienzephalons lokalisiert. Da der *Paleokortex,* der *Archikortex* und der *Hypothalamus* in einer Randzone (Limbus) um den Thalamus und das Foramen interventriculare angeordnet sind, werden sie mit dem Begriff „limbisches System" zusammengefaßt. Das limbische System läßt sich als archaisches *„emotional brain"* dem epikritischen *Neokortex* gegenüberstellen.

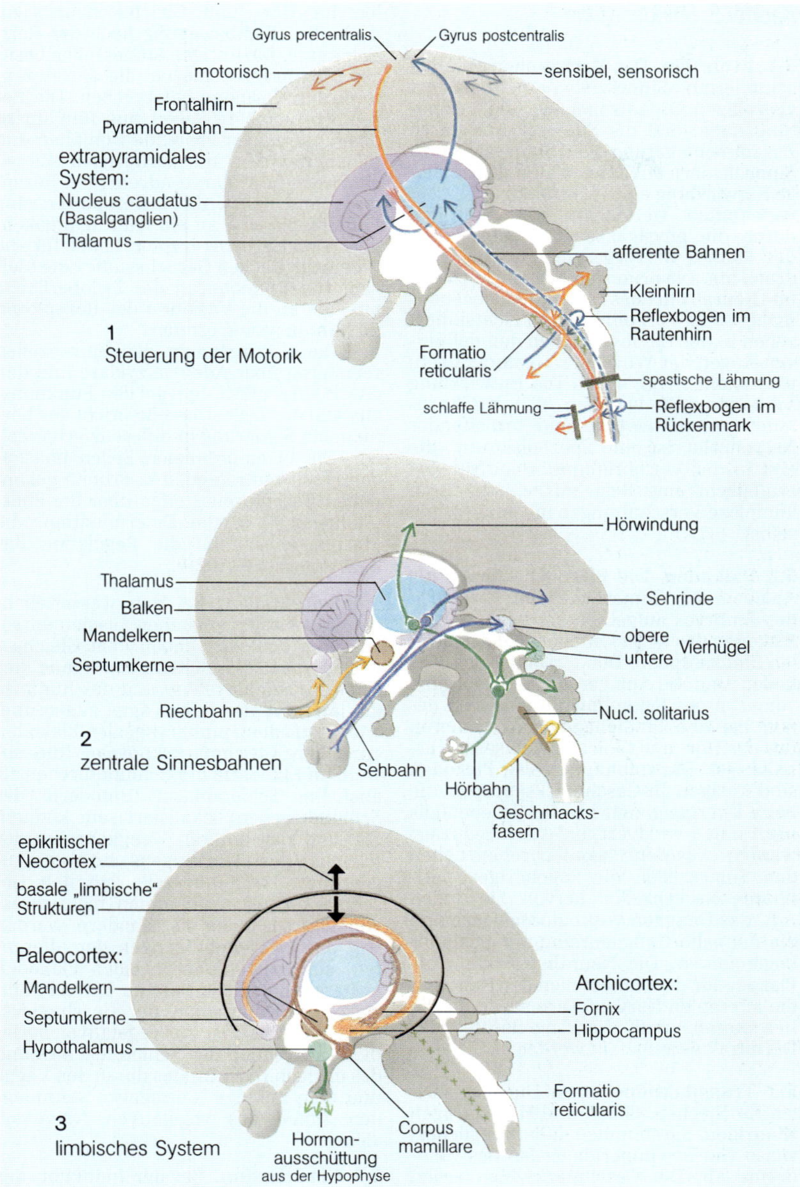

A. Gehirn: Zusammenfassung

Kapitel 5: Sinnesorgane

5.1 Evolution. Das Vorkommen von disseminierten Sinneszellen in einfachen vielzelligen Organismen legt die Vermutung nahe, daß die Sinnesorgane durch Zusammenlagerung von Sinneszellen zu Sinnesfeldern entstanden sind. Die analoge Entwicklung eines Linsenauges in nicht verwandten Tierklassen weist auf den durch die physikalischen Eigenschaften des Lichtes hervorgerufenen Selektionsdruck hin. Die primären Lichtsinneszellen im Neuralrohr des Lanzettenfischchens machen das Vorkommen von Lichtsinneszellen in der Epiphyse neben den definitiven Augen der Wirbeltiere (Lateralaugen) verständlich (vgl. 4.23). Die Entwicklung sekundärer Sinneszellen, d.h. die Trennung von Sinneszelle und fortleitender Nervenzelle, ist eine Spezialisierung, die erst in der Vertebratenreihe auftritt. Sie ermöglicht eine Reizverarbeitung durch komplexe Verschaltungen im Sinnesorgan selbst.

5.2 Plakoden. Die Plakoden können als Anlagen der Sinnesfelder im Ektoderm des Embryos aufgefaßt werden. Aus den Plakoden des Kopfes entstehen die zentralen Sinnesorgane. Die dorsolateralen Plakoden sind die Anlagen für Sinnesorgane vom Typ des Seitenlinienorgans, von denen bei den landlebenden Wirbeltieren nur das Hör- und Gleichgewichtsorgan erhalten ist. Die epipharyngealen Plakoden sind Anlagen für Geschmacksknospen, die beim Übergang zum Landleben ebenfalls nach innen verlagert und stark reduziert werden. Aus den Plakoden gehen neben den Sinneszellen die zugehörigen peripheren Nervenzellen hervor. Sie bilden z.B. das Ganglion vestibulocochleare und die doppelte Ganglienreihe der Schlundbogennerven. Die Neuralleiste kann als Plakode für die Sinneszellen der Haut und die afferenten Nervenfasern sowie für die Rezeptoren und Nervengeflechte des Darmtraktes aufgefaßt werden.

5.3 Transduktionsketten. Die Sinneszellen für Riechen, Sehen und Hören tragen Kinozilien. Sie stammen daher möglicherweise von bewimperten Zellen des Ektoderms ab. Die Geschmackszelle besitzt dagegen kein Zilium. Nur bei den Haarzellen im Hör- und Gleichgewichtsorgan dient die Zilienbewegung noch der Reizaufnahme. Die übrigen Sinneszellen besitzen Membranrezeptoren, die den Rezeptoren für Hormone entsprechen. Die Rezeptorproteine bestehen aus fünf durch das Lipid-bilayer ziehende Domänen und bilden mit dem muskarinischen Azetylcholinrezeptor, den α-adrenergen Rezeptoren und den GABA-b-Rezeptoren eine Familie. Sie sind an ein G-Protein gekoppelt. Der Geruchsrezeptor bildet für die unterschiedlichen Geruchsstoffe eine Vielzahl von Epitopen an der Zelloberfläche aus, die an die Variation der Rezeptoren im Immunsystem erinnert.

Die G-Proteine in den Sinneszellen regulieren über Adenylatzyklase und den cAMP- oder cGMP-Spiegel den Funktionszustand der Zelle. Dies entspricht der hormonalen Steuerung in differenzierten Zellen. Die in embryonalen Zellen phasenspezifisch auftretenden G-Protein-gekoppelten Rezeptoren greifen über die Phospholipase C in die Determination, die Morphogenese und die Regulation des Zellzyklus ein (→3.29).

5.4 Seitenlinien. Bei den wasserlebenden Vertebraten entstehen aus den dorsolateralen Plakoden neben dem Gleichgewichtsorgan die Seitenlinienorgane des Kopfes (Fazialissystem) und des Rumpfes (N. lateralis, der dem Vagus zugeordnet wird). Aus den epipharyngealen Plakoden entstehen Geschmacksknospen, die sowohl im Ektoderm der Schlundfurchen als auch im Schlunddarm (Entoderm der Schlundtaschen) lokalisiert sein können. Sie sind der unteren Ganglienreihe des Fazialis, Glossopharyngeus und Vagus zugeordnet. Die Sinneszellen in den Geschmacksknospen stammen nicht direkt von den Plakoden ab, sondern werden von den Nervenendigungen der afferenten, aus den epipharyngealen Plakoden abstammenden Neurone im Epithel induziert. Die Innervation der Geschmacksknospen leitet über zur vegetativen sensiblen Innervation des Schlunddarmes und des übrigen Darmtraktes durch den Vagus und dem aus der Neuralleiste stammenden Anteil des vegetativen Nervensystems.

5.5 Geruchssinn. Bei der Induktion der Riechplakode liegen die Wand des Prosenzephalons und das spätere Riechepithel direkt aneinander. Der Induktionskontakt ist die Grundlage für die funktionelle Verknüpfung zwischen Riechepithel und Riechhirn und ermöglicht noch beim Erwachsenen das Auswachsen der regenerierenden Riechfasern zum Bulbus olfactorius.

Zunächst ist das Neuralepithel des Bulbus vollkommen in die Wand des Prosenzephalons integriert. In der Embryonalperiode bildet der Bulbus eine nach unten gerichtete Aussackung, die erst in der Fetalzeit beim Auswachsen des Frontalhirns und des Balkens zum horizontal liegenden Bulbus olfactorius wird. Die Riechfasern sind die einzigen Afferenzen des Großhirns, die nicht im Thalamus umgeschaltet werden.

Die komplexe Verschaltung der primären Riechsinneszellen mit den Mitralzellen in den Glomeruli des Bulbus entspricht der Verschaltung der sekundären Sinneszellen in der Retina und im Ganglion spirale des Hör- und Gleichgewichtsorgans.

5.6 und 5.7 Auge. Die Herleitung der Anatomie des Auges und seiner Hilfsorgane aus dem Augenbecher, dem Oberflächenektoderm und dem Kopfmesoderm ist ein klassisches Unterrichtskonzept, das auf die Rekonstruktionen von Mann (1928) zurückgeht und das nur am Beispiel der Linse durch die Darstellung des Fibroblastenwachstumsfaktors (FGF) als sekundärem embryonalen Induktor durch eine neuere molekularbiologische Sichtweise ergänzt wird.

5.8 Ohr. Die Übersicht zur Entwicklung des Ohres aus dem Ohrbläschen, der Schlundfurche und Schlundtasche folgt der Darstellung von Patten, in der bereits das Labyrinth und die Gehörknöchelchenkette symbolisch in den histologischen Schnitt hineingelegt werden.

5.9 Innenohr. Bei der Umgestaltung des Ohrbläschens zum Labyrinth mit Bogengängen und Schnecke wird auf die Wachsplattenrekonstruktionen von Streeter zurückgegriffen und in den darunter angeordneten Ausschnitten auf einige zelluläre Details hingewiesen: Der Endolymphraum entsteht wie der Subarachnoidalraum im lockeren Mesenchym, das das Neuralepithel des Ohrbläschens von der Knorpelkapsel und dem späteren knöchernen Felsenbein trennt. Die Kupula im Gleichgewichtsorgan und die Membrana tectoria in der Schnecke sind extrazelluläre Oberflächendifferenzierungen der Stützzellen im Sinnesepithel. Die dreidimensionale Zeichnung der Ampulle nach Werner (1960) soll andeuten, daß die üblicherweise dargestellten Schnitte durch die Ampulle Flachschnitte sind, aus denen sich die Bewegung der Kupula gegenüber der Kutikularplatte nicht erschließen läßt.

5.10 Gehörknöchelchenkette. Die „Verlagerung des primären Kiefergelenkes in die Gehörknöchelchenkette" läßt die gesamte Evolution der Vertebraten an einem Beispiel Revue passieren. Die vorderen Knorpelspangen des Reusendarms beim Lanzettfischchen verschmelzen zum primären Ober- und Unterkiefer, die noch an den folgenden Knorpeln befestigt sind und sich wie ein Scherengitter öffnen können. Mit der Entwicklung der Schädelbasis wird das obere Element frei und kann sich beim Übergang zum Landleben zu einem Gehörknöchelchen entwickeln (Kolumella), das die primitive Schnecke (Lagena) mit dem Trommelfell im ehemaligen Spritzloch verbindet. Mit der Ausbildung eines sekundären Kiefergelenks bei den Säugern werden zwei weitere Knochenelemente frei, zwischen denen sich das außer Dienst gestellte primäre Kiefergelenk befindet. Sie ordnen sich zusammen mit der zum Steigbügel umgewandelten Kolumella in die Gehörknöchelchenkette ein.

Die Entwicklung der Ohrmuschel aus den Ohrmuschelhöckern ist dagegen ein Beispiel für eine nur auf den Menschen ausgerichteten beschreibenden Embryologie.

A. Evolution der Sinneszellen

1. Sinnesnervenzellen. Bei einfachen Tieren wie dem Polypen *(Hydra)* sitzen im Oberflächenepithel Zellen, die auf die Erfassung von äußeren chemischen oder physikalischen Reizen spezialisiert sind (**1a**). Sie senden ein *Axon* aus, das die Basalmembran des Epithels durchbricht und an der Bildung eines diffusen Nervengeflechts teilnimmt. Eine Sinneszelle mit eigenem Axon wird als *Sinnesnervenzelle* bezeichnet, da sie die Eigenschaften einer Sinneszelle und einer Nervenzelle besitzt (**1b**).

2. Zusammenlagerung der Sinneszellen zu Sinnesfeldern. Die Sinneszellen im Oberflächenepithel lagern sich bei weiter entwickelten Tieren zu Sinnesfeldern zusammen, die sich zu primitiven Sinnesorganen einsenken. Das *Grubenauge der Schnecke* ermöglicht so bereits ein Richtungssehen mit begrenzter räumlicher Auflösung (**2a**).

Das *Lanzettfischchen* (Branchiostoma lanceolatum, →3.3) besitzt einen metamer gegliederten Rumpf, jedoch weder ein Gehirn noch zentrale Sinnesorgane (Akrania). In der Haut sitzen primäre Sinneszellen für chemische und physikalische Reize. Im *Neuralrohr* liegen lichtempfindliche primäre *Sinneszellen,* die durch ihre Anordnung und durch die Kombination mit einer lichtundurchlässigen *Pigmentzelle* die Wahrnehmung der Richtung des Lichts ermöglichen (**2b**).

3. Der Aufbau von Sinnesorganen. Das *Linsenauge des Tintenfisches* (**3a**) entsteht aus einem Sinnesfeld im Oberflächenepithel, das sich zu einer Augenblase einsenkt. Das *Linsenauge der Wirbeltiere* (**3b**) entsteht aus einem Sinnesfeld im Neuralepithel des bereits eingesenkten Neuralrohres. Das Auswachsen des Augenbläschens und die Einstülpung zu einem Augenbecher führt dazu, daß die Lichtsinneszellen des Wirbeltierauges nach innen gerichtet sind. Wenn man sich das Neuralepithel von Neuralrohr und Augenbecher gestreckt und in das Oberflächenepithel integriert denkt, ergibt sich ein Sinnesfeld mit nach außen gerichteten Lichtsinneszellen. Unter dem Selektionsdruck der physikalischen Eigenschaften des Lichtes entsteht aus unterschiedlichen Anlagen mit unterschiedlicher genetischer Ausstattung ein Linsenauge mit weitgehend identisch ausgeformten funktionellen Strukturen. Nach der Evolutionstheorie handelt es sich um eine analoge Entwicklung.

Im Wirbeltierauge wird die Reizaufnahme und die Reizfortleitung von unterschiedlichen Zellen übernommen. Reine Sinneszellen ohne eigenes Axon werden als *sekundäre Sinneszellen* bezeichnet. Sie treten im Verlauf der Evolution erst in den zentralen Sinnesorganen der Vertebraten auf. Nur im Riechepithel bleibt das Prinzip der primären Sinneszellen (Sinnesnervenzelle) auch bei den Vertebraten erhalten.

B. Reizleitung in primären und sekundären Sinneszellen

1. Primäre Sinneszelle. Der physikalische oder chemische *Reiz* wird von einem *Membranrezeptor* erfaßt und über eine intrazelluläre *Transduktionskette* fortgeleitet. Durch Öffnung der Na^+-Kanäle wird das *Membranpotential* der Sinneszellen gesenkt (Depolarisation). In der primären Sinneszelle wird das Membranpotential an der Wurzel des *Axons* in fortgeleitete *Aktionspotentiale* umgesetzt. Die Frequenz der Aktionspotentiale ist proportional zur Depolarisation. An der Endauftreibung des Axons befindet sich eine Synapse. Die eintreffenden Aktionspotentiale führen zu einer Herabsetzung des präsynaptischen Membranpotentials und dadurch zur Exozytose des *Neurotransmitters.*

2. Sekundäre Sinneszelle. Die sekundäre Sinneszelle besitzt kein eigenes Axon. Die *Depolarisation* nach Reizung der Membranrezeptoren führt zur Freisetzung eines *Neurotransmitters,* der in der fortleitenden *peripheren Nervenzelle* ein postsynaptisches Potential erzeugt. Es wird in fortgeleitete Aktionspotentiale umgesetzt.

Die Einschaltung der Synapse ermöglicht die komplexe Verschaltung der sekundären Sinneszellen und der fortleitenden Nervenzellen und damit eine lokale Reizverarbeitung, die bei den primären Sinneszellen nicht möglich ist.

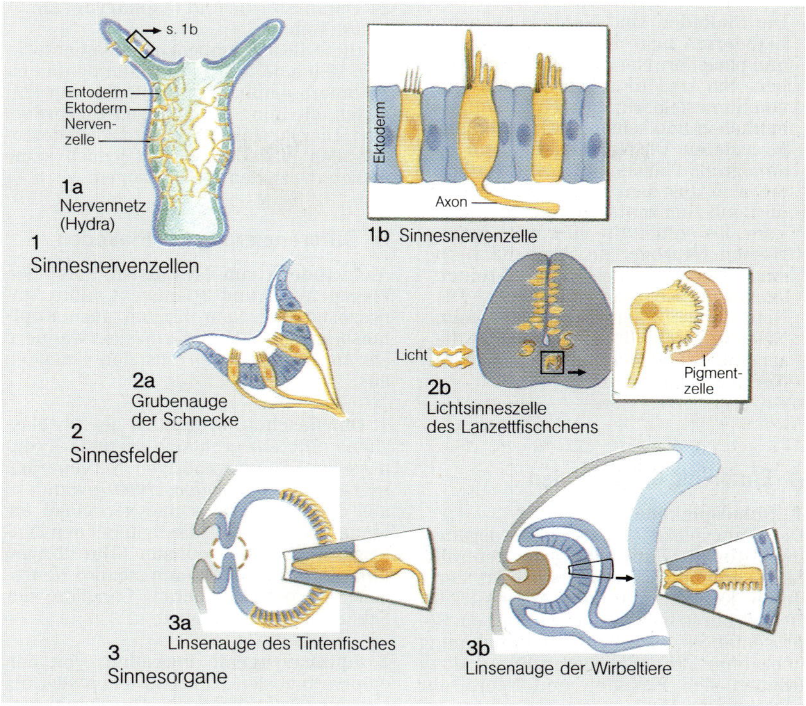

A. Zur Evolution der Sinneszelle

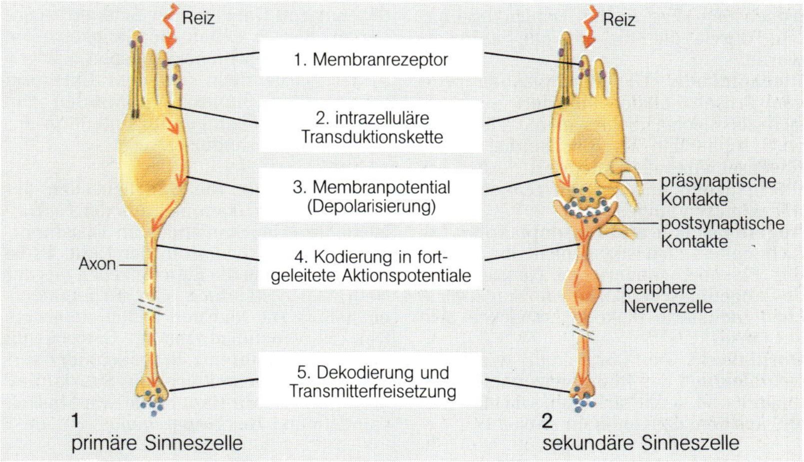

B. Reizleitung in primären und sekundären Sinneszellen

Die **Plakoden** sind Verdickungen im Ektoderm, aus denen Sinneszellen und periphere Nervenzellen hervorgehen. Sie sind die embryonale Form von Sinnesfeldern, die sich zu Sinnesepithelien und sensiblen Ganglien differenzieren. Die Neuralplatte kann als eine große Plakode aufgefaßt werden, die sich aus dem Ektoderm ausgliedert und zum zentralen Nervensystem wird. Sie enthält die efferenten motorischen Neurone. An ihren Rändern sind in der Neuralleiste die afferenten sensiblen Neurone lokalisiert. Die Neuralleistenzellen wandern beim Neuralrohrschluß aus und bilden die sensiblen Ganglien und das periphere Nervensystem.

A. Einteilung der Plakoden

1. Sinnesplakoden

Die Sinnesplakoden sind der Ausgangspunkt für die Entwicklung der zentralen Sinnesorgane. Sie werden im Ektoderm durch Kontakt mit dem Abschnitt des Neuralrohres induziert, der später die Repräsentation der Sinneswahrnehmung übernimmt. In der weiteren Entwicklung trennen sich Plakoden und Neuralrohr voneinander. Die aus dem Plakodenmaterial auswachsenden Nervenfasern finden jedoch den Weg zu den Gehirnabschnitten, durch die die Plakode induziert wurde.

Riechplakode. Die Riechplakode wird vom Prosenzephalon induziert, verlagert sich als Riechgrübchen in die Tiefe und wird schließlich als Riechepithel in die Nasenschleimhaut integriert. Aus der Riechplakode entsteht ein Sinnesepithel mit primären Sinneszellen.

Augenbläschen und Linsenplakode. Die Lichtsinneszellen sitzen nicht im Epithel der Plakode, sondern im Neuralepithel des Augenbläschens. Die vom Augenbläschen induzierte Plakode entwickelt sich zur Linse.

Ohrplakode. Die Ohrplakode wird vom Neuralepithel des Rhombenzephalons induziert und senkt sich zum Ohrbläschen ein, aus dem das Innenohr entsteht.

2. Dorsolaterale und epipharyngeale Plakoden

In Höhe des Rhombenzephalons entwickeln sich eine obere dorsolaterale und eine untere epipharyngeale Reihe von Plakoden, die den Schlundbögen zugeordnet sind. Die Ohrplakode gehört zu den dorsolateralen Plakoden, besitzt jedoch keine Beziehung zu den Schlundbögen.

B. Differenzierung der Plakoden

Auswandern von Mesoderm. Aus allen Plakoden (**A1** und **2**) entsteht außer Sinneszellen und Neuroblasten auch **Kopfmesoderm**. Die Mesodermzellen wandern als *Mesenchymzellen* aus den Plakoden aus.

1. Ohrbläschen. Im Epithel des Ohrbläschens differenzieren sich sekundäre Sinneszellen. Die zugehörigen Nervenzellen im *Ganglion vestibulocochleare* wandern aus dem Epithel aus und verbinden die Sinneszellen im Ohrbläschen mit den Zentren im Rhombenzephalon. Die übrigen **dorsolateralen Plakoden** steuern Neuroblasten zu den oberen Ganglien der Schlundbogennerven bei.

2. Epipharyngeale Plakoden. Von den epipharyngealen Plakoden leiten sich die *Geschmacksknospen* ab. Die epipharyngealen Plakoden steuern Neuroblasten zu den unteren Ganglien der Schlundbogennerven bei, in denen die Ganglienzellen für die Geschmacksknospen liegen (→3.12). Die nicht aus dem Ektoderm stammenden Sinneszellen werden von den Nervenendigungen im Entoderm des Schlunddarmes induziert.

3. Neuralleiste. Die Ganglienzellen der *Spinalganglien* stammen aus der Neuralleiste. Ihre Neuriten enden an Tastsinneszellen *(Merkel-Zellen)* in der Haut. Es ist offen, ob sie wie die Pigmentzellen aus der Neuralleiste stammen oder im Ektoderm entstehen. Die Neuriten bilden außerdem freie Nervenendigungen im Gewebe mit eigenen Rezeptoren z. B. für schmerz-vermittelnde Transmitter wie Substanz P oder innervieren Endorgane wie Muskelspindeln und *Tastkörperchen*.

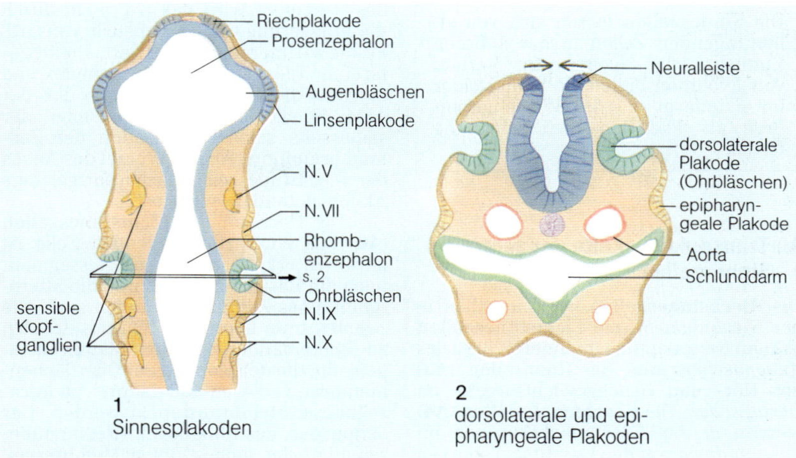

A. Einteilung der Plakoden

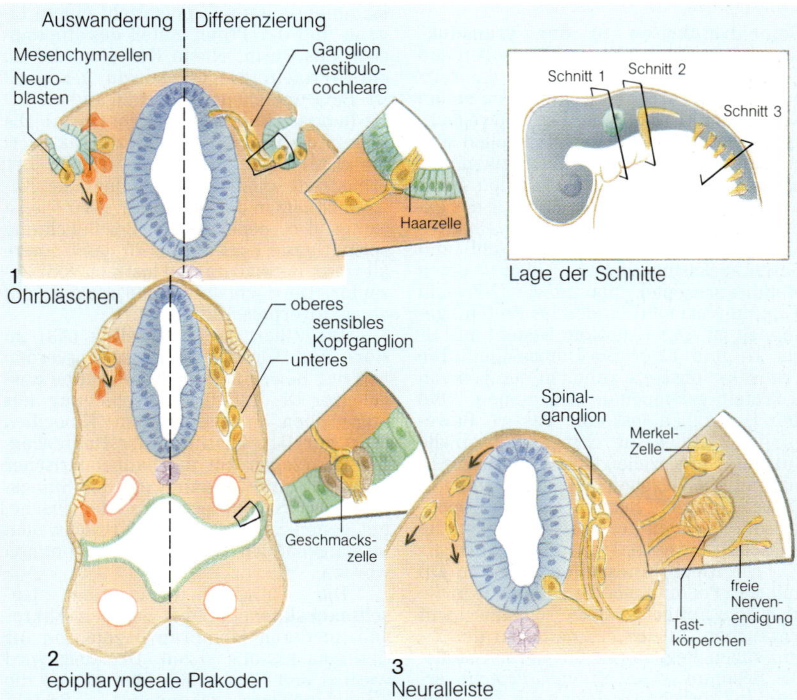

B. Auswanderung von Kopfmesoderm und Differenzierung der Plakoden

Die **Sinneszellen** lassen sich von zilientragenden Zellen in der äußeren Epithelschicht ableiten. Im Verlauf von Evolution bilden sie Sinnesfelder im Ektoderm, die im Wirbeltierembryo als Plakoden in Erscheinung treten.

A. Transduktionskette der zentralen Sinneszellen

Die **Riechsinneszellen (A1)** entstehen in der *Riechplakode,* die **Lichtsinneszellen (A2)** im Neuralepithel im inneren Blatt des *Augenbechers* und die **Haarzellen (A3)** des Hör- und Gleichgewichtsorgans im *Ohrbläschen.* Die **Geschmackszellen (A4)** werden in den Geschmacksknospen im *Schlunddarm* von den Geschmacksnerven induziert.

Gemeinsamkeiten in der Transduktionskette. Bei den Riechsinneszellen und den Lichtsinneszellen leitet sich das reizempfindliche apikale Segment von einem Kinozilium ab, das seine Eigenbeweglichkeit verloren hat. Bei den Haarzellen sind ein Kinozilium und viele Stereozilien vorhanden. Auf den Geschmackszellen sitzen nur Stereozilien. Die Umwandlung des extrazellulären Reizes in ein intrazelluläres Signal erfolgt bei den Riech-, Licht- und Geschmackssinneszellen über einen Membranrezeptor, der an ein G-Protein (Guanin-Nukleotid-bindendes Protein) gekoppelt ist. Das G-Protein besteht aus einer α- und einer β/γ-Untereinheit. Die Transduktionskette ähnelt derjenigen von G-Protein-gekoppelten Hormonen. Bei den Haarzellen löst eine passive Bewegung der Zilien die Erregung der Zelle aus. Alle Sinneszellen sind wie Nervenzellen und Muskelzellen elektrisch erregbar. Sie reagieren auf Reizung mit einer Depolarisation, die an der Basis der Zellen die Ausschüttung eines Transmitters auslöst.

Die **Riechsinneszellen (A1)** sind am apikalen Pol mit Zilien versehen, die in die über dem Epithel gelegene Schleimschicht eintauchen. In der Zellmembran der Zilien sitzen Rezeptoren für Geruchsstoffe. Der Rezeptor ist mit einem G-Protein verbunden (Ausschnitt), das an die Adenylatzyklase (AZ) gekoppelt ist. Nach Reizung des Rezeptors wird das G-Protein durch die Anlagerung von GTP anstelle von GDP an die α-Untereinheit aktiviert. Die α-Untereinheit löst sich vom β/γ-Komplex und aktiviert die Adenylatzyklase, so daß der cAMP-Spiegel in der Zelle ansteigt, der seinerseits zur Depolarisation der Zellmembran führt. An der Wurzel des Axons der Riechsinneszelle werden fortgeleitete Aktionspotentiale ausgelöst.

Die Herkunft der **Lichtsinneszellen (A2)** aus einer zilientragenden Zelle ist daran zu erkennen, daß im Halssegment noch ein Basalkörperchen und die Mikrotubuli eines Ziliums vorhanden sind. Die Zellmembran über dem Zilium stülpt sich zu übereinanderliegenden Membranstapeln ein, die den Kontakt zur Oberflächenmembran verlieren und dadurch zu intrazellulären Membranstapeln werden. Der Sehpurpur, das Rhodopsin, sitzt im äußeren Blatt der eingestülpten Membranen. Der Sehfarbstoff, das vom Vitamin A abstammende Retinal, entspricht einem Liganden und der Proteinanteil des Rhodopsins, das Opsin, einem Rezeptor, der an ein G-Protein (das Transduzin) gekoppelt ist. Bei Dunkelheit sitzt der Ligand als 11-cis-Retinal am Rezeptor (dem Opsin). Die α-Untereinheit des Transduzins aktiviert die cGMP-Phosphodiesterase (PDE). Der erniedrigte cGMP-Spiegel öffnet die Natriumkanäle in der Membran. Die Zelle ist erregt, d. h. depolarisiert. Bei Belichtung springt das 11-cis-Retinal in das isomere all-trans-Retinal um und löst sich vom Rezeptor. Die Lichtsinneszelle reagiert mit einer Hpyerpolarisation.

Die Zilien der **Haarzellen (A3)** im Hör- und Gleichgewichtsorgan werden von der Bewegung der Endolymphe ausgelenkt. Die relative Verschiebung der Stereozilien gegenüber den Kinozilien führt zur Depolarisation der Haarzellen. Die Haarzellen mit mechanoelektrischer Kopplung sind verwandt mit den Sinneszellen im Seitenlinienorgan der Fische, mit denen Strömungen und Druckwellen im umgebenden Wasser wahrgenommen werden.

Die Sinneszellen in den **Geschmacksknospen (A4)** besitzen Mikrovilli, in deren Membran Rezeptoren für Geschmacksstoffe sitzen. Der Reiz wird wie bei den Riechzellen über ein an die Adenylatzyklase gekoppeltes G-Protein fortgeleitet.

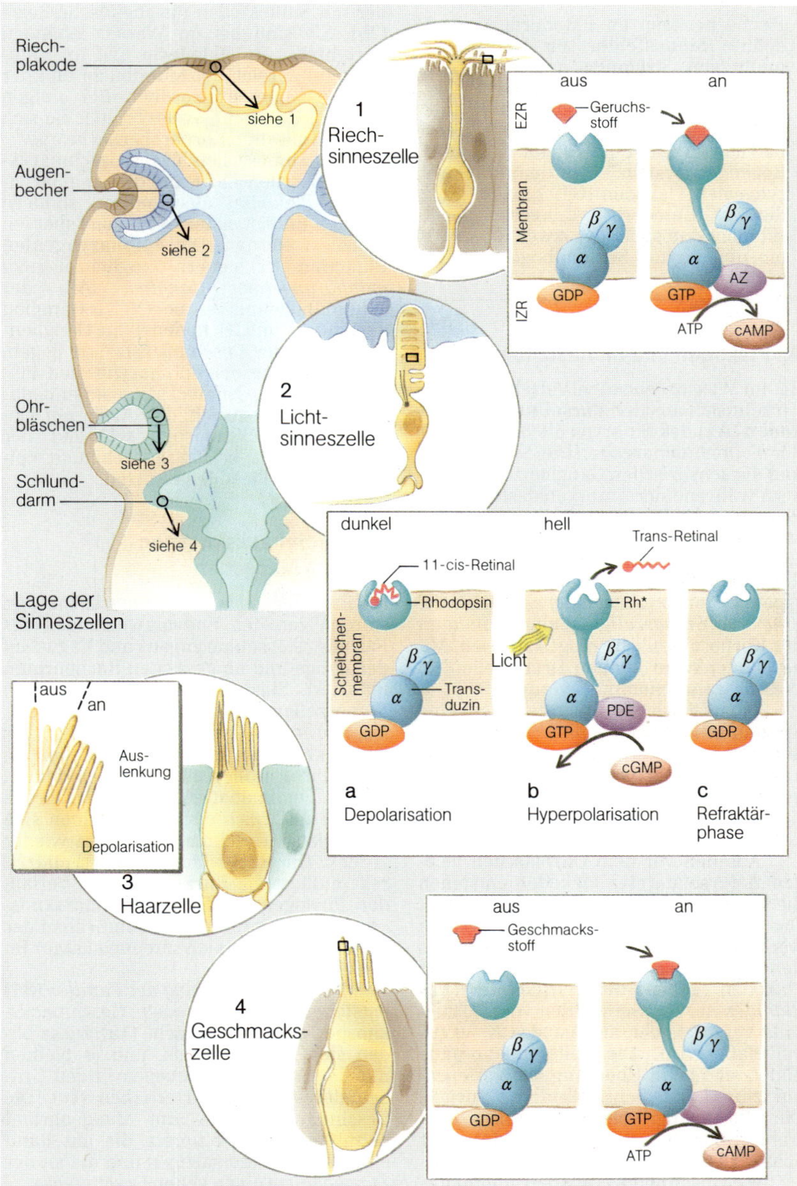

A. Transduktionskette der zentralen Sinneszellen

Fische besitzen im Ektoderm ausgedehnte **Sinnesfelder** zur Wahrnehmung von Strömung und von „Geschmacksstoffen" im Wasser. Diese bilden sich beim Übergang zum Landleben zurück. Von den dorsolateralen Plakoden (Strömung) bleibt nur das Bogengangsystem, von den epipharyngealen Plakoden (Geschmack) nur die ins Entoderm verlagerten Geschmacksknospen des zweiten, dritten und vierten Schlundbogennerven zurück.

A. Plakoden und Sinnesfelder

Bei im Wasser lebenden Vertebraten entwickeln sich aus den **dorsolateralen Plakoden** (**A1**) des Embryos die Sinnesfelder der Seitenlinienorgane. Die Sinneszellen und die sensorischen Ganglienzellen wandern während der Embryonalzeit aus den Plakoden aus. Die **Seitenlinienorgane** bestehen bei *Fischen* (**A2**) aus einem in die Haut eingesenkten Kanalsystem, in das die Sinneszilien der Sinneszellen hineinragen. In der *Amphibienlarve* (**2a**) sind die *Zilien* der *Sinneszellen* in eine *Kupula* an der Körperoberfläche eingeschlossen. Mit den Seitenlinien können Druckwellen im Wasser wahrgenommen werden.

Das Gleichgewichtsorgan ist eine Spezialform der Seitenlinienorgane, bei dem das Kanalsystem von der Oberfläche abgeschlossen ist, so daß über die Bewegung der Endolymphe Veränderungen der Körperhaltung wahrgenommen werden können.

Aus den vor dem Ohrbläschen gelegenen dorsolateralen Plakoden entstehen die *Seitenlinienorgane des Kopfes* (**A2**). Die sensorischen Ganglien und Nerven werden dem N. facialis zugerechnet. Aus den hinter den Ohrbläschen gelegenen Plakoden gehen die *Seitenlinien des Rumpfes* hervor. Sie werden vom N. lateralis versorgt, der als Ast des N. vagus aufgefaßt wird. Die Seitenlinienorgane bilden sich beim Übergang der Vertebraten zum Landleben vollständig zurück. Die Bogengänge bleiben erhalten und werden noch durch die Entwicklung der Schnecke (Gehör) erweitert.

Die **Geschmacksknospen** sind in das Oberflächenepithel eingesenkte Sinnesfelder mit Sinneszellen für chemische Reize (**2b**). Sie sind bei im Wasser lebenden Vertebraten im Ektoderm und im Entoderm im Bereich der Mundbucht und der Kiemenspalten angeordnet. Bei einigen Fischen, z. B. beim Wels, breiten sie sich über die gesamte Körperoberfläche aus.

Die Sinneszellen für die Geschmacksknospen sollen nicht aus den epipharyngealen Plakoden auswandern, sondern von den Endästen der Geschmacksnerven induziert werden. Die **epipharyngealen Plakoden** (**A1**) steuern Ganglienzellen zu *epipharyngealen Ganglien* (**A2**) der Schlundbogennerven bei (N. VII Ganglion geniculi, IX und X), in denen die Ganglienzellen für die Geschmacksfasern liegen. Die Beziehung der epipharyngealen Plakoden zum Geschmackssinn kommt dadurch zum Ausdruck, daß Arten mit vielen Geschmacksknospen während der Embryonalzeit kräftig ausgebildete epipharyngeale Plakoden besitzen.

B. Geschmacksknospen beim Menschen

Die Entwicklung von Geschmacksknospen werden von den Endverzweigungen des Fazialis, Glossopharyngeus und Vagus auf der Zunge und im gesamten Rachenraum induziert. Sie bestehen aus *sekundären Sinneszellen, Stützzellen* und *Basalzellen,* die sich ständig erneuern (**B2**). Die Entwicklung von Geschmacksknospen erreicht ihren Höhepunkt zwischen dem 5. und 7. Fetalmonat. Am Ende der Fetalperiode und nach der Geburt bilden sich die meisten Geschmacksknospen wieder zurück. Die Rückbildung in der Fetalzeit rekapituliert die Rückbildung im Verlauf der Phylogenese. Die Geschmacksknospen konzentrieren sich in den Gräben der Wallpapillen (Papillae circumvallatae) im Zungengrund (**B3**).

Bei der *Entwicklung der Papillen* (**B1**) entstehen zunächst auch Geschmacksknospen an der Oberfläche (**1a**). Diese bilden sich jedoch zurück, und es bleiben nur die Geschmacksknospen in den Gräben der Wallpapillen erhalten (**1c**). Die Geschmacksknospen am Zungengrund vermitteln einen bitteren, die am Rand einen sauren und salzigen und die an der Zungenspitze einen süßen Geschmack.

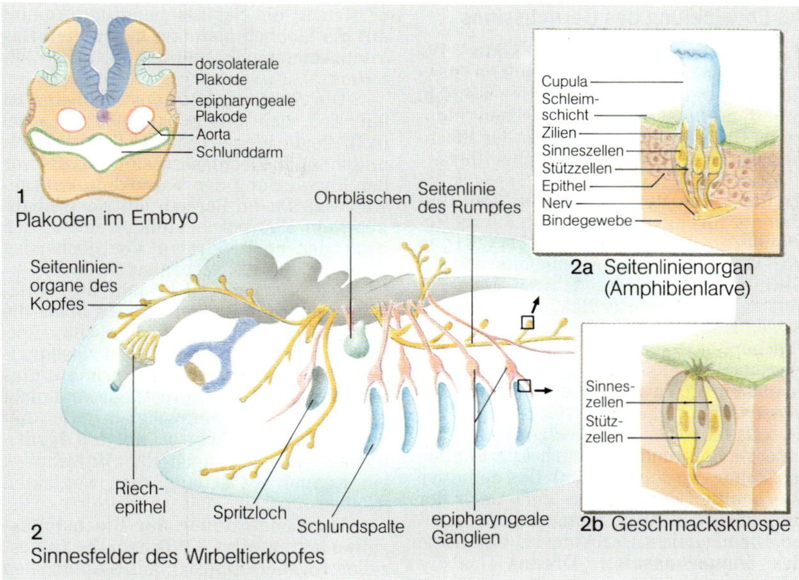

A. Plakoden und Sinnesfelder

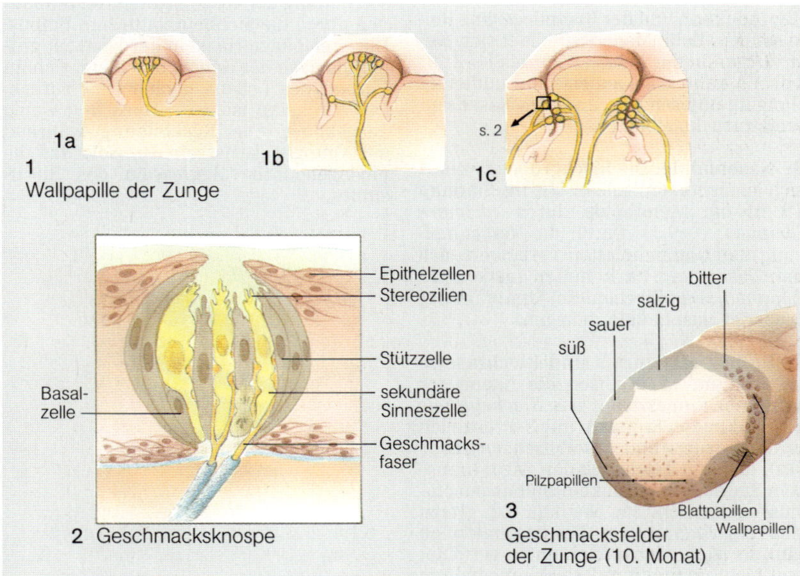

B. Entwicklung der Geschmacksknospen beim Menschen

A. Entwicklung des Geruchssinns

1. Induktion der Riechplakode. Die Riechplakode wird im Stadium 9 im Oberflächenektoderm durch direkten Kontakt mit dem Prosenzephalonbläschen induziert. Das verdickte Ektoderm der Riechplakode ist die Anlage des Riechepithels.

2. Einsinken der Riechgrube. Das Epithel der Riechplakode löst sich durch Einwanderung von *Kopfmesenchym* (**2a**) von der Wand des Prosenzephalons ab. Die Vermehrung des Mesenchyms führt zur Ausbildung des *lateralen* und *medialen Nasenwulstes,* zwischen denen sich das Riechepithel zur Riechgrube einsenkt. Zwischen den sich aneinanderlegenden medialen Nasenwülsten entsteht das *Nasenseptum.*

Das Epithel der Riechgrube besitzt eine *mediale* und eine nach *lateral* oben gerichtete *Aussackung* (**2a**). Das definitive Riechepithel entsteht aus dem Dach der dorsolateralen Aussackung der Riechgrube. Die mediale Aussackung ist die Anlage des **vomeronasalen Organs** (Jakob-Organ). Im vomeronasalen Organ liegen Riechzellen für Pheromone, die bei der Reproduktion und der Brutpflege eine Rolle spielen. Beim Menschen bildet sich dieses Organ in der Fetalzeit zurück (→2.31, 1b). Es kann ein kleiner blind endender Gang im unteren Abschnitt des Nasenseptums zurückbleiben.

3. Nasenhöhle. Die Riechgrube erweitert sich nach hinten und bricht im Stadium 19 in die Mundhöhle durch *(primäre Choanen)* (→9.1). Durch die Verschmelzung der Gaumenplatten verlängert sich der Nasengang nach hinten *(sekundäre Choanen).* Das Riechepithel kommt in das Dach der Nasenhöhle zu liegen.

4. Bulbus olfactorius und Riechfasern. Im Stadium 16 wachsen die Axone der primären Sinneszellen des *Riechepithels* aus und bilden Kontakte mit Nervenzellen in der Vorderwand des *Prosenzephalons* (**4a**), die zum Telenzephalon wird. In diesem Stadium ist noch kein Bulbus olfactorius vorhanden. Im Stadium 22 grenzt sich ein *Bulbus* vom Telenzephalon ab (**4b**). Er ist zunächst nach unten gerichtet und biegt im Stadium 23 nach medial um (→4.8, A4). Erst in der Fetalzeit verlagert er sich in die Sagittalebene und kommt auf die Siebbeinplatte zu liegen (**4c**). Das Ventrikellumen im Bulbus olfactorius obliteriert.

Die *Siebbeinplatte* des Siebbeins ist ein Teil der knorpeligen Nasenkapsel (**A3**), die die Einsenkung des Riechepithels umgibt. Die Riechfasern sind bereits vor der Entwicklung der Nasenkapsel ausgewachsen. Da im Bereich der Nervenbahnen kein Knorpel entsteht, bleiben auch nach der enchondralen Verknöcherung des Siebbeins die Nervenkanäle frei.

Das Riechepithel besteht aus Stützzellen und *Sinneszellen* (**4c**). Es bildet die Area olfactoria im respiratorischen Epithel der Nase über der oberen Nasenmuschel. Die Riechzellen sind primäre Sinneszellen (→5.1, B). Ihre Axone sind nicht myelinisiert. Ihre verzweigten Enden bilden im Bulbus olfactorius mit den dendritischen Aufzweigungen der *Mitralzellen* ein Knäuel aus synaptischen Kontakten *(Glomerulus).*

Die **Lebensdauer der Riechsinneszellen** beträgt etwa 3 Wochen. Die Sinneszellen regenerieren sich aus Stammzellen im Riechepithel. Die neuen Axone wachsen entlang der vorgeformten Nervenbahnen durch die Siebbeinplatte zum Bulbus. Die Area olfactoria ist in der Fetalzeit größer als nach der Geburt und bildet sich im Verlauf des Lebens noch weiter zurück. Der Riechsinn ist beim Menschen wenig ausgebildet. Die Rückbildung während der Ontogenese ist ein Hinweis auf die phylogenetische Regression des Riechsinnes.

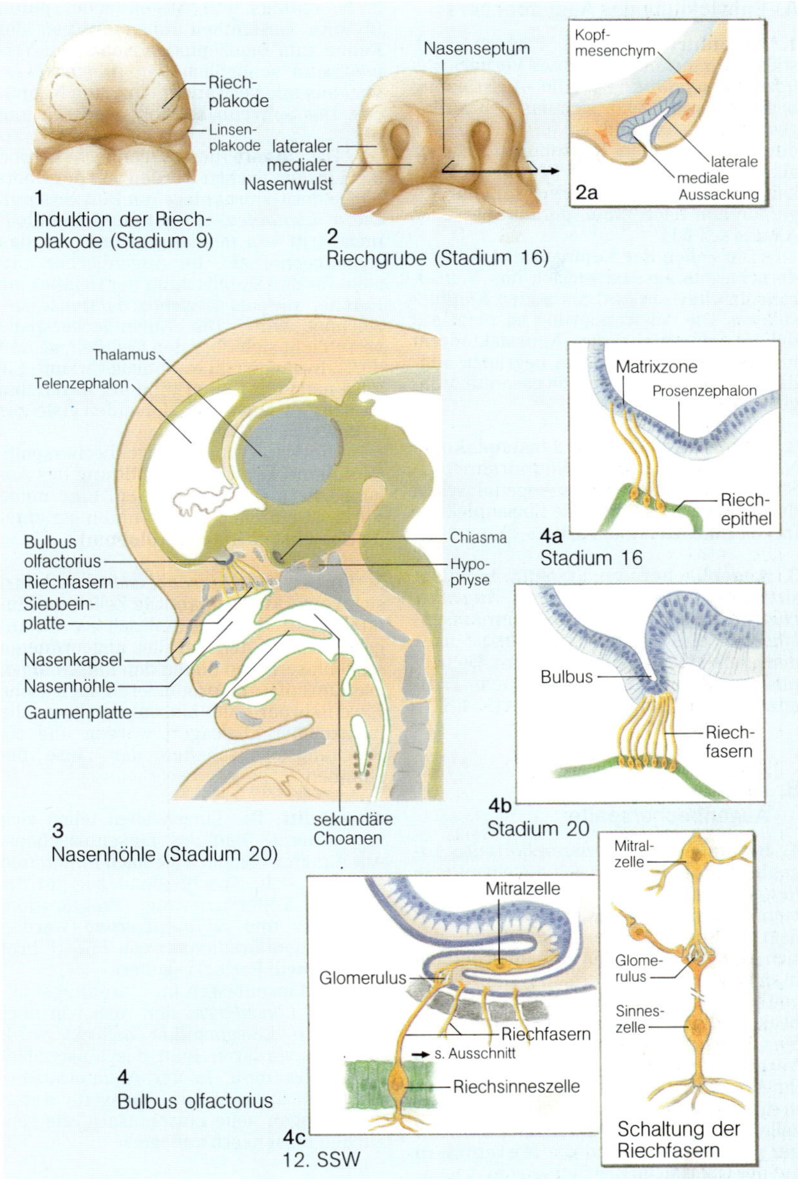

A. Entwicklung des Geruchssinns

A. Entwicklung des Augenbechers

1. Augenfurchen. Die Augenanlage stülpt sich aus der Wand des Vorderhirns *(Prosenzephalon)* aus. Die Ausstülpung beginnt bereits bevor sich das Neuralrohr geschlossen hat und ist im Stadium 11 durch den offenen Neuroporus anterior als Augenfurche sichtbar. Wegen der starken Krümmung des Embryos sind die Augenfurchen nach unten gerichtet (→2.17 A3 und 4.7 A1).

Die Zellen der Kopfneuralleiste wandern bereits aus, bevor sich das Neuralrohr geschlossen hat. Sie bilden *Kopfmesoderm*. Die Auswanderung ist nicht auf die Umschlagsfalte von Neuralektoderm und Oberflächenektoderm begrenzt, sondern erstreckt sich über die gesamte Anlage des Augenbläschens.

2. Augenbläschen und Linsenplakode. Nach dem Schluß des Neuralrohres im Stadium 12 induziert das Augenbläschen durch direkten Kontakt die Linsenplakode im Oberflächenektoderm (→3.6).

3. Augenbecher. Im Stadium 14 stülpt sich das *Augenbläschen* zum *Augenbecher* und die *Linsenplakode* zum *Linsenbläschen* ein. Der Augenbecher ist über dem Augenbecherstiel mit dem Dienzephalon verbunden, das aus dem Prosenzephalonbläschen hervorgeht (→4.8).

B. Augenbecher und Augenbecherspalte

1. Retina. Aus dem *inneren Blatt* des Augenbechers entwickelt sich die eigentliche *Retina*, aus dem *äußeren Blatt* das *Pigmentepithel* des Auges. Zwischen beiden liegt als Spaltraum der *Sehventrikel*, der sich zunächst über den Augenbecherstiel in den III. Ventrikel fortsetzt. Die Neuroepithelzellen im inneren Blatt des Augenbechers differenzieren sich zu *Sinneszellen* (Zäpfchen und Stäbchen), zu *bipolaren Nervenzellen* und zu *Ganglienzellen*, die ihr Axon nach zentral zum Thalamus und in die Vierhügelplatte senden. Die Sinneszellen sind nach innen zum Sehventrikel hin gerichtet, während die Nervenfasern auf der Oberfläche der Retina zum Augenbecherstiel hin zusammenlaufen.

2. N. opticus und Augenbecherspalte. In ihrer Gesamtheit füllen die von der Retina zum Dienzephalon ziehenden *Nervenfasern* schließlich den *Augenbecherstiel* aus und verwandeln ihn zum N. opticus. Der Sehventrikel obliteriert (**2a** und **b**).

Das Innere des Augenbechers und das Linsenbläschen werden von der Oberfläche der Gehirnanlage mit Blut versorgt. Die *A. hyaloidea*, ein Ast der A. ophthalmica, tritt von medial und unten in den Augenbecher ein. Im Augenbecher entsteht für den Durchschnitt der Gefäße eine Furche, die als *Augenbecherspalte* bezeichnet wird. Die Augenbecherspalte verschließt sich über den Gefäßen, so daß die A. hyaloidea im N. opticus verläuft. Sie wird nach der Obliteration der durch den Glaskörper zur Linse ziehenden Äste zur *A. centralis retinae*.

Die embryonale Augenbecherspalte **(Kolobom)** kann als **Fehlbildung** des Augenbechers erhalten bleiben. Eine milde Form ist ein nach medial unten gerichteter Spalt in der Iris **(Iriskolobom)**.

3. Linse. Das *Linsenbläschen* schnürt sich vom Ektoderm ab. Die Zellen im hinteren Blatt des Linsenbläschens verlängern sich zu den parallel angeordneten Linsenfasern und bilden den *Linsenhügel*. Die Linsenfasern produzieren spezifische Eiweißkörper, die Linsenkristalline, die intrazellulär abgelagert werden und die Brechungseigenschaften der Linse bestimmen.

Ausschnitt: Die Linsenzellen teilen sich im vorderen Blatt des Linsenbläschens. Am Äquator wandern sie nach hinten und strecken sich. Anschließend beginnt die zelluläre Differenzierung. *Proliferation, Migration* und *Differenzierung* werden durch einen Gradienten von *FGF* (Fibroblast Growth Factor) reguliert.

Die Linsenfasern im Linsenhügel bilden den *Linsenkern*, der vorn von dem kubischen Linsenepithel bedeckt wird, das vom vorderen Blatt des Linsenbläschens abstammt. In der Äquatorialzone entstehen bis zum 20. Lebensjahr durch Zellteilungen neue Linsenfasern, die sich auf den Linsenkern auflagern.

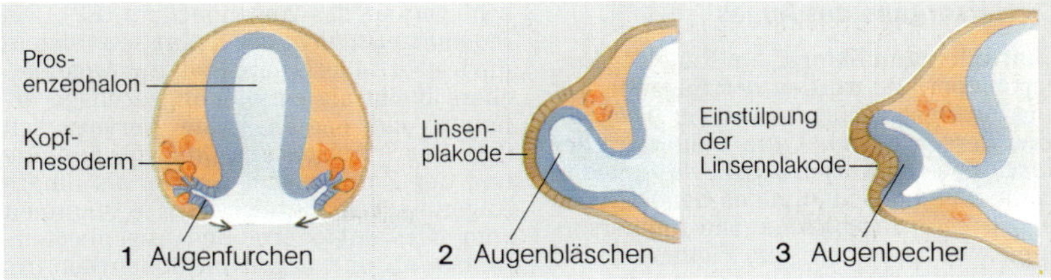

A. Entwicklung des Augenbechers

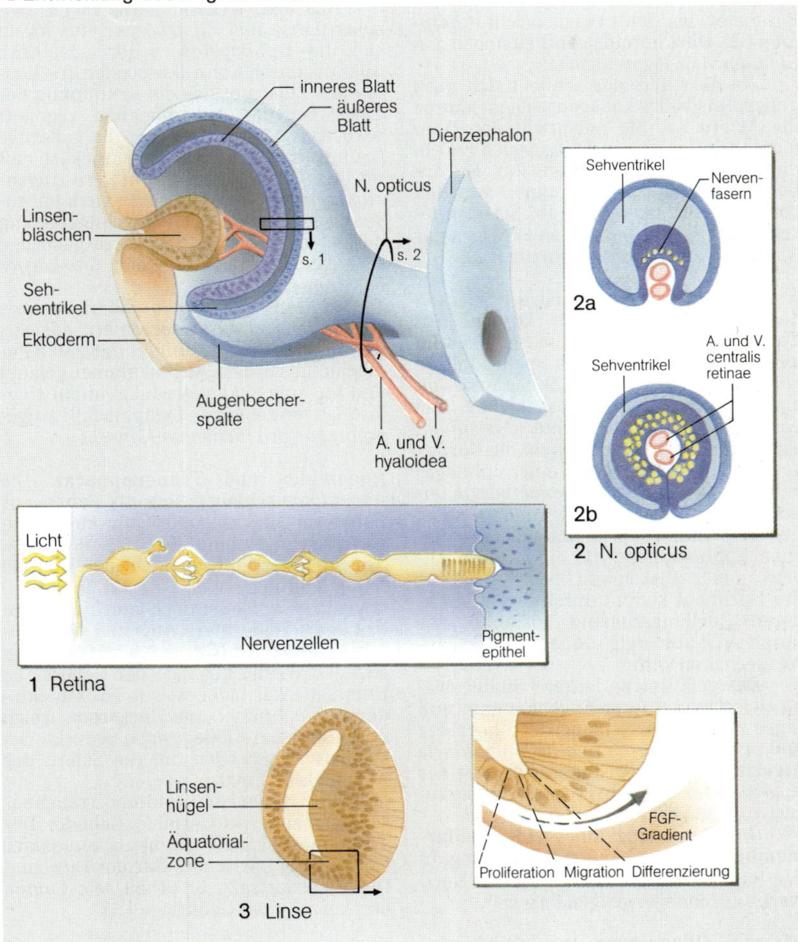

B. Augenbecher und Augenbecherspalte

C. Hilfsorgane des Auges

Choroidea und Sklera. Am Ende der Embryonalperiode werden der Augenbecher und die Linse noch ganz von der *A. hyaloidea* versorgt (**C1**). Dann obliteriert der durch den Glaskörper zur Linse ziehende Endast, und der Stamm des Gefäßes wird zur *A. centralis retinae.* Die Blutversorgung wird von einer dem Pigmentepithel des Augenbechers direkt anliegenden gefäßreichen Schicht übernommen, die der Pia mater des Gehirns entspricht (*Choroidea* **C2**). Die Choroidea enthält neben den Gefäßen viele Pigmentzellen.

An die Choroidea schließt sich nach außen als straffes kollagenreiches Gewebe die *Sklera* an. Sie entspricht der *Dura mater* des Gehirns und setzt sich direkt in die Durahülle des N. opticus fort. Die äußeren Augenmuskeln stammen von den „präotischen Myotomen" ab. Sie inserieren in der Sklera und ziehen zur Dura des N. opticus am Foramen opticum (**C2**).

Kornea. Nach vorn setzt sich die Sklera in das Stroma der Hornhaut *(Kornea)* fort. Zwischen Hornhaut und Linse entsteht im lockeren Bindegewebe als Spaltraum die *vordere Augenkammer* (**C2**). Sie wird von einem flachen Epithel ausgekleidet, das vom Mesenchym abstammt *(Mesothel).* Von außen nach innen besteht die Kornea somit aus drei Schichten: einer epithelialen Schicht aus *Oberflächenektoderm,* einer Schicht aus dichtem Bindegewebe, der Substantia propria, und aus einer flachen Epithelschicht, die die vordere Augenkammer auskleidet. Die Transparenz der Hornhaut kommt durch ihren besonderen Quellungszustand zustande, der durch ATP-abhängige Ionenpumpen aufrechterhalten wird.

Das gefäßreiche lockere Bindegewebe zwischen vorderer Augenkammer und Linse ist eine Fortsetzung der Choroidea und wird als *Membrana iridopupillaris* bezeichnet. Nach Ausdifferenzierung des Auges bildet sie sich normalerweise zurück und gibt die Pupille frei.

Die **Persistenz der Iridopupillarmembran** ist eine häufige Fehlbildung. In der Pupille vor der Linse liegt ein Netzwerk aus bindegewebigen Fasern.

Iris und Ziliarkörper. Die *Iris* und der *Ziliarkörper* entwickeln sich aus dem Umschlagsrand des Augenbechers (**C2**). Die *Pigmentzellschicht* der Retina setzt sich in die Iris fort. Das innere Blatt des Augenbechers bleibt als einschichtige Zellage erhalten und enthält keine Nervenzellen (**2a**). Der *Sphincter* und *Dilatator pupillae* und der *Ziliarmuskel* werden als innere Augenmuskeln bezeichnet. Sie stammen vom Neuralektoderm des Augenbecherrandes ab und liegen im außen der Iris aufgelagerten Mesenchym.

Aus dem lockeren Mesenchym zwischen Linse und *Ziliarkörper* entwickeln sich die *Aufhängefasern* der Linse (**2a**), über die durch Kontraktion oder Erschlaffen des Ziliarmuskels die Krümmung der Linse bei der Akkomodation reguliert wird. Das Mesenchym und die gallertige Grundsubstanz bilden sich zurück, so daß um die Linse herum die *hintere Augenkammer* entsteht. Das Mesenchym im Augenbecher wandelt sich nach Rückbildung der *A. hyaloidea* (**C2**) in klare gallertige Grundsubstanz um, die den *Glaskörper* des Auges bildet.

In den Falten des Ziliarfortsatzes wird *Kammerwasser* sezerniert, das aus der hinteren Augenkammer durch die Pupille in die vordere Augenkammer gelangt und im Augenkammerwinkel in ein ringförmig verlaufendes Lymphgefäß aufgenommen wird *(Schlemm-Kanal).*

Augenlider und Tränenapparat. Die *Augenlider* schieben sich als Falten aus Ektoderm und zugehörigem Mesoderm von oben und unten über das Auge (**C1**). Am Ende der Embryonalperiode sind die Augenlider noch offen (→2.32). In der Fetalperiode schließen sich die Lider, und das obere und untere Augenlid verwachsen miteinander (**C2**, →2.37). Sie öffnen sich erst wieder kurz vor der Geburt. Die Unterseite der Lider ist von zartem ektodermalen Epithel mit lockerem, reich durchblutetem Bindegewebe bedeckt, das sich als *Konjunktiva* auf die Sklera des Augapfels fortsetzt.

Die Tränendrüse und der Tränennasengang sind ektodermale Gebilde. Der Tränennasengang entsteht als kompakter Epithelgang zwischen Stirnfortsatz und Oberkieferfortsatz. Er erhält sein Lumen erst kurz vor der Geburt (→9.1).

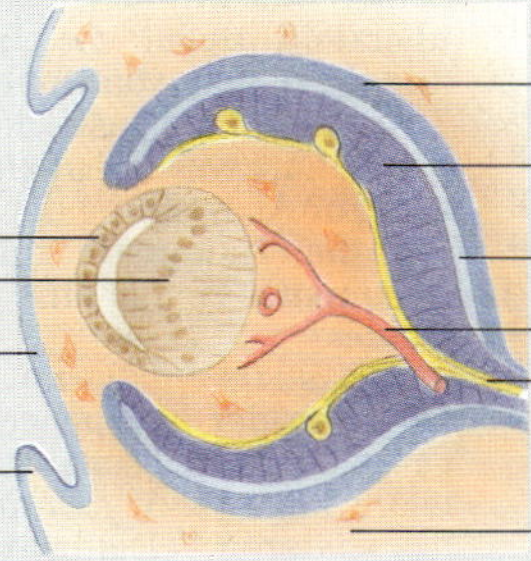

1
Augenanlage im Stadium 20

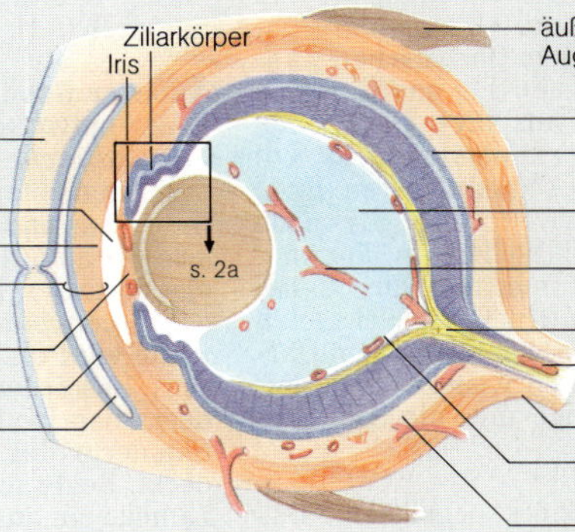

2
Augenanlage in der 16. SSW

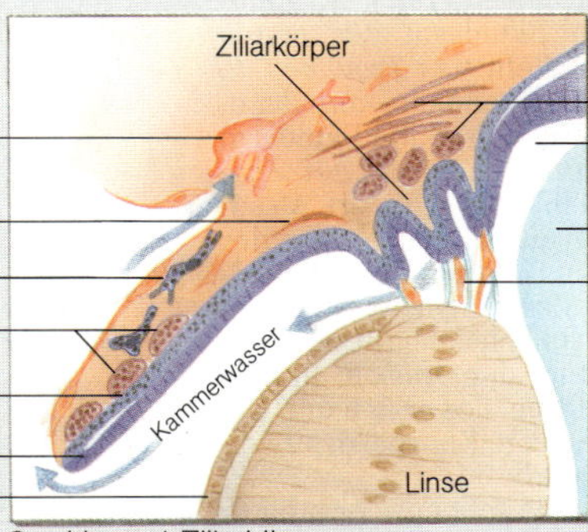

2a Iris und Ziliarkörper

C. Hilfsorgane des Auges

A. Entwicklung des Ohres

1. Ohrbläschen und Schlunddarm im Stadium 13

Das Innenohr entwickelt sich aus dem *Ohrbläschen*, das Mittelohr aus der *ersten Schlundtasche* und der äußere Gehörgang aus der *ersten Schlundfurche* (**A1**). Im Stadium 13 (4,6 mm) werden das Ohrbläschen und der Schlunddarm mit den Schlundfurchen unabhängig voneinander angelegt (→2.22).

2. Umgestaltung zum Innenohr und Mittelohr

Innenohr. Die Ohrplakode wird im Stadium 11 (**2a**) von der Wand des Rhombenzephalons im Ektoderm induziert und senkt sich im Stadium 12 zum Ohrgrübchen ein (**2b**). Aus dem Ohrbläschen wandern die Neuroblasten für das Ganglion vestibulocochleare aus (**2c**). Nach oben wächst der *Ductus endolymphaticus* (**2d**) aus. Er besitzt an seinem oberen Ende eine ampulläre Erweiterung, die nach Einschluß des Ohrbläschens in das knöcherne Felsenbein unter der Dura zu liegen kommt und als Druckausgleichsgefäß für die Endolymphe dient. Aus dem Ohrbläschen gehen durch weitere Umgestaltung die Bogengänge und die Schnecke hervor (**2e**).

Mittelohr und Gehörknöchelchen. Das Mittelohr entsteht aus der ersten Schlundtasche (**2c**). Die Verbindung zum Rachenraum bleibt als *Tuba auditiva* erhalten. Aus dem Entoderm der ersten Schlundtasche und dem Ektoderm der ersten Schlundfurche entsteht das *Trommelfell*. Die ursprünglich vorhandene Kontaktzone (**2c**) zwischen Entoderm und Ektoderm löst sich jedoch zunächst wieder auf. Zwischen die Epithelblätter wandert Mesoderm ein (**2d**). In der Verlängerung des ersten und zweiten Schlundbogens entstehen im lockeren Mesenchym Verdichtungen für die Gehörknöchelchen. Der *Hammer* (Malleus) und der *Amboß* (Inkus) stammen vom Knorpel des ersten und der *Steigbügel* (Stapes) vom Knorpel des zweiten Schlundbogens ab.

Die *Paukenhöhle* geht aus der ampullären Erweiterung am Ende der ersten Schlundtasche *(Tuba auditiva)* hervor (**2e**). Sie dehnt sich im lockeren Mesenchym im Innern der knorpeligen Ohrkapsel aus (Pfeile) und bildet so die *Paukenhöhle*. Das Entoderm der Schlundtasche überzieht dabei die Gehörknöchelchen und legt sich von Innen dem späteren *Trommelfell* an (gestrichelte Linien). Nach der Geburt werden in gleicher Weise parallel zur Ausweitung der Nasennebenhöhlen die Kammern im Warzenfortsatz pneumatisiert und mit Entoderm ausgekleidet.

Das *Innenohr* mit dem Labyrinth wird von der knorpeligen *Ohrkapsel* eingeschlossen. Zwischen Innenohr und Mittelohr liegt der *N. facialis* in einem Kanal des späteren Felsenbeins. Da er der Nerv des zweiten Schlundbogens ist, zieht er bereits im Stadium 13 zwischen dem Ohrbläschen und der ersten Schlundtasche hindurch (**A1**).

Äußerer Gehörgang. Der äußere Gehörgang entwickelt sich aus der ersten *Schlundfurche* (**2c**). Nach Auflösung der ursprünglichen Kontaktzone zwischen Entoderm und Ektoderm (**2d**) verlängert sich der äußere Gehörgang als kompakter ektodermaler Epithelzapfen in die Tiefe *(Gehörgangplatte)* (**2e**). Die Gehörgangplatte wird im 7. Monat sekundär kanalisiert. Das *Trommelfell* ist innen vom Entoderm der Paukenhöhle und außen vom Ektoderm des äußeren Gehörgangs bedeckt. Beide schließen eine mesodermale Lamelle ein, in die der Griff des Hammers eingelassen ist.

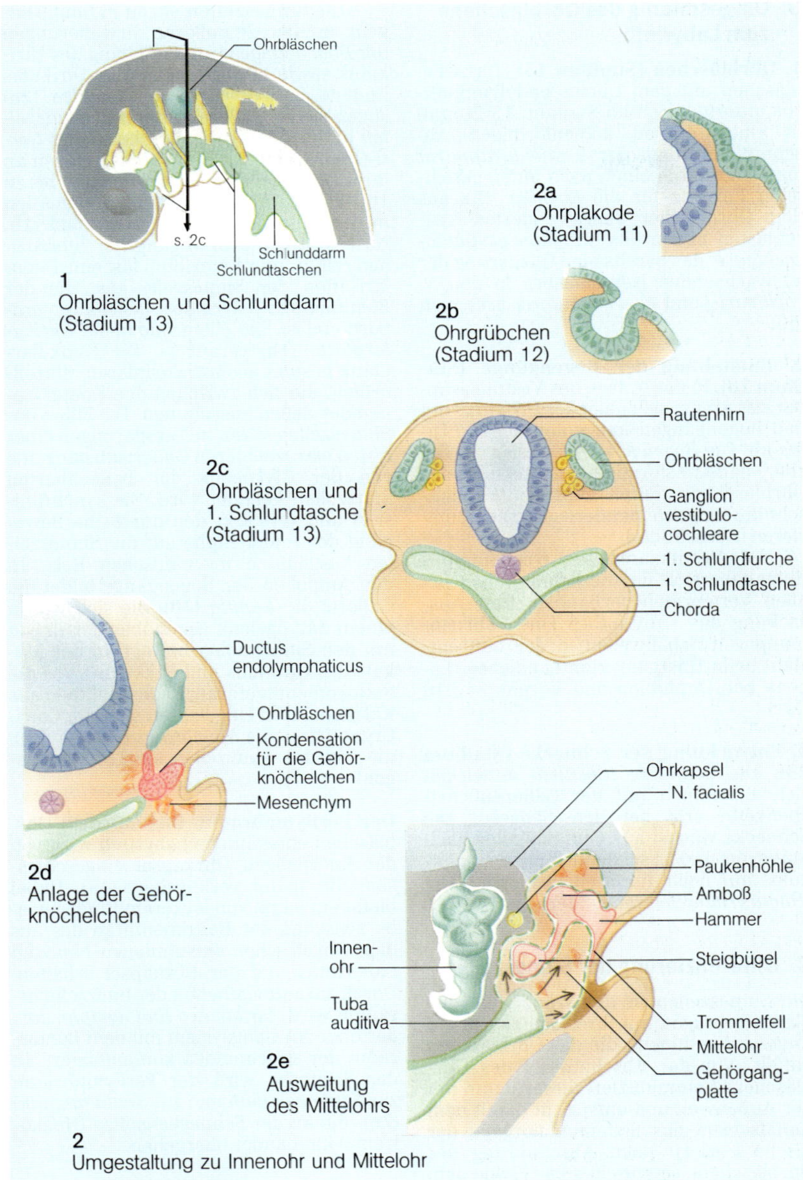

A. Entwicklung des Ohres

B. Umgestaltung des Ohrbläschens zum Labyrinth

1. Ohrbläschen (Stadium 15). Das Ohrbläschen mit dem Ductus endolymphaticus unterteilt sich im Stadium 15 (9 mm) in einen oberen kolbenförmigen Abschnitt, aus dem der *Vestibularapparat* entsteht, und in einen nach unten gerichteten Fortsatz für die *Kochlea*. Die aus dem Ohrbläschen ausgewanderten Neuroblasten bilden das *Ganglion vestibulocochleare*, das bereits eine Gliederung der auswachsenden Nervenfasern in den *N. cochlearis* und *N. vestibularis* erkennen läßt.

2. Entstehung der Bogengänge (Stadium 16). In der Anlage des Vestibularapparates grenzt sich oben der *Utrikulus* mit den Bogengängen und unten der *Sakkulus* ab. Die *Bogengänge* entstehen als flache, halbkreisförmige Aussackung des Ohrbläschens, deren zentrale Wandabschnitte sich aufeinanderlegen und obliterieren (Ausschnitte).

Der Vestibularapparat (vestibulum = Eingangbereich für die Schnecke) ist bei allen Vertebraten vorhanden. Eine Aussackung des Labyrinthes zur Wahrnehmung von Schallwellen in der Luft entsteht beim Übergang zum Landleben (Lagena bei Amphibien und Vögeln, →5.10 D1c).

3. Entwicklung der Schnecke (Stadium 23). Die Schnecke *(Cochlea)* entwickelt sich zusammen mit der Gehörknöchelchenkette erst bei den Säugern. Die Schnecke wächst aus dem Sakkulus nach unten aus und ist schließlich mit dem Sakkulus nur noch durch einen engen Gang (*Ductus reuniens*) verbunden.

C. Differenzierung der Sinneszellen

Die Sinneszellen in der Wand des Ohrbläschens ragen mit ihren Spitzen in die *Endolymphe* hinein, die das Ohrbläschen anfüllt. Vor der Abschnürung des Ohrbläschens kommuniziert dieser Raum mit der Außenwelt und entspricht damit dem Kanalsystem des Seitenlinienorgans der Fische (→5.4). Nach Abschnürung des Ohrbläschens entspricht seine Höhle dem Liquorraum in den Gehirnbläschen.

Die **Sinneszellen** sitzen in Sinneshügeln in den ampullären Erweiterungen der *Bogengänge* (**1a**) am Abgang des Utrikulus sowie in der Makula des Utrikulus und des Sakkulus. In der *Cochlea* (**2a**) sitzen sie als äußere und innere *Haarzellen* in der durchgehenden Leiste des *Corti-Organs* (**2b**). Die Sinneszellen tragen an ihrer Oberfläche ein *Kinozilium* und bis zu 100 *Stereozilien*, die mit Aktinfilamenten in der Zelloberfläche verankert sind (**1b**, Ausschnitt). Die Bewegung der Stereozilien relativ zum Kinozilium löst eine Depolarisation der Sinneszelle aus, die der Richtung und Stärke der Auslenkung proportional ist. Die Zilien sind in der *Kutikularplatte* (**1b**) verankert. Die Kutikularplatte besteht aus intrazellulären Mikrofibrillen, die sich zwischen den Kontaktzonen der Zellen ausspannen. Die Zilien der Sinneszellen sitzen in Aussparungen einer festen extrazellulären Gallertsubstanz, die von der Glykokalix der benachbarten Stützzellen gebildet wird. Sie synchronisiert und verstärkt den durch die Bewegung der Endolymphe auf die Sinneszellen ausgeübten mechanischen Reiz. In den Ampullen der Bogengänge bildet die Gallerte die *Kupula* (**1b**), die sich wie in einem Sattelgelenk gegenüber der *Crista* mit den Sinneszellen bewegt. In der Makula des Utrikulus und Sakkulus ist es die Statokonienmembran, in die Otolithen aus Kalziumsalzen eingelassen sind. Im Corti-Organ ist es die *Membrana tectoria* (**2b**), die von den Stützzellen am Limbus ausgeht.

Der Perilymphraum. Das aus dem Ohrbläschen entstandene Labyrinth wird von der knorpeligen Ohrkapsel eingeschlossen, die später verknöchert (**1a**). Dabei bleibt ein Saum von lockerem Bindegewebe zwischen der Basalmembran des aus dem Ohrbläschen entstandenen häutigen Labyrinths und der Ohrkapsel erhalten. Durch zusammenfließen der Interzellularräume wird daraus der *Endolymphraum*, der über ein Gangsystem mit dem Liquorraum der Arachnoidea kommuniziert. In der Schnecke wird der Perilymphraum zur *Scala vestibuli* und zur *Scala tympani* (**2b**), die an der Schneckenspitze (Helikotrema) ineinander übergehen.

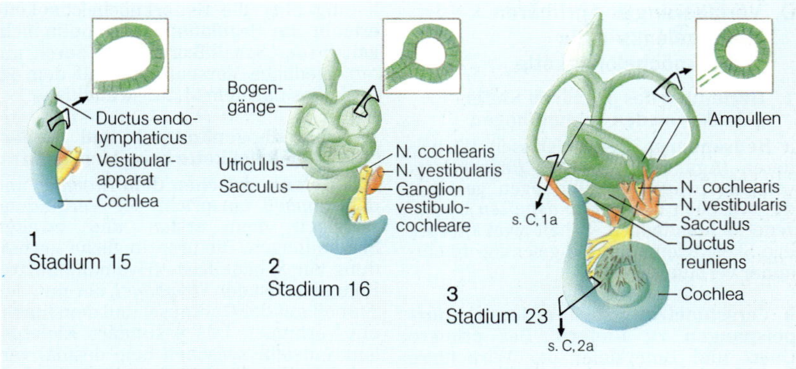

B. Umgestaltung des Ohrbläschens zum Labyrinth

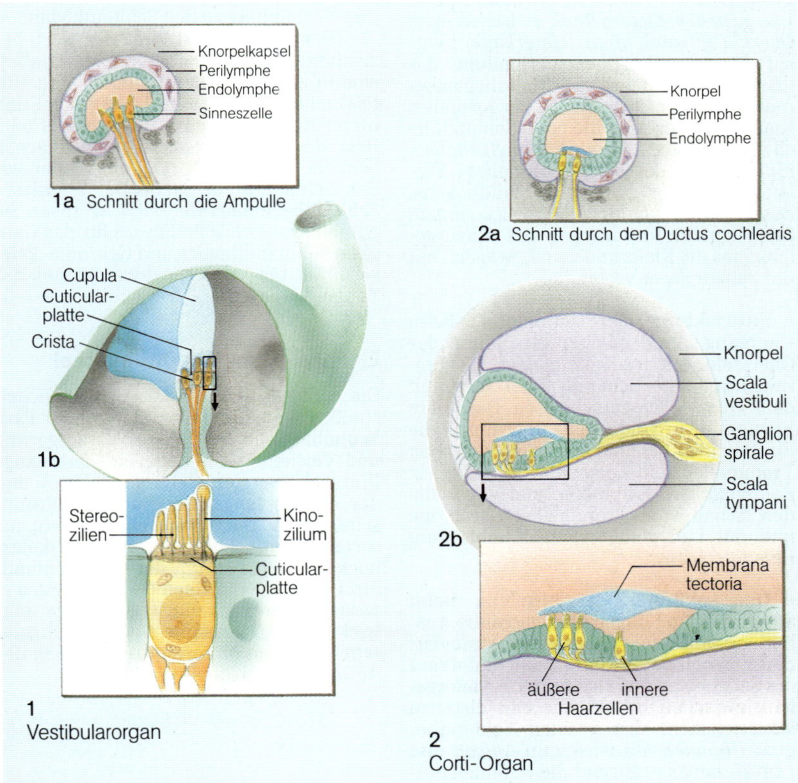

C. Differenzierung der Sinneszellen

D. Verlagerung des primären Kiefergelenks in die Gehörknöchelchenkette

1. Herleitung des primären Kiefergelenks von den Schlundbögen

a Reusendarm. Bei kieferlosen Wirbeltieren (Agnatha) wird der *Reusendarm* von knorpeligen Schlundbögen gestützt, die zwischen den *Schlundspalten* liegen. Jeder Schlundbogen enthält zwei knorpelige Skelettelemente, die gelenkig miteinander verbunden sind.

b Verschmelzung der vorderen Knorpelspangen zu Kiefern. Der primäre Ober- und Unterkiefer der Wirbeltiere entsteht durch Verschmelzung der Knorpelelemente der kranialen Schlundbögen. Das *primäre Kiefergelenk* zwischen dem *Oberkiefer* und dem *Unterkiefer* entspricht der gelenkigen Verbindung des oberen und unteren Schlundbogenelements. Mit der Entwicklung der primären Kiefer verlagert sich die erste Schlundfurche nach oben und wird zum *Spritzloch* (Spirakulum) der Fische. Das obere Skelettelement des zweiten Schlundbogens, das *Hyomandibulare*, wird zu einem Stützelement für das primäre Kiefergelenk, das die Kieferknochen beweglich mit der Schädelbasis verbindet.

c Entwicklung der Columella. Beim Übergang zum Landleben verschmilzt der Oberkiefer mit der *Schädelbasis*. Das Spirakulum (erste Schlundspalte) wird mit dem *Trommelfell* verschlossen. Das obere Element des Hyoidbogens übernimmt die Funktion der Schallübertragung zwischen Trommelfell und *Labyrinth*. Es wird zur *Kolumella* der Amphibien und Vögel, die den Schall vom Trommelfell durch die nun mit Luft gefüllte Paukenhöhle zum Innenohr leitet.

d Das sekundäre Kiefergelenk beim Säuger. Beim Säuger ermöglicht die Ausbildung eines *sekundären Kiefergelenkes* den Verschluß der Mundspalte und damit die Saugbewegung. Das primäre Kiefergelenk zwischen Unterkiefer und distalem Skelettelement des zweiten Schlundbogens *(Hyoidbogen)* wird zum *Amboß* und zum *Hammer*, während die Kolumella als *Steigbügel* erhalten bleibt. Die Schallleitung über die Gehörknöchelchenkette erlaubt die Regulation der Empfindlichkeit in der Schallübertragung durch unterschiedliche Vorspannung mit dem M. stapedius und dem M. tubae auditivae.

2. Schlundbogenknorpel und Gehörknöchelchenkette beim Menschen

Das Gelenk zwischen dem *Hammer* und dem *Amboß* entspricht der Verbindung zwischen dem ersten und zweiten Schlundbogen. Die ursprüngliche Verbindung zur Schädelbasis (Hyomandibulare, Kolumella) ist der *Steigbügel*, der nun den Amboß mit der Ohrkapsel und dem Innenohr verbindet. Das sekundäre Kiefergelenk entsteht zwischen dem desmal verknöchernden *Unterkiefer* und dem *Schläfenbein*. Die Gehörknöchelchen verlieren ihre Verbindung zu den Schlundbögen.

Der *N. facialis (VII)* ist der Nerv des zweiten Schlundbogens. Sein Hauptstamm zieht zwischen Innenohr und Mittelohr hindurch und verläßt parallel und hinter dem Processus styloideus als dem Rest des Hyoidbogens den knöchernen Schädel. Die *Chorda tympani* ist der vor der Schlundfurche ziehende Ast dieses Schlundbogennerven (→5.4 A2 rosa). Sie enthält sympathische Fasern für das Ganglion submandibulare und Geschmacksfasern für die vorderen zwei Drittel der Zunge.

E. Entwicklung der Ohrmuschel

Die Differenzierung der Gehörknöchelchenkette und die Vergrößerung der Paukenhöhle geht mit einer Verlängerung und Vertiefung des äußeren Gehörgangs (Entwicklung der Gehörgangplatte) und der Entwicklung einer äußeren Ohrmuschel einher. Die Ohrmuschel entsteht aus sechs **Ohrmuschelhöckern** (Aurikularhöckern), die sich um die erste Schlundfurche herum anordnen (→2.25). Aus den vorderen drei Ohrmuschelhöckern entwickelt sich *Tragus* und *Helix* der Ohrmuschel, aus den hinteren drei Höckern der *Antitragus* und die *Antihelix*.

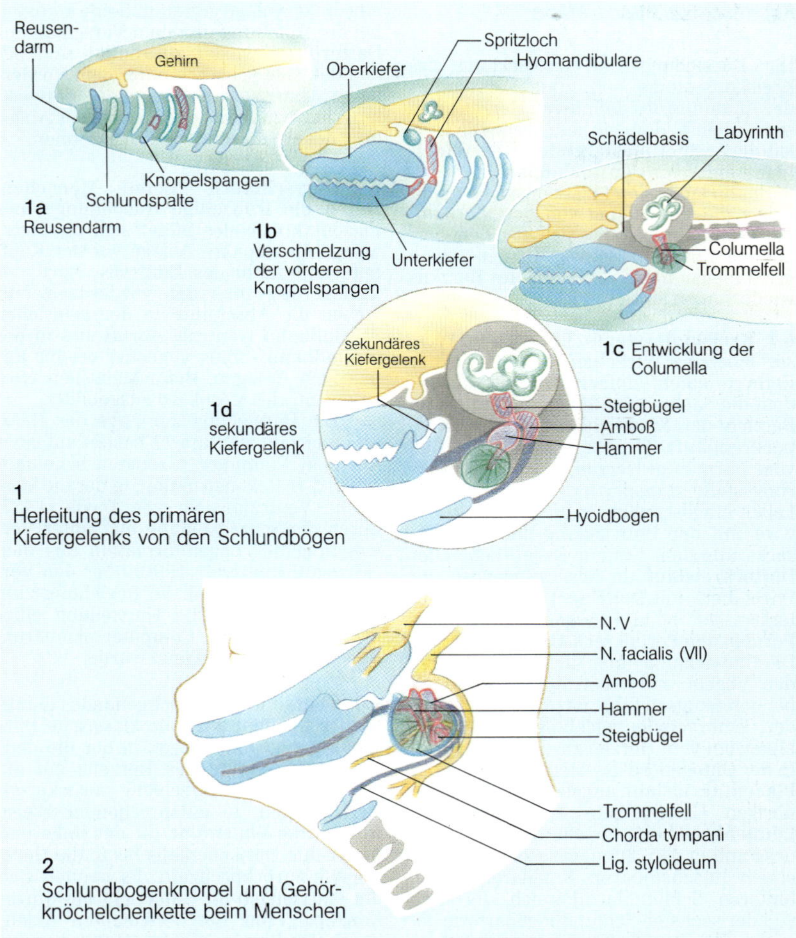

D. Verlagerung des primären Kiefergelenks in die Gehörknöchelchenkette

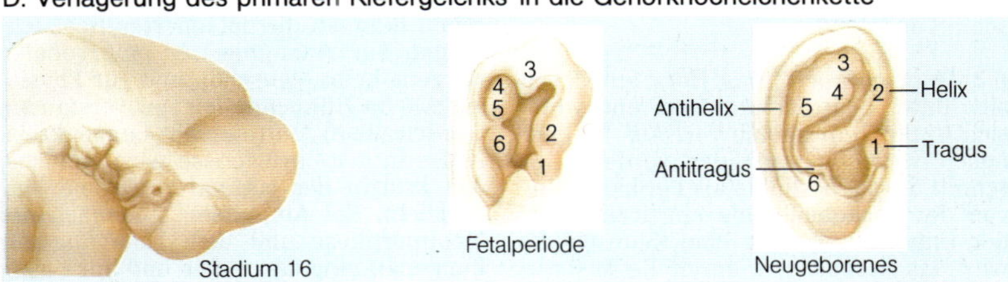

E. Entwicklung der Ohrmuschel

Kapitel 6: Herz und Gefäße

Die Darstellung der Entwicklung des Kreislaufsystems soll zum Verständnis der Anatomie des definitiven Herzens und seiner Fehlbildungen beitragen. Die Herleitung aus der **pulsierenden Herzschleife** mit einer von der Einflußbahn zur Ausflußbahn laufenden Pulsationswelle modifiziert die Vorstellung von der Vierkammer-Ventilpumpe, die sich für den Lernenden nur sehr schwer in der realen dreidimensionalen Anatomie des Herzens wiederfinden läßt.

6.1 Kreislaufsysteme. Ein noch im Wasser lebendes Wirbeltier besitzt wie der Embryo einen einfachen Kreislauf, bei dem die Sauerstoffsättigung allerdings im Bereich der Kiemenbögen erfolgt **(Körperkreislauf)**. Zwischen den Blutrückfluß vom Darm zum Herzen, in dem die Nahrungsstoffe transportiert werden, ist die Leber eingeschaltet. In der Phylogenese wird mit der Entwicklung eines Dottersacks aus dem System Darm–Leber der **Dotterkreislauf**. In der Ontogenese der Wirbeltiere mit Dottersack wird der Dotterkreislauf beim Übergang zur adulten Form in den Portalkreislauf umgewandelt. Die Entwicklung einer Chorioallantois bei den Vögeln und einer Allantoisplazenta bei den Säugern führt dazu, daß während der Embryonalentwicklung der Hauptblutstrom vom Herzen zur Plazenta führt. In der Ontogenese des Menschen wird der **Plazentakreislauf** angelegt, ehe sich die übrigen Gefäßgebiete entwickeln. Der **Lungenkreislauf** entsteht in der Phylogenese und in der Ontogenese sehr spät aus einem unscheinbaren Kapillargebiet im hinteren Schlunddarmbereich. Es wird von der sechsten Schlundbogenarterie gespeist. Der Rückfluß erfolgt unter Umgehung der Leber direkt in den Vorhofabschnitt des Herzens.

6.2 Herzschlauch. Das Herz entwickelt sich unter dem Schlunddarm und wölbt sich in die Leibeshöhle vor. Aus funktionellen Gründen wird der vordere Abschnitt der Leibeshöhle als Perikardhöhle von der Peritonealhöhle abgetrennt. Bei der Entwicklung über eine Keimscheibe wird das Herzblastem durch die Ausbreitung auf dem Dotter in eine rechte und eine linke Anlage getrennt. Beide kommen bei der Abfaltung und dem Verschluß des Darmrohres wieder zusammen und bilden den Herzschlauch unter dem Vorderdarm. Die zugrundeliegende Entwicklungsbewegung ist sehr klar bei der Abfaltung des Hühnerembryos zu erkennen.

6.3 Herzschlauch beim Menschen. Durch die frühzeitige Ausbildung eines Plazentakreislaufes bildet sich die Herzanlage als unpaare Anlage vor der Kopffalte außerhalb des Embryos. Nach der Verlagerung unter den Vorderdarm entstehen die Abschnitte in der arteriellen Ausflußbahn (ventrale Aorta) und in der Einflußbahn (Sinus venosus) wieder aus paarigen Anlagen. Beim Menschen wird kein ventrales Mesokard ausgebildet.

Die Darstellung zur Lage des Herzschlauchs im Stadium 11 basiert auf einer mit dem Computer erzeugten schematischen 3-D-Rekonstruktion, in der die klassische Ventralansicht von Davis (1927) durch die Schrägstellung und unter Verwendung der Lageinformation aus dem „Mizoguti Embryo" (1990) über den Verlauf der Gefäße und die Beziehung zum Darmtrakt durch die Herstellung einer dreidimensionalen Computerrekonstruktion (Th. Bruhns) ergänzt wurde.

6.4 Übersicht. Als durchgehendes didaktisches Element wird die klassische Darstellung zugrunde gelegt, in der die definitiven Abschnitte des Herzens auf die Abschnitte der Herzschleife zurückprojiziert werden. In entsprechender Weise werden die Blutströme für das linke und das rechte Herz ebenfalls bis in die Herzschleife zurückprojiziert. Es handelt sich um ein vielfach im Unterricht bewährtes Konzept. Trotz der vehementen Ablehnung (Steding u. Seidel 1990) können möglicherweise in diesen propädeutischen Rahmen die detaillierten Beobachtungen zur Anatomie des embryonalen Herzens beim Menschen und zur Physiologie beim Hühnchen leichter verstanden werden. Beim Auftreten des Lungenkreislaufes in der Phylogenese wird zunächst das Prinzip der laminaren Ströme verwirklicht. Bei Amphibien sind nach der Metamorphose und dem Übergang zur Lungenatmung das rechte und linke Herz aufgrund der laminaren Strömung vollständig getrennt, obwohl noch keine Septen vorhanden sind. Die vielfältigen Umgestaltungen des fehlgebildeten Herzens lassen sich ebenfalls am besten aus der Hämodynamik heraus erklären.

6.5 Sinus und Vorhof. Bei der Einbeziehung der Venen in die Vorhöfe und der Septenbildung ergeben sich bei der klassischen Darstellung Verständnisschwierigkeiten, weil das Herz zunächst in der Ansicht von hinten und dann von vorn gezeigt wird. Die Umgestaltung des Sinus venosus, die Septierung im Vorhof und der Ausflußbahn ist daher immer von ventral dargestellt. Dabei werden drei Frontalabschnitte durch das gleiche (fiktive) Herzmodell benutzt, deren Anordnung aus der Lageskizze in (→6.5 A2) hervorgeht. Die Einbeziehung der Venen in die Vorhöfe führt zur Steilstellung des Blutstroms aus der V. cava inferior. Dadurch entsteht über dem ersten Durchlaß im Septum primum eine zweite Durchtrittsöffnung. Das Septum primum kann sich unten verschließen, während von rechts das Septum secundum bis zur Basis des Blutstroms herabwächst und den kulissenartigen Verschluß bei der Geburt vorbereitet.

6.6 Ausflußbahn. Die Verlagerung oder Neubildung der Bulboventrikularfalte (→6.6 A1) ist zentral für das Verständnis der Trennung des Lungen- vom Körperkreislauf. Die isolierte Darstellung der Blutströme und der Klappenebenen des Herzens basiert auf einem im Computer hergestellten 3-D-Modell, das auch der schematischen Darstellung des Herzens in A2 zugrunde liegt. Das spiralige Septum trifft von ventral und oben auf die Unterseite der schräggestellten Klappenebene im Atrioventrikularkanal. Der unten noch offen bleibende Zwickel wird vom unteren Endokardkissen bei der Bildung des membranösen Kammerseptums verschlossen.

6.7 Arterien. Der Deszensus des Herzens vor dem Magen-Darm-Kanal ist mit dem durch die Größenzunahme des Gehirns bedingten Aszensus von Wirbelsäule und Neuralrohr verbunden (→8.2). Der Deszensus des Herzens führt dazu, daß sich die Intervertebralarterien im Halsbereich von ihren Ursprüngen an der dorsalen Aorta lösen und an ihrer Stelle eine eigene Längsanastomose, die A. vertebralis, aufbauen. Aus der Längsanastomose wird über die erhaltengebliebene erste Intervertebralarterie zwischen Atlas und Schädelbasis die A. basilaris gespeist.

6.8 Venen. Die Umgestaltung des Venensystems wird klassischerweise in einer a.-p. Projektion dargestellt. Dabei wird nicht deutlich, daß z. B. die Anastomosen zwischen den Dottervenen bei der Entstehung der Pfortader erst einen geradlinigen Verlauf der Vene durch das duodenale U möglich machen. Dies soll in den schematischen 3-D-Rekonstruktionen des Venensystems zum Ausdruck kommen. Die Verlagerung des Blutstroms aus der unteren Kardinalvene in die Subkardinalvene kommt durch den Blutrückfluß aus der Urniere und später der Nachniere zustande. Die Suprakardinalvenen liegen dorsal und gewährleisten einen Blutrückfluß aus der hinteren Leibeswand hinter dem Herzen, dort wo ein Zugang in das System der V. cava nicht möglich ist. Kaudal entwickeln sich ebenfalls die dorsal an der hinteren Leibeswand gelegenen Sakrokardinalvenen, die das Blut aus den Beinen und dem kleinen Becken in der Ebene der ursprünglichen unteren Kardinalvenen sammeln und nach vorn in die mehr ventral gelegene Ebene der Subkardinalvenen führen. Die Nierenvenen verlaufen daher vor der Aorta und die aus den Sakrokardinalvenen hervorgegangene V. iliaca hinter der A. femoralis.

6.9 Umstellung des Kreislaufs. Gegenüber der zugrundeliegenden klassischen Darstellung wurde der Blutstrom in der Leber modifiziert und der Isthmus der Aorta eingetragen, der zu den Fehlbildungen der Aortenisthmusstenose führen kann. Seine Funktion ist möglicherweise die Regulation des Blutflusses zum Gehirn.

6.10 Fehlbildungen. Es wurden einige charakteristische Fehlbildungen ausgewählt und durch entsprechende Modifikation der in 6.6B benutzten schematisierten 3-D-Rekonstruktion des Herzens dargestellt.

A. Kreislaufsysteme im Embryo

1. Körperkreislauf. Der Körperkreislauf der Wirbeltiere ist ursprünglich ein einfaches, umlaufendes Kreislaufsystem, bei dem die Sauerstoffsättigung in den zu Kiemen umgestalteten Schlundbögen erfolgt. Das Herz liegt ventral vor dem Vorderdarm. Aus der pulsierenden *Herzschleife* fließt das Blut über die *ventrale Aorta* in die *Aortenbögen*. Die Aortenbögen umgeben den Schlunddarm und sind mit den Schlundbogenarterien identisch. Aus den Aortenbögen gelangt das Blut in die absteigende *dorsale Aorta,* aus der die *Segmentarterien* für die Versorgung der Muskulatur und der übrigen Organe des Körpers entspringen. Der Rückfluß erfolgt über die Kardinalvenen. Die *vordere* und die *hintere Kardinalvene* vereinigen sich auf jeder Seite zu einem *gemeinsamen Stamm,* der das Blut nach ventral in die Einflußbahn des Herzens führt. Der gemeinsame Stamm der vorderen und hinteren Kardinalvene mündet von lateral in den *Sinus venosus* (**A2**) ein, ohne die Leber zu durchströmen. Aus den Kardinalvenen geht das System der oberen und unteren V. cava hervor.

2. Dotterkreislauf. Der Dottersack entwickelt sich durch die Vergrößerung und Vermehrung der dotterreichen Zellen im Entoderm des Wirbeltierembryos. Die Nahrungsstoffe im Dottersack können schließlich nicht mehr direkt von der entodermalen Auskleidung des Darmrohres resorbiert werden. Im viszeralen Mesoderm des Dottersacks entstehen Gefäße, die das nährstoffreiche Blut über die *Dottervenen* zur Leber führen. Von dort gelangt das Blut über die Lebervenen in den *Sinus venosus* in der Einflußbahn des Herzens. Der Dotterkreislauf wird von nach ventral ziehenden Segmentalarterien aus der Aorta versorgt. Sie vereinigen sich zu einer Dotterarterie, aus der später die A. mesenterica superior hervorgeht. Im Gefäßplexus des Dottersacks entstehen die Stammzellen des Blutes und die Urkeimzellen. Vor der Entwicklung einer Chorioallantois (→3.11) oder einer Plazenta (→3.13) übernimmt der Kapillarplexus im Dottersack neben der Ernährung auch die Atmung. Die Dottervenen sind der Ausgangspunkt für die Entwicklung des Portalkreislaufes beim Erwachsenen.

3. Plazentakreislauf. Beim Säugerembryo übernimmt der Plazentakreislauf die Ernährungs- und Atmungsfunktion. Die *Nabelarterien* gehen aus Segmentalarterien hervor, die aus der noch paarigen dorsalen Aorta entspringen. Da die Plazenta sich aus der *Allantois* entwickelt, verlaufen die Nabelarterien beiderseits vom Darmrohr in der viszeralen Mesodermschicht mit der Allantois über den Haftstiel zur Plazenta. Das Blut fließt über die Nabelvenen zum Embryo zurück. Die *Nabelvenen* treten aus dem Haftstiel in die laterale Leibeswand ein und ziehen in der parentalen Mesodermschicht am Dottersack vorbei bis zur vorderen Darmpforte. Dort fließt das Blut durch die Sinusoide der Leber, in der die aus der Plazenta herangeführten Nahrungsstoffe verstoffwechselt werden, und gelangt dann über den Sinus venosus in die Einflußbahn des Herzens. Gegen Ende der Schwangerschaft führt der *Ductus venosus* den Hauptteil des Blutes am Kapillargebiet der Leber vorbei. Obwohl der Plazentakreislauf in der Phylogenese zuletzt entsteht, bildet er sich in der Embryonalentwicklung der Säuger als erstes aus, da sich der Säugerembryo nach der Implantation sonst nicht weiterentwickeln kann.

4. Lungenkreislauf. Die *Lungenknospe* entsteht im unteren Schlunddarmabschnitt. Der Lungenkreislauf wird während der Embryonalentwicklung angelegt, obwohl er erst nach der Geburt seine Funktion aufnimmt. Das Lungendivertikel wird arteriell von kleinen Ästen aus dem *sechsten Aortenbogen* versorgt. Die *Lungenvenen* gehen aus einem kleinen Venenplexus hervor, der den unteren Teil des Schlunddarmes drainiert, und münden direkt in den *Vorhofabschnitt* der Herzschleife ein. Mit der Anlage des Lungenkreislaufes geht die Septierung des Herzens einher. Sie ist so angelegt, daß bis zur Geburt das embryonale Einkreislaufsystem funktioniert und bei der Geburt schlagartig in einen Körperkreislauf und einen Lungenkreislauf getrennt werden kann.

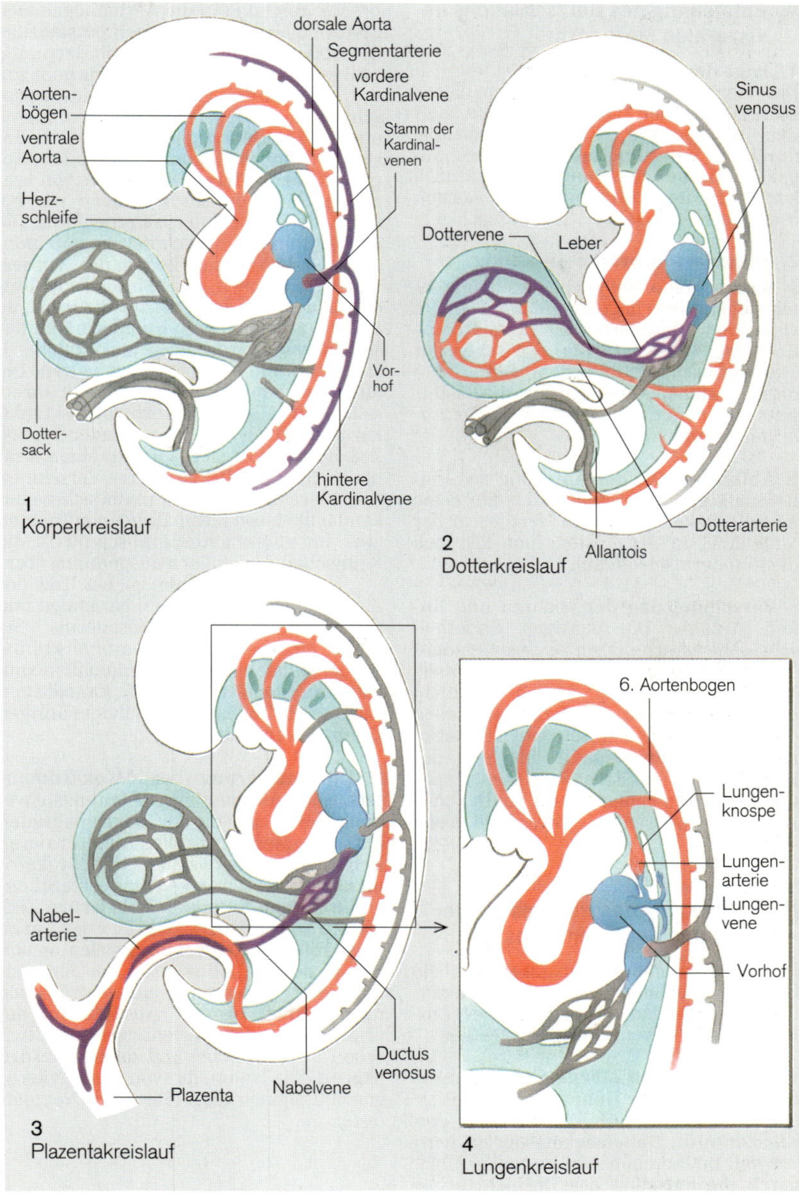

A. Kreislaufsysteme im Embryo

A. Entstehung des Herzschlauchs im viszeralen Mesoderm

1. Lage des Herzschlauchs
Der Herzschlauch liegt in einem Querschnitt durch den Wirbeltierembryo unter dem Vorderdarm. Er beginnt kaudal durch die Verschmelzung der paarig angelegten Dottervenen und setzt sich nach kranial in die paarig angelegten Aortenbögen fort ((→6.3 C3).

2. Herzblastem bei der Abfaltung

a Keimscheibe. Bei Wirbeltieren mit dotterreichen Eiern liegt das *Herzblastem* im viszeralen Mesoderm der Keimscheibe über dem Dottersack **(2a)**. Zwischen der Mesodermschicht und dem Dotterentoderm entstehen Kapillarinseln, die beiderseits zu einem durchgehenden *Endokardschlauch* verschmelzen.

b Abfaltung. Bei der Abfaltung des Embryonalkörpers vereinigen sich die rechte und die linke Anlage des Herzens in der Mittellinie. In der Fusionszone löst sich die Entodermschicht auf.

c Verschmelzung der rechten und linken Anlage. Die paarigen Endothelschläuche verschmelzen zu einem einheitlichen Endokardschlauch. In der darüberliegenden viszeralen Mesodermschicht differenzieren sich die Herzmuskelzellen *(Myokard)*. Mit den einsetzenden Pulsationen der Herzmuskulatur löst sich der Herzschlauch zunächst vom Dottersack und dann vom Schlunddarm ab. Das *dorsale* und das *ventrale Mesokard* lösen sich auf.

B. Entwicklung des Herzens bei der Abfaltung des Hühnchens

Beim Hühnerembryo entwickelt sich die Herzanlage bei der von kranial nach kaudal fortschreitenden Abfaltung des Embryonalkörpers vom Dottersack (→3.9).

1. Herzanlage im 2 Tage alten Hühnerembryo. Der junge Hühnerembryo besitzt einen Dotterkreislauf. Das Blut aus den Kapillaren im Dottersackmesoderm wird von den Dottervenen zum Herzen geführt, durch die Pulsation des Herzschlauches beschleunigt und in die Aortenbögen ausgeworfen. Der Herzschlauch entsteht bei der Abfaltung unter dem Vorderdarm. Die treibende Kraft bei der Abfaltung geht von der verdickten viszeralen Mesodermschicht aus. Die Mesodermzellen bilden einen palisadenartigen Zellverband, der sich aktiv aufrichtet und die Entodermlippen an der vorderen Darmpforte von kranial nach kaudal fortschreitend wie bei einem Reißverschluß zusammenführt. Die Entodermlippen verschmelzen miteinander und bilden den Boden des Vorderdarms. Zwischen den Mesodermpalisaden bildet sich das Entoderm zurück, so daß die zwischen dem Entoderm und der *Mesodermpalisade* gelegenen Endokardschläuche miteinander verschmelzen. Die Mesodermpalisaden verschmelzen ihrerseits oberhalb und unterhalb des Endokardschlauches. Der palisadenförmige Zellverband löst sich auf. Auf einem kranialen Querschnitt (**1a**) ist die Verschmelzung bereits erfolgt, während sich weiter kaudal die Mesodermpalisaden aufrichten (**1b**). Im unteren Körperabschnitt ist die Keimscheibe noch flach ausgebreitet (**1c**).

Die **Perikardhöhle** ist ein Teil der Zölomhöhle zwischen dem parietalen und viszeralen Blatt des Mesoderms. Sie grenzt sich beim Hühnerembryo kranial bei der Entstehung der Amnionfalten vom extraembryonalen Zölom ab. Kaudal steht sie über die Zölomkanäle mit dem übrigen Zölom in Verbindung.

2. Differenzierung des Myokardmantels. Nach Abschluß der Abfaltungsbewegung lösen sich die Mesodermpalisaden auf. Die Mesodermzellen differenzieren sich zu Herzmuskelzellen. Der Myokardmantel grenzt sich gegen die Perikardhöhle durch eine dünne mesothelartige Zellschicht ab **(Epikard)**. Das Herz beginnt zu pulsieren. Die Kontraktionswellen entstehen in der Einflußbahn an der Einmündung der Dottervenen und setzen sich nach kranial bis zur Ausflußbahn am Übergang zu den Aortenbögen fort. Zwischen dem Myokard und dem Endokard liegt ein Spaltraum, der von einer gallertigen Flüssigkeit ausgefüllt wird *(Herzgallerte)*.

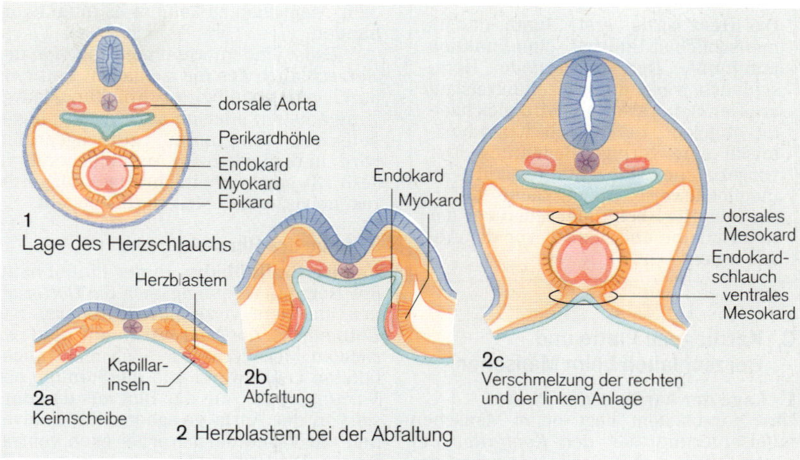

A. Entstehung des Herzschlauchs im viszeralen Mesoderm

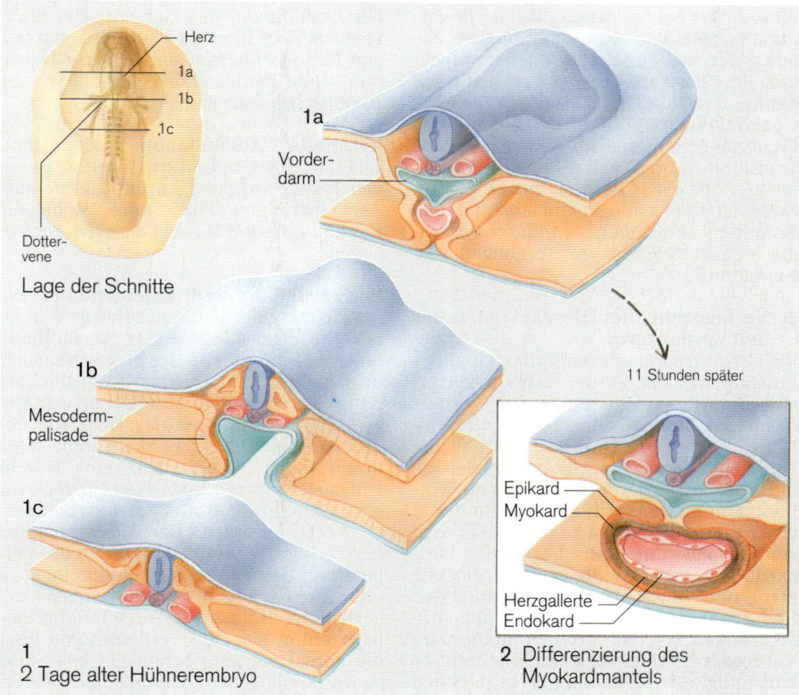

B. Entwicklung des Herzens bei der Abfaltung des Hühnchens

Das **Herz** ist das erste Organ, das im menschlichen Embryo seine Funktion aufnimmt. Der pulsierende Herzschlauch treibt den Plazentakreislauf an. Der Dotterkreislauf wird gleichzeitig angelegt, hat jedoch hämodynamisch eine geringe Bedeutung. Der vorgezogene Plazentakreislauf ist möglicherweise die Ursache dafür, daß das Herz beim Menschen vor der Keimscheibe und zeitlich vor der Abfaltung entsteht.

C. Kardiogene Platte und Herzschlauch beim Menschen

1. Lage der kardiogenen Platte

Das Herzblastem liegt beim Menschen hufeisenförmig vor der *Kopffalte*. Zunächst bildet sich zwischen dem parietalen Blatt und dem viszeralen Blatt des Mesoderms ein Spaltraum. Es ist der vorderste Abschnitt des embryonalen Zöloms, der sich zur Perikardhöhle entwikkelt. Die Perikardhöhle öffnet sich nach kaudal über die *Zölomkanäle* in die Chorionhöhle (extraembryonales Zölom). Das viszerale Mesoderm am Boden der Perikardhöhle ist die Anlage des Myokards, die als *kardiogene Platte* bezeichnet wird. Zwischen der kardiogenen Platte und dem Entoderm entstehen *Kapillarsprossen*, die sich zum *Endokard* vereinigen (**2a**, Ausschnitt).

2. Verlagerung der Herzanlage unter den Vorderdarm

Bei der Aufrichtung der Kopffalte und der Einstülpung des Vorderdarms verlagert sich die Herzanlage unter den Vorderdarm (**2a**). Sie wird dabei relativ zum Embryonalkörper um 180 Grad gedreht. Die Drehachse liegt in einer Transversalebene in Höhe des Vorderdarms. Durch die Drehung kommt die kardiogene Platte direkt unter den Vorderdarm zu liegen. Sie wird von der nach unten anschließenden Perikardhöhle bedeckt (**2b**). Die kardiogene Platte umschließt als Myokardmantel den *Endokardschlauch*, der sich aus den konfluierenden Kapillarsprossen unter dem Vorderdarm bildet (**2c**). Dabei kommt es kurzzeitig zur Ausbildung eines dorsalen Mesokards zwischen Herzschlauch und Vorderdarm. Ein ventrales Mesokard ist beim Menschen zu keinem Zeitpunkt vorhanden.

Es ist eine interessante Frage, ob der Herzschlauch des menschlichen Embryos durch eine modifizierte Abfaltungsbewegung entsteht oder ob auf ein morphogenetisches Programm zurückgegriffen wird, in dem wie beim Amphibienembryo (→3.18) eine einheitliche Herzanlage direkt im viszeralen Mesoderm entsteht.

3. Lage des Herzschlauchs

Venöse Einflußbahn. In der Einflußbahn des Herzens vereinigen sich die *Dottervenen* aus dem viszeralen Mesoderm des Dottersacks, die *Nabelvenen* aus dem parietalen Mesoderm der noch nicht abgefalteten Leibeswand und die Stämme der *Kardinalvenen*, die das Blut aus den dorsal von der Aorta gelegenen Kardinalvenen am Vorderdarm vorbei nach ventral führen. Die Venenstämme vereinigen sich zum quer verlaufenden Sinus venosus in der Einflußbahn des Herzens. Der Sinus venosus liegt in einer Platte aus viszeralem Mesoderm zwischen vorderer Darmpforte und Perikardhöhle, die als *Septum transversum* bezeichnet wird.

Arterielle Ausflußbahn. Der Herzschlauch setzt sich kranial in den paarigen ersten Aortenbogen und die *dorsale Aorta* fort. Unter dem ersten entstehen die Kapillarsprossen für den *zweiten Aortenbogen*.

Perikardhöhle und Zölomkanäle. Die Auskleidung der Perikardhöhle geht in einer Umschlagsfalte an der Ausflußbahn und der Einflußbahn des Herzschlauches in das Epikard über. Durch die Rückbildung des dorsalen Mesokards entsteht zwischen beiden Umschlagsstellen der *Sinus transversus* der Perikardhöhle (Pfeil hinter dem Herzschlauch), eine Durchtrittsstelle für den tastenden Finger zwischen Einfluß- und Ausflußbahn beim erwachsenen Herzen. Der *Sinus obliquus* der Perikardhöhle entsteht durch die Verlagerung der venösen Einflußbahn nach oben und nach rechts unter der nach links gerichteten Herzspitze (→6.4 B1). Im Embryo öffnet sich die Perikardhöhle über die dorsal von den Schenkeln des Sinus venosus gelegenen Zölomkanäle beiderseits in die Chorionhöhle (nach unten gerichteter Pfeil) (→2.19).

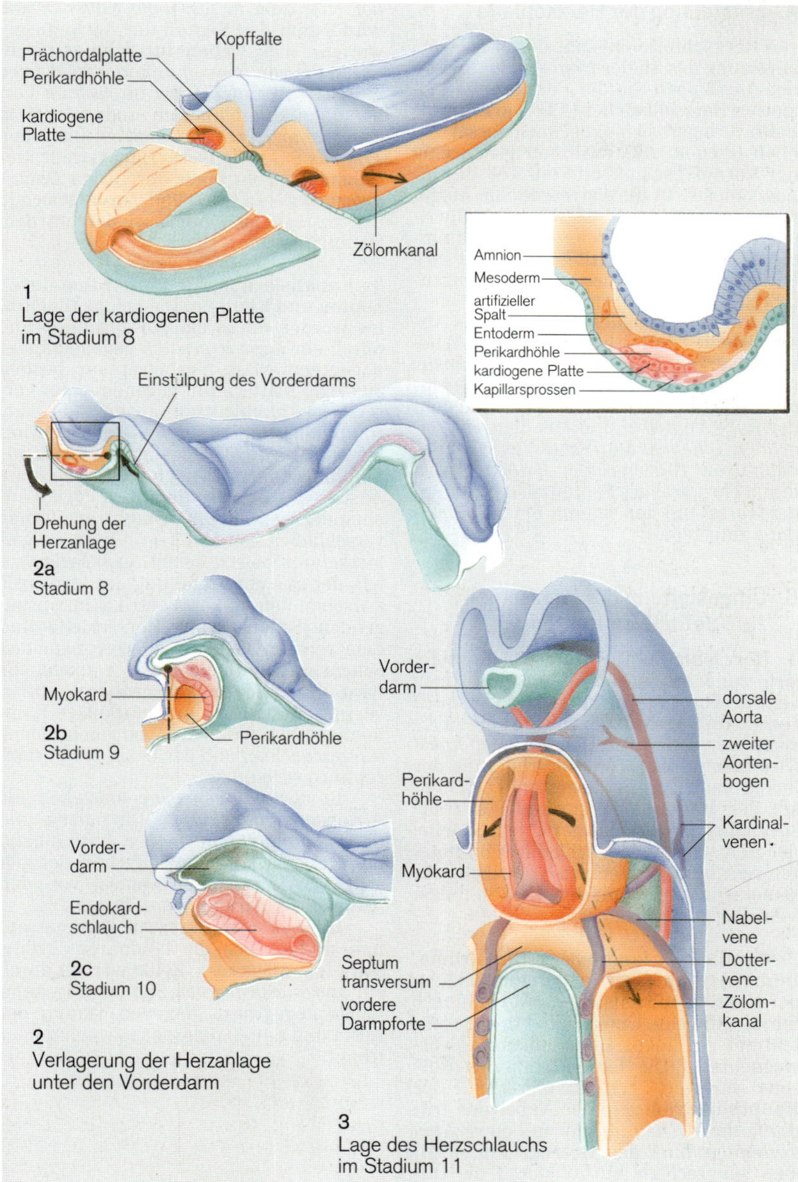

C. Kardiogene Platte und Herzschlauch beim Menschen

A. Entstehung der Herzschleife

Die **Herzschleife** entsteht durch die Verlängerung des an der *Einflußbahn* und an der *Ausflußbahn* in der *Perikardhöhle* fixierten Herzschlauches (**A1**). Die **Einflußbahn** verlagert sich dabei nach dorsal und oben (Pfeil in **A2**), während gleichzeitig der Vorhofabschnitt und ein Teil des Sinus venosus in die Perikardhöhle aufgenommen werden. In der Embryonalperiode wird die Herzschleife zum vierkammrigen Herzen umgestaltet, ohne daß ihre Funktion als Motor des einfachen Plazentakreislaufes unterbrochen wird.

In der **Herzschleife** (**A3**) sind die **Abschnitte des definitiven Herzens** (**A4**) bereits zu erkennen. Aus dem *Sinus venosus* wird der *Sinus cordis.* Aus dem *absteigenden Schenkel* der Herzschleife entsteht der *linke Ventrikel* und aus dem *aufsteigenden Schenkel* der *rechte Ventrikel* des definitiven Herzens. Der *Trunkus* wird durch ein spiraliges Septum in den Stamm der *Aorta* und den Stamm der *A. pulmonalis* aufgeteilt.

B. Umgestaltung der Herzschleife zum definitiven Herzen

1. Herzschleife. Die Herzschleife wölbt sich zunächst in der Medianlinie nach ventral vor und neigt sich dann *nach rechts.* Im Gegensatz dazu weist die *Herzspitze* des definitiven Herzens *nach links.* Dies kommt durch die Vergrößerung des linken Ventrikels im absteigenden Schenkel der Herzschleife zustande. Der ursprünglich nach rechts gerichtete Scheitel der Herzschleife liegt schließlich im unteren Abschnitt des rechten Ventrikels, der seinerseits ventral auf dem großen linken Ventrikel zu liegen kommt.

2. Parallele laminare Blutströme. Durch Asymmetrien in der Entwicklung der Herzschleife entstehen zwei laminare Ströme, die eine Unterteilung in ein rechtes und ein linkes Herz funktionell vorwegnehmen. Die Einflußbahn des Herzens verlagert sich nach rechts. Der **Hauptblutstrom** aus der Nabelvene tritt durch die *V. cava inferior* in den *rechten Vorhofabschnitt* des Herzens ein, fließt aus dem rechten Vorhof durch die Öffnung im Vorhofseptum in den *linken Vorhof,* von dort in die *linke Kammer* und wird durch den Stamm der *Aorta* ausgeworfen. Ein **Nebenblutstrom** entsteht durch die von oben einmündende *V. cava superior.* Er unterkreuzt im *rechten Vorhof* den Hauptblutstrom und gelangt in das *rechte Herz,* aus dem er über den *Truncus pulmonalis* das Herz verläßt. Der Nebenblutstrom fließt durch den *Ductus arteriosus* (→6.9 A1) und vereinigt sich in der absteigenden Aorta wieder mit dem Hauptblutstrom.

3. Kanalisierung der Blutströme durch Septen und Klappen. Die beiden Blutströme werden durch ein *Vorhofseptum* und durch ein *Kammerseptum* gegeneinander abgegrenzt. Das Vorhofseptum besteht aus zwei Blättern mit gegeneinander versetzten Durchtrittsöffnungen für den Hauptblutstrom aus der V. cava inferior. Sie sind so angeordnet, daß sie sich als Ventilmechanismus nach der Geburt beim Anstieg des Druckes im linken Vorhof aneinanderlegen und die Durchtrittsöffnung verschließen können (→6.9). Das *Kammerseptum* besitzt einen muskulären Anteil, der aus der Einfaltung des Myokards zwischen dem linken Ventrikel im absteigenden Schenkel der Herzschleife und dem rechten Ventrikel im aufsteigenden Schenkel der Herzschleife entsteht. Es wird durch einen *membranösen Anteil* vervollständigt, der das muskuläre Kammerseptum mit der Atrioventrikularebene *(Klappenebene)* und der Basis des Vorhofseptums verbindet.

In der *Klappenebene* entstehen die *Atrioventrikularklappen.* Die *Aorten-* und die *Pulmonalklappe* in der Ausflußbahn des Herzens kommen aufgrund der Gestalt der Herzschleife ventral von den Atrioventrikularklappen zu liegen.

Über dem muskulären Kammerseptum drehen sich die laminaren Ströme spiralig umeinander. Beide werden durch ein *spiralig gedrehtes Septum* gegeneinander abgegrenzt, das den Stamm der Aorta und der A. pulmonalis voneinander trennt.

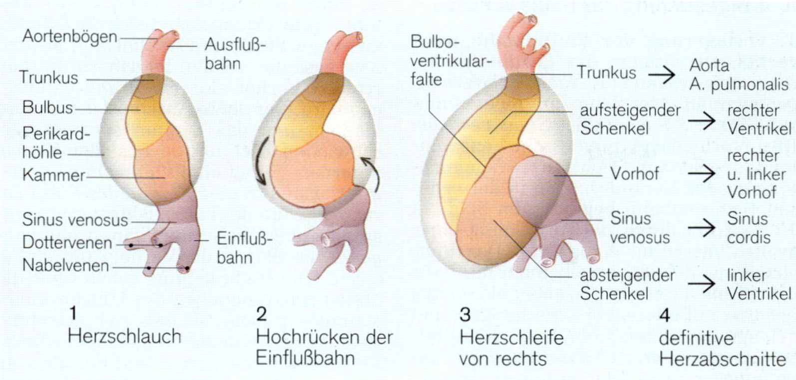

A. Entstehung der Herzschleife

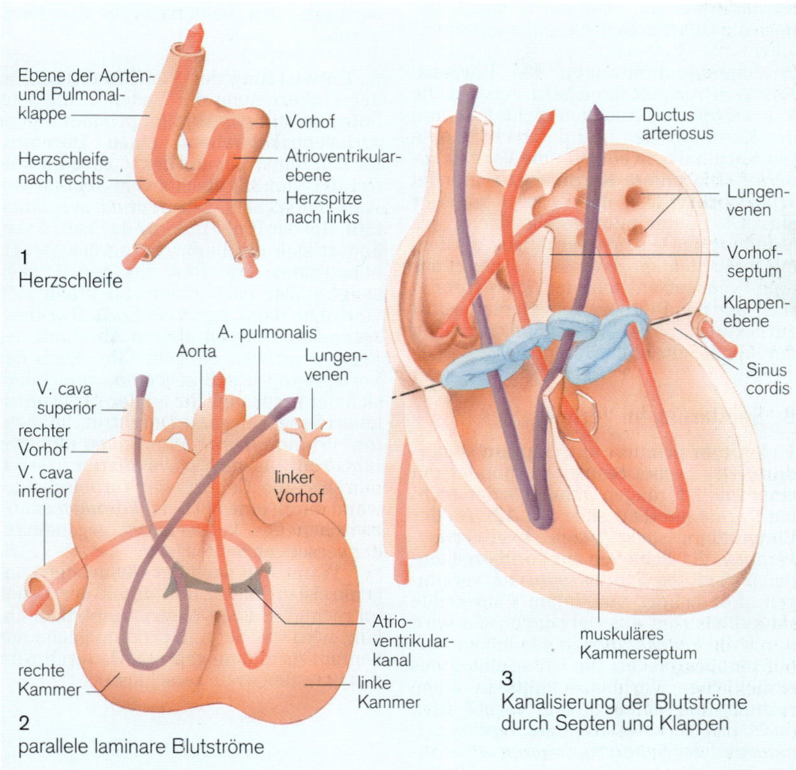

B. Umgestaltung der Herzschleife zum definitiven Herzen

A. Umgestaltung des Sinus venosus

1. Verlagerung der Einflußbahn nach rechts. Der Stamm der *Kardinalvenen*, die *Dottervene* und die *Nabelvene* vereinigen sich auf jeder Seite zum rechten und zum linken *Sinushorn* des *Sinus venosus.* Die ursprünglich symmetrische Veneneinmündung verlagert sich ganz auf die rechte Seite. Die Veränderungen in der venösen Einstrombahn beginnen im Stadium 13 (→2.22) durch die Ausbildung einer großen unpaaren Nabelvene. Der Blutstrom aus der Plazenta benutzt die *linke Nabelvene,* kreuzt in der Leber als *Ductus venosus* auf die rechte Seite herüber und gelangt über den Stamm der rechten Dottervene zum Herzen *(Blutstrom der V. cava inferior).* Das Blut aus dem Körperkreislauf tritt über den Stamm der rechten Kardinalvene von oben her in das Sinushorn ein *(Blutstrom der V. cava superior).*

2. Veneneinmündungen des Herzens. Aus dem rechten Sinushorn entsteht die *V. cava inferior.* Aus dem rechten Stamm der Kardinalvenen und der rechten oberen Kardinalvene entsteht die *V. cava superior.* Die untere Kardinalvene mündet krückstockartig in die V. cava superior ein. Die Einmündungsstelle bleibt als Mündung der *V. azygos* erhalten. Aus dem querverlaufenden zentralen Abschnitt des Sinus venosus entsteht der *Sinus coronarius,* der das Blut aus dem Herzen selbst zurückführt. Die Veneneinmündungen der linken Seite obliterieren.

B. Septierung im Vorhof

1. Septum primum und Septum secundum. Das rechte Sinushorn mündet mit einer schlitzförmigen Öffnung in den rechten Vorhof ein (Lageskizze in **A2**). An der Einmündungsstelle sitzen zwei *Venenklappen,* die sich oben zur vorübergehenden Leiste des *Septum spurium* vereinigen. Der schräg von unten eintretende Hauptblutstrom aus der Nabelvene wird durch die *Venenklappe* in den linken Vorhof hinübergeleitet. Die Unterteilung des einheitlichen Vorhofabschnitts in einen rechten und einen linken Vorhof wird durch das Herabwachsen des *Septum primum* und des *Septum secundum* vorbereitet, die beide eine Öffnung für den Hauptblutstrom freilassen.

2. Einbeziehung der Venen. In der weiteren Entwicklung weitet sich die Öffnung zwischen Sinus und Vorhof auf, so daß das gesamte rechte Sinushorn in den rechten Vorhof als *Venenwand* einbezogen wird. Der obere Abschnitt der Venenklappen und das Septum spurium verschwinden. Der untere Rest der Klappe unterteilt sich in eine *Klappe der V. cava inferior* und in eine *Klappe des Sinus coronarius.* Auf der linken Seite wird in entsprechender Weise der Stamm der *Lungenvenen* (**B1**) in die Vorhofwand einbezogen. Die Einbeziehung reicht über die ersten Aufzweigungen des Lungenvenenstammes hinaus, so daß vier getrennte Veneneinmündungen entstehen. Beide Vorhöfe werden durch die Einbeziehung der Venen stark ausgeweitet. Die ursprüngliche trabekuläre Vorhofwandung verlagert sich beiderseits in die Herzohren.

3. Entwicklung der Ventilfunktion. Vor der Einbeziehung der Venen in die Vorhofwand läßt das Septum primum an der Atrioventrikularebene einen Durchtritt für den Blutstrom aus der V. cava inferior frei (**B1** und **3a**). Rechts vom *Septum primum* bildet sich das *Septum secundum* (**3b**). Bei der Einbeziehung der Venen verändert sich die Flußrichtung des Hauptblutstromes. Das Blut aus der V. cava steigt steiler nach oben und bricht sich eine neue Bahn durch ein Loch, *(Foramen secundum)*, das im oberen Abschnitt des *Septum primum* entsteht (**3b**). Nach der Verlagerung des Blutstromes verschließt sich der ursprüngliche an der Atrioventrikularebene gelegene Durchtritt im Septum Primum *(Foramen primum)* (**3c**). Der Blutstrom aus der V. cava inferior passiert nun bis zur Geburt die Vorhofscheidewand durch einen Schlitz *(Foramen ovale)* zwischen den kulissenartig gegeneinander versetzten Septen (**B2**).

Wenn sich nach der Geburt der Lungenkreislauf öffnet und damit der Druck im rechten Herzen relativ zum linken abfällt, wird das Septum primum gegen das Septum secundum gepreßt. Dadurch wird das Foramen ovale verschlossen.

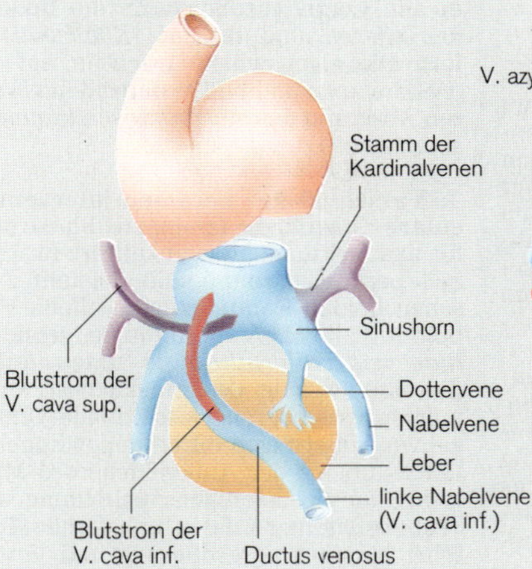

1
Verlagerung der Einflußbahn nach rechts

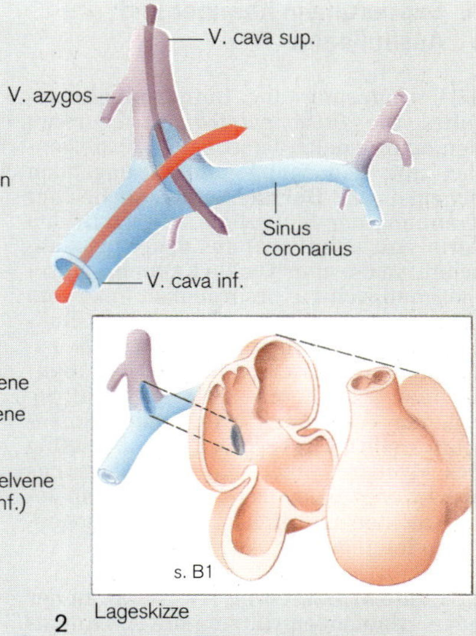

2
Veneneinmündungen des Herzens

A. Umgestaltung des Sinus venosus

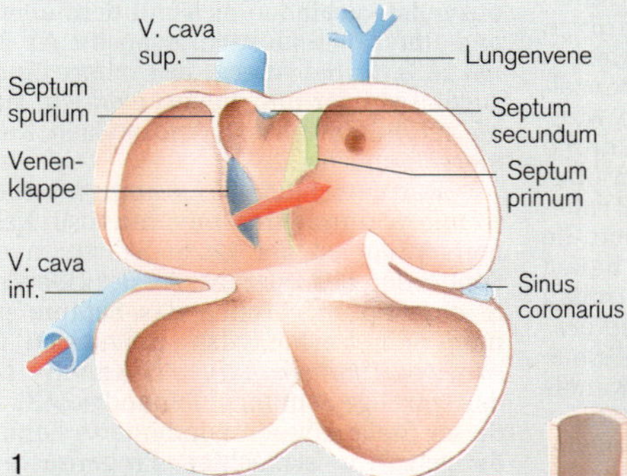

1
Septum primum und secundum

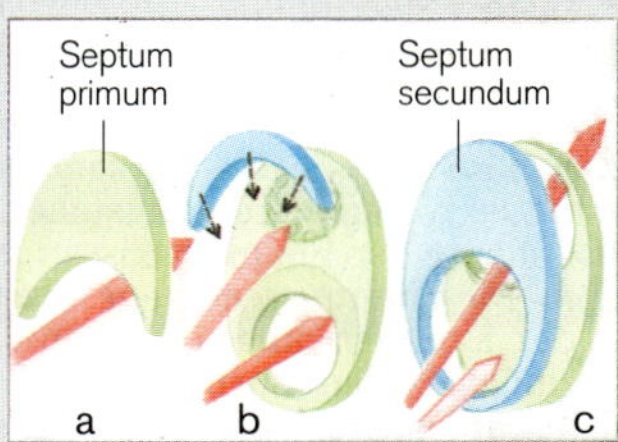

3
Entwicklung der Ventilfunktion

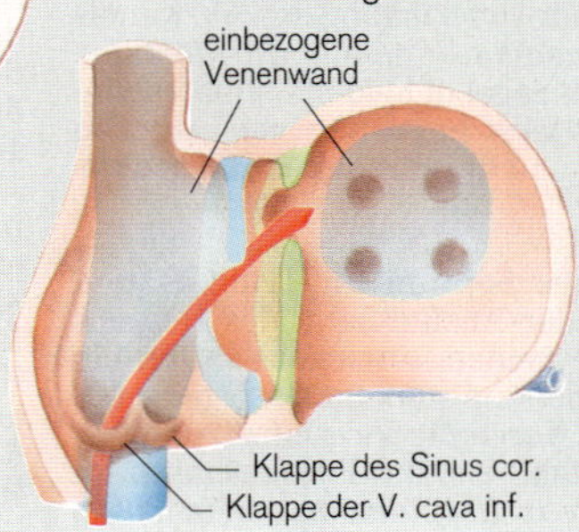

2
Einbeziehung der Venen

B. Septierung im Vorhof

A. Septierung in Kammer und Ausflußbahn

1. Verlagerung der Bulboventrikularfalte. Die *Bulboventrikularfalte* trennt den embryonalen Ventrikel im absteigenden und den Bulbus im aufsteigenden Schenkel der **Herzschleife (1a)**. Bei der Trennung der Blutströme, die durch den Atrioventrikularkanal aus dem Vorhofabschnitt in die embryonale Kammer eintreten, muß sich die ursprünglich links vom gemeinsamen Blutstrom in der Ausflußbahn gelegene *Bulboventrikularfalte* zurückbilden. Zwischen den beiden Blutströmen entsteht eine *neue Falte* (**1b**). Sie teilt den **AV-Kanal** in zwei Kompartimente und geht nach vorn in die Einbuchtung des Myokards über, die als Anlage des *muskulären Kammerseptums* den späteren rechten und linken Ventrikel gegeneinander abgrenzt.

2. Endokardkissen im AV-Kanal. In der querverlaufenden Öffnung des AV-Kanals bildet sich ein oberes und ein unteres *Endokardkissen*, die lateral durch zwei kleinere Kissen ergänzt werden. Die Endokardkissen bestehen aus Mesenchympolstern, die das Endothel des Endokards in den Blutstrom vorwölben. Die Mesenchympolster werden von Neuralleistenzellen gebildet, die in die Herzanlage wandern. Die *Segelklappen* entstehen durch Aushöhlung der Endokardkissen im Blutstrom. Die *Chordae tendineae* sind Trabekel der Kammerwand, in denen sich die Herzmuskelzellen zurückgebildet haben (nicht dargestellt). Das Aufeinandertreffen der Vorhofscheidewand und des membranösen Ventrikelseptums in der AV-Ebene führt zu einer Unterteilung des AV-Kanals in ein *Trikuspidal-* und ein *Mitralostium*. Die septalen Segel in beiden Ostien entstehen durch Verschmelzung von Anteilen des oberen und des unteren Endokardkissens.

3. Spiraliges Septum im Trunkus und Konus. In der Ausflußbahn des Herzens werden die beiden Blutströme durch ein spiraliges Septum voneinander getrennt. Es entsteht durch die Verschmelzung von zwei Wülsten, die im Trunkusabschnitt das *Septum aorticopulmonale* bilden. Das Septum setzt sich nach unten in den trichterförmigen Anfangsteil der Ausflußbahn, in den Conus cordis, durch die Bildung des *oberen* und *unteren Konuswulstes* fort. Die Konuswülste wachsen auf die AV-Ebene zu und bilden dabei den vorderen Abschnitt des *membranösen Kammerseptums* (**A4**).

4. Verschluß des Foramen interventriculare. Obwohl die laminaren Blutströme für das rechte und das linke Herz funktionell bereits getrennt sind, besteht zwischen beiden Kammern eine offene Verbindung, die oben durch die neugebildete *Bulboventrikularfalte* und unten durch die Einbuchtung des muskulären Kammerseptums begrenzt wird. Beide Ventrikel vergrößern sich durch appositionelles Wachstum an der Außenfläche des Myokards bei gleichzeitiger Aushöhlung und Trabekelbildung auf der Innenfläche. Dies führt zu einer Vergrößerung und Vertiefung des muskulären Kammerseptums.

Der noch offene Abschnitt der Ventrikelscheidewand wird durch das **membranöse Kammerseptum** verschlossen. An dem Verschluß sind das *untere Endokardkissen* und der *untere* und *obere Konuswulst* beteiligt. Der obere und untere Konuswulst verbinden sich mit dem oberen und unteren Endokardkissen im AV-Kanal (**A3**). Dabei wächst das untere Endokardkissen vor und steuert etwa ein Drittel zur Bildung des membranösen Kammerseptums bei.

Der Verschluß des *Foramen interventriculare* durch das membranöse Kammerseptum ist der letzte Schritt in der Septierung des Herzens. An der Oberkante des Septums treffen das Septum primum im Vorhof, das Herzskelett im *Atrioventrikularkanal* (AV-Kanal) und das spiralige Septum aufeinander (**A3**). An dieser Stelle können kombinierte Fehlbildungen mit schlechter Prognose entstehen.

Die **Taschenklappen** in der Ausflußbahn der Aorta und der A. pulmonalis entstehen wie die Segelklappen im AV-Kanal aus Mesenchymhöckern unter dem Endothel. Die Mesenchymzellen für die Bildung der Endokardkissen stammen aus der Neuralleiste. Sie wandern aus der Region des Rhombenzephalons in die Herzanlage ein.

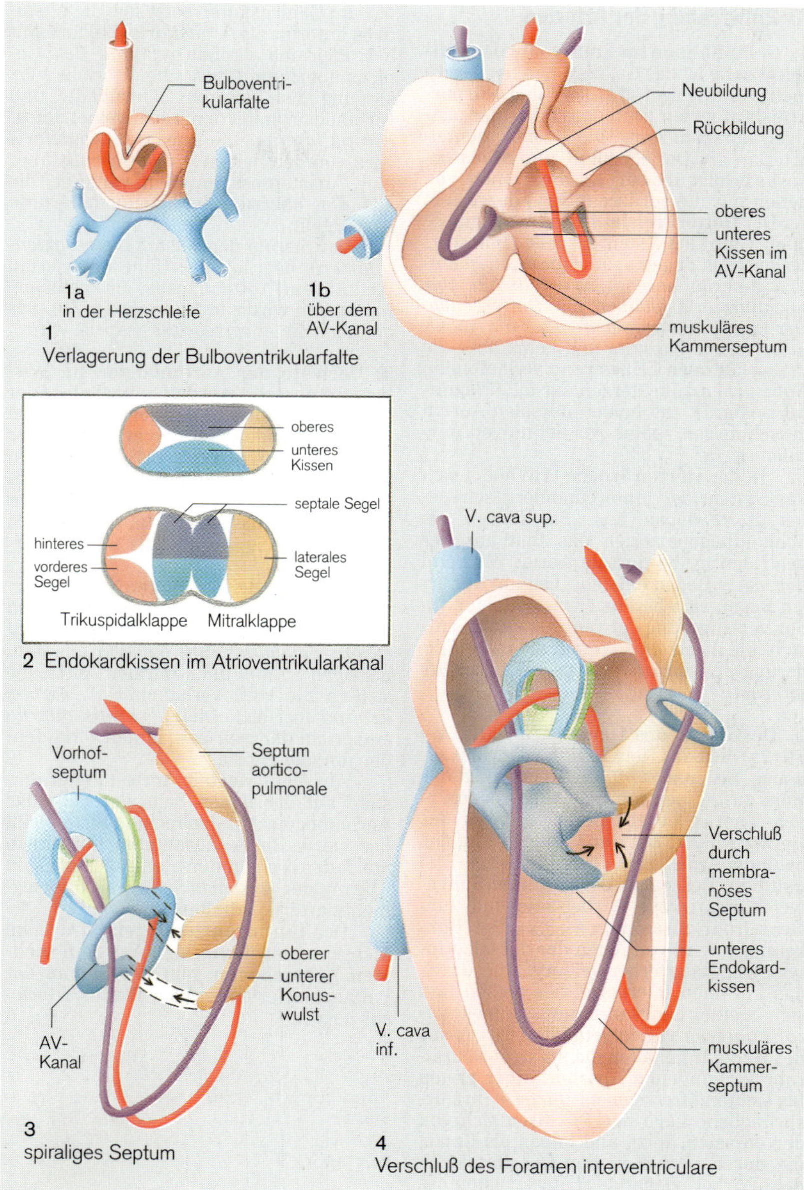

A. Septierung in Kammer und Ausflußbahn

A. Entwicklung der Arterien

1. Gefäßbahnen im Embryo. In der **dritten Woche** ist das Gefäßsystem noch symmetrisch angelegt (**1a**). Für den **Körperkreislauf** gehen nach dorsal aus der paarigen dorsalen Aorta die Intersegmentalarterien ab. Der Rückfluß zum *Sinus venosus* erfolgt über die Kardinalvenen, von denen nur die vordere (obere) dargestellt ist. Der **Dotterkreislauf** wird aus segmentalen ventralen Ästen gespeist *(Dotterarterien)*, aus denen später die A. mesenterica superior hervorgeht (→7.6 A2). Der Rückfluß erfolgt über die *Dottervenen*. Der Hauptblutstrom fließt über die *Nabelarterien* zur Plazenta und kehrt über die in der lateralen Leibeswand verlaufenden *Nabelvenen* zum Herzen zurück (**Plazentakreislauf**). Die beiden dorsalen Aorten verschmelzen später zur definitiven dorsalen Aorta.

In der **vierten Woche** (**1b**) bildet sich das System der hintereinandergeschalteten *Aortenbögen* aus. Sie führen als Schlundbogenarterien das Blut aus der ventralen in die dorsale Aorta. Während der vierte Bogen entsteht, beginnt der erste Bogen sich bereits zurückzubilden. In der Verlängerung der ventralen Aorta entsteht die *A. carotis externa* und in Verlängerung der dorsalen Aorta die *A. carotis interna*.

2. Deszensus des Herzens. Im *Stadium 19* (**2a**) liegt das Herz in Höhe der Nackenbeuge. Bis zum *Stadium 23* (**2b**) steigt das Herz zusammen mit den Aortenbögen in den Thorax herab. Der Deszensus des Herzens hängt mit der Verlängerung des Schlunddarms zum Ösophagus (→7.1) und dem Deszensus der gesamten Eingeweide relativ zur Wirbelsäule und zum Neuralrohr zusammen (→8.2). Das Rükkenmark wird von Ästen der dorsalen Intersegmentalarterien versorgt, die durch das Foramen intervertebrale ziehen und sich in einer Längsanastomose zur *A. spiralis anterior* vereinigen. Beim Deszensus des Herzens behalten die mit dem Neuralrohr verbundenen Abschnitte der ersten bis siebten *Intersegmentalarterie* ihre ursprüngliche Lage bei. Sie lösen sich von der dorsalen Aorta und bilden als Ersatz die durch Löcher in den Querfortsätzen der Wirbel ziehende Längsanastomose der *A. vertebralis* (**2a**).

Im Gehirnstamm setzt sich die A. spinalis anterior als *A. basilaris* (**2b**) fort. Mit der enormen Größenzunahme des Gehirns übernimmt diese die arterielle Versorgung der hinteren Gehirnhälfte und verbindet sich mit dem Gefäßgebiet der *A. carotis interna*. Die unpaare *A. basilaris* wird von den beiden *Aa. vertebralis* über eine Anastomose mit Blut versorgt, die aus der obersten Intersegmentalarterie hervorgeht.

Der Stamm der *siebten Intersegmentalarterie* liegt auf der Höhe des vierten (definitiven) Aortenbogens. Er bleibt erhalten und wird zur *A. subclavia* (**2b**), aus der auch die *A. vertebralis* gespeist wird.

3. Derivate der Aortenbögen. Im Wirbeltierembryo werden nacheinander sechs Aortenbögen angelegt (**3a**). Beim Menschen bildet sich der **erste und der zweite Bogen** zurück. Aus dem zweiten entsteht zunächst die *A. stapedia,* die sich ursprünglich zwischen *A. carotis externa* und *interna* ausspannt (**2b**), dann jedoch die Verbindung zur Carotis interna verliert.

Aus dem **dritten Bogen** geht die Arteriengabel zwischen *A. carotis externa* und *interna* hervor (**3b** und **c**). Die *A. carotis communis* (**3b**) entsteht aus dem paarigen Stamm der ventralen Aorta, die sich in die vorn verlaufende *A. carotis externa* fortsetzt. Die *A. carotis interna* entspricht der paarigen, hinten verlaufenden dorsalen Aorta.

Aus dem **vierten Aortenbogen** entsteht auf der linken Seite der definitive Aortenbogen. Auf der rechten Seite bleibt der vierte Bogen zusammen mit einem Stück der rechten dorsalen Aorta bis zum Abgang der *A. subclavia* (siebte Intersegmentalarterie) erhalten.

Der **fünfte Aortenbogen** wird beim Menschen nicht angelegt. Aus dem **sechsten Aortenbogen** geht der Stamm der Pulmonalarterien und der Ductus arteriosus hervor.

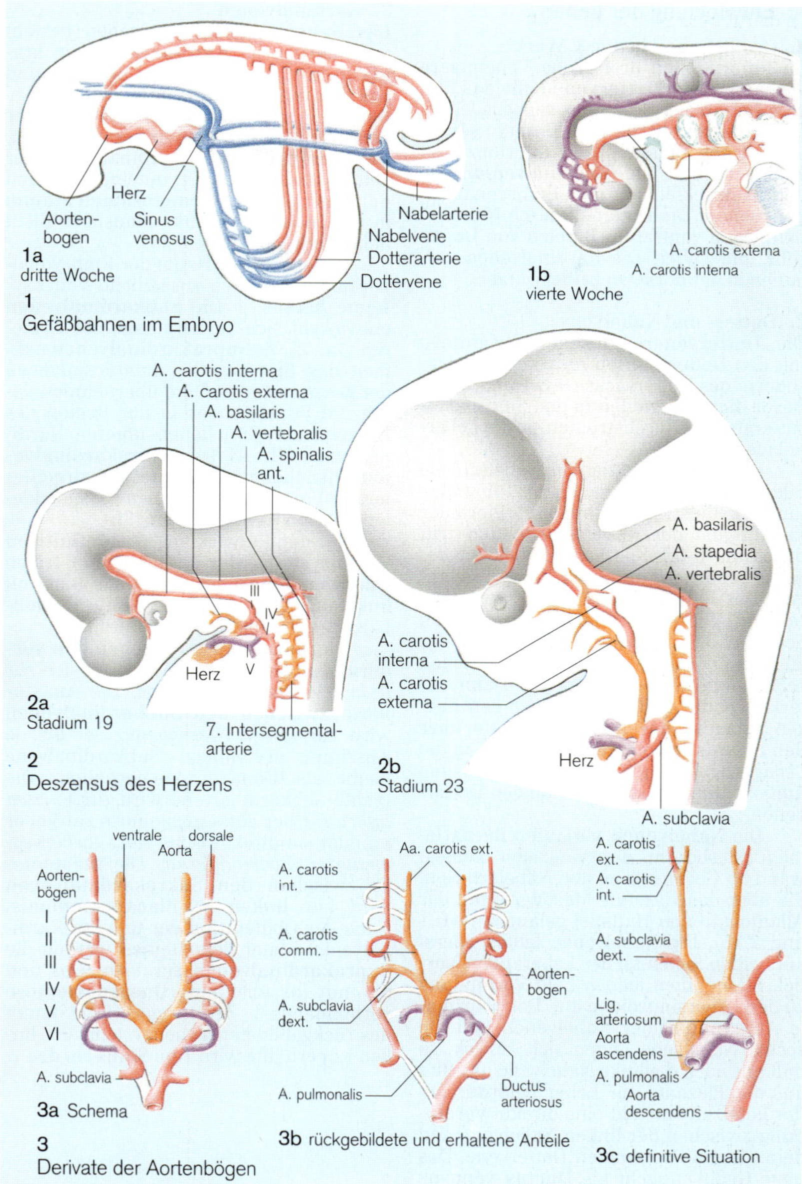

A. Entwicklung der Arterien

A. Entwicklung der Venen

1. Große Venen in der 3. Woche

Im Embryo sind drei große Venenpaare vorhanden, die **Dottervenen**, die das Blut vom Dottersack zum Sinus venosus leiten, die **Nabelvenen,** die dem Embryo sauerstoffreiches Blut aus den Chorionzotten zuführen, und die **Kardinalvenen**, die dem Blutrückfluß aus dem Embryonalkörper dienen. Die Dotter- und die Nabelvenen liegen ventral im Bereich von Darmrohr und Leber. Die Kardinalvenen verlaufen in der dorsalen Leibeswand.

2. Dotter- und Nabelvene

Die **Dottervenen** entstehen zusammen mit den Dotterarterien im viszeralen Mesoderm des Dottersacks (→6.1 und 2.16). Bevor die Dottervenen in den Sinus venosus eintreten, durchströmen sie die Leberanlage.

Bei der Ausbildung der Nabelschleife bilden sich die Dottervenen zur **Pfortader** um. Der Blutstrom der späteren Pfortader kommt aus der *Nabelschleife* und tritt durch die U-förmige Schleife des Duodenums hindurch, um zur Leber zu gelangen. Der Blutstrom aus der *rechten Dottervene* überkreuzt dabei den unteren Schenkel des Duodenums. Er benutzt dazu eine *vordere Anastomose* zwischen rechter und linker Dottervene. Dann unterkreuzt die spätere *Pfortader* den oberen Schenkel des Duodenums, um über den Stamm der rechten Dottervene in die *Leber* einzutreten. Sie benutzt hierzu eine *hintere Anastomose* zwischen den Dottervenen.

Die **Nabelvenen** verlaufen im parietalen Mesoderm der ventralen Leibeswand im Gegensatz zu den Nabelarterien, die über das viszerale Mesoderm mit der Allantois in den Haftstiel gelangen (→6.1 und 2.16). Die Nabelvenen laufen zuerst auf beiden Seiten an der Leberanlage vorbei. Sie nehmen jedoch bald Verbindung zu den Lebersinusoiden auf. Der proximale Abschnitt beider Nabelvenen und die rechte Nabelvene bilden sich zurück, so daß nur noch die linke Nabelvene das Blut aus der Plazenta zur Leber befördert. In der Fetalzeit entsteht eine direkte Verbindung zwischen der linken Nabelvene und dem Stamm der rechten Dottervene. Das neue Gefäß umgeht als **Ductus venosus** das Netz der Lebersinusoide.

3. Kardinalvenen

Das System der Kardinalvenen besteht aus den **oberen Kardinalvenen** im kranialen Körperabschnitt des Embryos und aus den **unteren Kardinalvenen,** die das Blut aus dem übrigen Embryonalkörper einschließlich der Urnieren zurückleiten. Die obere und untere Kardinalvene einer Seite vereinigen sich miteinander und münden mit einem **gemeinsamen Stamm** in das rechte bzw. linke Sinushorn dicht neben den Nabelvenen ein.

In der zweiten Hälfte der Embryonalperiode bilden sich zusätzliche Venensysteme heraus: 1. Die **Subkardinalvenen** entwickeln sich zur Drainage der Urnieren (**3a**). 2. Die **Suprakardinalvenen** nehmen das Blut aus den Interkostalvenen der Körperwand auf und übernehmen damit die Funktion der in der Region des Herzens unterbrochenen unteren Kardinalvenen (**3b**). 3. Die **Sakrokardinalvenen** entstehen mit den unteren Extremitäten als Fortsetzung der oben rückgebildeten unteren Kardinalvenen (**3b**).

Bei der Entwicklung des **definitiven Venensystems der V. cava (3c)** treten **Queranastomosen** auf, die das Blut von links auf die rechte Seite in die Einflußbahn des Herzens herüberführen.

Die **Anastomose zwischen den vorderen Kardinalvenen** entwickelt sich zur *linken V. brachiocephalica.* Die **Anastomose zwischen den Subkardinalvenen** wird zur *linken Nierenvene.* Der distale Abschnitt der linken Subkardinalvene bleibt als Gonadenvene erhalten. Die rechte Subkardinalvene wird zur *V. cava inferior.* Über eine Anastomose zur Leber mündet sie direkt in das Herz *(Lebersegment der V. cava inferior).* Die **Anastomose zwischen den Sakrokardinalvenen** wird zur **linken V. iliaca communis.** Nach der Obliteration der unteren Kardinalvenen hinter dem Herzen werden die **Suprakardinalvenen** zur *V. azygos* und der mit ihr über eine **Queranastomose** verbundenen *V. hemiazygos.* Der Stamm des rückgebildeten Venensystems der linken Köperhälfte wird zum **Sinus cordis.**

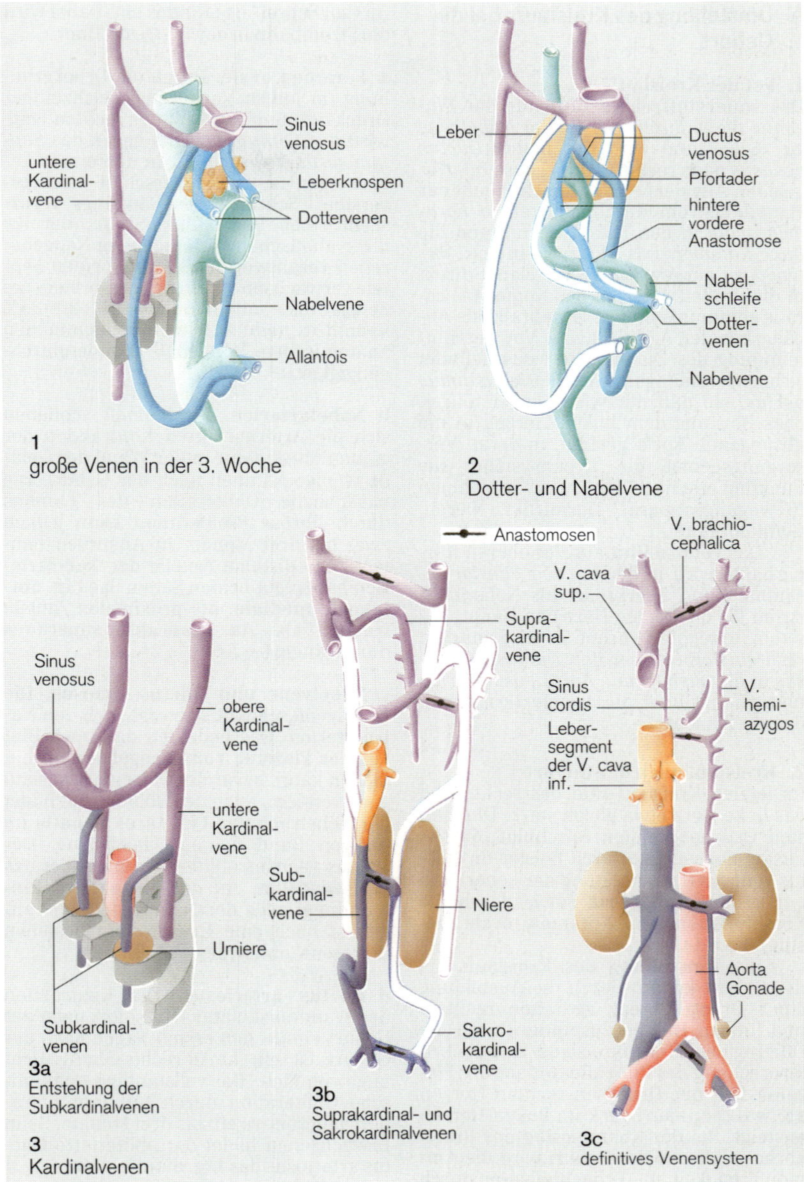

A. Entwicklung der Venen

A. Umstellung des Kreislaufs bei der Geburt

1. Fetaler Kreislauf

Das **sauerstoffreiche Blut** aus der *Plazenta* fließt durch die (linke) *Nabelvene* zur Leber und wird durch den *Ductus venosus* nach rechts in die *V. cava inferior* geleitet. Aus der V. cava inferior fließt der Hauptblutstrom durch das offene *Foramen ovale* in den linken Vorhof und die *linke Kammer*. Das Blut wird in den *Aortenbogen* ausgeworfen und gelangt direkt in die großen Arterien des Kopfes (A. carotis communis und A. vertebralis als Abgang aus der A. subclavia). Vor der Einmündung des Ductus arteriosus befindet sich eine Einengung der Aorta *(Isthmus aortae)*, so daß nur wenig sauerstoffreiches Blut aus dem linken Herzen in die absteigende Aorta gelangt, in deren Versorgungsgebiet die Organsysteme die Funktion erst nach der Geburt aufnehmen (Bewegungsapparat, Darmtrakt, Nieren, Genitalorgane).

Das **venöse Blut** aus der oberen Körperhälfte wird in der *V. cava inferior* gesammelt und überkreuzt als Nebenblutstrom für das rechte Herz den Hauptblutstrom im rechten Vorhof. Es wird aus dem *rechten Herzen* über den *Ductus arteriosus* in die *absteigende Aorta* ausgeworfen und gelangt über die *Nabelarterien* wieder zur Plazenta.

2. Kreislauf nach der Geburt

Im fetalen Kreislauf sind das rechte und das linke Herz etwa gleich stark. Die meisten Organe erhalten Mischblut, dessen Zusammensetzung durch Polster im Ductus venosus (Durchblutung der Leber) und am Isthmus der Aorta sowie durch die Ventilfunktion am Foramen ovale bestimmt wird.

Die **Umstellung** des Kreislaufs bei der Geburt kommt durch die Ausbildung einer Druckdifferenz zwischen rechtem und linkem Herzen zustande. Durch die Öffnung des Lungenkreislaufs und die Unterbrechung des Blutzuflusses aus der Plazenta fällt der Druck im rechten Herzen ab, während der Druck im linken Herzen ansteigt. Bei der Kompression des Brustkorbes während der Geburt wird die Amnionflüssigkeit im Bronchialbaum durch Luft ersetzt. Die Atmung setzt mit dem „ersten Schrei“ des Kindes ein. Dabei wird die Strombahn in der Lunge eröffnet.

a Foramen ovale. Durch die Druckerhöhung im linken Vorhof bei gleichzeitiger Druckverminderung auf der rechten Seite wird das *Septum primum* gegen das *Septum secundum* gepreßt. In den ersten Lebenstagen ist dieser Verschluß noch reversibel. Schreien des Säuglings verursacht einen Rechts-links-Shunt, der für die zyanotischen Perioden beim Neugeborenen verantwortlich ist. Die beiden Septen verwachsen während des ersten Lebensjahres miteinander. In 20–25% kommt es nicht zu einem vollkommenen anatomischen Verschluß (Sondendurchgängigkeit).

b Nabelarterien. Funktionell schließen sich die Arterien durch Kontraktion der glatten Muskulatur in der Wand der Gefäße wenige Minuten nach der Geburt. Die tatsächliche Obliteration des Lumens durch fibröse Proliferation kann jedoch zwei bis drei Monate in Anspruch nehmen. Die distalen Anteile der Nabelarterien bilden auf beiden Seiten das **Lig. umbilicale mediale,** die proximalen Anteile bleiben als Aa. vesicales superiores durchgängig (→7.6).

c Nabelvene und Ductus venosus. Die Nabelvene schließt sich erst nach den Nabelarterien. Das bedeutet, daß noch Blut aus der Plazenta zum Neugeborenen hin fließen kann, bevor der Plazentarkreislauf ganz versiegt. Nach der Obliteration bildet die Nabelvene das **Lig. teres hepatis** im unteren Rand des Lig. falciforme. Der Ductus venosus obliteriert und bildet das **Lig. venosum.** An der ehemaligen Einmündungsstelle der Nabelvene bleibt zunächst noch eine Erweiterung bestehen (Recessus umbilicalis, →7.9).

d Ductus arteriosus. Die Kontraktion der Wandmuskulatur tritt sofort nach der Geburt ein. In den ersten Tagen nach der Geburt ist ein Links-rechts-Shunt nicht ungewöhnlich. Die vollständige anatomische Obliteration durch Intimaproliferation dauert etwa ein bis drei Monate. Beim Erwachsenen bildet der obliterierte Ductus arteriosus das **Lig. arteriosum.**

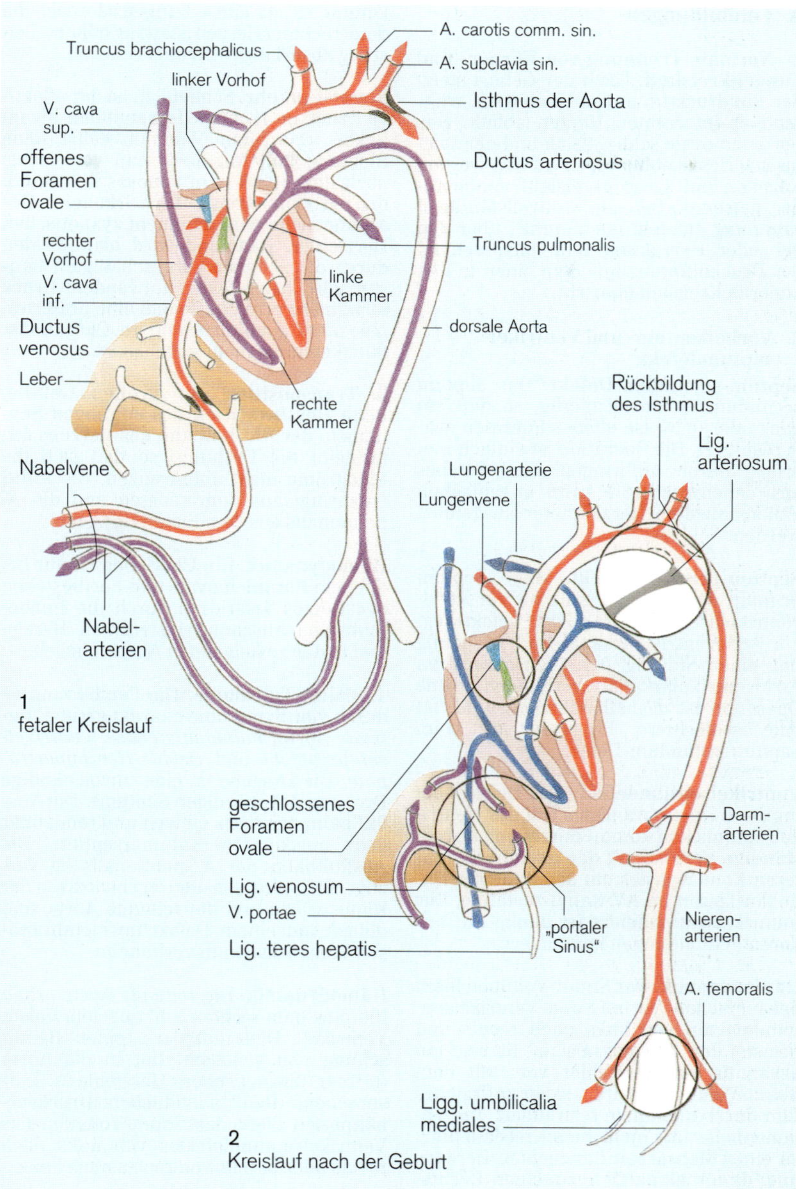

A. Umstellung des Kreislaufs bei der Geburt

A. Fehlbildungen

1. Normale Trennung von Körper- und Lungenkreislauf. Nach der Geburt steigt der Blutdruck im linken Herzen an, während er im rechten Herzen abfällt. Das Foramen ovale schließt sich und der Ductus arteriosus obliteriert. Dadurch werden Körper- und Lungenkreislauf voneinander getrennt. Bei einer unvollständigen Trennung entsteht ein „Shunt", über den bei jeder Herzaktion Blut entsprechend der Druckdifferenz aus dem einen in den anderen Kreislauf übertritt.

2. Vorhofseptum- und Ventrikelseptumdefekt

Septum-secundum-Defekt. Das Septum secundum ist unvollständig, so daß ein ganz oder teilweise offenes Foramen ovale resultiert. Die Operation ist einfach und erfolgt durch Aufbringen eines Patches aus Venenwand. Sie kann in einfachen Fällen mit dem Herzkatheter ausgeführt werden.

Septum-primum-Defekt. Das Septum primum wächst nicht ganz bis zur Atrioventrikularebene herab. Der Defekt liegt am Atrioventrikularkanal und ist häufig mit einer Störung der Unterteilung im Atrioventrikularkanal verbunden. Eine Operation ist deshalb schwierig und hat eine schlechtere Prognose als beim Septum-secundum-Defekt.

Ventrikelseptumdefekt. Der Defekt liegt immer im membranösen Teil des Ventrikelseptums und kommt durch eine unvollständige Verbindung des oberen und unteren Konuswulstes mit dem hinteren Endokardkissen im AV-Kanal zustande. Der Ventrikelseptumdefekt ist häufig mit anderen Fehlbildungen kombiniert.

Hämodynamik. Das Shunt-Volumen fließt bei einfachen Vorhof- und Ventrikelseptumdefekten von links nach rechts und belastet den Lungenkreislauf. Es liegt ein azyanotischer Herzfehler vor: Mit dem Shunt-Volumen wird sauerstoffreiches Blut durch die Lunge rezirkuliert. Die Volumenbelastung im kleinen Kreislauf führt zu einer Mehrarbeit des rechten Herzens und damit allmählich zu einer Rechtsherzhypertrophie. In den Lungengefäßen kommt es zu einer Lungensklerose, die dem rechten Herzen ständig höhere Leistung abverlangt (Circulus vitiosus).

Shunt-Umkehr. Schließlich ist der effektive Druck im rechten Herzen höher als im linken. Das Shunt-Volumen kehrt seine Richtung um und fließt nun von rechts nach links. Nun wird venöses Blut durch den großen Kreislauf rezirkuliert. Der azyanotische wird zu einem zyanotischen Herzfehler. Das Kind wird blau. In den durch die Sklerose vorgeschädigten Lungen wird der effektiv notwendige Druck nicht mehr erreicht, so daß eine präterminale Situation eintritt und die Operationsfähigkeit nicht mehr gegeben ist.

3. Transposition der großen Gefäße. Beim Herabwachsen des spiraligen Septums in der Ausflußbahn des Herzens unterbleibt die Drehung, so daß sich die Blutströme nicht überkreuzen. Die Aorta entspringt aus dem rechten und die A. pulmonalis aus dem linken Herzen.

Hämodynamik. Ein Überleben ist nur bei offenem Foramen ovale und Fortbestehen des Ductus arteriosus durch die Entstehung von Mischblut im rechten Herzen und in der absteigenden Aorta möglich.

4. Fallot-Tetralogie. Die Fehlbildung ist durch vier Symptome charakterisiert: *reitende Aorta, Pulmonalstenose, Ventrikelseptumdefekt* und *Rechts-Herzhypertrophie.* Die Ursache ist eine unvollständige Drehung des spiraligen Septums. Die Ausflußbahn der Aorta ist weit und reitet über dem muskulären Kammerseptum. Die Ausflußbahn der A. pulmonalis ist verengt. Die Störung beim Herabwachsen der Konuswülste und die reitende Aorta sind obligat mit einem Defekt im membranösen Ventrikelseptum verbunden.

Hämodynamik. Die reitende Aorta erhält Blut aus dem rechten und aus dem linken Ventrikel. Dies führt zu einer Beimischung von venösem Blut in die Aorta (primär zyanotischer Herzfehler). Entsprechend den individuellen Druckverhältnissen fließt das Shunt-Volumen des Ventrikelseptumdefektes von links nach rechts oder bereits von rechts nach links.

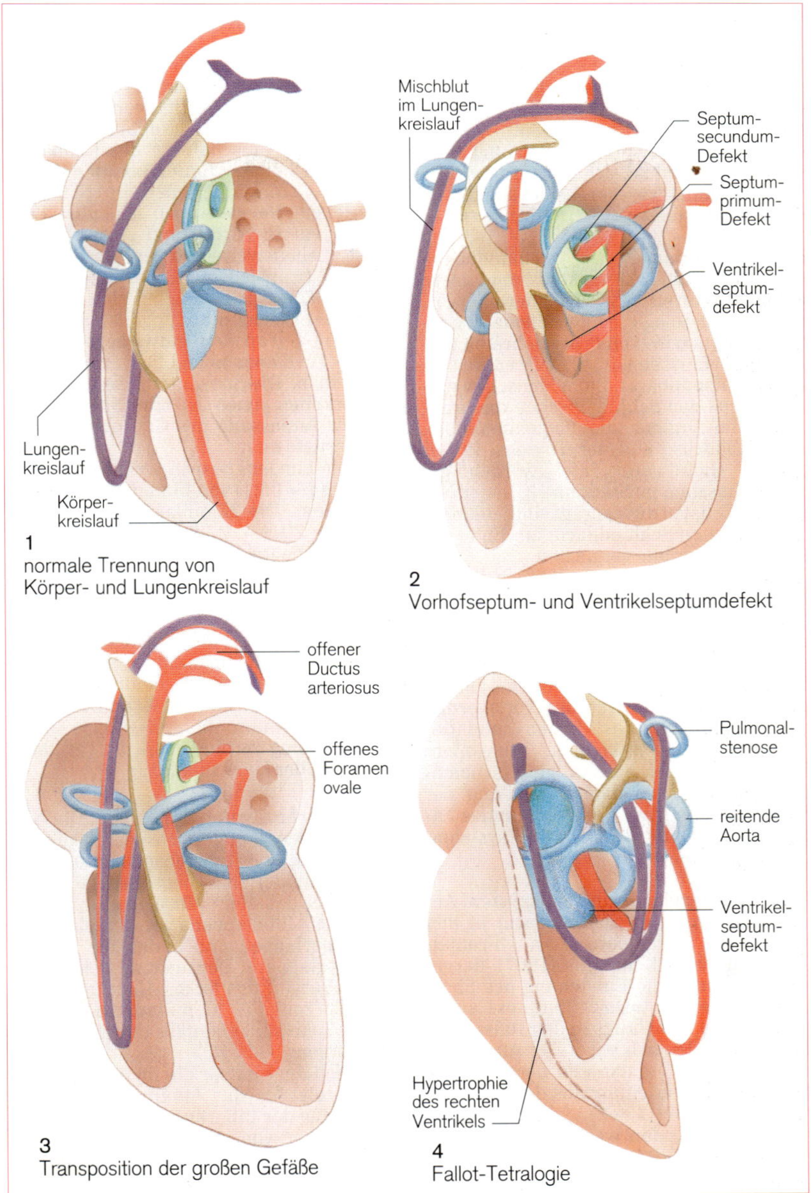

1
normale Trennung von Körper- und Lungenkreislauf

2
Vorhofseptum- und Ventrikelseptumdefekt

3
Transposition der großen Gefäße

4
Fallot-Tetralogie

A. Fehlbildungen

Kapitel 7: Magen-Darm-Trakt

7.1 Übersicht. Die schematischen Sagittalschnitte fassen die Entwicklung von der Abfaltung des Embryos bis zum Ende der Embryonalperiode zusammen. Die Stadienangaben verweisen auf Kapitel 2, in dem die Ausbildung des Darmtraktes und die Beziehung zu den Leibeshöhlen im einzelnen verfolgt werden kann.

7.2 Schlunddarm. Die Schlundbögen und Schlundtaschen sind metamere Grundstrukturen des Wirbeltierembryos, die eine Homologie zu den Elementen eines Reusendarms von Prävertebraten aufweisen. Bei Fischen differenzieren sie sich zum Kiemenapparat. Beim Menschen entstehen aus den Schlundtaschen die branchiogenen Organe, die Rachenmandeln, die Schilddrüse und der Thymus. In der oberen Hälfte der Tafel werden die Schlundtaschen im Stadium 13, in dem sie am deutlichsten ausgeprägt sind, mit dem umgestalteten Schlunddarm am Ende der Embryonalperiode verglichen.

Der Schlunddarm wölbt sich bogenförmig über den Herzwulst. Die Schlundtaschen liegen zwischen den Aortenbögen. Der Deszensus der Schlundtaschenderivate Thymus und Schilddrüse ist daher an den Deszensus des Herzens gekoppelt (→ 6.7). Dies ist an der Verlagerung der Ausflußbahn des Herzens und der Aortenbögen zu erkennen. Die untere Hälfte der Tafel enthält eine schematische dreidimensionale Darstellung der Schlundtaschen, aus der die definitive Lage der branchiogenen Organe systematisch abgeleitet wird.

7.3 Sinus cervicalis und Halszysten. Auf der Tafel wird der Schlunddarm in den klassischen schematisierten Frontalschnitten nach Kollmann (1907) dargestellt, in denen die Entstehung des Sinus cervicalis bei der Ausarbeitung des Halsreliefs und die Beziehung zu den Halszysten und -fisteln deutlich wird. Der Ausgangspunkt für das Verständnis der Schlundbögen ist die Herleitung aus dem Reusendarm in Kapitel 3 (→ 3.20). Aus systematischen Gründen werden die Schlundbogennerven (→4.12), die Schlundbogenarterien (→ 6.7), das Viszeralskelett (→ 9.2) und die Umwandlung zum Gehörorgan (→ 5.8) unabhängig voneinander besprochen.

7.4 Lungenknospe. Paarige Lungenanlagen sind bereits bei primitiven Fischen als Aussackung des Schlunddarms vorhanden. Durch Umschaltung der Kiemenatmung auf Lungenatmung konnten die Fische so Trockenperioden im Schlamm überleben. Bei den noch lebenden Lungenfischen in Afrika und Australien ist diese Lebensweise extrem ausgebildet. Die auf Land lebenden vierfüßigen Wirbeltiere (Tetrapoden) leiten sich von primitiven Fischen mit Lungenanlagen ab. Bei den Tetrapoden entwickelt sich die Lunge zu einem hochdifferenzierten Organsystem. Die Schwimmblase der hochentwickelten Arten ist eine Spezialform, die zur Anpassung des Gewichtes an die Wassertiefe dient.

Die Lungenknospen wachsen im Stadium 14 (→ 2.21) von hinten in die Zölomkanäle ein. Die Zölomkanäle werden im Stadium 20 (→ 2.23) als Pleurahöhlen vom Herzbeutel und von der Leibeshöhle abgetrennt. Die Pleuroperikardialmembran unterbricht die Verbindung zur Perikardhöhle. Die Pleuroperitonealmembran grenzt die Pleurahöhlen von der Leibeshöhle ab. Die Zölomkanäle setzen im Stadium 10 als Zölomspalt die unpaare Perikardhöhle nach kaudal fort und öffnen sich in die Chorionhöhle (→ 2.19). Nach der Abfaltung verbinden sie die Perikardhöhle mit der Leibeshöhle.

7.5 Differenzierung der Lunge. Die Aufzweigung der Lungenknospe spiegelt die Topographie der Lungensegmente wider. Auf der linken Seite liegt anstelle des 7. Segments das Herz. Das 4. und 5. Segment des Mittellappens verschmelzen mit dem Oberlappen und bilden die Lingula des Oberlappens. Der nicht so steil absteigende Verlauf des linken Hauptbronchus und die reitende A. pulmonalis auf der linken Seite sind ebenfalls durch die Lage des Herzens bedingt.

Die Lunge entspricht im Aufbau einer Drüse, die für die Atmung umgestaltet wurde. Bei der Differenzierung steht nicht die Bildung von Alveolen, sondern die funktionelle Ausgestaltung der Septen mit der Optimierung der Diffusionsstrecke im Vordergrund. Die Lunge ist beim Menschen mit dem Beginn der alveolären Phase ab der 23. SSW und damit bereits vor dem Abschluß der Wachstumsphase prinzipiell funktionsfähig. Die Funktion hängt von der Ausdifferenzierung der Alveolarepithelzellen Typ II ab, die den Sufactant-Faktor bilden. Der Faktor setzt die Oberflächenspannung herab und verhindert so das Kollabieren der Lunge. Die außergewöhnlich frühe potentielle Funktionsfähigkeit der Lunge beim Menschen weist nach Duncker (1990) darauf hin, daß sich die Schwangerschaftsdauer im Zusammenhang mit der Ausreifung des Gehirns gegenüber den übrigen Primaten sekundär verlängert hat.

7.6 Übersicht: Mesenterien. Die Darstellung ist auf das Verständnis der Mesenterialverhältnisse im definitiven Situs abgestellt. Der Verlauf der vom Nabel ausgehenden Bänder und Falten ergibt sich aus der Lage der Nabelgefäße im Embryo. Im schematischen Querschnitt A1b ist die Anordnung der Arterienstämme des Darmes im dorsalen Meso dargestellt. Der venöse Rückfluß sammelt sich in der Pfortader. Die Venenstämme treten dabei im duodenalen U aus dem dorsalen in das ventrale Meso über und ziehen als Pfortader im Unterrand des Omentum minus zur Leber. Mit der Umstellung des Kreislaufs bei der Geburt (→ 6.9) wird die Funktion des Plazentakreislaufs vom Portalkreislauf übernommen.

7.7 Magen- und Darmdrehung. Die Magen- und Darmdrehung wird an einem dreidimensionalen Computermodell erläutert, das mit dem Konstruktions- und Animationsprogramm Softimage erstellt wurde. Es ist Teil des Computerlernprogramms Anatü Tutor und kann am Computer im Raum gedreht werden.

7.8 Situs. Die klassische Darstellung zur Entwicklung der Peritonealverhältnisse geht auf den Handatlas der Entwicklungsgeschichte von Kollmann (1907) zurück. Der Verlauf der Gefäße im Oberbauch wird verständlich, wenn man sie in ihrem Verlauf zwischen den Peritonealblättern vor der Verschmelzung darstellt. Der Truncus coeliacus entspringt in der dorsalen Aorta, zieht nach Abgang der im dorsalen Mesogastrium liegenden A. lienalis an der Kardia des Magens nach ventral und gibt die im ventralen Meso verlaufenden Äste für die Leber und die kleine Kurvatur des Magens ab.

7.9 Leber. Die Anlage der Leber bildet sich als letzte der mit der Abfaltungsbewegung und dem Verschluß des Darmrohres aus der Hypobranchialrinne des Schlunddarms hervorgehenden Organe. In den sich aktiv verformenden Mesodermpallisaden wird ein cholinerges muskarinisches System wirksam, dessen Lokalisation mit der histochemischen Cholinesterasereaktion sichtbar gemacht werden kann. Das muskarinische System erscheint in sich aktiv bewegenden Zellen und Zellverbänden und verschwindet nach Abschluß der morphogenetischen Phase. Auf die Bedeutung der Neurotransmitter für die Regulation der Zellbewegung wird in Tafel 3.28 eingegangen.

In der Leber durchdringen sich die Drüsenstruktur des Leberazinus und des um die Zentralvene angeordneten venösen Läppchens. Entwicklungsgeschichtlich interessant ist, daß das funktionell wichtige venöse Läppchen zeitlich vor dem phylogenetisch älteren Drüsenläppchen mit Gallekapillaren und Gallengängen entsteht.

Die Asymmetrie des Leberhilus leitet sich aus der Verlagerung der Nabelvene auf die rechte und die Verlagerung der Dottervene als spätere Portalvene auf die linke Seite her. Daher liegt das Lig. teres hepatis (Nabelvene) mit dem Lig. falciforme (ventrales Meso) rechts und die V. portae mit A. hepatis und Lebergallengang links.

7.10 Fehlbildungen. Da der Darmrohrschluß mit dem Verschluß der Leibeswand miteinander verknüpft sind, werden Fehlentwicklungen beider Prozesse in der Tafel zusammengefaßt. Von den aus der morphologischen Entwicklung ableitbaren Fehlbildungen der Leibeswand und des Darmtraktes können jedoch nur wenige beispielhaft erwähnt werden.

Der **Magen-Darm-Kanal** wird von Entoderm ausgekleidet, das generell der Verdauung und Resorption der Nahrung dient. Während der Embryonalzeit wird die Ernährungsfunktion vom Dottersack und von der Plazenta übernommen. Der Magen-Darm-Kanal nimmt daher seine Funktion erst nach der Geburt auf. Der **Dottersack** ist eine Aussackung des Mitteldarms, in der ursprünglich der Dotter aus der Eizelle während der Embryonalentwicklung gespeichert wird. Der Dottersack wird von der Plazenta abgelöst, die aus der Allantois hervorgeht (→ 3.14). Die **Allantois** ist eine Ausstülpung der Kloake, die ursprünglich ein Speicher für Abfallstoffe des Embryos im Ei war. Die entodermale Komponente der Plazenta ist bis auf das *Allantoisdivertikel* reduziert, da beim Säuger die Ausscheidungsfunktion vom Plazentakreislauf übernommen wird.

A. Entwicklung und Gliederung des Darmrohrs

1. Abfaltung vom Dottersack. Das Darmrohr entsteht bei der Abfaltung des Embryonalkörpers (→ 2.15). Der Embryo hebt sich mit der Kopf- und der Schwanzfalte vom Dottersack ab. In die *Kopffalte* ragt der *Vorderdarm* und in die *Schwanzfalte* der *Hinterdarm* hinein.

2. Darmpforten. Der spätere vordere und hintere Darmausgang sind durch die *Rachenmembran* und die *Kloakenmembran* markiert. Dort liegt das Entoderm direkt dem Ektoderm an. Bei der Abfaltung wandern die *vordere* und die *hintere Darmpforte* aufeinander zu und engen den Bereich der offenen Darmrinne im *Mitteldarmabschnitt* immer mehr ein.

3. Verschluß des Darmrohrs. Der Darmrohrschluß ist mit der Zusammenfassung von *Dottersack* und *Haftstiel* zur Nabelschnur verbunden (→ 2.14). Im Vorderdarm entstehen die *Schilddrüse* und die *Leber* sowie zwischen beiden die *Lungenknospe* (**A4**). Der Hinterdarm erweitert sich zur *Kloake*.

4. Darmrohr. Die spätere Mundhöhle mit dem Abgang der Hypophyse (→ 4.24) ist ektodermalen Ursprungs. Der **Vorderdarm** (**A2**) erstreckt sich nach kaudal bis zur *Leber-* und *Pankreasanlage*. Der obere Abschnitt verläuft horizontal (Schlunddarm) und reicht bis zum Abgang der *Lungenknospe*. Der kaudale Abschnitt steigt hinter dem Herzen ab und enthält die Anlage des *Ösophagus* und des *Magens* (**A5**).

5. Nabelschleife. Der Mitteldarm verlängert sich zur Nabelschleife. An der Spitze der Nabelschleife sitzt der *Dottergang* (**A4**). Er bildet sich mit dem Dottersack nach der Obliteration der Chorionhöhle zurück (→ 2.32). Er kann als **Meckel-Divertikel** erhalten bleiben und enthält dann häufig ektope Magenschleimhaut.

Der nach oben gedrehte Schenkel der Nabelschleife enthält die Anlage des Kolonrahmens und des Ileums, der nach unten gedrehte Schenkel die des Jejunums. Die Grenze zwischen Kolon und Dünndarm wird durch die kleine Vorwölbung des *Zäkums* (Blinddarm) angedeutet.

6. Darmdrehung. Die Nabelschleife liegt ab dem Stadium 16 außerhalb der Leibeshöhle im *Nabelzölom* **(physiologischer Nabelbruch).** Dort findet die Drehung der Nabelschleife statt. Die Darmschlingen kehren in der 11. SSW in die Leibeshöhle zurück.

Die **Kloake** (**A3**) unterteilt sich in den **Sinus urogenitalis** (**A5**), aus dem die **Blase** entsteht, und in das **Rektum** (**A6**). Der Abgang des *Allantoisdivertikels* kommt auf den Blasenscheitel zu liegen.

Die **Zwerchfellgrenze** zwischen *Herzbeutel* und *Leber* verlagert sich bis zum Ende der Embryonalperiode immer weiter nach kaudal. Dafür ist das überproportionale Wachstum der vorderen Körperhälfte mit dem Gehirn, dem Herzen und der Leber verantwortlich. Die Größe des Herzens wird vom Plazentakreislauf und die der Leber durch die Blutbildung und durch die Funktion als Filterorgan zwischen Plazenta und Embryo bestimmt. Durch das Tiefertreten der Zwerchfellebene wird Raum geschaffen für die Entwicklung von Ösophagus und Magen hinter der Leber.

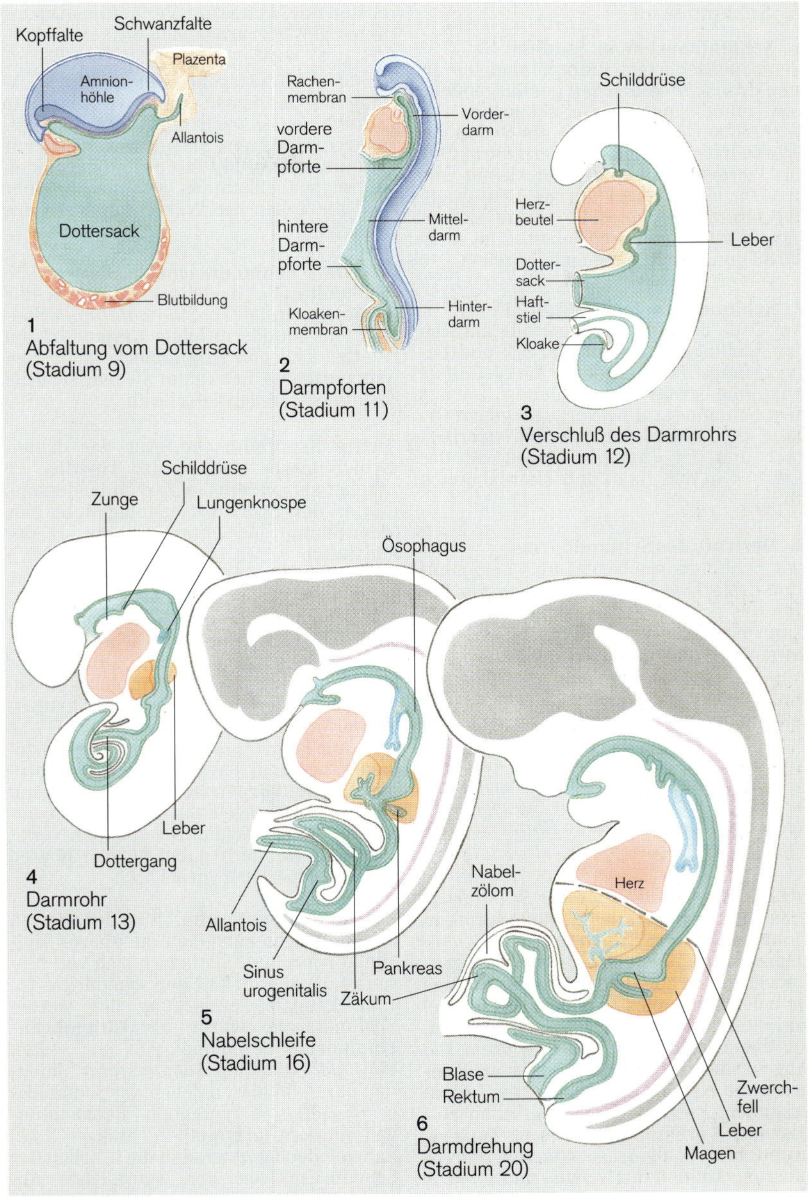

A. Entwicklung und Gliederung des Darmrohrs

A. Schlunddarm

1. Schlundtaschen im Stadium 13

Beim menschlichen Embryo sind die ersten drei *Schlundtaschen* gut ausgebildet. Die entodermalen Aussackungen der Schlundtaschen legen sich am Boden der Schlundfurchen dem Ektoderm direkt an. Die vierte Schlundtasche ist kleiner und erreicht nicht das Ektoderm. Eine fragliche fünfte Schlundtasche wurde als Anhang der vierten beschrieben. Eine sechste Schlundtasche wird nicht angelegt.

2. Schlunddarm im Stadium 21

Am Ende der Embryonalperiode hat sich der Schlunddarm zum *Pharynx* und *Larynx* umgebildet, so daß die definitive Anatomie bereits zu erkennen ist. Die aus dem Schlunddarm hervorgegangenen Organe, die *Schilddrüse,* die *Epithelkörperchen* und der *Thymus,* steigen vor der *Trachea* in den Hals- und Thoraxbereich ab.

3. Derivate des Schlunddarms

Der Schlunddarm besitzt im Querschnitt eine dreieckige Form. Die Rinne am Boden des Schlunddarms ist bei einfachen Nahrungstrudlern mit Zilien besetzt und wird als **Hypobranchialrinne** bezeichnet. Aus ihr sprossen die unpaaren, in der Medianebene gelegenen Derivate des Schlunddarms, die *Schilddrüse,* das *Lungendivertikel* und im weiteren Verlauf des Vorderdarms die *Leberanlage,* aus. Aus den lateral gelegenen *Schlundtaschen* gehen die *Tuba auditiva,* die *Gaumenmandeln,* der *Thymus* und die *Epithelkörperchen* hervor.

Schilddrüse. Die Knospe der *Schilddrüse* entsteht am Boden des Schlunddarms in Höhe der *ersten Schlundtaschen.* Die epitheliale Anlage steigt vor der Lungenknopse nach kaudal ab und kommt unterhalb des Kehlkopfes zu liegen. Das Epithel zerfällt in Stränge und Epithelknospen, aus denen sich die Follikel entwickeln. Die Abgangsstelle der Schilddrüse ist am Zungengrund als *Foramen caecum* (→ 7.3) zu erkennen. Reste der ursprünglichen epithelialen Verbindung zwischen Zungengrund und Schilddrüse *(Ductus thyreoglossus)* können als *Lobus pyramidalis* der Schilddrüse oder als Schilddrüsennester und Zysten im Verlauf des Ductus thyreoglossus zurückbleiben.

Erste Schlundtasche. Mit der Entwicklung des Gaumens (→ 9.1) wird die erste Schlundtasche nach kranial in den Epipharynx verlagert. Sie entwickelt sich zur **Tuba auditiva.** Mit ihrem Entoderm kleidet sie schließlich das gesamte Mittelohr und die Zellen des Warzenfortsatzes aus (→ 5.8).

Zweite Schlundtasche. Die zweite Schlundtasche bleibt als Bucht für die Gaumenmandel *(Tonsilla palatina)* erhalten. Das Entoderm bildet Krypten, deren Epithel sich netzartig auflockert. In dem entodermalen Retikulum siedeln sich die Lymphozyten der Tonsille ab.

Dritte Schlundtasche. Aus der dritten Schlundtasche entsteht der **Thymus.** Er wächst als epithelialer Zapfen beiderseits hinter der Schilddrüsenanlage und vor dem Stamm der ventralen Aorta ins Mediastinum herab und kommt schließlich ventral auf dem Herzbeutel zu liegen. Die epitheliale Verbindung zwischen der dritten Schlundtasche und dem Thymus geht verloren. In der ursprünglichen Verbindungslinie können jedoch Epithelnester zurückbleiben, die von Lymphozyten besiedelt werden und dann als **Thymusnester** in Erscheinung treten.

Aus der dritten Schlundtasche entstehen neben dem Thymus die beiden **unteren Epithelkörperchen.** Sie werden mit der Thymusanlage nach kaudal an die unteren Pole der Schilddrüsenlappen verlagert und wandern dabei an den oberen Epithelkörperchen vorbei.

Vierte Schlundtasche. Aus der vierten Schlundtasche entstehen die **oberen Epithelkörperchen.** Sie lagern sich von hinten an die oberen Pole der Schilddrüse an. Eine kaudale Aussackung der vierten Schlundtasche wurde als **Ultimobranchialkörper** bezeichnet. Aus ihm sollten die *Calcitonin-* und *Somatostatin*-bildenden parafollikulären Zellen der Schilddrüse *(C-Zellen)* hervorgehen. Beobachtungen mit der Chick/quail-Technik (→ 3.12) haben jedoch gezeigt, daß die C-Zellen der Schilddrüse von der Neuralleiste abstammen.

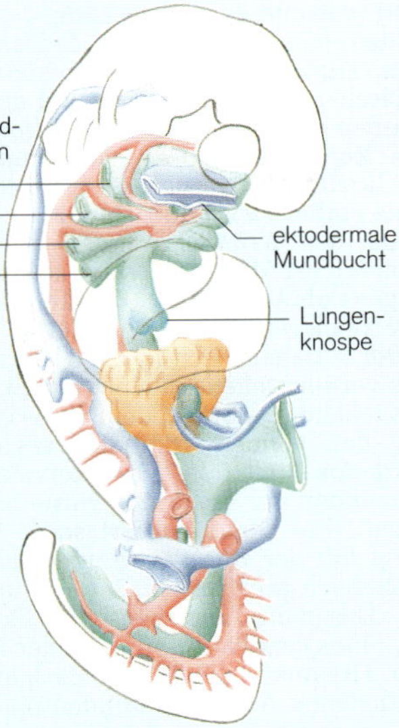

1
Schlundtaschen im Stadium 13
(nach Blechschmidt)

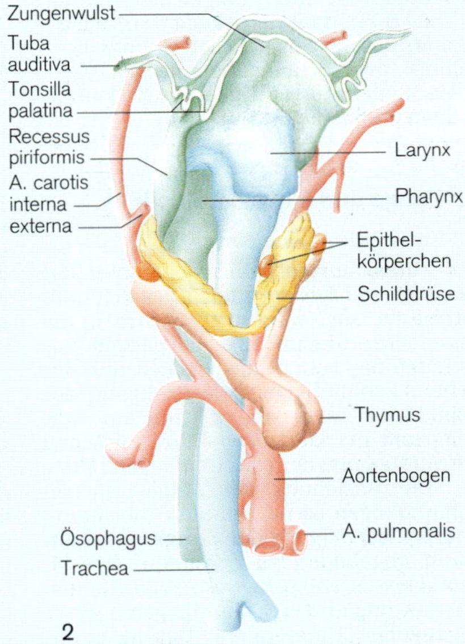

2
Schlunddarm im Stadium 21
(nach Weller)

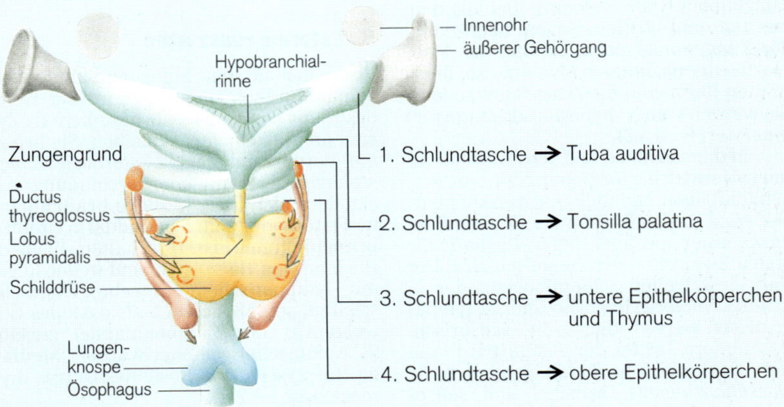

3
Derivate des Schlunddarms

A. Schlunddarm

Die Entwicklung der Zunge und des Sinus cervicalis schließt alle Komponenten der **Schlundbögen** ein, die in Tafel 3.20 dreidimensional dargestellt sind, und erfolgt parallel zu Entwicklung der Schlundbogennerven (→ 4.12), der Aortenbögen (→ 6.7) und des Viszeralskeletts (→ 9.3).

A. Zunge und Sinus cervicalis

1. Entwicklung der Zunge

Die Zungenanlage wölbt sich hinter der *Rachenmembran* am Boden des Schlunddarms vor und wächst nach vorn in die *Mundhöhle* hinein (**1a**). Sie besteht aus Anteilen des ersten, des zweiten und des dritten Schlundbogens. Der Abgang der Schilddrüse *(Foramen caecum)* am Zungengrund markiert die Grenze zwischen dem ersten und dem zweiten Bogen (**1b**).

Die Beziehung der Zunge zu den Schlundbögen ist noch in der Anordnung und der Befestigung der **Zungenmuskeln** (nicht abgebildet) zu erkennen. Der M. genioglossus entspringt am Knie (Genus) des aus dem ersten Schlundbogen hervorgegangenen Unterkiefers. Der M. styloglossus entspringt vom Processus styloideus, einem Teil des zweiten Schlundbogens. Der M. hyoglossus entspringt vom Zungenbein (Os hyoideum), das aus dem zweiten und dritten Bogen hervorgeht. Die Zungenmuskulatur stammt von Myoblasten der okzipitalen Myotome ab, die in breiten Bahnen in die Zunge einwandern. Sie werden vom N. hypoglossus motorisch innerviert (→ 4.12).

In der sensiblen und sensorischen **Innervation** ist die Beziehung zu den drei Schlundbögen ebenfalls noch erkennbar: Der erste Schlundbogennerv *(N. mandibularis),* innerviert über den *N. lingualis* die ersten Zweidrittel der Zunge sensibel. Der Nerv des zweiten Schlundbogens, der *N. facialis,* versorgt über die Chorda tympani diesen Bereich der Zunge sensorisch. Das hintere Drittel der Zunge wird vom Nerv des dritten Schlundbogens, dem *N. glossopharyngeus,* sensibel und sensorisch innerviert.

2. Bildung des Sinus cervicalis

Die Schlundbögen liegen im Stadium 14 noch direkt auf dem Herzwulst (**2a**). Der Hals fehlt noch. Bei der Streckung des Embryos und der Entwicklung des Halses bilden die ersten beiden *Schlundbögen* den ausladenden Viszeralschädel (**2b**). Zwischen dem Unterkiefer und dem Zungenbein spannt sich der Mundboden und die Zunge aus. Der dritte und vierte Schlundbogen werden in den schlanken Hals einbezogen und nehmen an der Bildung des *Kehlkopfskeletts* teil. Dabei überwächst der Unterrand des zweiten Bogens als **Operkulum** (Deckel) den sehr viel kleineren dritten und vierten Bogen. Diese verlagern sich in die Tiefe und liegen vorübergehend in einer von Ektoderm ausgekleideten Bucht, dem **Sinus cervicalis,** der vom Operkulum verschlossen wird. Am Boden des Sinus cervicalis verschwinden der dritte und vierte Schlundbogen. Der Sinus verliert seine Verbindung mit der Oberfläche und bildet sich schließlich ganz zurück.

Das in die Tiefe abgesenkte Ektoderm des Sinus cervicalis nimmt an der Bildung des **Thymus** (→ 7.2) teil. Es bildet den epithelialen Anteil der Rindenregion und ist bei der Selektion der T-Lymphozyten von Bedeutung (→ 3.35). Die ektodermale Komponente des Thymus findet sich schließlich in den Keratin produzierenden Epithelzellen der Hassal-Körperchen wieder.

B. Laterale Halszysten

Reste der in den Sinus einmündenden Schlundfurchen und -taschen und Reste des Sinus cervicalis selbst können als Zysten und Fisteln zurückbleiben. Sie liegen am Vorderrand des *M. sternocleidomastoideus.* Es kann eine Verbindung zur ektodermalen Seite **(äußere branchiogene Fistel)** oder zum Schlunddarm **(innere branchiogene Fistel)** erhalten bleiben. Die lateralen Halszysten sind in der Regel mit lymphatischem Gewebe vergesellschaftet, so daß sie auch als dystopes Gewebe aus der Gaumenmandel (zweite Schlundtasche) gedeutet wurden. **Mediane Halszysten** sind Reste des Ductus thyreoglossus (→ 7.2).

Präotische Fisteln liegen vor dem äußeren Gehörgang. Sie sollen durch eine fehlerhafte Verschmelzung der Ohrmuschelhöcker entstehen (→ 5.10).

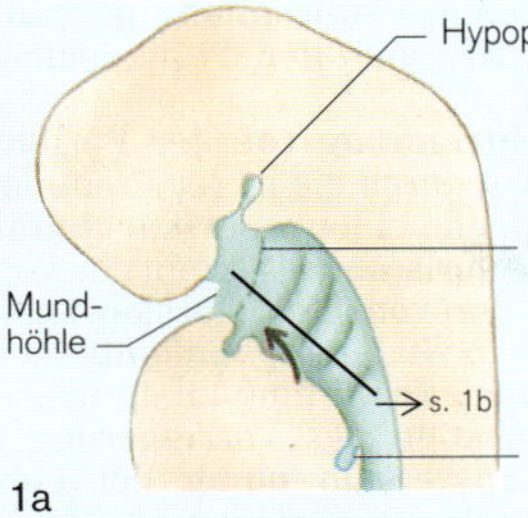

1a
Wachstumsrichtung der Zunge

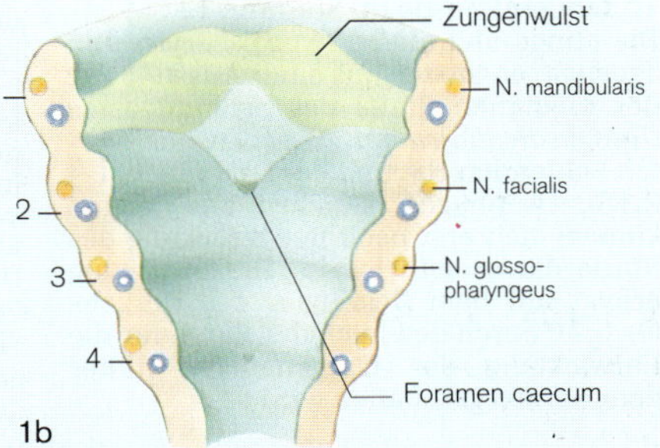

1b
Schlundboden mit Zungenanlage

1
Entwicklung der Zunge

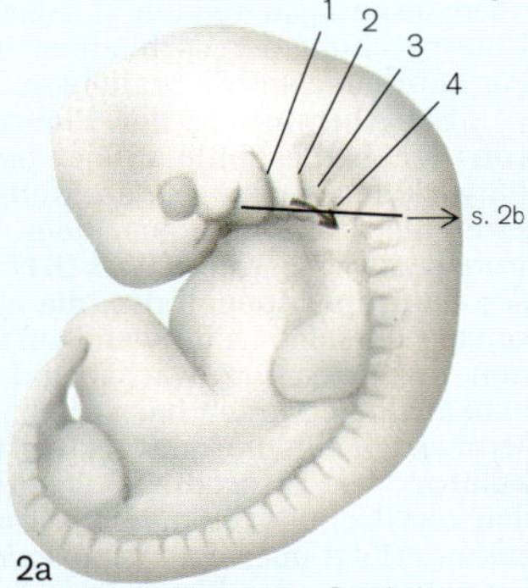

2a
Wachstumsrichtung des Operkulums

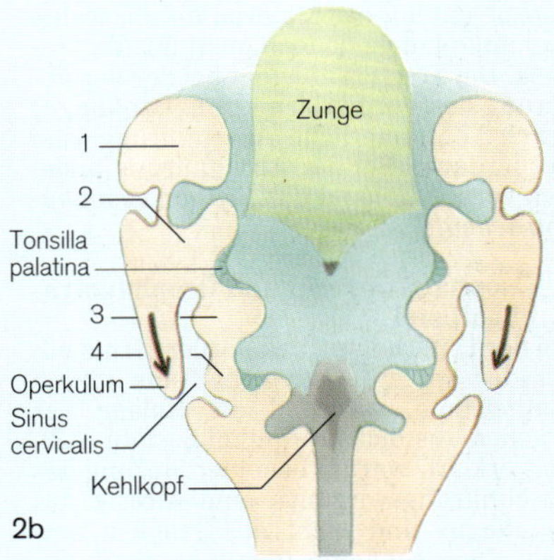

2b

2
Bildung des Sinus cervicalis

A. Zunge und Sinus cervicalis

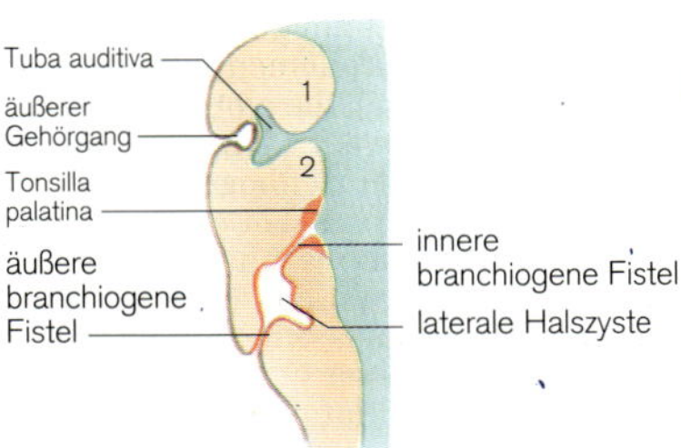

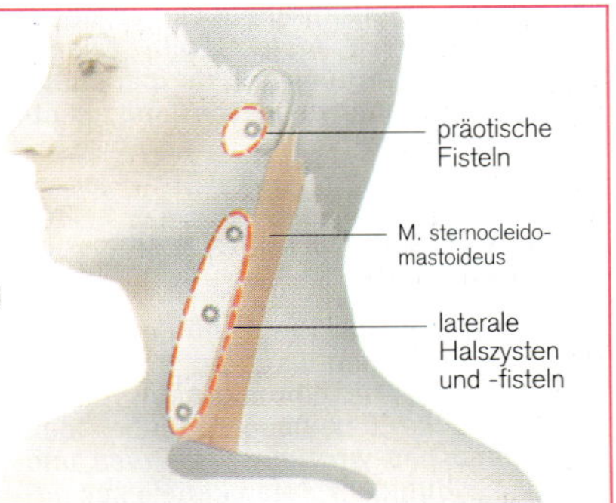

B. Laterale Halszysten

A. Entwicklung der Lungenknospe

1. Lungenknospe im Stadium 12

Die Lunge und die Luftwege, Larynx und Trachea, entstehen aus einer Ausstülpung der medianen Rinne des Schlunddarms *(Hypobranchialrinne)* zwischen der vierten Schlundtasche und der *Leberbucht* (→ 2.15). Ösophagus, Trachea und Magen können sich erst nach der Streckung des Vorderdarms entwickeln. Die Streckung erfolgt mit dem Deszensus des Herzens (→ 6.7), durch den auch der Raum für die Entwicklung der Lungenanlage hinter dem Herzen geschaffen wird.

2. Abschnürung der Trachea vom Ösophagus

Die von Anfang an zweigeteilte Lungenknospe enthält das Material für die rechte und linke Lunge, jedoch nicht für die Trachea. Die Trachea entsteht bei der Verlängerung des Vorderdarms zum Ösophagus durch kontinuierliche Abschnürung vom Vorderdarm. Bei der Abschnürung bildet sich vorübergehend das *Septum oesophagotracheale.*

3. Ösophagusatresie und Ösophagotrachealfistel

Bei der Unterteilung des Vorderdarms bildet der spätere Ösophagus eine dünne Epithelrinne, während die Anlage der Trachea aus dickem Epithel besteht (**A2**). Dies erklärt, warum bei einer Störung des Abschnürungsvorgangs eine Atresie des Ösophagus und nicht der Trachea entsteht. Die *Ösophagusatresie* kann mit der Ausbildung eines Fistelgangs zur Trachea zwischen dem oberen oder dem unteren blinden Ösophagusabschnitt einhergehen. Bei einer *oberen Fistel* (Pfeil) gelangt Milch oder Nahrungsbrei in die Lunge und führt zu einer deletären Lungenentzündung.

B. Auswachsen der Lunge in die Zölomkanäle

1. Abgrenzung der Pleurahöhlen

Die Lungenknospen wachsen von medial und dorsal in die **Zölomkanäle** vor (→ 2.21). Der Peritonealüberzug über den Lungenknospen wird zur *viszeralen* und die Auskleidung der Zölomkanäle zur *parietalen Pleura* (**B2**). Für die Entwicklung des Unterdrucks in den Pleurahöhlen ist eine vollständige Abtrennung gegenüber der Perikard- und der Peritonealhöhle notwendig.

Die **Abtrennung von der Perikardhöhle** erfolgt durch die in der Frontalebene verlaufende **Pleuroperikardialfalte.** In der Falte verläuft der Stamm der *Kardinalvenen,* der von der lateralen Leibeswand nach medial in die Einflußbahn des Herzens zieht. Die Einmündung ins Herz liegt zunächst in der Verlängerung des Septum transversum hinter der Leberanlage. Durch die Verlagerung der Einflußbahn des Herzens nach kranial (→ 6.2) wird der Stamm der Kardinalvenen ebenfalls nach kranial verlagert. Die *Pleuroperikardialfalte* wird dadurch nach oben ausgezogen und führt schließlich zur Unterbrechung der Verbindung zwischen Perikardhöhle und Pleurahöhlen.

Die **Abtrennung der Pleurahöhlen von der Leibeshöhle** erfolgt durch die Entwicklung des **Zwerchfells.** Das Zwerchfell entsteht aus dem *Septum transversum* über der *Leber* (**B1**) und aus der **Pleuroperitonealfalte,** die als Wulst von der dorsalen Leibeswand auf das Septum transversum zuwächst und die Zölomkanäle von unten her verschließt. Die Myoblasten für die **quergestreifte Muskulatur des Zwerchfells** wandern aus den zervikalen Myotomen ein. Die Innervation erfolgt über den *N. phrenicus* (**B2**) aus C4, der in der *Pleuroperikardialfalte* (**B1**) unterhalb des Stammes der Kardinalvenen zum Zwerchfell zieht.

2. Lungenhilus

Der Lungenhilus entsteht an der Umschlagsstelle der *viszeralen* in die *parietale Pleura.* Die *Trachea* mit der Bifurkation liegt vor dem Ösophagus hinter dem Herzen. Die Hauptbronchien liegen daher im *Hilus* dorsal und die vom Herzen kommenden Gefäße ventral. Die *A. pulmonalis* zieht mit dem Aortenbogen nach dorsal. Die *Lungenarterien* (rot) schmiegen sich dem Hauptbronchus an und folgen den Bronchien. Durch die Verlagerung des Herzens nach links wird die linke A. pulmonalis nach oben geschoben und reitet auf dem linken Hauptbronchus. Die *Lungenvenen* (blau) liegen im Hilus vor den Arterien und verlaufen in der Lunge in den Segmentgrenzen.

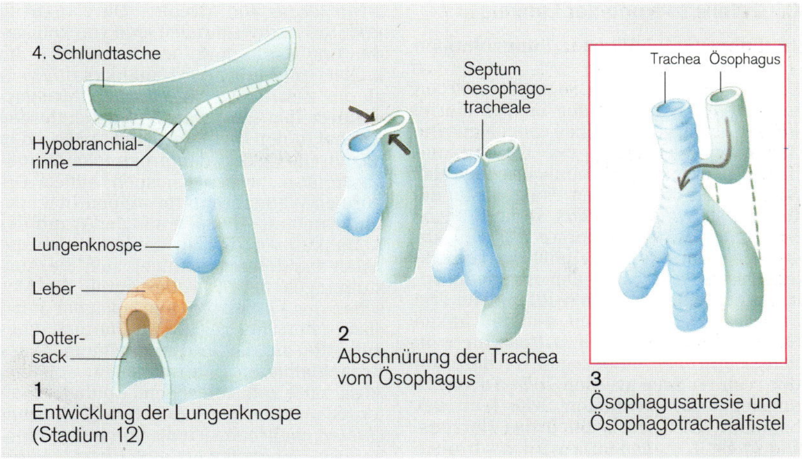

1 Entwicklung der Lungenknospe (Stadium 12)

2 Abschnürung der Trachea vom Ösophagus

3 Ösophagusatresie und Ösophagotrachealfistel

A. Entwicklung der Lungenknospe

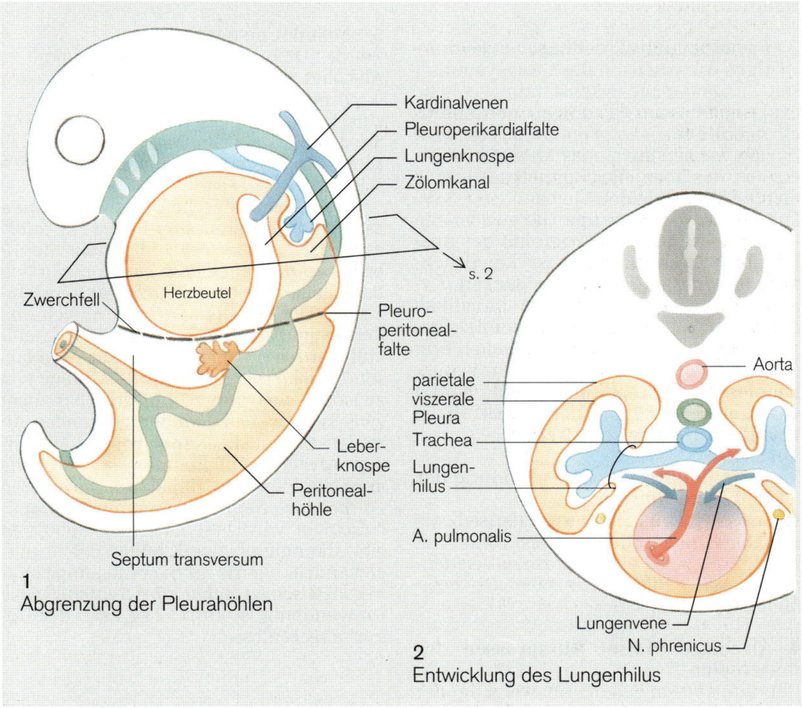

1 Abgrenzung der Pleurahöhlen

2 Entwicklung des Lungenhilus

B. Auswachsen der Lunge in die Zölomkanäle

C. Differenzierung der Lunge

1. Embryonale Phase: Lungenlappen und Segmente

Die Lungenlappen und Segmente werden mit der Aufzweigung der Lungenknospe in der Embryonalperiode angelegt. Die Asymmetrie zwischen der rechten und linken Lunge kommt durch die Lage des *Herzens* auf der linken Seite zustande. Der *linke Hauptbronchus* verläuft mehr horizontal, während der rechte steil absteigt. Durch die Einziehung der viszeralen Pleura zwischen den Lappenbronchien entstehen auf der rechten Seite drei *Lungenlappen,* während auf der linken Seite die Segmente des *Mittellappens* in den *Oberlappen* einbezogen werden. Auf der rechten Seite werden *zehn Segmente* angelegt. Auf der linken Seite fehlt das Segment Nr. 7 im Bereich des Herzens. Die *linke A. pulmonalis* wird nach oben verlagert und reitet über dem linken Hauptbronchus.

2. Pseudoglanduläre Phase: drüsenartiges Auswachsen des Gangsystems

Die Lungenanlage wächst nun wie eine exokrine Drüse in das umgebende Mesenchym ein. Die *dichotomen Aufzweigungen* (Pfeile) werden durch das Mesenchym induziert, das über jeder Epithelknospe eine dichte Kappe bildet. In der 19. SSW kommt das drüsenartige Gangwachstum nach 15–20 Aufzweigungen mit der Ausbildung von sackförmig oder kanälchenartig erweiterten Endverzweigungen *(Kanalikuli)* zum Abschluß. Die Kanalikuli entsprechen den Endstücken einer Drüse. Während aus dem hochprimatischen Epithel in den Aufzweigungen des Bronchialbaumes Flimmerepithel entsteht, besitzt das kubische Epithel in den Kanalikuli die Potenz zur Bildung von Alveolen.

3. Kanalikuläre Phase: Ausbildung der Endverzweiungen

In der 15. bis 28. SSW zweigen sich die Kanalikuli noch einmal 5 bis 10mal auf und führen so zu einer enormen Vermehrung des zur Bildung von Alveolen befähigten Gewebes.

4. Alveoläre Phase: Aussprossen der Alveolen

Überlappend mit der Aufzweigung der Kanalikuli beginnt in der 23. SSW die Differenzierung von Alveolen. Die Kanalikuli und ihre Aufzweigungen sind von kollagenen und elastischen Fasern umgeben. Im kubischen Epithel der Kanalikuli differenzieren sich Areale aus flachen Alveolarepithelzellen (**5a**), während das kubische Epithel in der Peripherie und auch in den dazwischen gelegenen proximalen Wandabschnitten weiter Knospen bildet. Die dünnen Wandabschnitte stülpen sich beerenförmig als Alveolen aus der Wand der Kanalikuli vor (**5c**). In der dreidimensionalen Darstellung zwängen sich die Ausstülpungen der *Alveolen* durch die Maschen des Netzwerkes aus kollagenen und elastischen Fasern. In den Stammkanalikuli, die an die Endverzweigungen des Bronchialbaumes anschließen, bleiben Abschnitte mit kubischem Epithel erhalten. Sie werden zu *respiratorischen Bronchiolen,* während sich die von ihnen abgehenden Gangaufzweigungen in *Alveolargänge* verwandeln.

5. Ausbildung der Septen

Bei der Differenzierung der Kanalikuli zu Alveolen geht die drüsenartige Struktur verloren und wird durch eine lungenspezifische Struktur ersetzt, die durch die Differenzierung der Septen zwischen den Alveolargängen und Alveolen charakterisiert ist.

Aus der kubischen *Alveolarstammzelle* differenzieren sich flache *Alveolarepithelzellen vom Typ I* und kubische *Alveolarepithelzellen vom Typ II,* die in den Lamellenkörperchen *Surfactant* produzieren. Die Kanalikuli erweitern sich und die Wandabschnitte benachbarter Kanalikuli werden aneinandergedrängt. Sie fassen kapillarreiches lockeres Mesenchym zwischen sich. In der Bindegewebsschicht zwischen zwei aneinandergrenzenden Alveolen treffen die Kapillarnetze der beiden Alveolen aufeinander, so daß eine doppelte Lage von Kapillaren vorhanden ist *(primäre Septen).* Die doppelte Kapillarschicht wird erst nach der Geburt in eine dünne einlagige Kapillarschicht umgewandelt, wie sie für die reife Lunge charakteristisch ist *(sekundäre Septen).* Diese Umwandlung ist am 7. Tag nach der Geburt abgeschlossen.

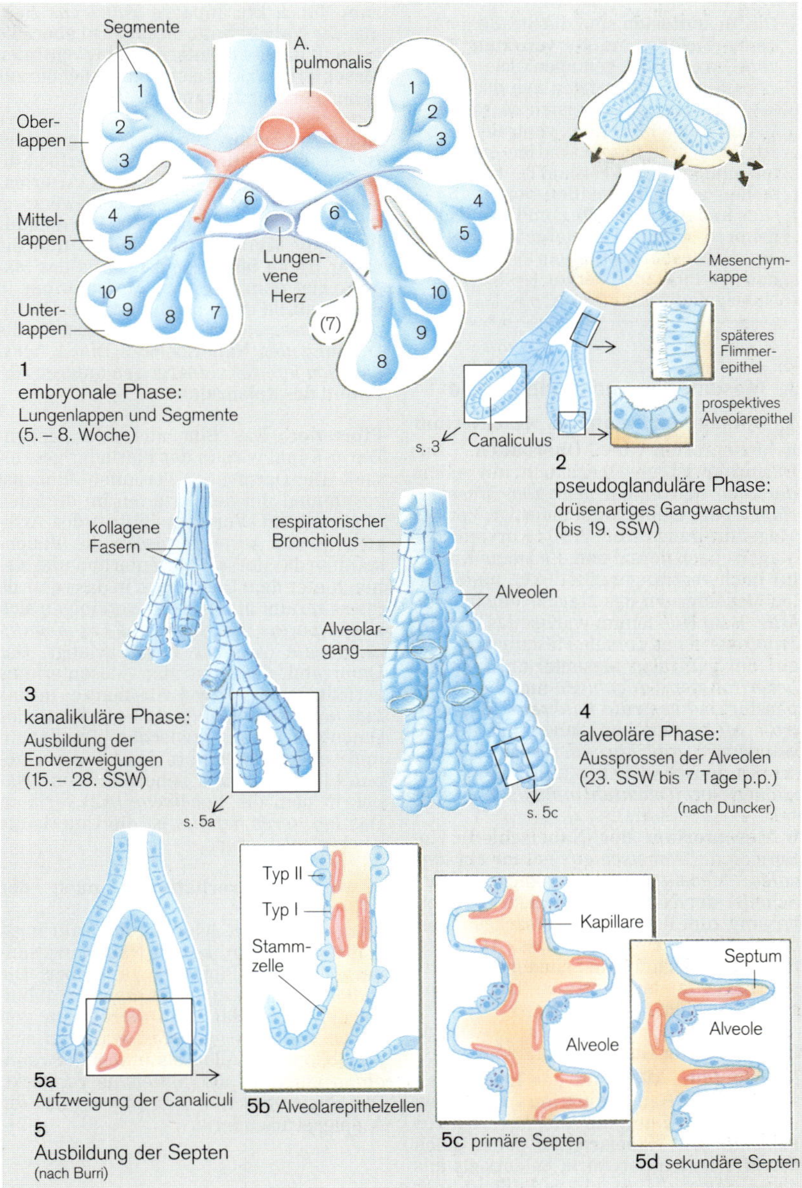

1 embryonale Phase: Lungenlappen und Segmente (5. – 8. Woche)

2 pseudoglanduläre Phase: drüsenartiges Gangwachstum (bis 19. SSW)

3 kanalikuläre Phase: Ausbildung der Endverzweigungen (15. – 28. SSW)

4 alveoläre Phase: Aussprossen der Alveolen (23. SSW bis 7 Tage p.p.)

5a Aufzweigung der Canaliculi

5b Alveolarepithelzellen

5c primäre Septen

5d sekundäre Septen

5 Ausbildung der Septen

C. Differenzierung der Lunge

Die **Mesenterien** sind die Straßen, auf denen Gefäße und Nerven zum Magen-Darm-Trakt gelangen. Die Arterienstämme entspringen aus der Aorta und liegen im dorsalen Meso. Die Venen fließen über das ventrale Meso zur Leber und dann zum Herzen. Dotter- und Plazentakreislauf (→ 6.1) entstehen aus den Gefäßen von Dottersack und Allantois, die zum Darmtrakt gehören. Aus den Dottergefäßen geht die A. mesenterica superior (→ 6.7) und die Pfortader hervor (→ 6.8). Die Nabelgefäße obliterieren.

A. Mesenterien und große Gefäße

1. Dorsales und ventrales Mesenterium

a Mesenterien im Oberbauch. Das Darmrohr ist im Oberbauch mit einem *dorsalen* und einem *ventralen Mesenterium* an der Leibeswand befestigt. Vor der Magendrehung ist die große Kurvatur des Magens nach dorsal und die kleine Kurvatur nach ventral gerichtet (**A1**). Im dorsalen Mesenterium des Magens entsteht die *Milz.* Vom Duodenum wächst das *dorsale Pankreas* in das dorsale Mesenterium hinein. Im ventralen Mesenterium liegt die *Leber* mit der *Gallenblase* und den Knospen für das *ventrale Pankreas.* Das *ventrale Meso* zwischen Leber und Leibeswand wird zum *Lig. falciforme,* der Abschnitt zwischen Leber und Magen zum kleinen Netz *(Omentum minus).*

b Mesenterium der Nabelschleife. Im Bereich der *Nabelschleife* ist nur ein *dorsales Mesenterium* vorhanden. Vom Scheitel der Nabelschleife zieht der Dottergang zum Rest des Dottersackes in der Chorionhöhle (→ 2.14). Das *Allantoisdivertikel* verläuft vom Scheitel der späteren Blase in der ventralen Leibeswand zum Nabelring.

2. Verlauf der Gefäße

Nabelgefäße. Während der Embryonalzeit fließt der Hauptblutstrom vom Herzen über die *Aorta* und die *Nabelarterien* zur Plazenta. Die Nabelarterien gehen nach der Bifurkation der Aorta beiderseits aus der *A. femoralis* ab und verlaufen in der medialen Leibeswand mit der Allantois zum Nabel. Die unpaare *Nabelvene* zieht aus der Nabelschnur direkt zur Leber. Sie verläuft dabei im Unterrand des ventralen Mesenteriums, das sich vom Nabel bis zur Leberpforte erstreckt.

Arterienstämme. Die Blutversorgung des Darmrohres in der Leibeshöhle erfolgt direkt aus der Aorta über drei Arterienstämme. Der *Truncus coeliacus* versorgt die Organe des Oberbauches. Die Äste für die kleine Kurvatur des Magens und die Leber treten hinter dem Pylorus des Magens aus dem dorsalen Mesenterium in das ventrale Mesenterium über. Die *A. mesenterica superior* ist die Achse für die Drehung der Nabelschleife. Die *A. mesenterica inferior* versorgt den unteren Abschnitt des Kolonrahmens.

Pfortader. Das Blut aus dem Magen-Darm-Kanal wird in der Pfortader gesammelt. Die Darmvenen verlaufen zunächst zusammen mit den Arterien im dorsalen Mesenterium. Vor dem Eintritt der Arterien in die Aorta verlassen die Venenstämme das dorsale Mesenterium und ziehen hinter dem Duodenum in das ventrale Mesenterium hinüber. Sie vereinigen sich zur *V. portae,* die durch das *Lig. hepatoduodenale* (**A3**) zur Leber gelangt. Der Unterrand des ventralen Mesenteriums zerfällt damit in zwei Abschnitte: in das *Lig. hepatoduodenale* als Unterkante des Omentum minus zwischen Duodenum und Leberpforte und in das *Lig. teres hepatis* (**A3**) zwischen Leberpforte und Nabel, in dem die *Nabelvene* (**A2**) verläuft. Das *Lig. teres hepatis* ist die Unterkante des Lig. *falciforme.*

3. Mesenterialverhältnisse nach der Geburt

Nach der Geburt gelangen die Nahrungsstoffe nicht mehr über die Nabelvene, sondern über die Pfortader zur Leber. Die Nabelvene im *Lig. teres hepatis* obliteriert. Die Nabelarterien werden zu den *Plicae vesicales mediales,* während sich die obliterierte Allantois in der *Plica mediana* genau in der Mittellinie versteckt. Die *Plica vesicalis lateralis* enthält die A. epigastrica inferior.

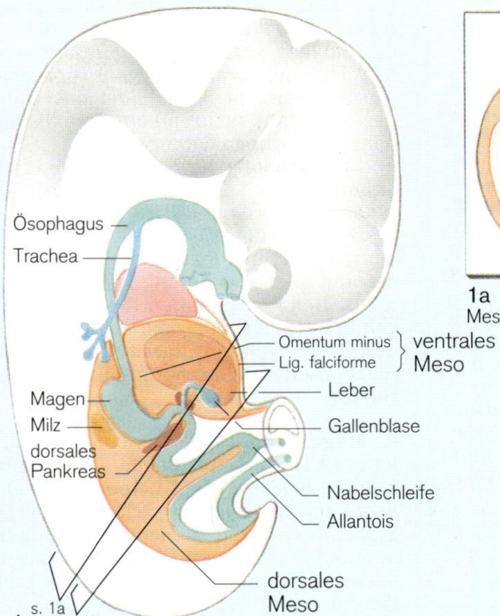

1
dorsales und ventrales Mesenterium

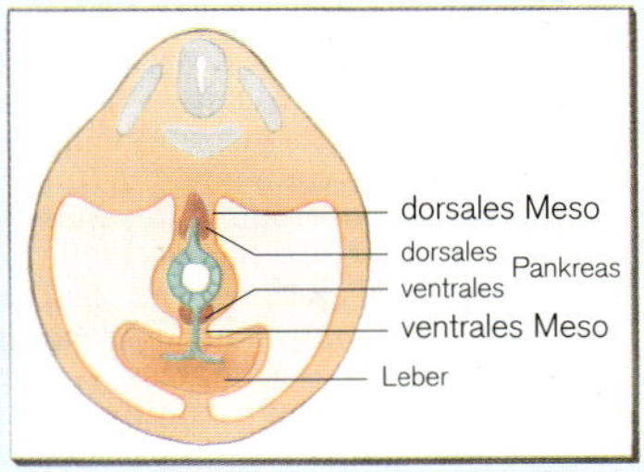

1a
Mesenterien im Oberbauch

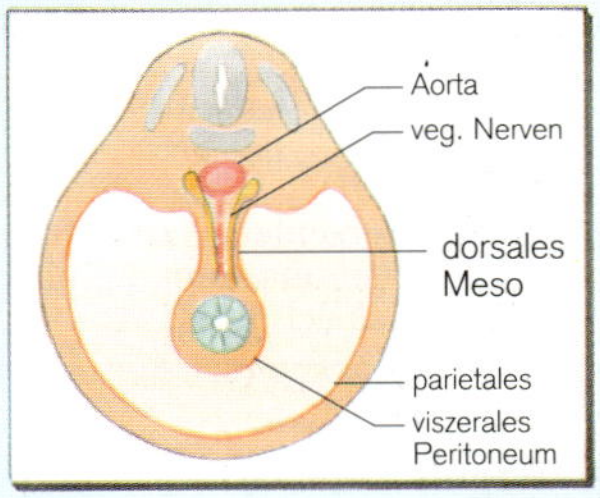

1b
Mesenterium der Nabelschleife

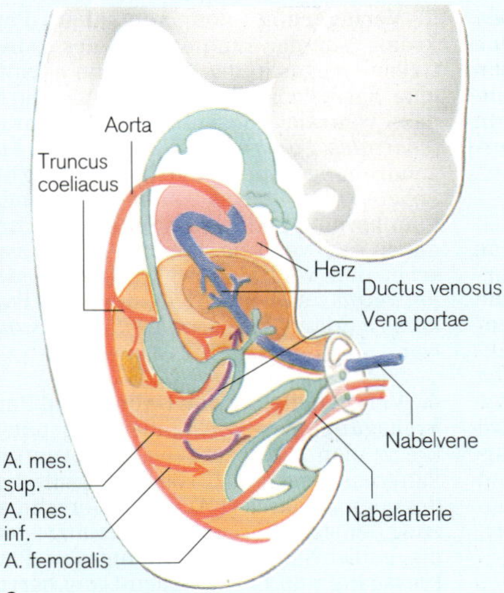

2
Verlauf der Gefäße

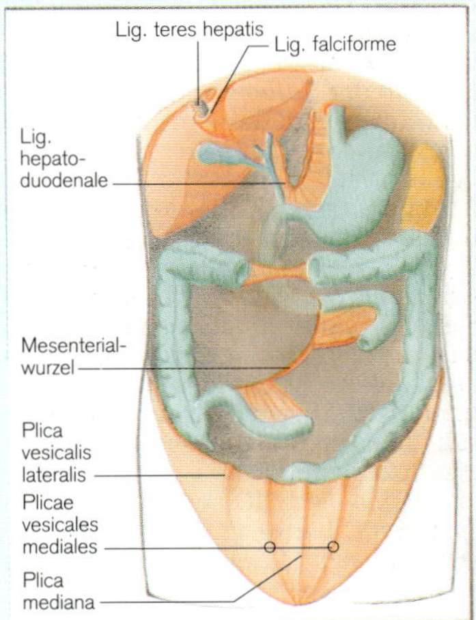

3
Mesenterialverhältnisse nach der Geburt

A. Mesenterien und große Gefäße

Die als **„Magen- und Darmdrehung"** zusammengefaßte Entwicklungsbewegung kommt durch die Verlängerung des Darmrohrs auf ein Vielfaches der Körperlänge zustande. Sie umfaßt die Drehung und Kippung des Magens und die Drehung der Darmschleife gegen den Uhrzeigersinn. Es handelt sich nicht um eine echte Bewegung, sondern um ein vermehrtes Wachstum einzelner Darmabschnitte relativ zur Leibeswand. Der Eindruck einer Entwicklungsbewegung kommt dadurch zustande, daß bei der Darstellung aus didaktischen Gründen der definitive Magen-Darm-Kanal in den embryonalen Zustand mit einem in der Mittellinie gelegenem Darmrohr zurückprojiziert wird, ohne daß der Größenunterschied zwischen dem embryonalen und dem definitiven Zustand berücksichtigt wird.

A. Magen- und Darmdrehung

1. Ausgangsposition. Das dorsale Mesenterium ist an der großen Kurvatur und das ventrale Mesenterium an der kleinen Kurvatur des Magens befestigt. Die große Kurvatur weist nach dorsal, die kleine Kurvatur nach ventral. Ausgehend vom Duodenum erstreckt sich der Lebergallengang mit der *Gallenblase* und der *Leber* in das ventrale und das Pankreas in das dorsale Mesenterium hinein.

2. Magendrehung. Der Magen dreht sich im Uhrzeigersinn um 90 Grad um seine Längsachse. Dadurch wird die große Kurvatur mit der Milz nach links und die kleine Kurvatur mit der Leber und Gallenblase nach rechts verlagert. Die Aussakkung des dorsalen Mesenteriums bildet hnter dem Magen die *Bursa omentalis.* Aus dem ventralen Mesenterium wird zwischen kleiner Kurvatur und Leberhilus das *kleine Netz* (Omentum minus) und zwischen Leber und Leibeswand das weiterhin in der Mittellinie verankerte *Lig. falciforme.*

3. Drehung der Nabelschleife. Die Nabelschleife liegt in der Medianebene (**A1**). Sie dreht sich um eine von der A. mesenterica superior gebildete Achse gegen den Uhrzeigersinn um 180 Grad, so daß der untere Schenkel der Nabelschleife nach oben zu liegen kommt. Der Scheitel der Schleife wird vom Dottergang gebildet. Der nun unten gelegene proximale Abschnitt der Schleife bildet das Dünndarmkonvolut, während aus dem distalen der Kolonrahmen hervorgeht.

Die Drehung der Nabelschleife erfolgt außerhalb der Leibeshöhle im physiologischen Nabelbruch (→ 2.28). Die Rückkehr in die Leibeshöhle beginnt mit der Verlagerung des Dünndarmkonvolutes und endet mit der Ausbildung des Kolonrahmens. Der Kolonrahmen führt dabei, angeführt vom Zäkum, eine Drehung gegen den Uhrzeigersinn durch (**A4**), dessen Achse wiederum die A. mesenterica superior ist.

4. Magenkippung. Neben der Magendrehung **(A2)** führt der Magen eine Kippbewegung um eine im Mittelpunkt der kleinen Kurvatur gelegene Achse durch. Die große Kurvatur liegt nach der Kippung horizontal über dem Querkolon. Das im dorsalen Mesenterium gelegene Pankreas kommt hinter den Magen zu liegen und weist mit seiner Spitze auf den Hilus der Milz.

5. Verlagerung des ventralen Pankreas. Vor der Einmündung des Leber-Gallen-Ganges in das Duodenum entsteht eine zusätzliche Pankreasknospe, die in das ventrale Mesenterium hineinragt *(ventrales Pankreas).* Während der Magendrehung wandert die Einmündung des Leber-Gallen-Ganges hinter dem Duodenum herum auf die linke Seite und nimmt dabei das ventrale Pankreas mit. Zwischen dem ventralen Pankreas (*Processus uncinatus,* **A6**) und dem dorsalen Pankreas verläuft die *A. mesenterica superior.*

6. Verschmelzung von Gallen- und Pankreasgang. Der Lebergallengang unterkreuzt den Pankreasgang. Das ventrale Pankreas verschmilzt von hinten mit dem dorsalen Pankreas. Aus der Verschmelzung der sich überkreuzenden Gänge geht die gemeinsame Einmündung von Pankreasgang und Leber-Gallen-Gang hervor *(große Papille).* Der ursprüngliche Gang des dorsalen Pankreas kann als akzessorische Einmündung erhalten bleiben *(kleine Papille).*

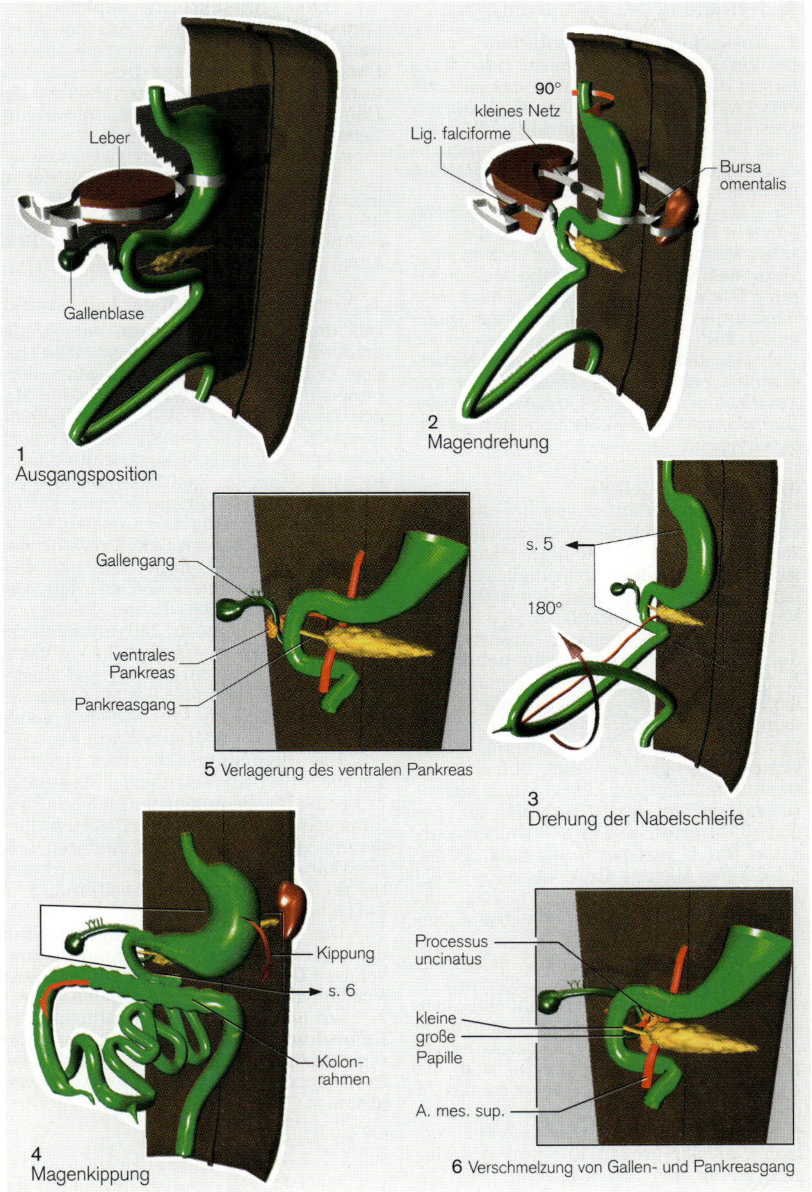

A. Magen- und Darmdrehung

A. Herleitung des definitiven Situs

1. Aussackung der Mesenterien

Bei der Drehung des Magens nach links nimmt die große Kurvatur das *dorsale Mesogastrium* mit. Hinter dem Magen entsteht die **Bursa omentalis** (Pfeil), die links am Hilus der Milz endet. Der natürliche Eingang ist das *Foramen epiploicum* unter dem Lig. hepatoduodenale.

Das **Omentum majus** (großes Netz) entsteht durch eine Aussackung des dorsalen Mesogastriums an der großen Kurvatur des Magens. Durch die Magenkippung fällt die Aussackung als großes Netz nach unten und legt sich über das Querkolon (**3a**).

Aus dem **Mesenterium der Nabelschleife** entsteht das *Mesenterium des Kolonrahmens* und das *Mesenterium der Dünndarmschlingen* (Mesenterium im engeren Sinne).

2. Verlauf der Gefäße

Die Arterien verlaufen von der dorsalen Leibeswand durch die Mesenterien zu ihren Zielorganen. Ihre definitive Lage läßt sich daher aus dem ursprünglichen Verlauf der Mesenterien vor den definitiven Verschmelzungen herleiten.

Der **Truncus coeliacus** entspringt im dorsalen Mesogastrium rechts neben der Kardia des Magens. Die *A. lienalis* verläuft im dorsalen Mesogastrium hinter dem Magen zur Milz. Die *A. hepatica* tritt aus dem dorsalen Mesogastrium in das ventrale Mesogastrium über und zieht im Omentum minus zur Leber. Die *A. gastrica sinistra* und *dextra* verlaufen im ventralen Mesogastrium in der kleinen Kurvatur. Die *A. gastrica sinistra* tritt an der Kardia des Magens direkt in das ventrale Meso ein. Die *A. gastrica dextra* entspringt aus der ebenfalls im ventralen Meso gelegenen A. hepatica.

Die *A. gastroduodenalis* entspringt ebenfalls aus der A. hepatica. Sie verläuft steil nach dorsal und erreicht über das dorsale Mesogastrium hinter dem Pylorus ihr Versorgungsgebiet. Die nach dorsal ziehende *A. gastroduodenalis* und die ventral verbleibende *A. gastrica* dextra projizieren sich in der a.-p. Ansicht übereinander. Die *Aa. gastroepiploicae* verlaufen an der großen Kurvatur des Magens im dorsalen Mesogastrium. Die linke entspringt aus der A. lienalis, die rechte aus der A. gastroduodenalis.

Die **A. mesenterica superior** entspringt im duodenalen U aus der Aorta und zieht über die Pars horizontalis des Duodenums unter dem Querkolon hindurch direkt in die Mesenterialwurzel des Dünndarmkonvolutes hinein. Sie versorgt neben dem Dünndarm auch das Colon ascendens und das Colon transversum.

Die Äste der **A. mesenterica inferior** liegen flach an der dorsalen Leibeswand und versorgen das Colon descendens, das Sigmoid und den oberen Teil des Rektums.

3. Verwachsungen mit der Leibeswand

Das **dorsale Mesogastrium** verschmilzt an der Rückwand der *Bursa omentalis* mit der Leibeswand. Durch die Magenkippung kommt das *Pankreas* hinter den Magen zu liegen (→7.7 A4). Es verläuft im dorsalen Mesoduodenum schräg nach oben in das dorsale Mesogastrium hinein. Es wird daher im Sagittalschnitt (**3a**) am Boden der Bursa omentalis quer getroffen. Die Aussackung des dorsalen Mesogastriums an der großen Kurvatur des *Magens* bildet das *große Netz* und verwächst mit dem *Querkolon* und dem *Mesocolon transversum.* In der Ventralansicht (**3b**) wird deutlich, daß nur die intraperitoneal gelegene *Milz* bei der Verwachsung mit der dorsalen Leibeswand ausgespart bleibt. Die Bänder der Milz, das *Lig. lienorenale* und *Lig. gastrolienale* stammen vom dorsalen Mesogastrium ab.

Das **Duodenum** stellt einen Fixpunkt für die oberhalb ablaufende Magendrehung und für die unten stattfindende Drehung der Nabelschleife dar. Das Mesoduodenum verwächst mit der hinteren Leibeswand. Das Duodenum selbst wird vom Querkolon überkreuzt und vollständig an die Leibeswand verlagert.

Das **Mesenterium im engeren Sinn** dient der Befestigung des Dünndarmkonvolutes. Die *Mesenterialwurzel* erstreckt sich von der *Flexura duodenojejunalis* zur *Flexura ileocolica.* Das **Mesenterium des Kolonrahmens** verschmilzt mit der hinteren Leibeswand bis auf das *Mesocolon transversum* und das *Mesocolon sigmoideum.*

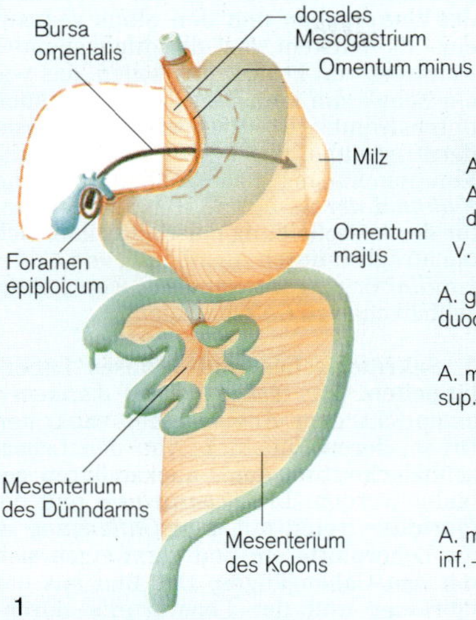

1
Aussackung der Mesenterien
(nach Patten)

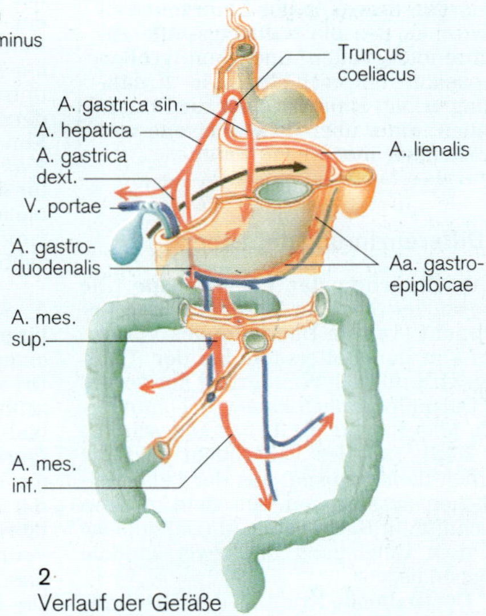

2
Verlauf der Gefäße

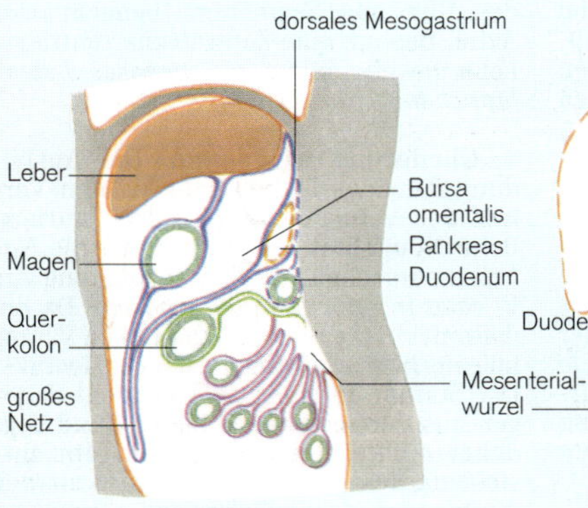

3a
im Sagittalschnitt

3
Verwachsungen mit der Leibeswand

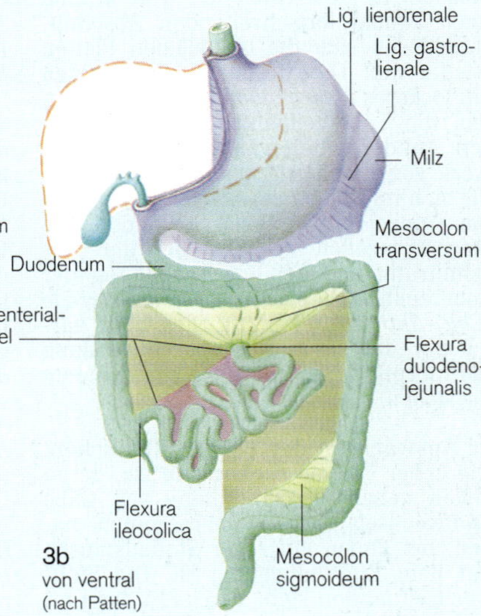

3b
von ventral
(nach Patten)

A. Herleitung des definitiven Situus

Die **Leber** ist als Filter- und Stoffwechselorgan bereits in der Embryonalzeit zwischen den die Nahrungsstoffe zuführenden Venen und dem großen Kreislauf eingeschaltet. Die Ernährung erfolgt zunächst über die Dottervenen, dann über die Nabelvene und schließlich über die Pfortader.

A. Differenzierung der Leber

1. Abschnürung der Leberknospe. Die Leberanlage liegt im Entoderm der **Leberbucht (1a)** am Übergang des Vorderdarms in den Dottersack. Bei der Abfaltung wird mit der Wanderung der vorderen Darmpforte nach kaudal das entodermale Material für die Leber abgeschnürt (→ 2.15). Auf der Leberbucht sitzt die kraniale Leberknospe, aus der Leberzellbälkchen aussprossen. Aus dem unteren Abschnitt der Bucht gehen die Gallenblase mit dem Gallengang und zwei kaudale Knospen hervor.

Die treibende Kraft bei der **Abschnürung (1b)** geht von den zu *epithelialen Platten* aufgestellten Zellen des viszeralen Mesoderms aus. Nach der von kranial nach kaudal fortschreitenden Abschnürung lösen sich die epithelialen Platten wieder auf. Die Mesodermzellen bilden ein lockeres *mesenchymales Netzwerk*, in das die Leberzellbälkchen hineinwachsen. Auf der anderen Seite wird das Netzwerk von den *Dottervenen* durchströmt, die sich im *Sinus venosus* vereinigen und die *Sinusoide* (**A2**) der Leber bilden. Die Mesodermzellen besitzen bei der Abschnürung und bei der Ausbildung der Leberzellbälkchen eine *Cholinesterase (ChE)-Aktivität* (→ 3.28). Dies weist darauf hin, daß sie in der Leberentwicklung die morphogenetisch aktive Komponente darstellen.

2. Auswachsen der Leberzellbälkchen. Die Leber ist eine exokrine Drüse, deren Zellen neben der Produktion von Galle Stoffwechselaufgaben übernommen haben, bei denen ein reger Stoffaustausch mit dem Blut notwendig ist. Die Stoffwechselfunktion steht bereits in der Embryonalzeit im Vordergrund und wird daher zeitlich zuerst ausgebildet. Die *Leberzellbälkchen* sprossen in die Strombahn der *Dottervenen* und den Sinus venosus ein. Es entsteht ein dreidimensionales Netzwerk von Leberzellbälkchen, das wie ein Schwamm vom Blut der Dottervenen durchströmt wird. Das viszerale Mesoderm ist dabei gleichzeitig mesodermale Komponente der Leberzellbälkchen und *Endothel der Sinusoide*. Das Gangsystem für die Ausscheidung der Galle bildet sich nachträglich durch Ausbildung von *Gallekapillaren* und Umwandlung von Leberzellbälkchen zu *Gallengängen*.

3. Sekretorisches und venöses Leberläppchen. Das *sekretorische Läppchen* entspricht dem *Azinus* einer exokrinen Drüse, deren Endstücke von den Leberzellbälkchen mit den Gallekapillaren gebildet werden. Die *Leberarterie* und die *Pfortader* treten mit dem *Gallengang* in die Leberpforte ein und verzweigen sich mit den Gallengängen. Das Blut aus der Pfortader und der Leberarterie durchströmt den Azinus und wird in der Peripherie in den *Zentralvenen* gesammelt. Die Zentralvenen vereinigen sich zu den *Lebervenen,* die in die V. cava inferior einmünden. Eine Zentralvene sammelt das Blut aus Segmenten benachbarter Azini. Das um eine Zentralvene zentrierte Lebergewebe bildet ein *venöses Leberläppchen.*

4. Gliederung in Lappen. Die Ausbildung der Leberlappen geht auf den Verlauf der Venen in der Fetalzeit zurück. Beim **Neugeborenen (4a)** besitzt die *Nabelvene* noch eine direkte Verbindung zur *V. cava inferior (Ductus venosus)*. Da die definitive Nabelvene aus der linken V. umbilicalis hervorgegangen ist, liegt sie links. Der Stamm der *Pfortader* entsteht dagegen aus der rechten Dottervene und liegt daher rechts. Beim **Kleinkind (4b)** entsteht daraus die typische H-Struktur der Anordnung der Leberlappen. Zwischen *Hilus* und Gallenblase auf der rechten Seite und den Resten von Nabelvene und Ductus venosus *(Lig. teres hepatis* und *Lig. venosum)* auf der linken Seite liegt der *Lobus caudatus* im oberen und der *Lobus quadratus* im unteren Fach. Die Erweiterung der Portalvene an der ehemaligen Einmündung der Nabelvene wird als *Recessus umbilicalis* bezeichnet.

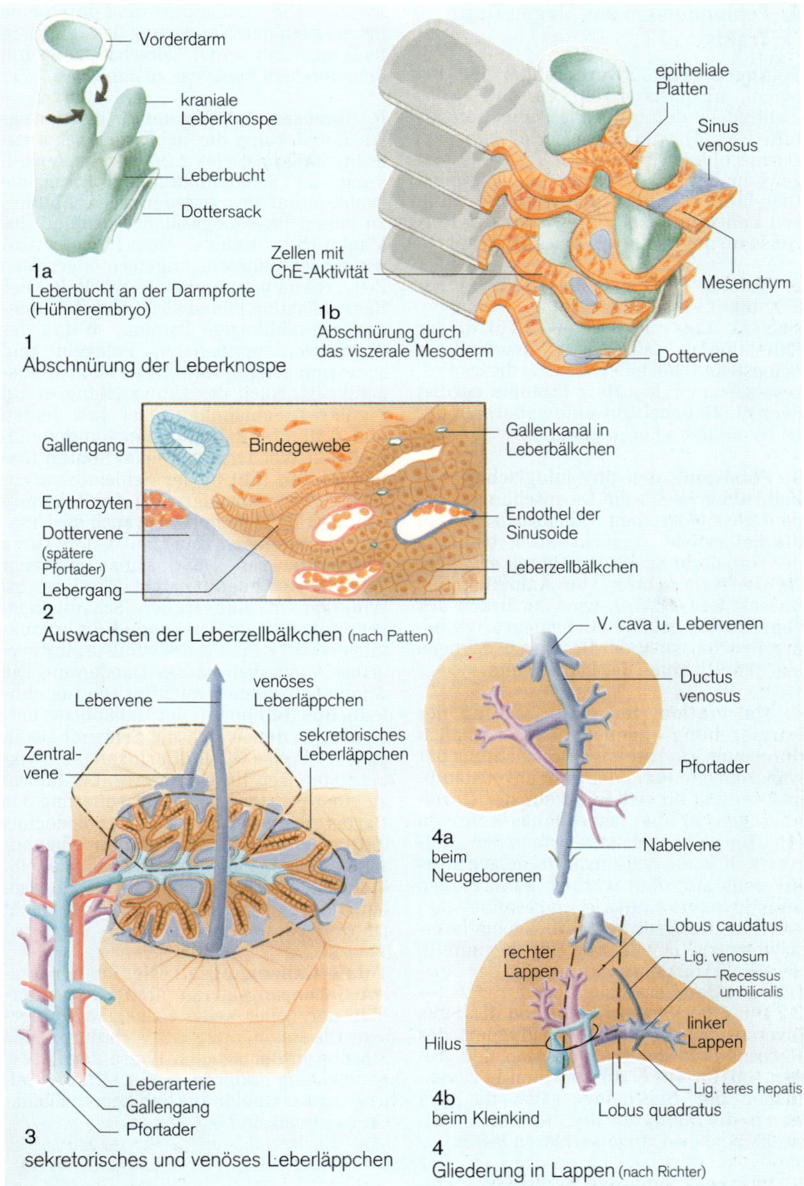

A. Differenzierung der Leber

A. Fehlbildungen des Magen-Darm-Trakts

1. Angeborene Zwerchfellhernie. Bei einem unvollständigen Verschluß des Zwerchfells durch die **Pleuraperitonealfalte** (→ 7.4) kann es zur Verlagerung von Darmschlingen und eines Teils des Magens in die linke Pleurahöhle kommen. Dies führt zu einer Kompression der linken Lunge und zur Verlagerung des Herzens und des Mediastinums nach rechts.

2. Defekte in der Leibeswand. In der Schlußphase der Abfaltung vereinigen sich die **Lateralfalten** (→ 2.15) in der Mittellinie und führen zum Verschluß der Leibeswand. Bei einer Störung dieses Prozesses können das Herz **(Ectopia cordis)** oder die Baucheingeweide außerhalb der Leibeshöhle zu liegen kommen.

3. Persistenz des physiologischen Nabelbruchs. Wenn die Darmschlingen aus dem physiologischen Nabelbruch nicht in die Leibeshöhle zurückkehren, bleibt in der Nabelschnur ein Bruchsack erhalten. Da die Nabelschnur von Amnionepithel bedeckt ist (→ 2.14), wird der Bruchsack vom Amnion gebildet. Bei einem erworbenen Bruch besteht der Bruchsack dagegen aus den Schichten der Leibeswand.

4. Malrotation. Bei einer Störung der Darmdrehung können Lageanomalien durch eine gegensinnige Drehrichtung der Nabelschleife (**4a**) oder eine unvollständige Drehung bei der Rückkehr der Darmschlingen in die Leibeshöhle auftreten (**4b**). Die verschiedenen Formen der „Malrotation" können als unvollständiger **Situs inversus** aufgefaßt werden. Beim totalen Situs inversus sind alle Eingeweide spiegelbildlich angeordnet. Die Rechts-links-Asymmetrie der Eingeweide beginnt in der Embryonalentwicklung mit der Ausrichtung der Herzschleife nach rechts (→ 2.21 und 6.4). Partielle Formen des Situs inversus führen zu Fehlbildungen des Herzens (wie die Transposition der großen Gefäße, (→ 6.10) oder den Lageanomalien der Baucheingeweide, die sich durch die Kenntnis der normalen Entwicklungsbewegungen erklären lassen.

5. Pancreas anulare. Das Pankreas umfaßt das Duodenum und führt zu einer Stenose. Die Anomalie kommt durch eine Störung bei der Wanderung des ventralen Pankreas und seiner Verschmelzung mit dem dorsalen Pankreas zustande (→ 7.7).

6. Stenosen und Atresien. In der normalen Entwicklung der Schleimhaut kommt es im Stadium 17 (→ 2.26) vor der Ausbildung der Schleimhautfalten durch die Proliferation des entodermalen Epithels zu einem physiologischen Verschluß des Magen-Darm-Kanals. Das Lumen wird von einem mehrschichtigen entodermalen Zellverband vollständig ausgefüllt. Bei der Rekanalisation bilden sich überall voneinander unabhängige Lumina, so daß der Darm von epithelialen Follikeln und schwammartigen Gewebeverbänden ausgefüllt ist. Nach der Umwandlung in ein reguläres Schleimhautrelief mit Falten und Zotten (→ 2.36) können von den epithelialen Wucherungen lokal **Septen (6a)** und **Zysten (6b)** in der Schleimhaut zurückbleiben. Störungen bei der Rekanalisation sind möglicherweise auch die Ursache für **Stenosen (6c)**, bei denen kurze Abschnitte des Dünndarms eingeengt sind. Diese Annahme steht allerdings im Widerspruch zum frühen Schädigungszeitpunkt bei der Thalidomid-Embryopathie (→10.1). Ein Prädilektionsort für derartige Anomalien ist das Duodenum. Die Anomalien können auch im **Ductus choledochus (6d)** und in der Gallenblase entstehen, in denen sich die Schleimhaut in gleicher Weise wie im Darmkanal entwikkelt. Stenosen im Dünndarm (**6c**) führen zu einer prästenotischen Erweiterung des Darms, Stenosen im Ductus choledochus (**6d**) zu einer Dilatation der intrahepatischen Gallengänge. Eine Stenose oder Obliteration des Ductus choledochus führt zu einer deletären Gelbsucht, wenn nicht frühzeitig operiert wird.

Totale Gallengangsatresie. Bei der totalen Gallengangsatresie sind auch innerhalb der Leber keine Gallengänge angelegt. Die Fehlbildung läßt sich durch eine Störung in der zweiten Phase der Leberentwicklung erklären, in der sich die Gallengänge sekundär aus den Leberzellbälkchen entwickeln (→ 7.9).

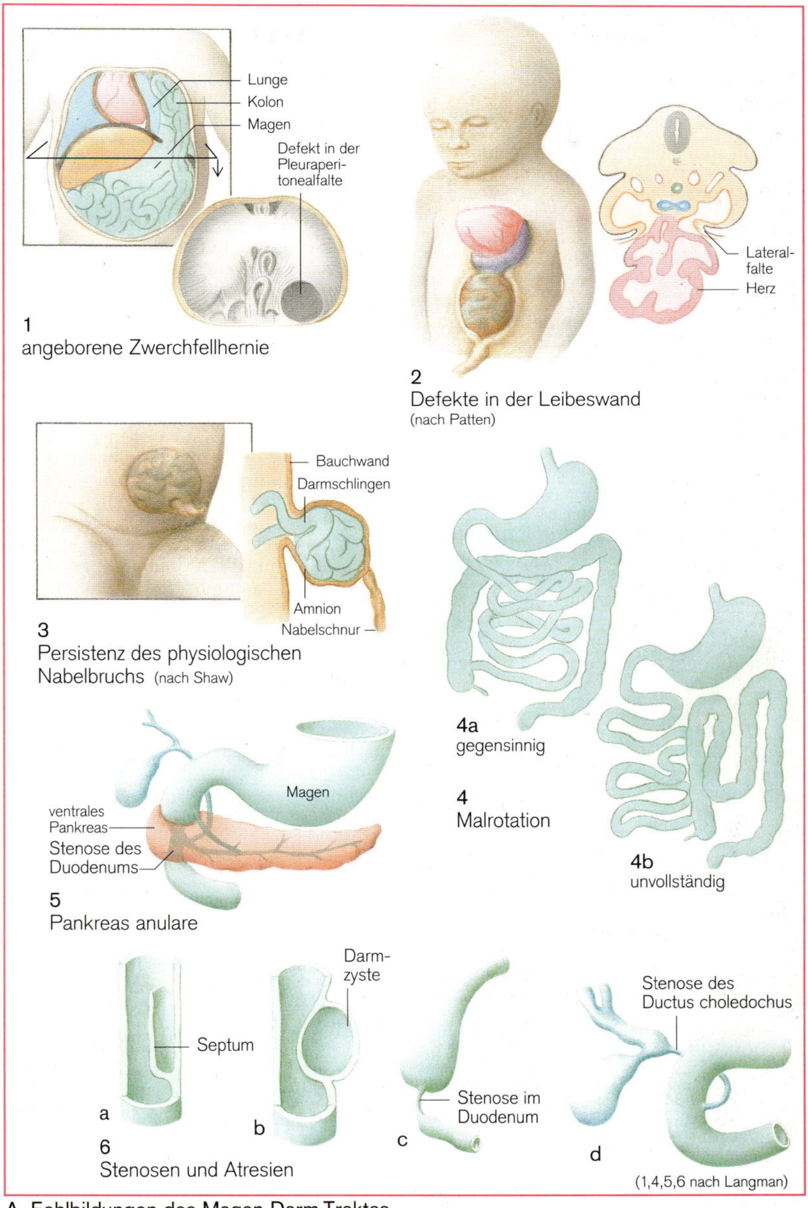

1 angeborene Zwerchfellhernie

2 Defekte in der Leibeswand (nach Patten)

3 Persistenz des physiologischen Nabelbruchs (nach Shaw)

4 Malrotation

5 Pankreas anulare

6 Stenosen und Atresien

(1,4,5,6 nach Langman)

A. Fehlbildungen des Magen-Darm-Traktes

Kapitel 8: Urogenitalsystem

8.1 Übersicht. Die Benutzung der segmentalen Ausscheidungskanälchen als Ausführungsgänge für die Keimzellen ist ein phylogenetisch alter Mechanismus, der von einfachen metamer gegliederten Organismen wie dem Regenwurm bis zum Säuger konserviert wurde. Beim Säuger nehmen die Eileiter das Ei mit einem in die Leibeshöhle geöffneten Flimmertrichter auf. Das auf den ersten Blick primitiv erscheinende System des Eitransportes durch die Leibeshöhle ist für jede Spezies bis in das kleinste Detail hinein optimiert. Ein Beispiel ist die perfekte hormonale, vom Zyklus abhängige Regulation der Bewegung des Eileiters beim Menschen (→1.12).

Die Abfolge der Nierensysteme **Vorniere, Urniere** und **Nachniere** im Embryo spiegelt die phylogenetische Entwicklung der Vertebraten wider. Die Urniere ist bei den Fischen das dominierende Ausscheidungsorgan. Die Entwicklung der Nachniere bei den Tetrapoden ist mit der Erweiterung des Nephrons um die Henle-Schleife verbunden. Dadurch wird die Wasserrückresorption und die Konzentration des Harns möglich, die für das Leben auf dem trockenen Land notwendig ist.

Die Abgrenzung der Nachniere von der Urniere geht mit einer Trennung der Nieren von den Genitalgängen einher. Das Prinzip der Vorniere wird für die weiblichen Genitalgänge, das der Urniere für die männlichen Genitalgänge reserviert. Die Abtrennung kommt durch die Einbeziehung der Einmündungen der Ureteren in die Blase zustande. Beim Säuger führt das Herabwachsen der Vagina im weiblichen Organismus schließlich zu einer vollständigen Trennung, während beim männlichen Phänotyp die Urethra als gemeinsamer Ausführungsgang erhalten bleibt. Die vollständige Trennung im weiblichen Organismus ermöglicht die innere Befruchtung und die Entwicklung des Embryos im Mutterleib.

Der Urnierengang wird im Englischen als „mesonephric duct" und der Müller-Gang als „paramesonephric duct" bezeichnet. Die Einführung eines „Nebenurnierengangs" geht davon aus, daß es beim Menschen keine Vorniere gibt. Da im menschlichen Embryo Vornierenstrukturen beobachtet werden können (Jacob 1990) und weil der Müller-Gang sich von einem Vornierenkanälchen ableitet, werden im Taschenatlas die alten Bezeichnungen beibehalten.

Das Herabwachsen des Wolff-Ganges zur Kloake wurde zum ersten Mal von Caspar Friedrich Wolff (1759) am lebenden Hühnerembryo beobachtet. Wolff interpretierte seine Beobachtung als eindeutigen Beweis dafür, daß während der Embryogenese neue Strukturen entstehen **(Epigenese).** Er lehnte daher die Homunkulus-Vorstellung ab **(Präformation),** nach der der Embryo im Spermium oder in der Eizelle bereits ausgeformt ist und nur noch heranwachsen muß. Er rüttelte damit am Schöpfungsglauben und eröffnete die noch heute anhaltende Kontroverse zwischen Naturwissenschaft und Kreationisten. Johannes Müller hat in seiner Abhandlung zur „Bildungsgeschichte der Genitalien..." (1830) den Müller-Gang selbst nicht direkt beschrieben. Er hat jedoch die Entwicklung der männlichen und weiblichen Genitalgänge aus einem beiden gemeinsamen indifferenten Stadium erkannt.

8.2 Aszensus der Nachniere. Die maßstabsgetreue Rekonstruktion der Urniere, der Nachniere und des Darmtrakts von James Didusch, dem Zeichner des embryologischen Laboratoriums der Carnegie-Institution in der Arbeit von Shikinami (1926), zeigt nicht nur den Aszensus der Nachniere, sondern die relativen Verschiebungen aller großen Organsysteme während der Embryonalperiode. Sie kommen durch die zeitlich gegeneinander versetzte unterschiedliche Wachstumsintensität zustande: das zunächst überproportional große Herz wird im Wachstum vom Gehirn und Rückenmark überholt. Dies führt zum Deszensus des Herzens. Dann bleiben Gehirn und Rückenmark relativ zu Wirbelsäule und Achsenskelett zurück. Dies führt zum Auswachsen der Wirbelsäule nach kaudal und zum Deszensus der Extremitäten sowie zum Aszensus des Conus medullaris relativ zur Wirbelsäule (→ 4.4). Die retroperitoneal gelegenen Nachnieren aszendieren zusammen mit dem Conus medullaris. Beide entstehen unterhalb von S1 und steigen bis in die Lumbalsegmente auf. Die Bifurkation der Aorta deszendiert mit der Wirbelsäule. Die intraperitoneal gelegenen Urnieren steigen mit dem Darmkonvolut unter der Leber innerhalb der Leibeshöhle ab.

8.3 Differenzierung der Nachniere. Die Induktion der Aufzweigung der Ureterknospe durch das metanephrogene Blastem und die Induktion der Nierenkanälchen durch die Ureterknospe ist das klassische Beispiel einer **Epithel-Mesenchym-Interaktion.** Sie wurde durch die Rekombination der epithelialen und der mesenchymalen Komponente in der Organkultur untersucht. Dabei spielte die Frage der Spezifität – Chordagewebe kann die Ureterknospe als Induktor ersetzen – und die Frage, ob ein direkter Zellkontakt oder ein diffusibles Prinzip für die Induktion verantwortlich ist, eine wesentliche Rolle. Nach neueren Untersuchungen wird die Induktion durch Wachstumsfaktoren vom Typ des TGF-β (→ 3.28) vermittelt.

8.4 Fehlbildungen der Niere. Durch Fehlentwicklungen bei der phylogenetisch jungen Trennung der Genitalgänge vom Harntrakt entstehen klinisch wichtige Krankheitsbilder. Sie können in der Embryonalzeit zu Störungen in der Entwicklung der Nachniere (Aberration der Ureterknospe) und nach der Geburt durch aufsteigende Infektion (Reflux von Harn in die Ureteren) zum sekundären Verlust der Nieren führen.

8.5 Geschlechtsdetermination. Beim Säuger löst eine Regulatorsequenz auf dem Y-Chromosom, das Sry, die Kaskade der Geschlechtsdetermination aus. Das Primat des Sry gegenüber den Sexualhormonen bei der Induktion der Gonade ist eine Spezialisierung bei den Säugern. Sie verhindert offenbar eine Interferenz zwischen Geschlechtsdetermination im Embryo und mütterlichen Hormonen. Bei einigen Fischen kann die Entwicklung eines Hodens durch Testosteron und die eines Ovars durch Östradiol induziert werden. Bei Vögeln ist das weibliche Geschlecht heterogametisch (ZW/ZZ). Die Entwicklung des Ovars wird vom W-Chromosom induziert. Der Hoden entsteht konstitutiv. Er kann durch Östradiol in ein Ovar umgewandelt werden.

8.6 Differenzierung der Gonaden. Die Wanderung der Urkeimzellen aus dem Dottersack in die Gonadenanlage ist das zentrale Ereignis in der Keimbahn. Der Begriff der Keimbahn wurde 1880 von Nußbaum geprägt, der das Einwandern der dotterreichen Urkeimzellen bei niederen Vertebraten beobachtete und damit die Vorstellung von der Entstehung der Keimzellen im „Keimepithel", dem verdickten Zölomepithel über der Gonadenleiste, widerlegte.

Die Gonadenanlage weist eine Mark- und Rindengliederung auf. Im Mark entwickeln sich die Hodenkanälchen. In der Rinde proliferieren die Oogonien. Im Ovotestis von echten Zwittern liegen entsprechend die Hodenkanälchen innen und die ovariellen Strukturen außen.

8.7 Genitalgänge. Die Topographie des weiblichen Genitales gleicht mit der quergestellten Platte zwischen Rektum und Blase der Anordnung in der indifferenten Anlage. Die männliche Entwicklung wird vom Deszensus der Hoden bestimmt. Dabei können die Hüllen des Samenstrangs als Aussackung der Leibeswand aufgefaßt werden, die sich in die Aussackung der Haut, das Skrotum, hinein vorwölbt.

8.8 Herabwachsen der Vagina. Das Herabwachsen der Vagina als Fortsetzung der nach kaudal herabwachsenden Wolff- und Müller-Gänge kann viele Fehlbildungen in diesem Bereich erklären. Dies wird am Beispiel der aberrierenden Ureteren deutlich.

8.9 Äußeres Genitale. Die Glans der Klitoris und des Penis entwickelt sich aus dem Genitalhöcker. Durch die sekundäre Kanalisierung der Glans des Penis löst sich der Schwellkörper an der Spitze des Genitalhöckers (Phallus) von den Schwellkörpern des Genitalhöckers (Corpora cavernosa) und verbindet sich sekundär mit dem Schwellkörper der Urethralfalten (Corpus spongiosum).

8.10 Fehlbildungen der Sexualorgane. Die Sexualorgane sind für die Lebensfähigkeit des Embryos nicht notwendig. Deshalb sind alle denkbaren Störungen der in Tafel 8.5 dargestellten Determinationskaskade als Fehlbildungen, die mit einem Leben nach der Geburt vereinbar sind, zu beobachten.

Harnorgane und Genitalorgane werden als **Urogenitalsystem** zusammengefaßt, da die Genitalgänge von Nierenkanälchen abstammen.

A. Nierenkanälchen und Genitalgänge

1. Nierenkanälchen eines Ringelwurms. Bei einfachen, metamer gegliederten Organismen sind die *Nierenkanälchen* segmental angeordnet. Bei den Ringelwürmern (→ 3.1), ragen die Kanälchen mit einem *Flimmertrichter* in die Zölomhöhle eines Segmentes hinein, durchbrechen die Segmentgrenze und münden in Höhe des nachfolgenden Zölomsegmentes an der Körperoberfläche aus. Über die Flimmertrichter werden die Stoffwechselendprodukte aus der Zölomflüssigkeit und in den Sexualsegmenten die reifen *Keimzellen* aufgenommen und nach außen transportiert.

2. Äußere und innere Glomeruli im Wirbeltierembryo. Im Wirbeltierembryo liegt das Anlagematerial für die Nierenkanälchen zwischen den Somiten und den Seitenplatten (intermediäres Mesoderm, → 3.24). Das nephrogene Material eines Segments ist ein **Nephrotom.** Aus den kranialen Nephrotomen entstehen Nierenkanälchen, die sich mit einem Flimmertrichter in die Zölomhöhle öffnen. Dem Flimmertrichter ist ein Gefäßknäuel zugeordnet, der sich in die Leibeshöhle vorwölbt *(äußerer Glomerulus).* Aus dem Glomerulus werden Abfallprodukte in die Leibeshöhle abgegeben und von dort durch den Flimmertrichter wieder aufgenommen. Das zuführende Gefäß entspringt aus der Aorta; das abführende Gefäß mündet in die Kardinalvene. Bei der Weiterentwicklung der Funktionseinheit stülpt sich das Gefäßknäuel direkt in das Nierenkanälchen ein *(innerer Glomerulus).* Ein Ausscheidungskanälchen mit seinem Glomerulus ist ein **Nephron.**

3. Umwandlung der Vor- und Urniere zu Genitalgängen. Von kranial nach kaudal entwickeln sich drei **Nierensysteme (3a)**, die als *Vorniere* (Pronephros), *Urniere* (Mesonephros) und *Nachniere* (Metanephros) bezeichnet werden.

Die **Vorniere** umfaßt die kranialen Nephrone, die sich noch mit einem *Flimmertrichter* **(A2)** in die Leibeshöhle öffnen und einen äußeren Glomerulus besitzen. Beim Menschen wird eine rudimentäre Vorniere mit sporadisch auftretenten äußeren Glomeruli angelegt. Sie bildet sich während der Embryonalzeit zurück.

An die Vorniere schließt sich ohne scharfe Grenze die **Urniere** an. Die Urnierenkanälchen besitzen einen inneren Glomerulus und münden in einen gemeinsamen Ausführungsgang ein, der als *Urnierengang (Wolff-Gang)* bezeichnet wird.

Die **Nachniere** (definitive Niere) entsteht aus den miteinander verschmolzenen Nephrotomen kaudal von der Urniere *(metanephrogenes Blastem).* Dieses besitzt keinen direkten Kontakt zum Urnierengang, da dieser nach medial zur Kloake abbiegt. Es gewinnt daher über die aus dem Urnierengang aussprossende *Ureterknospe* Anschluß an den Urnierengang.

Der Ureter löst sich durch die Einbeziehung der Gangeinmündungen in die Blase vom Wolff-Gang (→ 8.8). Dieser wird zum männlichen Genitalgang **(indifferentes Stadium)**. Die weiblichen Genitalgänge entstehen aus dem *Müller-Gang.* Er bildet sich aus einer Einstülpung des Zölomepithels und wächst innerhalb der Basalmembran des Wolff-Gangs zur Kloake herab. Obwohl sich der Müller-Gang zeitlich nach der Rückbildung der Vorniere entwickelt, kann er als Derivat der Vorniere aufgefaßt werden, da er sich mit einem Flimmertrichter über der Urniere in die Leibeshöhle öffnet. Müller- und Wolff-Gänge werden in beiden Geschlechtern zunächst in gleicher Weise angelegt.

Die **weiblichen Genitalgänge (3b)** entstehen aus den Müller-Gängen. Sie überkreuzen im unteren Drittel die Wolff-Gänge und vereinigen sich mit dem Gang der Gegenseite. Aus dem Müller-Gang entsteht der Eileiter und aus der Vereinigung beider Gänge der Uterus und die Vagina. Die Wolff-Gänge bilden sich zurück (→1.10).

Als **männliche Genitalgänge (3c)** verbinden sich die oberen Urnierenkanälchen mit dem Hoden und werden zu den *Ductuli efferentes,* während der Wolff-Gang sich zum gewundenen *Nebenhodengang* und zum *Samenleiter* entwickelt. Der Müller-Gang obliteriert (→1.7).

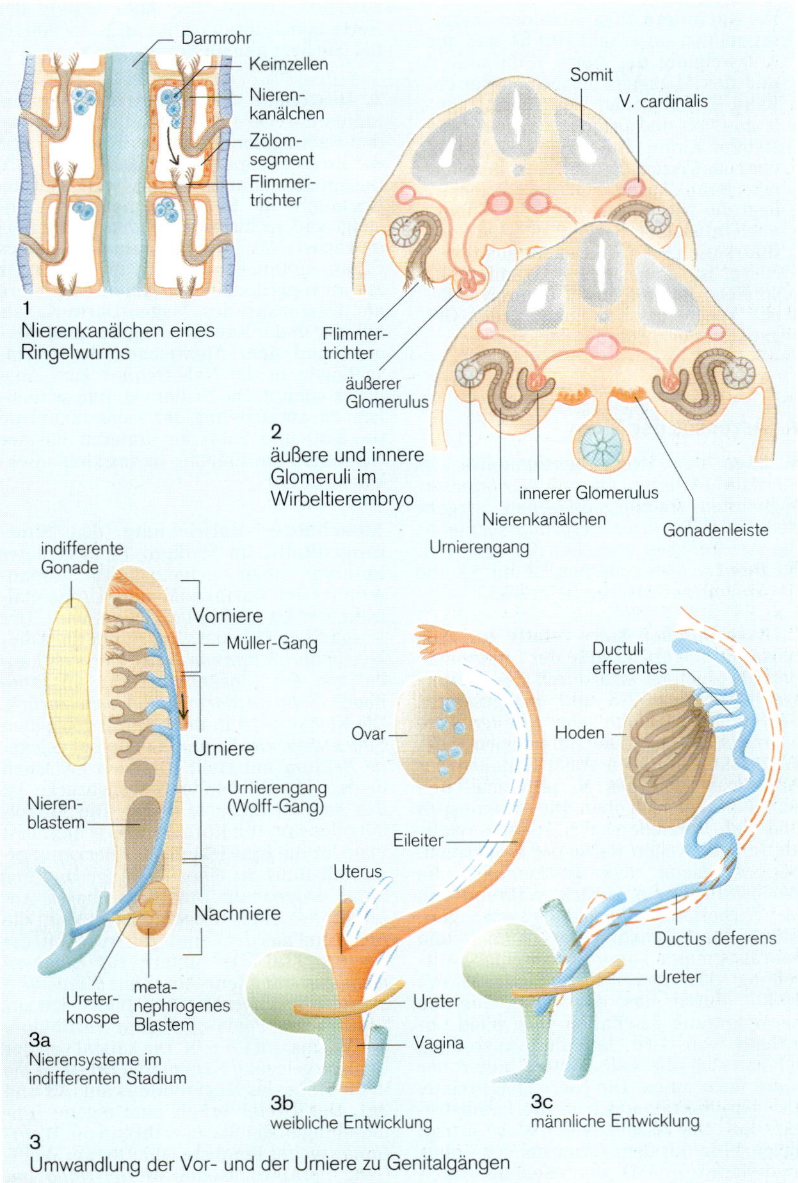

A. Beziehung zwischen Nierenkanälchen und Genitalgängen

Die **Nachniere** entsteht in den Sakralsegmenten unterhalb von S1 und der Aufzweigung der Aorta (Bifurkation) und des Abganges der Nabelarterien. Beim Erwachsenen liegt sie im Lumbalbereich und projiziert sich auf die zwölfte Rippe. Die Lageveränderung wird als Aszensus der Niere bezeichnet. Beim Ausbleiben des Aszensus liegt die Niere auch nach der Geburt noch im kleinen Becken unterhalb der Bifurkation (→ 8.6). Der Aszensus der Niere ist keine aktive Wanderung, sondern kommt durch unterschiedliche Wachstumsbewegungen der Organsysteme zustande.

A. Aszensus der Niere

1. Lage der Ursprungssegmente. Im Stadium 14 liegen die aus den Somitensegmenten hervorgegangenen Organe noch in Höhe ihrer Ursprungssegmente, die *Armknospen* zwischen C4 und Th1, die *Beinknospen* zwischen L2 und S3 und die *Nachniere* zwischen S1 und S3.

2. Aszensus der Niere relativ zur Wirbelsäule. Die erste Hälfte der Embryonalperiode zeichnet sich durch das enorme Wachstum des ZNS und der gesamten oberen Körperhälfte aus *(grüner Pfeil oberhalb von L1)*. Die Halssegmente der Wirbelsäule mit den Austrittsstellen des Armplexus und des N. phrenicus (C4) schieben sich nach oben. Die Armknospen und der Herzlebersockel steigen relativ ab. In der zweiten Hälfte der Embryonalperiode bleibt das Rückenmark im Wachstum bereits zurück, während sich die Wirbelsäule nach kaudal verlängert. Durch das Wachstum der Lumbal- und Sakralsegmente kommt es zu einer „Ausrollung" des unteren Körperendes (Jacob 1990), durch das der Raum für die Beckenorgane geschaffen wird (Pfeil unterhalb von L1). Bei der Ausrollung schiebt sich die Leibeswand hinter der Niere nach unten. Die Niere steigt relativ aus dem Sakralbereich in die Lumbalregion auf. Der Aszensus der Niere erfolgt gleichzeitig mit dem Aszensus des Conus medullaris (→ 4.4), der ebenfalls durch die Ausrollung des unteren Körperendes zustande kommt. Die Aufzweigung der Aorta behält ihre Position in Höhe von S1 bei. Sie liegt nun unterhalb der Niere.

3. Deszensus der Eingeweide. Die Urniere erstreckt sich im Stadium 14 bis zu den Halssegmenten hinauf. Bis zum Ende der Embryonalperiode verändert sich ihre Gesamtausdehnung nicht, während die Nachniere im Retroperitonealraum aufsteigt und zu ihrer definitiven Größe heranwächst. Als intraabdominal gelegenes Organ nimmt die Urniere im Gegensatz zur retroperitoneal gelegenen Nachniere am Deszensus des Magen-Darm-Kanals teil, der in der Kaudalverlagerung des Magens und dem Ausweichen der Darmschlingen in die Nabelschnur zum Ausdruck kommt. Die Urniere kommt schließlich zusammen mit der Gonadenanlage (→ 2.30 und 2.34) am unteren Pol der Nachniere am Eingang in das kleine Bekken zu liegen.

Ausschnitte: Entwicklung des Sinus urogenitalis. Im Stadium 14 besitzt der Embryo einen gemeinsamen Endabschnitt von Darmkanal und Urogenitaltrakt, der als *Kloake* bezeichnet wird. Der Ausgang der Kloake wird durch die *Kloakenmembran* markiert (**1a**). Der sich kaudal von der Kloakenmembran anschließende *Schwanzdarm* bildet sich zurück. Die Kloake wird in den ventral gelegenen *Sinus urogenitalis* und das dorsal gelegene *Rektum* unterteilt. Die sich zwischen beiden einschiebende Gewebsbrücke ist das *Septum urorectale* (**2a**). Die Ausrollung des unteren Körperendes schafft erst Platz für die Entwicklung der Beckenorgane und führt zu einer Verlängerung des Sinus urogenitalis. Aus dem oberen Abschnitt des Sinus urogenitalis entsteht die *Blase* und aus dem mittleren Abschnitt die *Urethra* (**3a**). Der untere zur *Kloakenmembran* hin offene Abschnitt *(Sinus urogenitalis im engeren Sinne)* bildet sich zur Urethra des Penis oder zum Vestibulum der Vagina um (→ 8.9). Die kaudal von der Urniere gelegene Nachniere (**1a**) steigt bis in die Höhe des Magenfundus auf (**A3** und **3a**). Der Ureter erhält eine eigene Einmündung in die Blase, während die *Wolff-Gänge* weiter herabsteigen. Der am Wolff-Gang herabwachsende *Müller-Gang* hat die Urethra noch nicht erreicht.

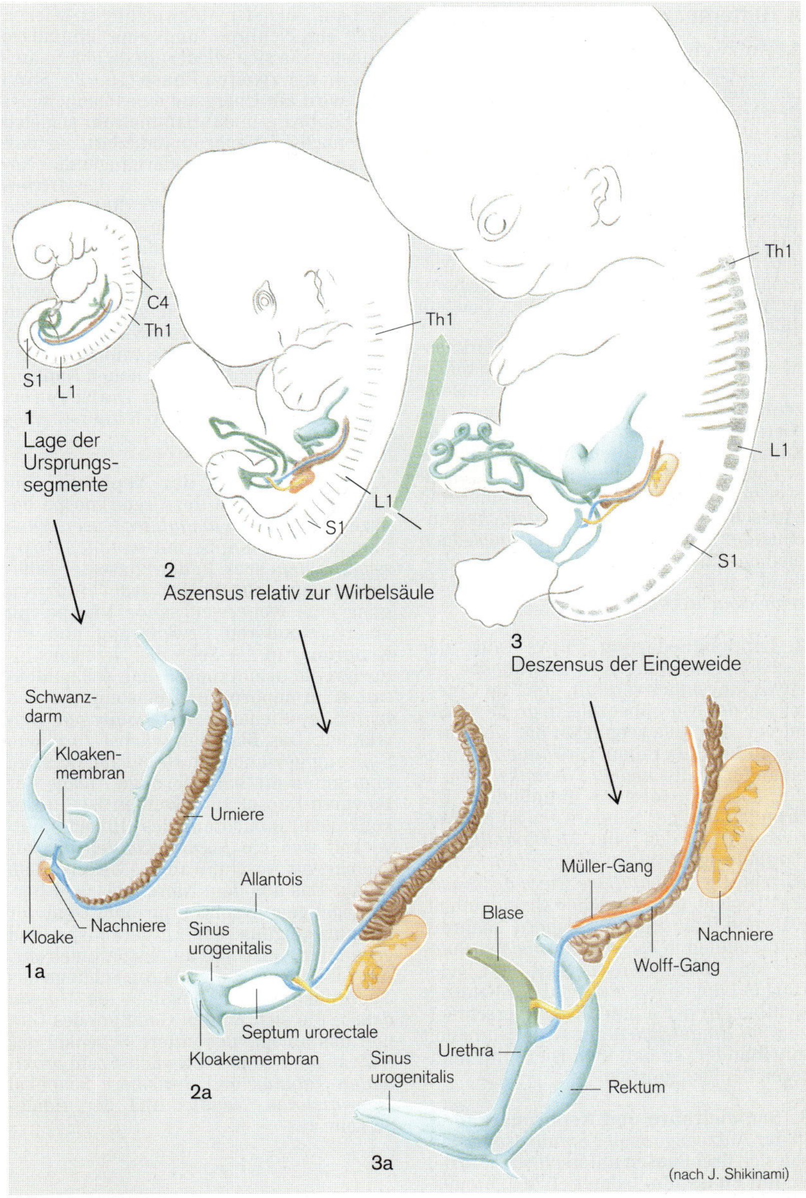

A. Aszensus der Niere

A. Differenzierung der Nachniere

1. Aufzweigung der Ureterknospe. Die Nachniere entwickelt sich aus zwei Komponenten: der *Ureterknospe,* die aus dem Urnierengang aussproßt, und dem *metanephrogenen Blastem,* in das die Knospe hineinwächst (**1a**). Die Ureterknospe induziert im mesenchymalen Blastem eine epithelartige Verdichtung, die ihrerseits die dichotome Aufzweigung der Ureterknospe induziert. Aus den Aufzweigungen der Ureterknospe entsteht das Nierenbecken, die Nierenkelche und die Sammelrohre. Im metanephrogenen Blastem differenzieren sich die Nephrone.

Bei der Aufzweigung der Ureterknospe sind die zu den Polen der Nierenanlage hin gerichteten Äste etwas länger als die zentral gelegenen. Dadurch kommt die Nierenform des Organs zustande (**1b**). Die Kanälchen der dritten bis fünften Aufzweigungsgeneration verschmelzen zum Nierenbecken. Bei der Verschmelzung **(Ausschnitt)** legen sich die *Kanälchen* aneinander. In den *Verschmelzungszonen* bleiben Falten zurück, die sich anschließend bei der Füllung mit Harn zum *Nierenbecken* ausweiten (**A2**).

2. Lappengliederung. Etwa aus der sechsten Aufteilung der Ureterknospe, die etwas langsamer verläuft, geht die Unterteilung des Nierenbeckens in *große Kelche* hervor. Die Aufzweigungen der siebenten bis elften Generation verschmelzen miteinander zu den *kleinen Nierenkelchen,* in die die *Sammelrohre* einmünden. Die Grundeinheit der Säugerniere ist ein *Nierenkelch,* in den eine *Markpapille* mit parallel angeordneten *Sammelrohren* hineinragt. Die *unipapilläre Niere der Nager* **(2a)** besteht nur aus einer Grundeinheit, während bei großen Säugern mehrere Grundeinheiten als *Nierenlappen* vorhanden sind. Beim Menschen ist die Gliederung in Lappen nur während der Fetalzeit sichtbar. In der adulten Niere verschmelzen die *Rindenzonen* der Grundeinheiten miteinander, so daß eine Niere mit mehreren Papillen entsteht.

3. Sammelrohre und Nephronarkaden. In der Aufzweigung der Sammelrohre lassen sich drei Phasen unterscheiden. In der **ersten Phase (3a)** teilen sich die ampullären Endstücke der Ureterknospe dichotom auf. An jeder Aufzweigung entwickelt sich ein Nephron und eine ampulläre Knospe, die sich wiederum dichotom aufteilt. In der **zweiten Phase** (16.–24. SSW) **(3b)** wird am Übergang eines neugebildeten Nephrons in das Sammelrohr sogleich das nächste Nephron induziert, so daß arkadenartig aneinanderhängende Nephronenketten entstehen. In der **dritten Phase** (22. bis 38. SSW) (**3c**) wachsen wieder beide ampullären Endstücke der Ureterknospe weiter in das Blastem der Rinde vor. Aus jeder Aufzweigung entsteht jeweils ein Nephron und eine ampulläre Erweiterung. Nach vier bis sieben Teilungsschritten verschwinden gegen Ende der Fetalperiode die ampullären Erweiterungen, so daß keine neuen Nephrone mehr entstehen können. Die Niere vergrößert sich nur noch durch interstitielles Wachstum.

4. Differenzierung der Nephrone. Die Endverzweigungen der Ureterknospe besitzen jeweils eine *ampulläre Erweiterung* über der eine Kappe mit *metanephrogenem Blastem* sitzt. In der Phase der Differenzierung entsteht bei jeder Aufzweigung eine weiterwachsende Knospe mit einer ampullären Erweiterung und ein Nephron. Auf der Seite des Nephrons induziert die Ureterknospe eine Zellkondensation im nephrogenen Blastem, die sich in ein epitheliales *Nierenbläschen* umwandelt. Das Bläschen wächst zu einem S-förmig gewundenen Kanälchen aus, an dem unten die hakenförmige Anlage der Bowman-Kapsel zu erkennen ist. In der konkaven Einbuchtung des „Hakens“ entwickelt sich ein *Kapillarknäuel,* das als *Glomerulus* Anschluß an das Gefäßsystem erhält. Das aus dem Nierenbläschen hervorgegangene Nephron fusioniert mit der Endaufzweigung der Ureterknospe und gewinnt so Anschluß an das Sammelrohr. Am Scheitelpunkt der oberen Schlinge des Nephronkanälchens entsteht die *Macula densa,* die sich an den Gefäßpol des Glomerulus anlegt. Der untere Schenkel der S-förmigen Krümmung wächst zum *proximalen Tubulus* und der obere Schenkel zum *distalen Tubulus* und der Henle-Schleife aus.

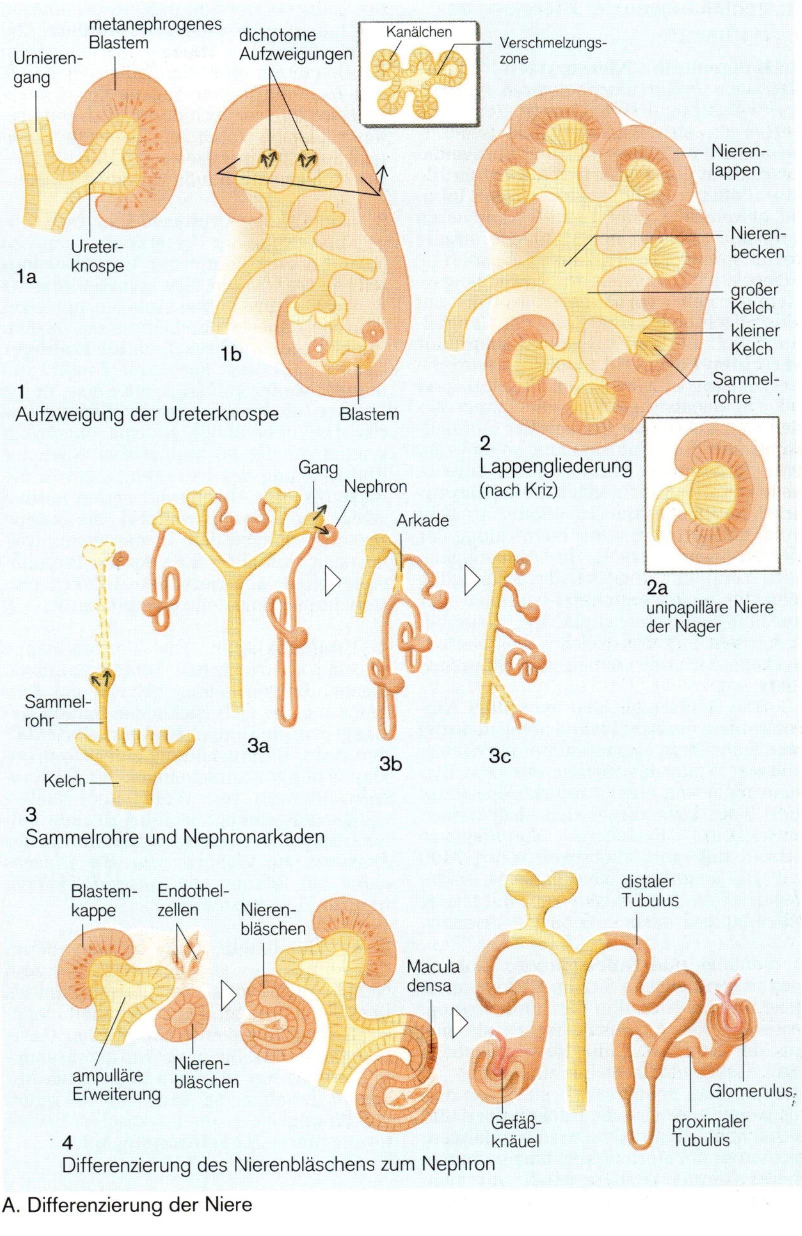

1
Aufzweigung der Ureterknospe

2
Lappengliederung
(nach Kriz)

2a
unipapilläre Niere der Nager

3
Sammelrohre und Nephronarkaden

4
Differenzierung des Nierenbläschens zum Nephron

A. Differenzierung der Niere

A. Fehlbildungen der Niere und der Harnwege

1. Kongenitale Nierenzysten. Hinter den nach *Potter* morphologisch typisierten zystischen Erkrankungen der Niere verbergen sich Krankheitsbilder unterschiedlicher Genese. Bei der **autosomal rezessiven polyzystischen Nephropathie (1a)** (Potter I) sind die Sammelrohre tubulär erweitert. Pränatal sind beide Nieren vergrößert und in der Markzone streifig verdichtet. Zusätzlich ist eine periportale Fibrose sowie Zysten im Gallengangsystem der Leber vorhanden. Dies weist auf eine allgemeine Erkrankung der Gangbildung hin. Bei der **autosomal dominant vererbten Form (1b)** (Potter III) wird die Erkrankung erst zwischen dem 30. und 50. Lebensjahr manifest. Die Zysten bilden sich überall im Bereich der Sammelrohre und der Nephrone aus, so daß sich eine funktionelle Nierenaplasie entwikkeln kann. Die nicht erbliche **multizystische Nephropathie (1c)** (Potter II) geht auf eine Störung bei der Entwicklung der Ureterknospe zurück. In Abhängigkeit vom Zeitpunkt und Ort der Schädigung sind die Zysten segmental begrenzt oder auf eine Seite beschränkt. Die Zystenbildung geht von den Kelchen des Nierenbeckens aus und ähnelt der Stauungsniere.

Die beidseitige oder einseitige **Nierenaplasie** entsteht wahrscheinlich durch eine frühzeitige Degeneration der Ureterknospe. Wenn das metanephrogene Blastem nicht von einer Ureterknospe induziert wird, kann dieses sich nicht weiterentwickeln. Einseitige Nierenaplasie kommt mit einer Häufigkeit von 1:1500 vor. Die beidseitige Nierenaplasie ist dagegen selten. Das Neugeborene mit totaler Nierenaplasie stirbt kurz nach der Geburt.

2. Becken- und Hufeisenniere. Von ihrem ursprünglichen Sitz im Becken verlagern sich die Nieren in die Lumbalregion. Während des **Aszensus** drehen sie sich aus der Sagittal- in die Horizontalebene **(2a)**. Gelegentlich bleibt eine Niere im Becken dicht neben der A. iliaca communis liegen und wird als **Beckenniere (2b)** bezeichnet. Als Ursache wird ein Hängenbleiben in der Aortengabel angenommen. Beide Nieren können beim Durchtritt durch die Aortengabel so nahe aneinander gedrückt werden, daß sie am unteren Pol miteinander zur **Hufeisenniere (2c)** verwachsen. Die Hufeisenniere liegt im Bereich der unteren Lumbalwirbel, da ihr Aszensus durch den Abgang der *A. mesenterica inferior* verhindert wird. Die Ureteren überkreuzen beim Abstieg den Isthmus auf der Ventralseite. Die Hufeisenniere kommt relativ häufig vor (etwa 1:600).

3. Überzählige Ureteren. Eine frühzeitige Aufspaltung der Ureterknospe kann zu partieller oder kompletter **Ureterverdoppelung (3a)** führen. Das metanephrogene Blastem kann in zwei Anlagen mit eigenem Nierenbecken und Ureter geteilt sein. In der Regel überkreuzt ein **überzähliger Ureter (3b)** den normalen Ureter und mündet weiter kaudal in die *Blase*, in die *Urethra*, die *Vagina* oder den Samenleiter ein. Die überzählige Knospe entspringt kranial von der Normalposition. Nach der Einbeziehung des Urnierenganges in die Blase bis zum Abgang der ersten normal gelegenen Knospe wandert die zweite Ureterknospe mit dem Urnierengang weiter nach kaudal (→ 8.8). An der Einmündung eines aberrierenden Ureters entsteht immer eine Refluxsymptomatik.

4. Urethralklappe. Die Urethralklappe ist eine obstruierende Schleimhautfalte, die bei Jungen beiderseits von der Einmündung der sich rückbildenden Müller-Gänge wie ein Doppelsegel zum Blasenboden zieht. Die Ausbildung einer Urethralklappe hängt wahrscheinlich mit der Kaudalwanderung von Wolff- und Müller-Gängen zusammen. Sie führt zu einer ballonartigen Erweiterung der Urethra in der *Prostata*, zur *Hypertrophie der Blasenwand* mit Bildung von *Blasendivertikeln* und zur Stauungsniere.

5. Urachusfisteln und -zysten. Wenn das Lumen des von der Blase bis zum Nabel reichenden Allantoisabschnittes über seine gesamte Länge erhalten bleibt, kann Harn aus dem Nabel fließen **(Urachusfistel, 5a).** Bleibt die intraembryonale Allantois nur in einem begrenzten Abschnitt erhalten, so kann die Sekretion von Flüssigkeit zu einer zystischen Erweiterung führen **(Urachuszyste, 5b).**

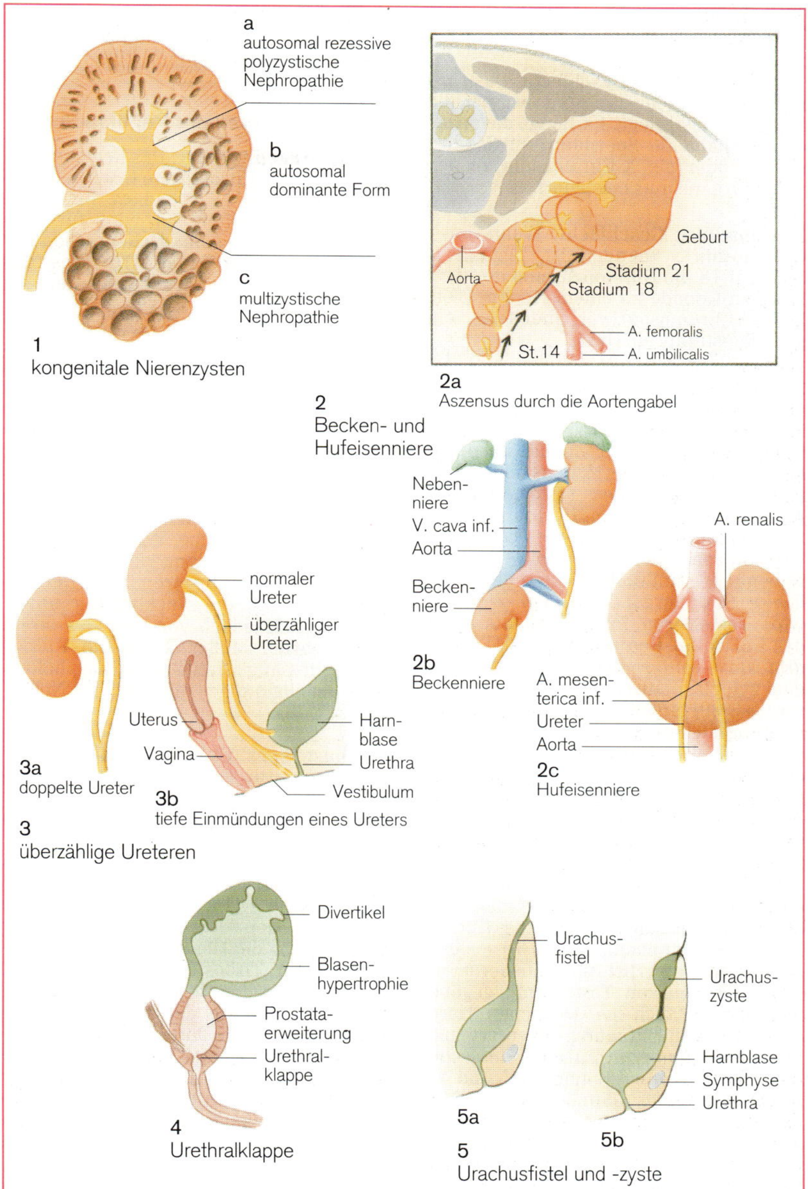

A. Fehlbildungen der Niere und der Harnwege

A. Stufen der Geschlechtsdetermination

1. Chomosomales Geschlecht. Das chromosomale Geschlecht wird bei der Befruchtung festgelegt. Es hängt davon ab, ob das haploide Spermium ein Y-Chromosom oder ein X-Chromosom zu dem neuen Organismus beisteuert.

2. Gonadales Geschlecht. Wenn ein Y-Chromosom vorhanden ist, beginnt im Stadium 18 die Differenzierung der indifferenten Gonade zu einem Hoden. Wenn kein Y-Chromosom vorhanden ist, entsteht konstitutiv ein Ovar.

3. Somatisches Geschlecht. Die Umwandlung der indifferenten Genitalgänge in den männlichen oder weiblichen Genitaltrakt wird durch die Gonade bestimmt. Die *Sertoli-Zellen* des Hodens bilden AMH und die *Leydig-Zellen* Testosteron. Das **AMH** („**A**nti **M**üllerian **H**ormone") führt zur Rückbildung des Müller-Gangs. Das **Testosteron** wandelt den Wolff-Gang zum Nebenhoden um und induziert die männlichen Sexualorgane. In den Zielzellen wird Testosteron im Zytoplasma durch das Enzym **5α-Reduktase** zu **DHT** *(Dihydrotestosteron)* reduziert, das dann an den zytoplasmatischen **Androgenrezeptor** (→ 3.29) bindet und mit diesem zu den Bindungsstellen im Kern transportiert wird. Die weiblichen Geschlechtsorgane entstehen konstitutiv: Ohne Testosteron geht der Wolff-Gang zugrunde. Ohne AMH bleiben die Müller-Gänge erhalten und entwickeln sich zu Tuben, Uterus und Vagina.

4. Prägung des Gehirns. Die männliche oder weibliche Determination des Gehirns ist beim Säuger ebenfalls vom Testosteron abhängig. Wenn bei Versuchstieren am Ende der Fetalzeit Testosteron gegeben wird, erfolgt auch bei weiblichen Tieren eine männliche Prägung. Sie führt nach Eintritt der Pubertät zu einer tonischen Ausschüttung von LH und FSH und zur Ausprägung eines männlichen Sexualverhaltens. Ohne Testosteron entwickelt sich konstitutiv eine zyklische Ausscheidung von LH und FSH und ein weibliches Sexualverhalten. Bei der Prägung des Gehirns wird Testosteron durch den Enzymkomplex der **Aromatase** in Östradiol umgewandelt und bindet an den zytoplasmatischen Östrogenrezeptor.

B. Mechanismen der Regulation

1. Expression von Sry. Das Regulatorgen *Sry* auf dem Y-Chromosom („**S**ex determining **R**egion of **Y**") kodiert für einen Transkriptionsfaktor. Es wird für eine kurze Zeit in den somatischen Zellen der Keimstränge aktiviert (→ 3.16). Diese differenzieren sich zu Sertoli-Zellen und sezernieren AMH.

2. AMH und Testosteron. Das **AMH** aus den Keimsträngen diffundiert lokal in den benachbarten Urnierenkörper und bringt den Müller-Gang zur Degeneration. Es ist im Mesenchym wirksam und führt zur Kontraktion der zirkulär um den Gang angeordneten Zellen. Das AMH ist ein Glykoprotein und gehört zur TGF-β-Familie (→ 3.28). **Testosteron** hat für den Wolff-Gang eine trophische Wirkung. In der weiblichen Entwicklung degeneriert der Gang, weil das Testosteron fehlt. (Der Mechanismus für die Rückbildung unterscheidet sich jedoch von dem des direkt benachbarten Müller-Gangs. Im Epithel des Wolff-Gangs treten ohne morphologische Beteiligung des Mesenchyms Nekrosen auf).

3. Phasenspezifische Wirkung des Testosterons. Ob sich eine Vagina entwickelt oder Prostata und Samenblasen entstehen, wird ebenfalls vom Testosteron bestimmt. Im indifferenten Stadium erscheint gleichzeitig mit dem embryonalen muskarinischen System (→3.23) das zytoplasmatische *Androgenrezeptorprotein* (→3.29) in den *Mesenchymzellen* an der Einmündung der Genitalgänge in die Urethra. Wenn Testosteron vorhanden ist, sprossen aus den *Wolff-Gängen* die *Samenblasen* und aus der *Urethra* die *Prostataknospen* aus. Ohne Testosteron steigen die Genitalgänge als Vaginalknospe weiter nach kaudal ab (→ 8.8). Nach der Geburt ist der Androgenrezeptor im *Epithel* der Organe lokalisiert. Testosteron stimuliert das weitere Wachstum und die sekretorische Funktion der Drüsen.

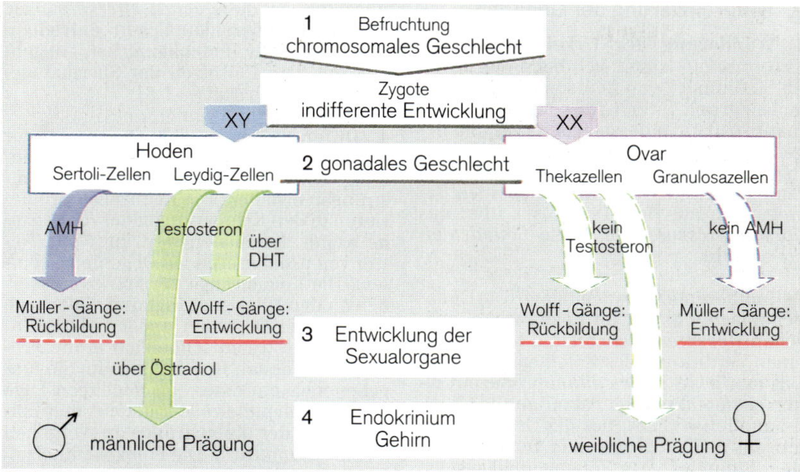

A. Stufen der Geschlechtsdetermination

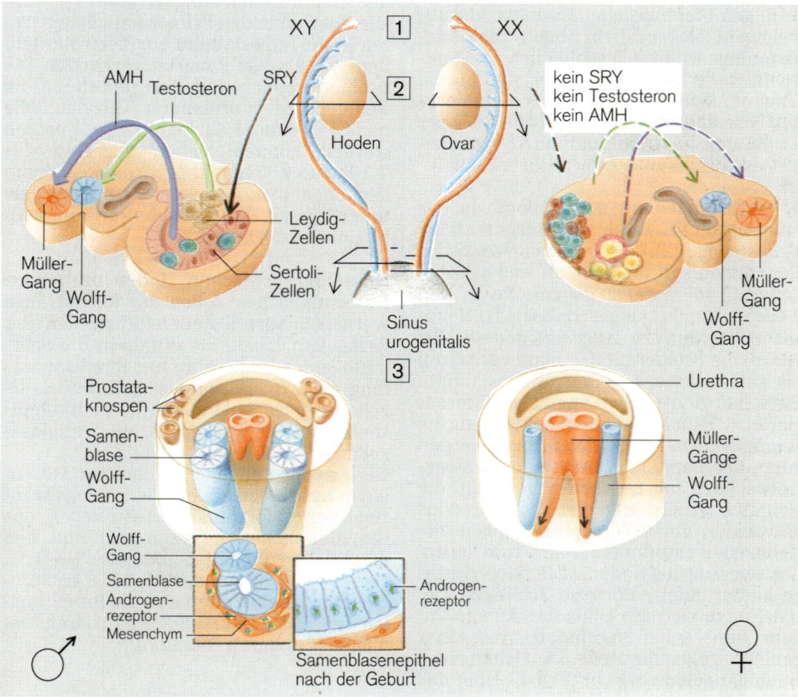

B. Mechanismen der Regulation

A. Differenzierung der Gonaden

1. Wanderung der Urkeimzellen. Die *Urkeimzellen* lassen sich beim Menschen ab Stadium 11 von den somatischen Zellen aufgrund ihrer Größe und der Chromatinstruktur unterscheiden (**1a**). Sie liegen kaudal vor dem Abgang der *Allantois* in der Wand des *Dottersackes*. Im Stadium 13 wandern sie mit amöboiden Bewegungen aus dem Dottersack über das *dorsale Mesenterium* in die *Gonadenleiste* ein (**1b**).

2. Indifferente Gonadenanlage. Die Gonadenanlage entsteht im Zölomwinkel zwischen *Mesenterialwurzel* und *Urniere* aus einer Verdickung des Zölomepithels (**2a**). Das *verdickte Zölomepithel* produziert einen chemotaktischen Faktor aus der TGF-β-Familie (→ 3.28), der die Urkeimzellen anzieht und sie gleichzeitig zur Proliferation stimuliert. Das Zölomepithel wächst mit sich verzweigenden epithelialen Strängen (*Keimstränge*, **2b**) in das darunterliegende Mesenchym hinein. Die Gonadenanlage wölbt sich schließlich als *Gonadenleiste* in die Leibeshöhle vor. Sie ist über ein sich zunehmend verschmälerndes Mesenterium mit dem Wolff-Körper verbunden. Bis zum Stadium 18 sind keine Geschlechtsunterschiede zu erkennen.

3. Differenzierung des Hodens. In der männlichen Entwicklung grenzen sich die *Keimstränge* (**2b**) im Zentrum *(Mark)* der Gonadenanlage deutlich ab und werden dadurch zu *Hodensträngen*. Die in den Hodensträngen eingeschlossenen Keimzellen werden zu *Spermatogonien*. Sie stellen die Proliferation ein und verharren bis zur Pubertät in einem Ruhestadium. Zwischen den Hodenkanälchen differenzieren sich im Mesenchym der Gonade die *Leydig-Zellen*. Die Hodenstränge werden vom Zölomepithel durch eine Bindegewebsschicht mit Gefäßen abgetrennt, die sich zur *Tunica albuginea* des Hodens entwickelt. Im Zölomepithel gehen die Keimzellen zugrunde. Es wird zum Peritonealüberzug des Hodens. Die Hodenstränge bilden hufeisenförmige Schlingen, deren Enden sich am Hilus der Anlage mit dem *Rete testis* verbinden. Aus einer Schlinge gehen die Hodenkanälchen eines Hodenläppchens hervor (→ 1.7). Über das Rete testis gewinnen die Hodenkanälchen Anschluß an die *Ductuli efferentes*, die aus den Urnierenkanälchen entstehen. Das Lumen der Hodenkanälchen entsteht erst mit dem Einsetzen der Spermatogenese in der Pubertät (→ 1.8).

4. Differenzierung des Ovars. In der weiblichen Entwicklung bleibt die Verbindung zwischen Zölomepithel und Keimsträngen erhalten. Die Keimzellen proliferieren in den Keimsträngen der *Rindenzone* weiter. Es entstehen Stränge und Nester von proliferierenden Oogonien *(Eiballen)*. Die Keimstränge der Markzone werden an den Hilus gedrängt und bilden sich zurück. Die Oogonien an der Mark-Rinden-Grenze treten schließlich in die Prophase der ersten Reifeteilung ein. Sie umgeben sich mit einer einschichtigen Lage aus Follikelepithelzellen, die aus den Epithelzellen der Keimstränge hervorgehen *(Primordialfollikel)*. Die Follikelepithelzellen bilden einen Faktor, der die Prophase der ersten Reifeteilung arretiert (→ 1.2). Die Oozyten in den Primordialfollikeln treten in ihr Ruhestadium ein (Diktyotän), in dem sie bis zur Pubertät verharren. Die proliferierenden Oogonien und die in die Reifeteilung eintretenden Oozyten, die nicht in Primordialfollikel eingeschlossen werden können, gehen zugrunde (→ 1.10). Das Zölomepithel wird danach zum Peritonealüberzug des Ovars und das darunterliegende Bindegewebe zur Tunica albuginea ovarii (→ 1.12).

Homologie zwischen Hoden und Ovar. Die somatischen Zellen der Keimstränge werden zu **Sertoli-Zellen** (Stützzellen) der Samenkanälchen. Sie ernähren die Spermatogonien und bestimmen ihre Entwicklung (→ 1.8). Die entsprechenden Nährzellen der Oogonien sind die **Follikelepithelzellen.** Sie werden zu den Granulosazellen der Follikel (→ 1.11).
Die **Leydig-Zellen** entstehen im Mesenchym des Hodens. Sie bilden bereits während der Embryonalzeit Testosteron, das die männlichen Sexualorgane und den männlichen Phänotyp induziert (→ 1.8). Den Leydig-Zellen des Hodens entsprechen die **Thekazellen** und die interstitiellen Zellen des Ovars. Sie produzieren erst nach der Pubertät Östradiol.

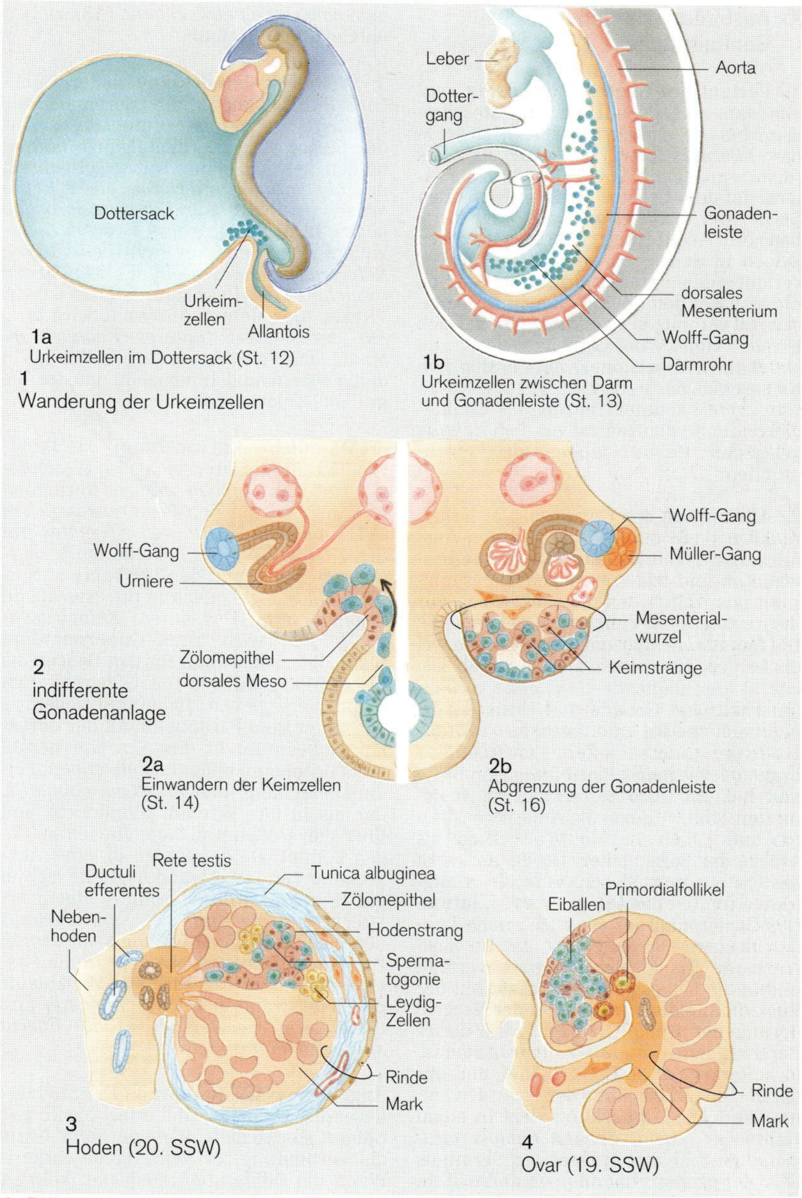

A. Differenzierung der Gonaden

A. Ausbildung der inneren Genitalorgane

1. Verlauf der Genitalgänge. Die *Gonadenleiste* entsteht auf der zum Mesenterium hin gerichteten Oberfläche des *Urnierenkörpers*. Der *Wolff-Gang* liegt als Ausführungsgang der Urniere in einer lateral auf dem Urnierenwulst aufsitzenden Leiste. Der *Müller-Gang* liegt lateral neben dem Wolff-Gang, überkreuzt diesen jedoch in dem nach ventral und medial verlaufenden unteren Drittel der Gänge, um sich mit dem Müller-Gang der Gegenseite zu vereinigen. Die *Nachniere* hat sich bereits vom Wolff-Gang abgelöst und steigt im Retroperitonealraum hinter dem Urnierenkörper nach kranial auf (→ 8.2). Die *Ureteren* unterkreuzen die Genitalgänge, um in den ventral vor dem *Rektum* gelegenen *Sinus urogenitalis* einzumünden.

2. Abrundung der Gonaden. Der Urnierenkörper mit der Gonade und den Ausführungsgängen löst sich von der Leibeswand ab und bildet ein eigenes Mesenterium aus, durch das die Gefäße von der *Aorta* zum Urnierenkörper ziehen (**A1**). Die *Gonadenleiste* rundet sich ebenso wie die *Urniere* zu einem ovalen Organ ab. Die lateral anschließende *Gangleiste* verläuft unterhalb von Gonade und Urnierenkörper nach medial und fusioniert mit der Leiste der anderen Seite. Es entsteht eine breite *quergestellte Platte* zwischen Blase und Rektum (**A2**). Sie enthält die fusionierten Müller-Gänge als Anlage von Uterus und Tuben und die Wolff-Gänge als Anlage der Samenleiter. Die Platte selbst besteht aus dem Mesenterium der Gangleisten und ist die Anlage des **Lig. latum.** Der Urnierenkörper setzt sich nach kaudal in einen Bandzug fort, der im Mesenterium des Urnierenkörpers verläuft und in die Leibeswand einstrahlt. Mit der Rückbildung der Urniere und der Vergrößerung der Gonadenanlage wird dieser Bandzug zum *unteren Keimdrüsenband.* Es unterkreuzt die Genitalgänge und endet in einer Aussackung der ventralen Leibeswand. Die Aussackung zieht in einen Hautwulst hinein, der als *Labioskrotalwulst* (→8.9) die Anlage des Skrotums oder der großen Schamlippen darstellt. In einem entsprechenden oberen Bandzug, dem *oberen Keimdrüsenband* (**A3**), ziehen die Gefäße zur Gonade.

3. Weibliche Entwicklung. In der weiblichen Entwicklung differenzieren sich die Müller-Gänge zu *Eileiter* und *Uterus.* Aus der Fusion der die Genitalgänge enthaltenden Leisten beider Seiten geht direkt das *Lig. latum* hervor. Das *obere Keimdrüsenband* wird zum *Lig. suspensorium ovarii,* in dem die *A.* und *V. ovarica* verlaufen. Der obere Abschnitt des *unteren Keimdrüsenbandes* zieht als *Lig. ovarii proprium* vom Ovar zum Uterus-Tuben-Winkel. Der untere Abschnitt wird zum *Lig. teres uteri (unteres Keimdrüsenband),* das vom Uterus-Tuben-Winkel in den Leistenkanal hineinzieht und in die großen Labien ausstrahlt.

4. Männliche Entwicklung. Die Wolff-Gänge differenzieren sich zum *Nebenhoden* und zum *Samenleiter.* Sie verbinden sich über die aus den *Urnierenkanälchen* (**A1**) entstehenden *Ductuli efferentes* mit den *Hoden.* Von den fusionierten Müller-Gängen bleibt nur der *Utrikulus* zurück (→ 1.6), der schließlich in die Prostata zu liegen kommt. Das *untere Keimdrüsenband* (**A2**) wird zum **Gubernaculum testis,** der Leitstruktur für den **Descensus testis.** Während sich das Gubernakulum kontrahiert, gleiten Hoden und Nebenhoden unter dem Peritoneum an der dorsalen Leibeswand in das *Skrotum* herab. Das Peritoneum bildet im *Leistenkanal* eine Aussackung, den *Recessus vaginalis,* der bis in das Skrotum hinabreicht und über den Hoden und Nebenhoden zu liegen kommt. Da der Hoden in einer Aussackung der Leibeswand liegt, die sich in die Hauttasche des Skrotums hinein erstreckt, hat die *Hülle* des *Samenstrangs* den gleichen Aufbau wie die *Leibeswand.* Die Externusaponeurose geht in die *Fascia spermatica externa,* die Muskulatur der Leibeswand in den *M. cremaster* und die Fascia transversalis in die *Fascia spermatica interna* über.

Angeborene Leistenhernie. Der Stiel des Recessus vaginalis obliteriert nach der Geburt, so daß das *Cavum peritonei testis* die Verbindung zur Leibeshöhle verliert. Wenn die Obliteration ausbleibt, können Darmschlingen in das *Skrotum* austreten.

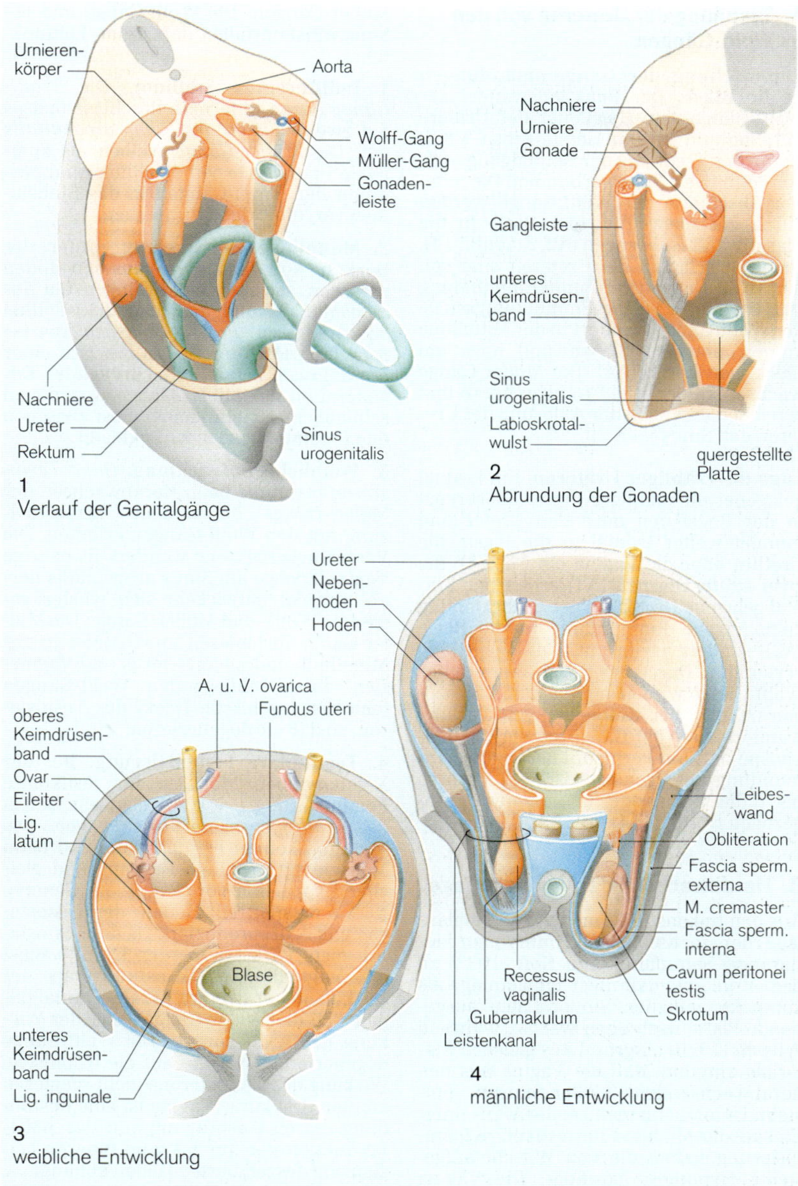

A. Ausbildung der inneren Genitalorgane

A. Trennung der Ureteren von den Wolff-Gängen

Einbeziehung der Gangeinmündungen in die Blase. Der Funktionswandel der Wolff-Gänge vom Harnleiter der Urniere (**A1**, Stadium 10) zum Genitalgang (→ 8.1) ist mit der Trennung der Genitalgänge von der definitiven Niere verbunden. Die unteren Abschnitte der Wolff-Gänge werden durch die Ausweitung der Blase in die Blasenwand einbezogen (**A2**, Stadium 14). Dadurch erhalten die Ureteren eine von den Wolff-Gängen getrennte Einmündung (**A3**, Stadium 21). Die Einmündungsstelle der Wolff-Gänge wandert in der Mittellinie an der dorsalen Blasenwand noch ein Stück weit herab (**A4**). Die Müller-Gänge wachsen an den Wolff-Gängen herab und erreichen erst nach der Ablösung der Ureteren den Sinus (→ 8.2).

Lage überzähliger Ureteren. Ein kranial gelegener überzähliger Ureter überkreuzt in der Regel den normalen Ureter und mündet weiter kaudal in die Blase, die Urethra oder die Vagina ein (→ 8.4). Bei zwei *Ureterknospen* (**A1**) erhält der kranial gelegene Ureter bei der Einbeziehung keine eigene Einmündung in die Blase (**A2**), sondern bleibt mit dem Wolff-Gang verbunden. Durch das Herabwandern der Wolff-Gänge wird er mit nach unten gezogen (**A3**). In der weiblichen Entwicklung wandern die Wolff-Gänge mit der Vaginalknospe bis zum Perineum herab. Die Einmündung des kranialen Ureters kann so bis in die Vagina oder in die Vulva herabgezogen werden (**A4**).

B. Herabwachsen der Vaginalanlage

Aus den Rekonstruktionen der Vaginalanlage der menschlichen Embryonen der Carnegie-Sammlung kam Koff (1933) zu dem Ergebnis, daß die Vaginalanlage als kompakte von den Sinuswülsten ausgehende Platte nach oben wächst, während Witschi (1970) aufgrund des gleichen Materials annahm, daß die Vagina aus den herabwachsenden Müller-Gängen entsteht. Untersuchungen bei der Maus unter Einsatz der Mutation für testikuläre Feminisierung haben die von Witschi aufgestellte Hypothese bestätigt: Die Vagina entwickelt sich aus den herabwachsenden Müller-Gängen. Die Wolff-Gänge und die Sinuswülste erfüllen dabei eine Leitfunktion.

1. Indifferentes Stadium. Die *Wolff-Gänge* sitzen unterhalb des Blasenhalses auf zwei *Wülsten des Sinus urogenitalis* auf. Die *Müller-Gänge* wölben als kompakte Epithelknospen die Sinuswand zwischen den Wolff-Gängen in das Sinuslumen vor, ohne durchzubrechen.

2. Männliche Entwicklung. Unter der Wirkung von *Testosteron* aus den Hoden sprossen aus den Wolff-Gängen die *Samenbläschen* und aus dem Sinusepithel ein Kranz von *Prostataknospen* aus (→ 8.7). Das *AMH* der Hoden führt zu einer kranial nach kaudal fortschreitenden Degeneration der Müller-Gänge, von denen schließlich nur ein kleiner Rest zwischen den Prostataknospen zurückbleibt.

3. Weibliche Entwicklung. *Ohne Testosteron* bleibt die beim Herabwachsen der Müller-Gänge entstandene Verschmelzung mit den Wolff-Gängen erhalten. Die Verschmelzungszone wandert als paarige Vaginalknospe am Sinus urogenitalis herab. Kranial entwickeln sich wieder getrennte Wolff- und Müller-Gänge. Die Müller-Gänge fusionieren miteinander in der Mittellinie und bilden Uterus und Vagina. Den dorsal anliegenden Wolff-Gängen fehlt der trophische Effekt des Testosteron, so daß sie degenerieren.

4. Testikuläre Feminisierung. Bei der X-gebundenen Mutation für testikuläre Feminisierung (→ 8.10) liegt ein Defekt des *Androgenrezptorproteins* vor. Die Mutation kommt bei der Maus und beim Mensch mit gleichem Erbgang und gleicher Expression vor. Bei einem Genotyp X^{Tfm}/Y entsteht ein Hoden, der Testosteron und AMH produziert. Da das Testosteron nicht wirksam werden kann, wächst die Vaginalknospe konstitutiv an der Rückwand der Urethra herab. Kranial bilden sich die Müller-Gänge unter der Wirkung des AMH zurück. Die Wolff-Gänge degenerieren, weil sie auf die trophische Wirkung des Testosterons nicht reagieren können. Die kurze Vagina ist eine Restbildung, deren Ausprägung von der AMH-Produktion der nur bis zum inneren Leistenring deszendierten Hoden abhängt.

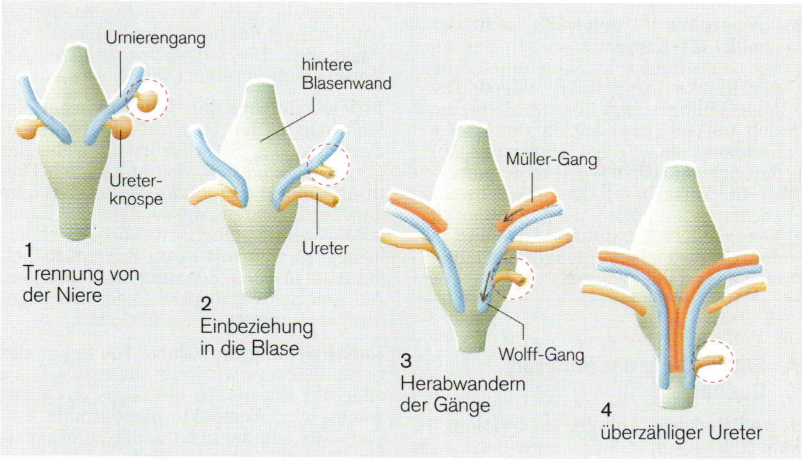

A. Trennung der Ureteren von den Wolff-Gängen

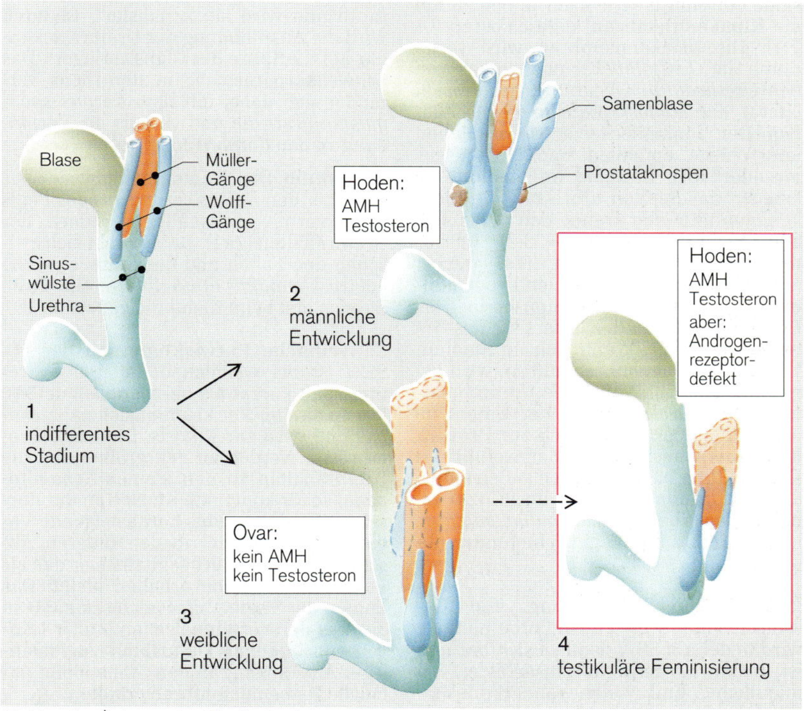

B. Herabwachsen der Vaginalanlage

Phylogenetisch entwickelt sich der Phallus als Kopulationsorgan aus einer ausstülpbaren Schleimhautfalte der Kloake (Amphibien, Vögel). Die Ausstülpung erfolgt über Muskeln, die sich aus der Muskelschicht der Kloake herleiten. Sie sind bei Säugern als auf den Schwellkörpern gelegene quergestreifte Muskeln erhalten. Die Schwellkörper entstehen mit den submukösen Venengeflechten, die am Anus und in der Urethra als Verschlußmechanismus ausgebildet werden.

A. Entwicklung des äußeren Genitales

1. Indifferente Anlage. Im Stadium 16 sind Rektum und Sinus urogenitalis noch nicht voneinander getrennt. Der gemeinsame Abschnitt wird nach außen durch die **Kloakenmembran** abgeschlossen (→ 7.1). Die Kloakenmembran wird vorne durch die *Genitalhöcker* und seitlich von den *Urethralfalten* begrenzt, an die sich lateral die *Labioskrotalwülste* anschließen. Der Genitalhöcker sowie die Falten und Wülste enthalten undifferenziertes mesodermales Gewebe. Im Stadium 18 erreicht das Septum urorectale die Kloakenmembran und trennt den Anus von der Urethralgrube ab (→ 8.2). In der **männlichen Entwicklung (1a)** wächst unter der noch geschlossenen Urogenitalmembran entodermales Sinusepithel als **Urethralplatte** an der Unterseite des Genitalhöckers vor. Wenn sich im Stadium 19 die Kloakenmembran auflöst, wird bei männlichen Embryonen die Urethralplatte zur **Urethralrinne** auf der Unterseite des Genitalhöckers, die sich zur **Urethra des Penis** verschließt. In der **weiblichen Entwicklung** bleibt der nach außen offene Sinus urogenitalis (→ 8.2) im Prinzip erhalten und wird zum *Vestibulum vaginae,* in das Urethra und Vagina einmünden (**3a** und **3b**).

2. Männliche Entwicklung. Ein Geschlechtsunterschied im äußeren Genitale wird in der 13. SSW deutlich sichtbar und ist in der 16. SSW voll ausgebildet. Bei männlichen Embryonen wandert die Verschmelzungszone der Urethralfalten vom Anus auf die Spitze des Phallus zu (**2a**). Es entsteht eine Raphe auf der Unterseite des Penis (**2b**). Die *Labioskrotalwülste* (**A1**) werden zum *Skrotum* (**2b**).

Differenzierung der Schwellkörper. Im Mesenchym der Urethralfalten differenziert sich das Schwellkörpergewebe des *Corpus spongiosum,* das hinter dem Urethralspalt mit dem *Bulbus* endet (**2a1**). Im darüberliegenden Mesenchym des Genitalhöckers entstehen die *Corpora cavernosa,* die sich mit ihren Schenkeln beiderseits an den Schambeinast anlegen. Auf den Schwellkörpern liegen die zugehörigen quergestreiften Muskeln.

Kanalisierung der Glans. Die Spitze des Genitalhöckers wird zur Glans des Penis oder der Klitoris. In die Glans des Penis wächst eine kompakte ektodermale Epithelplatte ein, die sich mit der entodermalen Urethra verbindet (**2a1** und **2**). Nach dem vollständigen Verschluß der Urethralrinne wird sie kanalisiert. Dadurch wird die Ausmündung der Urethra sekundär auf die Spitze der Glans verlagert. Das Schwellkörpergewebe in der Glans verbindet sich dabei mit dem *Corpus spongiosum urethrae* und verliert die Verbindung zu den *Corpora cavernosa.*

Präputium. Das Präputium bildet sich aus den über den *Sulcus coronarius* des Penis nach vorne wachsenden Rändern der Urethralfalten (**2a1**). Dabei senkt sich zwischen den Falten und der Glans eine zirkuläre *kompakte Epithelplatte* ein (**2a2**), die sich erst beim Kleinkind ganz auflöst.

3. Weibliche Entwicklung. Ab der 10. SSW ist bei weiblichen Feten der Urethralspalt kürzer als bei männlichen (**3a**). Der Genitalhöcker krümmt sich nach ventral und wird zur Klitoris. Die Labioskrotalwülste werden zu den großen und die Urethralfalten zu den kleinen *Schamlippen.* Die als kompakte Knospe an der dorsalen Wand des Sinus herabsteigende Vaginalanlage mündet in den unteren Abschnitt des Sinus urogenitalis ein, der als *Vestibulum vaginae* erhalten bleibt. Das Lumen der Vagina bildet sich sekundär in der aus den verschmolzenen Müller-Gängen entstandenen kompakten Vaginalanlage. Am Eingang in den Sinus bleibt dabei die Hymenalmembran erhalten.

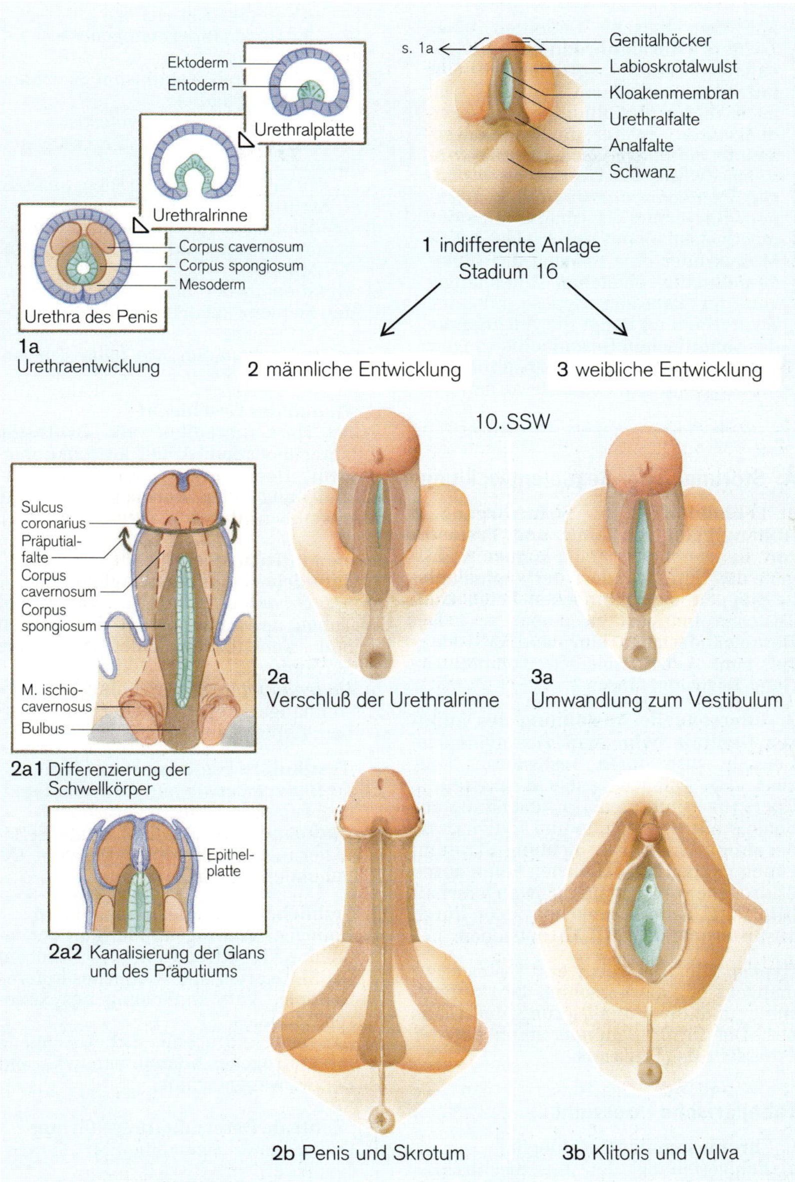

A. Entwicklung der äußeren Genitale

Für die klinische Definition eines Zwitters **(Hermaphrodit)** ist das gonadale Geschlecht entscheidend. Nur Individuen mit einem **Ovotestis** sind nach dieser Definition *echte Hermaphroditen.* Zwitter mit Hoden werden als *männliche Pseudohermaphroditen,* Zwitter mit Ovarien als *weibliche Pseudohermaphroditen* bezeichnet. Ein echter Hermaphroditismus mit Ovetestis kann durch ein XY/XO-Mosaik oder eine Störung der Gonadeninduktion entstehen. Unabhängig von der kausalen Genese für eine Zwitterbildung hängt die Ausprägung des **somatischen Geschlechts** von der Menge an AMH und Testosteron ab, die während der Fetalzeit vorhanden ist.

A. Störungen der Sexualentwicklung

1. Fehlbildungen der Sexualorgane in Abhängigkeit von AMH und Testosteron. Bei weiblichen Feten können Androgene das Herabwandern der Vaginalanlage stoppen. Bei männlichen Feten kann Testosteronmangel zu einem partiellen Herabwandern der Gänge und AMH-Mangel zum Erhaltenbleiben von Müller-Gang-Derivaten führen.

2. Intersexuelle Ausbildung des äußeren Genitale beim AGS. Das männliche Genitale wird durch Testosteron induziert, das weibliche entsteht konstitutiv. Übergänge (intermediäre Ausbildung des Phallus mit Hypospadie und Entwicklung der großen Labien in Richtung Skrotum) können daher bei weiblichen Feten durch Androgene während der Schwangerschaft **(III,2)** und beim männlichen Feten durch Testosteronmangel **(III,1b)** entstehen.

Hypospadie. Bei relativem Testosteronmangel bleibt der Verschluß der Urethralrinne und die Kanalisierung der Glans aus. Die Urethra mündet dann auf der Unterseite des Penis aus.

Tabellarische Übersicht

I. Chromosomales Geschlecht

a) Fehlverteilung der Geschlechtschromosomen:
   - XXX Ovar,
   - XXY Hoden (Klinefelter),
   - XYY Hoden (Spermatogenesedefekte).

b) Mosaike durch Keimfusion in frühen Entwicklungsstadien:
   - XX/XY Hoden oder Ovotestis.

c) Verlust des Y in den Furchungsteilungen:
   - XO/XY Hoden oder Streifengonaden,
   - XO Streifengonaden (Turner).

d) Translokation der hodendeterminierenden Sequenz auf ein X-Chomosom: XX-Männer.

e) Mutation in der hodendeterminierenden Sequenz auf dem Y (SRY):
   - XY-Frauen,
   - Streifengonaden wie beim Turner-Syndrom.

II. Gonadales Geschlecht

Echte Hermaphroditen mit **Ovotestis.** Entsprechend dem Anteil an funktionierendem Hodengewebe graduelle Vermännlichung oder normale männliche oder weibliche Entwicklung.

III. Somatisches Geschlecht

1. Männliche Pseudohermaphroditen

a) *Selektiver AMH-Defekt:* Uterus und Tuben deszendieren mit dem Hoden und Nebenhoden einer Seite ins Skrotum.

b) *Hodenhypoplasie:* AMH- und Testosteronmangel. Reste von Uterus und Tuben, Hypospadie.

Testikuläre Feminisierung (Tfm)

c) *5α-Reduktasemangel:* graduelle Feminisierung (autosomale Vererbung).

d) *Androgenrezeptordefekt:* totale Feminisierung, keine Müller-Derivate (X-gebundene Vererbung).

2. Weibliche Pseudohermaphroditen

a) Endogene Androgenbildung in der fetalen NNR: adrenogenitales Syndrom (AGS), Ovarien und weibliches inneres Genitale, Vermännlichung des äußeren Genitales.

b) Exogene Androgene, z.B. Gestagene mit androgener Komponente während der Schwangerschaft.

IV. Zentrale Determinationsstörung

a) Diskordante Sexualidentität (Transsexualität).

b) Rhythmusstörungen, zentral bedingte Infertilität.

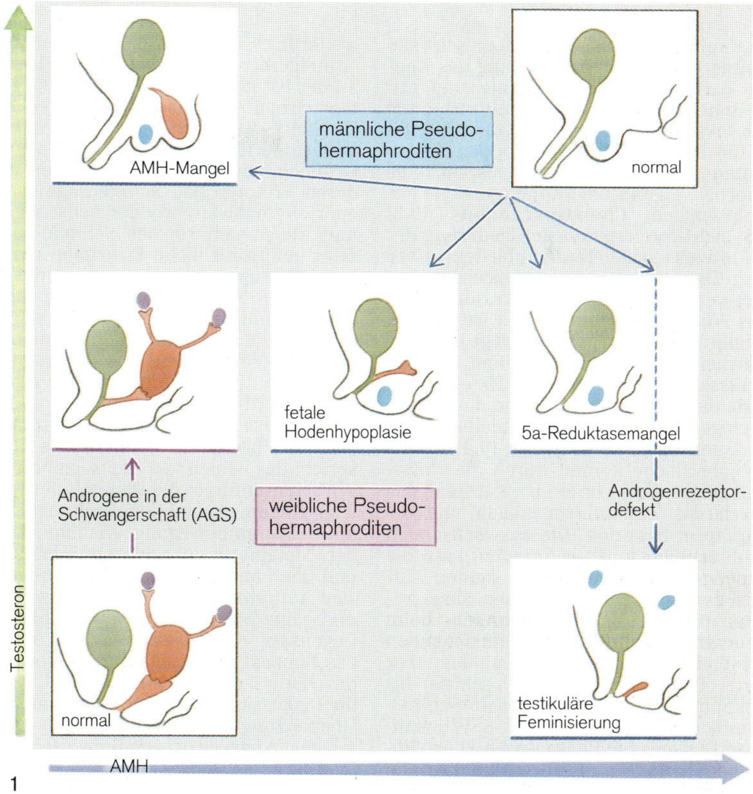

1
Wirkung von AMH und Testosteron (nach Overzier)

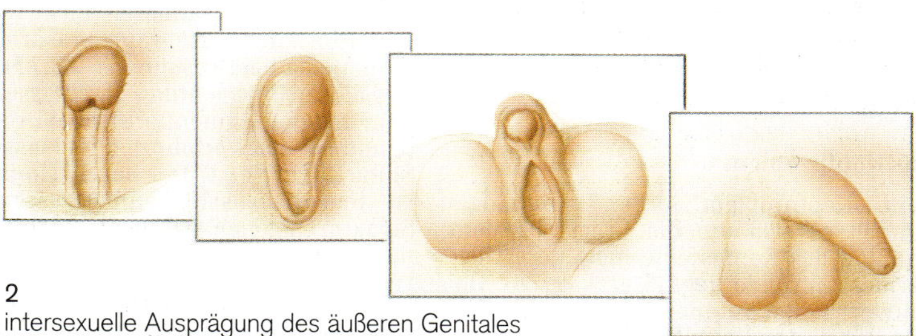

2
intersexuelle Ausprägung des äußeren Genitales beim adrenogenitalen Syndrom (AGS)

(nach Bierich)

A. Störungen der Sexualentwicklung

Kapitel 9: Kopf

Im Kapitel 9 werden die medizinisch relevanten Fakten zur Entwicklung des Kopfes dargestellt. Die Verschmelzung der **Gesichtswülste** (**9.1**) und die Entstehung des sekundären Gaumens ist die Grundlage für das Verständnis der Lippen-Kiefer-Gaumen-Spalten. Aus den als einzelne Knorpel angelegten Komponenten des embryonalen **Chondrokraniums** (**9.2**) läßt sich eine funktionelle Gliederung der definitiven Schädelbasis ableiten. Über dem Chondrokranium baut sich das desmal verknöchernde **Neurokranium** auf. Das **Viszerokranium** (**9.3**) wird in den Schlundbogenknorpeln angelegt und verknöchert sekundär zum definitiven Gesichtsschädel. Im Stadium 15 (→ 2.24) verlaufen Arterien und Venen des Kopfes noch gemeinsam an der Schädelbasis. Die Verlagerung der **Hirnvenen** (**9.4**) an die Hirnoberfläche kommt durch die Unterbrechung der vorderen Kardinalvene durch das Trigeminusganglion und die Ohrkapsel zustande. Die auswachsenden Großhirnhemisphären drängen dann die Venengeflechte zwischen den beiden Blättern der Dura zu den venösen Sinus zusammen. Die durch **Störungen beim Neuralrohrschluß** (**9.4**) entstehenden Fehlbildungen vom Anenzephalus über den „offenen Rücken" (Rachischisis) bis zur Spina bifida werden in dem Sagittalschnitt des Feten in der 14. SSW lokalisiert. Die sensible Phase (→ 10.1) für Störungen beim Neuralrohrschluß liegt im Stadium 10 (→ 2.16). Störungen in der Architektur der Großhirnrinde können zu Beginn der Fetalperiode („inside-outlayering" → 2.17) entstehen. Beeinträchtigungen der funktionellen Differenzierung des Gehirns, z. B. beim fetalen Alkoholsyndrom, können noch in der zweiten Hälfte der Fetalperiode entstehen.

Das Kopfproblem

Beim „Kopfproblem" in der Embryologie handelt es sich um die Frage, ob dem Bauplan des Kopfes eine metamere Gliederung zugrunde liegt (Starck 1978). Die Antwort hängt von den jeweils geltenden Konzepten der Entwicklungs- und Evolutionsbiologie ab. Unter dem Einfluß der Evolutionslehre von Darwin und ihrer Erweiterung durch das ontogenetische Grundgesetz von Häckel (→ 3.0) bestand an der Existenz eines metamer gegliederten Grundbauplanes des Kopfes kein Zweifel. Es wurde vielmehr die Frage diskutiert, ob für den gesamten Körper eine Grundeinheit angenommen werden kann, deren Prototyp das Somitensegment ist, oder ob die Metamerie der Achsenorgane und die Metamerie des Schlunddarmes zwei unterschiedliche Prinzipien darstellen. Wichtige Argumente waren die Existenz von Neuromeren im Gehirnbläschenabschnitt des Neuralrohrs, die Beobachtung von präotischen Myotomen bei niederen Vertebraten, aus denen in der Evolution die Augenmuskulatur hervorgeht, und die Entstehung eines Teiles der Schädelbasis aus okzipitalen Sklerotomen (→ 9.2). Gegen die Metamerie des Kopfes spricht das Fehlen von Kopfsegmenten im Wirbeltierembryo, die Deutung der Somitensegmente als funktionelle Einheiten für die Schwimmbewegung unabhängig von der Metamerie in anderen Tierklassen und das Fehlen von Segmenten beim ersten Auftreten eines Reusendarms. Starck und seine Schüler lehnen schließlich im Gegensatz zu angelsächsischen Autoren das Konzept einer metameren Gliederung des Kopfes grundsätzlich ab (vgl. hierzu die Diskussion von Frick in der deutschen Übersetzung der „Vergleichenden Anatomie der Wirbeltiere" von Romer u. Parson [1983]).

Der Nachweis der Expression eines Hox-Clusters (Hox 2) in den Rhombomeren des Hühnchens und der Maus (Nieto u. Mitarb. 1992) (→ 4.7) lassen die Frage wieder in einem anderen Licht erscheinen. Hox 2 der Vertebraten entspricht Antennapedia bei Drosophila (→ 3.17). Kann aus dieser Beobachtung geschlossen werden, daß die Segmentierung bei Drosophila und bei den Vertebraten im klassischen Sinne homolog ist? Der Begriff **Homologie** ist morphologisch definiert. Homologe Strukturen gehen auf gleiche Elemente eines gemeinsamen Grundbauplanes zurück. Die Hand des Menschen, der Flügel einer Fledermaus und die Flosse eines Delphins sind homologe Gebilde, die sich aus der fünfstrahligen Extremitätenanlage der Wirbeltiere entwickeln. Der Flügel der Fledermaus und der Insektenflügel sind dagegen **analoge** Strukturen, die sich unter dem evolutiven Druck gleicher Funktion aus unterschiedlichen Grundelementen entwickelt haben (Beispiele aus Starck 1978).

Homologie und Analogie sind Werkzeuge der vergleichenden Anatomie. Die Molekularbiologie hat mit dem Nachweis homologer DNS-Sequenzen inzwischen eine neue Dimension eröffnet. Im Verlauf der Evolution sind durch Reduplikation und Rekombination im Genom Genfamilien und Super-Genfamilien sowie Batterien aus Hox-Regulatorgenen entstanden (→ 3.27). Dabei lassen sich zwischen den Tierstämmen mehr Gemeinsamkeiten aufdecken als mit den Mitteln der klassischen Evolutionstheorie.

Im Embryologieatlas taucht das Kopfproblem an mehreren Stellen auf. Im Kapitel 2 findet sich eine morphologisch **beschreibende Darstellung** der Schädel- und Gesichtsentwicklung beim Menschen (→ 2.30 bis 2.38).

Im Kapitel 3 wird im **Grundaufbau des Wirbeltierkörpers** ein viszeraler Schlundabschnitt einem somatischen Rumpf gegenübergestellt (→ 3.19 und 3.20). Die metamere Gliederung des Schlundabschnittes in Schlundbögen wird aus der Struktur eines primitiven Reusendarmes hergeleitet, während die Somitengliederung des Rumpfabschnittes auf hintereinander geschaltete Muskel- und Skelettelemente für die Schwimmbewegung zurückgeführt wird. Auf dem Weg vom kieferlosen Wirbeltier mit Schlundbögen zum Haiembryo mit einem primären Ober- und Unterkiefer verschmelzen die ersten Schlundbogenelemente miteinander. Das primäre Kiefergelenk zwischen dem Oberkiefer und dem Unterkiefer entspricht der gelenkigen Verbindung zwischen dem oberen und unteren Element des ursprünglich zweigliedrigen Schlundbogens. Das obere Element ist ein Verbindungsstück (Kopula) zum Achsenskelett des Kopfes. Der aus der Verschmelzung von Kopula-Elementen entstandene primäre Oberkiefer der Fische verbindet sich als **Palatoquadratum** mit der Schädelbasis und ist im Säugerschädel nicht mehr als eigenes Knochenelement abzugrenzen. Die definitiven Schlundbögen bestehen daher nur noch aus den unteren Skelettelementen der ursprünglichen Schlundbögen, die durch die Verschmelzung in der Mittellinie (am Kinn) die typische U-förmige Gestalt annehmen. Der Prototyp ist der Mandibularbogen (Meckel-Knorpel). Er wird nun als erster und der Hyoidbogen (Reichert-Knorpel) als zweiter Bogen bezeichnet. Die Verlagerung des primären Kiefergelenks in die Gehörknöchelchenkette und die Entwicklung des sekundären Kiefergelenks beim Säuger ist bei der Entwicklung des Ohres (→ 5.10) ebenfalls aus dem Blickwinkel der Phylogenese dargestellt.

Das didaktische Prinzip zur Entwicklung des Gehirns ist die **Zuordnung der zentralen Sinnesorgane zu den Gehirnbläschen.** Dieses Prinzip wird am Phylontotractus (→ 4.1) erläutert. In der Schädelentwicklung wird dieses Prinzip durch die Gliederung des Chondrokraniums in zentrale Elemente und lateral zugeordnete Kapseln für die zentralen Sinnesorgane wieder aufgenommen (→ 9.3).

Das **Kopfmesoderm** stammt nicht aus dem Primitivstreifen, sondern entsteht aus der Prächordalplatte, aus dem Vorderdarmdivertikel (→ 3.8) und aus der Neuralleiste (→ 4.7). Die Abstammung des Blastems für die Schlundbogenknorpel aus der Kopfneuralleiste und damit aus dem Ektoderm wird häufig als Argument gegen die Allgemeingültigkeit der Keimblattlehre aufgeführt. Die Bezeichnungen „Mesektoderm" und „Kopfmesenchym" anstelle von Kopfmesoderm sollen auf diese Besonderheit hinweisen. Wenn man die Entstehung des Mesoderms aus dem Primitivstreifen nicht zur Definition verwendet, sondern das Gewebe zwischen ektodermalem und entodermalem Epithel als mittleres Keimblatt definiert, kann man unbekümmert von Kopfmesoderm sprechen. Die auswandernden Einzelzellen entsprechen den Tropfenzellen, die in der frühen Keimscheibe das Ektoderm verlassen und unabhängig vom Primitivstreifen zu Mesodermzellen werden (→ 3.7). Generell bilden Neuralleiste und Plakoden und sogar das Augenbläschen (→ 5.4) in den frühen Entwicklungsstadien Kopfmesoderm, das von den dem Neuroektoderm zuzurechnenden Nerven- und Sinneszellen getrennt werden muß.

A. Gesichtswülste und Gaumenplatten

1. Entwicklung des Gesichtes. Im Stadium 13 kommen die Gesichtswülste und die Mundbucht durch die Krümmung des Embryos auf den Herzwulst zu liegen und sind daher am ganzen Embryo nicht zu sehen (→ 2.22). Erst durch das Abheben der Kopfanlage vom Herzwulst wird die **Mundbucht (1 a)** sichtbar. In der Frontalansicht sind die *Riechplakoden* über dem *Prosenzephalon,* die *Schlundbögen* von ventral sowie in der Tiefe der *Mundbucht* die Reste der *Rachenmembran* zu erkennen.

Während sich die Gehirnanlage bis zum Stadium 16 (→ 2.25) nach vorne verlängert, vermehrt sich das Kopfmesoderm zwischen Gehirnbläschen und Oberflächenektoderm und führt zur Ausbildung der **Gesichtswülste (1 b)**. Die Vorwölbung über dem Prosenzephalon wird als *Stirnwulst* bezeichnet. Mit der Einsenkung der Riechplakode bilden sich ein *medialer* und ein *lateraler Nasenwulst.*

Die ursprüngliche Mundspalte zwischen Schädelbasis und Mandibularbogen wird von hinten her durch den phylogenetisch jungen **Oberkieferfortsatz (1 c)** von beiden Seiten her eingeengt. Der Oberkieferfortsatz besteht aus Gewebe des ersten Schlundbogens, das sich zwischen Unterkiefer und Schädelbasis einschiebt. Die *medialen Nasenwülste* **(1 b)** vereinigen sich in der Mittellinie zum *primären Gaumen.* In der Verschmelzungszone zwischen medialem und lateralem Nasenwulst und dem Oberkieferfortsatz bildet sich vorübergehend ein Epithelsaum (Epithelmauer von Hofstetter). Die *Epithelmauer* verläuft in der Tiefe zwischen primärem Gaumen (*Zwischenkiefersegment,* **A 4**) und sekundärem Gaumen.

Die Verschmelzungszone zwischen lateralem Nasenwulst und Oberkieferfortsatz läuft als **Tränennasenfurche (1 d)** auf den medialen Augenwinkel zu. Zwischen beiden Wülsten wächst bis zur 10. SSW in der Tiefe ein kompakter epithelialer Gang herab. Der Gang wird erst kurz vor der Geburt durchgängig **(Tränennasengang).**

2. Primärer und sekundärer Gaumen. Das Ektoderm der *Mundbucht (Stomodeum)* bildet mit dem Entoderm des Schlunddarms die **Rachenmembran (2 a)**. Sie löst sich im Stadium 13 auf **(1 a)**. Die Riechplakoden senken sich zu den **Riechgruben** ein **(2 b)**. Sie enthalten das Riechepithel, von dem aus die *Riechfasern* zum Prosenzephalon ziehen (→ 5.5). Der Boden der Riechgrube bildet mit dem Dach der Mundhöhle die *Bucconasalmembran.* Sie liegt vor der ehemaligen Rachenmembran und vor der *Hypophyse* (→ 4.24). Die Riechgruben brechen in der Tiefe als *primäre Choanen* in die Mundhöhle durch.

Hinter dem **primären Gaumen (2 c)** liegt ein von der Zunge ausgefüllter einheitlicher Rachenraum, der bis zur Schädelbasis reicht. Durch den **sekundären Gaumen (2 d)** wird dieser Raum in den definitiven Nasengang und die Mundhöhle unterteilt. Der Übergang zwischen Nasen- und Rachenraum wird dadurch weit nach hinten verlagert (*definitive Choanen*).

3. Aufrichtung der Gaumenplatten. Die *Gaumenplatten* sind nach innen gerichtete Anteile der *Oberkieferfortsätze* **(1 c)**. Sie liegen zunächst beiderseits unter dem lateralen Zungenrand. Im Stadium 19 richten sie sich auf und verschmelzen oberhalb der Zunge miteinander und mit dem medialen *Nasenseptum.* Die Aufrichtung der Gaumenplatten ist eine aktive Bewegung, die innerhalb von wenigen Stunden abläuft. An der Grenze zwischen primärem und aus den Gaumenplatten hervorgegangenem sekundären Gaumen bleibt im definitiven Skelett das *Foramen incisivum* **(A 4)** zurück, durch das weder Nerven noch Gefäße hindurchtreten.

4. Spaltbildungen. Störungen bei der Verschmelzung zwischen Oberkieferfortsatz und medialem Nasenwulst führen zu **Lippenspalten** („Hasenscharte") und bei stärkerer Ausprägung zu **Oberkieferspalten,** die mit **Gaumenspalten** kombiniert sein können. Gaumenspalten kommen durch Störungen bei der Aufrichtung und Verschmelzung der Gaumenplatten zustande. Entlang der Tränennasenfurche (**1 c** und **d**) können **schräge Gesichtsspalten** entstehen.

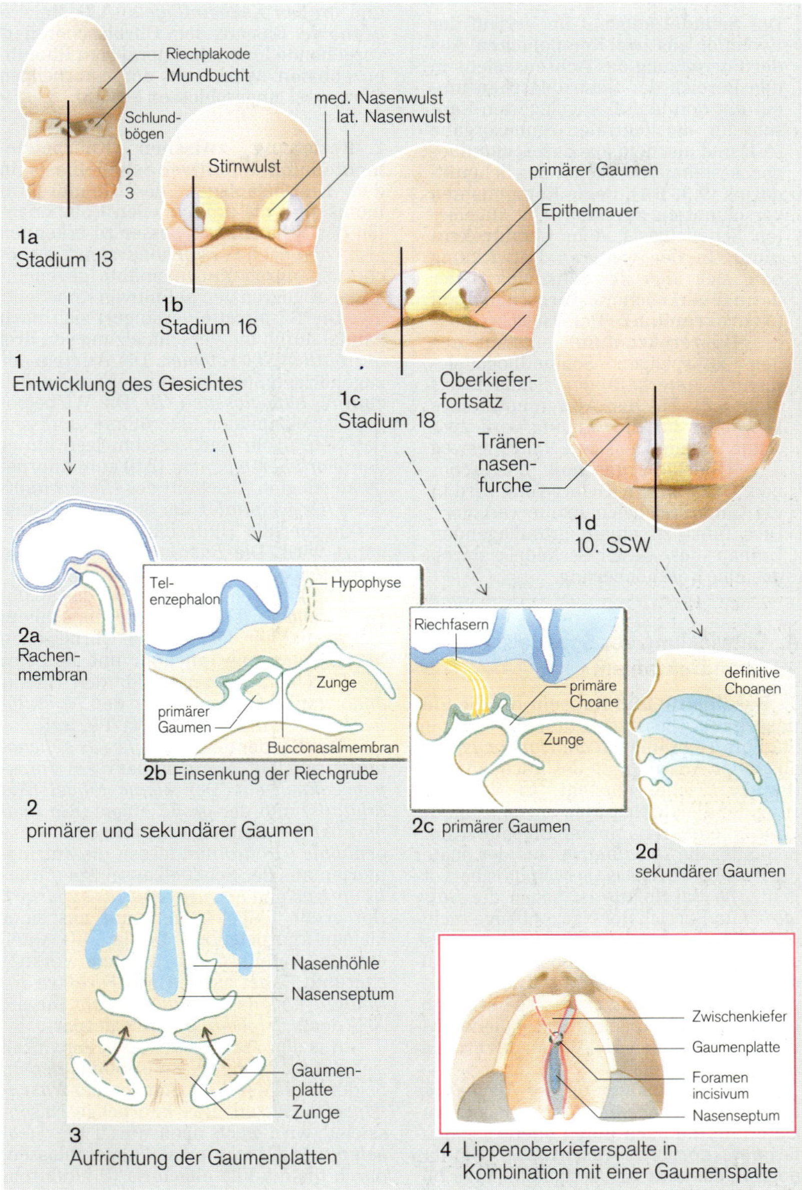

A. Gesichtswülste und Gaumenplatten

Der **Schädel** entsteht im Verlauf der Evolution aus zwei Komponenten: Aus der Fortsetzung des Achsenskeletts in den Bereich der Gehirnbläschen hinein mit den lateral angelagerten Kapseln für die zentralen Sinnesorgane (**A 1**) und aus dem aus den Schlundbögen bestehenden Skelett des Schlunddarms (**9.3, B 1**). Beide Komponenten verschmelzen zur knorpelig angelegten Schädelbasis, dem **Chondrokranium.** In der weiteren Entwicklung baut sich über der Schädelbasis der desmal verknöcherte Hirnschädel auf **(Neurokranium).** Der Gesichtsschädel **(Viszerokranium)** entsteht aus den knorpeligen Schlundbogenelementen unterhalb der Schädelbasis (**9.3, B 2**). Mit der Abtrennung eines Luftweges für die Atmung wird zwischen Schädelbasis und Nahrungsweg das **Oberkiefergeschoß** eingeschoben. Das primäre Kiefergelenk wird in die Gehörknöchelchenkette verlagert. Dies führt zu einem grundlegenden Umbau des Gesichtsschädels durch desmale Verknöcherung.

A. Entwicklung des Schädels: Chondrokranium

1. Basalplatte und Kapseln für die Sinnesorgane. Die *Chorda dorsalis* endet im Stadium 18 kranial an der *Hypophyse,* die aus einer Ausstülpung des Rachendaches (Rathke-Tasche) entsteht. In Verlängerung der Halswirbelsäule entsteht um die *Chorda* eine zusammenhängende Knorpelplatte, die *Basalplatte,* aus der später die Pars basilaris des Os occipitale hervorgeht. Die Basalplatte ist gegen die *Halswirbel* im Bereich der Nackenbeuge rechtwinkelig abgeknickt. Vor der Hypophyse setzt sich die Basalplatte durch zwei miteinander verschmelzende Knorpelspangen fort (*Trabeculae cranii,* spätere Siebbeinplatte, **A 2**), die schräg abfallend zwischen Rachendach und Boden des Prosenzephalons liegen.

Um die Einstülpung der *Riechgrube* bildet sich beiderseits unter den Trabeculae cranii die nach unten offene schalenförmige knorpelige *Nasenkapsel.* Um das noch nach seitwärts gerichtete Auge bilden die knorpeligen Anlagen des *kleinen* und *großen Keilbeinflügels* (**A 2**) die *Augenhöhle.* Das aus dem Ohrbläschen hervorgehende Innenohr lateral vom Rhombenzephalon wird von der knorpeligen *Ohrkapsel* eingeschlossen (→ 5.8).

2. Beziehung zwischen Knorpelelementen und definitiver Schädelbasis. In den Knorpelanlagen des Chondrokraniums sind die funktionellen Komponenten der Schädelbasis besser zu erkennen als in den nach der enchondralen Verknöcherung durch Knochennähte gegeneinander abgegrenzten definitiven Knochen.

Die Basalplatte verlängert sich nach kaudal durch die Verschmelzung von drei *okzipitalen Sklerotomen.* Die Wurzeln der zugehörigen Spinalnerven vereinigen sich zum *N. hypoglossus (XII).* Die Wirbelbögen der okzipitalen Sklerotome umfassen das Neuralrohr und verschmelzen hinter dem *Foramen magnum* **(2 b)** zum knorpelig angelegten Abschnitt des *Hinterhauptbeins (Os occipitale),* der durch die desmal verknöchernde Hinterhauptsschuppe ergänzt wird. Die *Basalplatte* selbst wird zum *Clivus.*

Die knorpelige *Ohrkapsel,* das spätere *Felsenbein (Os petrosum),* umschließt von medial her das aus dem Ohrbläschen hervorgegangene Innenohr und läßt nur die Durchtrittsöffnungen für den Ductus endolymphaticus sowie für den *N. statoacusticus (VIII)* und *N. facilis (VII)* frei.

Der Körper des *Keilbeins (Os sphenoidale)* entsteht aus den paarigen *Hypophysenknorpeln.* Der *kleine Flügel (Ala orbitalis)* und der *große Flügel (Ala temporalis)* des Keilbeins begrenzen die *Augenhöhle (Orbita)* und lassen die Zutrittspforten aus der Schädelkapsel frei *(Canalis opticus* und *Fissura orbitalis superior).* Der große Flügel besteht nur aus einer kleinen Knorpelanlage. Der laterale Anteil entsteht bereits durch desmale Verknöcherung. Dabei bleiben das *Foramen rotundum* und das *Foramen ovale* für die Äste des *N. trigeminus (V)* ausgespart.

Aus den *Trabeculae cranii* entwickelt sich das knorpelige Nasenseptum, an dem beiderseits lateral die Schalen der *Nasenkapsel* ansetzen. Das knorpelige Nasenskelett wird nach oben durch die *Siebbeinplatte* (Os ethmoidale) abgeschlossen, durch die die Fila olfactoria (I) hindurchziehen.

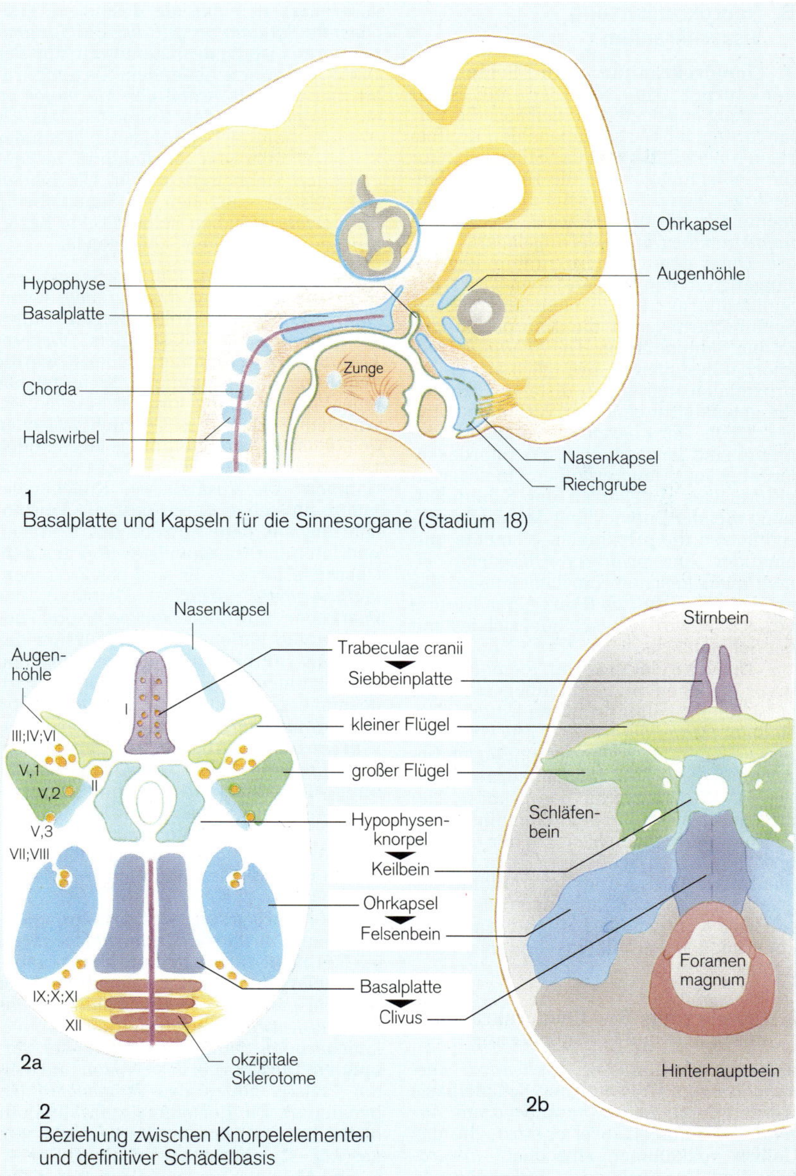

A. Entwicklung des Schädels: Chondrokranium

B. Neurokranium und Viszerokranium

1. Chondrokranium und Schlundbogenknorpel. Das *Chondrokranium* ist als knorpelig angelegte Schädelbasis die Verlängerung der Wirbelsäule in den Kopfbereich hinein und bildet das Stützskelett für die Gehirnanlage. Für die zentralen Sinnesorgane sind beiderseits die Skelettelemente für die *Nasenkapsel,* die *Augenhöhle* und die *Ohrkapsel* angelagert.

Unter dem Chondrokranium liegt als Eingang in den Magen-Darm-Trakt der Schlunddarm. Die Skelettelemente des Schlunddarms sind die Knorpelspangen in den Schlundbögen. Die *Schlundbogenknorpel* bestehen ursprünglich aus einem proximalen und einem distalen Element, die gelenkig miteinander verbunden sind (→ 3.19). Die oberen (proximalen) Elemente sind beweglich an das Chordaskelett angelagert und erlauben ein scherengitterartiges Aufsperren der Schlundöffnung. Bei der Entwicklung des Kopfes verschmelzen die proximalen Elemente miteinander zum primären Oberkiefer, einem quadratischen Knochenelement, das als *Palatoquadratum* (Pterygoquadratum) bezeichnet wird. Es verbindet sich fest mit der Schädelbasis.

Die distalen, unteren Elemente der ursprünglichen Schlundbogenknorpel verschmelzen zum primären Unterkieferelement *(Mandibularbogen, Meckel-Knorpel),* der nun als erster Schlundbogen bezeichnet wird. Das Palatoquadratum bildet das Widerlager für das primäre Kiefergelenk zwischen dem Mandibularbogen und der Schädelbasis. In der Ontogenese des Säugerschädels ist das Palatoquadratum in das Chondrokranium integriert und läßt sich nicht mehr als eigenständige Knorpelanlage abgrenzen. Es ist ein Teil des Felsenbeins und des Keilbeins.

2. Erweiterung des Chondrokraniums durch desmale Verknöcherung

a Neurokranium. Die *enchondral verknöchernden Elemente* der Schädelbasis werden durch *desmal verknöchernde Anteile* zur Schädelkapsel ergänzt, die das Gehirn vollkommen einschließt *(Neurokranium).* Der enchondral verknöchernde Teil des Hinterhauptsbeins (→ 9.2 **A2**) vergrößert sich um die desmal verknöchernde *Squama occipitalis.* Die *Squama temporalis* ist die desmale Ergänzung der Ohrkapsel zum Schläfenbein (Os temporale). Der desmale Anteil der *Ala major* ist eine Ergänzung des Keilbeins. Das *Os frontale* baut sich als eigener desmaler Knochen über der enchondral verknöchernden Siebbeinplatte auf. Die beiden rein desmal entstehenden Scheitelbeine *(Os parietale)* haben keine direkte Beziehung zur knorpeligen Schädelbasis.

b Viszerokranium. Bei den Säugetieren führt die Trennung des *Luftweges* vom *Nahrungsweg* zur vollständigen Umgestaltung des Gesichtsschädels *(Viszerokranium).* Die Trennung ist ebenso wie die Schaffung des sekundären Kiefergelenks eine Voraussetzung für den Saugakt. Es wird ein zusätzliches Geschoß zwischen Schädelbasis und Mundhöhle ausgebildet. Die eingefügte Geschoßdecke ist der harte Gaumen. Die zusätzlichen Knochenelemente entstehen durch desmale Verknöcherung aus dem Gewebe des medialen und lateralen Nasenwulstes und aus dem Oberkieferfortsatz. Es sind das *Zwischenkiefersegment* (primärer Gaumen), der *Oberkiefer* mit dem *Jochbein* und der nach unten gerichtete *Flügelfortsatz* des Keilbeins (Processus pterygoideus) mit dem Gaumenbein. Die Nasenkapsel wird desmal ergänzt durch das *Nasenbein* und das *Tränenbein* sowie das knöcherne *Nasenseptum.* Die Abgrenzung der definitiven Knochen ist abhängig von der Ausbildung von Nähten und Verschmelzungszonen zwischen den enchondralen und desmalen Knochenkernen und stimmt mit der Abstammung der Knochenelemente nicht in allen Fällen überein (→ 2.35 und 2.38).

Die Verlagerung des primären Kiefergelenks in die *Gehörknöchelchenkette* (→ 5.10) und die Ausbildung des sekundären Kiefergelenkes ist mit dem Ersatz der Knorpelspange des ersten Schlundbogens *(Meckel-Knorpel)* durch den desmal verknöchernden definitiven Unterkiefer verbunden. Die Knorpel des zweiten und dritten Bogens bilden das *Zungenbein* (Os hyoideum). Die Beziehung zum Mittelohr bleibt über den *Processus styloideus* und das *Lig. stylohyoideum* erhalten. Der 4., 5. und 6. Bogen verschmelzen zum Kehlkopfskelett.

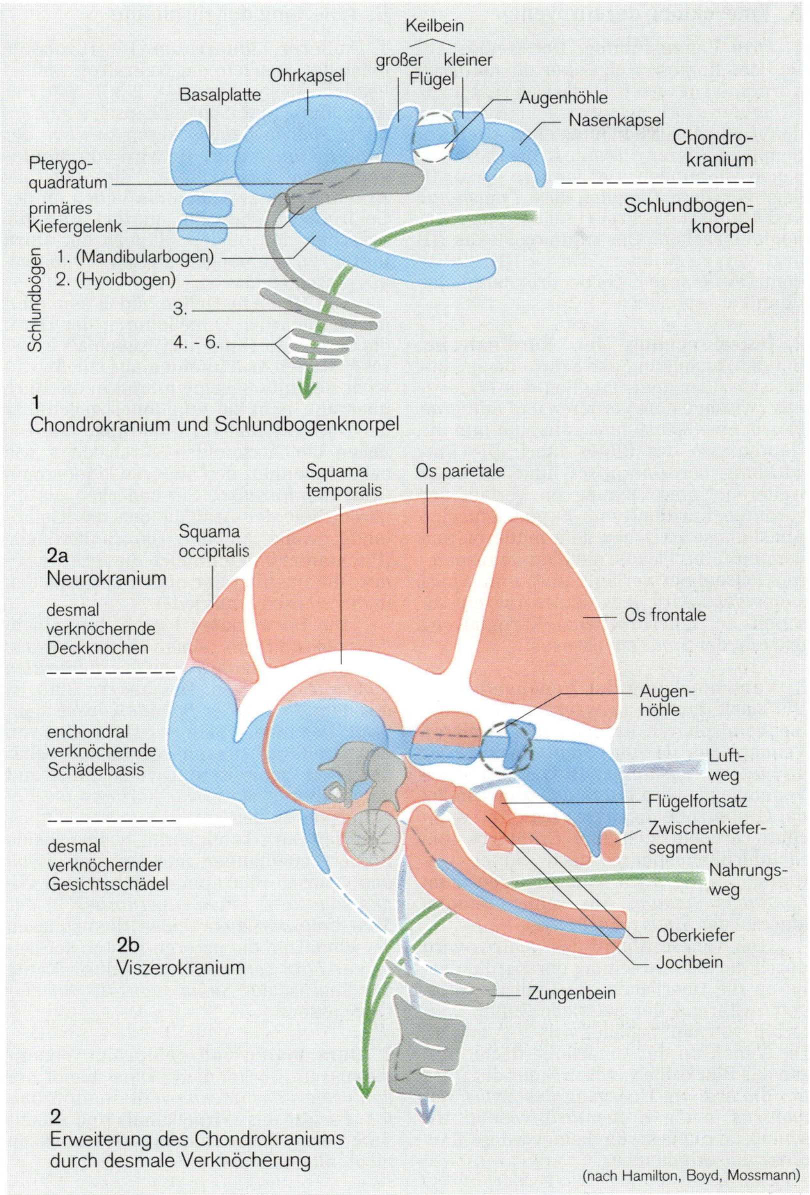

B. Neurokranium und Viszerokranium

A. Entwicklung der Hirnvenen

1. Drei Venenstämme. Der venöse Abfluß des Kopfes erfolgt über die *vorderen Kardinalvenen* (→ 6.1), die sich später zur *V. jugularis interna* entwickeln (**A 3**). Über den Gehirnbläschen entstehen drei Venenplexus, deren Stämme in die Kardinalvenen einmünden. Der vordere Plexus (**I**) liegt vor dem Ganglion des *Trigeminus* und drainiert das Pros- und das Mesenzephalonbläschen. Der mittlere Plexus (**II**) liegt vor, der hintere Plexus (**III**) hinter dem *Ohrbläschen*. Beide drainieren das Rhombenzephalon (→ 2.24).

2. Unterbrechung der Kardinalvene. Bei der Ausbildung der Scheitelbeuge bildet sich über dem Ganglion des *Trigeminus* zwischen dem vorderen und mittleren Plexus eine Anastomose aus, die nun die Hauptmasse des Blutes führt. Die Entwicklung der *Ohrkapsel* führt zu einer weiteren Unterbrechung im Verlauf der vorderen Kardinalvene. Es entsteht eine Anastomose zwischen dem mittleren und dem hinteren Plexus, die über dem späteren Felsenbein verläuft und zum *Sinus sigmoideus* wird. Aus dem vorderen Abschnitt der unterbrochenen Kardinalvene entsteht der *Sinus cavernosus*.

3. Verschmelzung der Venengeflechte. Die nach hinten auswachsenden Großhirnhemisphären drängen den vorderen Venenplexus als *Sinus sagittalis superior* und *inferior* zusammen (**B 1**). Der mittlere Venenplexus wird durch den hinteren Pol der Großhirnhemisphären bis zum Tentorium cerebelli zwischen Großhirn- und Kleinhirnhemisphäre nach hinten gedrängt. Seine Äste verschmelzen zum *Confluens sinuum*. Aus seinem Stamm entsteht der *Sinus transversus*.

Der venöse Abfluß des Gehirns wird durch die Unterbrechung der Kardinalvene an die Oberfläche des Gehirns verlagert, während der arterielle Zufluß weiterhin von der Schädelbasis her erfolgt. Die Venen an der Gehirnoberfläche führen das Blut in die venösen Sinus der Dura ab, die erst am Übergang des *Sinus sigmoideus* in die *V. jugularis* wieder Anschluß an die ursprüngliche vordere Kardinalvene erhalten.

B. Ableitung der Hirnhäute

1. Äußerer Liquorraum. Die Hirnhäute entstehen aus dem das Neuralrohr umgebenden Mesenchym (→ 2.30). Mit der Ausbildung der Schädelkapsel (→ 2.36) bildet sich in dem lockeren Gewebe der *äußere Liquorraum*. Er wird von **Meningealzellen** ausgekleidet, die sich als **Arachnoidea** zwischen die Venen an der Gehirnoberfläche **(Pia mater)** und die zwischen den beiden Blättern der **Dura mater** zusammengedrängten Venenplexus einschieben.

Die Meningealzellen bilden eine dünne, epithelartige Lamelle unter der Dura, die den Liquorraum nach außen als äußeres Blatt der **Arachnoidea** abschließt. Obwohl sie ohne Basalmembran in die Dura übergeht, baut sie funktionell gegenüber der Dura die Blut-Hirn-Schranke auf. Die Zellen der Archnoidea durchziehen wie ein Spinnennetz den äußeren Liquorraum *(Arachnoidalraum)*. Sie bedecken als inneres Blatt der Arachnoidea das Gefäßbindegewebe an der Gehirnoberfläche **(Pia mater)** und umhüllen die *Brückenvenen*, die das Blut der pialen Gehirnvenen in die venösen *Sinus* leiten.

Die **Dura mater** besteht aus einem *äußeren* und aus einem *inneren Blatt*, zwischen denen die Venen des *epiduralen Venenplexus* liegen. Das äußere Blatt ist mit dem Periost der *Schädelkapsel* identisch. Das innere Blatt der Dura wird von den Großhirnhemisphären an die Schädelkapsel gepreßt und verschmilzt mit dem äußeren Blatt. Nur dort, wo die Venenplexus zu den großen venösen Blutleitern der Dura konfluieren, bleiben beide Blätter voneinander getrennt und fassen den venösen Blutraum zwischen sich *(Sinus sagittalis, Sinus cavernosus)*. In der Mittellinie zwischen beiden Hemisphären verschmelzen die inneren Blätter der Dura zur *Falx cerebri*. In die untere Kante der Falx ist der *Sinus sagittalis inferior* eingelassen.

2. Dura mater und epiduraler Venenplexus. Im Rückenmarkskanal bleibt der *epidurale Venenplexus* vollständig erhalten. *Periost* des Wirbelkanals und *Duralsack* des Rückenmarks verschmelzen nicht miteinander.

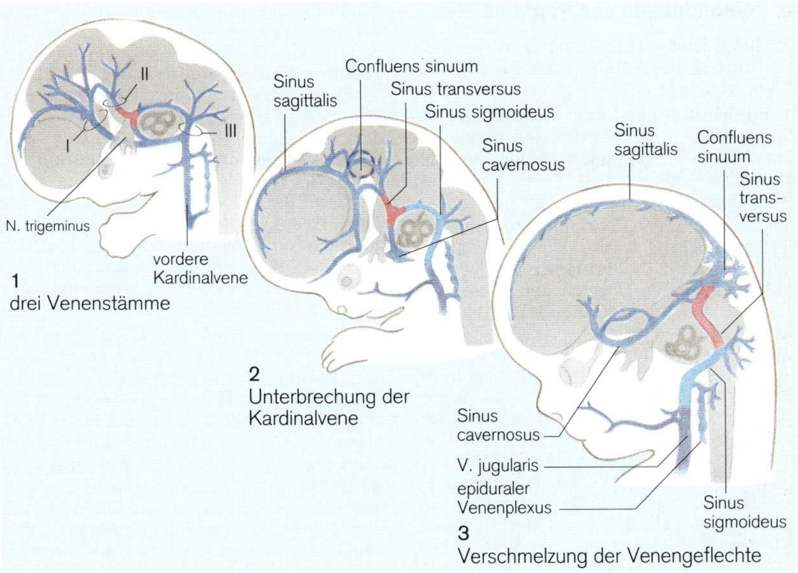

A. Entwicklung der Hirnvenen

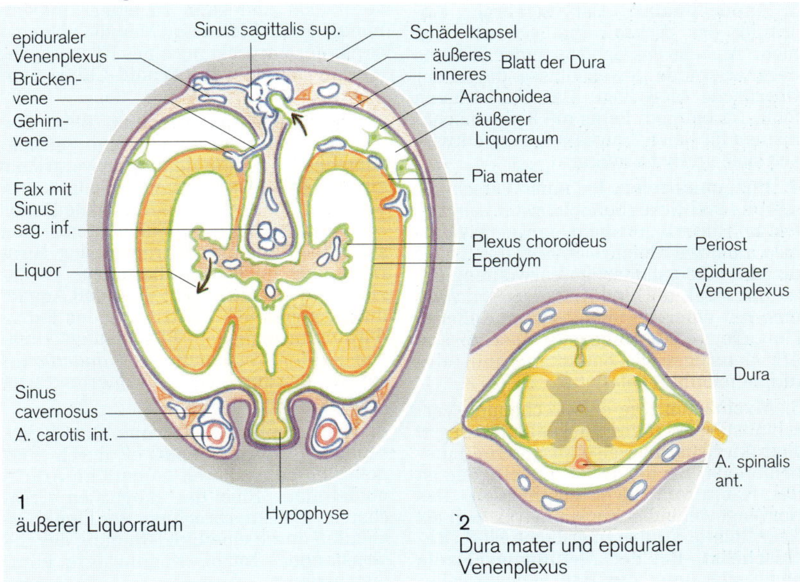

B. Ableitung der Hirnhäute

A. Fehlbildungen von Kopf und ZNS

Die möglichen Fehlbildungen werden auf die Umrisse des Feten in der 14. SSW (→ 2.36) projiziert.

1. Spaltbildungen des Gesichtes. Die Lippen-Kiefer-Gaumen-Spalten sowie die Gesichtsspalten entstehen in den Fusionszonen der Gesichtswülste (→ 9.1).

2. Zyklopie und Proboscis. Die Fusion der Augenanlagen (Zyklopie) geht auf eine Fehlentwicklung des Prosenzephalonbläschens und die Proboscis (unförmige Wucherungen im Bereich der Nase, Rüsselnase) auf eine Fehlentwicklung der Riechplakoden zurück.

Als Ausgangspunkt der folgenden Fehlbildungen wird eine **Störung beim Neuralrohrschluß** angenommen. Sie betrifft bei voller Ausprägung den Verschluß des Neuralrohrs selbst, in milderen Formen nur die Hirnhäute, den knöchernen Rückmarkskanal oder die Hirnkapsel oder äußert sich nur in einer Anomalie der bedeckenden Haut. Die in der dorsalen „Körpernaht" gelegenen Fehlbildungen werden auch als **Dysraphien** zusammengefaßt.

3. Anenzephalus. Der zerebrale Abschnitt des Neuralrohrs schließt sich nicht. Anstelle des Gehirns findet sich eine degenerierende Gewebsmasse, die an der Oberfläche bloß liegt. Das Schädeldach fehlt. Da bei dem Fetus die Reflexmechanismen für den Schluckakt fehlen, entwikkelt sich ein Hydramnion.

4. Enzephalozelen. Bei einer Verschlußstörung im Nackenbereich besteht ein Defekt im Hinterhauptsbein, der in das *Foramen magnum* hineinreichen kann. Es bildet sich eine ballonartige Vorwölbung unter der Haut, die eine Zyste aus *Arachnoidea* mit einer Verbindung zum äußeren Liquorraum **(Meningozele)** oder zusätzlich Gehirngewebe enthalten kann **(Meningoenzephalozele).**

5. Myelozelen. Die entsprechenden Verschlußstörungen des Rückenmarks liegen charakteristischerweise im unteren Lumbalbereich. Bei der vollen Ausprägung ist das Neuralrohr nicht geschlossen. Das Nervengewebe des Rückenmarks liegt als Neuralplatte an der Oberfläche bloß **(Rachischisis).** Bei der **Meningomyelozele** bildet sich unter der Haut eine Erweiterung des Arachnoidalraums, in dem Rükkenmarksgewebe liegt, dessen Neuralkanal zystisch erweitert sein kann **(Syringozele).** Bei der **Meningozele** enthält die Arachnoidalzyste kein Nervengewebe. Wenn sich keine Zyste bildet, sondern nur der Verschluß des Wirbelbogens ausbleibt, spricht man von **Spina bifida occulta.** Bei noch leichteren Formen ist die Haut mit dem Dornfortsatz eines Wirbels verwachsen, so daß eine grübchenförmige Einziehung entsteht, oder es findet sich nur eine Pigmentierungsanomalie oder ein charakteristisches Haarbüschel über dem Lumbalbereich.

6. „Tethered cord". Das Syndrom des verankerten, im Sakralkanal angebundenen (tethered) Rückenmarkes wird im klassischen Fall durch ein verdicktes unnachgiebiges *Filum terminale* hervorgerufen. Der Conus medullaris kann nicht in den Lumbalbereich aufsteigen. Es kommt während der Wachstumsphase zu fortschreitenden Funktionsausfällen durch Überdehnung des Rückenmarks (Miktionsstörung, Parästhesien und Lähmungen). Das Syndrom wird auch durch die verschiedenen Formen der Spina bifida verursacht und kann zu einer Einklemmung von Kleinhirn und Medulla oblongata mit der Entwicklung eines Hydrocephalus externus führen **(Arnold-Chiari-Syndrom).**

7. Hydrocephalus internus. Beim Hydrocephalus internus führt eine Vermehrung des Liquors in den Gehirnventrikeln zur Vergrößerung des Ventrikelsystems, zu einer Auftreibung der Schädelkapsel bei klaffenden Schädelnähten und schließlich zur Druckatrophie der Hirnrinde. Der im Plexus choroideus produzierte Liquor kann nicht über den Aquaeductus und den 4. Ventrikel in den Extraduralraum abfließen. Eine häufige Ursache ist der Verschluß des *Aquaeductus cerebri,* der durch eine intrauterine Enzephalitis entstehen kann.

8. Hydrocephalus externus. Der Hydrocephalus externus entsteht durch Vermehrung des äußeren Liquors im Arachnoidalraum. Eine der möglichen Ursachen ist die Unterbrechung der Liquorzirkulation durch eine Einklemmung des Gehirnstammes und des Kleinhirns im Foramen magnum.

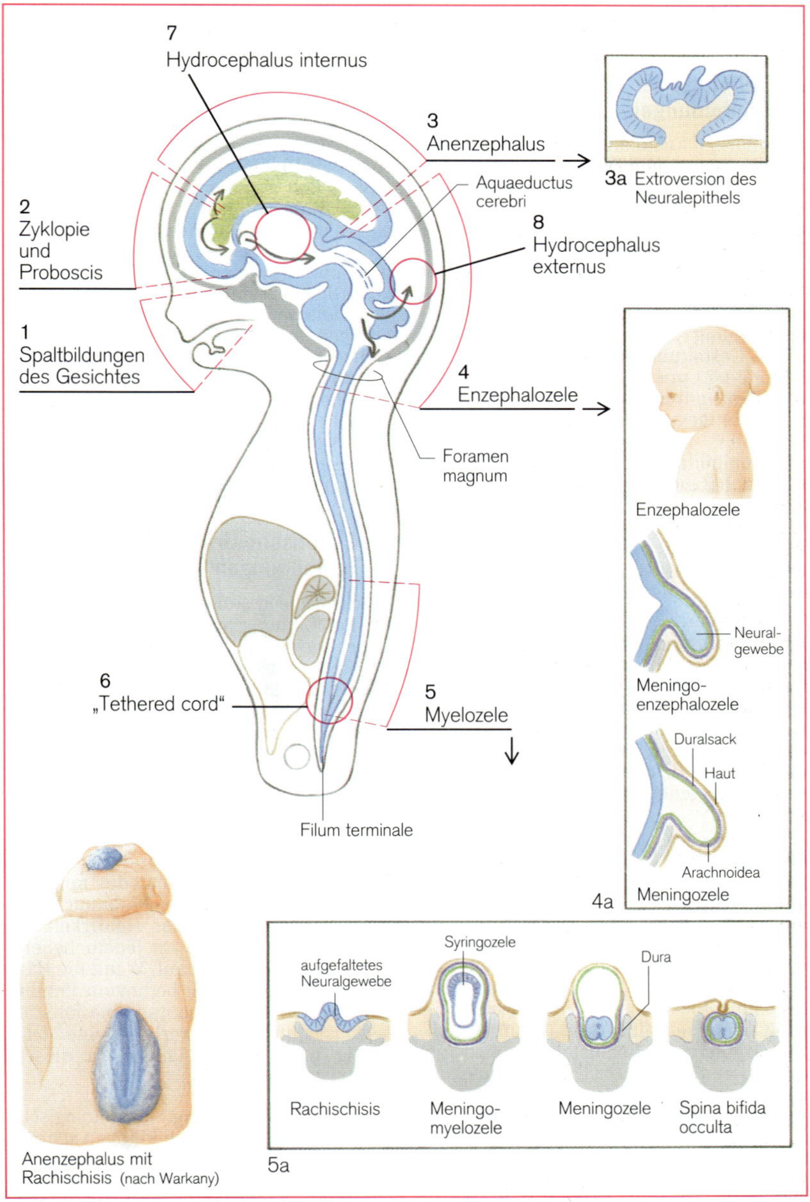

A. Fehlbildungen von Kopf und ZNS

Kapitel 10: Ursachen für Fehlbildungen

A. Definition der angeborenen Fehlbildungen

Angeborene Fehlbildungen sind auffallende morphologische Defekte, die zum Zeitpunkt der Geburt vorliegen. Die angeborene Fehlbildung ist im Gegensatz zu vielen anderen Krankheiten im Prinzip irreversibel. Sie beruht auf einer Störung bei der Determination des Genoms in den embryonalen Blastemen oder einer Abweichung bei den während der Embryonalentwicklung ablaufenden phasenspezifischen Gestaltungsbewegungen. Die Fehlbildung tritt uns daher als eine schicksalhaft dem Individuum zugeordnete Eigenschaft entgegen, die akzeptiert werden muß.

Fehlbildungen können genetische Ursachen haben oder durch eine exogene Schädigung des Embryos entstehen. Nur biochemisch nachweisbare Defekte beruhen zumeist auf Fehlvarianten von Strukturgenen. Sie werden unter den Erbkrankheiten eingeordnet.

Krankheitswert. Fehlbildungen sind aus ärztlicher Sicht Krankheiten, die einer Behandlung bedürfen. Als ärztliche Handlungsentwürfe kommen in Frage: (1) Maßnahmen zur sozialen Integration, (2) chirurgische Interventionen, (3) Prävention durch Identifizierung und Vermeidung von Teratogenen, (4) pränatale Diagnostik.

Morphologische Herleitung. Die morphologische Ausprägung vieler Fehlbildungen läßt sich aus der Normalentwicklung heraus verstehen. Deshalb wurden einige charakteristische Fehlbildungen jeweils im Anschluß an die Entwicklung der Organe dargestellt. Ein nach außen offen liegendes Rückenmark weist auf eine Störung beim Neuralrohrschluß hin (→9.5). Die Ösophagotrachealfistel läßt sich aus der Abschnürung der Tracheobronchialrinne verstehen (→7.4).

Die *Neurofibromatose Recklinghausen* geht mit Pigmentflecken in der Haut (Muttermale) und Neurofibromen (gutartigen Wucherungen der Schwann-Zellen) einher. Es ist einleuchtend, daß es sich um eine Störung bei der Auswanderung der *Neuralleiste* handelt.

Durch Hühnchen/Wachtel-Transplantationen (→3.12) wurde nachgewiesen, daß in die Endokardpolster Mesenchymzellen aus der Neuralleiste einwandern. Die experimentelle Störung der Neuralleiste im Rautenhirnbläschen führt zu Störungen bei der Bildung des spiraligen Septums in der Ausflußbahn des Herzens. So kann eine bereits bekannte *Herzmißbildung* auf eine Störung der früher erfolgenden Auswanderung der Neuralleistenzellen zurückgeführt werden. Die Erklärung einer Fehlbildung als Störung der Morphogenese sagt jedoch nichts über die Ursache aus. Im Folgenden werden einige beim Menschen bekannt gewordene genetische und exogene Ursachen für Fehlbildungen besprochen.

B. Genetische Ursachen für Fehlbildungen

Im theoretisch einfachsten Fall beruht eine Fehlbildung auf der Mutation eines Gens. Die meisten Gene sind für die Lebensfähigkeit der Zelle oder des Embryos notwendig. Mutationen in diesen Genorten sind mit dem Leben nicht vereinbar. Diese Gene sind daher stark konserviert. Sie sind nicht anfällig für Fehlbildungen, da eine Mutation die Entwicklung der Gameten nicht zuläßt, oder zum Absterben der Zygote führt. Es gibt daher nur relativ wenige Genorte, bei denen eine Mutation zu einer morphologischen oder biochemischen Veränderung führt, die mit dem Leben vereinbar ist. Diese Mutation tritt in einer Population mit der Häufigkeit der Spontanmutationsrate an jedem beliebigen Genort (etwa 10^6) auf. Wenn die Häufigkeit einer genetisch bedingten Fehlbildung über der Spontanmutationsrate liegt, ist dafür die Vererbung einer oder häufig mehrerer Varianten an diesem Genort verantwortlich.

Dominante Vererbung. Morphologische oder biochemische Fehlbildungen schränken in der Regel die Reproduktionschancen des betroffenen Individuums stark ein. Daher beobachtet man bei dominanten Erbleiden häufig die Expression erst nach dem 40. Lebensjahr, d. h. nach Abschluß der Reproduktionsperiode des Individuums (Beispiel *Chorea Huntington*). Die übrigen dominant vererbten Fehlbildungen treten mit der Häufigkeit der Spontanmutationsrate auf, oder besitzen eine geringe Penetranz.

Rezessive Vererbung. Bei rezessiver Vererbung ist die Inzidenz in geschlossenen kleinen Populationen stark erhöht (z. B. Speicherkrankheiten). Bei genetisch stark durchmischten Populationen nähert sich die Häufigkeit der betroffenen Genvariante einer mit der Spontanmutationsrate im Gleichgewicht stehenden Häufigkeit an. Bei einigen schweren Erkrankungen wie der zystischen Fibrose (Mukoviszidose), bei der das Molekül eines Jonenkanals von einer Mutation betroffen ist, kann eine pränatale Diagnostik angeboten werden, die z. B. in einer Familie mit einem erkrankten Kind den Eltern eine weitere Familienplanung ermöglicht.

Eine gezielte präventive Diagnostik muß direkt nach der Geburt durchgeführt werden, wenn eine Heilung durch Diät (z. B. Phenylketonurie) oder Hormontherapie (adrenogenitales Syndrom, →8.10) möglich ist.

Chromosomenanomalien. Die Monosomie, d. h. das Fehlen eines Chromosoms und die Trisomie, d. h. das doppelte Vorhandensein eines homologen Chromosoms ist ein relativ häufiges Ereignis, das durch „Non-disjunction“ der Chromosomen in der Meiose der Eizelle zustande kommt. Das Ereignis tritt bei allen Chromosomen etwa gleich häufig auf. Eine Fehlverteilung ist aber nur bei wenigen Chromosomen mit dem Leben vereinbar. Dies ist bei der Trisomie 21 (Down-Syndrom) und der Trisomie 13 und 18 der Fall. Die nicht mit dem Leben vereinbaren Chromosomenanomalien führen zu frühzeitigen Aborten.

Homeotische Gene. Die Segmentierungsgene wurden bei Drosophila entdeckt und analysiert. Die Fruchtfliege eignet sich für solche Untersuchungen, weil sie eine kurze Generationszeit und Tausende von Nachkommen hat. Nach einer Behandlung mit Strahlen können aus den zufällig enstehenden Mutationen diejenigen herausgesucht werden, die die Segmente transformieren und einen heterozygoten Erbgang besitzen. Bei der Maus und im menschlichen Genom lassen sich entsprechend aufgebaute Gene durch die Hybridisierung der DNS nachweisen. Mutationen in diesen Genen führen bei der Maus zu Fehlbildungen z. B. der Wirbelkörper. Man kann daraus den Schluß ziehen, daß entsprechende Fehlbildungen beim Menschen ebenfalls durch Aberrationen in den homeotischen Genen bedingt sind.

Fehlbildungssyndrome. Als Syndrome werden Fehlbildungen verschiedener Organsysteme bezeichnet, die in charakteristischer Weise gemeinsam auftreten. Sie werden nach den Autoren benannt, die sie als erste beschrieben haben (*Marfan Syndrom:* schlanker Hochwuchs, Arachnodaktylie (Spinnenfingrigkeit), Skoliose (Verbiegung der Wirbelsäule), Linsenluxation und Aortenfehlbildungen). Bei einigen Syndromen ist die zugrundeliegende Mutation oder Chromosomenaberration inzwischen bekannt. Sie wirkt sich in unterschiedlichen Organsystemen aus, so daß die Syndrome entstehen. Beispiele sind das *Down-Syndrom* (Trisomie 21), das *Turner-Syndrom* (XO, Verlust des Y-Chromosoms), *Klinefelter-Syndrom* (Genotyp XXY). Die kausale Analyse ist in der Regel nur durch die Untersuchung der entsprechenden Mutationen bei der Maus möglich (Beispiel *testikuläre Feminisierung,* Androgen-Rezeptor-Defekt).

Fragiles X-Syndrom. Das fragile X-Syndrom ist die häufigste Ursache für eine genetisch bedingte geistige Behinderung. Auf dem langen Arm des X-Chromosoms befindet sich eine instabile Stelle, an der die Chromosomen leicht zerbrechen. Das Gen kann mit einer DNS-Sonde identifiziert werden. Der Erbgang hat Ähnlichkeit mit einer pseudoautosomalen dominanten Vererbung mit obligatorischem cross-over zwischen X- und Y-Chromosom, die beim Sxr-Faktor beobachtet wurde (→3.16). In der Meiose werden bei der End- zu Endpaarung zwischen X- und Y-Chromosom Chromosomenabschnitte ausgetauscht. Dadurch kann ein Teil des X-Chromosoms über das Y-Chromosom weiter vererbt werden und dann wieder auf das X-Chromosom gelangen. Die männlichen Überträger können das Gen auf ihre nicht erkrankten Töchter übertragen, deren männlichen und weiblichen Kinder erkranken können. Der Ausbruch der Erkrankung scheint mit einer vermehrten Methylierung an den brüchigen Stellen des Chromosoms verbunden zu sein.

C. Exogene Ursachen

Eine Schwangerschaft ist von Natur aus gegenüber mechanischen Schädigungen durch die Ausbildung der Eihäute und gegenüber Medikamenten durch die Einschaltung der Plazenta (Plazentaschranke) gut geschützt. Deshalb ist ein Kausalzusammenhang zwischen einer Fehlbildung und der Störung der Schwangerschaft durch äußere Einflüsse selten nachweisbar. Bei einigen Medikamenten hat sich jedoch nachträglich eine spezifische Schädigung des Embryos herausgestellt. Es ist daher ratsam, während einer Schwangerschaft grundsätzlich keine Medikamente einzunehmen.

1. Sensible Phasen gegenüber Teratogenen

Die Reaktion der Schwangerschaft auf eine exogene Schädigung ist vom Entwicklungsalter abhängig. Während der **Frühentwicklung** folgt die Reaktion einer „Alles oder Nichts"-Regel. Die Schwangerschaft endet mit einem Spontanabort oder die Schädigung wird von den noch pluripotenten Zellen ausgeglichen. In der **Embryonalperiode** kann eine Schädigung, die nicht zum Absterben der Frucht führt, typische Fehlbildungen derjenigen Organe verursachen, die sich zum Zeitpunkt der Schädigung gerade in der *sensiblen Phase* befinden. In der **Fetalperiode** ist die Ausbildung der Organanlagen abgeschlossen, so daß keine morphologisch ausgeprägte Fehlbildungen mehr entstehen. Eine Ausnahme ist die Entwicklung der Großhirnrinde, die sich zwischen der 8. und 15. SSW in einer sensiblen Phase z. B. gegenüber Strahlen befindet.

Reaktionen während der Frühentwicklung. Die Unterbrechung der Implantation bei chromosomalen oder genetischen Störungen scheint ein physiologischer Vorgang zu sein. Hierfür spricht, daß bei Spontanaborten in einem sehr hohen Prozentsatz Chromosomenanomalien gefunden werden. Ebenso war ein hoher Prozentsatz der von Hertig und Rock (→2.0) untersuchten frühen Implantationen fehlgebildet. Hertig und Rock nahmen an, daß diese von der Mutter noch nicht bemerkten Implantationen nicht ausgetragen worden wären. Durch die Chorionbiopsie in der vierten Woche und die damit verbundene Vorverlegung der pränatalen Diagnostik steigt die Anzahl der pathologischen Befunde an. Man muß daher annehmen, daß ein Teil der erfaßten Graviditäten ohne ärztliches Eingreifen auf natürlichem Wege beendet worden wäre.

Die auf unbekannte Prozesse während der Frühentwicklung zurückgehende Entstehung von *eineiigen Zwillingen* (→2.45) steht in keinem Zusammenhang mit exogenen Schädigungen. Zwillinge gehen aus einer Unterteilung der Zygote oder des Embryoblast hervor, bei der sich jede Hälfte zu einem gleichwertigen Embryo entwickelt. Die Unterteilung kann unvollständig sein und die Entwicklung kann unsymmetrisch verlaufen, so daß ein Zwilling zum Anhang des anderen wird (Siamesische Zwillinge). Bei den **Doppelbildungen** gibt es Übergänge von der doppelten Anlage einer Körperachse im Primitivstreifenstadium bis zu doppelter oder fehlerhafter Entwicklung der Achsenorgane im Blastem der Schwanzknospe.

In **Teratomen** entwickeln sich pluripotente embryonale Zellen zu unterschiedlich differenzierten ungeordneten Geweben. Teratome gehen auf versprengtes pluripotentes embryonales Gewebe oder auf eine „parthenogenetisch", d. h. ohne Befruchtung einsetzende Embryonalentwicklung von Keimzellen zurück (ektope Urkeimzellen, Keimzellen im Ovar oder im Hoden).

Bei der **Blasenmole** (Chorionepitheliom) geht der Embryo aufgrund einer Chromosomenanomalie oder aus anderer Ursache zugrunde, während der Trophoblast allein ohne Ausbildung embryonaler Gefäße weiterwuchert. Bei bösartigem Wachstum spricht man von **Chorionkarzinom.**

Reaktion in der Embryonalperiode. Als sensible Phase einer Organanlage wird

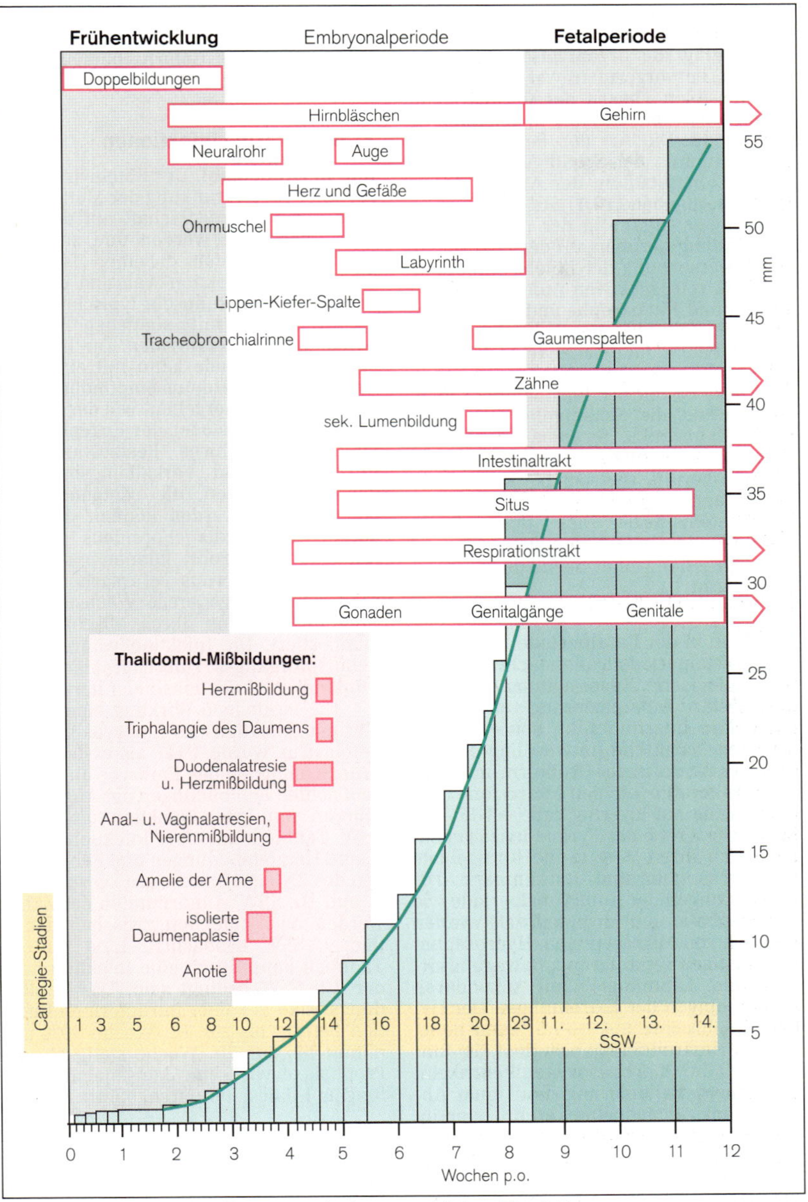

10.1 Sensible Phasen für Teratogene in der menschlichen Entwicklung

(nach Hinrichsen, Schumacher und Lenz)

das Zeitfenster in der Entwicklung bezeichnet, in dem durch eine exogene Schädigung die organtypischen Fehlbildungen hervorgerufen werden können. Die sensiblen Phasen der Organsysteme liegen schwerpunktmäßig in der Embryonalperiode. Die Art der Fehlbildung ist vom Zeitpunkt der Schädigung und dem Entwicklungsstadium der Anlage abhängig. Die Angaben (**10.1**) für die sensiblen Phasen der Organe in der menschlichen Entwicklung beruhen auf der retrospektiven Untersuchung der Röteln-Embryopathie, der retrospektiven Aufarbeitung der Thalidomid-Katastrophe und der Korrelation von Zeitpunkt der Schädigung und Art der Fehlbildung bei anderen bekanntgewordenen exogenen Noxen. Die sensible Phase ist mit der Blastemphase identisch, wenn die Schädigung auf einem durch Zytostatika, Strahlen oder Virus-Befall hervorgerufenen Zelluntergang im Blastem beruht. Die sensible Phase kann jedoch auch zeitlich vor der Ausbildung des Blastems liegen. Dies läßt sich durch eine Störung der Determination während der Expression früher Segmentierungsgene erklären.

Reaktion in der Fetalperiode. Störungen in der Fetalperiode treffen nicht mehr die morphologische Ausgestaltung, sondern die zelluläre Differenzierung von Gehirn, Niere und Intestinaltrakt, sowie die geschlechtsspezifische Entwicklung des äußeren Genitale. In der Großhirnrinde läuft die Proliferation in der Matrixzone und das „inside out layering" ab (→4.17, 16. SSW). Die Axone der Pyramidenzellen suchen sich ihren Weg in die Kerngebiete von Hirnstamm und Rückenmark. Die Fehlbildungen der Embryonalperiode wie Anenzephalie und Enzephalozele werden abgelöst von Mikrozephalie, Hydrozephalus, geistiger Retardierung, Bewegungsarmut und Lähmungen mit sekundären Fehlstellungen der Extremitäten. Der Hydrozephalus internus (→9.5) kann dabei durch primären Substanzverlust der Rinde mit dadurch primär weiten Ventrikeln, oder durch Behinderung des Liquor-Abflusses im Aquaeductus cerebri oder im IV. Ventrikel aufgrund von Fehlbildungen in der Gehirnwand entstehen. In der zweiten Hälfte der Schwangerschaft sind dann Fetopathien im Sinne einer Enzephalomeningitis nach intrauteriner Infektion mit Zelluntergang, Narbenbildung und Verkalkung für eine Gehirnschädigung verantwortlich.

2. Intrauterine Infektionen

Röteln (Rubeolae). Der Rötelnvirus kann bei einer Ersterkrankung der Mutter während der Schwangerschaft auf den Embryo übertragen werden und zu einem Spontanabort oder zu einer Totgeburt führen. Eine Infektion während der Embryonalperiode kann ein typisches Schädigungsmuster mit stadienspezifischen Fehlbildungen hervorrufen. Die Infektion in der Fetalperiode kann mit einer entzündlichen Erkrankung empfindlicher Organsysteme einhergehen, wie der Chorioretinitis am Auge oder der Enzephalomeningitis des Gehirns. Restzustände der Entzündung sind Verkalkungsherde in den Gehirnhäuten, die röntgenologisch nachgewiesen werden können. Narbenbildung im Plexus choroideus und im Aquaeductus cerebri können einen Hydrozephalus internus verursachen, während sich eine generelle Wachstumsstörung des Gehirns durch Mikrozephalie manifestiert. Die Infektion während des Geburtsvorganges ruft charakteristische frühkindliche Infektionsbilder hervor.

Die teratogene Wirkung einer intrauterinen Infektion des Embryos mit dem Rötelnvirus wurde 1941 als erste teratogene Schädigung des Embryos überhaupt beobachtet. Fehlbildungen der Augen korrelieren mit einer Infektion um die 6. SSW, Taubheit mit einer Infektion um die 9. und Herzfehlbildungen und Fehlbildungen des ZNS mit Infektionen zwischen der 5. und 10. SSW. Abnormitäten der Zähne werden nach Infektion zwischen der 6. und 9. SSW beobachtet. Eine zentrale Taubheit kann durch eine Infektion nach der 12. SSW bedingt sein. Das Fehlbildungsrisiko bei einer intrauterinen Infektion beträgt bis zur 12. Woche 30% und nimmt bis zur 20. Woche stetig ab. Als Prophylaxe wird eine konsequente Impfung im Kindesalter durchgeführt.

Zytomegalie-Virus. Die Erkrankung verläuft bei der Mutter symptomlos. Die Infektionsgefahr steigt bis zum dritten Trimenon auf 40% an. Neben einer Hepatosplenomegalie werden Mikrozephalie und symptomatischer Hydrozephalus, Verkalkungsprozesse an den Hirngefäßen, psychomotorische und geistige Retardierung und Zerebralparalysen beobachtet.

Herpes-simplex-Virus. Eine Herpes-Infektion kann beim Vorliegen eines genitalen Herpes unter der Geburt erfolgen. Sie kann beim Neugeborenen Hirnschädigungen und geistige Retardierung oder Tod zur Folge haben. Deshalb wird bei Genitalherpesinfektion Entbindung durch Kaiserschnitt empfohlen.

Windpocken (Varizellen). Die Häufigkeit einer Infektion der Schwangeren mit Windpocken ist gering und beträgt nur 5 auf 10000. Es wurde ein charakteristisches Fehlbildungssyndrom mit entzündlicher Störung der Hirnentwicklung, Anomalien im Urogenitalsystem und mit Herzfehlern beschrieben. Die Stadienspezifität entspricht der bei Röteln.

AIDS-Virus. Eine prä- und perinatale Übertragung des AIDS-Virus ist möglich. Es wurde ein dysmorphes Syndrom beschrieben, das neben Wachstumsretardierung und Mikrozephalie eine charakteristische Fazies mit Hypertelorismus enthält. Die intrauterine Infektion mit Syphilis führt zu Spontanabort, Totgeburt oder zu einer angeborenen Syphilis beim Kind, die mit neurologischen Störungen, geistiger Retardierung, kardiovaskulären Defekten und kraniofazialen Anomalien einhergeht.

Toxoplasmose. Die Infektion mit dem intrazellulären Protozoon Toxoplasma Gondii erfolgt über rohes Fleisch oder Kontakt mit Katzen. Der Fetus kann bei einer Erstinfektion der Mutter befallen werden. Die Toxoplasmose verursacht Hydrozephalus, Chorioretinitis, Hepatosplenomegalie und geistige Retardierung.

3. Schädigung durch Medikamente

Thalidomid-Embryopathie. Das Schlaf- und Beruhigungsmittel Thalidomid, das unter dem Handelsnamen Contergan von einer deutschen Firma in den Jahren 1957 – 1962 verkauft wurde, ist das beste Beispiel für einen kausalen Zusammenhang zwischen Medikamenteneinnahme und Fehlbildungen. Die typischen Fehlbildungen waren symmetrische Amelien (Fehlen der Arme oder Beine), Mikromelien (verkürzte Extremitäten), Phokomelien (Ansatz der Finger oder Zehen direkt am Rumpf) und Radiushypoplasien (unterentwickelter Radius). Neben den Fehlbildungen der Extremitäten fanden sich weitere Störungen wie Anotie (Fehlen der Ohren), Mikrophthalmie (kleine Augen), Persistieren des Koloboms (→5.6) sowie Fehlbildungen der inneren Organe, des Herzens, der harnableitenden Wege und des Magen-Darm-Kanals. Der Zusammenhang zwischen dem Fehlbildungssyndrom und der Einnahme von Thalidomid während der Schwangerschaft wurde von Lenz in Deutschland und McBride in Australien 1961 beobachtet und publiziert. Die intrauterine Mortalität des Thalidomids betrug etwa 40%. Von Lenz (1988) wurden 3049 lebendgeborene Kinder mit Fehlbildungen beschrieben. In einigen Fällen, in denen Thalidomid während eines Klinikaufenthaltes verordnet worden war, konnte die Tabletteneinnahme und die Art der Fehlbildung zeitlich korreliert werden. Diese Daten sind in **10.1** eingetragen. Die Schädigung der Extremitäten erfolgt z. B. bereits vor dem Auftreten der Extremitätenknospen. Thalidomid zerstört daher offenbar nicht wie ein klassisches Teratogen vom Typ der Zytostatika die Zellen in der Progressionszone der Extremitätenknospe, sondern wird bereits in einem früheren Stadium möglicherweise bei der segmentalen Determination durch die homeotischen Gene wirksam.

Die Tatsache, daß die Teratogenität von Thalidomid vor der Zulassung nicht erkannt wurde, wird häufig so gedeutet, als wäre dies auch grundsätzlich nicht möglich gewesen. 1957 war die Überprüfung der Teratogenität im Tierversuch noch nicht gesetzlich vorgeschrieben. Bei einem Sedativum wurde keine Teratogenität vermutet. Die typische Thalidomid-Embryopathie läßt sich beim Kaninchen und bei Primaten erzeugen. Unter Beachtung der komplexen Pharmakokinetik des Thalidomid wurde ein entsprechendes Mißbildungssyndrom auch bei der Maus nachgewiesen (Kocher et. al. 1992).

Hormone. Steroidhormone mit androgener Wirkung können bei weiblichen Feten eine Vermännlichung und Steroidhormone mit antiandrogener Wirkung bei männlichen Feten eine weibliche Entwicklung hervorrufen. Die sensible Phase beginnt am Ende der indifferenten Geschlechtsentwicklung im Stadium 18–20 mit dem Auftreten der Androgenrezeptoren im Mesenchym der Genitalgänge (→8.5). Die bekanntgewordenen Fehlbildungen sind durch die Behandlung eines drohenden Aborts mit synthetischen Gestagenen zustandegekommen. Gestagene können eine androgene oder antiandrogene Wirkungskomponente besitzen. Die Maskulinisierung zeigte sich bei weiblichen Feten durch die Fusion der Schamlippen, die antiandrogene Wirkung bei männlichen Feten durch Störungen bei der Kanalisierung der Glans des Penis mit Ausbildung einer Hypospadie. Nach Einsatz des synthetischen Östradiols Diäthylstibestrol (DES) bei drohendem Abort wurde das Auftreten von Adenomen der Vagina nach der Pubertät beschrieben. Das Risiko für ein vaginales Adenom lag zwischen 0,14 und 1,4 pro Tausend Kindern, deren Mütter DES erhalten hatten (Daten nach Persaud 1992). In der Frühschwangerschaft führt die Einnahme hormonaler Kontrazeptiva oder ähnlicher Präparate zu keinem erhöhten Fehlbildungsrisiko.

Fetales Alkoholsyndrom. Die bei Alkoholabhängigkeit der Mutter auftretenden charakteristischen Merkmale des fetalen Alkoholsyndroms sind geistige Retardierung bei verringertem pränatalen und postnatalen Wachstum, Mikrozephalie und eine charakteristische Fazies mit kurzen Lidspalten, flachem Nasenrücken und hypoplastischem Ober- und Unterkiefer.

Nikotin. Bei stark rauchenden Schwangeren wurde eine intrauterine Wachstumsretardierung beschrieben, die auf eine fetale Hypoxie infolge einer Gefäßverengung bei der Mutter mit Minderdurchblutung der Plazenta zurückgeführt wird.

Radioaktive Strahlung. Nach den Atombombenabwürfen über Hiroshima und Nagasaki 1945 stieg die Rate der Fehlgeburten bei den exponierten Schwangeren auf 28% an. 25% der Kinder starben im ersten Lebensjahr und 25% der überlebenden Kinder wiesen Fehlbildungen des Zentralnervensystems auf (Angaben nach Persaud 1992). Die natürliche, kosmische Strahlenbelastung beträgt etwa 1 cGy. Eine Strahlenexposition unterhalb von 5 cGy stellt ein sehr geringes Risiko für den Embryo dar. Trotzdem sollten Röntgenuntersuchungen im Beckenbereich mit einer Belastung um 2 cGy bei Frauen nach Möglichkeit innerhalb der ersten 10 Tage nach der Menstruation durchgeführt werden, da zu diesem Zeitpunkt eine Schwangerschaft am unwahrscheinlichsten ist, oder auf einen Termin nach der 24. SSW verlegt werden.

D. Teratologie

Teratologie ist ein Teilgebiet der experimentellen Embryologie, das sich mit der Aufklärung von Kausalzusammenhängen bei der Entstehung von Fehlbildungen befaßt. Ein Teilaspekt ist die Untersuchung aller neuen Medikamente auf eine mögliche teratogene Wirkung im Tierversuch.

Im Tierexperiment lassen sich die sensiblen Phasen der Organe durch gezielte Applikation von Teratogenen genau feststellen. Die Ausprägung der Fehlbildung ist nicht von der Art des Teratogens, sondern vom Zeitpunkt der Applikation abhängig. Für die Aufstellung von Dosis-Wirkungskurven und die statische Absicherung werden Inzuchtstämme von Versuchstieren mit hoher Wurfgröße verwendet (Maus, Ratte, Kaninchen). Die Ergebnisse sind grundsätzlich auf den Menschen übertragbar. Dies gilt wegen unterschiedlicher Schwangerschaftsdauer nicht für die Zeitangaben.

1. Angriffspunkte von Teratogenen

Mit den Methoden der vergleichenden Embryologie und der experimentellen Teratologie kann mit hinreichend großer Sicherheit festgestellt werden, ob ein Medikament eine teratogene Wirkung hat oder nicht. Bei jedem neuen Medikament wird daher heute routinemäßig die Teratogenität im Tierversuch geprüft, bevor das Medikament für den Menschen zugelassen wird. Die bei der teratologischen Prüfung eingesetzte statistische Auswertung morphologischer Beobachtungen erlaubt prinzipiell keine Aussage über den Angriffspunkt eines Teratogens. Teratogene wirken über Angriffspunkte in der DNS oder durch Eingriffe in die embryonalen Transduktionsketten (→3.29).

Angriffspunkte an der DNS

Zytostatika sind Medikamente, die sich mit der DNS verbinden, oder die Replikation der DNS stören. Sie führen in **proliferierenden Zellpopulationen** zum Untergang der Tochterzellen. Die gleiche Wirkung wird durch radioaktive Strahlen erreicht, die Strangbrüche in der DNS erzeugen. Zytostatika und Strahlen werden in der Tumortherapie zur Zerstörung proliferierender Zellpopulationen eingesetzt. Die Exposition während der Schwangerschaft führt zum Absterben des Embryos oder zur phasenspezifischen Schädigung der während der Expositionszeit proliferierenden Organblasteme.

In geringer Dosis bewirken Zytostatika und Strahlen in proliferierenden Zellpopulationen eine **Erhöhung der Mutationsrate** (in differenzierten Zellen, die den Zellzyklus definitiv verlassen haben, werden die Mutationen nicht wirksam, da nur noch ein kleiner Teil des Genoms transkribiert wird und die Schädigung mit dem Untergang der Zelle verschwindet). In den proliferierenden Zellpopulationen unterliegen die Mutationen, die mit dem Weiterleben der Tochterzellen vereinbar sind, einer Selektion. Mutationen, die embryonale, die Proliferation stimulierende Transduktionsketten einschalten (Onkogene, →3.29) besitzen einen Selektionsvorteil und können sich zu bösartig wachsenden Tumoren entwickeln. In embryonalen Blastemen haben derartige Mutationen offenbar keinen Selektionsvorteil. Hierfür spricht das folgende Experiment: Wenn eine bösartig wachsende Teratomzelle in die Blastozyste einer Maus eingebracht wird, kann sie an dem normalen Aufbau des Embryos teilnehmen und sich sogar zu einer normalen Keimzelle differenzieren. Beim Durchschleusen durch die Embryonalentwicklung werden offenbar die in der Teratomzelle angeschalteten Onkogene wieder ausgeschaltet, so daß die Zelle in den normalen Lebenszyklus eingegliedert werden kann.

Im Tierexperiment lassen sich bei Spezies mit hoher Reproduktionsrate (Beispiel Drosophila und Maus) durch Bestrahlung eine Erhöhung der **Mutationsrate in der Keimbahn** erzeugen. Aus der Vielfalt der statistisch gehäuft auftretenden Mutationen lassen sich diejenigen durch gezielte Selektion heraussuchen, die für die entsprechende Fragestellung interessant sind und den für die experimentelle Anordnung geeigneten Erbgang besitzen. Die als Modelle für menschliche Erkrankungen erzeugten Mutationen (Beispiel Testikuläre Feminisierung, →8.8) sind Defektmutanten, die auf einem dafür speziell geeignetem Hintergrund (genetischer Background) oder als Inzuchtstämme gehalten werden. Es handelt sich dabei nicht um Eingriffe in das Genom von Wildpopulationen, sondern eher um eine spezielle Form der Domestikation wie sie bei Haustieren schon lange bekannt ist.

Nach den Atombombenexplosionen in Hiroshima und Nagasaki kam es bei schwangeren Frauen, die die Explosion überlebt hatten, zu Aborten und zur Geburt fehlgebildeter Kinder. Eine Erhöhung der Mutationsrate über die Spontanmutationsrate hinaus läßt sich beim Menschen aus statistischen Gründen schwer feststellen, da die Reproduktionsrate sehr niedrig und die genetische Variation sehr hoch ist.

Beeinflussung embryonaler Transduktionsketten

Die teratogene Wirkung von **Vitamin-A-Mangel** ist seit langem bekannt. Sie läßt sich durch die Funktion der „retinoic acid" als Ligand in der Transduktionskette der homeotischen Gene erklären, die phasenspezifisch während der Embryonalentwicklung angeschaltet werden (→3.23).

Viele **Hormone,** wie das *Schilddrüsenhormon* und die *Sexualsteroide* sind embryonale Induktoren, bei denen Mangel oder Überfunktion zu Fehlbildungen führt. *Cortison* und *Insulin* sind bei der Differenzierung aller bisher daraufhin untersuchten Organe notwendig. Hohe Dosen von Cortison erzeugten bei der Maus Gaumenspalten. Bei Menschen ist Cortison wahrscheinlich wegen der modulierenden Wirkung im Steroidhormonstoffwechsel von Plazenta und fetaler Nebennierenrinde nicht teratogen. Insulin ist ein Wachstumsfaktor vom Typ der kurzen

Glucoproteine. Bei *Diabetes* wurden Wachstumsstörungen des Fetus und ein kaudales Fehlbildungssyndrom beschrieben.

Einige **Neuropharmaka** sind teratogen. In dieser Gruppe gehören neben dem Thalidomid die *Antiepileptika* (z. B. Diphenylhydantoin, Trimethadion und Valproinsäure). Die *Neurotransmitter* spielen während der Embryonalentwicklung eine Rolle bei der zellulären Interaktion. Möglicherweise sind aus diesen primitiven Funktionen die differenzierten Aufgaben im ZNS hervorgegangen. Der Wirkmechanismus auch des Thalidomids ist bisher unbekannt.

2. Phänokopie

Die Beobachtung, daß eine genetisch determinierte Fehlbildung auch durch Behandlung mit Teratogenen erzeugt werden kann, wird als Phänokopie bezeichnet. So erschien die *Thalidomid-Embryopathie* zunächst als gehäuftes Auftreten der bereits bekannten aber seltenen Phokomelie. Das Phänomen der Phänokopie läßt sich im Tierversuch weiter abklären. Die Polydaktylie (Auftreten von überzähligen Finger- oder Zehenstrahlen), wird bei der Maus durch eine rezessive Mutation hervorgerufen. Die Expression der Mutation, d. h. die Häufigkeit und die Art der Ausprägung in einem für das Polydaktylie-Gen homozygoten Inzuchtstamm, ist vom genetischen „background" abhängig. Als genetischer Background wird die Gesamtzahl der Gene bezeichnet, die die in Frage stehende Mutation beeinflussen. Durch Veränderung des genetischen Backgrounds kann die Expression der Polydaktylie verstärkt werden. Bei verstärkter Ausprägung treten vermehrt anstelle von überzähligen Phalangen Hypoplasien von Radius und Ulna und dann Hypoplasien des Humerus auf. In einem Phänokopie-Experiment ließ sich die Wirkung des Backgrounds auf die Expression der Mutation durch eine unterschwellige Dosis des Zytostatikum TEM (Triäthylmelamin) ersetzen, mit der alleine in einem unbelasteten Tierstamm keine Fehlbildung hervorgerufen werden kann. Genetischer Background und das exogene Teratogen wirkten auf die Expression der Fehlbildung additiv. Das Auftreten einer Fehlbildung ist also nicht allein von der Störung eines einzelnen Faktors abhängig, sondern wird durch eine Vielzahl von Faktoren beeinflußt. Dabei ist die genetische Information nur bedingt der determinierende erste Schritt. Bei der Entwicklung eines Organs ist sie durch Rückkopplung, quantitative Modulation und „repair"-Mechanismen in ein Netzwerk von Minikausalketten eingebettet. Die unzähligen einzelnen Faktoren ergeben als Ganzes einen Sinn, von dem wir mit morphologischen oder biochemischen Methoden nur jeweils einen Teilaspekt erfassen können.

Weiterführende Literatur und Quellen

Lehrbücher

(1) Alberts, B., D. Bray, J. Lewis, M. Raff, K. Roberts und J. D. Watson: Übers. von L. Jaenicke: Molekularbiologie der Zelle. Weinheim; Deerfield Beach, FL: VCH, 1986.

(2) Arey, L.B.: Developmental Anatomy. A Textbook and Laboratory Manual of Embryology. Saunders Company, Philadelphia 1965

(3) Balinsky, B. I.: An Introduction to Embryology. 5. Aufl. Saunders, Philadelphia 1981

(4) Blechschmidt, E.: Der menschliche Embryo (Totalrekonstruktionen). Schattauer, Stuttgart 1963

(5) Blechschmidt, E.: Die pränatalen Organsysteme des Menschen. Hippokrates, Stuttgart 1973

(6) Boyd, J. D. and W. J. Hamilton: The Human Placenta. Cambridge W. Heffer & Sons Ltd 1970

(7) Darnell, J. E., Lodish, H. and D. Baltimore: Molecular cell biology. Second Edition. Scientific American Books, Inc. 1990

(8) Hamilton, W. J., J. D. Boyd and H. W. Mossmann: Human Embryology. Prenatal development of form and function. 4. Edition. Heffer, Cambridge 1972

(9) Hinrichsen, K. V. (Hrsg.): Humanembryologie. Lehrbuch und Atlas der vorgeburtlichen Entwicklung des Menschen. Springer, Berlin 1990

(10) Johnson, M. H. and B. J. Everitt: Essential Repropduction. 2nd Edition. Blackwell Scientific Publications. 1984

(11) Kleinig, H. und P. Sitte: Zellbiologie. Ein Lehrbuch. 3. Aufl. Gustav Fischer 1992

(12) Kollmann, J.: Handatlas der Entwicklungsgeschichte des Menschen. In zwei Bänden. Gustav Fischer Jena 1907

(13) Langman, M. D.: Medizinische Embryologie. 8. Aufl. Thieme, Stuttgart 1991

(14) O'Rahilly, R. and F. Müller: Developmental Stages in Human Embryos. Carnegie Institution of Washington Publication 637, 1987

(15) O'Rahilly, R. and F. Müller: Human Embryology and Teratology. Wiley-Liss, New York 1992

(16) PATTEN B. M.: Human Embryology. New York: McGraw-Hill 3, 1968

(17) Romer, A. S. und T. S. Parsons: Vergleichende Anatomie der Wirbeltiere. 5. Aufl. Verlag Paul Parey Hamburg und Berlin 1983

(18) Starck, D.: Embryologie, 3. Aufl. Thieme, Stuttgart 1975

(19) Tuchmann-Duplessis, H., P. Haegel: Illustrated Human Embryology, Masson, Paris 1972

Quellenverweise

Die hinter der Tafelnummer in Klammern gesetzten Zahlen weisen auf die oben aufgeführten Lehrbücher hin. Die Daten zu den Exemplaren der Carnegie-Sammlung (C-Numerierung) finden sich in (14).

Kapitel 1: Fortpflanzung

1.8A2 Schulze W, Rheder U (1984) Cell Tiss Res 237:395. 1.11A Baker TG (1963) Proc roy Soc Lond B 158:417. 1.15C Pschyrembel Praktische Geburtshilfe. DeGruyter 196?. 1.16A Döring GK (1962) Geburtsh und Frauenh 22:1191. 1.17A (10)

Kapitel 2: Menschliche Entwicklung

2.0 und 2.1A (14). 2.6B Hertig AT et al (1954) Contr Embryol 35:199. 2.6C Heuser CH; Streeter GL (1941) Contr Embryol 29:15. 2.8A Vögler H (1987) Bibliotheca Anatomica No 30. Luckett WP (1975) Am J Anat 144:149. 2.9A1 C7700, 2.9A2

C7802. 2.10A1 C7950, 2.10A2 C9250, 2.10A3 C7801. Luckett (1978) Am J Anat 152:59. 2.11A C7801, 2.11B C7802. 2.12A C5960, (14). 2.13A Ludwig E (1928) Morph Jahrb 59:41. 2.14A2 Ortmann R (1938) Z Anat Entwicklungsgesch 108:450. 2.15 (16). 2.16A Ingalls NW (1920) Contrib Embryol 11:61, 2.16B Payne F (1925) Contrib to Embryol 16:115. 2.17 und 2.18 Corner GW (1929) Contrib to Embryol 20:81. 2.19A3 Davis CL (1923) Contr Embryol 15:1. 2.20 bis 2.27 (5). 2.28A (4). 2.29, 2.31 und 2.32A (5), 2.32B (6), 2.34 und 2.35 (5). 2.37A (5). 2.40 und 2.41 (6). 2.42A1 (16), 2.42A2 (8). 2.43 (19), 2.44A (6) 2.44B (19), 2.44C (13)

Kapitel 3: Allgemeine Embryologie

3.5 (18). 3.6A Niewkoop (1969) Spemann H Mangold H (1938); 3.6B Smith JP et al (1990) Nature 345:729. 3.12A Le Douarin N (1969) Bull Biol Belg 103:435, 3.12B Le Douarin N (1982) The Neural Crest. Univ Press Cambridge. 3.14 (8). 3.15B Mossmann HW. (1937 Contr Embryol 26: 129) 3.15C (18). 3.16A (7), 316.B McLaren (1991) Nature 351:96, Koopman P et al (1991) Nature 351:117. 3.17A (7). 3.19B (17). 3.22B2 Christ B in (9). 3.23A Drews U, Drews U (1973) Wilh RouxArch 173:208, 3.23B2 (1). 3.23B3 Tickle C Nature 358:188. 3.24A Mizoguti H (1989) Adv Anat Embryol 116. 3.25 (7). 3.27A1 (11), 3.27A3 Tabin C, Laufer E (1993) Nature 361:692. 3.29 Berridge MJ (1993) Nature 361:315. 3.30 (16) 3.31 (1). 3.31B3 (10). 3.33A1a Hughes SM (1992) Nature 360:536. 334A1 Pardanaud L Dieterlen-Lièvre F (1993) Anat Embryol 187:107, 3.34A2 v Gaudecker B (1990) in (9). 3.35 Ohno S in Genetic Markers ed Haseltine FP et al Plenum Press 1987

Kapitel 4: Nervensystem

4.2A s. 2.16B. 4.2B1 (19). 4.4B (8). 4.5A1 (5). 4.5A2 (13). 4.7B2 Lumsden A Keynes R (1998) Nature 337:424. 4.12 (16). 4.15A1b (14). 4.17 Rakic J (1972) Comp Neur 145:61. 4.18A Wiedersheim R Vergleichende Anatomie. Gustav Fischer Jena 1906. 4.18B Kahle W Neurology Series Bd1 Springer-Verlag 1969. 4.21A1 (5). 4.22A1b (12). 4.23A1 s. 4.18A 4.23A2 Vollrath L, Oksche A (1981) Handb Mikr Anat Bd VI, 7. Teil

Kapitel 5: Sinnesorgane

5.1A Kühn A Grundriß der allgem Zool Thieme 1969. 5.4A Boeke J in Handb der vgl Anat der Wirbeltiere. Ed Bolk et al Urban und Schwarzenberg 1934, 5.4B (16). 5.5A (16). 5.6 und 5.7 (8). 5.9 (16). 5.10D (17)

Kapitel 6: Herz und Gefäße

6.0 Steding G, Seidel W (1990) in (9). Davis (1927) Contr Embryol 19:245. 6.7A1 (2), 6.7A2 Padget DH (1948) Contr Embryol 32:205

Kapitel 7: Magen-Darm-Trakt

7.1A (2). 7.2A1 (5), 7.2A2 Weller GL Jr. (1933) Contrib Embryol 24, 93:140. 7.3A (12), 7.3B (13). 7.5C3 Duncker HR in (9), 7.5C5 Burri PH (1984) Ann Rev Phyisol 46:617. 7.8 (12) und (16). 7.9A1 Drews U (1975) Pr Histochem Cytochem 3, 7.9A4 Richter E (1976) RöFo 124:552. 7.10 (16) und (13)

Kapitel 8: Urogenitalsystem

3.0 Jacob (1990) in (9). 8.1A1 s. 5.1A. 8.2 Shikinami J (1926) Contrib Embryol 18:49. 8.3A2 Kriz in Benninghoff Bd2. 8.6A2 (16). 8.5A Drews U in Klinik der Frauenh und Geburtsh Eds Wulf Schmidt-Matthiesen Bd13 Urban und Schwarzenberg 1987. 8.6A1 Witschi E (1948) Contrib Embryol 32:67. 8.8 s. 8.5. 8.10 Overzier C Die Intersexualität. Thieme 1961. A2 Bierich JR in Overzier

Kapitel 9: Kopf

9.1A (13). 9.2A1 (8), 9.2A2 (13). 9.3B (8). 9.4A Stoeter P, Drews U (1983) Radiologie 23:273. 9.5 (8) und Warkany J Congen Malformations. Year Book Med Pub Chicago 1971

Kapitel 10: Ursachen für Fehlbildungen

Persaud D T Umweltteratologie. In Schumacher et al Teratologie Gustav Fischer 1992. Lenz W (1988) Teratology 38: 203

Sachverzeichnis

Halbfett gedruckte Seitenzahlen verweisen auf den Haupteintrag.

H

L

N

Taschenatlas der Embryologie

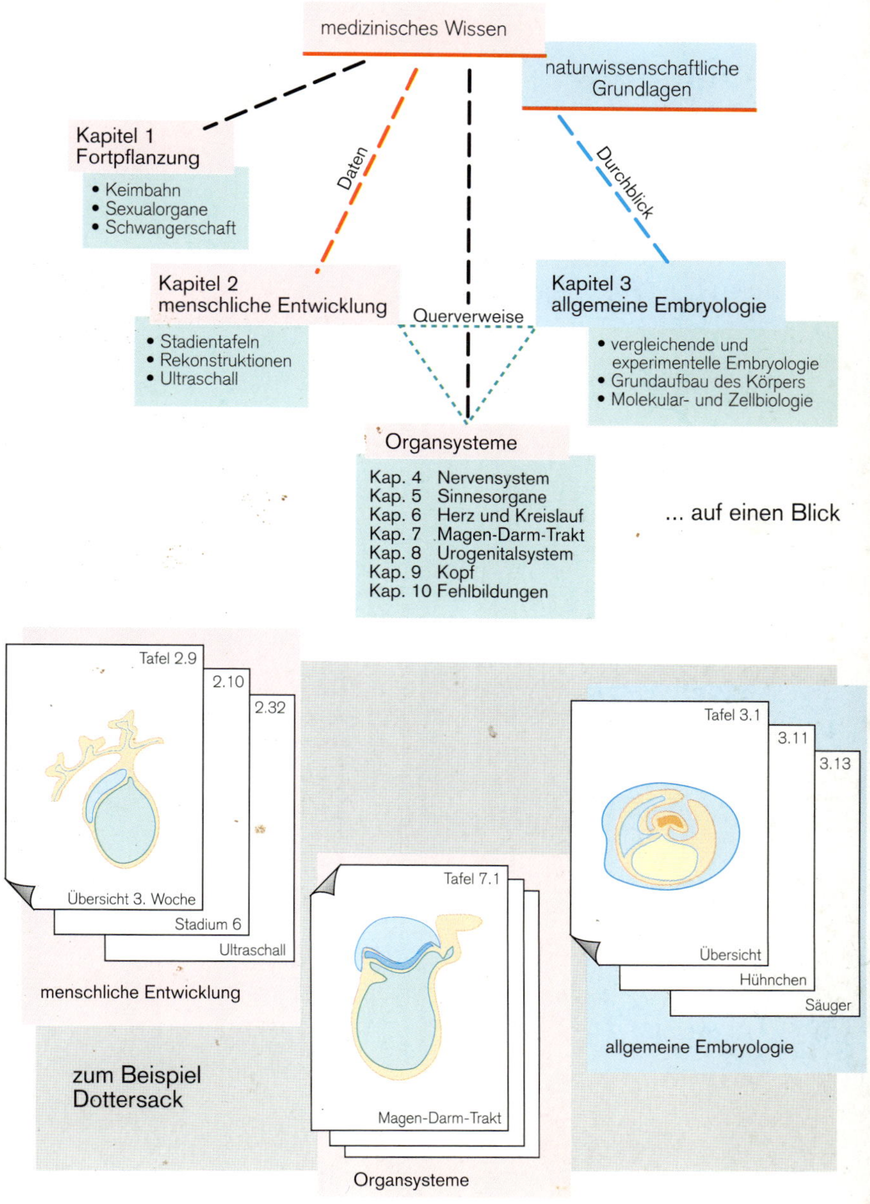